# 文本机器学习

[美] 查鲁 · C. 阿加沃尔（Charu C. Aggarwal）著
黎 琳 潘微科 明 仲 译

机 械 工 业 出 版 社

本书系统性地介绍了多个经典的和前沿的机器学习技术及其在文本域中的应用。首先，详细介绍了面向文本数据的预处理技术和经典的机器学习技术（如矩阵分解与主题建模、聚类与分类/回归等），并深入探讨了模型的原理和内在联系以及相应的性能评估；其次，详细介绍了结合异构数据的文本学习技术（如知识共享与迁移学习等），以及面向信息检索与排序的索引和评分等技术；最后，详细介绍了一些文本应用相关的重要技术，包括序列建模与深度学习、文本摘要与信息提取、意见挖掘与情感分析、文本分割与事件检测等。本书从技术原理到实际应用，综合梳理了文本机器学习的多个技术，深入分析了模型的优缺点和内在联系，并在每章结束时提供了详细的参考资料、软件资源和习题。

本书不仅可以作为工具书供具有相关背景的专业人士使用，也可以作为教材帮助具有线性代数和概率论基础的初学者入门。



**图书在版编目（CIP）数据**

文本机器学习/(美)查鲁·C. 阿加沃尔（Charu C. Aggarwal）著；黎琳，潘微科，明仲译. —北京：机械工业出版社，2020. 3

书名原文：Machine Learning for Text

ISBN 978-7-111-64805-5

Ⅰ. ①文…　Ⅱ. ①查…②黎…③潘…④明…　Ⅲ. ①机器学习　Ⅳ. ①TP181

中国版本图书馆 CIP 数据核字（2020）第 030302 号

机械工业出版社（北京市百万庄大街 22 号　邮政编码 100037）
策划编辑：刘星宁　责任编辑：刘星宁　闾洪庆
责任校对：李　杉　封面设计：马精明　责任印制：郜　敏
北京云浩印刷有限责任公司印刷
2020 年 5 月第 1 版第 1 次印刷
184mm × 240mm · 28.5 印张 · 689 千字
标准书号：ISBN 978-7-111-64805-5
定价：129.00 元

| 电话服务 | 网络服务 |
| --- | --- |
| 客服电话：010－88361066 | 机　工　官　网：www.cmpbook.com |
| 010－88379833 | 机　工　官　博：weibo.com/cmp1952 |
| 010－68326294 | 金　　书　　网：www.golden-book.com |
| **封底无防伪标均为盗版** | 机工教育服务网：www.cmpedu.com |

# 译者序

我们的生活离不开文本，日常交流、学习、工作和生活都与文本紧密相关。而文本分析可以说是最接近人类智能的其中一个领域，它囊括了信息检索、推荐系统和自然语言处理等应用领域中更底层和更基础的技术。正如作者所言，各个领域都有不计其数的相关文献出版，但大多只限于具体的应用层面。本书的初衷则是着眼于文本，对信息检索、推荐系统和自然语言处理等应用领域中所涉及的文本方面的方法进行了梳理和总结，希望能从文本的角度帮助实践者和研究者更深刻地理解各种机器学习方法的精髓和内在联系。

在收到这本书的翻译邀约时，我们的心情是非常激动和紧张的。激动在于，不同于那些以应用技术为主的书籍，这本书在文本视角下介绍和探讨了各种经典的机器学习方法，涵盖了多个应用领域，显然这是一本能够使各个领域的读者都受益的著作。而紧张在于，正因为本书涵盖领域广，探讨原理深，所以要求译者本身要有全面深刻的理解才能准确地传达作者的意思。作为文本领域的研究新人，希望能够借此拓宽我们的研究广度和对相关方法的理解深度，因而接受了本书的翻译邀约。我们在翻译的过程中花费了大量的时间和精力，希望能够为读者清除一些理解上的障碍。但由于我们专业水平、理解能力和表达能力有限，加上时间有些仓促，翻译行文中难免存在一些不足之处，恳请读者不吝指出错误之处和提出修改建议。

在此感谢联络指导的刘星宁编辑，以及参与本书部分章节校对和/或形式检查的蔡威（第7、8章）、陈婉清（第6章）、陈宪聪（第11、12章）、戴薇（第4、5章）、林晶（第9、10章）、马万绮（第13、14章）和庄燊（第1~3章）等。另外，感谢国家自然科学基金项目的支持（No. 61872249，No. 61836005）。

**黎　琳　潘微科　明　仲**
**大数据系统计算技术国家工程实验室**
**深圳大学**

# 原书前言

“如果真的有不止一种理解文本的方式，那么所有解释就不可能是相同的。”

——Paul Ricoeur

文本分析是一个值得研究的领域，它往往从信息检索、机器学习和自然语言处理等领域汲取灵感。这些领域中的每一个本身都是活跃和充满生机的，并且各个领域内都有不少相关的书籍出版。因此，其中的很多书籍已经涵盖了文本分析的一些方面，但没有一本书囊括了文本学习的所有内容。

从这一点出发，我们的确需要一本关于文本机器学习的专著。为了能够为这个领域提供一本融会贯通的综合性书籍，本书首次从整体性着眼，综合梳理了机器学习、信息检索和自然语言处理中的所有复杂问题。因此，本书的所有章节可分为以下三部分：

1）基本算法与模型：文本分析中的许多基本应用在文本之外的领域同样适用，如矩阵分解、聚类和分类。然而，这些方法需要根据文本的具体特点而进行相应的调整。第1～8章将会在文本机器学习的背景下讨论核心的分析方法。

2）信息检索与排序：信息检索与排序的很多方面都与文本分析密切相关。比如排序支持向量机和基于链接的排序常被用于文本学习中。第9章将会从文本挖掘的角度对信息检索方法进行概述。

3）以序列和自然语言为中心的文本挖掘：尽管在文本分析的基础应用中可以使用多维表示，但通过将文本视为序列来处理往往可以使文本的丰富性得到更充分的利用。第10～14章将对更高级的话题展开讨论，包括序列嵌入、深度学习、信息提取、文本摘要、意见挖掘、文本分割和事件提取。

因为本书涉及的话题比较丰富，所以在覆盖范围上有所斟酌。比较难处理的一点是很多机器学习技术都依赖于基本的自然语言处理和信息检索方法的使用。尤其是对以序列为中心的方法来说，与自然语言处理更是密不可分，我们将会在第10～14章展开讨论。信息提取、事件提取、意见挖掘和文本摘要这些依赖自然语言处理的分析方法，经常使用如句法分析和词性标注等自然语言处理工具。更不必说，自然语言处理本身就是一个完善和成熟的领域。因此，在不偏离本书主要范围的情况下，在自然语言处理和文本挖掘方面应该涉及多少内容是一个问题。我们在内容取舍上的一般原则是专注于挖掘和机器学习方面。如果一个具体的自然语言处理或信息检索方法（如词性标注）和文本分析不是直接相关的，我们就只对技术的使用进行说明（当作黑箱）而不对算法的内部细节展开讨论。如词性标注这样的基本技术在算法开发上很成熟了，也已经商业化到很多开源工具都可以使用的程度，并且在相对性能上没有太大的差别。因此，我们只在书中提供这些概念的基本定义，重点是它们在以挖掘为中心的设置中作为现成工具的效用。本书在每一章都会提供可参考的相关书籍和开源软件，以便为学生和从业者提供进一步的帮助。

本书面向研究生、研究者和从业人士。全书在叙述说明上已经简化很多，所以研究生只需对线性代数和概率论有一定的理解就能够轻松地读懂本书。同时本书也提供了大量习题以辅助课堂教学。

在整本书中，向量和多维数据点由带上划线的字母表示，如 $\overline{X}$ 或 $\overline{y}$。只要带有上划线，大写字母和小写字母均可表示一个向量或多维数据点。向量的点积由中心点表示，如$\overline{X} \cdot \overline{Y}$。矩阵由不带上划线的大写字母表示，如 $R$。在全书中，大小为 $n \times d$ 的文档－词项矩阵用 $D$ 表示，即表示有 $n$ 个文档和 $d$ 个维度。所以 $D$ 中的单个文档由一个 $d$ 维的行向量表示，即词袋表示。另一方面，所有数据点的某个同一分量组成的向量是一个 $n$ 维的列向量，例如 $n$ 个数据点的类别变量即为一个 $n$ 维的列向量$\overline{y}$。

美国纽约州约克镇高地

**Charu C. Aggarwal**

# 致谢

首先我想感谢我的家人，包括我的妻子、女儿和父母，感谢他们的爱和支持。同时我还要感谢我的经理 Nagui Halim，感谢他在我写作期间提供的支持与帮助。

这本书的完成得益于多年来我和很多同事的多次合作以及他们的重要反馈。在此我想要感谢 Quoc Le、ChihJen Lin、Chandan Reddy、Saket Sathe、Shai Shalev - Shwartz、Jiliang Tang、Suhang Wang 和 ChengXiang Zhai，感谢他们为本书的很多部分提供的反馈以及针对技术方面的具体疑问给予的解答。我要特别感谢 Saket Sathe，他对本书的多个章节予以评价并提供了一些来自神经网络的样例输出以供本书使用。此外，感谢 Tarek F. Abdelzaher、Jing Gao、Quanquan Gu、Manish Gupta、Jiawei Han、Alexander Hinneburg、Thomas Huang、Nan Li、Huan Liu、Ruoming Jin、Daniel Keim、Arijit Khan、Latifur Khan、Mohammad M. Masud、Jian Pei、Magda Procopiuc、Guojun Qi、Chandan Reddy、Saket Sathe、Jaideep Srivastava、Karthik Subbian、Yizhou Sun、Jiliang Tang、Min - Hsuan Tsai、Haixun Wang、Jianyong Wang、Min Wang、Suhang Wang、Joel Wolf、Xifeng Yan、Mohammed Zaki、ChengXiang Zhai 和 Peixiang Zhao 的合作。我想特别感谢 ChengXiang Zhai 教授，感谢早期他和我在文本挖掘方面的合作。同时我还要感谢我的导师 James B. Orlin，感谢他在我作为研究者的初期所提供的指导。

最后，我想感谢 Lata Aggarwal 在使用 PowerPoint graphics 为本书创建一些图表方面提供的帮助。

# 目 录

# 第1章 文本机器学习导论

"人生的前40年给了我们文本，后30年则是在这之上予以评价。"

——Arthur Schopenhauer

## 1.1 导论

利用各种统计方法从文本中抽取有用的内在规律的过程被称为文本挖掘、文本分析或者文本机器学习。至于具体术语的选择，很大程度上取决于实践者的背景领域。本书将会交替使用这些术语。近年来，由于文本数据遍布互联网、社交网络、电子邮箱、数字图书馆和聊天网站，文本分析也越来越受欢迎。常见的一些文本来源的例子如下：

1）数字图书馆：近年来，电子内容的生成速度已经超过了纸质图书和研究论文的出版速度。这种现象导致了数字图书馆数量的剧烈增长，我们可以用它们来挖掘一些有用的内在规律。像生物医学文本挖掘这样的一些研究领域就专门利用了这些数字图书馆中的内容。

2）电子新闻：近年来的一个增长趋势是纸质报纸日趋减少而电子新闻的传播逐步增加。这种趋势创造了大量的新闻文档，我们可以用这些文档来对重要事件和内在规律进行分析。在某些情形中，如Google新闻，文章是按照主题编制索引的，并根据读者过去的行为和具体兴趣将它们推荐给读者。

3）网络及网络应用：网络是一个庞大的文档库，这些文档携带了链接和各类辅助信息，从而更为丰富。网络文档也被称为超文本。超文本相关的信息在知识发现过程中也能够发挥作用。此外，许多网络应用，如社交网络、网络论坛和公告牌，都是可用于分析的文本来源。

- 社交媒体：社交媒体是一种极其丰富的文本来源，因为其作为平台本身就具有开放的特性，任何用户都可以贡献内容。社交网络帖子的特别之处在于它们通常包含简短且非正式的缩写词，这值得我们去研究专门的挖掘技术。

很多应用涉及不同类型的洞见，而这些洞见正是我们尝试从文本集合中挖掘出来的。一些例子如下：

- 搜索引擎被用来对网页进行索引，并使用户能够发现感兴趣的网页。在面向文本数据的爬取、索引以及排序工具方面已经做了大量的工作。
- 文本挖掘工具经常被用于过滤垃圾邮件或识别用户在特定主题方面的兴趣。在某些情形中，电子邮箱服务提供者可能会利用从文本数据中挖掘到的信息来达到商业推广的目的。
- 新闻门户网站利用文本挖掘将新闻条目组织成相关的类别。这些网站经常需要对大量的文档集合进行分析以发现相关的兴趣主题。然后，这些学习得到的类别又被用来把接收到的文档流归类到相关的类别。

- 推荐系统使用文本挖掘技术来推断用户对具体物品、新闻文章或其他内容的兴趣，而这些学习到的兴趣又被用于为用户推荐新闻或其他内容。
- 网络使得用户能够以各种方式表达自己的兴趣、意见和情感，从而催生了意见挖掘和情感分析这样的重要领域。营销公司可以利用这些技术做出商业决策。

文本挖掘领域与信息检索领域密切相关，尽管后者更侧重于数据库的管理问题而不是挖掘问题。由于这两个领域的密切联系，本书将会讨论信息检索方面的部分内容，这部分内容要么被认为是开创性的，要么是和文本挖掘紧密相关的。

单词在文档中的顺序提供了语义含义，而只基于单词在文档中的频率的表示是不可能推断出这种信息的。然而，在没有推断语义含义的情况下，我们仍然可以进行很多有用的预测。在挖掘应用中有两种常用的特征表示方法：

1）把文本看作一个词袋：这是文本挖掘最常用的表示方法。当使用这种表示时，挖掘过程中不使用单词的顺序。出于挖掘需要，文档中的单词集合会被转化为稀疏的多维表示。这样一来，单词（或词项）的空间就对应于这种表示中的维度（特征）。对于许多应用（如分类、主题模型和推荐系统）来说，这种类型的表示已经足够了。

2）把文本看作一个序列集合：在这种情形中，文档中的单个句子被提取为字符串或序列。因此，在这种表示中单词的顺序很重要，尽管这种顺序经常被局限在句子或段落的边界内。一个文档通常被看作是由更小的独立单元（如句子或段落）组成的集合。那些对文档内容的语义解释有更高要求的应用会采用这种方式。这个领域与语言建模和自然语言处理领域密切相关。后者本身也常被视为一个独立的领域。

传统意义上的文本挖掘一直都侧重于第一种表示，尽管近年来第二种表示受到越来越多的关注。这主要是因为人工智能应用越来越重要，而这些应用对语言语义、推理和理解都有所要求。例如，问答系统近年来越来越受欢迎，其中就对语言理解和推理有较高程度的要求。

当把文本当作多维数据集来处理时，很重要的一点就是要认识到文本的稀疏性和高维性。这是因为数据的维度取决于单词的个数，这个数目通常都比较大。此外，因为文档只包含词汇的一小部分子集，从而大部分单词的频率（特征值）为0，所以多维挖掘方法需要认识到文本表示的稀疏性和高维性才能获得最佳的结果。稀疏性并不总是一个缺点。实际上，一些模型，如第6章中讨论的线性支持向量机，本身就适用于稀疏和高维的数据。

本书将会讨论各类文本挖掘算法，如潜在语义建模、聚类、分类、检索和各种网页应用。大部分章节中讨论的内容都是完备且独立的，并且除了需要对线性代数和概率论有基本的了解之外，并没有对数据挖掘或机器学习方面的背景有所要求。在本章中，我们将会概述本书涉及的各个主题，以及这些主题与不同章节的对应关系。

### 1.1.1 本章内容组织结构

本章内容组织如下。1.2节将会讨论文本数据与文本挖掘应用设计相关的特点；1.3节讨论文本挖掘的各种应用；1.4节进行总结。

## 1.2 文本学习有何特别之处

文本域中的大多数机器学习应用都使用词袋表示，在这种表示中单词被看作是具有实值的维度，其中的值对应着单词频率。一个数据集对应一个文档集合，也被称为语料库。用来定义语料库的完整且无重复的单词集合被称为词典。维度也常被称为词项或特征。在一些使用二元表示方法的文本应用中，在文档中出现的词项对应1，没有出现的对应0。其他应用使用词项频率的归一化函数作为维度的值。在这些情形中，数据的维度非常大，可能是$10^5$甚至$10^6$的量级。另外，大部分维度的值为0，只有小部分维度取正值。换句话说，文本就是一种高维、稀疏且非负的表示。

文本的这些性质同时带来了机遇和挑战。文本的稀疏性意味着正的单词频率所包含的信息比较丰富。单词的相对频率也存在很大差异，这使得挖掘应用中的不同单词有着不同的重要性。例如，一个像"the"这种经常出现的单词往往不太重要，这时候就需要通过归一化来降低它的权重（或者完全移除）。换句话说，与传统的多维数据相比，从统计意义上对维度的相对重要性（基于出现的频率）进行归一化往往更为重要。计算文档之间的距离时同样需要对不同文档的长度进行归一化。此外，尽管大部分多维挖掘方法可以推广到文本中，但其表示的稀疏性会对不同类型的挖掘和学习方法的相对有效性产生影响。例如，线性支持向量机在稀疏表示上相对有效，但像决策树这样的方法需要严谨的设计和调整才能够发挥它们的真实效用。所有这些观察都表明，文本的稀疏性是一把双刃剑，可能是"福"，也可能是"祸"，具体取决于手中的方法。实际上，像稀疏编码这样的一些技术有时候会将非文本数据转化为类文本表示以使学习方法（如支持向量机[355]）更有效。

很多应用都显式和隐式地利用了文本的非负性。非负特征表示通常使挖掘技术更具解释性，一个典型的例子就是非负矩阵分解（nonnegative matrix factorization）（见第3章）。此外，很多主题建模（topic modeling）和聚类（clustering）方法都以各种各样的形式隐式地利用了非负性。这些方法能够使文本数据的"部分和（sum - of - parts）"分解具有高度可解释性且更加直观，这是很多其他类型的数据矩阵没办法做到的。

在文档文本被当作序列的情形中，可以使用数据驱动的语言模型来创建文本的概率表示。一元（unigram）模型是语言模型的基本特例，其默认为词袋表示。然而，像二元（bigram）模型或三元（trigram）模型这样更高阶的语言模型能够捕捉文本的连续属性。也就是说，语言模型是用来表示文本的一种数据驱动方法，比传统的词袋模型更通用。这样的方法与其他类型的序列数据（如生物数据）有很多相似之处。在对（序列）文本和生物数据进行聚类和降维的算法中，两者存在着诸多方法方面的相似性。举个例子，马尔可夫模型可以用来创建序列的概率模型，也可以用来创建语言模型。

文本需要大量的预处理过程，因为它是从像网页这样包含许多拼写错误、非标准用词、锚文本以及其他元属性的平台中提取出来的。纯文本最简单的表示就是多维词袋表示，但复杂的结构化表示能够为文本中不同类型的实体和事件创建字段。因此，本书将会讨论文本挖掘的几个方面，包括预处理、表示方法、相似度计算以及不同类型的学习算法或应用。

## 1.3 文本分析模型

本节将会为文本挖掘算法和应用提供一个概览。本书下一章的重点主要放在数据准备和相似度计算上。与数据表示预处理相关的问题也会在下一章展开讨论。除了前两个介绍性的章节外，本书覆盖的主题可分为以下三大类：

1）基本的挖掘应用：很多诸如矩阵分解、聚类和分类的数据挖掘应用适用于所有类型的多维数据。然而，在文本域中，这些方法的使用都有相应的特点。它们代表了绝大多数文本挖掘应用的核心构建模块。第3～8章将会讨论核心的数据挖掘方法。文本与其他类型的数据之间的交互将会在第8章介绍。

2）信息检索与排序：信息检索与排序的很多方面都与文本挖掘密切相关。例如，类似排序支持向量机和基于链接的排序这样的排序方法常被用于文本挖掘应用中。第9章将会从文本挖掘的角度对信息检索方法进行概述。

3）以序列和自然语言为中心的文本挖掘：虽然多维挖掘方法可用于文本挖掘的基础应用中，但通过将文本当作序列来处理，可以在更复杂的应用中发挥出文本挖掘的真正作用。第10～14章将会讨论更高级的主题，如序列嵌入、神经学习、信息提取、文本摘要、意见挖掘、文本分割和事件提取。大多数方法都与自然语言处理紧密相关。虽然本书的重点不是自然语言处理，但自然语言处理的基本模块都将用作文本挖掘应用的现成工具。

接下来，将对本书涉及的文本挖掘模型进行概述。在基于文本的多维表示来进行挖掘的情形中，使用一致的符号表示相对比较容易。在这些情形中，假设一个有 $n$ 个文档和 $d$ 个不同词项的语料库可以表示成一个稀疏的大小为 $n \times d$ 的文档-词项矩阵，通常情况下这样的矩阵是非常稀疏的。$D$ 的第 $i$ 行由 $d$ 维行向量 $\overline{X_i}$ 表示。如此一来，一个文档语料库也可以表示成这些 $d$ 维向量的集合，即 $D=\{\overline{X_1}\cdots\overline{X_n}\}$。这些术语将贯穿整本书。很多信息检索文献更喜欢用词项-文档矩阵，也就是文档-词项矩阵的转置，其中的行对应的是词项在每个文档中的频率。然而，使用文档-词项矩阵（也就是每一行是一个数据样本）与多维数据挖掘和机器学习方面的书籍中所用的表示较为一致，所以为了和大多数机器学习方面的文献保持一致，我们使用文档-词项矩阵。

本书的大部分内容会围绕数据挖掘和机器学习，而不是信息检索中的数据库管理问题来展开。然而，因为这两个领域都与排序和搜索引擎的问题相关，所以会有部分重叠的内容。因此，我们会使用一个专门的章节来讨论信息检索和搜索引擎。在整本书中，将使用“学习算法（learning algorithm）”这个词语作为一个统称，用来描述任意从数据中挖掘规律或是如何用这些规律预测数据中的具体值的算法。

### 1.3.1 文本预处理和相似度计算

文本预处理需要将非结构化的格式转化为结构化的多维表示。文本总是和很多无关数据一起出现，如标签、锚文本和其他不相关的特征。此外，在文本域中，不同单词的重要性不同。例如，像“a”“an”和“the”这样经常出现的单词在进行文本挖掘时就不太重要。在很多情形中，由于时态和单复数的选择，会存在某些单词是其他单词的变形。某些单词只是拼写错误。将一个字符序列转化为一组单词（词条）的过程被称为词条化（tokenization）。需要注意的是，在文档中出现的每个单词都是一个词条，即使这个单词在文档中不是第一次出现。因此，同一个单词出现三次就会对应地创建三个词条。词条化的过程经常会要求手头有大量与具体语言相关的领域知识，因为在不同的语言中，变幻莫测的标点符号会使得单词的边界具有模糊性。

对原始文本进行预处理的一些常见步骤如下：

1）文本提取：在网页作为文本源的情形中，文本总是和各种其他类型的数据一起出现，如锚文本、标签等。另外，在以网页为中心的场景中，一个具体的页面可能包含一个（有用的）主模块和其他用来展示广告和不相关内容的模块。从主模块中提取有用的文本对于高质量的挖掘来说很重要。这些场景需要使用专门的解析和提取技术。

2）去除停用词：停用词是指那些经常出现但对挖掘过程没有显著效用的单词。常用的代词、冠词和介词都被认为是停用词。为了提升挖掘过程的质量，需要将这些词去除。

3）词干提取、大小写转换及标点符号：词根相同的单词会被合并为一个代表词，例如，像“sinking”和“sank”这样的单词都会被统一合并为单个词条“sink”。一个单词的首字母形式（即大小写）对其语义解释可能很重要也可能不重要，这取决于具体的情况。例如，单词“Rose”可能是指花也可能是人名。在其他场景中，由语法相关的限制造成的大小写对单词的语义解释可能没那么重要，例如句子开头的大写。因此，为了确定处理大小写的方式，往往需要使用语言相关的启发式方法。为了保证分词的正确性，需要谨慎地对标点符号（如连字符）进行解析。

4）基于频率的归一化：低频词通常要比高频词更具辨识性。因此，基于频率的归一化通过对集合中单词的逆相对频率取对数以对其加权。具体而言，如果语料库中包含第 $i$ 个单词的文档的数量为 $n_i$，总文档数为 $n$，则将文档中该单词的频率乘以 $\log(n/n_i)$。这种类型的归一化也被称为逆文档频率（idf）归一化。最终的归一化表示将词项频率和逆文档频率相乘来创建 tf - idf 表示。

在计算文档之间的相似度时，还必须对文档的长度进行额外的归一化。例如，欧氏距离常被用来计算多维数据的距离，但它在包含长度不同的文档的语料库中的表现却不尽人意。两个短文档之间的距离总是很小，而两个长文档之间的距离通常又太大。我们不希望成对相似度完全被文档长度所主导。在计算点积相似度时，同样会出现这种与长度相关的偏差。所以，恰当的归一化在相似度的计算过程中至关重要。余弦度量是一种归一化的度量方法，它用两个文档的 $L_2$ 范数的乘积对其点积进行归一化。两个 $d$ 维文档向量 $\overline{X} = (x_1 \cdots x_d)$ 和 $\overline{Y} = (y_1 \cdots y_d)$ 之间的余弦相似度的定义如下：

$$\text{cosine}(\overline{X}, \overline{Y}) = \frac{\sum_{i=1}^{d} x_i y_i}{\sqrt{\sum_{i=1}^{d} x_i^2} \sqrt{\sum_{i=1}^{d} y_i^2}} \tag{1.1}$$

需要注意的是，分母中使用文档的范数是为了进行归一化。两个文档之间的余弦相似度的范围总是在（0，1）之间。第2章会介绍更多关于文档预处理和相似度计算的细节。

### 1.3.2 降维与矩阵分解

降维与矩阵分解属于通用类别的方法，也被称作隐语义模型。像文本这样的稀疏高维表示在某些学习方法上表现很好，但在其他方法上就不行。因此，一个很自然的问题就是，是否存在某种压缩方式能够以更少的特征去表示数据。因为这些特征在原始数据中观察不到，但又代表着数据的隐含性质，所以它们又被称为潜在特征（latent feature）。

降维与矩阵分解密切相关。大多数类型的降维方法将数据矩阵转化为分解形式。换句话说，原始矩阵 $D$ 可以近似地表示成两个或多个矩阵的乘积，从而使得分解后的矩阵中的元素总数远远少于原始数据矩阵中的元素个数。一种常见的方式是把大小为 $n\times d$ 的文档-词项矩阵表示成一个大小为 $n\times k$ 的矩阵 $U$ 和一个大小为 $d\times k$ 的矩阵 $V$ 的乘积，具体如下：

$$D\approx UV^{\mathrm{T}} \tag{1.2}$$

$k$ 的值通常远小于 $n$ 和 $d$。$D$ 中的元素总数为 $nd$，而 $U$ 和 $V$ 中的元素总数只是 $(n+d)k$。对于较小的 $k$ 值来说，使用 $U$ 和 $V$ 来表示 $D$ 要紧凑得多。$n\times k$ 的矩阵 $U$ 在它的行中包含了每个文档的 $k$ 维降维表示，$d\times k$ 的矩阵 $V$ 在它的列中包含 $k$ 个基本向量。也就是说，矩阵分解方法利用（近似）线性变换创建了数据的降维表示。需要注意的是，式（1.2）是一个约等式。实际上，所有形式的降维与矩阵分解都可以表示成最小化这种近似误差的优化模型。因此，降维能够有效地以最小的可能的误差将数据矩阵中的大量元素压缩为少量元素。

用于文本降维的常见方法包括潜在语义分析、非负矩阵分解、概率潜在语义分析和隐含狄利克雷分布。我们将会在第3章讨论这些降维与矩阵分解方法。潜在语义分析是面向文本的奇异值分解。

降维与矩阵分解极其重要，因为它们与文本数据的表示问题紧密相关。在文本挖掘和机器学习领域中，数据的表示是设计一个有效学习方法的关键。在这个意义上，奇异值分解方法可以实现高质量的检索，而某些类型的非负矩阵分解可以实现高质量的聚类。实际上，聚类是降维的一个重要应用，它的一些概率形式的变种也被称为主题模型。类似地，某些类型的分类决策树利用降维表示可以获得更好的性能。此外，我们还可以使用降维与矩阵分解将文本与其他数据的异构组合转化成多维的形式（参考第8章）。

### 1.3.3 文本聚类

文本聚类方法对语料库进行分组，使得相关文档属于特定的主题或类别。然而，这些类别并不是先验可知的，因为这些方法没有预先给出文档的期望类别（如政治）的具体例子。这类学习问题也被称为是无监督的，因为其中没有给这类学习问题提供任何指导。在有监督的应用中，我们可能会给出文档所属类别的一些例子，例如新闻文章所属的类别可能有体育、政治等。在无监督的场景中，文档被划分到相似的分组中，有时这是利用领域相关的相似度函数（如余弦度量）来实现的。在大多数场景中，我们可以设计一个优化模型，以最大化簇内的一些直接或间接的相似度。第4章会给出有关聚类方法的详细讨论。

很多诸如概率潜在语义分析和隐含狄利克雷分布之类的矩阵分解方法也实现了赋予文档

主题这样一个相似的目标，尽管是以一种软概率的方式。软概率赋值（soft assignment）是指每个文档属于某个簇的概率是需要通过计算来确定的，而不是将数据硬划分为不同的簇。这类方法不仅赋予文档主题，还可以推断单词对不同主题的重要性程度。接下来，我们会对不同的聚类方法做一个简要的概述。

#### 1.3.3.1 确定性与概率性矩阵分解方法

大多数非负矩阵分解方法可以被用来对文本数据进行聚类。因此，某些类型的矩阵分解方法起着聚类和降维的双重作用，但是并非所有的矩阵分解方法都有这样的性质。很多非负矩阵分解是概率混合模型，在这种模型中，我们假设文档-词项矩阵的元素是由概率过程生成的。然后我们可以对该随机过程的参数进行估计，以创建数据的因式分解，这具有天然的概率可解释性。这种类型的模型也被称为生成（generative）模型，因为它假定文档-词项矩阵是由隐含的生成过程创建的，同时矩阵的原始数据被用来估计这个过程的参数。

#### 1.3.3.2 文档的概率混合模型

概率矩阵分解方法对文档-词项矩阵的元素使用生成模型，而文档的概率模型从生成过程生成行（文档）。其基本思想是矩阵的行是由不同概率分布的混合量生成的。在每次迭代中，这样的方法都以一定的先验概率选定其中的一个混合分量，并基于该混合分量的分布生成词向量。因此每个混合分量都类似于一个簇。聚类过程的目标就是估计出这个生成过程的参数。一旦估计出参数，我们就可以估计出由某个特定分量生成某个数据点的后验概率。我们将这样的概率称为“后验”是因为只有在观察到数据点中的属性值（如词项频率）之后才能对它进行估计。例如，一个包含单词“篮球”的文档更有可能属于生成很多体育文档的混合分量（簇）。由此得到的聚类就是一个软概率赋值，其中每个文档属于某个簇的概率是需要通过计算来确定的。文档的概率混合模型通常比概率矩阵分解方法更易于理解，并且它是用来对数值数据进行聚类的高斯混合模型的文本版本。

#### 1.3.3.3 基于相似度的算法

基于相似度的方法通常要么是基于代表点的方法，要么是层次方法。在所有这些情形中，数据点之间的距离或相似度函数被用来以确定性的方式将数据划分成不同的簇。基于代表点的算法将代表点与相似度函数相结合来进行聚类。其基本思想是每个簇都由一个多维向量来表示，这个向量表示了这个簇中的单词的“典型”频率。例如，我们可以把一个文档集合的质心用作它的代表点。类似地，我们也可以通过将文档分给离它们最近的代表点来创建簇，例如使用余弦相似度来计算它们之间的距离。这类算法通常使用迭代技术，其中我们提取簇的中心点作为其代表点，而簇又是使用余弦相似度基于这些代表点来创建的。重复这两个步骤直到收敛，与之相对应的算法被称为 $k$ 均值（$k$-means）算法。基于代表点的方法有很多变种，但其中只有一小部分可以处理文本的稀疏高维表示。然而，如果人们愿意使用降维技术将文本数据变换为低维表示，那么就会有更多的方法可以使用。

在层次聚类算法中，我们需要以迭代的方式将相似的两个簇合并为一个较大的簇。这种方法一开始为每个文档创建一个（只包含自己的）簇，然后不断合并最接近的两个簇。在如何计算两个簇之间的相似度方面有很多变种，这对算法所发现的簇的类型有直接的影响。通常情况下，层次聚类算法可以与基于代表点的聚类方法相结合以创建鲁棒性更好的方法。

#### 1.3.3.4 高级方法

所有文本聚类方法都可以通过各种变换转化为图划分方法。文档语料库可以转化成节点到节点的相似度图或节点到单词的共现图。后一种图是二分图，对这样的图进行聚类的过程与非负矩阵分解的过程非常相似。

聚类方法可以通过某些方式来利用外部信息或者集成方法（ensemble）以提高准确率。在前一种情形中，我们可以利用以标记形式存在的外部信息来指导聚类过程，使其朝着专家已知的特定类型趋近。然而，这样的指导不会过于严格，所以这样的聚类算法可以灵活地学习到较好的簇，而不仅仅是单由监督指导得到的。由于其灵活性，这样的方法也被称为半监督聚类，因为其中有小部分来自不同簇的代表点的样本是用它们的主题来标记的。然而，这仍然不是完全的监督，因为在如何使用一个关于这些有标记的样本和其他无标记的文档的组合来创建簇这个方面仍具有很大的灵活性。

第二种可用来提高聚类质量的技术就是集成方法。集成方法结合一个或多个学习算法的多次执行结果来提高预测准确率。聚类方法通常不稳定，因为较小的算法改动甚至是初始化的改变都会使得某一次运行的结果与上一次运行的结果明显不同。这种类型的可变性是一个次优学习算法在不同运行过程中得到的预期结果的体现，因为其中大多数运行结果通常是较差的数据聚类结果，然而，它们的确包含一些关于聚类结构的有用信息。因此，通过以多种方式重复聚类过程并混合来自不同执行过程的结果可以获得鲁棒性更好的结果。

### 1.3.4 文本分类与回归建模

文本分类与文本聚类紧密相关。我们可以把文本分类问题看成是将数据划分到预定义分组中的问题。这些预定义分组由它们的标记（label）进行标识。例如，在一个邮件分类应用中，可能对应着“垃圾邮件”和“非垃圾邮件”两个分组。一般来说，我们可能有 $k$ 个不同的类别，并且这些类别之间不存在固定的顺序。与在聚类中不同，这个例子的训练数据集是由两个类别的邮件样本组成的。然后，对于无标记的测试数据集来说，分类的目的就是将它们归类到两个预定义分组中的某一个。

需要注意的是，分类和聚类都是对数据进行分组；然而，在前一种情形中，分组是由训练数据所定义的预先设定好的划分概念来控制的。其中，训练数据为算法提供指导，就如同老师朝着某个具体的目标监督他/她的学生一样。这正是分类也被称为有监督学习的原因。

我们可以把预测数据样本$\overline{X_i}$的类别标记 $y_i$ 的过程看成是学习一个$f$（·）函数的过程：

$$y_i = f(\overline{X_i}) \tag{1.3}$$

在分类问题中，函数$f$（·）是一个离散值的集合，如｛垃圾邮件，非垃圾邮件｝。我们通常假设标记是从离散且无序的集合｛1，2，…，$k$｝中抽取的。在二分类的具体情形中，我们可以假设 $y_i$ 的值是从｛-1，1｝中抽取而来的，尽管有些算法认为使用｛0，1｝的设置更加方便。二分类比多标记分类稍微容易些，因为与多标记类别如｛蓝色，红色，绿色｝不同，我们可以在两个类别之间进行排序。然而，利用简单的元算法可以将多标记分类简化为多个二分类。

值得注意的是，函数$f$（·）不一定总是映射到类别域中，它也可以映射到数值域中。

换句话说，我们可以把 $y_i$ 当作因变量，它在某些场景中可能是数值，这个问题也被称为回归建模，它不再将数据划分为像分类这样的离散分组。回归建模通常出现在感兴趣的因变量是数值的场景中，如销售预测。需要注意的是，“因变量”这个术语同时适用于分类和回归，但“标记”这个词通常只适用于分类。回归建模中的因变量也被称为回归子（regressand）。在分类问题和回归建模问题中，$\overline{X_i}$中的特征的值被称为特征变量或自变量。在回归建模的具体情形中，它们也被称为回归元（regressor）。很多面向回归建模的算法可以推广到分类中，反之亦可。第5章、第6章和第7章会讨论各种分类算法。接下来，我们将为这些章节中讨论的分类和回归建模算法提供一个概述。

1.3.4.1　决策树

决策树通过在属性上施加条件来对训练数据进行有层次地划分，以使属于同一个类别的文档位于单个节点中。在单变量分裂中，这种条件被施加在单个属性上，而多变量分裂将这种分裂条件施加在多个属性上。例如，一个单变量分裂可以对应于文档中一个特定单词的出现与否。在一个二元决策树中，根据训练样本是否满足分裂条件可以将其分配到一个或两个子节点中。以树状方式递归地重复划分训练数据，直到相应节点中的大多数训练样本属于同一类别，这样的节点被当作叶子节点。之后，这些分裂条件会被用来将标记未知的测试样本分到叶子节点中。叶子节点的主要类别即为测试样本的预测标记。我们也可以使用多个决策树的组合来创建随机森林，根据目前的文献记载，这是其中表现最好的一个分类器。

1.3.4.2　基于规则的分类器

基于规则的分类器将属性子集上的条件与具体的类别标记相关联。因此，规则的前件包含一组条件，这些条件通常对应于文档中的一个单词子集。规则的后件包含一个类别标记。对于一个给定的测试样本，分类器需要挖掘出其前件与该测试样本相匹配的规则。挖掘出的规则的（可能相冲突）预测结果被用来预测测试样本的标记。

1.3.4.3　朴素贝叶斯分类器

我们可以把朴素贝叶斯分类器看成是聚类方法中的混合模型的有监督版本。这里的基本思想是数据是由 $k$ 个分量的混合模型生成的，$k$ 是数据中类别的数量。每个类中的单词都是由特定的分布来定义的。因此，我们需要对混合模型中每个具体分量分布的参数进行估计，以最大化这些训练样本是由相应分量生成的这一事件的概率。然后我们可以用这些概率来估计一个测试样本属于某个类别的概率。这种分类器被称为“朴素”的原因在于它对测试样本中属性的独立性做了一些简化的假设。

1.3.4.4　最近邻分类器

最近邻分类器也被称为“基于实例的学习器”“懒惰学习器”或“基于记忆的学习器”。最近邻分类器中的基本思想是检索出 $k$ 个距离某个测试样本最近的训练样本，这些训练样本的主要标记即为该测试样本的标记。换句话说，它通过记忆训练样本来工作，并把所有的分类工作都放在了最后（以一种懒惰的方式），而不进行任何预先的训练。最近邻分类器有一些有趣的性质，原因是如果有无限量的数据，那么它们会展示出从概率上来说最优的表现。然而，在实际中，我们不可能有无限量的数据。对于有限的数据集来说，最近邻分类器的表现通常比各种预先进行训练的积极学习（eager learning）方法要差。然而，最近邻分类器的理论研究还是比较重要的，因为事实证明一些表现最好的分类器如随机森林和支持向量机本质上都是最近邻分类器的积极学习变种。

1.3.4.5　线性分类器

线性分类器是文本分类中最受欢迎的方法。部分原因是，线性方法在高维且稀疏的数据域中的表现特别好。

首先，我们将讨论因变量是数值的回归建模问题。其基本思想是假设式（1.3）中的预测函数为下面的线性形式：

$$y_i \approx \overline{W} \cdot \overline{X_i} + b \tag{1.4}$$

式中，$\overline{W}$ 是一个 $d$ 维的系数向量；$b$ 是一个标量值，也被称为偏置。我们需要从训练样本中学习出系数和偏置，以最小化式（1.4）中的误差。因此，大部分线性分类器可以表示为如下形式的优化模型：

$$\text{最小化} \sum_i \text{Loss}[y_i - \overline{W} \cdot \overline{X_i} - b] + \text{正则化项} \tag{1.5}$$

函数 Loss $[y_i - \overline{W} \cdot \overline{X_i} - b]$ 量化了预测值的误差，而正则化项是一个用来防止在较小的数据集上出现过拟合的附加项，前者也被称为损失函数。我们可以在现有的文献中找到损失函数与正则化项的各种组合，这些组合产生了诸如 Tikhonov 正则化和 LASSO 这样的方法。Tikhonov 正则化使用向量$\overline{W}$的平方范数来防止系数过大。这类问题通常使用梯度下降方法这个众所周知的优化工具来求解。

对于使用二元因变量 $y_i \in \{-1, +1\}$ 的分类问题来说，分类函数通常是下面的形式：

$$y_i = \text{sign}\{\overline{W} \cdot \overline{X_i} + b\} \tag{1.6}$$

有趣的是，其目标函数还是和式（1.5）的形式一样，不同的是，我们需要将它的损失函数设计成面向类别变量而不是数值变量的形式。我们可以使用各种各样的损失函数，如 hinge 损失函数、对数几率损失函数和平方损失函数。其中使用第一个损失函数的方法对应着支持向量机方法，使用第二个损失函数的方法则对应着对数几率回归方法。利用核方法可以将这些方法推广到非线性的情形中。线性模型将在第 6 章讨论。

1.3.4.6　更多分类的话题

第 7 章讨论了有监督学习、分类评估和分类集成这几个话题。这些话题很重要，因为它们阐述了可以提升各种分类应用性能的方法。

### 1.3.5　结合文本与异构数据的联合分析

很多文本挖掘都出现在以网络为中心、以网页为中心、社交媒体以及其他有异构类型数据（如超文本、图像和多媒体）的场景中。这些类型的数据常被用来挖掘丰富的内在规律。第 8 章会研究一些有代表性的方法，这些方法结合其他数据类型（如多媒体和网页链接）来对文本进行挖掘。这一章还会讨论一些常见的技巧，如用于表示学习的共享矩阵分解和分解机方法。

在社交媒体中，很多文本都是比较短的，因为这些平台本来就与短内容相适配。例如，推特（Twitter）对推文（tweet）的长度有着显式的限制，这很自然地导致了短文档片段的产生。类似地，网络平台上的评论原本就比较短。在挖掘短文档时，通常会出现稀疏性非常高的问题。这些场景有必要对这类文档设计专门的挖掘方法。例如，当使用向量空间表示时，这类方法需要有效地解决由稀疏性造成的过拟合问题。第8章讨论的分解机对短文本挖掘比较有用。在很多情形中，使用序列与语言模型来挖掘短文本是比较有效的，因为向量空间表示不足以捕捉挖掘过程所需要的复杂性。第10章讨论的一些方法可以用来为短文本的序列片段创建多维表示。

### 1.3.6 信息检索与网页搜索

近年来，由于网页支持类应用日趋重要，文本数据也越来越受关注。其中最重要的一个应用就是基于具体关键词检索感兴趣的网页的搜索应用。这个问题是传统信息检索应用中所使用的搜索概念的一个拓展。在搜索应用中，像倒排索引这样的数据结构非常有用。因此，第9章将重点讨论文档检索的传统方面。

在网页上下文中，一些特殊的因素在实现有效的检索时扮演着重要的角色，如网页的引用结构。例如，众所周知的 PageRank 算法使用网页的引用结构来判断网页的重要性。后台网页爬虫对于相关资源的发现来说也是非常重要的。网页爬虫在某个中心位置收集并存储来自网络的文档，以实现有效搜索。第9章将会提供一个关于信息检索与搜索引擎的综合性讨论。同时还会讨论最近一些利用像排序支持向量机这样的学习技术来实现搜索的方法。

### 1.3.7 序列语言建模与嵌入

虽然文本的向量空间表示对于很多问题的解决来说是有用的，但在某些应用中，文本的序列表示非常重要。特别地，任何对文本语义理解有所要求的应用都需要将文本当作序列来处理，而不是词袋。在这些情形中，一个比较有用的方法就是将文本的序列表示转化为多维表示。因此，如今已经设计出了不计其数的方法来将文档和单词转化为多维表示，特别是核方法和像 word2vec 这样的神经网络方法非常流行。这些方法利用序列语言模型来构建多维特征，这些特征也被称为嵌入（embedding）。这种类型的特征工程非常有用，因为它可以与任意类型的挖掘应用相结合。第10章将会对面向文本数据的不同的序列方法进行概述，并将主要关注点放在特征工程上。

### 1.3.8 文本摘要

在很多应用中，创建文本的短摘要是很有用的，它可以使用户不用阅读文档的完整内容就能够了解其主要思想。这样的摘要生成方法常被用在搜索引擎中，其中返回的结果中包含相关文档的摘要、标题和链接。第11章会对各种文本摘要技术进行概述。

### 1.3.9 信息提取

信息提取问题是指从文本中挖掘不同类型的实体，如人物、地点和组织等，同时还包括挖掘实体之间的关系。举一个关系的例子，如 John Doe 这个人物实体效力于 IBM 这个组织实体。在非结构化文本到结构化文本的转换过程中，信息提取是非常关键的一步，结构化文本所包含的信息远比词袋要丰富得多。因此，我们可以在提取的这类数据之上构建很多非常有效的应用。信息提取有时候还被看作是迈向真正智能应用（如问答系统和面向实体的搜索等）的第一步。例如，在谷歌搜索引擎中搜索一个特定地点附近的比萨店的位置通常会返回一些组织实体。搜索引擎如今已经变得足够强大，它能够从关键词短语中识别出需要搜索的实体。此外，文本挖掘的很多其他应用也使用信息提取技术，如意见挖掘和事件检测。信息提取的方法会在第 12 章展开讨论。

### 1.3.10 意见挖掘与情感分析

网络为每个个体提供了可以表达他们意见和情感的平台。例如，除了数值评分以外，一个网站上的产品评论可能还包含了用户提供的文本。这些评论的文本内容提供了数值评分中没有的有用信息。从这个角度来看，我们可以把意见挖掘看成是推荐系统中所使用的以评分为中心的技术的文本版方法。例如，有两类方法经常使用产品评论。然后，推荐系统分析数值评分来进行预测，而意见挖掘方法对包含意见的文本进行分析。值得注意的是，意见通常是从像社交媒体和博客这种没有评分的信息场景中挖掘的。第 13 章将会讨论文本数据的意见挖掘和情感分析问题，还会讨论意见挖掘中涉及的信息提取方法。

### 1.3.11 文本分割与事件检测

从以应用为中心的角度来看，文本分割与事件检测是两个非常不同的话题。然而，它们在检测文档中或多个文档间连续变化的基本原理方面有很多相似之处。很多长文档包含多个主题，此时需要检测出文档中从某个部分到另一个部分的主题变化，这个问题也被称为文本分割。在无监督的文本分割中，我们只寻找上下文中的主题变化，而在有监督的文本分割中，我们需要寻找特定类型的分段（如一篇新闻文章中的政治和体育分段）。这两类方法会在第 14 章讨论。在事件检测中，我们以流的方式寻找跨多个文档的主题变化，这些话题也会在第 14 章讨论。

## 1.4 本章小结

近年来，由于文本在网页、社交媒体和其他网络平台上的数量优势，文本挖掘变得越来越重要。我们需要对文本进行大量的预处理，以便清理它、去除无关词并进行归一化。不计其数的文本应用组成了其他文本应用的重要构建模块，如降维和主题建模。实际上，各种各样的降维方法都被用来实现分类和聚类。对文档进行查询和检索的方法构成了搜索引擎的重要模块。网页还支持各种更复杂的挖掘场景，其中包含链接、图像和异构数据。

我们可以仅通过将文本视作序列而不是多维词袋来处理更有挑战的文本应用。从这个角度来看，序列嵌入与信息提取是比较重要的模块，这些方法常被用在事件检测、意见挖掘和情感分析这些专门的应用中。其他以序列为中心的文本挖掘应用包括文本摘要和文本分割。

## 1.5 参考资料

我们可以把文本挖掘看作是数据挖掘[2,204,469]和机器学习[50,206,349]这两个更大的领域的一个特别的分支。有不少书籍都是关于信息检索[31,71,120,321,424]话题的，尽管这些书籍的关注点都放在搜索引擎、数据库管理和检索方面。Manning 等人在参考文献［321］中确实讨论了一些挖掘方面的内容，虽然这不是主要关注点。在参考文献［14］中可以找到文本挖掘方面的合辑，其中有一些综述包含了很多主题。还有一些书籍[168,491]包含了文本挖掘的很多方面。Zhai 和 Massung 最近的著作[529]为我们提供了一个关于文本管理与挖掘的应用方面的综述。近期有一些书籍[249,322]包含了有关文本理解的自然语言处理技术。在参考文献［79，303］中讨论了与网页数据有关的文本挖掘。

### 1.5.1 软件资源

Bow 工具包是一个可用于分类、聚类和信息检索的经典库，这个库是用 C 语言编写的，并支持一些常用的分类和聚类工具[325]。此外，它还支持很多进行文本预处理的软件，如寻找文档边界和词条化。在 UCI 机器学习库[549]的“text”部分可以找到一些有用的文本挖掘数据集。scikit－learn 库有一些现成的工具支持在 Python 中进行文本数据挖掘[550]，并且可免费使用。另外一个更侧重于自然语言处理的 Python 库是 NLTK 工具包[556]。R 中的 tm 包[551]是开源的，它支持一些重要的文本挖掘功能。此外，MATLAB 编程语言[36]也支持一些重要的文本挖掘功能。Weka 提供了一个基于 Java 的文本挖掘平台[553]。Stanford NLP[554]在某种程度上是一个更偏向学术研究的系统，但它提供了很多其他地方没有的高级工具。

## 1.6 习题

1. 考虑这样一个语料库，它有 $10^6$ 个文档，词典大小为 $10^5$，以及每个文档有 100 个不同的单词，其中每个文档都被表示为带有频率的词袋。

（a）在没有任何优化的情况下存储整个数据矩阵需要多大的空间？

（b）假设用稀疏数据格式来存储矩阵，计算其需要的空间。

2. 在习题 1 中，根据一个单词在文档中出现与否，使用 0－1 格式来表示文档。计算两个文档之间的期望点积，其中每个文档中所包含的 100 个单词是完全随机的。在各包含 50000 个单词的两个文档之间的期望点积是多少？这说明了文档长度对点积的计算有什么样的影响？

3. 假设一个新闻门户网站有一连串新接收到的新闻文章，他们要求你将这些新闻文章组织到 10 个合理的类别中（由你选择）。该用本章讨论到的哪个问题去实现这个目标？

4. 在习题 3 中，考虑这样的情形，其中的样本有 10 个可用的预定义类别。该用本章中讨论到的哪个问题去确定一篇新接收到的新闻文章的类别。

5. 假设我们有关于习题 3 中的每篇新闻文章的点击数（每小时）的流行度数据。该用本章讨论到的哪个问题来确定100篇新接收到的新闻文章中最受欢迎的新闻文章（不包含在具有关联点击数据的分组中）。

6. 假设你想找到习题3中强烈批评某些问题的新闻文章，该使用本章讨论到的哪个问题？

7. 考虑一篇讨论了多个主题的新闻文章，我们想要获取与每个主题相关的包含连续文本的部分，该用本章中讨论到的哪个问题去识别这些分段？

# 第2章 文本预处理与相似度计算

"人生就是一场为那些还未发生的事所做的漫长准备。"

—William B. Yeats

## 2.1 导论

文本数据经常出现在高度非结构化的环境中，并且通常是由人参与创建的。在很多情形中，文本是嵌入在网络文档中的，而网络文档会受到超文本标记语言（HyperText Markup Language，HTML）标签、拼写错误和模棱两可的单词等因素的影响。此外，单个网页可能包含多个模块，其中大部分可能是广告或其他无关的内容。我们可以通过合适的预处理方法来降低这些影响。常见的预处理方法如下：

1）以平台为中心的提取和解析：文本可以包含与平台相关的内容，如HTML标签。我们需要清理文档中与平台相关的内容并进行解析。解析文本的过程从文档中提取独立的词条（token）。一个词条是来自文本的一个字符序列，它被当作一个不可分割的处理单元。同一单词在某个文档中的每次出现都被视作一个单独的词条。

2）词条的预处理：解析后的文本中包含了需要进一步处理的词条，我们需要将这些词条转化为词项（term），这些词项之后会在集合中用到。我们可以移除像"a""an"和"the"这种在集合中频繁出现的单词。对于大多数挖掘应用来说，这些单词通常不具有辨识性，并且只会带来大量的噪声。这类单词也被称为"停用词"。常用的介词、连词、代词和冠词都被认为是停用词。一般而言，我们通常可以找到具体语言的停用词词典。此外，我们还需要对各个单词进行词干提取，以合并具有相同词根的单词（例如，一个单词的不同时态）。同时，我们还需要处理与大小写和标点符号相关的问题。在完成这些预处理步骤之后，我们可以创建一种向量空间表示，这种表示是一种包含各个单词的频率的稀疏多维表示。

3）归一化：正如我们上面所讨论的，在分析型任务中，并非所有单词都是同等重要的。停用词代表了非常频繁的单词的一种相当极端的情形，必须要将其移除。该如何处理剩下的那些频率不同的单词呢？事实证明，基于这些单词在语料库中的频率来调整它们在文档中的词项频率，可以对它们进行不同的加权。在语料库中频率较大的词项的权重会被降低，这种技术被称为逆文档频率归一化（inverse document frequency normalization）。

预处理过程会创建一种稀疏多维的表示。令$D$为大小为$n \times d$的文档-词项矩阵，其中，文档数用$n$表示，词项数用$d$表示。本章和全书都统一使用这些符号表示。

大多数文本挖掘与检索方法都需要计算两个文档之间的相似度。这种计算对基本的文档表示比较敏感。例如，当使用二元表示时，Jaccard 系数就是一种计算相似度的有效方式，而余弦相似度则适用于显式考虑了词项频率的情形。

### 2.1.1 本章内容组织结构

本章内容组织如下：2.2 节会讨论字符序列到词条集合的转化；2.3 节讨论词条到词项的后处理过程；2.4 节介绍与文档归一化和表示相关的问题；2.5 节讨论相似度的计算；2.6 节进行小结。

## 2.2 原始文本提取与词条化

第一步是将原始文本转化为字符序列。英语这门语言的纯文本已经是一个字符序列，但文本有时候是以二进制的格式出现的，如 Microsoft Word 或 Adobe Portable Document Format (PDF)。换句话说，我们需要根据以下几个因素将一个字节集合转化成一个字符序列：

1）具体的文本文档可能是通过某种特定类型的编码来表示的，这取决于格式的类型，如 Microsoft Word 文件、Adobe PDF 文档或 zip 文件。

2）文档所使用的语言定义了它的字符集和编码方式。

当一个文档是采用某种特定的语言编写时，如中文，那么它使用的字符集和英语文档所使用的字符集不同。英语和很多其他欧洲国家的语言都是基于拉丁字符集的，使用美国信息交换标准代码（American Standard Code for Information Interchange）可以很容易地表示出这种字符集，其缩写为 ASCII。这组字符大致对应着在英语国家的现代计算机键盘上的符号。具体的编码系统对手头的字符集非常敏感。不是所有编码系统都能够同样好地处理所有字符集。

Unicode 是由 Unicode Consortium 创建的标准代码。在这种情形中，每个字符都由一个唯一的标识符来表示。此外，几乎我们熟知的来自各类语言的所有符号都可以通过 Unicode 来表示。这也是 Unicode 可以作为默认标准来表示所有语言的原因。Unicode 的不同版本用于文本表示的字节数不同。例如 UTF-8 使用1个字节，UTF-16 使用2个字节，以此类推。UTF-8 特别适用于 ASCII，并且它通常是很多系统的默认表示。尽管 UTF-8 编码几乎可以表示所有语言（并且是一个主要标准），但很多语言是通过其他编码来表示的。例如，对于各种亚洲语言来说，常用的是 UTF-16。类似地，其他的编码如 ASMO 708 被用于阿拉伯语，GBK 被用于中文，以及 ISCII 被用于各种印地语，尽管这些语言都可以通过 Unicode 来表示。因此，所使用的编码的自然性质取决于语言、文档创建者的想法以及使用它的平台。在某些情形中，当文档是以其他形式（如 Microsoft Word）来表示的时候，我们必须将基本的二进制表示转化成一个字符序列。在很多情形中，文档的元数据预先提供了一些关于编码属性的有用信息，而不必通过检测文档内容来推断它们。在某些情形中，单独存储与编码有关的元数据可能是比较合理的，因为这对某些机器学习应用来说会比较有用。上述讨论的关键在于，无论文本的原始可用性如何，它总会被转化成一个字符序列。

在很多情形中，字符序列包含大量的元信息，具体取决于它们的来源。例如，一个 HT-

ML 文档包含各种标签和锚文本，一个 XML 文档包含关于各个字段的元信息。此时，分析者必须判断各个字段内的文本对手头具体应用的重要性程度，并移除所有无关的元信息。正如在 2.2.1 节中讨论的关于网页的处理过程，某些类型的字段（如 HTML 的标题）可能比文本的主体更重要。因此，字符序列通常需要一个清洗过程。这个字符序列需要通过词汇表中的不同词项来表示，这些词项构成了基本的词典。这些词项通常是通过合并同一单词的多次出现和不同时态来创建的。然而，在找到这些基本词项前，我们需要将字符序列解析为词条。

与“词项”非常相似，词条是具有语义含义的连续字符序列，不同的是，它可以重复出现，并且没有进行额外的处理（例如词干提取和停用词移除）。例如，考虑下面的一个句子：

After sleeping for four hours, he decided to sleep for another four.

在这个例子中，词条如下所示：

{“After”“sleeping”“for”“four”“hours”“he”“decided”“to”“sleep”“for”“another”“four”}

需要注意的是，单词“for”和“four”重复了两次，单词“sleep”和“sleeping”也没有被合并。此外，单词“After”首字母大写。在把词条转化为带有具体频率的词项后，这些问题都会得到解决。在某些场景中，大写会被保留，而在其他场景中不会。

从确定单词边界的角度来看，词条化提出了一些比较有挑战的问题。一个非常简单且原始的词条化规则是，可以在去除标点符号之后将空格用作分隔符。这里的空格指的是字符间的空格、制表符和换行符。然而，这种原始的规则远远不能解决很多与语言相关的问题。例如，我们该如何处理像“Las Vegas”这种描述一个城市的单词对？将它们完全分开会丢失其语义含义。“Abraham Lincoln”应该是一个词条还是两个词条？一些单词对（如“a priori”）本身就是一起出现的，因此我们不能根据空格的规则将它们分开。在很多情形中，我们可以使用由语义上共现的单词构成的词典。此外，我们可以从字符序列中提取并存储常见的短语。在对字符序列进行严格分割的同时，我们还可以提取重叠的字符序列。值得注意的是，在这方面我们必须要区分低级词条化和高级词条化。识别语义上连贯的短语是高级词条化的一个例子，这需要最低级别的语言处理。在很多情形中，基本词条化的低级阶段之后都有一个高级阶段，它基于初始的词条化过程重新创建语义上更有意义的词条。

如果一个文档创建者忘了在标点符号（如逗号）后留一个空格，那么去除标点符号并将空格作为分隔符就不起作用了。因此，我们会把逗号、冒号和句号都当作分隔符，尽管有一些例外的情况。例如，逗号或句号经常出现在数字中（如小数），表示时间时冒号经常出现在数字之间（如“8:20 PM”）。因此，当它们出现在数字之间时，就不会被当作分隔符来处理。类似的规则也可以应用到字符“/”上，因为它可以作为两个单词之间的分隔符，但当出现在两个数字之间时它也可能是日期的一部分（如“06/20/2003”）。句号也有很多其他的用法（如在缩略语中），因此需要特殊的处理方式。通常来讲，类似“Dr.”或者“M. D.”这样的一些缩略语都由预处理器预先存储，并在处理时与字符序列进行比较。包含两个破折号的序列会被当作分隔符来处理，但单个破折号可能因为是连字符而被区别对待，这一点我们会在后面讨论。连字符也可以出现在电话号码和社保编号中，因此我们应该训练词条化工具使其能够识别这些情形。一般来说，我们应该训练词条化工具，使其能够识别邮件地址、统一资源定位符（URL）、电话号码、日期、时间、度量单位、车牌号码、论文引用等。我们可以看到，这个过程相当繁琐，因为我们必须处理很多细枝末节。

在词条化过程中，我们需要对撇号进行特殊处理，尽管某些情况在词干提取阶段也能够处理好。我们需要移除在单词开头、结尾或是以 s 结尾的地方出现的撇号。这是因为撇号经常是出于语法需要而出现的，如表示引语或所有格名词的时候。而其他在单词中出现的撇号如“o'clock”具有语义含义，因此需要保留在词条中，此时，撇号会被简单地视为合成词条中的一个字母。

在某些情形中，进行最佳词条化的方式并不唯一。对人来说，无须思考就能够准确地完成词条化，但对于一个计算机程序来说这个任务就变得模棱两可。因此，不同的词条化工具将会产生略有差异的分割结果。主要原则是在手头的整个应用中的不同地方使用词条化工具时需要保持一致。由于 Apache OpenNLP[548] 的贡献，我们有一个现成的优秀词条化工具可以使用。

## 2.2.1 文本提取中与网页相关的问题

文本提取的某些方面与具体的平台高度相关。因为网页是文本最常见的来源，而这些文本被广泛用于各类应用中，所以在从网页中提取文本的过程中出现的那些具体问题值得我们一探究竟。

HTML 文档中有着不计其数的字段，如标题、元数据以及文档的主体。通常来讲，分析型算法以不同级别的重要程度来处理这些字段，从而对它们进行不同的加权。例如，我们通常认为一个文档的标题比其主体更重要，所以其权重也会更大。另一个例子是网页文档中的锚文本。锚文本包含由某个链接所指向的网页的描述。因为其具有描述性，所以我们通常认为锚文本是比较重要的，但有时它和页面本身的主题并不相关。因此，我们经常会从文档文本中移除锚文本。在某些情形中，有可能的话，甚至会将锚文本添加到它所指向的文档文本中。这是因为锚文本通常是其所指向的文档文本的一个概要描述。

网页通常是以内容块的形式组织的，这些内容块可能和页面的主要话题并不相关。一个典型的网页会有很多不相关的模块，如广告、免责声明或通知，这些信息对挖掘并没有帮助。事实证明，只有使用主模块中的文本才能提升挖掘结果的质量。然而，从互联网规模的集合中（自动地）确定主模块本身就是一个有意思的挖掘问题。虽然将网页分解为多个模块是相对容易的，但识别主模块有时候却很困难。大部分确定主模块的自动化方法都依赖于这样一个事实：特定站点通常对其站点上的文档使用类似的布局。因此，如果我们可以从某个站点获取一个文档集合，那么我们就可以使用两种类型的自动化方法：

1）把对模块进行标记当作一个分类问题：这种方式的主要思想是创建一个新的训练数据集，它针对训练数据中的每个模块提取视觉渲染特征。可以使用网络浏览器（如 Internet Explorer）来实现这一点。很多浏览器都会提供一个可以用来提取每个模块的坐标的 API。接下来，我们可以手动标记出一些样本的主模块。这会生成一个训练数据集。由此得到的训练数据集就可用来构建分类模型。然后，我们可以使用这个模型来识别站点上剩余（未标记的）文档的主模块。

2）树匹配方法：大部分网站使用固定的模板来生成文档。因此，如果我们可以提取出模板，那么我们就可以相对容易地识别出主模块。第一步是从HTML页面中提取标签树（tag tree）。这些标签树代表了网站中频繁出现的树模式。可以使用2.7节讨论的树匹配方法从这些标签树中确定模板。当找到模板以后，我们就可以使用提取出的模板来找出每个网页的主模块。许多外部模块在不同页面中经常有着相似的内容，因此可以将它们移除。

树匹配算法在参考文献［303，530］中进行了讨论。

## 2.3 从词条中提取词项

一旦从文档集合中提取出词条，我们就可以将它们转换为带有具体频率的词项。需要注意的是，一个文档中的某个词条可能会重复出现，这些重复出现会被合并为具有适当频率的单次出现。此外，高度频繁的词条通常不具有辨识性，并且相同词条的不同变形需要被合并起来。这些将在接下来的部分讨论。

### 2.3.1 停用词移除

停用词是一门语言的常见词，这类词不携带太多具有辨识性的内容。例如，在一个新闻文章的分类任务中，我们期望像“the”这样的一个单词在体育相关的文章中出现的频率和在政治相关的文章中出现的频率大致相同。因此，去除这类辨识性较差的单词是比较合理的。下面是一些常用的策略：

1）所有冠词、介词和连词都是停用词。代词有时也被认为是停用词。

2）可以使用与具体语言相关的停用词词典。

3）可以识别出在任意特定集合中频繁出现的词条，可以对频率设置一个阈值来移除停用词。

停用词移除是利用逆文档频率归一化对高频词进行降权这样的温和方法的一个硬变种。在某些情形中，这种直接移除停用词的做法会损失一些信息。因此，很多搜索和挖掘系统并不会移除停用词，而是仅依赖于对高频词进行降权的方法。

### 2.3.2 连字符

处理连字符有时是比较棘手的，因为在某些情形中它们可以定义单词的边界，而在其他情形中它们又应该被视作独立的单词。例如，像“state-of-the-art”这样的复合形容词总带有连字符，不管它在句子中的位置如何。在这样的情形中，我们可以为这个词条创建一个单独的词项。某些系统中可能会把这个词项表示为“stateoftheart”。在其他情形中，两个或两个以上的单词可能会修饰一个名词，因此可能会使用连字符将它们连接起来作为一个复合形容词。根据具体的用法和语义意图，在进行挖掘时可能需要也可能不需要将这类词拆开。例如，考虑这样一个句子：

He has a dead-end job.

在这样的情形中，单词“dead-end”很自然地定义了一个单独的语义含义，我们应该将其作为单独的词项保留下来。另一方面，考虑这样一个句子：

The five - year - old girl was playing with the cat.

在这种情形中，单词“five”应该与“year - old”分开。可以看到，这些决策似乎比第一眼看上去要困难。我们通常可以找到包含常见的带有连字符的单词的词典，我们也可以创建自动的、语言相关的规则来决定什么时候应该将带有连字符的单词分开。默认规则是将带有连字符的单词作为单独的词项保留下来，因为在大多数情况下将其分开会导致其语义含义的改变。

另外一个问题是一致性的问题。一些作家会在一个或一个以上的单词之间使用一个连字符，而另外一些作家可能不会。例如，考虑这样的句子：

This road leads to a dead end.

在这种用法中，“dead end”不是复合形容词，因此其中没有连字符。然而，如果将“dead - end”当作带有连字符的单个单词，在语义表示上仍保持一致，这也是比较合理的，因为它指的是相同的基本概念。在这样的情形中，我们可以使用包含①应该用连字符连接和②不应该用连字符连接的常见的相邻单词的词典，来决定是否该把两个相邻的单词当作一个单元来处理。这一步可以通过基于用法的合并（2.3.4 节中讨论）的方式来实现。

### 2.3.3 大小写转换

词项的大小写通常定义了它的语义解释，这与手头的挖掘任务相关。单词大写有很多原因，如作为句子开头、标题的一部分或专有名词。在某些情形中，相同的单词可能出于不同的原因使用大写形式。例如，“Bob”这个单词可以是一个人名，也可以是一个动词。在后一种情形中，它可能是由于在句子开头而使用大写形式，因此我们应该把它转换为小写形式。另一方面，如果“Bob”指的是一个人，则应该保留大写形式。因此，“Bob”和“bob”在词典中将会是不同的词项。

如何确定一个特定词项的具体用法呢？将大小写转换为恰当形式的整个过程被称为大小写格式转换（truecasing）[300]，这是一个机器学习问题。然而，用法上的模糊性和各种其他因素在一定程度上限制了机器学习模型在这类情形中能够达到的效果。在很多情形中，我们可以使用简化的启发式方法。尽管这些规则并不完美，但它们的简单性使处理过程更高效。例如，我们通常可以把句首的单词以及在标题或章节开头的单词转化为小写形式，而保留所有其他单词的大小写形式。

### 2.3.4 基于用法的合并

基于用法的合并的思想与词干提取的思想非常相似，不同的是，它的过程要简单得多，并且这个过程在使用查询表进行词条化的时候就已经提前完成了。其基本思想是同一词条的细微变形通常指的是同一单词。例如，单词“color”和“colour”是同一单词在美式英语和英式英语中的不同拼写形式。类似地，重音符、连字符和空格的用法不仅会因地域不同而有所差异，在不同作家之间也不同。不同的作家可能使用“naive”和“naïve”表示同一概念。在所有这些情形中，将这些变形合并为单个词项是比较重要的。例如，我们可以维护一个哈希表数据结构，其中包含了词条的标准形式以及它们所有可能的词条变形。比如，在对

“naive”或“naïve”进行哈希查找时，两种情况会返回相同的标准形式。

### 2.3.5 词干提取

词干提取是对词根相同的相关单词进行合并的过程。例如，一个文本文档可能包含同一单词的单数或复数形式，各种时态以及其他变形。在这些情形中，将这些单词合并为单个词项是比较合理的。毕竟，从挖掘的角度来看，改变一个单词的时态并不会改变其语义解释。例如，像“eat”“eats”“eating”和“ate”这些单词全部属于与“eat”相对应的同一词项，因此我们应该将它们合并为单个词项。

更一般地，词干提取指的是提取单词形态根的过程，为了实现这个目标，我们可以使用各种原始的启发式方法。常用的技术如下：

1）半自动查询表：词干提取工具的查询表是通过各种启发式方法以半自动的方式提前创建的。例如，在词条“eat”的情形中，这个表可能存储了“eats”“eated”“eatly”和“eating”这些变形。因此，如果在文本提取的时候遇到词条“eating”，我们就可以用单词“eat”去代替它并继续执行提取过程。需要注意的是，并非所有这些单词都是有效的，在某些情形中，所构造的单词往往有不同的语义解释。

2）后缀去除：为了找到某个给定单词的词根形式，我们会存储一小部分规则。例如，我们应该去除常见的后缀，如“ing”“ed”和“ly”。我们也可以去除前缀，尽管去除后缀更常见。

有时候，后缀去除会导致语义含义发生变化。例如，单词“hoping”可能会被截为“hop”，它具有完全不同的含义。类似地，这种类型的方法无法处理像“eat”和“ate”这样的单词对。

3）词形还原：词形还原是一种更复杂的方法，因为它使用具体的词性来确定一个单词的词根形式。这种归一化规则依赖于词性，因此它们与具体的语言高度相关。

有时候我们会认为词形还原不同于词干提取，因为它超越了简单的去除规则，并使用了单词的形态根。这样的方法产生了单词的词典形式，被称为词元。例如，当遇到单词“ate”时，这种方法能够发现其正确的词根是“eat”。与其他词干提取工具相比，词形还原工具需要使用大量的词汇和语言相关的领域知识来执行它的任务。Porter 算法[481]是经典的词形还原算法。Porter 算法的最新版本也被称为 Snowball。我们省略了这种方法的具体细节，因为它超出了本书的讨论范围，实践者随时都可以找到相应的工具包来执行这种任务[481,547]。

## 2.4 向量空间表示与归一化

本节将会讨论向量空间表示，它是大多数应用中所使用的一种稀疏多维的文本表示。一旦提取出词项，我们就有一个可作为基本维度集合的词典（dictionary 或 lexicon）。对于大多数挖掘应用来说，稀疏多维的表示更常用。在这种表示中，每个单词有一个维度（特征），并且只有当单词出现在文档中时，其对应维度的值才是严格的正值，否则为0。这个正值既可以是一个归一化的词项频率，也可以是一个值为1的二元指示量。因为一个给定的文档只包含词典中一个较小的子集，所以这种表示极其稀疏。文档集合具有单词数远大于十万的词典并不罕见，但是每个文档中的平均单词个数可能只有几百。需要注意的是，将文本转化为这种表示的整个过程损失了单词间所有的序列信息。因此，这种模型也被称为词袋（bag - of - words）模型。文本数据有两种常用的多维表示，对应着二元模型和 tf - idf 模型。

在某些应用中，使用 0 - 1 表示就足够了，它对应于一个单词是否在文档中出现。某些机器学习应用只需要使用二元表示，如贝叶斯分类器的伯努利变种。然而，二元表示的确损失了很多信息，因为它不包含各个词项的频率，并且它也没有对单词的相对重要性进行归一化。但是，二元表示的主要优势在于它是紧凑的，并且它可以用于很多应用。如果使用带有单词频率的表示，那么这些应用很难得以利用。例如，考虑这样的场景，我们希望找到频繁共现的 $k$ 个单词的集合，不管它们在文档中的位置如何。在这样的情形中，我们就可以利用二元表示，并将现成的频繁模式挖掘算法应用到多维表示上。文本数据另一个有意思的方面就是，一个特定的单词在文档中的出现与否所包含的信息比其精确的频率更丰富。因此，在某些情形中，利用二元表示可以得到比较合理的结果。在手头的应用只允许输入二元数据的场景中，二元表示是肯定值得一试的。二元模型有时候也被称为伯努利模型或布尔模型。

大部分文本表示并不适用于布尔模型。相反，它们使用词项的归一化频率。这种模型被称为 tf - idf，其中 tf 代表词项频率，idf 代表逆文档频率。在词项提取阶段，我们同时完成了追踪已合并且已进行词干提取的词项的额外任务。

考虑一个包含 $n$ 个 $d$ 维的文档的集合。令 $\overline{X} = (x_1 \cdots x_d)$ 表示词项提取阶段后的一个 $d$ 维的文档。需要注意的是，$x_i$ 表示的是文档未进行归一化的频率。因此，所有 $x_i$ 的值都是非负的，且大部分为 0。因为长文档中的词项频率有时候差异比较大，所以对这些频率使用阻尼函数（damping function）是比较合理的。我们可以将平方根或对数函数应用到这些频率上，以降低虚假内容的影响。换句话说，我们可以用 $\sqrt{x_i}$ 或 $\log(1 + x_i)$ 来代替 $x_i$。虽然这种阻尼函数的使用并不普遍，但大量事实表明，在某些应用中单词频率方面的大幅度变化使得阻尼函数非常重要。阻尼函数的使用还会降低（重复的）虚假单词的影响。

基于词项在整个集合中的出现情况对词项频率进行归一化是比较常见的。归一化的第一步是计算每个词项的逆文档频率。第 $i$ 个词项的逆文档频率 $\mathrm{idf}_i$ 是一个关于其出现的文档数 $n_i$ 的递减函数：

$$\mathrm{idf}_i = \log(n/n_i) \tag{2.1}$$

需要注意的是，$\mathrm{idf}_i$ 的值始终是非负的。如果一个词项存在于集合中的每个文档中，则该词项的 $\mathrm{idf}_i$ 的值为 0。将词项频率与逆文档频率相乘，以这样的方式对词项频率进行归一化：

$$x_i \Leftarrow x_i \cdot \mathrm{idf}_i \tag{2.2}$$

虽然逆文档频率归一化的使用在搜索应用的商业实现中几乎无处不在，但值得注意的是，某些挖掘算法使用原始频率可以获得更好的结果。例如，参考文献［438］中的工作在不使用逆文档频率归一化的情况下取得了更高质量的聚类结果。逆文档频率归一化的一个问题是，尽管弱化停用词可能对结果有所帮助，但它也可能无意间增加了错误拼写的发生次数和其他在预处理阶段没有正确处理的错误而对结果有所损害。因此，这种影响可能是对语料库和应用敏感的。如果在特定应用中选择不使用逆文档频率，那么积极地移除停用词就变得更加重要了。

## 2.5 文本中的相似度计算

很多多维数据挖掘应用使用欧氏距离来衡量两个点之间的距离。$\overline{X}=(x_1 \cdots x_{\mathrm{d}})$和$\overline{Y}=(y_1 \cdots y_{\mathrm{d}})$之间的欧氏距离的定义如下：

$$\text{距离}(\overline{X},\overline{Y}) = \sqrt{\sum_{i=1}^{d}(x_i - y_i)^2} \tag{2.3}$$

第一眼看上去计算两个点之间的距离似乎使用欧氏距离就足够了，因为文本是多维表示的一种特殊情形。然而，在计算那种非常稀疏且不同点上的0值的数目相差较大的多维表示中的距离时，欧氏距离并不好用。不同文档的长度可能不同，这种情形在文本场景中经常出现。

为了理解这一点，考虑下面四个句子：

1）She sat down.

2）She drank coffee.

3）She spent much time in learning text mining.

4）She invested significant efforts in learning text mining.

为了简单起见，假设我们没有移除停用词，并且文本是用没有归一化的布尔形式表示的。需要注意的是，前两个句子实际上是不相关的，但这两个句子都很短。这两个句子中只有5个不同的单词且频率都不为零，它们之间的欧氏距离仅为$\sqrt{4}=2$。在第三个句子和第四个句子中，很多单词是共有的。然而，这些句子也很长，因此也有很多单词只出现在其中的一个句子中。因此，第二对句子之间的欧氏距离为$\sqrt{6}$，比第一种情形的要大。这看起来显然是不正确的，因为第二对句子在语义上很明显是相关的，并且它们在句子构成上有大部分也是一样的。

这个问题是由文档的长度差异造成的。对于两个长文档之间的距离来说，欧氏距离总是会返回更大的值，即便这些文档中有大部分是相同的。例如，对于各包含1000多个不同的单词的两个文档，如果恰好有一半的词项是相同的，则当文档以二元形式表示的时候，它们之间的欧氏距离仍然会大于$\sqrt{1000}$。对于另外任意两个文档来说，如果每个文档中不同的单词数少于500，那么即使它们之间没有一个单词是相同的，它们之间的距离也会小于$\sqrt{1000}$。这种类型的距离函数会导致挖掘结果较差，因为长文档和短文档都没有得到公平的处理。

这说明我们需要的是能够对不同长度的文档进行有效的归一化的距离（或相似度）函数。这个问题的一个很自然的解决方案是，使用表示两个文档的多维向量之间夹角的余弦。需要注意的是，两个向量之间的余弦不取决于向量的长度，而只取决于它们之间的夹角。换句话说，两个向量［由$\overline{X}=(x_1 \cdots x_{\mathrm{d}})$和$\overline{Y}=(y_1 \cdots y_{\mathrm{d}})$表示］之间的余弦相似度的定义如下：

$$\text{cosine}(\overline{X},\overline{Y}) = \frac{\sum_{i=1}^{d} x_i y_i}{\sqrt{\sum_{i=1}^{d} x_i^2}\sqrt{\sum_{i=1}^{d} y_i^2}} \tag{2.4}$$

我们可以看到，这种表示能够很好地对文档长度进行归一化的原因在于其分母包含了文档的范数，因此降低了文档长度差异的影响。这种归一化还确保了余弦相似度始终在（0，1）的范围内。虽然我们在这里没有用 idf 来进行归一化，但在文本挖掘应用中经常（并不总是）会用到。

当每个$\overline{X}$和$\overline{Y}$都是二元向量（而不是 tf - idf 值的向量）的时候，我们可以得到一个更直观的关于余弦相似度的解释。设$S_x$和$S_y$分别为$\overline{X}$和$\overline{Y}$中值为 1 的单词的索引。在这样的情形中，基于集合的余弦相似度可如下计算：

$$\begin{aligned}\text{cosine}(S_x,S_y) &= \frac{|S_x \cap S_y|}{\sqrt{|S_x|}\cdot\sqrt{|S_y|}} \\ &= \text{几何均值}\left\{\frac{|S_x \cap S_y|}{|S_x|},\frac{|S_x \cap S_y|}{|S_y|}\right\}\end{aligned}$$

换句话说，余弦相似度是两个文档中共有的那部分单词的几何均值（对于文本的二元表示的情况来说）。即使在使用 tf - idf 值而不是二元值的情形中，这个因素在余弦计算中也起着主导性的作用。因为余弦相似度的计算很大程度上取决于每个文档中共有的那部分单词，所以它在很大程度上不会受到文档长度的影响。

举个例子，考虑这样的两个文档，其表示为$\overline{X}=(2,3,0,5,0,\cdots,0)$和$\overline{Y}=(0,1,2,2,0,\cdots,0)$。这两个文档之间的余弦相似度如下：

$$\text{cosine}(\overline{X},\overline{Y}) = \frac{2\cdot 0+3\cdot 1+0\cdot 2+5\cdot 2}{\sqrt{2^2+3^2+5^2}\cdot\sqrt{1^2+2^2+2^2}} = \frac{13}{\sqrt{38}\cdot\sqrt{9}} = \frac{13}{3\cdot\sqrt{38}} \tag{2.5}$$

我们也可以把这种余弦相似度看成是归一化后的点积，也就是说它是将每个向量归一化到单位范数后得到的点积。考虑这样一个集合，我们对其中每个向量都进行了归一化。因此，对于任一个向量$\overline{X}$来说，都有 $\sum_{i=1}^{d} x_i^2 = 1$。然后，我们可以将余弦相似度表示为两个向量的点积：

$$\text{cosine}(\overline{X},\overline{Y}) = \frac{\sum_{i=1}^{d} x_i y_i}{\sqrt{\sum_{i=1}^{d} x_i^2}\sqrt{\sum_{i=1}^{d} y_i^2}} = \frac{\sum_{i=1}^{d} x_i y_i}{\sqrt{1}\sqrt{1}} = \overline{X}\cdot\overline{Y} \tag{2.6}$$

有趣的是，如果我们将语料库中的每个文档都归一化到单位范数，则欧氏距离与余弦相似度就没有太大差异，不同的是，它是一个距离函数而不是相似度函数。两者的关系可以如下表示：

$$\|\overline{X}-\overline{Y}\|^2 = \|\overline{X}\|^2 + \|\overline{Y}\|^2 - 2\overline{X}\cdot\overline{Y} \tag{2.7}$$

$$= 1 + 1 - 2\overline{X}\cdot\overline{Y} \tag{2.8}$$

$$= 2(1-\overline{X}\cdot\overline{Y}) \tag{2.9}$$

因为我们提前进行了基于长度的归一化，所以归一化后的欧氏距离总是在（0，2）范围内。因此，如果我们将语料库中的每个向量归一化到单位范数，那么对于各类挖掘应用我们都可以容易地使用欧氏距离而不是余弦相似度。换句话说，通过提前对文档进行归一化并使用欧氏距离，可以获得与使用余弦相似度相同的优势。事实上，对于检索应用来说，只要进行了归一化，则欧氏距离、点积或余弦相似度在使用方面没有差异。

在使用文本布尔表示的情形中，另外一个常用的度量方式是 Jaccard 相似度。令$S_x$和$S_y$为两个文档中的单词的集合，这两个文档是用布尔形式表示的。那么，其 Jaccard 相似度的定义如下：

$$\text{Jaccard}(S_x, S_y)=\frac{|S_x \cap S_y|}{|S_x \cup S_y|}=\frac{S_x\text{和}S_y\text{中共有的词项数}}{S_x\text{和}S_y\text{的并集中各不相同的词项数}}$$

Jaccard 系数与余弦相似度类似，总是在（0，1）范围内。对于通过 tf - idf 形式来表示$\overline{X}=(x_1 \cdots x_d)$ 和$\overline{Y}=(y_1 \cdots y_d)$ 的情形来说，我们可以定义 Jaccard 系数如下：

$$\text{Jaccard}(\overline{X},\overline{Y})=\frac{\sum_{i=1}^{d} x_i \cdot y_i}{\sum_{i=1}^{d} x_i^2+\sum_{i=1}^{d} y_i^2-\sum_{i=1}^{d} x_i \cdot y_i} \tag{2.10}$$

Jaccard 系数对于使用文本布尔表示的情形特别有用。对于 tf - idf 表示来说，使用余弦相似度更为常见，尽管利用 Jaccard 系数可以得到和余弦相似度相似的结果[231,461]。

### 2.5.1 idf 归一化和词干提取是否总是有用

idf 归一化的使用源于信息检索应用，在这些应用中停用词对结果的质量有着很明显的混淆影响。然而，在一些文本挖掘应用中，我们已经观察到 idf 归一化确实有不利影响。例如，在文本分割中（参考 14.2 节），我们可以观察到，在实现 TextTiling 算法[213]的相似度计算中使用归一化会使结果变差。类似地，有研究表明[438] $k$ 均值聚类算法的一些实现和变种在没有进行 idf 归一化的情况下表现更好。此外，在很多面向主题建模、聚类和分类的概率模型中，基本的生成假设意味着我们应该使用原始的词项频率，而不是进行 idf 归一化后的频率。类似 $k$ 均值这样的方法是那些概率模型的确定性版本。在面向分类的线性模型中，使用 idf 归一化与使用原始的词项频率几乎是等价的㊀。

像词干提取这样的问题在挖掘应用中有着类似的影响。虽然词干提取的影响在信息检索应用中比较显著㊁（因为用户指定了少量关键词），但在挖掘所包含的文档长度都比较合理的较大集合时，这个问题并没有那么重要。在挖掘像讨论版帖子和推文这种很短的文档时，词干提取仍然可能比较有用。事实上，参考文献［321］中已经阐明，当处理较大的文档时，像词干提取这样的技术有时会降低分类准确率。所有这些观察都表明，使用不同类型的归一

---

㊀ 正则化造成了细微的差异。在没有正则化的情况下，对属性进行任意的变换，在像线性回归这样的方法中总会得到相同的结果。——原书注

㊁ 当用户查询“eat”时，包含“eating”的文档也是有用的。这里的主要问题是一组查询关键词是一个非常小的文档，词干提取有助于降低稀疏性的影响。——原书注

化和预处理方法时务必要谨慎，因为这些方法都是从传统的信息检索场景中继承过来的方法。此外，挖掘中典型设置的约束也并不总是与信息检索中的相同。

## 2.6 本章小结

文本数据需要大量的预处理过程，因为其所处的环境通常具有非结构化的特点。文本处理最重要的过程包括词条化、词项提取和归一化。词条化和词项提取过程与具体的语言高度相关，并且该过程通常可能需要有关于手头语言的领域知识。从一个集合中提取出词项频率之后，我们需要对这些词项频率进行归一化，以使非常频繁的词项具有较低的权重。这种类型的归一化被称为逆文档频率归一化。

文本中的相似度计算是对文档长度高度敏感的。在没有进行归一化的文本上使用欧氏距离会导致灾难性的后果。因此，常用的方法是使用文档对之间的余弦相似度。余弦相似度的隐含效应是在计算点积之前将语料库中的每个文档归一化到单位欧几里得范数。某些其他的相似度函数在以布尔形式表示文本的时候也很常用，如 Jaccard 系数。

## 2.7 参考资料

在一些教科书[31,303,321,491]中可以找到某些关于文本预处理的讨论。在参考文献［79，303］中可以找到与网络相关的面向文本提取的问题。文本预处理的某些方面与文本的信息提取和词性标注有关。在参考文献［430］中可以找到关于面向文本数据的信息提取的讨论。文本预处理的某些方面还与参考文献［322］中讨论的语言建模方法相关。

在参考文献［316］中可以找到关于字符编码方法的讨论。在参考文献［552］中可以找到关于词条化的一些实际建议。在参考文献［303，321］中可以找到关于词条到词项的转换的讨论。参考文献［481，547］讨论了一系列最新的词干提取算法。参考文献［31，303，321，424，491］讨论了与文本表示和基于频率的归一化相关的问题。参考文献［119，423，411，453］提供了各种加权方案的实验结果和理论证明。参考文献［545］提供了有关搜索引擎如何高效地实现相似度计算的讨论。Singhal 等人在参考文献［450］中提出了一个有趣的方法，叫作回转文档长度归一化（pivoted document length normalization）。Metzler 等人在参考文献［337］中讨论了面向短文本片段的相似度计算方法。参考文献［418］研究了基于网络的核相似度计算，其中使用了搜索引擎的查询来评估短文本片段间的相似度。参考文献［231，461］的工作在文本聚类的上下文中比较了一些相似度计算方法，如欧氏距离、余弦相似度、Jaccard 系数以及皮尔逊相关系数。由于没有对文档长度进行归一化，欧氏距离表现较差，而余弦相似度、Jaccard 系数和皮尔逊相关系数的结果则差不多。

### 2.7.1 软件资源

Bow 工具包含一个用 C 语言编写的词条化工具[325]，它是在 GNU 开放许可下发布的。在 Apache OpenNLP[548]中也可以找到一个高质量的词条化工具。Stanford NLP[554]和 NLTK 站点[556]也包含一些可以进行词条化和其他词项提取操作的自然语言处理工具。在参考文献［547］中可以找到 Porter 词干提取工具的最新版本。scikit - learn[550]和基于 R 的 tm 库[551]中也有内置的预处理和词条化功能。在 Weka 库[553]中可以找到基于 Java 的词条化工具和预处理工具。

## 2.8 习题

1. 对下面的句子进行词条化：

After sleeping for 2h, he decided to sleep for another two.

2. 假设所有的冠词、代词和介词都是停用词。对习题 1 中的例子进行合理的词干提取和大小写转换，并转换为向量空间表示。将它们表示为带有相关的频率但没有进行归一化的单词集合。

3. 考虑这样一个集合，其中“after”“decided”和“another”每个单词都占文档集合的16%，其他所有单词占文档集合的 4%。为习题 2 的答案创建一个使用 idf 进行归一化的表示。

4. 证明两个文档之间的 Jaccard 相似度永远不会大于它们之间的余弦相似度。Jaccard 相似度完全等价于余弦相似度的特殊情形是什么？

5. 计算向量（1，2，3，4，0，1，0）和（4，3，2，1，1，0，0）之间的余弦相似度。用 Jaccard 系数重复相同的计算。

6. 将习题 5 中的每个向量归一化到单位范数。计算两个向量之间归一化后的欧氏距离。欧氏距离与习题 5 中计算的余弦相似度之间有什么关系？

7. 在使用布尔形式表示两个文档的情况下，重复习题 5 中的计算。

8. 编写一个计算机程序，计算两个向量之间的余弦相似度。

# 第 3 章
# 矩阵分解与主题建模

“没有人可以和你讲清楚矩阵是什么——你必须自己去看才会懂。”

——电影 *Matrix* 中的科幻人物 Morpheus

## 3.1 导论

大部分文档集合是由文档 - 词项矩阵定义的，其中的行与行（列与列）之间都是高度相关的。这些相关性可以用来创建数据的低维表示，这个过程被称作降维。几乎所有这种类型的降维都可以表示为文档 - 词项矩阵的低秩因式分解。为了理解这一点，考虑定义在包含 7 个单词的词典上的一个示例语料库：

lion，lioness，cheetah，jaguar，porsche，ferrari，maserati

词典中的前三个单词都与猫科动物相关，后三个都与车相关，而（中间的）单词“jaguar”与这两个主题都相关。这是因为“jaguar”这个词是多义的，它的含义取决于其具体用法和上下文。

通常，一个文档中的单词主要与某个特定的主题相关，这将导致属性间的相关性。因此，考虑这样一个情形，其中大多数文档包含大部分来自集合｛lion，lioness，cheetah，jaguar｝或集合｛jaguar，porsche，ferrari，maserati｝的单词。直观来讲，这两个集合定义了可以表达整个集合的新特征。换句话说，所包含的大多数单词来自第一个集合的文档可以表示为（$a$，0），所包含的大多数单词来自第二个集合的文档可以近似地表示为（0，$b$），以及包含的大多数单词同时来自这两个集合的文档可以表示为（$c$，$d$）。我们可以将这组新坐标看作是数据的降维表示。尽管降维可能会损失一些信息，但我们通常可以选择一定大小的表示维度，在这些维度中，语料库中的大部分语义知识被保留下来，只丢失了部分噪声。

噪声的减少可以提升表示的质量。例如，在原始的集合中，单词“lion”和“lioness”（几乎）是同义词，但在基于原始表示的余弦相似度计算中，我们并不会将它们识别为相似的单词。另外，对于“jaguar”，既可以指猫科动物（美洲虎），也可以指车的这种不同用法，我们也无法进行正确的消歧。而降维表示通常能够提升相关单词的语义接近程度，并对同一单词的多种用法进行消歧。因此，当使用降维表示代替原始表示时，很多检索和挖掘算法表现出了更高的准确率。当某种特征变换提高了一个算法的准确率时，我们可以将其看作是一种特征工程方法。特征工程的目标和降维方法的目标稍有不同。特征工程侧重于通过改变数据表示来提升特定算法的准确率，并且它有时候甚至可能会增加表示的维度来实现这些目标。本章主要讨论降维方法，但也会讨论一些特征工程的方法。

值得注意的是，在上述关于猫科动物和车的例子中的新表示能够提取出数据中隐含的语义概念，并将集合中的任意文档表示为这些隐含（潜在）概念的组合。经常可以看到“潜在”这个词被用来形容很多这样的技术，这对应着这样一个事实，即这些概念隐含在数据的汇总统计中。不难观察到，语义概念、主题和簇的想法是紧密相关的。事实上，某些形式的非负降维也被称为主题建模，并且它们在聚类应用中有着双重用法。

降维和潜在语义分析的理论是如何与矩阵分解联系在一起的呢？其基本思想是任何大小为 $n\times d$ 的文档－词项矩阵都可以通过 $k\ll\min\{n, d\}$ 个 $d$ 维的基向量来表示。$k$ 的值定义了数据中语义概念的数目。在我们前面讨论的猫科动物和车的例子中，$k$ 的值为2，而 $d$ 的值为7。一般来说，我们可以将基向量表示为一个大小为 $d\times k$ 的矩阵 $V=[v_{ij}]$，其中的每一列代表一个基向量。在猫科动物和车的例子中，$V$ 的一列（即基向量）对应着猫科动物，而另一列则对应着车。如果我们假设特征是按照上述方式进行排列的，则猫科动物这个概念的基向量可能[㊀]在前四个（七个之中）单词的分量上有着较强的正的分量，而车这个概念可能在后四个单词的分量上面有着较大的正值，其他值可能接近0。另外，$n$ 个文档的 $k$ 维的降维表示可以表示为一个大小为 $n\times k$ 的矩阵 $U=[u_{ij}]$的行，这也是语料库的降维表示。$U$ 中的行提供了与 $V$ 中的基系统相关的文档的坐标（即变换后的表示）。在我们前面的例子中，$U$ 的行将包含两个坐标，对应于文档与猫科动物和（或）车的关联强度。因此，文档－词项矩阵可以通过下面的分解形式来表示：

$$D\approx UV^{\mathrm{T}} \tag{3.1}$$

右边只是一个嵌入矩阵 $U$ 和基矩阵 $V$（的转置）的矩阵乘积，以将降维表示变换到原始的特征空间中。这种类型的矩阵乘法被用于线性代数中所有类型的基本变换中。然而，我们需要找到最佳的基表示 $V$（以及对应的降维表示 $U$），使得式（3.1）中约等关系“≈”的误差较小。因此，我们也可以将这个问题看作是文档－词项矩阵 $D$ 到大小分别为 $n\times k$ 和 $d\times k$ 的两个低秩矩阵的近似因式分解问题。$k$ 的值定义了该因式分解的秩。这种因式分解被称为低秩的原因是 $U$、$V$ 以及 $UV^{\mathrm{T}}$中的每一个矩阵的秩都最多为 $k\ll d$，而 $D$ 的秩可能为 $d$。剩下的 $d-k$ 维子空间在手头的语料库中没有重要的表示，并且可以通过式（3.1）中的约等关系“≈”来捕捉。需要注意的是，分解过程中总会存在一些残差（$D-UV^{\mathrm{T}}$）。事实上，$U$ 和 $V$ 中的元素通常是通过求解一个优化问题得到的，在这个优化问题中，我们需要最小化（$D-UV^{\mathrm{T}}$）中的残差的平方和（或者其他聚合函数）。只有当基矩阵在其不同列中具有较高的相关性时，低误差的因式分解才有可能。

几乎所有形式的降维和矩阵分解都是下面在矩阵 $U$ 和 $V$ 上的优化模型的特殊形式：

最大化 $D$ 和 $UV^{\mathrm{T}}$的元素之间的相似度
满足：
$U$ 和 $V$ 上的约束

㊀ 这里，我们假设了一种具体类型的分解，即非负矩阵分解，因为它具有可解释性。其他分解可能没有这些性质。——原书注

通过改变目标函数和约束条件，我们可以得到具有不同性质的降维方法。最常用的目标函数是（$D-UV^{T}$）中元素的平方和，它也被定义为矩阵（$D-UV^{T}$）的 Frobenius 范数。矩阵的 Frobenius 范数也被称为它的能量（energy），因为它是关于原点的所有二阶矩之和。然而，一些具有概率解释的分解使用最大似然作为目标函数。类似地，施加在 $U$ 和 $V$ 上的约束条件可以使分解具有不同的性质。例如，如果我们在 $U$ 和 $V$ 的列上施加正交约束，则会得到奇异值分解（Singular Value Decomposition，SVD）或潜在语义分析（Latent Semantic Analysis，LSA）。基向量的正交性特别有助于以简单的方式将新文档映射到变换后的空间中。另一方面，通过对 $U$ 和 $V$ 施加非负约束，我们可以获得更好的语义可解释性。在本章中，我们将讨论不同类型的降维方法以及它们的相对优势。

### 3.1.1 本章内容组织结构

本章内容组织如下：本节剩余的部分会讨论一些用来实现降维表示的传统方法；3.2 节介绍奇异值分解模型，也被称为潜在语义分析；非负矩阵分解会在 3.3 节介绍；概率潜在语义分析在 3.4 节介绍；3.5 节介绍隐含狄利克雷分布；3.6 节介绍非线性降维方法；3.7 节进行小结。

### 3.1.2 将二分解归一化为标准的三分解

上述的优化模型将 $D$ 分解为 $U$ 和 $V$ 两个矩阵。我们很快可以注意到这种分解并不是唯一的。例如，在 $U$ 的每个元素上乘以 2，然后在 $V$ 的每个元素上除以 2，同样可以得到相同的乘积 $UV^{T}$。此外，我们可以将这种技巧应用到 $U$ 和 $V$ 中特定的某一列（如第 $r$ 列）上来获得相同的结果。换句话说，对 $U$ 和 $V$ 的列赋予不同的归一化因子也可以产生相同的乘积。

因此，一些降维方法将矩阵的二分解转化为三分解，其中每一个矩阵都满足一定的归一化规则。这个额外的矩阵通常是元素非负的大小为 $k\times k$ 的对角矩阵，其中第（$r$，$r$）个元素包含第 $r$ 列的缩放因子。具体而言，对于任何将 $D$ 分解为 $n\times k$ 大小的矩阵 $U$ 和 $d\times k$ 大小的矩阵 $V$ 的二分解（$D\approx UV^{T}$），我们都可以将其转化成一个唯一[1]的如下形式的三分解：

$$D\approx Q\Sigma P^{T} \tag{3.2}$$

式中，$Q$ 是一个归一化了的大小为 $n\times k$ 的矩阵（从 $U$ 演变而来）；$P$ 是一个归一化了的大小为 $d\times k$ 的矩阵（从 $V$ 演变而来）；$\Sigma$ 是一个大小为 $k\times k$ 的对角矩阵，其对角线上的元素包含 $k$ 个潜在概念的非负的归一化因子。$Q$ 和 $P$ 中的每一列都满足这样的约束，即其 $L_2$ 范数（或 $L_1$ 范数）的值为 1。在类似奇异值分解这样的方法中使用 $L_2$ 范数和在类似概率潜在语义分析这样的方法中使用 $L_1$ 范数都是比较常见的。为了方便讨论，假设我们使用的是 $L_2$ 范数。那么，从二分解到三分解的转化可通过以下几步来实现：

1）对每一个 $r\in\{1\cdots k\}$，令 $U$ 的第 $r$ 列 $\overline{U_r}$ 除以它的 $L_2$ 范数 $\|\overline{U_r}\|$，由此得到的矩阵用 $Q$ 表示。

2）对每一个 $r\in\{1\cdots k\}$，令 $V$ 的第 $r$ 列 $\overline{V_r}$ 除以它的 $L_2$ 范数 $\|\overline{V_r}\|$，由此得到的矩阵用 $P$ 表示。

[1] 这种因式分解是唯一的，除非在 $P$ 和 $Q$ 中的任意特定列上乘以 $-1$。——原书注

3）创建一个大小为 $k \times k$ 的对角矩阵 $\Sigma$，其中第（$r$，$r$）个元素是非负值 $\|\overline{U_r}\| \cdot \|\overline{V_r}\|$。

很容易证明新创建的矩阵 $Q$、$\Sigma$ 和 $P$ 满足下面的关系：

$$Q\Sigma P^{\mathrm{T}} = UV^{\mathrm{T}} \tag{3.3}$$

值得注意的是，这种归一化的方式使得 $\Sigma$ 中对角线上的所有元素总是非负的。三分解的归一化性质使得很多降维方法都使用这样的表示。本章后面会给出一个 $L_1$ 归一化的例子（见图3.2）。对角矩阵中的元素直观地表示了不同潜在概念的相对重要性。例如，在上文讨论的文档与车和猫科动物相关的例子中，如果关于车的文档比关于猫科动物的文档更丰富，并且词项频率更高，那么对于与车相关的元素来说，$\Sigma_{rr}$ 对角线上的相应元素值会更大。从某种意义上来说，$\Sigma_{rr}$ 反映了集合中第 $r$ 个潜在概念的相对频率。不同概念的不同频率也为降维方法提供了依据。如果我们令 $k = d$，那么很多非频繁潜在概念的 $\Sigma_{rr}$ 值将会非常小。在不影响矩阵分解中固有的近似准确率的情况下，我们可以将这些概念弃除。这正是我们通常可以使用远比维度 $d$ 小的秩 $k$ 的原因。在文本集合中，$d$ 的值（如词项的个数）可能是几十万，而 $k$ 的值只是几百。

在接下来的讨论中，我们将从二分解的角度来讨论面向降维的优化问题，而在其他部分我们以三分解的形式来展开讨论。这是因为在不同场景中使用不同选择可以获得更好的解释性，尽管在数学意义上它们是等价的。

## 3.2 奇异值分解（SVD）

SVD 被用在各种形式的多维数据中，它在文本领域中的实例化被称为潜在语义分析（LSA）。考虑大小为 $n \times d$ 的矩阵 $D$ 可能的最简单的分解，即将其分解为大小为 $n \times k$ 的矩阵 $U = [u_{ij}]$ 和大小为 $d \times k$ 的矩阵 $V = [v_{ij}]$，我们可以把这个问题看成是一个无约束的矩阵分解问题：

$$\text{最小化}_{U,V} \|D - UV^{\mathrm{T}}\|_F^2$$

满足：

$U$ 和 $V$ 上没有约束

式中，$\|\cdot\|_F^2$ 指的是矩阵的 Frobenius 范数，它是矩阵内所有元素的平方和。矩阵（$D - UV^{\mathrm{T}}$）也被称为残差矩阵，因为它的元素包含了原始矩阵 $D$ 的低秩分解产生的残差。这种优化问题是目标函数比较常见且不带约束的矩阵分解的最基本的形式。这种形式化具有无限多种可替代的最优解（见习题2和习题3）。然而，其中一种解[㊀]是矩阵 $V$ 的列是标准正交的，它允许利用简单的坐标轴旋转（即矩阵乘法）对不包含在 $D$ 中的文档进行变换。上述无约束的优化问题的一个重要性质是施加正交约束并不会使最优解变差。下面带有约束的优化问题至少共享一个最优解（与无约束的版本）[149, 460]：

$$\text{最小化}_{U,V} \|D - UV^{\mathrm{T}}\|_F^2$$

满足：

$U$ 的列相互正交

$V$ 的列相互标准正交

---

㊀ 这种解是唯一的，除非在 $U$ 或 $V$ 的任一列上乘以 $-1$。——原书注

也就是说，无约束优化问题的最优替代解也满足正交约束。值得注意的是，只有满足正交约束的解才被认为是 SVD，因为它具有一些有趣的性质，尽管确实存在其他的最优解（见习题 2 和习题 3）。

这种解（满足正交约束）的另一个重要性质是，我们可以使用半正定矩阵 $D^{\mathrm{T}}D$ 或 $DD^{\mathrm{T}}$ 中任一个的特征分解（eigen - decomposition）来计算它。这种解的性质如下所示（见习题 3（a）、习题 5、习题 6）：

1）$V$ 的列是由大小为 $d \times d$ 的半正定且对称的矩阵 $D^{\mathrm{T}}D$ 的 top - $k$ 个单位特征向量来定义的。对一个对称且半正定的矩阵进行对角化可以得到一些特征值非负的标准正交的特征向量。在确定 $V$ 以后，我们还可以通过计算 $DV$ 来得到降维表示 $U$，这在原始的数据矩阵中只是一个在行（文档）上的坐标轴旋转操作。这是由 $V$ 的列的标准正交性造成的，它使得 $DV \approx U(V^{\mathrm{T}}V) = U$。我们也可以用这种方法来计算不包含在 $D$ 内的任意行向量 $\overline{X}$ 的降维表示 $\overline{X}V$。

2）$U$ 的列也是由大小为 $n \times n$ 的点积矩阵 $DD^{\mathrm{T}}$ 的 top - $k$ 个缩放后的特征向量定义的，该矩阵的第（$i$，$j$）个元素是第 $i$ 个文档和第 $j$ 个文档之间的点积相似度。其中定义了缩放因子，以使每一个特征向量与其特征值的平方根相乘。也就是说，我们可以使用点积矩阵缩放后的特征向量直接生成降维表示。对于非线性降维方法来说，这一事实有一些有趣的结果，这些方法用另一种相似度来代替点积矩阵（参考 3.6 节）。这种方法在 $n \ll d$ 时对线性 SVD 也很有效，因为 $n \times n$ 的矩阵 $DD^{\mathrm{T}}$ 相对较小。在这些情形中，我们先通过 $DD^{\mathrm{T}}$ 的特征分解获得 $U$，然后用 $D^{\mathrm{T}}U$ 得到 $V$。

3）即使 $DD^{\mathrm{T}}$ 的 $n$ 个特征向量和 $D^{\mathrm{T}}D$ 的 $d$ 个特征向量不同，但 $DD^{\mathrm{T}}$ 和 $D^{\mathrm{T}}D$ 的最大的 $\min\{n, d\}$ 个特征值也是相同的，且所有其他特征值都为 0。

4）SVD 的近似矩阵分解的总的平方误差与那些不包含在 top - $k$ 个特征向量中的 $D^{\mathrm{T}}D$ 的特征值之和相等。如果我们将分解的秩 $k$ 设为 $\min\{n, d\}$，那么我们就可以获得一个变换到正交基空间中的具有零误差的精确分解。

这种具有零误差的秩 $k = \min\{n, d\}$ 的分解是特别有趣的。我们根据 3.1.2 节的方法将（零误差的）二分解转化为三分解，这会产生一个标准的 SVD：

$$D = Q\Sigma P^{\mathrm{T}} = \underbrace{(Q\Sigma)}_{U}\underbrace{P^{\mathrm{T}}}_{V^{\mathrm{T}}} \tag{3.4}$$

式中，$Q$ 是一个大小为 $n \times k$ 的矩阵，它包含 $DD^{\mathrm{T}}$ 的所有 $k = \min\{n, d\}$ 个非零特征向量；$P$ 是一个大小为 $d \times k$ 的矩阵，它包含 $D^{\mathrm{T}}D$ 的所有 $k = \min\{n, d\}$ 个非零特征向量。$Q$ 的列被称为左奇异向量（left singular vector），而 $P$ 的列被称为右奇异向量（right singular vector）。此外，$\Sigma$ 是一个（非负的）对角矩阵，其中的第（$r$，$r$）个值与 $D^{\mathrm{T}}D$ 的第 $r$ 个最大的特征值的平方根相等（与 $DD^{\mathrm{T}}$ 的第 $r$ 个最大的特征值相同）。$\Sigma$ 对角线上的元素也被称为奇异值（singular value）。需要注意的是，奇异值总是非负的。$P$ 和 $Q$ 的列的集合是各自相互正交的，因为它们是对称矩阵的单位特征向量。容易验证［用式（3.4）］$D^{\mathrm{T}}D = P\Sigma^2 P^{\mathrm{T}}$ 以及 $DD^{\mathrm{T}} = Q\Sigma^2 Q^{\mathrm{T}}$，其中 $\Sigma^2$ 是一个对角矩阵，它包含 $D^{\mathrm{T}}D$ 和 $DD^{\mathrm{T}}$ 的 top - $k$ 个非负特征值（它们是相同的）。

SVD 被形式化地定义为具有零误差的精确分解。那 SVD 的近似变种，也就是矩阵分解的主要目标呢？在实际中，我们往往使用满足 $k \ll \min\{n, d\}$ 的值来获得近似的或截断的

(truncated) SVD：

$$D \approx Q\Sigma P^{\mathrm{T}} \tag{3.5}$$

在实际场景中的一个常见做法是使用截断的 SVD。在整本书中，我们总使用“SVD”这个术语表示截断的 SVD。

正如矩阵 $P$ 在它的列中包含了 $D$ 的 $d$ 维的基向量一样，矩阵 $Q$ 在它的列中包含了 $D^{\mathrm{T}}$ 的 $n$ 维的基向量。换句话说，SVD 同时寻找文档和词项的近似基向量。SVD 这种同时为行空间和列空间寻找近似基向量的能力如图 3.1 所示。此外，矩阵 $\Sigma$ 的对角线上的元素为我们提供了一种量化不同语义概念的相对重要性的方式。

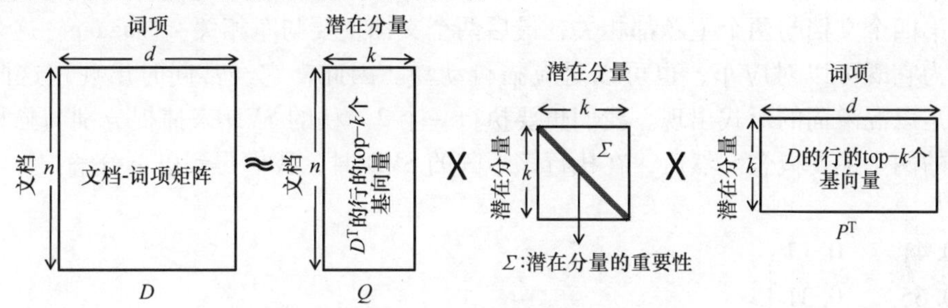


图 3.1　从 $D$ 和 $D^{\mathrm{T}}$ 的基向量看 SVD 的双重解释性

我们可以将 SVD 表示为 1 - 秩矩阵的加权和。令 $Q_i$ 为大小为 $n\times 1$ 的矩阵，对应于 $Q$ 的第 $i$ 列；$P_i$ 为大小为 $d\times 1$ 的矩阵，对应于 $P$ 的第 $i$ 列。然后，我们可以使用简单的矩阵乘法定律对 SVD 的乘积进行如下形式的谱分解：

$$Q\Sigma P^{\mathrm{T}} = \sum_{i=1}^{k} \Sigma_{ii} Q_i P_i^{\mathrm{T}} \tag{3.6}$$

需要注意的是，每个 $Q_i P_i^{\mathrm{T}}$ 都是一个大小为 $n\times d$ 的 1 - 秩矩阵，且它的 Frobenius 范数为 1。此外，可以证明 $Q\Sigma P^{\mathrm{T}}$ 的 Frobenius 范数为 $\sum_{i=1}^{k}\Sigma_{ii}^2$，它是保留在表示中的能量值。最大化保留下来的能量与最小化由截断的奇异值（很小）的平方和定义的损失是一样的，因为两者的和总是等于 $\| D \|_F^2$。保留在近似矩阵中的能量与变换后的表示中的能量相同，因为距离的平方不会随着坐标轴旋转改变。因此，保留下来的奇异值的平方和提供了变换后的表示 $DP$ 中的能量。这个观察的一个重要结果是 $D$ 在 $P$ 的任一列 $\overline{p}$ 上的投影 $D\overline{p}$ 的 $L_2$ 范数等于对应的奇异值。换句话说，SVD 自然地选择了沿着数据变换后呈最大分散性的正交方向。

### 3.2.1　SVD 的例子

举一个例子来说明 SVD 的内部原理。考虑一个大小为 6×6 的矩阵 $D$，它定义在如下所示的一个大小为 6 的词典上：

lion，tiger，cheetah，jaguar，porsche，ferrari

数据矩阵 $D$ 如下所示：

$$D=\begin{pmatrix} & \text{lion} & \text{tiger} & \text{cheetah} & \text{jaguar} & \text{porsche} & \text{ferrari} \\ \text{文档-1} & 2 & 2 & 1 & 2 & 0 & 0 \\ \text{文档-2} & 2 & 3 & 3 & 3 & 0 & 0 \\ \text{文档-3} & 1 & 1 & 1 & 1 & 0 & 0 \\ \text{文档-4} & 2 & 2 & 2 & 3 & 1 & 1 \\ \text{文档-5} & 0 & 0 & 0 & 1 & 1 & 1 \\ \text{文档-6} & 0 & 0 & 0 & 2 & 1 & 2 \end{pmatrix}$$

需要注意的是，这个矩阵表示了与车和猫科动物相关的主题。前三个文档主要与猫科动物相关，第四个文档与两个主题都相关，最后两个文档主要与车相关。“jaguar”这个词是多义的，因为它既可以对应车，也可以对应猫科动物。因此，它经常同时出现在这两类文档中，并且是以混淆词的形式出现。我们想要执行一个2-秩的SVD来捕捉分别与猫科动物和车相对应的两个主要概念。然后，在执行该矩阵的SVD时，我们得到以下分解：

$$D \approx Q\Sigma P^{\mathrm{T}}$$

$$\approx \begin{pmatrix} -0.41 & 0.17 \\ -0.65 & 0.31 \\ -0.23 & 0.13 \\ -0.56 & -0.20 \\ -0.10 & -0.46 \\ -0.19 & -0.78 \end{pmatrix} \begin{pmatrix} 8.4 & 0 \\ 0 & 3.3 \end{pmatrix} \begin{pmatrix} -0.41 & -0.49 & -0.44 & -0.61 & -0.10 & -0.12 \\ 0.21 & 0.31 & 0.26 & -0.37 & -0.44 & -0.68 \end{pmatrix}$$

$$= \begin{pmatrix} 1.55 & 1.87 & 1.67 & 1.91 & 0.10 & 0.004 \\ 2.46 & 2.98 & 2.66 & 2.95 & 0.10 & -0.03 \\ 0.89 & 1.08 & 0.96 & 1.04 & 0.01 & -0.04 \\ 1.81 & 2.11 & 1.91 & 3.14 & 0.77 & 1.03 \\ 0.02 & -0.05 & -0.02 & 1.06 & 0.74 & 1.11 \\ 0.10 & -0.02 & 0.04 & 1.89 & 1.28 & 1.92 \end{pmatrix}$$

重构后的矩阵是一个关于原始文档-词项矩阵的很好的近似。此外，每个点都有一个2维的嵌入，对应着$Q\Sigma$的行。显然，前三个文档的降维表示非常相似，后两个文档的降维表示也很相似。第四个文档的降维表示似乎介于其他文档的表示之间。这是合乎逻辑的，因为第四个文档同时对应着猫科动物和车。从这个角度来看，降维表示似乎与我们在相对坐标方面的预期相符合。然而，这种表示的一个令人烦恼的特点就是，从这种嵌入中很难得到任何绝对的语义解释。例如，$P$中的两个潜在向量很难与猫科动物和车的原始概念相匹配。$P$中的主要潜在向量是$[-0.41, -0.49, -0.44, -0.61, -0.10, -0.12]$，其中所有分量都是负的。第二个潜在向量同时包含正分量和负分量。因此，主题与潜在向量之间的对应关系不是非常明确。一部分问题在于其中的向量同时具有正分量和负分量，这降低了它们的可解释性。奇异值分解的主要缺点就是缺乏可解释性，因此其他非负的分解形式有时更受青睐。此外，对$P$中的向量施加正交约束并不是非常自然，尤其是当两个主题有像“jaguar”这样的多义且容易混淆的单词的时候。因此，比起很多其他形式的矩阵分解，SVD在处理多义词方面的表现相对较差。然而，它也并非一无是处，它能相对较好地处理同义词的问题。

### 3.2.2 实现 SVD 的幂迭代法

幂迭代法是寻找大小为 $d \times k$ 的基矩阵 $P$ 的一种有效的方式。需要注意的是，在文档-词项矩阵 $D$ 上右乘 $P$ 可以得到降维表示 $Q\Sigma$，因为我们有 $DP \approx Q\Sigma$。幂迭代方法可以找到任意矩阵（如 $D^{\mathrm{T}}D$）的主特征向量，具体方式是首先将其随机初始化为一个 $d$ 维的列向量 $\overline{p}$，然后重复地左乘 $D^{\mathrm{T}}D$，并将其缩放到单位范数。为了减少操作次数，按照 $[D^{\mathrm{T}}(D\overline{p})]$ 中的括号所指示的顺序来计算是比较合理的。因此，我们重复下面的步骤直到收敛：

$$\overline{p} \Leftarrow \frac{[D^{\mathrm{T}}(D\overline{p})]}{\|[D^{\mathrm{T}}(D\overline{p})]\|}$$

数据矩阵 $D$ 在向量 $\overline{p}$ 上的投影具有与第一个特征值的平方相等的能量。因此，第一个特征值 $\sigma$ 是使用向量 $D\overline{p}$ 的 $L_2$ 范数得到的。因为 $D\overline{p}$ 包含 $n$ 个文档沿着第一个潜在方向 $\overline{p}$ 的 $n$ 个不同坐标，所以 $Q$ 的第一列 $\overline{q}$ 可以通过单次执行下面的步骤来获得：

$$\overline{q} \Leftarrow \frac{D\overline{p}}{\sigma} \tag{3.7}$$

这就确定了第一组特征向量和特征值。下一对特征向量和特征值可以使用式（3.6）所示的谱分解来得到。首先，我们通过调整数据矩阵，将由第一组特征向量贡献的1-秩分量移除，具体如下：

$$D \Leftarrow D - \sigma\,\overline{q}\,\overline{p}^{\mathrm{T}} \tag{3.8}$$

需要注意的是，即使 $\overline{p}$ 和 $\overline{q}$ 是向量，我们也把它们当作表达式 $\sigma\,\overline{q}\,\overline{p}^{\mathrm{T}}$ 中的大小为 $n \times 1$ 和 $d \times 1$ 的矩阵来处理，以获得大小为 $n \times d$ 的1-秩矩阵。一旦移除了第一个分量的影响，我们就重复这个过程以获得第二组特征向量和特征值。重复整个过程 $k$ 次，以获得秩为 $k$ 的奇异值分解。值得注意的是，在面向文本数据的情形中，矩阵 $D$ 是比较稀疏的，因此可以使用其他高效的实现方法，如 Lanczos 算法[145,146]。

### 3.2.3 SVD/LSA 的应用

奇异值分解（在其以文本为中心的实现中也被称为潜在语义索引）被用来对稀疏和极度高维的文本进行降维，将这样的文本压缩为只有几百维的更传统的多维形式。降维的一个额外的作用是会降低同义词和多义词带来的噪声影响。在文档-词项矩阵的情形中，我们可以基于文档的降维表示使用余弦相似度来计算相似度。如果秩 $k$ 是仔细挑选出来的，则准确率和召回率可能会同时得到提升，但 $k$ 值选择不合理的话，前者往往会下降。准确率和召回率均有提升是因为同义词和多义词的噪声影响被消除。一般而言，对于包含几十万个词项的集合来说，使用介于200~400之间的 $k$ 值就足够了。因此，降维是非常重要的，但新的表示不再是稀疏的。

SVD 也可以使其他不能很好地处理稀疏性的数据挖掘应用变得有效。例如，单变量决策树在处理文档-词项矩阵的原始稀疏表示时表现较差。然而，在变换后的表示上表现会好一些，尤其是在使用多个决策树的组合（即随机森林）时。关于决策树更详细的讨论可参阅第

5 章的5.5 节。

除了提供文档的 $k$ 维表示以外，SVD 还提供了单词的 $k$ 维表示。我们可以通过矩阵 $P\Sigma$ 的行来提取这种 $k$ 维表示。在这个多维空间中，语义上相似的单词彼此之间会更接近。例如，单词“movie”和单词“film”很有可能比“movie”和“song”更接近。另外，单词“movie”和“song”通常会比“movie”和“carrot”更接近。这种类型的双嵌入表示并不是 SVD 独有的，任意形式的矩阵分解都可以实现这一点。

SVD 的正交基表示在求解线性方程组和其他矩阵操作方面也有很多应用。3.6 节会讨论到，它还提供了将 SVD 扩展到非线性降维所需的数学框架。

### 3.2.4 SVD/LSA 的优缺点

相比其他矩阵分解方法，奇异值分解有一些优点和缺点。这些优缺点如下：

1）SVD 的正交基表示对于融入那些不包含在数据矩阵 $D$ 中的新文档的降维表示比较有用。例如，如果$\overline{X}$是一个与某个新文档相对应的行向量，那么它的降维表示由 $k$ 维的向量$\overline{X}V$给出。这种类型的样本外嵌入对于其他形式的矩阵分解来说比较难（尽管有可能）。

2）求解 SVD 所产生的误差与无约束的矩阵分解产生的误差相同。因为大部分其他形式的降维都是带有约束的矩阵分解问题，所以在秩 $k$ 的值相同的情况下，利用 SVD 通常可以得到更小的残差。

3）一个文本集合的主题在词汇方面通常是高度重叠的。因此，由各个主题表示的方向自然也不是正交的，这与正交基向量不匹配。SVD 确实不擅于揭示数据中实际的语义主题（或簇）。大多数不使用正交基向量的非负矩阵分解更擅长表示数据中的聚类结构。

4）SVD 提供的表示没有很好的可解释性，并且很难与集合中的语义概念相匹配。这个问题的关键是特征向量同时包含了难以解释的正分量和负分量。

一个特定方法的使用效果具体取决于手头的场景或应用。

## 3.3 非负矩阵分解

非负矩阵分解是一类具有较好的可解释性的矩阵分解，这种分解对 $U$ 和 $V$ 施加了非负约束。因此，这个优化问题的定义如下：

$$\text{最小化}_{U,V}\ \| D - UV^{\mathrm{T}} \|_F^2$$

满足：

$$U\geqslant 0,\ V\geqslant 0$$

与 SVD 中的情形相同，$U=[u_{ij}]$是一个大小为 $n\times k$ 的优化参数矩阵；$V=[v_{ij}]$是一个大小为 $d\times k$ 的优化参数矩阵。需要注意的是，它们的优化目标相同，但约束不同。

我们通常使用拉格朗日松弛来求解这类带约束的问题。对于 $U$ 中的第（$i$，$s$）个元素$u_{is}$来说，我们引入拉格朗日乘数$\alpha_{is}\leqslant 0$，而对于 $V$ 中的第（$j$，$s$）个元素$v_{js}$来说，我们引入拉格朗日乘数$\beta_{js}\leqslant 0$。我们可以将所有拉格朗日参数组合成一个向量，从而创建一个维度为$(n+d)k$ 的向量（$\overline{\alpha}$，$\overline{\beta}$）。拉格朗日松弛不需要对非负性要求使用硬约束，而是使用惩罚来将约束松弛为更温和的方式，它由扩展后的目标函数 $L$ 来定义：

$$L = \| D - UV^{\mathrm{T}} \|_F^2 + \sum_{i=1}^{n}\sum_{r=1}^{k} u_{ir}\alpha_{ir} + \sum_{j=1}^{d}\sum_{r=1}^{k} v_{jr}\beta_{jr} \tag{3.9}$$

需要注意的是，违反非负约束往往会导致正向惩罚，因为拉格朗日参数不能为正。根据拉格朗日优化的方法，这个扩展后的问题实际上是一个极小极大问题，因为我们需要在拉格朗日参数（向量）的任意特定值处最小化在所有 $U$ 和 $V$ 上的 $L$，但接下来我们需要在拉格朗日参数$\alpha_{is}$和$\beta_{js}$的所有有效值处最大化这些解。换句话说，我们有

$$\mathrm{Max}_{\overline{\alpha}\leqslant 0,\overline{\beta}\leqslant 0}\mathrm{Min}_{U,V} L \tag{3.10}$$

式中，$\overline{\alpha}$ 和 $\overline{\beta}$ 分别为$\alpha_{is}$和$\beta_{js}$中的优化参数向量。这是一个很棘手的优化问题，因为它是通过同时最大化和最小化不同的参数集来形式化的。第一步是计算关于（最小化）优化变量$u_{is}$和$v_{js}$的松弛梯度。因此，我们有

$$\frac{\partial L}{\partial u_{is}} = -(DV)_{is} + (UV^{\mathrm{T}}V)_{is} + \alpha_{is} \quad \forall i \in \{1,\cdots,n\}, s \in \{1,\cdots,k\} \tag{3.11}$$

$$\frac{\partial L}{\partial v_{js}} = -(D^{\mathrm{T}}U)_{js} + (VU^{\mathrm{T}}U)_{js} + \beta_{js} \quad \forall j \in \{1,\cdots,d\}, s \in \{1,\cdots,k\} \tag{3.12}$$

通过将这些偏导数设为0，我们可以得到（松弛的）目标函数在拉格朗日参数的任意特定值处的最优值。因此，我们得到下面的条件：

$$-(DV)_{is} + (UV^{\mathrm{T}}V)_{is} + \alpha_{is} = 0 \quad \forall i \in \{1,\cdots,n\}, s \in \{1,\cdots,k\} \tag{3.13}$$

$$(D^{\mathrm{T}}U)_{js} + (VU^{\mathrm{T}}U)_{js} + \beta_{js} = 0 \quad \forall j \in \{1,\cdots,d\}, s \in \{1,\cdots,k\} \tag{3.14}$$

我们想要消去拉格朗日参数，并且只用 $U$ 和 $V$ 来设置优化条件。事实证明，Kuhn－Tucker 最优性条件[48] 非常有用。这些条件是，对于所有参数来说，都有$u_{is}\alpha_{is}=0$ 以及$v_{js}\beta_{js}=0$。通过将式（3.13）与$u_{is}$相乘以及将式（3.14）与$v_{js}$相乘，我们可以使用 Kuhn－Tucker 条件来将这些麻烦的拉格朗日参数从上述公式中去除。也就是说，我们有

$$-(DV)_{is}u_{is} + (UV^{\mathrm{T}}V)_{is}u_{is} + \underbrace{\alpha_{is}u_{is}}_{0} = 0 \quad \forall i \in \{1,\cdots,n\}, s \in \{1,\cdots,k\} \tag{3.15}$$

$$-(D^{\mathrm{T}}U)_{js}v_{js} + (VU^{\mathrm{T}}U)_{js}v_{js} + \underbrace{\beta_{js}v_{js}}_{0} = 0 \quad \forall j \in \{1,\cdots,d\}, s \in \{1,\cdots,k\} \tag{3.16}$$

我们可以进一步重写这些最优性条件，以使单个参数出现在条件的一侧：

$$u_{is} = \frac{(DV)_{is}u_{is}}{(UV^{\mathrm{T}}V)_{is}} \quad \forall i \in \{1,\cdots,n\}, s \in \{1,\cdots,k\} \tag{3.17}$$

$$v_{js} = \frac{(D^{\mathrm{T}}U)_{js}v_{js}}{(VU^{\mathrm{T}}U)_{js}} \quad \forall j \in \{1,\cdots,d\}, s \in \{1,\cdots,k\} \tag{3.18}$$

即使这些条件本质上是循环的（因为优化参数在两侧都出现了），但对于迭代更新来说，它们是天然的候选方式。

因此，这种迭代方法首先将 $U$ 和 $V$ 中的参数初始化为（0，1）之间的非负随机值，然后使用从上述最优性条件中推导出的更新公式，具体如下所示：

$$u_{is} \Leftarrow \frac{(DV)_{is}u_{is}}{(UV^{\mathrm{T}}V)_{is}} \quad \forall i \in \{1,\cdots,n\}, s \in \{1,\cdots,k\} \tag{3.19}$$

$$v_{js} \Leftarrow \frac{(D^{\mathrm{T}}U)_{js}v_{js}}{(VU^{\mathrm{T}}U)_{js}} \quad \forall j \in \{1,\cdots,d\}, s \in \{1,\cdots,k\} \tag{3.20}$$

接着，重复这些迭代直到收敛。改进后的初始化具有显著的优势，关于这样的方法，读者可参见参考文献［272］。此外，更新期间在分母上加上一个很小的值 $\epsilon>0$ 可以提高数值的稳定性：

$$u_{is} \Leftarrow \frac{(DV)_{is}u_{is}}{(UV^{\mathrm{T}}V)_{is}+\epsilon} \quad \forall i \in \{1,\cdots,n\}, s \in \{1,\cdots,k\} \tag{3.21}$$

$$v_{js} \Leftarrow \frac{(D^{\mathrm{T}}U)_{js}v_{js}}{(VU^{\mathrm{T}}U)_{js}+\epsilon} \quad \forall j \in \{1,\cdots,d\}, s \in \{1,\cdots,k\} \tag{3.22}$$

我们也可以把 $\epsilon$ 看成是一个正则化参数，它的主要目标是防止过拟合。在较小的文档集合中，正则化特别有用。

与所有其他形式的矩阵分解一样，我们可以使用 3.1.2 节中讨论的方法将分解 $UV^{\mathrm{T}}$ 转化为三分解 $Q\Sigma P^{\mathrm{T}}$。比较常见的是对 $U$ 和 $V$ 的每一列使用 $L_1$ 归一化，即所得到的矩阵 $Q$ 和 $P$ 的每一列之和为 1。有趣的是，这种类型的归一化使非负分解与一个密切相关的分解非常相似，这个分解被称为概率潜在语义分析（Probabilistic Latent Semantic Analysis，PLSA）。PLSA 和非负矩阵分解的主要区别在于，前者使用最大化似然优化函数，而非负矩阵分解（通常）使用 Frobenius 范数。然而，某些形式的非负矩阵分解使用 I－散度目标函数，并且已有研究证明这种形式与 PLSA 是一致的[137,185,276]。

### 3.3.1 非负矩阵分解的可解释性

从数据中的簇来看，非负矩阵分解的一个重要性质是它是高度可解释的。$U$ 和 $V$ 的第 $r$ 列 $U_r$ 和 $V_r$ 分别包含数据中有关第 $r$ 个主题的文档隶属度信息和单词隶属度信息。$U_r$ 中的 $n$ 个元素对应着 $n$ 个文档沿着第 $r$ 个主题的非负分量。如果一个文档明显属于主题 $r$，那么它在 $U_r$ 中将会有一个较大的正坐标。否则，它的坐标将为 0 或者为较小的正数（表示噪声）。类似地，$V$ 的第 $r$ 列 $V_r$ 提供了第 $r$ 个簇的高频词汇。与某个特定主题高度相关的词项在 $V_r$ 中会有较大的分量。每个文档的 $k$ 维表示是由 $U$ 的相应行提供的。这种方法允许一个文档属于多个簇，因为给定的 $U$ 中的某一行可能会有多个正坐标。例如，如果一个文档同时讨论了科学和历史，那么它将会有分量沿着与科学相关和与历史相关的词汇的潜在分量的方向。这为沿着不同主题的语料库提供了一个更现实的“部分和”分解，这主要是通过 $U$ 和 $V$ 的非负性来实现的。事实上，我们可以创建文档－词项矩阵的一个分解，即将其分解为 $k$ 个不同的秩为 1 的文档－词项矩阵，分别对应着由该分解捕捉到的 $k$ 个主题。令 $U_r$ 为一个大小为 $n\times1$ 的矩阵，$V_r$ 是一个大小为 $d\times1$ 的矩阵。如果第 $r$ 个分量与科学相关，那么 $U_rV_r^{\mathrm{T}}$ 就是一个大小为 $n\times d$ 的文档－词项矩阵，它包含原始语料库中与科学相关的部分。文档－词项矩阵的分解被定义为下面分量的和：

$$D \approx \sum_{r=1}^{k} U_r V_r^{\mathrm{T}} \tag{3.23}$$

这种分解类似于 SVD 的谱分解，不同的是，它的非负性往往使得它与语义相关的主题的对应关系更好。

### 3.3.2 非负矩阵分解的例子

为了说明非负矩阵分解的语义解释能力，让我们回顾一下3.2.1节中用到的例子，并基于非负矩阵分解创建一个分解：

$$D=\begin{pmatrix} & \text{lion} & \text{tiger} & \text{cheetah} & \text{jaguar} & \text{porsche} & \text{ferrari} \\ \text{文档}-1 & 2 & 2 & 1 & 2 & 0 & 0 \\ \text{文档}-2 & 2 & 3 & 3 & 3 & 0 & 0 \\ \text{文档}-3 & 1 & 1 & 1 & 1 & 0 & 0 \\ \text{文档}-4 & 2 & 2 & 2 & 3 & 1 & 1 \\ \text{文档}-5 & 0 & 0 & 0 & 1 & 1 & 1 \\ \text{文档}-6 & 0 & 0 & 0 & 2 & 1 & 2 \end{pmatrix}$$

这个矩阵表示了与车和猫科动物都相关的主题。前三个文档主要与猫科动物相关，第四个文档与两者都相关，最后两个文档主要与车相关。单词“jaguar”是多义的，因为它既可以对应车也可以对应猫科动物，并且它在两个主题的文档中都存在。

一个高度可解释的2-秩的非负分解如图3.2a所示。为简单起见，我们展示了一个只包含整数的近似分解，尽管在实践中最优解是（几乎总是）以浮点数为主的。

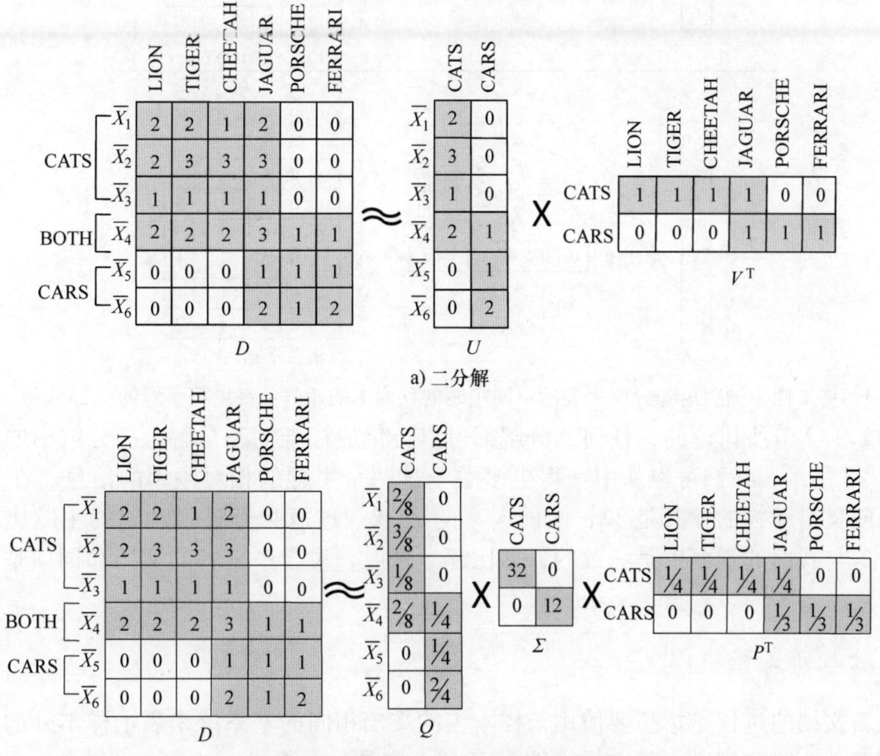


a) 二分解

b) 通过对图a应用$L_1$归一化得到的三分解

图3.2 非负矩阵分解是具有高度可解释性的分解

显然，第一个潜在概念与猫科动物相关，第二个潜在概念与车相关。此外，文档是由两个非负的坐标来表示的，这些坐标显示了它们与两个主题的近似关系。相应地，前三个文档对猫科动物来说有着较大的正坐标，第四个文档在两个主题上都有较大的正坐标，最后两个文档只属于车。我们可以从矩阵 $V$ 中得到不同主题的词汇，具体如下：

Cats：lion，tiger，cheetah，jaguar

Cars：jaguar，porsche，ferrari

值得注意的是，多义词“jaguar”被包含在两个主题的词汇表中，并且它的用法是在分解过程中从上下文（即文档中的其他单词）中自动推断出的。在我们根据式（3.23）将原始矩阵分解为 1 – 秩矩阵时，这一事实尤为明显。这种分解如图 3.3 所示，其中展示了猫科动物和车的 1 – 秩矩阵。特别有趣的是，多义词“jaguar”的多次出现被很好地划分到了两个主题中，这大致与它们在这些主题中的用法相对应。

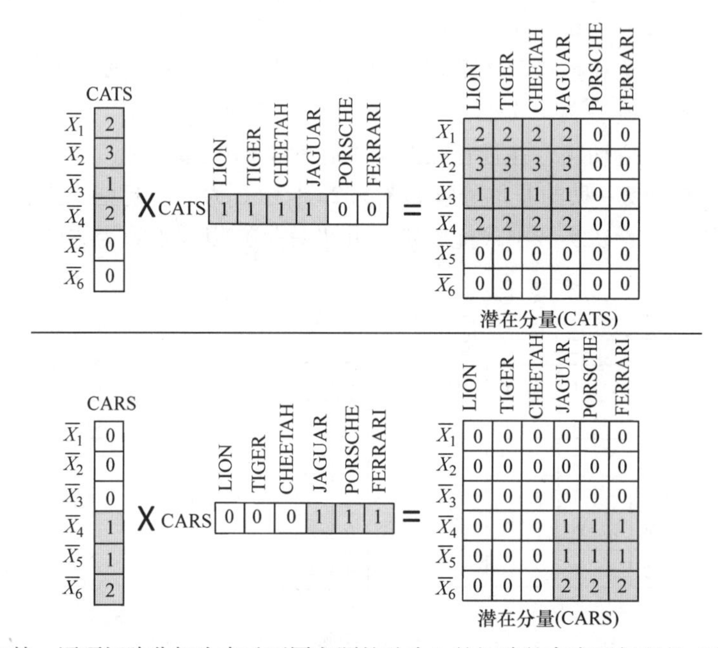


图 3.3　将文档 – 词项矩阵分解为表示不同主题的秩为 1 的矩阵的高度可解释的“部分和”分解

正如 3.1.2 节所讨论的，任何二分解都可以转化成标准的三分解。三分解中的归一化表示如图 3.2b 所示，我们可以从中获得更多关于这两个主题的相对频率的信息。在 $\Sigma$ 的对角线上，面向猫科动物的元素是 32，而面向车的为 12，这意味着猫科动物的主题比车更占主要地位。这与我们的观察也是一致的，即比起车来说，集合中更多的文档和词项是与猫科动物相关的。

### 3.3.3　融入新文档

融入新文档的过程是指想要使用与样本内的文档相同的基系统来表示样本外的文档的过程。利用非负矩阵分解融入新文档不像 SVD 那么容易。令 $D_t$ 为一个新的大小为 $n_t \times d$ 的测试数据矩阵，它的行不包括在原始矩阵 $D$ 中。令 $U_t$ 为 $n_t \times k$ 大小的矩阵，它包含新文档的 $k$ 维

的表示。因为基系统满足秩 $k<d$，所以仅在 $k$ 维的基系统中就可以确定 $d$ 维数据矩阵 $D_t$ 的一个近似表示。这可以通过最小化在固定的 $V$ 和可变的 $U_t$ 上的目标函数 $\|D_t-U_tV^T\|_F^2$ 来实现。固定矩阵 $V$ 是因为我们已经使用样本内矩阵 $D$ 将它估计出来了。我们可以将这个优化问题分解为 $n_t$ 个面向 $U_t$ 中 $n_t$ 行的每一行的最小二乘回归问题。正如第6章的6.2节讨论的，下面给出最优解：

$$U_t=D_tV(V^TV)^{-1} \tag{3.24}$$

这种方法可用于任何的基系统，无论它是否正交。对于像SVD这样的正交基系统来说，我们有 $V^TV=I$，因此式（3.24）可以简化为 $U_t=D_tV$。在非负矩阵分解中，这种求解方式的主要问题是 $U_t$ 可能有负的分量。只有在 $D$ 上进行样本内学习之后固定 $V$，然后通过在 $D_t$ 上执行相同的梯度下降更新来学习 $U_t$，以这样的方式才能够施加非负约束。需要注意的是，$V$ 不是使用样本外的数据来进行更新的。当然，这个过程也不像SVD使用矩阵乘法直接融入那么简单。

### 3.3.4 非负矩阵分解的优缺点

非负矩阵分解有一些优点和缺点：

1）非负性使得分解具有高度的可解释性，因为它能够将分解表示为“部分和”。

2）通过允许基向量中存在非正交性，通常能够更准确地捕捉语义簇（或主题）。

3）与SVD相比，非负矩阵分解可以更好地处理多义词。

4）非负矩阵分解的一个缺点是，计算那些不包含在原始数据矩阵 $D$ 中的文档的降维表示会比较困难（与SVD相比）。因为SVD是正交基系统，所以它能够以简单投影的方式更容易地融入这些文档。

PLSA恰好共享了这种方法的优点和缺点，因为它只是一种不同形式的非负矩阵分解。

## 3.4 概率潜在语义分析（PLSA）

PLSA生成一个如下形式的文档－词项矩阵的归一化的三分解：

$$D\propto Q\Sigma P^T \tag{3.25}$$

式中，$Q$ 是一个大小为 $n\times k$ 的矩阵；$\Sigma$ 是一个大小为 $k\times k$ 的对角矩阵；$P$ 是一个大小为 $d\times k$ 的矩阵。另外，$Q$ 和 $P$ 的每一列的和为1，$\Sigma$ 中的元素之和为1，并且各个元素被解读为概率。$Q$、$P$ 和 $\Sigma$ 严格的以概率为中心的缩放使得在式（3.25）中使用比例关系（而不是等式关系）很有必要，尽管将 $D$ 中的元素缩放到和为1时会产生等式关系。矩阵 $P$、$Q$ 和 $\Sigma$ 定义了用来生成观测矩阵 $D$ 的生成过程的参数。该方法需要学习这些参数以最大化观测数据被用于此生成过程的可能性。那什么是生成过程呢？

其基本思想是假设文档－词项矩阵中的频率是由潜在分量 $\mathcal{G}_1\cdots\mathcal{G}_k$ 的混合量顺序地增加文档－词项矩阵中的元素生成的。这些混合分量是隐变量（hidden variable），也被称为潜在变量（latent variable），因为在数据中观测不到它们，但在对数据建模时它们起到了解释性的作用。一个混合分量也被称为一个方面（aspect）或主题（topic），这使得该方法被认为是一种主题建模方法。因此，如果选定了一个给定的混合分量，则很有可能会增加相关主题的元素。稍后我们可以看到，混合分量的个数 $k$ 定义了分解的秩。我们可以通过重复地从文档－

词项矩阵中选择一个位置并增加它的频率来描述这个基本的生成过程：

1）以概率 $\Sigma_{rr}$ 选定一个混合分量（主题）$\mathcal{G}_r$，其中 $r \in \{1 \cdots k\}$。

2）以概率 $Q_{ir} = P(\overline{X_i} \mid \mathcal{G}_r)$ 选定一个文档$\overline{X_i}$的索引 $i$，以概率 $P_{jr} = P(t_j \mid \mathcal{G}_r)$ 选定一个词项$t_j$的索引 $j$（假设两个选择是条件独立的），然后将 $D$ 中的第（$i$，$j$）个元素的值增加 1。

增加矩阵中元素的值的这个生成过程需要重复的次数与语料库中的词条个数相等（包括词项在具体文档中的重复出现）。图 3.4b 描述了这种对称的生成过程的示意图（见图 3.4a 的解释）。

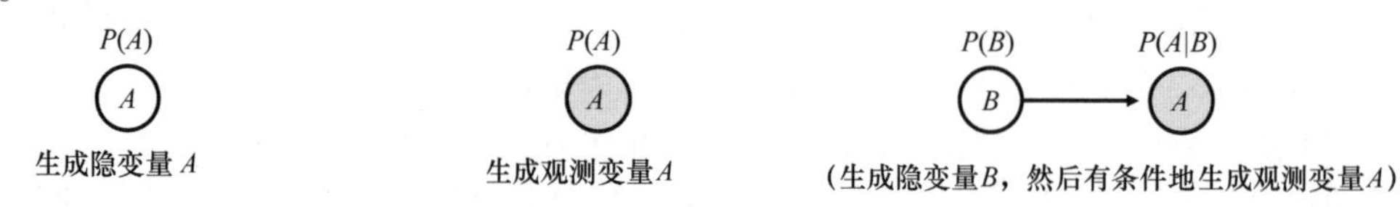


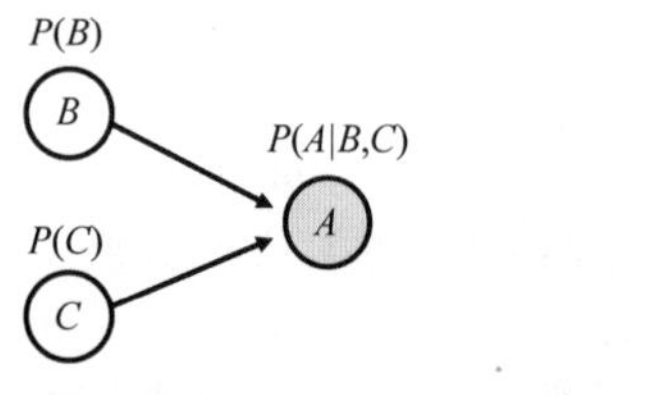


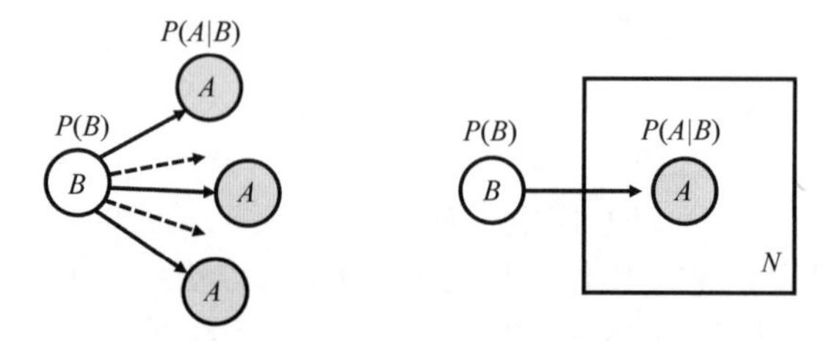


a) 展示生成依赖关系的示意图示例

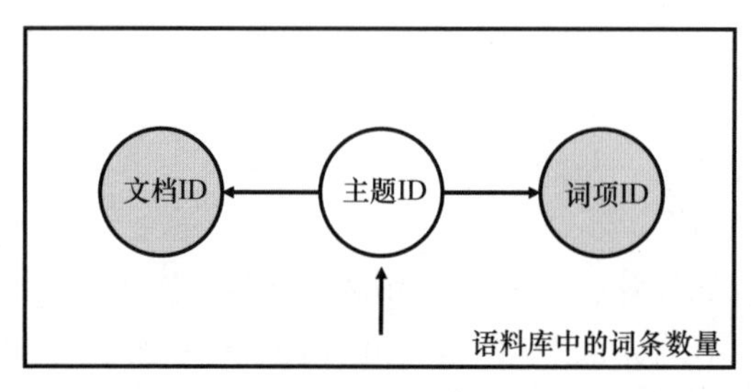

b) 对称的PLSA模型

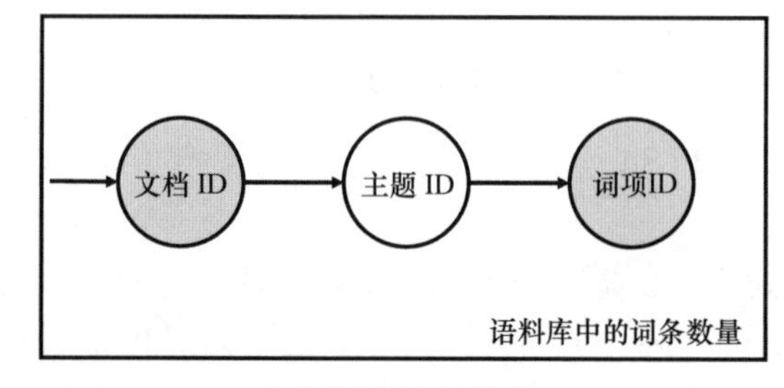


c) 非对称的PLSA模型

图 3.4　PLSA 的示意图和两个等价的生成模型示例

我们必须形式化一个优化问题，使得由这个模型生成的文档 - 词项矩阵的对数似然最大。也就是说，PLSA 的优化问题可以描述如下：

$$\text{最大化}_{(P,Q,\Sigma)}\ [\text{使用 } P、Q、\Sigma \text{ 矩阵中的参数生成 } D \text{ 的对数似然}]$$

$$= \log\left(\prod_{i,j} P(\text{在文档 } i \text{ 中增加词项 } j \text{ 的一次出现})^{D_{i,j}}\right)$$

$$= \sum_{i=1}^{n}\sum_{j=1}^{d} D_{ij} \underbrace{\log(P(\overline{X_i}, t_j))}_{\text{由矩阵}P、Q、\Sigma\text{中的参数决定}}$$

满足：

$P,Q,\Sigma \geqslant 0$

$P$ 的每一列中的元素之和为1

$Q$ 的每一列中的元素之和为1

$\Sigma$ 是一个元素之和为1的对角矩阵

其中的一个关键是 $P$、$Q$ 和 $\Sigma$ 中的元素都被解读为概率，并且该生成过程在此基础上创建了观测矩阵 $D$。这是在 $P$、$Q$ 和 $\Sigma$ 上增加归一化约束的原因。

在生成过程中选择一个特定的文档－词项对（$\overline{X_i}$，$t_j$）的条件概率 $P(\overline{X_i}, t_j \mid \mathcal{G}_r)$ 服从下面的条件独立性假设：

$$P(\overline{X_i},t_j \mid \mathcal{G}_r) = P(\overline{X_i} \mid \mathcal{G}_r) \cdot P(t_j \mid \mathcal{G}_r) \tag{3.26}$$

求解这个优化问题的主要挑战在于我们并不知道哪个混合分量生成了哪个词条。如果只有一个混合分量（即 $k=1$），问题就很容易解决。因此，我们需要同时计算混合隶属度和优化参数。这可以通过使用期望最大化（Expectation Maximization，EM）算法来实现，它以迭代的方式交替地对参数和概率赋值进行优化。该算法从 $Q$、$\Sigma$ 和 $P$ 中随机的非负参数开始，对这些参数进行归一化[⊖]以使其可被解读为概率。在E步中，我们计算每一个观测到的文档－词项对（$\overline{X_i}$，$t_j$）（即词条）是由某个特定混合分量生成的这一事件的后验概率 $P(\mathcal{G}_r \mid \overline{X_i}, t_j)$。因此，E步确定了期望的隶属度。这些概率被当作该词条相对于不同混合分量的“隶属度权重”。M步使用这些隶属度权重来计算每个混合分量中所有参数的最大似然值。M步被称为最大化步骤，因为它实际上是在求解一个简化的优化问题，其中词条相对于不同混合分量的隶属度权重已经固定。E步和M步的具体细节如下：

1）E步：估计每个文档－词项对（$\overline{X_i}$，$t_j$）出现在语料库中的后验概率 $P(\mathcal{G}_r \mid \overline{X_i}, t_j)$。结合参数的当前值并使用贝叶斯法则：

$$P(\mathcal{G}_r \mid \overline{X_i},t_j) = \frac{P(\mathcal{G}_r) \cdot P(\overline{X_i} \mid \mathcal{G}_r) \cdot P(t_j \mid \mathcal{G}_r)}{\sum_{s=1}^{k} P(\mathcal{G}_s) \cdot P(\overline{X_i} \mid \mathcal{G}_s) \cdot P(t_j \mid \mathcal{G}_s)} = \frac{(\Sigma_{rr}) \cdot (Q_{ir}) \cdot (P_{jr})}{\sum_{s=1}^{k} (\Sigma_{ss}) \cdot (Q_{is}) \cdot (P_{js})}, \forall i,j,r \tag{3.27}$$

2）M步：通过把第一步中的条件概率用作元素属于每个生成分量的权重来估计 $Q$、$P$ 和 $\Sigma$ 中的参数，可按如下方式来实现：

$$Q_{ir} = P(\overline{X_i} \mid \mathcal{G}_r) = \frac{\sum_j P(\overline{X_i},t_j) \cdot P(\mathcal{G}_r \mid \overline{X_i},t_j)}{P(\mathcal{G}_r)} \propto \sum_i D_{ij} P(\mathcal{G}_r \mid \overline{X_i},t_j), \forall i,r$$

$$P_{jr} = P(t_j \mid \mathcal{G}_r) = \frac{\sum_i P(\overline{X_i},t_j) \cdot P(\mathcal{G}_r \mid \overline{X_i},t_j)}{P(\mathcal{G}_r)} \propto \sum_i D_{ij} P(\mathcal{G}_r \mid \overline{X_i},t_j), \forall j,r$$

$$\Sigma_{rr} = P(\mathcal{G}_r) = \sum_{i,j} P(\overline{X_i},t_j) \cdot P(\mathcal{G}_r \mid \overline{X_i},t_j) \propto \sum_{i,j} D_{ij} P(\mathcal{G}_r \mid \overline{X_i},t_j), \forall r$$

通过确保 $P$ 和 $Q$ 列中的概率之和以及 $\Sigma$ 的对角线上的元素之和都为1来设置比例常数。

⊖ 也就是说，对于 $P$ 的列、$Q$ 的列和 $\Sigma$ 的对角线上的元素，每一个的和都为1。——原书注与在期望－最大化算法中的所有应用一样，迭代这些步骤直到收敛。我们可以计算每次迭代结束时的似然函数，并在最后几次迭代中检查它是否在其平均值上提高了一个最小量，进而来检验算法是否收敛。

为什么我们能以 $D \propto Q\Sigma P^{\mathrm{T}}$ 这样的分解形式来表示估计出的参数呢？这个原因直接来自参数的概率解释：

$$\begin{aligned}
D_{ij} \propto P(\overline{X_i}, t_j) &= \sum_{r=1}^{k} \underbrace{P(\mathcal{G}_r)}_{\text{选择}r} \cdot \underbrace{P(\overline{X_i}, t_j \mid \mathcal{G}_r)}_{\text{选择}\overline{X_i}, t_j} [\text{关于第}(i,j)\text{个元素递增1的生成概率}] \\
&= \sum_{r=1}^{k} P(\mathcal{G}_r) \cdot P(\overline{X_i} \mid \mathcal{G}_r) \cdot P(t_j \mid \mathcal{G}_r) [\text{条件独立性}] \\
&= \sum_{r=1}^{k} P(\overline{X_i} \mid \mathcal{G}_r) \cdot P(\mathcal{G}_r) \cdot P(t_j \mid \mathcal{G}_r) [\text{对乘积进行重新排列}] \\
&= \sum_{r=1}^{k} Q_{ir} \cdot \Sigma_{rr} \cdot P_{jr} = (Q\Sigma P^{\mathrm{T}})_{ij} [\text{我们熟悉的分解形式}]
\end{aligned}$$

PLSA 与非负矩阵分解非常相似，不同的是，我们优化的是一个最大似然函数（等价于非负矩阵分解中的 I－散度目标函数）而不是 Frobenius 范数。

### 3.4.1 与非负矩阵分解的联系

非负矩阵分解的原始论文[276]提出了另一种使用 I－散度目标函数而不是 Frobenius 范数的形式：

$$\text{最小化}_{U,V} \sum_{i=1}^{n} \sum_{j=1}^{d} \left( D_{ij} \log\left\{ \frac{D_{ij}}{(UV^{\mathrm{T}})_{ij}} \right\} - D_{ij} + (UV^{\mathrm{T}})_{ij} \right)$$

满足：

$$U \geqslant 0, V \geqslant 0$$

这种形式与 PLSA 相同，并且需要对 $U = [u_{is}]$ 和 $V = [v_{js}]$ 进行如下形式的迭代求解：

$$u_{is} \Leftarrow u_{is} \frac{\sum_{j=1}^{d} [D_{ij} v_{js} / (UV^{\mathrm{T}})_{ij}]}{\sum_{j=1}^{d} v_{js}}, \forall i, s; \qquad v_{js} \Leftarrow v_{js} \frac{\sum_{i=1}^{n} [D_{ij} u_{is} / (UV^{\mathrm{T}})_{ij}]}{\sum_{i=1}^{n} u_{is}}, \forall j, s$$

使用 3.1.2 节中讨论的归一化方法可以将这个二分解转化为类似 PLSA 的归一化的三分解。上述的梯度下降步骤提供了另一种求解 PLSA 的方式。因为使用了不同的计算方式，所以由此得到的解可能与期望最大化方法产生的解不完全相同。然而，由于使用了相同的目标函数，这两种情形中的解的质量会非常相似。

### 3.4.2 与 SVD 的比较

PLSA 的三分解如图 3.5 所示，它与 SVD 分解很相似（参考图 3.1）。然而，与 SVD 不同的是，$P$ 和 $Q$ 中的基向量不是相互正交的，但它们具有概率解释。正如 SVD 中的矩阵 $\Sigma$ 表示的是显示不同潜在概念的重要性的奇异值，PLSA 中的矩阵 $\Sigma$ 表示的是先验概率。在 SVD 中，矩阵 $Q$ 提供了文档的降维表示，矩阵 $P$ 提供了词项的降维表示。PLSA 的分解具有高度可解释性。在 $P$ 的每一列中的较大的正元素为该列对应的主题提供了词典，而在 $P$ 的每一行中的较大的正元素为该行对应的单词提供了最相关的主题。

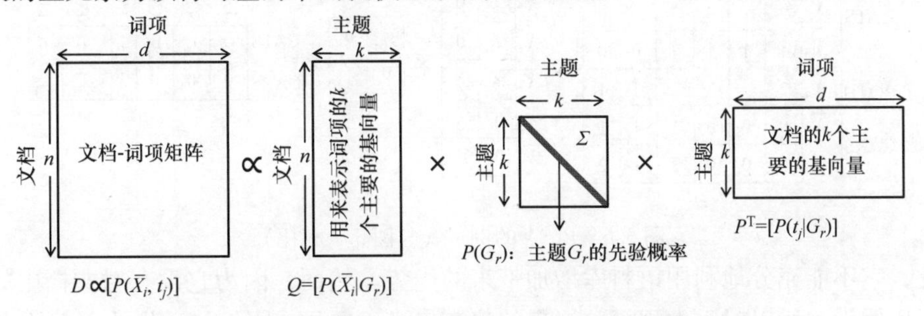


图 3.5　PLSA 的分解与 SVD 的分解（见图 3.1）比较相似，不同的是其基向量是非正交的，并且它具有概率解释

## 3.4.3　PLSA 的例子

让我们回顾一下分别用在 3.2.1 节和 3.3.2 节中的相同的例子，来创建一个分解：

$$D = \begin{pmatrix} & \text{lion} & \text{tiger} & \text{cheetah} & \text{jaguar} & \text{porsche} & \text{ferrari} \\ \text{文档-1} & 2 & 2 & 1 & 2 & 0 & 0 \\ \text{文档-2} & 2 & 3 & 3 & 3 & 0 & 0 \\ \text{文档-3} & 1 & 1 & 1 & 1 & 0 & 0 \\ \text{文档-4} & 2 & 2 & 2 & 3 & 1 & 1 \\ \text{文档-5} & 0 & 0 & 0 & 1 & 1 & 1 \\ \text{文档-6} & 0 & 0 & 0 & 2 & 1 & 2 \end{pmatrix}$$

图 3.6 中展示了一个可能的分解。我们特意使用了与图 3.2b 相同的分解来说明这种相似性，尽管目标函数的差异使得它们在实际中可能略有不同。图 3.2b 与图 3.6 之间的主要差别是，后者的对角矩阵 $\Sigma$ 的每个元素已经被缩放为一个（先验）概率，因此在 PLSA 中观测到的分解都是在一个比例常数范围内的。如果我们对文档 - 词项矩阵进行缩放，使其元素和为 1，则观测到的分解与 PLSA 的分解近似相等。

## 3.4.4　PLSA 的优缺点

因为 PLSA 是一种非负矩阵分解，所以它继承了 3.3.4 节中讨论的所有优点和缺点。然而，我们也可以将 PLSA 看成是概率模型而不是分解模型。从概率的角度来看，它具有下面的优点和缺点：

1）参数估计过程简单、直观且易于理解。从概率和分解的角度来看，它的参数具有多重解释。这种类型的可解释性对于一个实践者来说通常很有用。

2）PLSA 中需要估计的参数数量随着集合的大小线性增长，因为矩阵 $Q$ 有 $O(nk)$ 个参

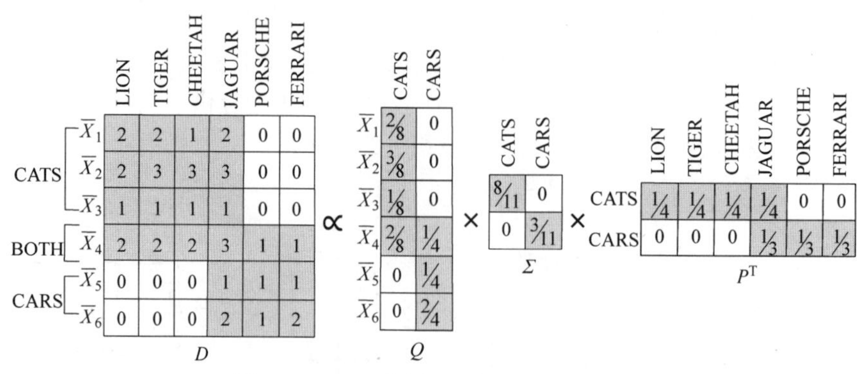


图 3.6 PLSA 的例子（与图 3.2 相比）

数。因此，它不能充分地利用语料库增加带来的优势。然而，因为它没有对文档中的主题分布进行任何假设，所以对于大规模数据集的建模来说，它具有更好的泛化性方面的优势。

3）PLSA 不完全是一个生成模型，在融入新文档时它面临着与非负矩阵分解一样的挑战。通常来讲，对每一个新文档 $\overline{X}$，这个模型都需要重新估计 $P(\mathcal{G}_r \mid \overline{X})$。

其中的部分挑战是通过使用另一个被称为隐含狄利克雷分布（Latent Dirichlet Allocation，LDA）的模型来解决的。

## 3.5 隐含狄利克雷分布（LDA）概览

我们从一个实践者的角度，在本节提供一个关于 LDA 基本原理的理解，以及它相较于 PLSA 的优点和缺点方面的理解。接下来，我们首先描述一个对文档的主题分布采用单个狄利克雷假设的简化的 LDA 模型。随后，我们在出现的词项上利用另一个狄利克雷分布对模型进行平滑。

### 3.5.1 简化的 LDA 模型

在 PLSA 中，参数空间随着语料库的增大成比例地增大，因为矩阵 $Q$ 包含 $nk$ 个参数以及矩阵 $P$ 包含 $dk$ 个参数。矩阵 $Q$ 特别棘手的地方在于它会随着语料库的增大而导致参数空间的爆炸，我们需要通过改变生成机制来找到一种解决这个问题的方式。此外，PLSA 也不是完全的生成模型，因为在完成参数估计后，它很难将新文档融入进来（不过启发式的修正是可能的）。

一部分问题在于 PLSA 尝试独立地生成文档 - 词项矩阵的不同词条，而不是一次生成一个文档（聚类中的大多数混合模型都属于这种情况）。LDA 解决了这个问题，它首先利用狄利克雷分布提前确定文档中主题的组成，然后一次性生成文档 - 词项矩阵的某一行中的所有元素。因此，狄利克雷分布对每个文档都引入了先验结构。在讨论 LDA 的生成过程之前，我们首先讨论 PLSA 的一个略有不同的非对称生成过程。这个生成过程在数学意义上与 3.4 节的对称生成过程是相同的，但它有助于将 PLSA 和 LDA 关联起来。PLSA 的非对称生成过程如下：

1）以概率 $P(\overline{X_i}) = \sum_s P(\mathcal{G}_s)P(\overline{X_i} \mid \mathcal{G}_s) = \sum_s (\Sigma_{ss})(Q_{is})$ 选择第 $i$ 个文档$\overline{X_i}$。

2）以概率 $P(\mathcal{G}_r \mid \overline{X_i}) = \dfrac{P(\mathcal{G}_r \cap \overline{X_i})}{P(\overline{X_i})} = \dfrac{(\Sigma_{rr})(Q_{ir})}{\sum_s (\Sigma_{ss})(Q_{is})}$ 选择主题 $r$。

3）以概率 $P(t_j \mid \mathcal{G}_r) = P_{jr}$ 选择第 $j$ 个词项 $t_j$。

一旦选定了一个文档-词项对，文档-词项矩阵中的对应元素的值就增加1。这种非对称模型的示意图如图3.4c所示。这个过程增加了文档-词项矩阵中的元素的值。我们怎样才能一次性生成完整的行（文档）呢？为了实现这个目标，我们需要针对 $D$ 的第 $i$ 行是如何被定义为不同主题分布上的混合量这一问题做出几种假设。这是通过利用狄利克雷分布（只有 $k$ 个参数）隐式地生成第 $i$ 个文档的 $P(\mathcal{G}_r \mid \overline{X_i})$ 来实现的。从某种意义上讲，我们在主题分布上施加狄利克雷先验来生成某个文档中的相对主题频率。每个文档中的相对主题频率不同，因为它们是通过从狄利克雷分布中采样 $k$ 个相对频率的不同实例来确定的。因此，生成过程中与具体文档相关的参数本身是使用另一组（紧凑的）狄利克雷参数生成的。这减小了参数空间。随后，该方法生成第 $i$ 个文档中的所有词项。我们仍然需要使用矩阵 $P_{jr} = P(t_j \mid \mathcal{G}_r)$ 来确定不同主题的词项分布。因此，对于第 $i$ 个文档来说，其完整的LDA生成过程如下：

1）基于一个泊松分布生成第 $i$ 个文档中的词条数 $n_i$（重复的也需要计算）。

2）基于一个狄利克雷[㊀]分布生成第 $i$ 个文档中的不同主题的相对频率 $\overline{\Theta} = (\theta_1, \theta_2, \cdots, \theta_k)$。这个步骤就像基于狄利克雷分布为文档中的每一个主题 $r$ 生成 $\theta_r = P(\mathcal{G}_r \mid \overline{X_i})$，进而一次性生成文档一样。

3）对第 $i$ 个文档包含的 $n_i$ 个词条中的每一个词条，首先以概率 $P(\mathcal{G}_r \mid \overline{X_i})$ 选择第 $r$ 个潜在分量，然后以概率 $P(t_j \mid \mathcal{G}_r)$ 生成第 $j$ 个词项。与在PLSA中一样，我们仍然需要大小为 $d \times k$ 的参数矩阵 $P$，它保留了包含 $P(t_j \mid \mathcal{G}_r)$ 值的相同解释。

简化的LDA模型的示意图如图3.7a所示。这个生成过程只需要 $O(dk + k)$ 个参数，这可以降低过拟合。此外，这个过程是完全生成式的，因为它以文档为单位的生成机制是完全通过与文档无关的参数来描述的。因此，我们能够以一种自然的方式来估计由任意特定主题生成一个新文档的词项的概率，并可以用这个概率来创建其降维表示。

我们需要使用一个 $k$ 阶的狄利克雷分布来生成样本中每个文档中的 $k$ 个主题的相对频率。$k$ 阶狄利克雷分布的多变量概率密度函数 $f(x_1 \cdots x_k)$ 使用由 $\alpha_1 \cdots \alpha_k$ 表示的 $k$ 个正的浓度参数（concentration parameter）：

$$f(x_1 \cdots x_k) = \underbrace{\frac{\Gamma\left(\sum_{r=1}^{k} \alpha_r\right)}{\prod_{r=1}^{k} \Gamma(\alpha_r)} \prod_{r=1}^{k} (x_r)^{\alpha_r - 1}}_{k\text{维主题空间中的多变量密度函数}} \tag{3.28}$$

㊀ 选择狄利克雷的原因是，如果这些多项式参数的先验分布是一个狄利克雷分布（尽管先验狄利克雷和后验狄利克雷的参数可能不同），那么它就是这些参数的后验分布。如果我们重复地抛掷一个骰子，这个骰子的每个面表示不同的主题，那么由此得到的观测结果被称为多项式分布。在LDA中，不同词条的潜在分量的选择是通过重复抛掷这样一个骰子实现的。狄利克雷分布是多项式分布的一个共轭先验，这个性质使得共轭先验的使用在贝叶斯统计学中很普遍。——原书注

式中，Γ㊀表示伽马函数，它是整数上的阶乘函数到实数域的自然扩展。狄利克雷分布只对和为1（即 $\sum_{r=1}^{k} x_r = 1$ ）的正变量$x_i$才取正的概率密度。这非常方便，因为我们可以把每个生成的包含 $k$ 个值的元组解读为 $k$ 个主题的概率。$0 < \alpha_i << 1$ 的值会导致随机过程的结果比较稀疏，其中只有一小部分主题的概率比较大。这种类型的稀疏性在实际场景中是很自然的，因为一个给定的文档可能只包含数百个主题中的少数几个。此外，第 $i$ 个主题的相对存在比例与$\alpha_i$成比例。固定每个$\alpha_i = 1$ 会产生一个均匀且信息量相当少的先验参数，这会给出与 PLSA[190] 相似的解。因此，学习这些先验参数的合理值将产生质量更高且更自然的模型。与任意其他的生成模型一样，我们需要以数据驱动的方式来估计矩阵 $P$ 中的主题 - 词项参数。要么可以提前固定先验参数$\alpha_1 \cdots \alpha_k$，要么以数据驱动的方式对它们进行估计和调整。默认的方法是将这些先验参数当作由用户提供的输入来处理。我们可以把 LDA 中的先验参数看成是一种巧妙的降低过拟合的正则化方式。

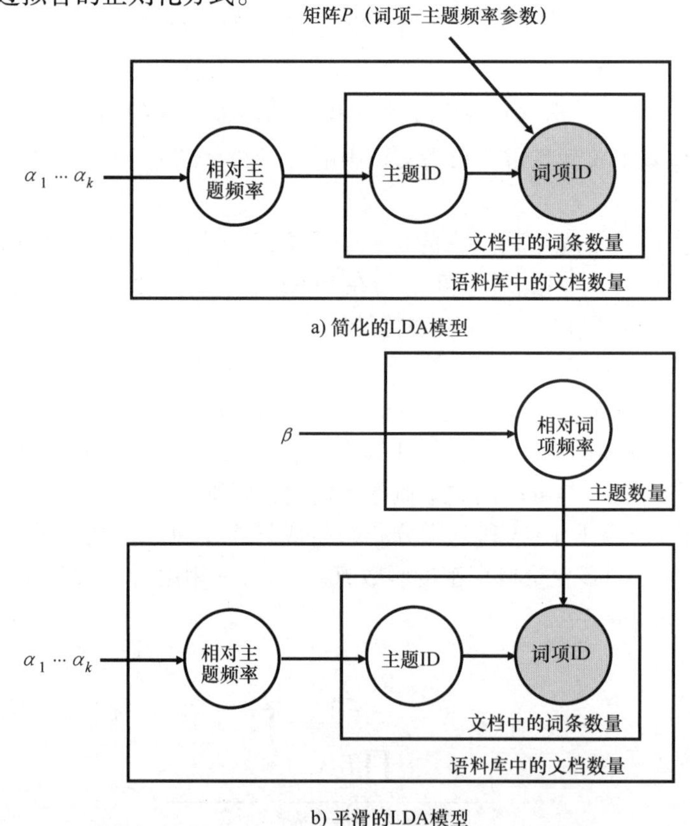


图 3.7　简化的 LDA 模型和平滑的 LDA 模型的示意图

㊀ 对于一个正整数 $n$ 来说，$\Gamma(n)$的值为 $(n-1)!$。对于一个正实数值 $x$ 来说，$\Gamma(x)$的值是通过使用平滑曲线对整数点处的值进行插值来定义的，由此可以得到插值后的值为 $\Gamma(x) = \int_0^{\infty} y^{x-1} e^{-y} dy$ 。更多关于确切的定义和具体函数形式的细节可以在 http://mathworld.wolfram.com/GammaFunction.html 找到。——原书注

LDA 中的参数估计过程相当复杂。EM 算法被用来进行参数估计（与在所有生成模型中一样），同时来自变分推断的技术被用来计算 E 步中的后验概率。在 PLSA 中，计算 E 步中的后验概率是一个比较简单的问题。在 LDA 中，这些后验概率采用 $P(\mathcal{G}_r, \overline{\Theta} \mid \alpha_1 \cdots \alpha_k, t_j)$ 的形式。这种类型的估计要困难得多，并且它需要使用来自变分推断的方法。感兴趣的读者可参见参考文献［54］获得更多细节。有一些优秀的现成软件可以用来执行 LDA，我们会在 3.8.1 节进行介绍。

### 3.5.2 平滑的 LDA 模型

尽管简化的 LDA 模型显著地减少了参数的数目，但当部分词项只包含在一小部分文档中时，这仍然是个问题。当一个新的文档包含之前没有见过的一个词项时，在简化的模型中它最终会被赋予零概率。这是所有类型的概率参数估计中的一个常见的稀疏性问题，并且我们会在概率性分类/聚类模型中看到这种现象的一些例子。在这些场景中的一种自然的解决方案是使用拉普拉斯平滑。LDA 模型使用额外的狄利克雷分布来进行平滑。

平滑意味着什么？平滑是针对混合模型中的参数分布的一种先验假设，以降低由稀疏性导致的过拟合。在这种情形中，我们有 $P(t_j \mid \mathcal{G}_r)$ 形式的 $O(dk)$ 个参数，我们将其当作大小为 $d \times k$ 的矩阵 $P$。因此，我们假设 $P$ 的 $k$ 列中的每一列都是由相同的 $d$ 阶可交换的狄利克雷分布生成的一个实例化。与式（3.28）中的狄利克雷分布（它使用的参数与分布的阶数一样多）不同，可交换的狄利克雷分布使用单个参数 $\beta$ 来生成所有的 $d$ 维多变量实例。使用狄利克雷分布的这个特例很重要，因为使用 $d$ 个参数来描述狄利克雷在一开始就破坏了平滑的目的。因此，我们假设每个主题中的 $d$ 个词项是根据下面的 $d$ 阶狄利克雷分布生成的，该分布由单个值 $\beta$ 来参数化：

$$\underbrace{f(x_1 \cdots x_d) = \frac{\Gamma(d\beta)}{(\Gamma(\beta))^d} \prod_{j=1}^{d} (x_j)^{\beta-1}}_{\text{在}d\text{维的词项空间中的多变量密度函数}} \tag{3.29}$$

此时，我们只在一个方面对简化的 LDA 模型的生成过程进行修正。作为第一步，在生成任意文档前，假定大小为 $d \times k$ 的矩阵 $P = [P(t_j \mid \mathcal{G}_r)]$ 的 $d$ 维的列是使用可交换的狄利克雷分布生成的。在提前生成矩阵 $P$ 后，使用在上一节中讨论的相同方法生成单独的文档。平滑的 LDA 的示意图如图 3.7b 所示。值得注意的是，这两个狄利克雷分布在使用方式上有所不同。与具体主题相关的非对称狄利克雷分布［式（3.28）］的 $k$ 个参数控制了文档中不同主题的相对频率以及与具体主题相关的平滑效应，而与具体词项相关的对称狄利克雷分布［式（3.29）］的单个参数只控制与具体词项相关的平滑。因为第二个狄利克雷分布只使用单个参数，所以它会平等地对待所有词项 - 主题交互，并且除了平滑之外，它不会对与主题 - 词项分布中的任何具体变化进行调整。对于文档 - 主题分布来说，我们也可以使用单个参数 $\alpha$[29]，不过为了充分利用 LDA 并不推荐这样做[488]。需要注意的是，很多现成的软件包的确选择对称方式作为两种分布的默认设置。在这些情形中，LDA 的主要目的是使用 $\alpha, \beta \ll 1$ 的值来使单个文档尽量具有较少的主题数量，并且每个主题的词汇尽量紧凑（即稀疏的结果）。

生成过程中的变化也会使参数估计过程中出现某些变化。特别地，我们可以改变推断过程，以把矩阵 $P$ 中的元素看成是具有后验分布的随机变量。需要注意的是，这种方法被广泛用在很多使用拉普拉斯平滑的概率性算法中。

## 3.6 非线性变换和特征工程

SVD 在文档 - 文档相似度矩阵和降维之间提供了一种有趣的关系。正如 3.2 节所讨论的，直接生成大小为 $n \times d$ 的数据矩阵 $D$ 的降维表示 $Q\Sigma$ 的一种方式是，在不生成词项空间中的基表示 $P$ 的情况下，提取出大小为 $n \times n$ 的点积相似度矩阵 $DD^{\mathrm{T}}$ 的特征向量。与基表示相对应的 $P$ 的 $d$ 维的列通常是通过对角化大小为 $d \times d$ 的矩阵 $D^{\mathrm{T}}D$（而不是 $DD^{\mathrm{T}}$）获得的。需要注意的是，矩阵 $S = DD^{\mathrm{T}}$ 包含文档之间的所有 $n^2$ 个成对的点积，我们可以使用 $D$ 的 SVD 从这个相似度矩阵中生成一个嵌入：

$$S = DD^{\mathrm{T}} = (Q\Sigma P^{\mathrm{T}})(Q\Sigma P^{\mathrm{T}})^{\mathrm{T}} = Q\Sigma \underbrace{(P^{\mathrm{T}}P)}_{I} \Sigma Q^{\mathrm{T}} = Q\Sigma^2 Q^{\mathrm{T}} = (Q\Sigma)(Q\Sigma)^{\mathrm{T}} \tag{3.30}$$

矩阵 $Q$ 的列包含相似度矩阵 $S$ 的特征向量，对角矩阵 $\Sigma$ 包含 $S$ 的特征值的平方根。换句话说，如果我们生成语料库中的 $n$ 个文档之间的大小为 $n \times n$ 的点积相似度矩阵 $S = DD^{\mathrm{T}}$，我们就可以基于它的缩放后的特征向量构造出降维表示 $Q\Sigma$。这种方法不是一种常见的执行 SVD 的方式，因为我们通常使用大小为 $d \times d$ 的矩阵 $D^{\mathrm{T}}D$ 去生成基矩阵 $P$，然后再通过映射 $Q\Sigma \approx DP$ 推导出降维表示。对于较大的 $n$ 值来说，虽然这种替代 SVD 的相似度矩阵方法在计算上很有挑战性，但其优点在于我们不必再关心基表示 $P$。通过使用相似度矩阵，我们在使用点积以外的信息作为相似度的情形中，就可以不用生成这些不存在的基表示。这个通用的原则是非线性降维的动机，其中我们将点积相似度矩阵替换成一个不同的、更巧妙地选择出的且质量更高的相似度矩阵。这个原则很重要，所以我们在下面进行强调：

高质量的相似度矩阵的较大特征向量可以用来生成很有用的语料库的多维表示，它对相似度矩阵内部的知识进行编码。

其基本假设是，相似度矩阵代表了数据的某些（未知）变换 $\Phi(\cdot)$ 中的点积 $\Phi(\overline{X_i}) \cdot \Phi(\overline{X_j})$，这些变换对于特定的数据挖掘应用来说信息量更丰富。我们想要找出这种变换后的表示。几乎所有非线性降维方法（如谱方法[314]、核 SVD[436] 以及 ISOMAP[473]）都使用这种方法来生成降维表示。这样的降维是原始数据表示的隐式变换，因为原始空间中不再存在面向这种新表示的线性基系统。因此，它们也被称为嵌入（embedding）。实际上，在某些情形中，嵌入根本没有对输入进行降维，因为最终的变换后并降维后的表示可能会比原始输入空间具有更高的维度。需要注意的是，大小为 $n \times n$ 的相似度矩阵 $S$ 不止有 $d$ 个特征向量可以具有非零特征值；只有在使用点积相似度的情形中，我们才能保证最多有 $d$ 个非零特征值。此外，如果相似度函数对高度复杂的分布进行编码，则可能会有 $d$ 个及以上的特征值是足够大的，从而不能将其移除。在这样的情形中，嵌入的目标通常是利用一个（比点积）更好的相似度函数，并获得一个能更好地表达复杂数据分布的特征表示（优于过于简单的点积所提供的表示）。从某种意义上来说，非线性降维本质上是无监督特征工程的一种实践。

这种嵌入的能力显著优于线性 SVD 以及在原始输入空间中的矩阵分解方法。例如，考虑这样一个场景，我们有三个簇分别对应着与 Arts（艺术）、Crafts（手工）和 Music（音乐）相关的主题。这些簇在二维空间中的概念表示如图 3.8 所示。容易看出，由于这些簇具有非凸的形状，点积相似度（与使用欧氏距离相似）将难以区分这些不同的簇。欧氏距离与点积隐式地偏向球状簇。如果我们在这种表示上应用任意一个简单的聚类算法（如 $k$ 均值算法），那么它的表现并不会很好，因为这些聚类算法倾向于找出球状簇。类似地，一个使用线性分类器区分不同类别的有监督学习方法也会表现得很差。

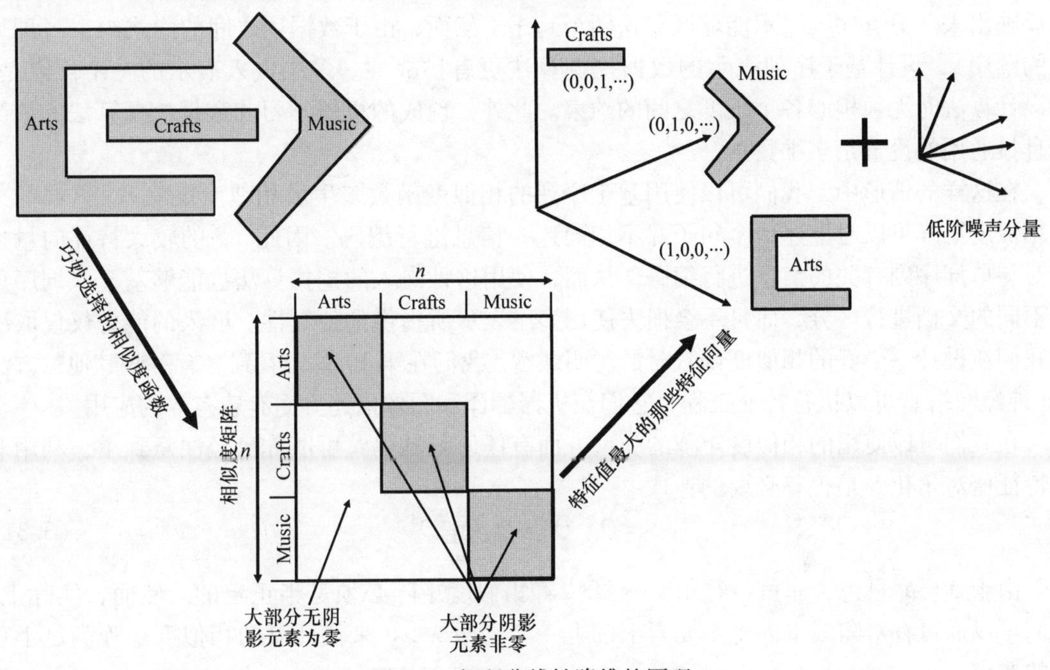


图 3.8　解释非线性降维的原理

想象一下，我们现在可以定义一个相似度矩阵，其中大部分主题不同的文档之间的相似度都接近于0，而大部分主题相同的文档之间的相似度都接近于1。图 3.8 中以自然的块状结构来表示这种相似度矩阵 $S$。什么类型的嵌入 $U$ 会产生 $S \approx UU^{\mathrm{T}}$ 的分解？首先，我们考虑绝对完美的相似度函数，其中在所有阴影块状内的元素都是 1，并且所有阴影块状外的元素都是 0。在这样的情形中，我们可以证明 Arts 这个主题中的每个文档（在忽略 0 特征值后）都会得到一个（1，0，0）的嵌入，Music 中的每个文档都会得到一个（0，1，0）的嵌入，以及 Crafts 中的每个文档将会得到一个（0，0，1）的嵌入。当然，在实践中，我们永远不会有精确的只包含 1 或只包含 0 的块状结构，并且在这些块状结构内部还有明显的噪声和一些细微的变化趋势。这些变化将会由如图 3.8 所示的低阶特征向量捕捉。即使有这些额外的噪声维度，对于聚类和分类来说，这种新的表示在很多机器学习算法中仍然可以表现得更好。神奇之处在哪里？其中的关键思想就是，点积相似度有时候并不擅长捕捉数据的具体结构，而其他有着更清晰的基于局部变化的相似度函数有时候可以捕捉到这种结构。后面我们也会提供一个直观的说明，说明距离－指数型相似度函数是如何由于相似度值随距离的急剧下降而有时可以捕捉到更细微的趋势的。

我们甚至可以用这种方法来处理更丰富的文本表示，而不只是多维表示，并且还不会损失多维表示的便利性。例如，想象一下这样的场景，我们想要一个多维嵌入表示，它保留了文档中与单词序列有关的信息。例如，考虑以下一对句子：

The cat chased the mouse.

The mouse chased the cat.

从语义的角度来看，第二个句子与第一个句子很不相同，但这个事实并不会在词袋表示中反映出来。只有序列表示能够区分这两个句子。然而，由于数据项之间的隐式约束（即词条的顺序），设计基于序列表示的数据挖掘算法更有挑战性。多维嵌入表示的一个优点是，在设计算法时无须担心各个维度之间的约束。此外，现成的机器学习和数据挖掘算法的最简单且最通用的设置是多维数据。

在这样的情形中，我们可以使用基于序列的相似度函数来生成相似度矩阵 $S$。这样的一个相似度矩阵可以对上述两个句子并不相同这一信息进行编码。因此，$S$ 的较大特征向量也会对与单词序列有关的信息进行编码。从而，使用这种嵌入的挖掘算法也能够基于单词序列对不同的文档进行区分，而且不会损失使用多维表示所提供的便利性。嵌入的能力仅仅取决于我们在设计一个好的相似度函数时的聪明才智。我们在第 10 章会看到，有一些其他的方法（如神经网络）可以执行特征工程，它们在机器翻译和图像描述方面有着有效的应用。

在我们可以使用的相似度矩阵的类型方面有任何限制吗？可能你已经注意到了，利用非负特征值对角化 $S$ 是很有必要的：

$$S = Q\Sigma^2 Q^{\mathrm{T}} = Q \underbrace{\Delta}_{\geqslant 0} Q^{\mathrm{T}} \tag{3.31}$$

由于 $\Delta = \Sigma^2$ 只包含非负特征值，这意味着相似度矩阵必须是半正定的。然而，实际上，我们可以通过在对角线上的每个元素上加上一个系数 $\lambda > 0$ 来使任意的相似度矩阵满足半正定的要求：

$$S + \lambda I = Q(\Delta + \lambda I) Q^{\mathrm{T}} \tag{3.32}$$

对于足够大的 $\lambda$ 来说，对角矩阵 $\Delta + \lambda I$ 的元素也将会是非负的。因此，$S + \lambda I$ 将是半正定的。需要注意的是，我们只干扰对角线上的（不太重要的）自相似度值来实现这个目标，而所有其他的（关键的）成对相似度信息都被保留下来。

## 3.6.1 选择一个相似度函数

相似度函数的恰当选择在生成一个有内在规律的嵌入时是比较关键的。接下来，我们对常用的相似度函数以及它们在文本域中的适用性进行介绍。

### 3.6.1.1 传统的核相似度函数

一些传统的核相似度函数是半正定的相似度函数，它们（通常）在对数据应用 SVD 之前以隐式的方式将数据变换到更高维的空间中来提升数据挖掘应用的效果。一个由 $K(\overline{X_i}, \overline{X_j})$ 表示的核函数代表了多维向量 $\overline{X_i}$ 和 $\overline{X_j}$ 之间的相似度。我们在下面的表格中列出几个常用的核函数：

| 函数 | 形式 |
| --- | --- |
| 线性核函数 | $K(\overline{X_i}, \overline{X_j}) = \overline{X_i} \cdot \overline{X_j}$（奇异值分解中的默认形式） |
| 高斯径向基核函数 | $K(\overline{X_i}, \overline{X_j}) = e^{-\lVert \overline{X_i} - \overline{X_j} \rVert^2/(2 \cdot \sigma^2)}$ |
| 多项式核函数 | $K(\overline{X_i}, \overline{X_j}) = (\overline{X_i} \cdot \overline{X_j} + c)^h$ |
| Sigmoid 核函数 | $K(\overline{X_i}, \overline{X_j}) = \tanh(\kappa \overline{X_i} \cdot \overline{X_j} - \delta)$ |

这些核函数中的很多都有相关的参数，这些参数对由相应方法实现的特征变换和降维的类型有着重要的影响。

在一些常用的核函数中，如高斯核函数，每个维度通常表示输入空间中的一个较小的密集的局部区域。例如，考虑这样一个场景，高斯核的带宽（bandwidth）参数 $\sigma$ 相对较小。在这样的情形中，位置相距 $4\sigma$ 以上的两个点会有几乎为 0 的相似度值。因此，如果选择 $\sigma$ 使得不同簇的点之间的相似度接近于 0，但每个簇内有足够多的成对的相似度都是非零的，那么每个簇将会占据嵌入特征的一个子集。这种情况如图 3.9a 所示，其中的成对的相似度并不像图 3.8 那样具有精确的块状结构。然而，大部分非零元素位于具有一些残差变化的块状结构中。因此，由图 3.9a 的相似度矩阵创建的嵌入与图 3.8 中的嵌入至少有几分相似。主要区别在于每个簇都是由多个特征向量来表示的，并且低阶特征会捕捉来自块状结构的残差变化。然而，总体的嵌入仍然非常有用。对于低维数据来说，即使在移除特征值较小的特征后（尽管文本通常不属于此类），基于特征向量的一个子集来表达每个簇的方式有时仍然可以扩展变换后的表示的维度。其中的基本思想是（高度敏感的）距离-指数型相似度函数创建了一种变换后的表示，它能够在较小的维度子集内比原始表示（它将这种信息记录在了复杂形态的局部数据区域中）更好地捕捉数据分布中重要的局部特性。这一发现也使得空间中的不同的密集区域更加清晰可分。例如，如果我们对图 3.9a 所示的新表示应用像 $k$ 均值这样简单的聚类算法，那么它将能够很好地分离出不同的高级主题。这个优点是有代价的，变换后的表示的维度通常扩展到了可以在单独的特征中容纳具体的局部信息的程度。对于一个包含 $n$ 个文档的语料库来说，当所有特征向量明显不为 0 时，变换后的表示的维度可以和 $n$ 一样大。例如，如果我们过多地减小带宽 $\sigma$，那么每个 $n$ 维的点将只有一个维度有正坐标值，该维度不同于由任何其他 $n-1$ 个点所选择的维度。这种情况如图 3.9b 所示。这样的变换完全是无效的，并且是过拟合的一种表现。因此，核参数的选择非常关键。像高斯径向基函数（RBF）这样的核变换在诸如分类这样的有监督场景中特别有用，其中我们可以在有标记的数据上来评估算法的表现，以调整像带宽这样的参数。对于有监督的场景来说，经验法则是将核带宽设置为两个点之间的中间距离，尽管确切的值还取决于数据的分布和规模。对于小数据集来说，应将带宽设置为较大的值，大数据集则设置为较小的值。

在高维的文本数据域中，除非选择较大的 $\sigma$ 值，否则像高斯这样的核函数会表现得比较差。文本数据有过多的不相关特征（词项），从而高斯相似度的计算是有噪声的。需要注意的是，不相关的输入特征将会囊括在高斯核的指数中，并且将会与嵌入的所有不同的变换后的特征紧密地结合在一起，因此使用特征选择和正则化等技巧很难消除它们对数据挖掘应用的不利影响（见第 5 章和第 6 章）。这种影响在带宽 $\sigma$ 的值较小时尤其明显。使用较大的 $\sigma$

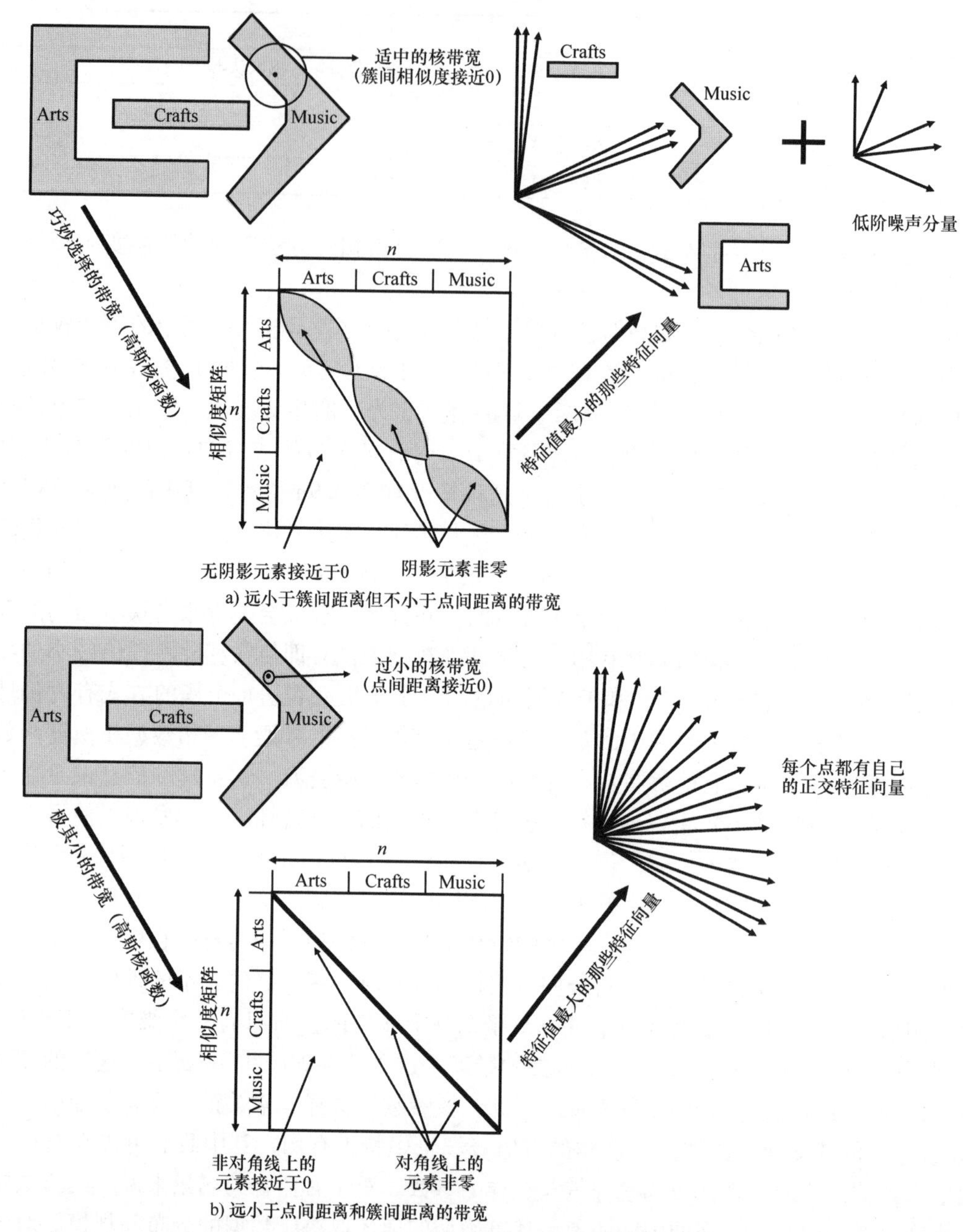


图 3.9 使用带宽不同的高斯核的影响

值与使用线性核函数相似，并且在这种情形中，与明显增大的计算复杂度相比，相对于线性核函数的额外的准确率增益[⊖]却很小。虽然在处理其他类型的多维数据方面，高斯核函数是

⊖ 关于这个问题似乎没有明确的共识。对于分类问题来说，在参考文献［519］中，线性核函数更好一些。另一方面，参考文献［88］中的工作表明在进行恰当调参的情况下使用高斯核方法可以获得更好的结果。从理论上来讲，后一种说法似乎更合理，因为我们可以通过使用较大的带宽，利用高斯核函数大致模拟出线性核函数。——原书注

最成功的核函数之一，但线性核函数在文本这样的特定场景中通常能提供几乎一样准确的结果，同时在大部分以应用为中心的设置中保留了其计算效率。参考文献［88］利用二阶多项式核 $K(\overline{X_i},\overline{X_j})=(\overline{X_i}\cdot\overline{X_j}+c)^2$ 在文本数据上展示出了一些比较好的结果。一般来说，传统的多维核函数在文本域中的成功应用是很有限的。非线性降维方法在文本域的主要使用场景出现在我们想要使用单词之间的位置信息而不是使用词袋方法的情形中。接下来我们将会讨论这些方法。

3.6.1.2　将词袋推广到 N - gram

基于词袋的核函数与线性 SVD 相同，因为它使用基于 tf - idf 表示的点积。然而，我们可以通过在文档的表示上加上 N - gram 来丰富这种方法。N - gram 表示包含 N 个单词的分组，对应着一个文档中连续出现的 N 个单词的序列。在一个 N - gram 中，这个包含 N 个单词的序列被当作一个不可分的元素来处理，它本身变成了一个伪词项。在对文本集合进行词条化的时候，可以通过允许一个词条内最多有 N - 1 个空格来获得 N - gram。N - gram 通常可以在某种程度上区分定义在相同词袋上的不同的语义概念。例如，考虑下面 3 个短文档：

文档 - 1：The cat chased a mouse.

文档 - 2：The mouse chased a cat.

文档 - 3：The cat chased a rat.

很明显，第一个文档和第三个文档传达的是相似的概念，而这只能通过序列信息来捕捉。在第一个文档和第二个文档之间，一个基于词袋的核函数会给出一个为 1 的完美的相似度值，尽管第二个文档看上去与第一个文档非常不同。然而，当我们检测第一个文档的 2 - gram㊀的时候，我们得到"the cat""cat chased""chased a"和"a mouse"。其中大部分 2 - gram 都与第二个句子中的不同。另一方面，第一个文档和第三个文档共享很多相同的 2 - gram，这正是我们想要的。添加 3 - gram 会使表示更加丰富。

仅通过在特征表示上加上 N - gram 并使用线性 SVD 就可以解决这种问题。然而，在这样的情形中，更丰富的维度可能会显著地扩展到超过集合中的文档数量的程度。在那样的情形中，SVD 的复杂度变得令人望而却步。因此，更高效的方式是，先在扩展后的表示上计算相似度矩阵，然后直接提取降维表示。这样一个矩阵的非零特征向量的最大数量与文档数量相等，尽管我们也可以移除一些特征值比较小的特征向量。除了 N - gram，我们还可以使用 skip - gram，它是 N - gram 的一般化。第 10 章的 10.2 节将会对 N - gram 和 skip - gram 进行详细的讨论。

3.6.1.3　字符串子序列核函数

字符串子序列核函数[308]对 k - gram 的概念进行了一般化，允许它们内部存在间隔。我们可以把它们看成是 k 子序列，其中文档中所有长度为 k 的子序列都会被考虑进来。衰减参数 $\lambda<1$ 被用来对子序列中的间隔进行重要性加权。如果第一个单词和最后一个单词相距 $r$ 个单元，则该 k 子序列的权重为 $\lambda^r<1$。例如，考虑下面的句子：

The hungry lion ran after the rabbit, who was too clever for the lion.

㊀ 为简单起见，我们在 2 - gram 中包含了停用词。——原书注

与 $k$ - gram 类似，我们可以提取 $k$ 子序列并把它们加到表示上，但是这里是以合适的权重加上去的。在这种情形中，“the hungry”的权重是 $\lambda$，而“the lion”的权重是$\lambda^2+\lambda$。需要注意的是，“the lion”以不同间隔出现了两次，这解释了其权重中的两个项。将包含上面单个句子的文档表示为 A。考虑一个不同的文档 B，在其基于子序列的表示中“the lion”的权重为$\lambda^2$。那么，A 与 B 之间由这个特定子序列贡献的核相似度为$\lambda^2(\lambda^2+\lambda)=\lambda^4+\lambda^3$。然后，我们对手头文档对中的所有子序列上的这种贡献相似度进行合并，以创建一个没有归一化的核相似度值。这个没有归一化的核相似度值再除以相关文档对的自相似度（以相同的方式来计算）的几何均值。这种类型的归一化与余弦相似度相似，它会产生一个（0，1）之间的相似度值。

在 $N$ - gram 的情形中，显式的特征工程会导致表示维度的爆炸。事实上，在基于子序列表示的情形中，这个问题比在 $N$ - gram 中要严重得多，因此即使作为中间步骤来创建一个工程化的表示用来计算相似度都是不切实际的。在 $k$ 子序列的情形中，有趣的是 $k$ 的值最小为 4 的那些情形。可以证明，使用动态规划方法可以计算这种类型的文档对之间的相似度，而不用显式地计算其工程化的表示。在介绍这种动态规划方法前，我们将对这种工程化的表示的定义进行形式化。

令 $\Sigma$ 表示包含词典中所有 $d$ 个词项的集合。然后，这种类型的特征工程隐式地创建一个在特征空间$\Sigma^k$中的表示，它有$d^k$个可能的值。令$\overline{x}=x_1\ x_2\cdots x_{\mathrm{m}}$为一个序列，对应着一个句子或一个完整的文档，其中每个$x_i$都是词典中的一个词条。令$\overline{u}=u_1\cdots u_k\in\Sigma^k$为一个 $k$ 维的单词序列。需要注意的是，在工程化的表示中，每个可能的 $k$ 维的序列$\overline{u}$都有一个单独的维度（以及对应的坐标值）。然后，$\Phi_{\overline{u}}$（$\overline{x}$）为工程化的表示中与$\overline{u}$相对应的维度坐标值。$\Phi_{\overline{u}}$（$\overline{x}$）的值是通过确定子序列$\overline{u}$在$\overline{x}$中的所有出现，并将这个子序列在这些出现上的置信度值相加得到的。这个子序列的某个特定出现的置信度值为$\lambda^l$，其中 $l\geqslant k$ 是$\overline{x}$的子串的长度，该子串作为一个序列与$\overline{u}$相匹配。令 $i(1)<i(2)<\cdots<i(k)$表示$\overline{u}$中的词条在 $S$ 中的索引，从而有 $u_r=x_{i(r)}$。

$$\Phi_{\overline{u}}(\overline{x}) = \sum_{i(1)<i(2)<\cdots<i(k);u_r=x_{i(r)}} \lambda^{i(k)-i(1)+1} \tag{3.33}$$

需要注意的是，如果想要显式地计算工程化的表示，那么就必须对每个 $\overline{u}\in\Sigma^k$ 计算 $\Phi_{\overline{u}}$（$\overline{x}$）。即使从存储的角度来看，这在计算上也是不可行的。然而，我们可以利用这种方式来定义两个子序列$\overline{x}=x_1\ x_2\cdots x_{\mathrm{m}}$和$\overline{y}=y_1\ y_2\cdots y_p$之间的核相似度。需要注意的是，$\overline{x}$和$\overline{y}$的长度不需要相同。核相似度 $K(\overline{x},\ \overline{y})$ 的计算如下：

$$\begin{aligned} K(\overline{x},\overline{y}) &= \sum_{\overline{u}\in\Sigma^k}\Phi_{\overline{u}}(\overline{x})\Phi_{\overline{u}}(\overline{y}) \\ &= \sum_{[\overline{u}\in\Sigma^k]}\ \sum_{[i(1)<\cdots<i(k);u_r=x_{i(r)}]}\ \sum_{[j(1)<\cdots<j(k);u_r=y_{j(r)}]} \lambda^{i(k)+j(k)-i(1)-j(1)+2} \end{aligned}$$

为了将相似度值映射到（0，1）之间，还需要利用 $K(\overline{x},\ \overline{x})$ 和 $K(\overline{y},\ \overline{y})$ 的几何均值对上面的值进行归一化。因为我们能够以相似的方式计算这些值，所以我们将会侧重于 $K(\overline{x},\ \overline{y})$ 的计算。上面的求和包含指数级数量的项。因此，第一眼看上去直接计算核相似度而不是创建工程化的特征，相较于显式的特征工程而言似乎没有任何益处。然而，实际上使用动态规划可以对这种相似度函数进行高效的计算。为了便于正确地描述动态规划的计算过程，我们使用匹配子序列的长度来标注核函数的下标。也就是说，我们用$K_h(\overline{x},\overline{y})$来表示使用长度为$h$的匹配子序列来计算得到的$\overline{x}$和$\overline{y}$之间的核相似度。为了计算长度为$k$的子序列上的核相似度，我们的目标是计算$K_k(\overline{x},\overline{y})$。因此，我们有

$$\begin{aligned} K_h(\overline{x},\overline{y}) &= \sum_{\overline{u}\in\Sigma^h}\Phi_{\overline{u}}(\overline{x})\Phi_{\overline{u}}(\overline{y}) \\ &= \sum_{[\overline{u}\in\Sigma^h]}\ \sum_{[i(1)<\cdots<i(h):u_r=x_{i(r)}]}\ \sum_{[j(1)<\cdots<j(h):u_r=y_{j(r)}]}\lambda^{i(h)+j(h)-i(1)-j(1)+2} \end{aligned}$$

接下来定义一个额外的函数$K'_h(\overline{x},\overline{y})$来辅助面向所有$h\in\{1,2,\cdots,k-1\}$的递归的核函数计算：

$$K'_h(\overline{x},\overline{y}) = \sum_{[u\in\Sigma^h]}\ \sum_{[i(1)<\cdots<i(h):u_r=x_{i(r)}]}\ \sum_{[j(1)<\cdots<j(h):u_r=y_{j(r)}]}\lambda^{m+p-i(1)-j(1)+2}$$

$K_h(\overline{x},\overline{y})$和$K'_h(\overline{x},\overline{y})$之间的主要区别在于，$\lambda$指数中的$i(h)+j(h)$被$m+p$替代了。也就是说，后者使用两个字符串的长度来代替$\overline{x}$和$\overline{y}$最后匹配的元素的索引。

为了方便更一般化的讨论，即允许两个字符串的词条之间可以有不同类型的匹配，我们定义一个词条对之间的匹配函数。在最简单的定义中，当$w$和$v$相同时，匹配函数$M(w,v)$为1，否则为0：

$$M(w,v)=\begin{cases}1 & ,w=v\\ 0 & ,w\neq v\end{cases} \tag{3.34}$$

虽然我们在这里以一种基本的方式定义了匹配函数［为了与之前$\Phi(\cdot)$的定义[308]保持一致］，但定义更一般化的匹配函数也是可以的，其中我们有与词条相关的特征（如词性的标签）。在这些情形中，我们可以将匹配函数定义为相应特征之间的相似度。这些方法被用在像信息提取[68]这样更复杂的应用中。

动态规划方法使用递归计算，针对长度$h$从0增大到$k$的子序列来计算核相似度函数。长度为$h-1$的子序列上的相似度函数可以用在子序列长度为$h$时的相似度的计算中。令$\overline{x}\oplus v$表示在序列$\overline{x}$的末尾拼接词条$v$得到的序列。边界初始化如下：

$$\begin{aligned} &K'_0(\overline{x},\overline{y})=1 \quad \forall\,\overline{x},\overline{y} \\ &K'_h(\overline{x},\overline{y})=K_h(\overline{x},\overline{y})=0 \quad [\text{如果}\,\overline{x}\,\text{或}\,\overline{y}\,\text{的词条数小于}\,h] \end{aligned}$$

令$\overline{y}_a^b$表示$\overline{y}$中从位置$a$到位置$b$的子串。基于这种初始化的递归计算如下：

$$K'_h(\overline{x}\oplus w,\overline{y}) = \lambda K'_h(\overline{x},\overline{y}) + \underbrace{\sum_{j=2}^{l(\overline{y})}K'_{h-1}(\overline{x},\overline{y}_1^{j-1})\lambda^{l(\overline{y})-j+2}M(w,y_j)}_{\text{记为}K''_h(\overline{x}\oplus w,\overline{y})},\ \forall\,h=1,2,\cdots,h-1$$

$$K_k(\overline{x}\oplus w,\overline{y}) = K_k(\overline{x},\overline{y}) + \sum_{j=2}^{l(\overline{y})}K'_{k-1}(\overline{x},\overline{y}_1^{j-1})\lambda^2M(w,y_j)$$

式中，$l(\overline{y})$表示$\overline{y}$中的词条数。此外，我们在上面的公式中定义了额外的表示$K''_h(\cdot)$，之后我们会用它来提升这个递归的效率。从这个递归中容易观察到，长度为$k$的子序列上的核相似度计算也可以轻易地用来计算作为副产品的长度为$1\cdots k-1$的所有子序列上的相似度。因此，通过把它们相加来创建一个在所有长度（在$k$的上限范围内）的子序列上的复合核函

数相对比较容易，无需太多额外的计算，这个递归需要的时间复杂度为 $O(kmp^2)$。

3.6.1.4 加速递归

通过定义一个额外的函数 $K''_h(\overline{x}\oplus w,\overline{y})$ 可以进一步减少运行时间，它是上面递归公式右侧中的一个项：

$$K''_h(\overline{x}\oplus w,\overline{y}) = \sum_{j=2}^{l(\overline{y})} K'_{h-1}(\overline{x},\overline{y}_1^{j-1})\lambda^{l(\overline{y})-j+2}M(w,y_j) \tag{3.35}$$

通过定义这个函数，我们可以修改上面的递归公式如下：

$$K''_h(\overline{x}\oplus w,\overline{y}\oplus v) = \lambda K''_h(\overline{x}\oplus w,\overline{y}) + \lambda^2 K'_{h-1}(\overline{x},\overline{y})\cdot M(w,v),\forall h = 1,2,\cdots,k-1$$

$$K'_h(\overline{x}\oplus w,\overline{y}) = \lambda K'_h(\overline{x},\overline{y}) + K''_h(\overline{x}\oplus w,\overline{y}),\forall h = 1,2,\cdots,k-1$$

$$K_k(\overline{x}\oplus w,\overline{y}) = K_k(\overline{x},\overline{y}) + \sum_{j=2}^{l(\overline{y})} K'_{k-1}(\overline{x},\overline{y}_1^{j-1})\lambda^2\cdot M(w,y_j)$$

计算这个变种需要的时间复杂度为 $O(kmp)$。

这种核函数的一个很好的性质是，我们可以通过改变匹配函数来融入与词条相关联的语义特征。例如，考虑这样的情形，$\overline{x}$ 和 $\overline{y}$ 中的每个词条都与一些离散特征相关，如词条值本身、词性以及词条是否是一个实体（参考第 12 章）等。在这些情形中，我们可以将 $M(w,v)$ 改为离散特征的值相同的特征的数量。实际上，这样的方法被用在关系提取问题中（参考第 12 章的 12.3.3.2 节）。

3.6.1.5 语言相关的核函数

通过使用概率上下文无关语法（Probabilistic Context Free Grammar，PCFG）的理论，我们可以将具体语言的语法规则编码为核函数。上下文无关语法是对一门具体语言的规则进行编码的一系列规则，例如：

Sentence→NounPhrase VerbPhrase

NounPhrase→Determiner Noun

VerbPhrase→Verb NounPhrase

Noun→ "lion"

通常来说，对一门具体语言进行编码可能需要上千条规则。给定一个句子，我们可以使用上面的规则将该句子解析成一个树状的层次结构。这会产生一个短语结构分析树（constituency-based parse tree）。给定两个句子，可以通过基于卷积树的核函数来计算它们的分析树之间的相似度。因为这种核函数的讨论要求对分析树有更深的理解，所以我们将会在第 12 章的 12.3.3.3 节进行讨论。

## 3.6.2 Nyström 估计

非线性降维的主要问题之一是大小为 $n\times n$ 的相似度矩阵的特征向量是需要通过计算来确定的。其空间要求是 $O(n^2)$，运行时间要求是 $O(n^3)$，即使对于中等大小的 $n$ 值（如 1000000）来说，在计算上都是令人望而却步的。从现代标准来看，包含 1000000 个文档的语料库都不算特别大。

通过对文档－词项矩阵的行进行子采样，然后利用 Nyström 技术[501]来估计降维后的核表示可以极大地加速降维过程。其基本思想是先估计样本内点的降维表示，然后在学习到的嵌入上融入样本外点。尽管这将会导致随机化估计中的不准确性，但通过使用集成方法可以将这个随机化转变为一个优势。这种方法在预测场景中会非常有效[9]，在这种场景中，我们在不同子样本上重复多次预测学习过程，并以集成的方式对预测值求平均。由于方差减小的集成效应（见第7章7.2节），重复使用不同样本的特征工程确实会提升一个预测建模算法的平均效果。

其第一步是从语料库中采样一个包含 $s$ 行的集合。$s$ 的值通常是根据计算和空间上的约束来确定的。然而，它一般取决于语料库的分布，且与语料库的大小无关。换句话说，我们可以把 $s$ 看成是一个常量。尽管它通常是一个像2000这样较大的值。嵌入（由用户选定的）的维度 $k$ 可以不大于 $s$。然后构造一个大小为 $s\times s$ 的样本内的相似度矩阵 $S_{in}$，其中第（$i$，$j$）个元素是其中的第 $i$ 个样本内的数据点和第 $j$ 个样本内的数据点之间的相似度。类似地，构造一个大小为 $n\times s$ 的相似度矩阵 $S_a$，其中第（$i$，$j$）个元素是第 $i$ 个样本内的数据点和第 $j$ 个样本内的数据点之间的相似度。接下来，首先使用以下两个步骤来生成样本内的数据点的嵌入，然后将样本内嵌入推广到所有数据点上（包括样本外点）。

- 样本内嵌入：对角化 $S_{in}=Q\Sigma^2Q^{\mathrm{T}}$。保留其 top－$k$ 个特征向量来创建矩阵 $Q_k$ 和 $\Sigma_k$。由此得到的 $s$ 个样本内的数据点的 $k$ 维表示可以在 $Q_k\Sigma_k$ 的行中找到。如果其非零特征向量少于 $k$ 个，则将 $k$ 的值减小为非零特征向量的个数。这一步需要 $O(s^2k)$ 时间和 $O(s^2)$ 空间。由于 $s$ 是一个常量，这一步需要常数的时间和空间。

- 通用嵌入：令 $U_k$ 表示未知的大小为 $n\times k$ 的矩阵，它在行中包含所有 $n$ 个点的 $k$ 维表示。虽然我们已经知道样本内的数据点的嵌入，但我们将使用变换后的空间中的相似度矩阵的性质以统一的方式推导出所有行。因为 $U_k$ 中的 $n$ 个点与 $Q_k\Sigma_k$ 中的样本内的数据点之间的点积都（近似地）包含在矩阵 $S_a$ 内，所以我们有下面的式子：

$$S_a\approx\underbrace{U_k(Q_k\Sigma_k)^{\mathrm{T}}}_{\text{变换后的点积}} \tag{3.36}$$

通过在每一侧右乘 $Q_k\Sigma_k^{-1}$，并使用 $Q_k^{\mathrm{T}}Q_k=I$，我们可以得到下面的式子：

$$U_k\approx S_aQ_k\Sigma_k^{-1} \tag{3.37}$$

因此，我们得到所有 $n$ 个点在 $k$ 维空间中的嵌入。这一步需要在 $O(nsk)$ 时间内进行一个简单的矩阵乘法，它与语料库的大小线性相关。

值得注意的是，$U_k$ 中的 $s$ 个样本内的行与 $Q_k\Sigma_k$ 中的 $s$ 行大致相同，但由于降维过程中存在固有的近似性，它们并不是完全相同的。因此，更常见的做法是使用来自 $U_k$（而不是 $Q_k\Sigma_k$）的样本内的行，这样一来样本内和样本外的行都能够通过类似的方式估计出来。

这种方法甚至可以用于线性 SVD 中。在线性 SVD 中，传统的方法（见3.2.2节）是利用大小为 $d\times d$ 的矩阵 $D^{\mathrm{T}}D$ 来找到基向量，而不是使用相似度矩阵 $DD^{\mathrm{T}}$ 直接来提取嵌入。然而，当我们使用子采样时，相似度矩阵会非常小。原因是样本大小 $s$ 可以设置成降维表示的目标维度的20倍左右，而不是词典的输入维度。在线性 SVD 中，文本的降维表示的典型目标维度通常是200左右，这意味着我们可以在很多场景中使用4000左右的样本大小。文本可能有几十万词的维度，相较于对角化 4000 × 4000 的相似度矩阵，对角化大小为 $d \times d$ 的矩阵$D^{\mathrm{T}}D$ 所需要的代价更大。

需要注意的是，整个降维过程需要的时间与语料库大小线性相关，并且当样本大小为 4000 左右时，它执行得相当快，即使对于大集合来说也是如此。通常情况下，这种类型的降维会与以集成为中心的设置相结合，通过不同的变换重复产生预测结果，然后对结果求平均[9]。由于使用了这种以集成为中心的方式，通过这些方法可以同时在有监督和无监督的场景中获得高质量的预测结果。在很多情形中，尽管以集成为中心的方法被重复执行，但这些结果不仅更准确还更高效。这是因为每次执行以集成为中心的方法的速度通常比在一个很大的语料库上的单次运行速度要快好几个数量级，并且对 20 ~ 25 次运行的结果求平均仍然可以保留计算上的优势。第 4 章的 4.8 节会给出它在无监督场景中的例子；第 6 章的 6.5.1 节会给出在有监督场景中的讨论。

### 3.6.3 相似度矩阵的部分可用性

我们可以把非线性降维方法看成是一种将高质量的相似度函数转化为对学习算法友好的工程化特征的巧妙方式。在很多场景中，这种相似度函数在计算上很有挑战性，这使得它们的可用性在实际上是较为受限的。例如，字符串子序列核函数需要使用动态规划方法来计算两个字符串之间的相似度。这些方法在计算上非常耗时。在这些情形中，可以计算出整个相似度矩阵的这个假设是不实际的。对于一个包含$10^6$个文档的语料库来说，我们不能奢望计算$10^{12}$对相似度，这可能需要好几天。然而，我们可以只从元素的一个子集中来学习嵌入。当矩阵不同部分的相似度存在较大差异时，在相似度矩阵 $S$ 上随机地进行相似度计算是比较合理的，这样可以尽可能多地学到嵌入的结构。在其他情形中，一个领域专家可能要提供预先指定的文档对间的相似度，并且在文档对的选择上不进行任何控制。在那样的场景中，我们希望设计一种利用相似度矩阵部分信息的多维特征表示。这是比 Nyström 估计更有挑战性的场景，因为相似度矩阵中的元素可能已经被子采样过了，而不是具体的行和列。

令 $S=[s_{ij}]$为一个大小为 $n \times n$ 的相似度矩阵，其中只有一个元素子集 $O$ 被观测到：

$$O=\{(i,j):s_{ij}\text{是已观测到的}\} \tag{3.38}$$

我们可以假设矩阵 $S$ 是对称的，因此观测到的相似度集合 $O$ 可以被分组为满足$s_{ij}=s_{ji}$的对称元素对。需要针对用户指定的秩 $k$ 学习一个大小为 $n \times k$ 的嵌入，以使对于任意观测到的元素来说，$U$ 的第 $i$ 行与 $U$ 的第 $j$ 行的点积尽可能地接近于 $S$ 的第（$i$，$j$）个元素$s_{ij}$。换句话说，对于在 $S$ 中观测到的元素来说，$\|S-UU^{\mathrm{T}}\|_F^2$的值应该尽可能地小。只能在 $O$ 中观测到的元素上对这个问题进行形式化：

$$\text{最小化}\ J=\sum_{(i,j)\in O}\left(s_{ij}-\sum_{p=1}^{k}u_{ip}u_{jp}\right)^2$$

这个问题类似于推荐问题中的因子估计，并且可以自然地运用梯度下降方法。令 $e_{ij}=s_{ij}-\sum_{p=1}^{k}u_{ip}u_{jp}$ 为集合 $O$ 中任意观测到的元素在参数矩阵 $U$ 的某个特定值处的误差。然后，在计算关于$u_{im}$的偏导数时，我们可以得到

$$\begin{aligned}\frac{\partial J}{\partial u_{im}} &= 2\sum_{j:(i,j)\in O}(s_{ij}+s_{ji}-2\sum_{p=1}^{k}u_{ip}u_{jp})(-u_{jm}),\forall i\in\{1\cdots n\},m\in\{1\cdots k\}\\ &= 2\sum_{j:(i,j)\in O}(e_{ij}+e_{ji})(-u_{jm}),\forall i\in\{1\cdots n\},m\in\{1\cdots k\}\\ &= -4\sum_{j:(i,j)\in O}e_{ij}u_{jm},\forall i\in\{1\cdots n\},m\in\{1\cdots k\}\end{aligned}$$

需要注意的是，由于对称性假设，$s_{ij}$和$s_{ji}$要么都在要么都不在观测到的元素中。我们可以用矩阵的形式来表示这些偏导数。令$E=[e_{ij}]$为误差矩阵，其中第$(i,j)$个元素被设为$O$中任意观测到的元素$(i,j)$的误差，否则为0。当观测到少数元素时，这个矩阵是一个稀疏矩阵。不难看出关于偏导数$\left[\frac{\partial J}{\partial u_{im}}\right]_{n\times k}$的完整的大小为$n\times k$的矩阵由$-4EU$给出。这说明了我们应该随机初始化参数矩阵$U$，并使用下面的梯度下降步骤：

$$U \Leftarrow U+\alpha EU \tag{3.39}$$

式中，$\alpha>0$是步长，我们可以遵循这个步长直到收敛或另一种停止规则（稍后讨论）。需要注意的是，误差矩阵$E$是稀疏的，因此在将其转化为稀疏数据结构之前只计算那些在$O$中出现的元素是比较合理的。为了提高学习器的稳定性，也可以使用少量的正则化。

$$U \Leftarrow U(1-\lambda\alpha)+\alpha EU \tag{3.40}$$

式中，$\lambda>0$是一个较小的正则化参数。

当使用稀疏的相似度矩阵时，我们可以只精确地确定最重要的特征。一般来说，任意秩$k>|O|/n$的使用都会造成过拟合。例如，如果我们有一个语料库，其中指定的相似度的数量是文档数量的15倍，那么我们实际可以学到的是（远）低于15维的嵌入。为了确定分解的最优秩$k$，可以留出一个较小的观测元素的子集$O_1\subset O$，它不会被用于$U$的学习中。这些元素被用来测试利用不同$k$值学到的矩阵$U$的平方误差$\sum_{(i,j)\in O_1}e_{ij}^2$。使用在留出的数据元素上取得最小误差的$k$值。另外，我们还可以使用这部分留出的数据元素来确定梯度下降方法的停止规则。当留出的数据元素上的误差开始上升时停止梯度下降。复现的矩阵$U$提供了数据的$k$维嵌入，可以与机器学习算法结合。

## 3.7 本章小结

很多形式的降维都可以看作是矩阵分解方法。奇异值分解、非负矩阵分解和PLSA都属于低秩估计方法。奇异值分解具有正交特征向量的几何优势，这使得样本外的嵌入更有效。它可以很好地处理同义词的问题并在一定程度上解决多义词的问题。另一方面，它在语义上是不可解释的。非负矩阵分解和PLSA几乎是等价的，它们在语义上是可解释的并且可以很好地处理同义词和多义词的问题。另一方面，它们不能融入样本外的文档。LDA是PLSA的一般化，它在文档的主题分布上使用了狄利克雷先验，以创建一个可以非常有效地融入新文档的完全生成式的模型。

非线性降维方法可被视作SVD的一般化，它们使用相似度函数而不是点积在变换空间中嵌入数据点。通过选择正确类型的相似度函数，我们通常可以设计更具表达能力的特征，如那些融入了文档中连续单词序列信息的特征。从这个意义上讲，非线性降维通常是特征工程的一个实践。尽管非线性降维方法在计算上较为低效，但使用子采样方法通常可以对它们进行加速。

## 3.8 参考资料

尽管一些基本结果的关键证明包含在 Eckart 和 Young 的开创性工作[149]中，但奇异值分解自 19 世纪初就以各种形式被使用。Strang 的线性代数书籍[460]是这方面很优秀的一个资源。SVD 从高维相似度搜索中移除噪声的有效性在参考文献［5］中进行了讨论。在文本域中，奇异值分解也被称为潜在语义分析（LSA）。Deerwester 等人在参考文献［148］的工作中开启了在文本数据中使用 LSA 的先河。随后在 TREC 数据集上的实验由 Dumais 给出[145,146]。

参考文献［276］提出了非负矩阵分解。参考文献［294］提出了非负矩阵分解的投影梯度下降方法。参考文献［277］对非负矩阵分解的可解释性进行了很好的阐述。有一些非负矩阵分解的一般化形式，如正交因子的使用[138]、半非负性[136]以及凹凸性[136]。参考文献［224，225］讨论了概率潜在语义分析。参考文献［137，185，276］阐明了 PLSA 与非负矩阵分解的关系。LDA 是在群体遗传算法[388]和文本挖掘[54]这两个领域独立提出的。这种方法也可以一般化到动态场景[55]中。在参考文献［29，493］中可以找到关于 LDA 的详尽评价。参考文献［29］的工作研究了两个对称狄利克雷分布被用来对文档 - 主题和主题 - 词项分布建模时的超参数的影响。参考文献［488］的工作提供了一些有关对文档 - 主题和主题 - 词项分布使用对称和非对称狄利克雷分布的影响的见解。文本挖掘方面的一本著作[14]中有一个专门的章节是关于降维和主题建模技术的。在参考文献［52］中可以找到概率性主题模型的综述。

非线性降维方法在多维数据中有着丰富的历史，包含了像核 PCA[436]、ISOMAP[473]、局部线性嵌入（LLE）[417]和谱聚类[314]这样的方法。参考文献［501］提出了用于核降维的 Nyström 技术。局部线性嵌入已经被用来学习文本中单词的语义表示[417]。近年来，神经网络和自编码器见证了非线性降维方法[218]的激增。word2vec[341]和 doc2vec[275]技术都是具体的基于神经网络的嵌入方法，它们在嵌入中保留了单词的语义上下文。在文本应用中，当文本被解释为序列时，结构化的核函数非常有用。在参考文献［308］中可以找到针对字符串子序列核函数的动态规划算法的细节。在参考文献［180］中可以找到一个关于结构化的核函数的综述。参考文献［337］讨论了短文本片段的相似度度量。参考文献［418］研究了基于网页的核相似度函数，其中搜索引擎的查询被用来评估短文本段之间的相似度。Nyström 方法在参考文献［501］中提出，而关于它在以集成为中心的场景中的用法是在参考文献［9］中倡导的。

### 3.8.1 软件资源

在参考文献［557］中可以找到 LSA 的 R 语言软件包，而来自 scikit - learn[550]的 Python

实现可以在参考文献［558］中找到。这两种实现都可以处理文本的稀疏表示。在 Weka[559] 中可以找到 LSA 的 Java 实现。在 SVDPACK 库[567] 中可以找到一些高效实现的 SVD/LSA，它利用了 ANSI Fortran－77 形式的 Lanczos 算法。在 scikit－learn[560] 中可以找到不同矩阵分解方法的 Python 实现。在参考文献［561］的站点中也可以找到 LDA 的 Python 实现。另外一个主题建模技术的 Python 开源库就是 gensim[401]，它包含了像 word2vec 和 doc2vec 这样的表示学习方法。CRAN[562] 还包含一些主题建模的包。特别地，topicmodels 包和 lda 包都值得关注。很多这些包构建在 CRAN 中的文本挖掘包 tm 之上。在参考文献［226］中可以找到 topicmodels 包的详细讨论。来自 LDA 论文原作者的 C 语言代码[563] 也是可用的。MALLET 工具包[605] 提供了一些主题模型的快速实现。R 语言中来自 CRAN 的 Kernlab 包[255] 提供了执行非线性降维的功能。从 scikit－learn[564] 中可以获得不计其数的 Python 流形学习包。核函数近似的 Nyström 方法[568] 一样可用。然而，可用的核函数都是为多维数据而不是序列数据设计的。在文本域中序列数据的挖掘是核方法的主要应用场景，所以需要通过子字符串核函数的单独实现来扩充和修改这种开源的 Nyström 实现以便使用。在 Apache 许可证条款下的 word2vec 工具[565] 是可用的。在参考文献［566］中可以获得该软件的 TensorFlow 版本。

## 3.9 习题

1. 考虑下面的矩阵：

$$
D=\begin{pmatrix} & \text{car} & \text{truck} & \text{carrot} & \text{apple} \\ \text{文档－1} & 1 & 1 & 1 & 1 \\ \text{文档－2} & 1 & 1 & 1 & 1 \\ \text{文档－3} & 0 & 0 & 1 & 1 \\ \text{文档－4} & 0 & 0 & 1 & 1 \end{pmatrix}
$$

（a）构造该矩阵的一个秩为 2 的 SVD 分解。你可以使用自己喜欢的任意现成软件来实现。分解的误差是多少？

（b）通过 Frobenius 范数执行该矩阵的一个秩为 2 的非负矩阵分解。分解的误差是多少？

（c）哪一个分解更容易解释？在 SVD 的情形中，你能给出两个潜在分量的主题的名字吗？在非负矩阵分解的情形中呢？

2. 令 $U$ 和 $V$ 分别为大小为 $n\times k$ 的矩阵和大小为 $d\times k$ 的矩阵。考虑最小化 Frobenius 范数 $\|D-UV^{\mathrm{T}}\|_F^2$ 的无约束优化问题，它与 SVD 等价。证明 $U$ 和 $V$ 存在无限多个最优替代解，其中 $U$ 和 $V$ 的列互不正交。

3. 考虑最小化 Frobenius 范数 $\|D-UV^{\mathrm{T}}\|_F^2$ 的无约束优化问题，它与 SVD 等价，其中，$D$ 是一个大小为 $n\times d$ 的数据矩阵，$U$ 是一个大小为 $n\times k$ 的矩阵，以及 $V$ 是一个大小为 $d\times k$ 的矩阵。

（a）使用微分法证明最优解满足下列条件：

$$DV=UV^{\mathrm{T}}V$$

$$D^{\mathrm{T}}U=VU^{\mathrm{T}}U$$

（b）令 $E=D-UV^{\mathrm{T}}$ 为来自当前解 $U$ 和 $V$ 的误差的矩阵。证明解决这个问题的替代方案是使用下面的梯度下降更新：

$$U \Leftarrow U+\alpha EV$$

$$V \Leftarrow V+\alpha E^{\mathrm{T}}U$$

式中，$\alpha>0$ 是步长。

（c）得到的解是否有必要包含 $U$ 和 $V$ 中的相互正交列？

4. 假设你想修改习题 3 中 SVD 的目标函数，以在较大的参数值上添加惩罚。这样做通常是为了降低过拟合和提升解的泛化能力。需要最小化的新的目标函数如下：

$$J=\|D-UV^{\mathrm{T}}\|_F^2+\lambda(\|U\|_F^2+\|V\|_F^2)$$

式中，$\lambda>0$ 定义了惩罚系数。该怎么修改你在习题 3 中的答案呢？

5. 不使用 SVD，证明对于任意矩阵 $D$，$D^{\mathrm{T}}D$ 和 $DD^{\mathrm{T}}$ 的非零特征向量都相同。[提示：证明不会超过 3 行或 4 行。]

6. 假设习题 3 中目标函数的最优解至少有一个满足 $U$ 中的列和 $V$ 中的列相互正交，以及其中 $V$ 的每一列都被归一化为单位范数。

（a）使用习题 3（a）中的优化条件证明 $U$ 的列中必须包含 $DD^{\mathrm{T}}$ 的最大特征向量以及 $V$ 的列中必须包含 $D^{\mathrm{T}}D$ 的最大特征向量。最优的目标函数值是多少？

（b）证明使 $\|DV^{\mathrm{T}}\|_F^2$ 最大化的 $V$ 的最优值和上面一样也包含 $D^{\mathrm{T}}D$ 的最大特征向量。和上面一样，你可以使用 $V$ 的列相互正交的假设。这个最优目标函数值是多少？从 SVD 投影保留的能量来看，这说明了什么？

（c）证明（a）和（b）中最优目标函数值的总和是一个独立于秩为 $k$ 的因式分解的常量，但只依赖于 $D$。你如何（最简单地）用数据矩阵 $D$ 来描述这个常量？

7. 如果给定一个大小为 $n\times n$ 的矩阵，它包含了 $n$ 个数据点之间的欧氏距离而不是相似度。然而，你不知道这些数据点的坐标。你该怎样用这个矩阵为这 $n$ 个数据点生成一个多维空间中的嵌入？

8. 实现本章介绍的 SVD 算法和非负矩阵分解算法。

9. 将习题 1（b）的解转化成一个带有 $L_1$ 范数的三分解。对角矩阵的意义是什么？

10. 如果你有一个字符串核函数，其中对象 $i$ 与对象 $j$ 之间的相似度为 $s_{ij}$。证明两个嵌入对象 $i$ 和 $j$ 之间的欧氏距离是 $\sqrt{s_{ii}+s_{jj}-2s_{ij}}$。

# 第4章 文本聚类

"分类学有时被描述成一门科学，有时被描述成一门艺术，但事实上它是一个战场。"

——Bill Bryson《万物简史》

## 4.1 导论

文本聚类是一个按相似度对语料库中的文档进行分组的问题。聚类是一种无监督的学习应用，这是因为在具体的分组类型方面（如体育、政治等），训练数据没有提供任何由数据驱动的指导。因为聚类能将较大的文档集合组织成不同的主题分组，从而衍生出了不计其数的应用：

1）网站门户：网站门户通常基于内容相似度将文档组织成不同的簇，这可以帮助用户浏览感兴趣的网页。通常情况下，这种组织方式是层次型的，其中高层次的簇覆盖了更宽泛的主题，低层次的簇则覆盖了细粒度的主题。这种层次型的组织方式也被称为分类结构(taxonomies)。

2）新闻门户：很多新闻内容提供者需要根据主题来组织文档，以便用户能够找到他们感兴趣的新闻文章。与网站门户的情形一样，它们使用的组织方式通常也是层次型的。

3）其他应用的媒介：聚类常被用作其他应用（如异常值分析和分类）中的一个中间步骤。聚类是一种归纳总结，它有助于为各类问题构建更简洁的预测模型。

在很多场景（如新闻专线服务）中，我们可以找到一些具体分组的样本（如体育或政治)。我们可以使用这种数据将其他文档归类到这些预定义的分组中。这种场景被称为有监督学习，归类好的文档样本则被统称为训练数据。第5章会介绍这些方法。"有监督"这个术语是指，我们可以使用训练样本来对分组过程进行指导，就像一个老师朝着一个具体目标指导他/她的学生一样。然而，在没有任何训练样本可预先使用的应用中，聚类能发挥作用，因此它是一种无监督的方法。

聚类方法要么是扁平型的，要么是层次型的。在扁平聚类中，文档被一次性地划分到一组簇中，且簇与簇之间没有任何层次关系。而在层次聚类中，我们以树状方式将各个簇组织为一种分类结构。例如，与体育相关的文档可能在更高层次的簇中，篮球/棒球簇可能是体育簇下众多子簇（子节点）的一部分。篮球簇可以有更多的子簇，这些子簇包含与篮球项目、巡回赛、俱乐部等相关的文档。层次聚类在文本域中有着特殊的重要性，因为它能够使网络应用中的浏览过程更加直观。

执行各种类型的特征选择和特征工程技巧通常能有效地提升聚类过程。特征选择指的是无关单词的移除，而特征工程指的是将文档转换为更有利于聚类的表示。本章将讨论一些这样的技术。

聚类方法与降维方法密切相关，特别是大部分非负矩阵分解方法和主题模型都可以用来对单词和文档进行聚类。其中很多方法是混合隶属度模型（mixed membership model），这种模型假设文档是由多个包含不同主题的混合分量生成的。其中的基本假设是语料库是由某些核心的主题来定义的［如 Arts（艺术）、Politics（政治）、Sports（体育）］，并且一个文档可能包含与多个主题相关联的分量。很多矩阵分解方法（如 PLSA）都呈现出这些特点。然而，如果一个应用需要将文档硬划分到各个簇中，那么这会在后续处理过程中对簇的隶属度的消歧产生一些额外的要求。比较自然的解决方案是利用更多的约束来对主题模型进行调整，也就是早在建模阶段就施加这类消歧约束，这样的方法也被称为双聚类（co-clustering）。本章将会讨论用于聚类的矩阵分解方法、$k$ 均值方法、层次型方法以及概率性方法。聚类与相似度函数的设计紧密相关，因为大部分类似 $k$ 均值这样的确定性方法都利用相似度函数来构建簇。

使用集成方法可以显著地提升聚类算法的有效性。在某些情形中，我们也可以把文本当作序列来进行聚类，尤其是当文档比较短时。这样一来，我们可以通过一种隐式或显式的方式将核方法用于特征工程，也可以将这些以序列为中心的方法与子采样方法相结合以提高聚类质量。此外，聚类和分类问题是紧密关联的，因此我们可以把分类算法应用到聚类中。

### 4.1.1 本章内容组织结构

本章内容组织如下：4.2 节研究一些用于文本聚类的特征选择和特征工程方法；4.3 节研究主题模型在文本聚类中的应用；4.4 节介绍用于聚类的传统混合模型；4.5 节讨论 $k$ 均值算法；4.6 节讨论层次聚类算法；4.7 节讨论聚类集成方法；4.8 节讨论把文本当作序列的聚类；4.9 节探索用于聚类的分类方法；4.10 节介绍聚类的评估方法；4.11 节给出本章小结。

## 4.2 特征选择与特征工程

虽然文本数据是高维的，但对于聚类来说很多单词都是无关的，这类词的移除被称为特征选择。此外，向量空间表示没有融入与单词序列顺序有关的信息，这类信息是利用特征工程技术来融入的。我们对这两种类别的技术进行区分，具体如下：

1）在特征选择技术中，无关的特征在应用聚类算法前会被移除。这样的方法能够提升聚类质量，因为大量的噪声被移除了。特征选择方法往往会降低数据的维度。

2）在特征工程技术中，特征被变换为一种新的表示，像 $k$ 均值方法这样简单的聚类算法在进行特征变换后都会表现得更好。在某些情形中，数据的表示可能会发生一些根本性的变化（如从序列变为向量空间表示）。

类似奇异值分解（SVD）和潜在语义分析（LSA）这样的方法介于上述两种技术之间，

因为它们只在特征上使用线性变换，并且它们通过移除低阶（变换后的）特征获得了有利的表示。接下来，我们将会提供一个关于不同的特征选择和特征工程技术的综述。

## 4.2.1 特征选择

特征选择方法通过移除文档集合中的无关单词来提升聚类过程的有效性。需要注意的是，停用词的移除以及单词的逆文档频率（idf）加权也是特征选择的一种方式。然而，这些都是相当基本的技术，它们只使用原始的词项频率来衡量词项的相关程度。通过文档内的相似度来严谨地评估特征的一致性，可以使这些方法的效果有所提升。我们还可以将下面任意一个特征选择方法用作特征加权方法。

### 4.2.1.1 词项强度

词项强度[498]的基本思想是，当一个词项在两个相似的文档中有较大的共现概率时，它在语义上就是相关的。如果两个文档间的余弦相似度大于某个预定义的相似度阈值 $\delta$，我们就认为这两个文档是足够相似的。然后，我们可以将$t_j$的词项强度定义为这种文档对的比例，即如果该词项出现在第一个文档中，那么该词项也出现在第二个文档中的比例。因此，词项$t_j$在文档$\overline{X}$和$\overline{Y}$之间的词项强度 $S(t_j)$的定义如下：

$$S(t_j)=P(t_j\in\overline{X}\mid t_j\in\overline{Y},\text{cosine}(\overline{X},\overline{Y})\geqslant\delta) \tag{4.1}$$

计算词项强度相对直接的方式是，通过对文档对进行采样，选出满足相似度阈值的那些文档对，然后再以数据驱动的方式估计出上面的条件概率。这样一来，词项强度较低的特征便被移除了。上述计算包含了（计算后的）词项$t_j$对相似度计算的影响，这有利于高频词项。然而，通过一些细微的改动[498]，我们可以消除计算后的词项的影响。

### 4.2.1.2 面向无监督特征选择的有监督建模

有监督建模技术有时被用在无监督问题（如聚类和异常值分析）的特征选择中。虽然下面的技术都是针对无监督特征选择和传统多维数据中的加权而提出的[379]，但它同样可以用在文本中。考虑到文本的稀疏表示，我们对原始的思想[379]进行了细微的调整。

其基本思想是将特征选择分解为 $d$ 个不同的预测问题，其中 $d$ 是数据的维度。一个与剩下的数据集基本无关的特征无法通过其他 $d-1$ 个特征有意义地预测出来。因此，我们创建一个分类问题（见第5章），其中我们把第 $j$ 个词项$t_j$在一个文档中的出现与否设置成一个二元类别变量。我们可以使用现成的分类器的分类结果来计算这个特征的相关性，因为我们可以根据其他特征准确地预测出相关特征。我们可以使用剩余词项的向量空间表示来表示文档。这种类型的分类问题通常是一个不平衡的学习问题，因为词项$t_j$不太可能出现在大多数文档中。在不平衡的场景中，很多分类器基于样本属于少数类别的趋向程度对它们进行排序，并使用叫作接收者操作特征（Receiver Operating Characteristic，ROC）的曲线下面积（Area under Curve，AUC）（见第7章）的度量方式来评估排序质量。AUC 值在（0，1）之间，对样本进行随机排序的分类器的 AUC 值为 0.5。如果一个特征与其他特征的关联性很弱，就会出现 AUC 为 0.5 的情况。一旦出现这样的情况，就不太可能创建出边界分明的簇，因此，特征相关性 $R(t_j)$由超出随机性能 0.5 的额外 AUC 值给出：

$$R(t_j)=\max\{\mathrm{AUC}(t_j)-0.5,0\} \tag{4.2}$$

式中，$\mathrm{AUC}(t_j)$是将词项$t_j$用作目标类别的分类器的 AUC 值。相关度较低的特征会被移除。

这种技术的主要问题是，它要求分类器对每个特征都进行训练。因此，如果数据包含大量特征（正如在文本域中），那么使用这种方法会变得相当困难。另一种更高效的方法是将数据划分为 $K$ 个随机的特征子集，其中 $K$ 是一个用户设定的参数。我们使用 $K-1$ 个特征子集来进行训练，并对剩下的那个子集进行预测。这样的方法只需要应用 $K$ 次分类器。

#### 4.2.1.3 包含有监督特征选择的无监督封装

上面的方法都是过滤方法，因为一个特征的质量评估与所使用的具体的聚类算法无关。在封装方法中，我们将聚类算法封装在特征选择过程中。因此，特征选择与手头的聚类算法紧密地集成在一起。此外，这种方法将无监督的特征选择转换为有监督的特征选择（参考第 5 章的 5.2 节）。其基本方法包括以下两个步骤，目的是把无监督的聚类和有监督的特征选择方法相结合：

1）通过聚类算法和当前的特征集 $F$ 将语料库划分为 $k$ 个簇。

2）将一个文档的簇标记当作它的类别。在特征集 $F$ 上应用第 5 章讨论的任意一个有监督的特征选择算法，并根据需要对其进行修剪。

尽管单次应用这些步骤通常就足够了，但我们也可以迭代这些步骤。参考文献 [291] 中提供了这类算法的一个具体的例子，它把期望最大化（EM）聚类算法与有监督的$\chi^2$-统计量相结合。这个工作还说明了如何使用这样的方法来进行特征加权。

### 4.2.2 特征工程

与特征选择相反，特征工程方法对数据进行变换，从而更好地利用聚类方法。矩阵分解方法是线性特征工程方法，它在实际中表现也很好。在无监督的场景中，这种方法的主要目标是减少同义词和多义词的噪声影响。当我们想要将语言学知识（即单词的序列知识）也融入特征工程中的时候，就需要使用非线性降维方法。

很多特征工程方法呈现出一种双重性质，即我们可以用它们来将文档转换到多维空间中，也可以通过相同的方式用它们来对单词进行转换。例如，所有矩阵分解方法通过因子矩阵同时生成了文档的嵌入和单词的嵌入。在非线性的嵌入方法中，创建一个词嵌入或文档嵌入的能力取决于所使用的具体模型。我们可以利用核方法或神经网络来实现非线性降维。后者的例子包括 word2vec[341] 和 doc2vec[275]。第 10 章会讨论这些方法。

#### 4.2.2.1 矩阵分解方法

矩阵分解方法将一个大小为 $n\times d$ 的文档-词项矩阵 $D$ 近似地分解为两个矩阵，即一个大小为 $n\times k$ 的矩阵 $U$ 和一个大小为 $d\times k$ 的矩阵 $V$，同时需要满足以下条件：

$$D\approx UV^{\mathrm{T}} \tag{4.3}$$

我们通常选择远小于 $n$ 和 $d$ 的秩 $k$。第 3 章详细讨论了很多矩阵分解方法。矩阵分解问题通常被看成是最小化（$D-UV^{\mathrm{T}}$）中元素的总的平方误差的一个优化问题。另外，我们可以在 $U$ 和 $V$ 上使用不同类型的约束来对这些矩阵的性质进行调整。矩阵分解的例子包括奇异值分解、非负矩阵分解以及概率潜在语义分析。我们可以将矩阵 $U$ 的行用作文档嵌入，$V$ 的行当作词嵌入。当使用矩阵分解来创建文档嵌入时，需要将 $V$ 的列缩放为单位范数，并对 $U$ 的列进行相应的调整（见第 3 章的 3.1.2 节）。类似地，当使用矩阵分解创建词嵌入时，要将 $U$ 的列缩放为单位范数，并对 $V$ 的列进行相应的调整。这种方法使得相应的嵌入对它们在集合中的频率比较敏感。

从这些特征工程方法中获得的主要益处源自远小于 $\min\{n, d\}$ 的秩 $k$ 的使用。在大部分矩阵分解方法中，$k$ 的常用值是几百，而 $d$ 的常用值通常在几十万的范围内。此外，$k$ 的值可能随手头的集合而变化；对于较小的集合或词典来说，$k$ 的值也会比较小。低秩分解产生了式（4.3）中的残差，只有作为约等式的时候才能观测到。在这些情形中，同义词和多义词的噪声影响从集合中移除了，语料库的聚类倾向性有所提升。换句话说，这种近似方法实际上提升了表示的质量。第 3 章详细讨论了这种现象。我们可以对 $U$ 的行应用 $k$ 均值算法来对文档进行聚类，对 $V$ 的行应用 $k$ 均值算法来对词项进行聚类。

从特征工程的角度来看，不同类型的矩阵分解有不同的优点。SVD 擅长通过简单的投影操作有效地表示样本外的文档。非负矩阵分解和 PLSA 提供了在语义上可解释的表示，可以直接用来进行软聚类（soft clustering），其中每个文档都与一组表示它属于各个簇的概率相关联。这些方法在有高度重叠的簇的集合中特别适用。4.3 节会讨论这些问题。

#### 4.2.2.2 非线性降维

非线性降维方法特别适用于从短文本中创建嵌入，其中语言的/序列的知识被融入到了这种嵌入中。当处理短文本时，使用与单词序列有关的知识特别重要，因为数据太稀疏以至于不能有效地使用向量空间表示。然而，与同时提供词嵌入和文档嵌入的线性降维方法不同，这些方法要么针对文档嵌入进行优化，要么针对词嵌入进行优化。核方法最适用于文档嵌入的创建，但如果我们能够利用序列信息在单词间定义恰当的相似度函数，那么我们也可以对这些方法进行扩展以创建词嵌入。总而言之，关键是在对象之间创建一个高质量的相似度矩阵。

第 3 章的 3.6 节讨论了非线性降维方法，其基本思想是，对大小为 $n \times n$ 的相似度矩阵 $S$ 进行秩为 $k$ 的近似对角化，即 $S = Q_k \Sigma_k^2 Q_k^{\mathrm{T}}$，然后把得到的 $Q_k \Sigma_k$ 作为嵌入。当语料库的大小 $n$ 较大时，这样的方法可能存在空间和时间上的限制。因此，我们可以使用 3.6.2 节的 Nyström 采样方法。尽管这种类型的采样方法损失了一些精度，但是当它们与基于采样的聚类集成方法结合时，就会变得极其有效。4.8 节给出了这种方法在聚类中的一个具体例子。

#### 4.2.2.3 词嵌入

单词聚类应用需要使用词嵌入，这种表示需要使用有关单词间位置信息的一些知识。最简单的方法是使用 2 - gram 嵌入。对每一对词项 $t_i$ 和 $t_j$，计算 $t_j$ 出现在 $t_i$ 后的概率 $P(t_j \mid t_i)$。创建矩阵 $S$，其中 $S_{ij}$ 等于 $[P(t_i \mid t_j) + P(t_j \mid t_i)]/2$。移除值小于某个特定阈值的 $S_{ij}$，并将矩阵 $S$ 的对角线上的元素设为对应行中剩余元素的总和，这样做是为了确保矩阵是半正定的。我们可以使用该矩阵的 top - $k$ 个特征向量来生成词嵌入。由于单词的空间比较大，我们可能需要利用采样技术（上面有讨论）。我们可以在建模过程中使用间隔不同的 skip - gram 对这种方法进行扩展。嵌入中的语言有效性几乎完全取决于所使用的词与词之间的相似度函数类型。这种方法的通用性来源于这样一个事实，即我们甚至可以使用像 WordNet[347] 这样的语义数据库来融入语言的先验知识，从而进一步改善相似度矩阵 $S$。近年来，像 word2vec 和 doc2vec 这样的神经网络方法[47,275,341]对于词嵌入的创建来说也变得越来越受欢迎（参考第 10 章）。

## 4.3 主题建模和矩阵分解

第 3 章从矩阵分解和潜在语义分析的角度介绍了主题模型。在本节中，我们介绍这些模型与聚类之间的关系，所有形式的非负矩阵分解和隐含狄利克雷分布（LDA）都可以用来从集合中生成重叠的簇。

### 4.3.1 混合隶属度模型与重叠簇

主题模型本质上是混合隶属度模型，其中每个文档都是由一个或多个主题［或方面（aspect）］生成的。尽管我们可以将一个方面当作一个簇来处理，但这种做法会导致簇在文档隶属度和词汇方面产生较高的重叠。一种可能的解决方案是，使用来自分解 $D \approx UV^{\mathrm{T}}$ 的矩阵 $U$，将 $U$ 中具有最大正坐标值的主题赋予每个文档（$U$ 的行）。然而，包含多个主题（严格为正的坐标）的文档（$U$ 的行）在逻辑上确实属于多个簇，在这些情形中，强制要求每个文档只属于一个簇是不公平的。例如，考虑一个文档集合，其中有 100 个文档是关于猫科动物的，另外 100 个是关于车的，还有 30 个同时与猫科动物和车相关。从主题模型的角度来看，这个集合自然地包含了两个主题，并且我们可以把最后的 30 个文档表示为两个主题的一种组合。然而，如果强制令每个文档都只属于一个单独的簇，那么我们需要使用大量的簇来表示相同类别的文档集合，因为我们可以把最后那个包含 30 个文档的集合看成是一个完全不同的簇。因此，在利用诸如非负矩阵分解这样的方法进行聚类时，我们有两种选择：

1）可以使用 $U$ 中严格为正的坐标或 $V$ 的列中的主题词汇来表示文档在簇中的重叠隶属关系。这种方式本质上接受文档在簇中的混合隶属关系。

2）如果需要使用单隶属度的聚类，则可以将矩阵分解过程当作一个特征工程步骤，并在工程化表示的基础上应用 $k$ 均值算法。4.2.2.1 节解释了这种观点的依据。通常来讲，由于主题的组合创建了额外的簇，簇的数目将会大于分解中的秩。

主题建模技术的一个很好的性质是，它们允许同时对词项簇和文档簇进行挖掘，即使它们是高度重叠的。

### 4.3.2 非重叠簇与双聚类：矩阵分解的角度

即使大部分聚类方法将每个文档只分配给一个簇，但它们确实允许一些高频词项出现在多个簇中。例如，一个 $k$ 均值算法将每个文档只分给一个簇，但是在质心中的高频词项可能出现在多个簇中。双聚类的观点是一种极端的观点，其中一个矩阵的每个簇都被定义为行和列的一个子集。此外，不同的行集合和列集合之间不允许有重叠。我们可以把双聚类看成是对矩阵的行和列进行重排的过程，以使大部分正的元素都位于对角线周围的区域内。实际上，我们可以从重排结构的角度来理解不同类型的聚类方法中的文档/词项间的重叠。在图

4.1 中，我们已经展示了3个常见的聚类情形，其中文档簇和词项簇之间具有不同层次的重叠。尽管大部分聚类方法对数据进行严格的划分，但它们确实允许各个簇的词汇存在重叠。在图4.1b的大多数情形中，簇词汇是作为聚类过程的间接输出得到的。然而，在图4.1a、c的情形中，簇词汇与簇是一起在聚类过程中直接得到的。

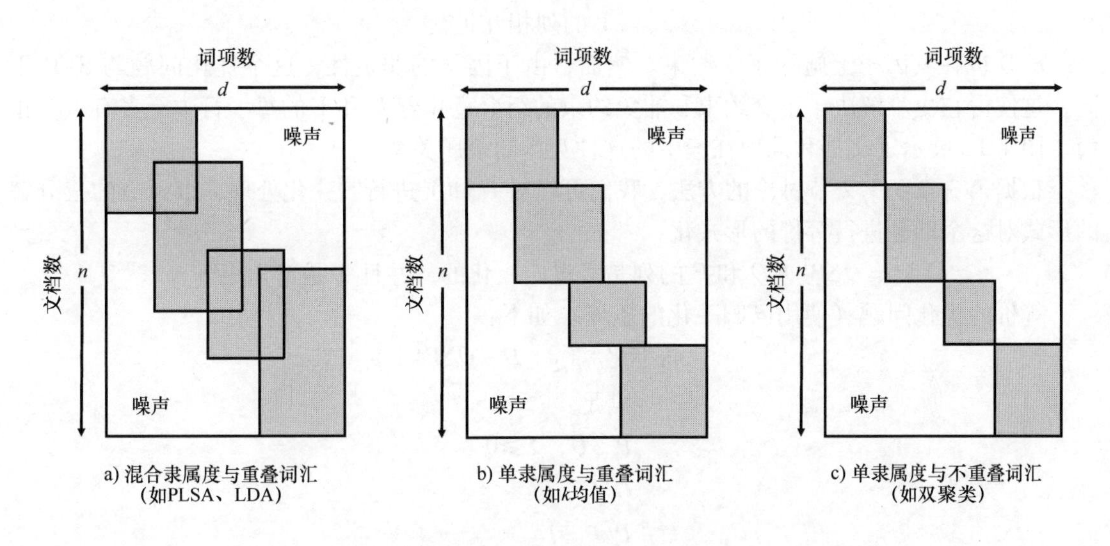


图4.1　混合隶属度模型与单隶属度模型

我们还可以修改非负矩阵分解来处理图4.1b、c中的情况。令 $D$ 为大小为 $n \times d$ 的文档－词项矩阵，$U$ 和 $V$ 分别为大小为 $n \times k$ 的文档因子和大小为 $d \times k$ 的词项因子。为了强制使簇（不是词项）不重叠（见图4.1b），我们可以修改3.3节的非负矩阵分解形式，具体如下：

$$\text{最小化}_{U,V} \| D - UV^{\mathrm{T}} \|_F^2$$

满足：

$$U, V \geqslant 0$$

$$U^{\mathrm{T}} U = I$$

大多数聚类算法试图隐式地优化这种类型的目标函数。事实上，参考文献［138］已经证明这种目标函数与 $k$ 均值算法使用的目标函数是等价的。我们可以通过类似于看待簇的方式来看待其中的每个因子。矩阵 $U$ 的行包含簇的隶属度，矩阵 $V$ 的列包含簇代表（质心）。通过同时施加标准正交约束和非负约束，我们确保 $U$ 的每一行中只有一个坐标的值为1，这对应着该点在相应的簇中的隶属度。此外，$V$ 的 $k$ 列包含了 $k$ 个非负的簇代表。因此，这种分解利用离每个点最近的簇代表来表示这些点，它的目标函数最小化这种近似的平方误差和。正如4.5节所讨论的，这种目标函数与 $k$ 均值算法的目标函数等价。尽管 $k$ 均值算法不在簇代表上施加非负约束，但这种约束是没有必要的，因为（如果数据矩阵非负）最优的簇代表绝不会有负分量。

如果我们希望强制令每个簇的词项是非重叠的，那么也可以在 $V$ 的列上施加正交约束：

$$\text{最小化}_{U,V} \| U - UV^{\mathrm{T}} \|_F^2$$
满足：
$U$，$V \geqslant 0$
$U$ 的列相互正交
$V$ 的列相互正交

SVD 也在其因子上施加正交约束。然而，由于因子的非负性，这个优化问题与 SVD 不同，这使得它更难解决。正交约束和非负约束的组合意味着 $U$ 和 $V$ 的每一行中至多有一个正值。图 4.1c 展示了文档和词项在簇中的这种互斥的隶属关系。

根据第 3 章 3.1.2 节讨论的方法，我们可以对 $U$ 和 $V$ 进行归一化处理，以标准的三分解的形式对这个问题进行等价的形式化：

$UV^{\mathrm{T}} = Q\Sigma P^{\mathrm{T}}$（$Q$ 和 $P$ 的列是经过归一化的，并且 $\Sigma$ 是对角矩阵）

等价的优化问题（使用已归一化的矩阵）如下：

$$\text{最小化}_{Q,P,\Sigma} \| D - Q\Sigma P^{\mathrm{T}} \|_F^2$$
满足：
$P$，$Q$，$\Sigma \geqslant 0$
$Q^{\mathrm{T}}Q = I$
$P^{\mathrm{T}}P = I$
$\Sigma$ 是对角矩阵

根据 3.1.2 节中讨论的方法，其中的对角矩阵扮演着从 $U$ 和 $V$ 的列中提取缩放因子的角色。

即使 $\Sigma$ 不是对角矩阵或者不是方阵，这个问题也能够得到解决[138]，这个问题被称为三分解。这种扩展允许文档簇（通过大小为 $n \times k_q$ 的矩阵 $Q$ 来捕捉）的数量 $k_q$ 与词项簇（通过大小为 $d \times k_p$ 的矩阵 $P$ 来捕捉）的数量不同。文档簇和词项簇之间的交互由大小为 $k_q \times k_p$ 的矩阵 $\Sigma$ 来捕捉。三分解是主题建模的一个变种，它比严格的双聚类更通用。在三分解中，文档簇和词项簇之间不存在确定的一一对应关系，因为这是由 $\Sigma$ 来决定的。

我们首先针对（更通用的）三分解的优化问题提供一个解决方案，其中 $\Sigma$ 既不是对角矩阵也不是方阵。稍后，我们将会看到，仅通过使用不同的初始化就可以解决对角矩阵这一特例问题。在这种情形中，$Q$ 是一个大小为 $n \times k_q$ 的矩阵，$\Sigma$ 是一个大小为 $k_q \times k_p$ 的矩阵，$P$ 是一个大小为 $d \times k_p$ 的矩阵。使用下面的迭代步骤可以获得这个问题的优化参数：

$$Q_{iq} \Leftarrow Q_{iq} \sqrt{\frac{(DP\Sigma^{\mathrm{T}})_{iq}}{(QQ^{\mathrm{T}}DP\Sigma^{\mathrm{T}})_{iq}}}, \forall i \in \{1\cdots n\}, \forall q \in \{1\cdots k_q\}$$

$$P_{jp} \Leftarrow P_{jp} \sqrt{\frac{(D^{\mathrm{T}}Q\Sigma)_{jp}}{(PP^{\mathrm{T}}D^{\mathrm{T}}Q\Sigma)_{jp}}}, \forall j \in \{1\cdots d\}, \forall p \in \{1\cdots k_p\}$$

$$\Sigma_{qp} \Leftarrow \Sigma_{qp} \sqrt{\frac{(Q^{\mathrm{T}}DP)_{qp}}{(Q^{\mathrm{T}}Q\Sigma P^{\mathrm{T}}P)_{qp}}}, \forall p \in \{1\cdots k_p\}, \forall q \in \{1\cdots k_q\}$$

迭代这些步骤直到收敛。所有的矩阵都被初始化为（0，1）之间的随机非负值，尽管某个特定的初始化点可能会到达一个局部最优点。例如，当$\Sigma$是方阵且是对角矩阵的时候，我们可以通过选择一个令$\Sigma$为对角矩阵的初始化点来解决这种带约束的问题。正交约束往往会使这种方法对局部最优的出现比较敏感。我们可以通过略微地放松正交约束[189]或者将它们作为约束融入目标函数中来获得更好的结果。另一种方法是把这个问题转换为一个图划分问题，我们会在下面讨论。

4.3.2.1　基于二分图划分的双聚类

我们可以将双聚类问题当作二分图划分问题来求解。其基本思想是创建一个文档－词项二分图，其中每个文档是一个节点，每个词项也是一个节点。边只存在于文档节点与词项节点之间。当且仅当某个词项出现在某个文档中时，才在图上的这个词项节点和对应的文档节点之间添加一条无向边。边的权重等于该词项的归一化频率。那么，容易看出这种图的划分同时生成了文档簇和词项簇。图4.2展示了这种情形，其中划分后的每个社区（community）都同时包含文档簇和词项簇。因此，这种方法将双聚类问题转化为图中的社区发现（community detection）问题。一些有关图中的社区发现的方法，读者可参见参考文献［2］。常用的一种方法是谱图分割方法[132]，事实上在二分图这一特殊情形中，它与奇异值分解密切相关。以下关于谱聚类的描述不是通用的，只适用于二分图的情形。在参考文献［361］中可以找到面向所有类型的图的更通用的描述。

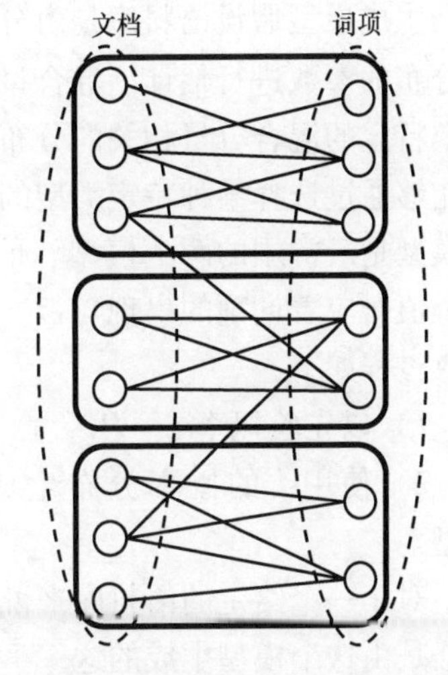

图4.2　将双聚类转换为图划分

其基本思想是将大小为$n \times d$的文档－词项矩阵当作二分图的邻接矩阵，其中使用了与边相关的$n \times d$的部分，而不是完整的$(n+d)\times(n+d)$的邻接矩阵。令文档$i$中的词项频率和为$d_i$，词项$j$的总频率为$f_j$。然后，令矩阵$D$的第$(i, j)$个元素除以$\sqrt{d_i f_j}$以进行归一化处理，归一化后的矩阵由$D_0$表示。利用$p$－秩的SVD将这个矩阵近似分解如下：

$$D_0 \approx Q\Sigma P^{\mathrm{T}} \tag{4.4}$$

式中，$Q$是一个大小为$n \times p$的矩阵，$P$是一个大小为$d \times p$的矩阵，$p$的值远小于$\min\{n, d\}$。对于$k$－way聚类来说，原始工作[132]推荐使用$p=\log_2(k)+1$，尽管这在实践中可能过于保守。我们堆叠㊀$Q$和$P$两个矩阵来创建一个单独的大小为$(n+d)\times p$的矩阵如下：

$$Z = \begin{pmatrix} Q \\ P \end{pmatrix} \tag{4.5}$$

需要注意的是，在矩阵$Z$中，每个文档或词项都有一个$p$维的行。此外，由于词项和文档的频率不同，从缩放方面来讲，$Z$的行没有可比性。为了解决这个问题，令$Z$中的每一行

㊀ 从聚类结构来看，第一个特征向量不是判别式的，可以将其移除。可以证明，它的值只取决于相应词项或文档的频率的平方根。——原书注

都除以语料库中相应文档/词项的总频率[⊖]的平方根。这些频率与上面计算出的$d_i$或$f_j$相同。然后，应用$k$均值算法对$Z$的行进行聚类，以同时获得词项和文档的划分。需要注意的是，每个簇通常会包含文档和词项的一个子集，具体取决于$Z$的哪一行被分到那个簇中。因此，这种划分实际上是一种双聚类。

## 4.4 面向聚类的生成混合模型

生成模型假设语料库是由分布的混合量生成的，并且生成模型基于观测到的语料库对这些分布的参数进行估计。混合量中的$k$个簇由$\mathcal{G}_1 \cdots \mathcal{G}_k$表示，其中$k$是一个输入参数。通过与某个特定的混合分量相关的分布来对该分量的每个文档中的词项进行建模。这些假设使分析者能够通过选择某种特定类型的分布来将一些领域知识融入建模过程中。伯努利模型和多项式模型是最常用的两个模型。伯努利模型比较适合文本文档被表示为0－1值向量的情形，这个值对应着词项的出现与否。多项式模型被用来对任意的词项频率进行建模。混合建模的生成过程如下：

1）以先验概率$\alpha_r = P(\mathcal{G}_r)$选择第$r$个混合分量$\mathcal{G}_r$。

2）使用$\mathcal{G}_r$的概率分布生成文档的向量空间表示。常用的是伯努利模型或多项式模型。

对于一个给定的语料库来说，期望最大化算法的目标是估计分布的参数，以使观测到的数据是由这个模型生成的这一事件的可能性最大。我们可以把包含混合分布参数和先验概率$\alpha_1 \cdots \alpha_k$的整个向量简洁地表示为$\overline{\Theta}$。通过这个模型生成一个单独的文档$\overline{X_i}$的概率为$\sum_{m=1}^{k} P(\mathcal{G}_m) \cdot P(\overline{X_i} \mid \mathcal{G}_m) = \sum_{m=1}^{k} \alpha_m P(\overline{X_i} \mid \mathcal{G}_m)$。我们想要学习整个参数向量$\overline{\Theta}$，以最大化在语料库所有文档上的概率的乘积：

$$\text{最大化}_{\overline{\Theta}} \left\{ P(\text{语料库} \mid \overline{\Theta}) = \prod_{i=1}^{n} \left( \sum_{m=1}^{k} \alpha_m P(\overline{X_i} \mid \mathcal{G}_m) \right) \right\} \tag{4.6}$$

在实践中，我们对这个值取对数创建一个对数似然目标函数，然后最大化这个函数。

估计这些参数的主要挑战在于我们并不知道哪个混合分量生成了哪个文档；如果我们知道哪个混合分量生成了哪个文档，那么参数估计将是一个非常简单的问题，只要把文档的相关子集以最优的方式拟合到该混合分量就可以解决了。因此期望最大化算法使用迭代方法，其中隶属度的期望概率是基于参数的当前状态来估计的（即期望步骤）。然后，通过固定这个隶属度概率对参数进行优化。这一步被简化了，因为我们可以将隶属度概率看作是数据点上的（固定）权重，并且我们可以最优地估计出每个混合分量的参数，而无须担心其他分量（即最大化步骤）。然后执行这个两步式的迭代方法直到收敛。接下来，我们将会介绍用于伯努利模型和多项式模型的期望最大化算法的步骤。

---

⊖ 对称谱聚类[361]（参考4.8.2节）的通用形式将每一行归一化为单位范数，它适用于所有类型的二分图和非二分图。这是另一个值得一试的方法。——原书注

### 4.4.1 伯努利模型

在伯努利模型中，假设词典中的第 $j$ 个词项$t_j$以概率 $p_j^{(r)}$ 出现在由第 $r$ 个混合分量生成的文档中。然后，从混合分量$\mathcal{G}_r$中生成文档$\overline{X_i}$的概率 $P(\overline{X_i} \mid \mathcal{G}_r)$ 由 $d$ 个不同的伯努利概率的乘积给出[⊖]，这些概率与各个词项的出现与否相对应：

$$P(\overline{X_i} \mid \mathcal{G}_r) = \prod_{t_j \in \overline{X_i}} p_j^{(r)} \prod_{t_j \notin \overline{X_i}} (1 - p_j^{(r)}) \tag{4.7}$$

其中的一个重要假设是，各个词项的出现与否与混合分量的选择是条件独立的。因此，我们可以将$\overline{X_i}$中的属性的联合概率表示为各个属性的相应值的乘积。这种假设也被称为朴素贝叶斯假设，它常和伯努利模型一起被用于聚类和分类。

然后，期望最大化算法首先将文档随机分配到不同的簇中，并基于这个随机分配应用 M 步来估计初始的参数。随后，它迭代执行以下两个步骤：

1）E 步：在期望步，使用估计后验概率的贝叶斯法则来计算文档到各个簇的概率赋值。我们可以把文档$\overline{X_i}$属于第 $r$ 个簇的概率看成是使用第 $r$ 个混合分量$\mathcal{G}_r$来生成它的后验概率。这个后验概率的计算如下：

$$P(\mathcal{G}_r \mid \overline{X_i}) = \frac{P(\mathcal{G}_r) \cdot P(\overline{X_i} \mid \mathcal{G}_r)}{\sum_{m=1}^{k} P(\mathcal{G}_m) \cdot P(\overline{X_i} \mid \mathcal{G}_m)} = \frac{\alpha_r \cdot \prod_{t_j \in \overline{X_i}} p_j^{(r)} \prod_{t_j \notin \overline{X_i}} (1 - p_j^{(r)})}{\sum_{m=1}^{k} \alpha_m \cdot \prod_{t_j \in \overline{X_i}} p_j^{(m)} \prod_{t_j \notin \overline{X_i}} (1 - p_j^{(m)})} \tag{4.8}$$

上面最右侧的表达式是将式（4.7）中的 $P(\overline{X_i} \mid \mathcal{G}_r)$替换后的一个结果。

2）M 步：通过把上面的软概率赋值$w_{ir} = P(\mathcal{G}_r \mid \overline{X_i})$ 当作“隶属度权重”的方式来实现参数的估计。$\alpha_r = P(\mathcal{G}_r)$ 的值被估计为簇 $r$ 的隶属度权重的比例。我们可以通过 $\sum_{i=1}^{n} w_{ir}/n$ 来计算这个值。我们还需要估计各个混合分量的伯努利分布的参数。我们可以将 $p_j^{(r)}$ 估计为分量 $r$ 中包含词项$t_j$的文档的加权比例：

$$p_j^{(r)} = \frac{\sum_{i: t_j \in \overline{X_i}} w_{ir}}{\sum_{i=1}^{n} w_{ir}} \tag{4.9}$$

迭代上述两个步骤直到收敛。计算（对数似然）目标函数相比于前几轮迭代的平均值是否有一个最小量的提升，以此来检验模型是否收敛。拉普拉斯平滑被用在 M 步的估计中。令$d_a$为每个文档中 1 的平均个数，$d$ 为词典的大小。其基本思想是在式（4.9）的分子上加上拉普拉斯平滑参数 $\gamma > 0$，并在分母上加上 $d\gamma/d_a$。类似地，通过在分子上加上 $\beta > 0$ 以及在

⊖ 虽然$\overline{X_i}$是一个二元向量，但当我们使用集合隶属度的表示（如$t_j \in \overline{X_i}$）时，我们以对待集合那样的方式来处理它。也可以将任意二元向量看作是它里面的一个元素为 1 的集合。——原书注

分母上加上 $k\beta$ 来对$\alpha_r$的估计进行平滑。

值得注意的是，后验概率 $P(\mathcal{G}_r|\overline{X_i})$ 提供了文档$\overline{X_i}$隶属于簇$\mathcal{G}_r$的概率。一个特定文档的 $k$ 个后验概率之和总为 1，这正是文档到簇的概率赋值过程中所期望的。如果需要，也可以通过把每个文档分到具有最大后验概率的簇中，将这种软概率赋值转化为硬概率赋值。对于任意特定的簇 $r$ 来说，$p_j^{(r)}$ 值较大的词项被认为是簇的主题词汇。因此，这种方法同时返回（重叠的）词项簇与文档簇。我们可以使用另一种简单的聚类算法来代替将文档分配给各个簇（对应着 0－1 先验）的第一个 E 步来提升最终的结果，也可以进行随机的初始化。

## 4.4.2 多项式模型

设计多项式模型是为了能够处理任意的词项频率。通过一个大小为 $d\times k$ 的多项式概率参数 $Q=[q_{jr}]$来定义 $k$ 个混合分量的参数，其中（$q_{1r}$，$q_{2r}$，…，$q_{dr}$）表示面向第 $r$ 个混合分量中的词项的多项式分布的 $d$ 个参数。对于任一个特定的混合分量$\mathcal{G}_r$来说，$q_{jr}$在所有词项上的不同值的和为 1（即 $\sum_{j=1}^{d} q_{jr} = 1$）。

生成过程首先以概率$\alpha_r=P(\mathcal{G}_r)$选择第 $r$ 个混合分量$\mathcal{G}_r$，然后将一个骰子（属于第 $r$ 个分量）抛掷 $L$ 次来生成一个包含 $L$ 个词条（重复的也需要计数）的文档。这个骰子有和词项数 $d$ 一样多的面，对于属于第 $r$ 个分量的骰子来说，第 $j$ 面出现的概率为$q_{jr}$。因此，如果抛掷了 $L$ 次这个骰子，则每个面出现的次数对应着每个词项在这个文档中出现的次数。如果我们假设文档$\overline{X_i}$的频率向量为（$x_{i1}\cdots x_{id}$），那么第 $i$ 个文档的生成概率由下面的多项式分布来定义：

$$P(\overline{X_i}\mid\mathcal{G}_r)=\frac{(\sum_{j=1}^{d}x_{ij})!}{x_{i1}!x_{i2}!\cdots x_{id}!}\prod_{j=1}^{d}(q_{jr})^{x_{ij}}\propto\prod_{j=1}^{d}(q_{jr})^{x_{ij}} \tag{4.10}$$

对于固定的$\overline{X_i}$和变化的混合分量来说，其中的比例常数不变，因为它只取决于$\overline{X_i}$并与$\mathcal{G}_r$无关。此时，我们可以使用这个新的概率来执行 E 步：

1）E 步：使用式（4.10）计算文档$\overline{X_i}$的后验概率：

$$P(\mathcal{G}_r\mid\overline{X_i})=\frac{P(\mathcal{G}_r)\cdot P(\overline{X_i}\mid\mathcal{G}_r)}{\sum_{m=1}^{k}P(\mathcal{G}_m)\cdot P(\overline{X_i}\mid\mathcal{G}_m)}=\frac{\alpha_r\cdot\prod_{j=1}^{d}(q_{jr})^{x_{ij}}}{\sum_{m=1}^{k}\alpha_m\cdot\prod_{j=1}^{d}(q_{jm})^{x_{ij}}} \tag{4.11}$$

2）M 步：通过把上述的概率赋值$w_{ir}=P$（$\mathcal{G}_r\mid\overline{X_i}$）用作“隶属度权重”的方式来进行参数估计。与伯努利模型一样，我们使用 $\sum_{i=1}^{n} w_{ir}/n$ 来估计$\alpha_r=P(\mathcal{G}_r)$的值。我们还需要估计各个混合分量的多项式参数。我们可以将$q_{jr}$估计为混合分量 $r$ 中与词项$t_j$对应的词条的加权比例：

$$q_{jr}=\frac{\sum_{i=1}^{n}w_{ir}x_{ij}}{\sum_{i=1}^{n}\sum_{v=1}^{d}w_{ir}x_{iv}} \tag{4.12}$$

对于稀疏数据来说，使用拉普拉斯平滑也可以提升参数的估计效果。在这种情形中，对一个较小的$\gamma>0$来说，我们在分子上加上$\gamma$，在分母上加上$\gamma d$。

与在伯努利模型中的情形一样，迭代这些步骤直到收敛。我们可以使用$P(\mathcal{G}_r|\overline{X_i})$的估计值作为文档$\overline{X_i}$到簇$r$的概率赋值。我们也可以通过选择使这个概率尽可能大的$r$，将软概率赋值转换为硬概率赋值。对于任意特定的簇$r$来说，$q_{jr}$值较大的词项被认为是该簇的主题词汇。

### 4.4.3 与混合隶属度主题模型的比较

第3章的主题模型叫作混合隶属度模型，而本节的聚类模型是单隶属度模型。在这里，理解（混合隶属度）主题模型中的生成过程与聚类方法（单隶属度）非常不同是很重要的。尽管PLSA模型和上面讨论的聚类模型为每个文档生成一个概率赋值［即$P(\mathcal{G}_r|\overline{X_i})$］，但在以下两种情形中，我们应该对这个值进行不同的解释：

$$\text{聚类}:P(\mathcal{G}_r|\overline{X_i})=P(\mathcal{G}_r\text{给定整个文档}\overline{X_i})$$

$$\text{主题模型}:P(\mathcal{G}_r|\overline{X_i})=P(\mathcal{G}_r\text{给定任意一个从}\overline{X_i}\text{中随机选择的词条})$$

这个差别很关键，因为单隶属度模型总会从单个混合分量中生成一个关于车和猫科动物的文档，而主题模型可能会从不同混合分量中生成该文档的不同词条。

在这个背景下，我们在图4.3中给出单隶属度模型的示意图。需要注意的是，这种模型总是为每一个文档只生成一个簇标识符。然而，在主题模型的示意图中（参考第3章的图3.4和图3.7），显然是为每个词条生成一个主题标识符。当我们试图将软概率赋值转换为硬概率赋值时，这些差别就比较关键。在一个单隶属度模型中，将每个文档分给具有最大概率赋值的簇在理论上是合理的，因为这里假设它是由单个分量生成的。软概率赋值的性质仅是由统计估计过程中的不确定性造成的。事实上，在一个主题模型中，即使在考虑到估计的不确定性之后，实际的生成过程也可能在多个主题间发生重叠。因此，在主题模型的情形中，更合理的做法是，要么接受聚类的重叠性质，要么将软概率当作应用$k$均值算法时的特征来处理。

### 4.4.4 与朴素贝叶斯分类模型的联系

面向分类的朴素贝叶斯模型㊀（参考第5章的5.3节）是期望最大化（EM）算法的一个基本的特例，在这种情形中，单次执行E步和M步就足够了。试想，给定有标记的训练数据，其中的标记表明了哪个混合分量生成了哪个点。该如何利用EM算法为无标记的测试数据生成隶属度概率呢？其基本思想是，只对有标记的训练数据应用M步，并对所有的参数进行估计。这一步被大大简化了，因为有标记的点的后验概率全被预定义为0或1，而不是软“隶属度权重”。此外，没有必要重复迭代M步，因为标记过程被假定是一个毋庸置疑的基本事实，无法再对它进行改进。随后，在E步的一次执行中，这些估计出的参数和无标记的点一起被用来进行隶属度概率的赋值。我们刚刚描述的这个过程与朴素贝叶斯算法相同。

朴素贝叶斯分类算法是期望最大化算法的一个基本的特例，在这个情形中，我们对有标记的训练数据应用一次M步，对无标记的测试数据应用一次E步。

---

㊀ 只在后面的章节中对这个模型进行讨论。没有相关背景知识的读者第一次阅读时可以跳过本节。——原书注

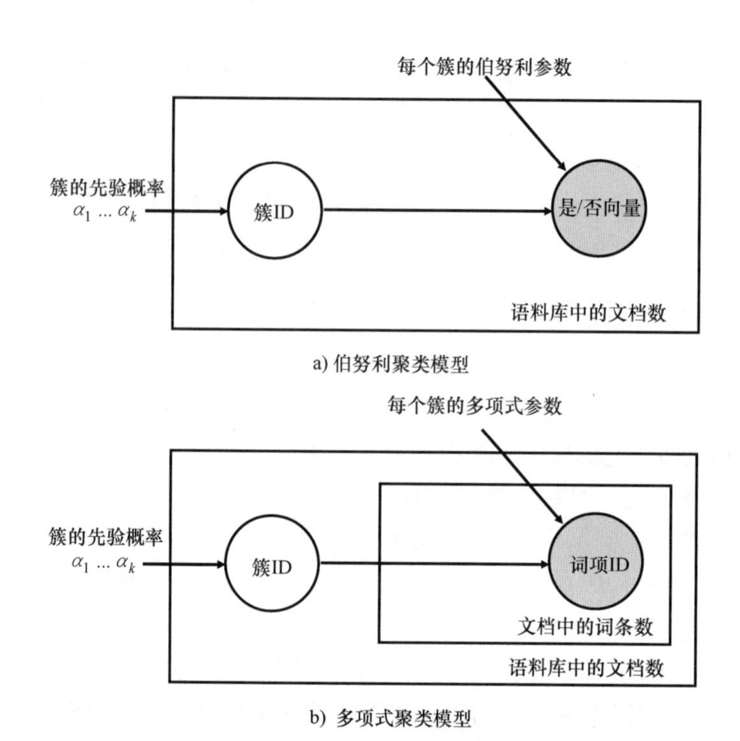


a) 伯努利聚类模型



b) 多项式聚类模型

图 4.3　伯努利和多项式聚类模型的示意图

聚类和分类之间的这种联系可以扩展到任意类型的分类器（参考 4.9 节）中，而不只是朴素贝叶斯。

那是不是也有可能在 M 步中使用无标记的数据呢？如果我们那样做的话，算法仍然是迭代式的，由此得到的算法[364]被称为半监督分类。这种类型的算法有时候可以进行比朴素贝叶斯更准确的分类，尤其是当可用的有标记的数据较少时。第 5 章的 5.3.6 节讨论了这种算法。

## 4.5　$k$ 均值算法

$k$ 均值算法是一种很简单的聚类算法，它将数据严格地划分到 $k$ 个簇中。$k$ 的值是算法的一个输入参数。考虑一个大小为 $n \times d$ 的矩阵，它的第 $i$ 个行向量（文档）由$\overline{X_i}$表示。$k$ 均值问题是一个寻找 $k$ 个 $d$ 维的表示$\overline{Y_1} \cdots \overline{Y_k}$，以使每个文档到其最近质心的距离平方和尽可能地小的问题。换句话说，我们希望确定$\overline{Y_1} \cdots \overline{Y_k}$，以使下面的目标函数最小：

$$J = \sum_{i=1}^{n} \min_{j=1}^{d} \| \overline{X_i} - \overline{Y_j} \|^2 \tag{4.13}$$

需要注意的是，这个目标函数使用欧氏距离，这对于文本数据来说是比较少见的。然而，为了便于下面的讨论，假设对文档 - 词项矩阵进行归一化预处理，以使每个文档的 $L_2$ 范数$\|\overline{X_i}\|$是一个单位范数。正如第 2 章的 2.5 节所讨论的［参考式（2.9）］，执行归一化后，使用欧氏距离、余弦相似度或点积相似度没有差别。我们首先会讨论一个简单的 $k$ 均值算法，假设它使用基于长度的归一化，然后讨论面向文本数据的启发式变种。

求解式（4.13）的主要困难在于，数据点到代表点的最优隶属度赋值取决于代表点的值，而代表点本身又取决于这些隶属度赋值。这种循环性自然地指向了一种迭代方法，在这种方法中，我们交替地确定最优的隶属度赋值（固定代表点时）和确定最优代表点（固定隶属度赋值时）直到收敛。因此，$k$ 均值算法首先把一个包含 $k$ 个种子代表$\overline{Y_1}\cdots\overline{Y_k}$的集合初始化为 $k$ 个随机选择的文档，然后迭代执行以下两个步骤来对它们进行修正：

**1）固定代表点的最优隶属度赋值**：将每个文档分给与它相对应的余弦相似度最大的代表点。对于归一化后的数据来说，余弦相似度的最大化与欧氏距离的最小化相同，因此这种隶属度赋值为式（4.13）提供了最小化的目标函数。假设 $n$ 个点被划分到由 $C_1\cdots C_k$表示的 $k$ 个簇中，其中每个簇 $C_i$都包含 $\{\overline{X_1}\cdots\overline{X_n}\}$ 的一个子集。

**2）固定隶属度赋值的最优代表点**：如果固定隶属度赋值，则我们可以针对第 $r$ 个簇 $C_r$ 单独确定$\overline{Y_r}$的最优值，事实上它是这个簇的质心：

$$\overline{Y_r}=\frac{\sum_{\overline{X_i}\in C_r}\overline{X_i}}{|C_r|} \tag{4.14}$$

定理4.5.1提供了这个结果的证明，其直观解释是，为了最小化误差，使用一个簇最中心的点来表示这个簇是最好的。

接下来迭代以上两步直到收敛。通常来讲，收敛准则是目标函数不再发生大于某个最小量的变化。另外，为了防止运行时间过长，我们通常也会对最大迭代次数进行限制。

如果$\overline{Y_r}$被选为 $C_r$的质心，那么我们此时需要通过 $C_r$ 中的点来证明第 $r$ 个簇对目标函数 $J$ 的贡献。

**定理 4.5.1** 将第 $r$ 个簇对式（4.13）的目标函数值的贡献 $J_r$ 定义如下：

$$J_r=\sum_{\overline{X_i}\in C_r}\|\overline{X_i}-\overline{Y_r}\|^2 \tag{4.15}$$

那么，当$\overline{Y_r}$被选为 $C_r$ 的质心时，$J_r$ 的值最小。

**证明**：需要将目标函数关于$\overline{Y_r}$ 的梯度设为0作为最优解条件。将梯度设为0可得到下面的最优解条件：

$$\sum_{\overline{X_i}\in C_r}2(\overline{Y_r}-\overline{X_i})=0 \tag{4.16}$$

简化这个条件如下：

$$\overline{Y_r}=\frac{\sum_{\overline{X_i}\in C_r}X_i}{|C_r|} \tag{4.17}$$

换句话说，基于梯度的最优解条件意味着$\overline{Y_r}$是 $C_r$ 的质心。

上述的讨论提供了一个数学描述，这个描述使用了理论上最优的归一化向量。然而，对于文本数据来说，我们需要进行一些实际的变动，这些变动通过下面的方式偏离了这种表示：

1）我们不会提前在长度上将文档归一化到单位范数。需要注意的是，余弦相似度函数

对长度相关的归一化步骤是不敏感的，因此不会影响相似度的计算。另外，余弦相似度的使用确保了我们可以移除式（4.14）分母中的$|C_r|$，而不会改变相似度的计算。然而，如果没有提前将文档归一化到单位范数，则这个解不再是恰好相同的，因为更长的文档对质心会有更大的影响。然而，这种改变的实际影响在大多数合理的场景中都不明显。

2）我们可以移除一个簇的质心中的非高频词项[438]。移除非高频词项具有提高计算质量（通过移除噪声）和效率（通过减少计算次数）的双重优点。参考文献［438］中指出，每个簇的质心中只可以保留200～400个最频繁的词项。

每个簇的质心中的高频词项提供了一个簇概要（cluster digest），这个概要概括了该簇的主题信息。簇概要的部分例子[6]如下，它包含一系列与美国历史相关的文档：

history（183），lincoln（122），washington（23），abolition（38），constitution（95），bill（124），independence（165），columbus（63），settlers（44），civil（91），president（105），war（83），treaty（36），jefferson（23），confederate（43），union（29），british（61），…

括号中的数字代表截断的质心中的词项权重。由于截断的存在，只有较大的词项权重被保留下来。因此，通过检测每个簇中的高频词项，我们通常能够大致了解该簇的语义内容。图4.4提供了$k$均值算法的伪代码。

```
算法 KMeans（文档：X̄1…X̄n，簇的个数：k）
begin
 将Ȳ1…Ȳk中的每一个初始化为X̄1…X̄n中的随机点
 repeat
  通过将每个X̄i分配给Ȳ1…Ȳk中离它最近的代表点（即余弦相似度最大的点），创建划分C1…Ck
  for每个簇Cr，设置Ȳr为Cr的质心
 until 收敛
 return C1…Ck
end
```

图4.4　$k$均值算法的伪代码

### 4.5.1　收敛与初始化

值得注意的是，上述步骤的每次执行都能保证式（4.13）的目标函数$J$不会变差，因此这个目标函数随着算法的执行单调地变化。由于可能的聚类数量是有限的，一个单调变化的目标函数通常会使算法在有限次迭代后收敛。需要留意的是，使用一致性原则（例如使用最小簇索引）破坏了隶属度赋值中的关系，从而算法永远不会循环到相同的解，除非它收敛到一个固定的点。尽管我们可以保证$k$均值算法的收敛性，但不能保证它能收敛到一个全局最优解。特别地，算法对提前选择的种子比较敏感。如果将异常值选定为初始的种子，则这种方法的质量会很差。事实上，使用完全随机生成的向量作为初始点（而不是使用集合中的文档）往往会更好。我们通常会将$k$均值算法与其他层次型算法[124]相结合以提供高质量的起始点。4.6.2节介绍了这样的方法。

### 4.5.2　计算复杂度

$k$均值算法需要的迭代次数通常相对较少。如果使用合理的起始点，这个算法只需10次以下的迭代就可以给出高质量的解，这并不罕见。从这个意义上讲，借助其他算法使用合适的起点变得更为重要。出于所有的实际考虑，假设迭代次数为常数。

在每轮迭代中，计算 $n$ 个文档到 $k$ 个簇的相似度，这个过程需要 $O(nk)$ 次的计算。如果每个质心中的单词数被限制在最大值 $d_t \ll d$ 内，则每个相似度计算的时间复杂度为 $O(d_t)$。因此，总体的计算复杂度是 $O(nkd_t)$。

### 4.5.3 与概率模型的联系

我们可以将 $k$ 均值算法视作期望最大化（EM）算法的确定性版本。正如 EM 算法确定文档到簇的一个概率赋值一样（E 步），$k$ 均值算法在每轮迭代中计算一个确定性赋值。EM 算法在 M 步中优化其混合分量的参数，而 $k$ 均值算法在每次迭代中确定最优代表点（即质心）。正如 $k$ 均值算法优化均方误差一样，EM 算法最大化对数似然准则。事实上，对于像高斯分布这样的混合分布来说，高斯的对数似然简化成了欧氏距离。当然，在文本域中很少使用高斯建模假设。然而，这两种方法之间的联系很有用，需要牢记下来。EM 算法比较灵活，它可以通过选择特定的混合分布（例如伯努利分布或多项式分布）来融入语料库的领域相关知识。另一方面，$k$ 均值算法有着更简单的优点。我们不应该低估简单性的好处，因为它使 $k$ 均值算法更稳定，且更不容易陷入局部最优。

## 4.6 层次聚类算法

层次聚类算法很自然地创建了文档的树状结构（或分类结构）。分类结构的创建在文档聚类中有着特殊的地位，它能够使较大集合的浏览更加直观。可以通过自顶向下或自底向上的方式来创建分类结构。我们可以把自底向上的技术视为一种独立的聚类算法，而自顶向下的方法可以看成是一种把另一个聚类算法用作子任务的元算法。这使得自底向上的方法本质上更有趣，这也是本节的重点。

自底向上的方法从每个簇中的各个文档开始，通过合并相似的两个簇，依次将它们聚集为更高层次的簇。这种依次合并（successive merging）使簇与簇之间产生了自然的层次关系，其中后阶段的簇是前阶段的簇的超集。不同层次方法之间的主要差别是由依次合并簇的规则不同造成的。层次聚类算法的基本框架是，总是处理簇的当前簇集（或模型）$M=\{C_1\cdots C_m\}$，并通过下面的迭代步骤将这个集合的大小减 1：

确定 $M=\{C_1\cdots C_m\}$ 中最相似的两个簇（$C_i$，$C_j$），并将它们替换为一个更大的簇，这个簇包含了两个簇中的点，具体如下：

$$M \Leftarrow M - \underbrace{\{C_i, C_j\}}_{\text{移除相似的簇对}} \cup \underbrace{\{C_i \cup C_j\}}_{\text{添加更大的簇}} \tag{4.18}$$

因此，这个聚类过程中的每一步都会使簇的个数减 1，直到达到期望的簇数。在初始化步骤中，每个文档位于它自己的簇中，因此有 $n$ 个簇。在第一次合并最相似的两个单点簇之后，将会有一个簇包含两个文档，因此有（$n-1$）个簇。总的来说，层次聚类过程要求我们确定文档集合 $C_i$ 和 $C_j$ 之间的相似度，进而确定该选择哪两个簇进行合并。

那么怎么做才可以确定 $C_i$ 和 $C_j$ 两个文档集合之间的相似度呢？答案是没有一种方法能够

做到这一点。在这两个集合中，有$|C_i| \times |C_j|$个可能的文档间的成对相似度需要计算，并且我们必须合并这些相似度值来创建这两个集合间的全局的相似度度量。例如，图 4.5 展示的两个点集之间有 $4 \times 2 = 8$ 个可能的相似度需要计算。有一些用来合并相似度的自然准则，由此产生了一系列自底向上的聚类算法的不同变种：

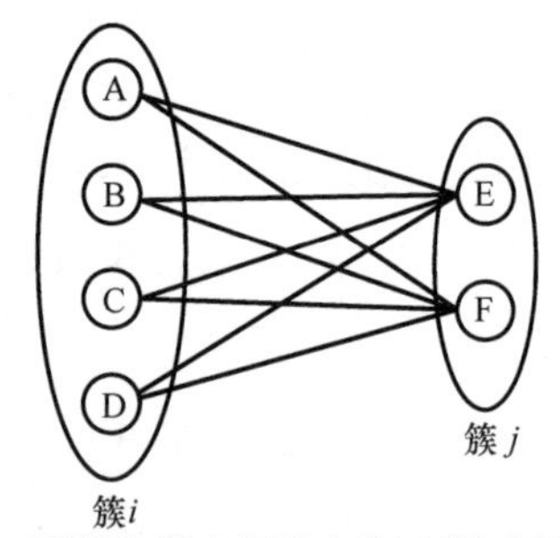


图 4.5　两组文档之间的相似度被表示为一个关于各个文档对之间的相似度的函数

1）单链接（single - linkage）聚类：在单链接聚类中，使用 $C_i$和 $C_j$中最近的两个文档之间的相似度来度量 $C_i$和 $C_j$之间的相似度。因此，如果$s_{ij}$是簇 $C_i$和 $C_j$之间的相似度，则我们有

$$s_{ij} = \mathrm{MAX}_{\overline{X} \in C_i, \overline{Y} \in C_j} \mathrm{cosine}(\overline{X}, \overline{Y}) \tag{4.19}$$

2）组平均链接（group - average linkage）聚类：在组平均链接聚类中，我们需要计算 $C_i$中所有文档和 $C_j$中所有文档之间的相似度的平均值。因此，如果$s_{ij}$是簇 $C_i$和 $C_j$之间的相似度，则我们有

$$s_{ij} = \mathrm{MEAN}_{\overline{X} \in C_i, \overline{Y} \in C_j} \mathrm{cosine}(\overline{X}, \overline{Y}) \tag{4.20}$$

3）全链接（complete linkage）聚类：在全链接聚类中，最不相似的两个文档之间的相似度被用作相关准则。因此，$C_i$和 $C_j$两个簇之间的相似度的定义如下：

$$s_{ij} = \mathrm{MIN}_{\overline{X} \in C_i, \overline{Y} \in C_j} \mathrm{cosine}(\overline{X}, \overline{Y}) \tag{4.21}$$

4）质心相似度：在质心相似度中，$C_i$和 $C_j$的质心之间的余弦相似度被用作合并准则。

基于单个文档对计算相似度的方式导致单链接和全链接准则有一些缺点。在单链接聚类的情形中，主要问题是依次合并的问题，其中由各个文档对导致的一系列的依次合并最终会导致不相关的文档分组的合并。例如，考虑一个包含 4 个簇的集合，它包含的代表文档如下：

簇 1 包含："The sergeant looked at the platoon."

簇 2 包含："The sergeant looked at the moon."

簇 3 包含："The dog looked at the moon."

簇 4 包含："The dog howled at the moon."

容易看出，尽管簇 1 和簇 4 中的文档没有关系，但相继获得的簇包含了非常相似的文档。完全可以想象，由于每两个相继获得的簇之间存在一系列相似的文档，依次合并最终可能会导致簇 1 和簇 4 的合并。图 4.6a 展示了一系列不理想合并的例子。事实上，令人烦恼的是这种情形经常出现在单链接聚类算法中。全链接方法在合并的后面阶段表现也很差。当簇比较大时，它们经常包含相似度较小的异常文档对。一般来说，全链接相似度的计算通常会被这些簇中的异常值主导。显然，基于这些簇内部的异常值（即反常值）的性质来决定簇的合并是一个不太明智的选择。因此，组平均链接和质心聚类是更合理的选择。

这种连续的聚类过程使簇之间产生了自然的层次结构，这被称为系统树图（dendrogram）。

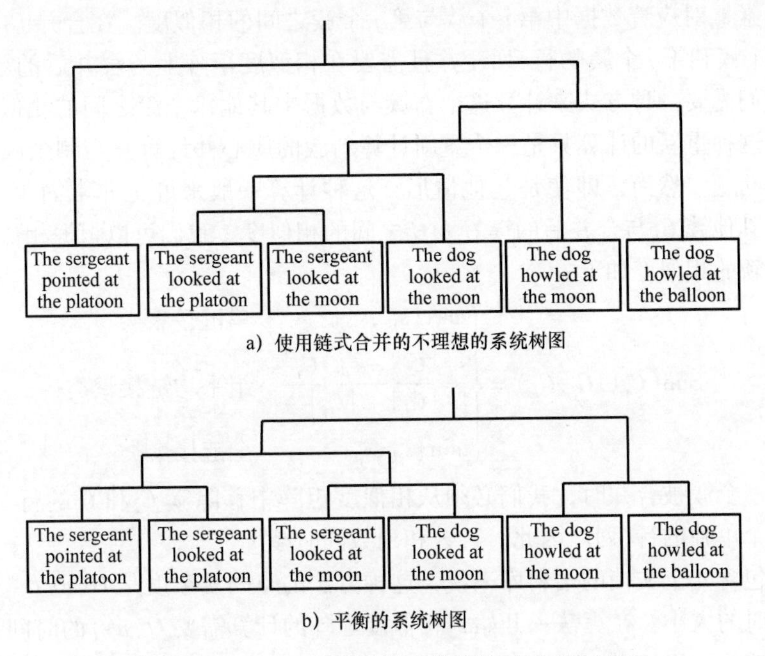


a）使用链式合并的不理想的系统树图



b）平衡的系统树图

图 4.6　包含 6 个文档的同一集合的不同系统树图

系统树图是一个二元树，其中每个合并都是树的一个内部节点，它的两个子节点对应着已经被合并的两个簇。因此，树的低层节点是更细粒度的，叶子节点包含各个文档。图 4.6 展示了对相同文档集合进行一系列不同合并后得到的两个可能的系统树图的例子。其中有一个系统树图是很平衡的，而另一个不是。一般而言，在自底向上的聚类方法中对系统树图形状方面的控制很少，在选择合并函数时进行良好的判断是至关重要的。例如，像图 4.6a 中那样结构很差的树图可能是由单链接聚类导致的。通过在树的更高层次上对它进行切割，我们可以从这种树图中得到一个扁平聚类。层次聚类的默认方法对树图进行切割的方式与合并的执行顺序有关。我们可以略去最后的（$k-1$）个合并来创建一个具有 $k$ 个簇的扁平聚类。然而，我们也可以自底向上构建树图直到根节点，然后使用从树图结构中获得的后见之明。在这样的情形中，我们可以对树图进行切割，以获得在语义上看起来对领域专家（手动检查）比较有吸引力的聚类结果，或者获得更平衡的聚类结构。

### 4.6.1　高效实现与计算复杂度

合理地实现这个方法（即层次聚类）以获得高效的性能是很重要的。例如，当数据中剩余 $m$ 个簇时，一种朴素的实现方式可能会在每一步都计算 $m \times m$ 对相似度。这显然不是最优的，因为大部分簇间的成对相似度不用重复计算就可以从当前步传递到下一步。在任意给定时刻，当数据中剩下 $m$ 个簇时，需要维护一个大小为 $m \times m$ 的相似度矩阵 $S$。随着算法过程的推进，簇被依次合并，这个相似度矩阵被更新（并且在大小上有缩小）。

算法首先计算所有文档对之间的大小为 $n \times n$ 的相似度矩阵 $S=[s_{ij}]$，其中第（$i$，$j$）个元素 $s_{ij}$ 对应着第 $i$ 个文档与第 $j$ 个文档之间的相似度。随着算法的推进和簇的合并，簇的索引被更新，元素 $s_{ij}$对应着数据中第 $i$ 个簇与第 $j$ 个簇之间的相似度。在合并 $C_i$和 $C_j$后，我们需要移除第 $i$ 个簇和第 $j$ 个簇的行/列，并且需要在相似度矩阵上为合并后的簇添加新的行/列。因此，我们需要一种方式来计算这个新簇与数据中其他每个簇之间的相似度。对于质心相似度来说，这种重新的计算只是一个重新计算新簇的质心并计算它与剩余簇的质心之间的相似度的简单问题。然而，即使是其他情形，这种计算一般来说也非常简单。令 $\text{Sim}(C_i \cup C_j, C_k)$为任意其他簇 $C_k$与合并后的簇 $C_i \cup C_j$之间的相似度。我们可以根据相似度矩阵 $S$ 的当前元素来计算新的相似度如下：

$$\text{Sim}(C_i \cup C_j, C_k) = \begin{cases} \max\{s_{ik}, s_{jk}\} & \text{单链接聚类} \\ \dfrac{s_{ik}|C_i| + s_{jk}|C_j|}{|C_i| + |C_j|} & \text{组平均链接聚类} \\ \min\{s_{ik}, s_{jk}\} & \text{全链接聚类} \end{cases} \tag{4.22}$$

因此，当一个簇被合并时，我们必须从相似度矩阵中移除簇 $C_i$和 $C_j$的行/列，并为合并后的簇添加一个单独的行/列。因此，行数和列数同时减 1。

对于一个包含 $n$ 个文档的语料库来说，这种方法的空间复杂度是 $O(n^2)$，这是相似度矩阵在算法开始时的大小。在算法一开始，相似度矩阵的计算需要 $O(n^2)$的时间计算余弦相似度。令$d_a$为文档的平均长度。因为余弦相似度的计算时间与文档的平均长度线性相关，所以相似度矩阵的初始化需要 $O(n^2 d_a)$的时间。另外，算法包含 $O(n)$次合并。然而，与质心合并（见习题 7）的情形不一样，这一步与文档的长度无关。这是因为在式（4.22）中每个相似度的重新计算只需要 $O(1)$的时间而不是 $O(d_a)$的时间，并且对各个簇来说都有 $O(n)$次这样的计算。因此，相似度重新计算的总时间是 $O(n^2)$。另外，我们必须在 $O(n)$个可能的值中确定值最大的相似度，这就需要 $O(n^2\log(n))$的时间用于维护算法中的堆结构。因此，总体的计算复杂度是 $O(n^2 d_a + n^2\log(n))$，其中的 $O(n^2 d_a)$是初始步骤的运行时间。对于单词的数量级为几百的 $d_a$值来说，初始化时间可能同时成为算法的运行时间和空间的瓶颈。

即使对于中等大小的数据集来说，空间复杂度的问题也特别严峻。例如，如果语料库包含 100 万个文档，那么空间复杂度是$10^{12}$字节的阶数，大约是 1TB。如今，遇到这样大小的集合并不罕见。语料库大小每增加 10 倍，这种空间复杂度就增加 100 倍。当内存中不能维护相似度时，我们可能需要在每次迭代中重新对它们进行计算。这会使时间复杂度急剧增大到 $O(n^3)$，即使对于包含几千个文档的小数据集来说也是难以处理的。庆幸的是，层次方法有一个很好的性质是，即使在数据较小的样本上，它们也能够提供比较好的聚类结果。在这些情形中，可以将它们与 $k$ 均值方法相结合以达到两者的最优效果。我们会在 4.6.2 节中介绍这种方法。

### 4.6.2 与 $k$ 均值的自然联姻

层次算法和 $k$ 均值算法在运行时间和准确率方面有着互补的优点和缺点。$k$ 均值算法在较大的数据集上通常比较高效并且也很准确，除非种子集合非常差。另一方面，层次聚类算法比较耗时，但即使是应用在数据的一小部分样本上，它的鲁棒性也非常好。这种观察表明，层次方法可以用来将相对较小的文档样本合并为一个包含 $k$ 个簇的鲁棒性较好的集合，我们可以用这个集合的质心为 $k$ 均值算法提供一个很好的种子集合。这就得到了一个两阶段的方法，其中第一阶段使用层次聚类，第二阶段使用 $k$ 均值聚类。

第一阶段使用的样本大小应该使两个阶段的运行时间达到平衡。$k$ 均值算法的运行时间为 $O(knd_t)$，其中 $d_t$是保留在每个质心中的平均词典大小。对大小为 $s$ 的样本来说，如果我们假设 $d_t > \log(s)$，则层次方法的运行时间大致为 $O(s^2 d_t + s^2 \log(s)) \approx O(s^2 d_t)$。这些是在实际场景中做出的合理假设。为了使运行时间在 $k$ 均值聚类阶段和层次聚类阶段之间达到平衡，需要满足下面的条件：

$$s^2 d_t = knd_t \tag{4.23}$$

因此，我们有 $s = \sqrt{kn}$。在这样的情形中，这个两阶段方法的运行时间为 $O(s^2 d_t) = O(knd_t)$，它与语料库大小和簇的数目线性相关。这通常是我们希望能够通过聚类算法所实现的最佳运行时间。

上面有关层次阶段的介绍（大致）对应着一种被称为 buckshot[124] 的技术。另一种用于层次阶段的方法被称为 fractionation[124]。fractionation 方法是一种鲁棒性更好的方法，但在很多实际场景中 buckshot 方法更快。与 buckshot 方法不同（它使用 $\sqrt{kn}$ 个文档样本），fractionation 方法处理的是语料库中的所有文档。fractionation 方法首先将语料库分成 $n/m$ 个桶，每个桶包含 $m > k$ 个文档。然后，它对每一个桶应用一个层次凝聚算法以使其减少一个因子 $\nu \in (0, 1)$。这一步在每个桶中创建了 $\nu m$ 个聚合文档，因此在所有桶中一共创建了 $\nu n$ 个聚合文档。一个“聚合文档”被定义为簇中的所有文档的拼接。将这些聚合的文档当作单个文档来处理，如此重复整个过程（包括 $m$ 个桶的创建）。当总共只剩下 $k$ 个种子时，终止该方法。

如何将文档划分到桶中还有待解释。一种可能的方式是对文档进行随机划分。然而，一种设计更为谨慎的方法是根据文档中第 $j$ 个最常见词的索引来对文档进行排序，通常选择较小的 $j$ 值，如 3，它对应着文档中的中等频率的单词。按这种顺序排列的各包含 $m$ 个文档的分组被连续映射到各个簇中。这种方法确保了得到的分组中至少有一些单词是共有的，因此不是完全随机的。

在 fractionation 方法的第一次迭代中，对每个分组而言，$m$ 个文档的凝聚聚类都需要 $O(m^2)$ 的时间，$n/m$ 个不同分组上的总和为 $O(nm)$。因为各个组的数目在每次迭代中都减少了 $\nu$ 的因子，所以所有迭代的总运行时间为 $O(nm(1 + \nu + \nu^2 + \cdots))$。对于 $\nu < 1$，所有迭代的运行时间仍然是 $O(nm)$。若 $m = O(k)$，则仍然可确保初始过程的运行时间为 $O(nk)$。

## 4.7 聚类集成

聚类是一个无监督的问题，因此某个具体的参数或算法的选择在单次运行中可能表现较差。然而，通过结合多次运行的结果，得到的结果会更加鲁棒。这样的方法被称为集成。混合后的结果通常会优于大部分单次运行获得的结果。方差的减小使得这种效果得以观测到（参考第 7 章的 7.2 节）。聚类集成的基本思想通过以下两个步骤来体现：

1）通过在每次运行中使用算法的随机变种，或者使用不同的聚类算法/参数选择，在数

据集 $D$ 上应用 $m$ 次聚类获得 $m$ 个不同的划分。其中的每一次运行被称为一个集成分量或基本方法。

2）合并来自第一步的 $m$ 次运行的结果以获得一个单独的（鲁棒性更好的）聚类。这一步被称为共识步骤（consensus step），它通常需要在第一阶段获得的点到簇的概率赋值信息上应用一个（简单的）聚类算法。共识步骤的基本思想是在不同集成分量中被不断划分到相同簇的两个点最终应该分到相同的簇中。

下面将会具体描述这些步骤。

### 4.7.1 选择集成分量

选定的具体集成分量会对聚类方法的总体准确率和效率产生不同的影响。选择不同集成分量的最常见的方式如下：

1）在不同集成分量中可以选择使用不同的聚类方法，如 $k$ 均值聚类、层次聚类以及 EM 方法。

2）可以通过不同的初始化种子来使用随机化的方法，如 $k$ 均值聚类。这会导致不同的集成分量有不同的输出。

3）可以在包含特征子集的派生数据集上运行聚类算法。这种方法也被称为基于特征的集成聚类（feature bagging）或多视图聚类（multiview clustering）。

4）可以将聚类算法的计算密集部分只应用到数据集的一个子集上。一个有效的例子是 Nyström 采样与集成方法的搭配。核方法常被用在文本域中以融入单词之间的序列信息，尽管它们在使用中的主要困难是较高的计算复杂度。当与超线性复杂度的基本方法搭配时，子采样方法有着极大的效用，因为它们可以同时提高这个方法的准确率和效率。在这些情形中，在样本子集上运行很多集成分量比在数据集全集上单独应用基本方法更快。4.8 节描述了如何利用 Nyström 集成将序列知识融入文本聚类的方法中。

一般而言，建议使用多样性较高的基本方法以最大程度地利用集成方法。

### 4.7.2 混合来自不同分量的结果

集成方法的最后一步是混合来自不同分量的结果。事实上，混合结果的最后一步是一个在输出结果上进行聚类的问题。然而，这个新的聚类问题要简单得多，因为这些输出有一个更自然的相对于各个簇的倾向性。因此，像 $k$ 均值这种非常简单的聚类方法可以有效地用在这些场景中。在最后阶段，每个点由 $m$ 个关键词来表示，其中 $m$ 是集成分量的数量。在这个新的伪文档中，每个关键词对应一个集成分量，它包含簇标识符与集成分量标识符。例如，如果使用第 45 个集成分量中的簇标识符 23 对一个文档进行赋值，则创建关键词“23#45”，并将其添加到此文档的新的表示上。因此，每个文档将恰好有与集成分量一样多的关键词。一起频繁出现在相同簇中的两个文档将会有很多相同的关键词。我们可以将这种新的表示看作是一种类似于分类中的堆叠集成（stacking ensemble）[2] 的特征工程。这些新的特征将会有一个极高的簇倾向性，因为它们是从各个基本聚类方法中获得的簇标识符。因此，在这种新的表示上简单地应用一个 $k$ 均值算法就可以得到一个高质量的结果。

## 4.8 将文本当作序列来进行聚类

大多数挖掘方法在处理文本时使用词袋模型。然而，集合中的很多知识都隐藏在单词间的序列和位置信息中。对于短文档来说，序列信息的使用变得更为关键，因为一个词袋通常过于稀疏，进而无法通过传统的挖掘方法来鲁棒地使用。

几乎所有把文本当作序列来处理的有效的学习方法都以各种各样的形式使用表示学习和特征工程。通常情况下，我们把文本的序列表示转化为一种多维表示，这种表示对连续单词序列的有关信息进行编码。通常情况下，这种多维表示可能是非常高维的，因为序列信息天生比较复杂。常见的特征工程方法如下：

1）利用短语和 $k$ - gram 使表示更丰富：我们可以将语料库中频繁出现的短语用作特征使表示更丰富。参考文献［525］中已经证明使用频繁出现的短语可以提高网页文档的聚类效果。我们还可以将频繁的 $k$ - gram 添加到基于词袋模型的向量空间表示中。

2）核方法：核方法为我们提供了一种自然的方式来将序列信息融入文本挖掘应用中，例如我们可以使用基于字符串的核函数来执行非线性降维。参考第3章的3.6节。

3）神经网络：近年来，一些神经网络技术被提出，如 word2vec[341] 和 doc2vec[275]，它们在创建词嵌入和文档嵌入时融入了序列信息。第10章详细讨论了这些方法。

所有这些方法完成的是相同的任务，即创建可被现有的方法用于聚类的多维表示。总体框架如图4.7所示。

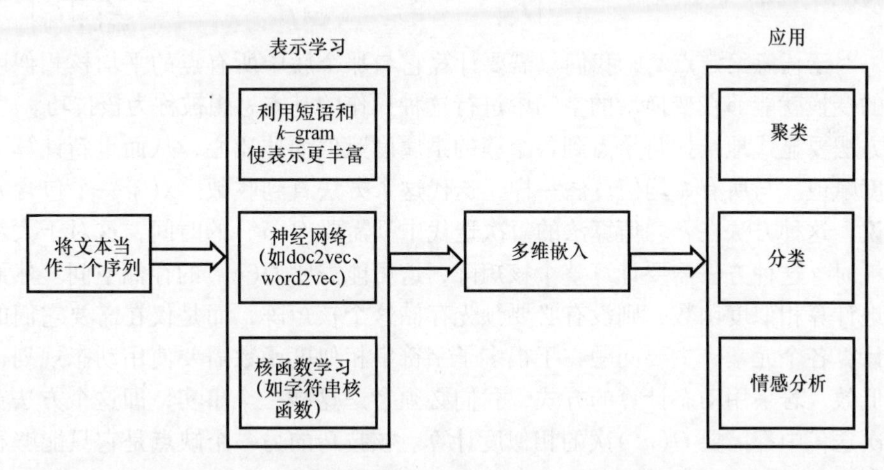


图4.7 将序列转化为语义知识嵌入的表示学习

### 4.8.1 面向聚类的核方法

正如第3章的3.6节所讨论的，我们可以使用字符串核函数将序列信息融入核表示中，其基本思想是这些方法处理的是相似度矩阵（定义在字符串表示上）而不是文档 - 词项表示。对于基于核函数的聚类来说，最常见的算法包括核 $k$ 均值聚类和谱聚类。前者利用核技巧进行隐式的特征工程，而后者只利用一小部分特征向量进行显式的特征工程。我们接下来一一介绍这些方法。

4.8.1.1　核 $k$ 均值算法

我们可以通过不同方式来实现核 $k$ 均值算法，其中最方便的是通过归一化的相似度矩阵来实现。令 $S=[s_{ij}]$ 是一个大小为 $n\times n$ 的相似度矩阵，它包含了文档的字符串表示之间的成对的相似度信息。我们对该矩阵进行归一化如下：

$$s_{ij}\Leftarrow\frac{s_{ij}}{\sqrt{s_{ii}}\cdot\sqrt{s_{jj}}} \tag{4.24}$$

归一化使每个数据点都位于（变换后的）核空间的单位球面上。正如第 2 章的 2.5 节所讨论的，在进行了归一化的情况下，使用点积、欧氏距离或余弦相似度都是等价的。因此，为简单起见，我们可以使用点积。假设这个核相似度矩阵所隐含的变换由 $\Phi(\cdot)$表示，则有 $s_{ij}=\Phi(\overline{X_i})\cdot\Phi(\overline{Y_j})$。

核 $k$ 均值算法如下。我们首先对点进行随机的隶属度赋值，将它们随机分给由 $C_1\cdots C_k$表示的 $k$ 个簇。$k$ 均值算法通常将这些簇的质心确定为下一轮迭代的代表点。核 $k$ 均值算法计算变换后的空间中的每个点与各个簇的点积，并在下一轮迭代中重新将每个点分配给离它最近的质心。该如何计算变换点 $\Phi(\overline{X_i})$与 $C_j$（在变换后的空间中）的质心$\overline{Y_j}$之间的点积呢？我们可以通过下式来计算：

$$\Phi(\overline{X_i})\cdot\overline{Y_j}=\Phi(\overline{X_i})\cdot\frac{\left(\sum_{q\in C_j}\Phi(\overline{X_q})\right)}{|C_j|}=\frac{\sum_{q\in C_j}\Phi(\overline{X_i})\cdot\Phi(\overline{X_q})}{|C_j|}=\sum_{q\in C_j}\frac{s_{iq}}{|C_j|}$$

因此，对于任意给定点$\overline{X_i}$，我们只需要计算它与那个簇中所有点的平均核相似度。无须进行显式的变换就能够在变换后的空间中进行这种操作的基本思想被称为核技巧。

这种方法要显式地维护每个点到各个簇的隶属度赋值而非质心，从而重新计算下一次迭代的隶属度赋值。与所有 $k$ 均值算法一样，迭代这个方法直到收敛。对于一个包含 $n$ 个点的数据集来说，这种方法在 $k$ 均值算法的每次迭代中都需要 $O(n^2)$的时间，这对于大数据集来说会非常耗时。这种方法需要计算整个核矩阵，这可能需要 $O(n^2)$的存储空间。然而，如果可以高效地计算相似度函数，则没有必要预先存储这个核矩阵，而是仅在需要它们的时候动态地重新计算各个元素。主要问题在于很多子字符串相似度函数需要使用动态规划，这计算起来比较低效。若采用动态计算的方式，我们必须考虑这样一个事实，即这个方法在 $k$ 均值算法的每次迭代中都需要 $O(n^2)$次的相似度计算。核技巧的另一个缺点是它只能够和有限的一部分聚类算法（如 $k$ 均值算法）搭配，这些算法使用点与点之间的相似度函数。不是所有聚类算法对核技巧的使用都一样友好。此外，如果特征只是间接地用在核技巧中，则不需要对提取出的特征进一步进行工程化或归一化处理。

4.8.1.2　显式的特征工程

显式的特征工程实际上是通过实现核 SVD 变换并在变换后的数据上应用现成的算法来工作的。这是一种更灵活的方法，它使任意的聚类算法（而不仅仅是可通过成对相似度来表示的算法，如 $k$ 均值算法）都能够处理核变换。更通用的显式的特征工程对 $n\times n$ 的相似度矩阵 $S$ 进行对角化 $S=Q\Sigma^2Q^{\mathrm{T}}$，具体如下：

对角化 $S = Q\Sigma^2 Q^{\mathrm{T}}$

提取出 $Q\Sigma$ 行中的 $n$ 维嵌入表示

移除 $Q\Sigma$ 中的所有零特征向量，得到 $Q_0\Sigma_0$

在 $Q_0\Sigma_0$ 的行上应用任意一个现有的聚类算法

$Q_0$的列包含非零向量，$Q_0\Sigma_0$ 的 $n$ 行包含 $n$ 个点的嵌入表示。值得注意的是，所有的 $n$ 个特征向量全都被提取出来，只移除了零特征向量。这些零特征向量作为 $Q\Sigma$ 中的零列出现。只有当所有的非零特征向量（无论多小）都被保留下来时，显式的特征工程才恰好等价于核技巧。如果没有维度被移除，那么嵌入表示的维度可以和点的个数 $n$ 一样多。因此，这种方法的空间要求是 $O(n^2)$。此外，提取出所有 $n$ 个特征向量的运行时间要求是 $O(n^3)$，这是一个令人望而却步的时间复杂度。

就可不可以移除低阶特征向量来改善空间要求和计算效率这一点，一个自然的问题出现了。实际上，核方法的很多实现（如谱聚类）确实移除了低阶特征向量。然而，移除低阶特征向量并非没有什么不好。通常，一个复杂的数据集需要使用大量的维度去表达数据分布中局部形状的复杂变化。3.6 节提供了一个例子，在这个例子中，非凸的簇需要使用大量的特征向量来表示（参考图 3.9a）。从这个意义上讲，我们应该将非线性降维方法看作特征工程技术（与线性降维方法不同，其主要目标是特征空间压缩）。在无监督的场景中，主要问题是难以知道该使用的正确维度数，即使极端低阶的特征向量在复杂分布中有时也包含丰富的信息。最保险的解决方案是保留所有的非零特征向量（或只移除它们中的一小部分）。然而，这可能会产生一个具有 $n$ 个点的 $n$ 维的数据集，它需要 $O(n^2)$的空间。

这种计算困难的一个解决方案是使用 Nyström 采样，它子采样一个包含 $s$ 个文档的集合，从而创建一个 $s$ 维的表示。通常来说，$s$ 的值与语料库的大小无关，尽管它取决于数据分布的复杂度（如簇的数量）。该方法如下：

从语料库中采样一个包含 $s$ 个文档的样本子集

使用 Nyström 方法（参考 3.6.2 节）创建一个关于所有文档的 $s$ 维表示，用 $n \times s$ 的矩阵 $U_s$ 来表示

在 $U_s$ 上应用任意一个现有的聚类算法

为了提高鲁棒性，我们可以将这种方法用在 4.7 节讨论的以集成为中心的场景中。重复进行 $m$ 次聚类，并使用 4.7.2 节中讨论的方法将结果集成到一个单独的鲁棒性较好的聚类结果中。

#### 4.8.1.3 核技巧还是显式的特征工程

问题自然而然地出现了，该使用核技巧还是显式的特征工程呢？当在全量数据上使用显式的特征工程时，核技巧提供了（与 $k$ 均值算法）等价的结果，但需要计算 $O(n^2)$次相似度，而特征工程不止需要计算这些相似度，还需要 $O(n^3)$的额外时间来提取特征向量。如果我们愿意在每次需要核相似度的时候都对它们进行重新计算的话，那么核技巧也只需要 $O(n)$的空间。因此，使用核技巧是比较合理的。

另一方面，如果我们在有 $m$ 个集成分量的情况下使用 Nyström 采样，则选择并没有那么简单。在准确率方面，由于方差减小的影响，集成方法几乎总会提供质量更高的结果。在计

算时间和空间要求上的比较更有趣。Nyström 方法需要 $O(ns)$的相似度计算，以及 $O(ns^2)$的时间来为每个集成分量提取特征向量。在使用 $s$ 维的工程化表示的情况下，在每个集成分量上进行 $k$ 均值聚类所需的时间为 $O(nks)$。因为有 $m$ 个集成分量，所以总的时间要求是 $O(nsm(k+T+s))$，这完全超过了集成方法后续处理阶段所需的 $O(nkm)$的时间。其中，$T$ 是每个相似度计算所需要的时间。核 $k$ 均值的运行时间总是 $O(n^2T)$。

哪一个更大呢？对于使用动态规划的子字符串核函数来说，$T$ 的值可以非常大。然而，即使我们忽略这个因素并将其设为 1，这个采样方法似乎也有一个优势。如果语料库有大量的文档，则 $s^2m$ 可能小于 $n$。例如，如果语料库包含 1 亿个文档，则在 $m=20$ 和 $s=2000$ 时使用 Nyström 确实会表现得很好，但这还没有包括昂贵的核函数计算带来的影响。将 $T$ 增加到 1000 后会导致几十万个文档上的损益相当。核 $k$ 均值方法的唯一优点是 Nyström 方法需要 $O(ns)$的空间，而我们可以利用核 $k$ 均值动态地计算所有的相似度，并将空间要求降低到 $O(n)$。然而，这种节省的代价是，在 $k$ 均值的不同迭代中要重复计算相同的核相似度值。显式的特征工程还提供了对提取出的特征进行进一步改进的机会，即使用归一化或使用本节前面讨论的任意的特征选择方法。然而，使用核技巧会导致这些方法都不可用。我们也可以使用任意的聚类算法，并且不受限于 $k$ 均值算法的使用。因此，显式的特征工程有着显著的优势，当使用核技巧时通常不具备这些优势。

### 4.8.2 数据相关的核方法：谱聚类

在使用数据相关的核函数的情形中，显式的特征工程会比较有用。数据相关的核函数使用局部或全局的数据统计对相似度矩阵进行调整，因此任何特定的相似度值的计算都需要使用整个数据分布的知识而不只是两个点。谱聚类是核 $k$ 均值算法的一个实例化，其中必须使用显式的特征工程而不是核技巧。这种强制性是由核函数的数据相关性和随后的特征选择/归一化导致的。谱聚类使用下面几个步骤，这些步骤是使用显式的特征工程的核 $k$ 均值算法步骤的细化：

1）断开簇间链接：令 $S=[s_{ij}]$为一个定义在 $n$ 个文档上的大小为 $n\times n$ 的对称的相似度矩阵，其中 $s_{ij}$为文档 $i$ 与文档 $j$ 之间的相似度。我们可以借助领域相关的相似度函数（如字符串子序列核函数，参考 3.6.1.3 节）来创建这个相似度矩阵。将 $S$ 的对角线上的元素设为 0。根据相似度矩阵 $S$ 标记出所有满足文档 $i$ 和文档 $j$ 是彼此的 $\kappa$-最近邻这一条件的（$i$，$j$）对。将这样的相似度值 $s_{ij}$保留在 $S$ 中。否则，将 $s_{ij}$的值设为 0。这一步使相似度矩阵变得稀疏，并且从直观上看试图断开簇间的链接，以使由此得到的点更不可能在工程化表示中接近彼此。最近邻的数目 $\kappa$ 决定了相似度矩阵的稀疏程度。

2）对稠密区域和稀疏区域进行归一化：对于每行 $i$ 来说，计算对称矩阵 $S$ 中每行的总和如下：

$$S_i = \sum_j s_{ij}$$

直观来讲，$S_i$的值量化了文档 $i$ 周围的“密度”。然后，我们可以使用下列关系对每个相似度值进行归一化：

$$s_{ij} \Leftarrow \frac{s_{ij}}{\sqrt{S_i S_j}} = \frac{s_{ij}}{\text{几何均值}(S_i, S_j)}$$

其基本思想是通过文档端点处的“密度”几何均值来对它们之间的相似度进行归一化。因此，相似度与局部的数据分布相关。例如，在一个局部区域中同属于一个罕见主题（如甲虫搏斗）的两个基本相似的文档间的相似度会被加强，而关于某个流行主题（如股市）的两个文档间的相似度会被削弱。这种类型的调整使得相似度函数更适应数据局部范围的统计量。例如，如果一个文档在一个非常稠密的区域中，则它可以在那个区域中创建大量的细粒度簇。与此同时，在稀疏区域中，使用分布更广泛的点创建的簇可能更少。理解这一点的一种直观方式（在空间应用的上下文中）是，在人口比较稀疏的阿拉斯加中的人口簇在地理上会比在人口分布比较密集的加利福尼亚的那些簇更大。

3）显式的特征工程：将得到的相似度矩阵 $S$ 对角化为 $S = Q\Delta Q^{\mathrm{T}}$，其中 $Q$ 的列包含特征向量，$\Delta$ 是一个包含特征值的对角矩阵。只需要计算 $Q$ 中最大的 $r \ll n$ 个特征向量来创建一个更小的 $n \times r$ 的矩阵 $Q_0$。此外，将 $Q_0$ 的每一行缩放到单位范数，以使所有工程化后的点都位于单位球面上。这种类型的归一化确保了在点与点之间使用欧氏距离与使用余弦相似度等价［参考第2章的式（2.9）］。此时，在使用欧氏距离进行了归一化并工程化的点上应用 $k$ 均值算法。

前两个阶段通过数据相关的方式改变了核矩阵，因为来自多个点的聚合统计被用来修改其中的元素。与谱聚类的情形一样，如果一开始没有计算相似度矩阵，那么就无法对数据相关的核进行计算。计算相似度矩阵损失了核技巧相对于显式的特征工程的空间－效率优势，这是核技巧不能用在这种情形中的原因之一。此外，对工程化表示所做的不同调整（如移除低阶特征向量）也无法原封不动地应用到核 $k$ 均值中。因此，谱聚类是一个很好的例子，它表明与核技巧相比，显式的特征工程有很多优势。

谱聚类的一个特别之处在于 $S$ 的对角线上的元素被设为0，这往往[㊀]允许在 $Q\Delta Q^{\mathrm{T}}$ 中存在负特征值。从这个角度来看，谱的核矩阵 $S$ 不是半正定的，与核方法所要求的一样。然而，在 $S$ 的所有对角元素上增加一个等于最大负特征值的量并不会改变特征向量（嵌入表示），并且还会使矩阵变为半正定的。将谱聚类解释为一种使用这种外部改变的核技术要容易理解得多。主要区别是在谱聚类中，我们将 $Q$（而不是 $Q\sqrt{\Delta}$）用作嵌入表示，并且前者对 $S$ 的对角元素的解读是不变的。由于这些细微的特别之处，我们经常会忘记谱方法是核 $k$ 均值算法在对核矩阵进行数据相关的修改后的一个近似的实例化。

## 4.9 聚类到有监督学习的转换

无监督学习与有监督学习[㊁]之间存在着紧密的联系，因为其中的聚类问题可以通过重复

㊀ 因为使用相似度变换并不会改变矩阵的迹[460]，所以 $S$ 和 $\Delta$ 各自的对角线上的元素和是相同的。因此，特征值的和为0。除非所有特征值为0（即 $S=0$），否则至少会存在一个负的特征值。——原书注

㊁ 本节需要理解分类问题。我们推荐没有背景知识的读者在首次阅读时跳过本节，在下一节提到这部分内容后再回到这里。本节所使用的符号表示和术语都默认已经理解这些背景知识。——原书注

执行任意一个分类算法来求解。这是一个有用的结论，因为它使得上百个现成的分类器都可用于聚类问题。本节讨论的期望最大化算法是这种方法的一种特例，它重复应用朴素贝叶斯分类器。类似地，我们可以将 $k$ 均值算法看作是质心分类器的重复应用。尽管期望最大化算法和 $k$ 均值算法被广泛应用，但令人惊讶的是使用任意一个分类器来进行聚类的概念几乎没有被探索过。这样的方法提供了一些建模方面的选择，它们具有比朴素贝叶斯或质心分类器更有趣的性质。例如，不计其数的深度学习方法是针对文本分类而设计的，如长短记忆（参考第 10 章的 10.7.5 节）。这些分类器把文本当作序列来处理，将它们当作子任务使用也会使聚类中融入文本的语义性质。一般而言，任意在序列级别上工作的分类器都可能很有趣。

其基本思想是，假设 $k$ 个簇中的每一个簇都对应着数据中的一个“类别”。我们有一个分类算法 $A$ 可用，可以在有标记的数据集上对其进行训练，当把它应用在某个测试样本（即无标记的样本）上时，它会返回与 $k$ 个簇中的每一个簇相关联的分数。为了不失一般性[⊖]，我们假设这些分数是非负的且和为 1。此外，假设分类器 $A$ 可以用在加权的训练样本上，并且分类器根据这些训练样本的权重给它们赋予成比例的重要性。根据训练样本的权重对它们进行重复采样，训练分类器，并对这些模型的预测值求平均，以这样的方式，我们总可以将一个未加权的分类器转化为一个加权的分类器。

这种方法首先将语料库中的 $n$ 个文档随机分到 $k$ 个簇中（或更流行的做法是使用一个简单的算法如 $k$ 均值算法），并通过应用与这个“类别”标记过程相关的训练步骤来估计算法 $A$ 的初始参数。随后，它迭代执行以下两个步骤：

**1）预测步**：使用当前训练过的算法 $A$ 预测数据集中的每个文档隶属于每个类别（即簇）的分数。对于每个文档 - 类别对，创建一个带权重的训练样本，这个权重等于其对应的分数。这个过程将生成一个包含 $O(nk)$ 个样本的训练数据集，其中每个文档使用了所有的标记，但各个标记的权重不同。

**2）训练步**：在来自预测步的加权的训练数据集上训练算法 $A$，对模型进行更新。

重复这些步骤直到收敛。强烈鼓励读者将这个迭代方法与 4.4 节讨论的期望最大化算法做比较。这里的训练步中的一个问题是训练数据集包含相同样本的 $k$ 个拷贝，尽管它们具有不同的权重和类别标记。某些分类器在处理这样的数据集时可能会产生问题。避免这个问题的一种方式是，在创建训练模型时，根据重复样本的权重只对其中的一个进行采样。

### 4.9.1 实际问题

与期望最大化的情形一样，使用这种方法的一个普遍风险是它会陷入局部最优。当使用具有过拟合倾向的复杂分类器时，就很有可能会出现局部最优。因此，这种方法主要依赖于在多次迭代中将簇标识符分布中的（初始的）随机变化推广并平滑到更连贯一致的分布中。但对于复杂分类器来说，它们往往能够适应任意非平滑的类别分布。例如，$k$ 均值算法比期望最大化方法更少陷入局部最优的一个原因是它使用一个相对简单的质心分类器。较大的数

⊖ 可以使用 sigmoid 函数将任意分数 $s$ 转化到（0，1）范围内，然后对所有类别上的分数进行归一化，使它们的和为 1。——原书注

据集允许使用包括神经网络在内的更复杂的分类器。此外，在头几次迭代中使用更简单的分类器并逐渐增加分类器的复杂性有时候是比较合理的。例如，在初始迭代中可以使用具有较少参数的神经网络，在后面的迭代中增加参数的数量。在每次训练迭代中，基于采样的数据（与权重成比例）来创建模型也有助于避免过拟合和局部最优。其他可选择的方法包括在不同迭代中使用不同的分类算法，或是在不同迭代中对训练/预测使用不同的随机的特征子集。

## 4.10 聚类评估

我们可以使用内部有效性度量或外部有效性度量来评估聚类算法。

### 4.10.1 内部有效性度量的缺陷

内部有效性度量使用某一种准则来评估一个聚类方法，如使用平均余弦相似度对最接近的簇质心进行评估。不难看出，这种准则被用在由像 $k$ 均值这样的聚类算法进行优化的目标函数中。事实上，大部分内部有效性度量使用的准则是从各种聚类算法的目标函数中得到的，或者至少在某种程度上与这些准则相关。在使用内部有效性度量对目标函数不同的两个聚类算法进行公平比较时，会出现一个问题。例如，如果我们将平均余弦相似度用作最接近的簇质心的内部有效性准则，那么任意其他算法要超过簇的数量相同的 $k$ 均值几乎是不可能的。主要问题在于这种度量方式并没有告诉我们任何有关某个聚类算法的固有优点的信息，而大多数情况下告诉我们的是某个聚类算法的准则与评估准则能匹配得多好。换句话说，内部有效性度量通常天生偏向某些特定的算法或是同一算法的某些参数设置，并且使用起来也比较有风险，因为它们会引起一些有关特定聚类算法的准确率的误解。因此，本书有意识地略去了有关内部有效性度量的讨论。

### 4.10.2 外部有效性度量

外部有效性度量使用来自有监督学习问题的因变量（或标记）对聚类结果进行评估。聚类算法不使用因变量，因此这种准则对于用于聚类的算法和数据集来说天生是外部的。例如，考虑来自地球科学领域的一个分类问题，在这个问题中，特征描述了树的特点，类别标记对应森林覆盖类型。在这样的情形中，聚类算法只会使用这些特征来创建簇，而不使用特征的覆盖类型。随后，它需要衡量类别标记在不同的簇上是否是随机分布的，或是每个簇是否是以某个单一的类别标记为主。每个簇以某个特定的类别标记为主通常是比较理想的。

在外部有效性度量中的主要假设是，外部类别标记在很大程度上尊重数据的固有聚类结构。尽管这可能不是完美的假设，但它仍然是比内部有效性度量更好的选择。毕竟，类别标记通常是在语料库中的自然语义分组的基础上选出来的。在大多数数据集上，任意一个外部有效性度量方式都可以在实际场景中提供一个非常好的指标来评估结果的质量。

接下来，我们将会对常用且重要的有效性度量进行概述。因此，我们先介绍本节使用的符号表示。考虑这样的场景，一个特定的聚类算法从一个包含 $n$ 个文档的语料库中挖掘得到 $k_d$ 个簇，它们分别包含 $n_1 \cdots n_{k_d}$ 个文档。此外，数据集中的类别标记的数量由 $k_t$ 表示，属于不同真值簇的文档的数量由 $g_1 \cdots g_{k_t}$ 表示。由算法确定的簇的数量 $k_d$ 可能与类别标记/真值簇

的数量 $k_t$ 不同。由算法确定的第 $i$ 个簇中属于第 $j$ 个类别的文档的数量由 $m_{ij}$ 表示。那么，下面的关系就马上变得很明显了：

$$\sum_{j=1}^{k_t} m_{ij} = n_i \quad \forall i \in \{1 \cdots k_d\}$$

$$\sum_{i=1}^{k_d} m_{ij} = g_j \quad \forall i \in \{1 \cdots k_t\}$$

$$\sum_{i=1}^{k_d} n_i = \sum_{j=1}^{k_t} g_j = n$$

其中用到的最简单的一个有效性度量是簇纯度。簇纯度的基本思想是确定各个类别标记在由算法确定的簇中的优势水平。我们可以计算这个纯度 $P$ 如下：

$$P = \frac{\sum_{i=1}^{k_d} \max_j \{m_{ij}\}}{\sum_{i=1}^{k_d} n_i} = \frac{\sum_{i=1}^{k_d} \max_j \{m_{ij}\}}{n} \tag{4.25}$$

计算簇纯度的一种等价的方式是，把（$\max_j\{m_{ij}\}/n_i$）当作第 $i$ 个簇的纯度，并计算这个值在所有簇上的加权平均。第 $i$ 个簇的权重与它包含的文档数量成比例。理解这种纯度的另一种方式是把聚类算法看成分类器。每个文档所属的由算法确定的簇中的主要标记即为该文档的标记。这种关于外部真实值的预测的准确率就是簇的纯度。因此，簇的纯度总在 0 和 1 之间。值得注意的是，大部分外部有效性度量通过各种各样的形式与有监督学习所使用的各种量化方式相关联。这个事实并不是一种巧合，因为外部有效性度量使用有监督的设置来测试无监督算法的有效性。

簇纯度的主要优点是它很简单且容易直观地理解。然而，它会把太多注意力只放在簇中最主要的标记上，而对其他标记的相对分布置之不理。考虑这样一个场景，在这个场景中，我们有 3 个由算法确定的簇和 10 个类别标记。我们通过两种不同的方式对数据集进行聚类，它们分别为划分 $A$ 和划分 $B$。假设在 $A$ 和 $B$ 中，3 个簇中的每一个簇中都包含 70% 的某个唯一的标记，且 3 个簇中的这个标记各不相同。然而，在划分 $A$ 中，剩下的 7 个标记随机分布在不同的簇中。在划分 $B$ 中，剩下的 7 个标记以互斥的方式整齐地分布在 3 个簇中。显然，我们会喜欢划分 $B$ 多过划分 $A$。然而，簇纯度无法区分开划分 $A$ 和划分 $B$，因为它忽视了簇中的非主要标记。我们可以使用另外两种度量来区分这样的聚类，它们被称为基尼系数和熵。与簇的纯度一样，这些度量都是从有监督学习领域中借鉴过来的。

令 $p_{ij} = m_{ij}/n_i$ 为簇 $i$ 中属于类别（真值簇）$j$ 的数据点的比例。因此，我们有 $\sum_{j=1}^{k_t} p_{ij} = 1$。基尼系数和熵都是通过 $p_{ij}$ 来定义的。对于基尼系数，我们首先定义簇 $i$ 的基尼系数 $G(i)$ 如下：

$$G(i) = 1 - \sum_{j=1}^{k_t} p_{ij}^2 \tag{4.26}$$

基尼系数介于0和$1-1/k_t$之间，其中一个完全同构的（即簇中的文档均属于同一类别）簇的基尼系数为0，而类别标记均匀分布的一个簇则有$1-1/k_t$的基尼系数值。因此，较小的基尼系数值对应着比较优质的聚类结果。总的基尼系数$G$是各个簇的基尼系数的加权平均：

$$G=\frac{\sum_{i=1}^{k_d} n_t G(i)}{n} \tag{4.27}$$

第二个常用的度量是条件熵度量，它与基尼系数很相似。令$E(i)$为簇$i$的条件熵。$E(i)$的定义如下：

$$E(i)=-\sum_{j=1}^{k_t} p_{ij}\log(p_{ij}) \tag{4.28}$$

与基尼系数的情形一样，较小的条件熵值对应着较高质量的聚类结果，并且它总在（0, $\log(k_t)$）的范围内。我们可以计算所有簇的条件熵的加权平均值得到总的条件熵$E$：

$$E=\frac{\sum_{i=1}^{k_d} n_i E(i)}{n} \tag{4.29}$$

如果给定了聚类结果，则条件熵衡量的是类别标记预测过程中存在的不确定性。例如，如果假设$k_d-n$，则各个簇是只包含一个类别的单例点，并且在类别标记预测过程中不存在不确定性。这与这样一个事实是一致的，即我们可以证明这种情形中的条件熵为0。值得注意的是，当增大由算法确定的簇的数量$k_d$时，上述所有度量方式一般都会给出更好的聚类质量值。因此，我们不能使用这些度量方式对粒度不同的聚类结果进行比较。与条件熵相关的一个度量是归一化互信息，对数据中簇的数量来说，它的归一化效果更好。首先，我们定义由算法确定的簇与类别标记之间的互信息概念：

$$\mathrm{MI}=\sum_{i=1}^{k_d}\sum_{j=1}^{k_t}\frac{m_{ij}}{n}\log\left(\frac{nm_{ij}}{n_i g_j}\right) \tag{4.30}$$

互信息总是非负的，并且值越大越好。对于一个特定的数据集和类别标记来说，我们可以证明无论用于聚类的算法如何，条件熵与互信息的总和是一个只取决于类别标记过程中的熵的常量。因此，我们可以把互信息看作是在原始类别标记的基础上获得的一种信息增益，并且它所传递的有关聚类质量的信息与条件熵几乎相同。唯一的区别是互信息的值越大越好，并且值为0说明簇与类别标记相互独立。第5章的5.2.4节在特征选择的上下文中讨论了这些关系。然而，互信息的一个好处是我们可以将它归一化为一个在（0, 1）之间的值，它对由算法确定的簇的数量没有那么敏感。归一化的互信息（NMI）的定义如下：

$$\mathrm{NMI}=\frac{2\cdot\mathrm{MI}}{-\sum_{i=1}^{k_d}\frac{n_i}{n}\log\left(\frac{n_i}{n}\right)-\sum_{j=1}^{k_t}\frac{g_j}{n}\log\left(\frac{g_j}{n}\right)} \tag{4.31}$$

式中，分母只是真值标记中的熵与由算法确定的簇中的熵的和，它至少是互信息的两倍。当

$k_d = k_t$ 以及簇与类别标记恰好匹配时，归一化的互信息取值为 1。因此，这种度量偏向于由算法确定的簇的数量接近于数据中的类别数量这样的聚类结果。如果数据中的自然簇的数量不等于数据中的类别数量，那么这会是一个问题。然而，如果我们假设真值类别反映了数据中簇的真实数量，那么这种度量方式是一种比较合理的方式，我们可以用它来对粒度不同的簇进行比较。毕竟，簇的数量没有得到正确的选择也应该被视为由算法确定的聚类在这种情形中产生的错误。

最后，一些度量方式会采集样本对，并量化由算法确定的簇索引与类别标记之间的一致性。兰德系数（Rand Index）对文档对进行采样，比较由算法确定的簇索引和类别标记在两个文档是否属于同一个簇这一问题上是否达到一致，并计算其中满足一致性条件的样本对比例。因此，兰德系数在（0，1）之间，并且值越大越好。Fowlkes - Mallows 度量计算精确率与召回率之间的几何均值。精确率被定义为由算法确定的簇中属于相同真值标记的样本对的平均比例。召回率被定义为在真值簇中属于由算法确定的相同簇的样本对的平均比例。这两种度量的几何均值就是 Fowlkes - Mallows 度量。对于较大的数据集来说，我们必须通过采样来估计精确率和召回率，因为样本对的总数很大。像兰德系数和 Fowlkes - Mallows 这种度量的一个优点是我们可以对由算法确定的簇的数量 $k_d$ 不同的两个聚类结果进行比较，而这对于其他度量（如随着 $k_d$ 增加而增大的纯度）是不可能实现的。这是因为精确率和召回率会在相反的方向上受到 $k_d$ 变化的影响。然而，这些度量仍会偏向接近于 $k_t$ 的 $k_d$ 值，因为它的假设是类别标记反映了数据中簇的真实数量。需要注意的是，当 $k_d = k_t$ 时，这些度量才可能达到为 1 的最佳值。

#### 4.10.2.1 聚类评估与有监督学习的关系

聚类评估度量与有监督学习通过以下两种方式紧密相关：

1）有监督的准确率度量：我们可以将簇的纯度度量看作是分类中的准确率度量的一般化，其中的聚类被用来进行分类。类似地，Fowlkes - Mallows 度量对有监督学习中使用的精确率/召回率进行了扩展。第 7 章的 7.5 节讨论了分类评估。

2）类别型特征选择度量：我们可以方便地将有监督学习中所使用的所有面向类别属性的特征选择度量推广到聚类评估中。这是因为在衡量类别属性的区分能力时，特征选择方法有效地使用了类别属性的离散值，类似于一连串重复值。因此，像基尼系数和熵这样的度量也可以用在有监督学习的特征选择中。因此，很多像 $\chi^2$ - 统计量这样的特征选择度量也可以用来进行聚类评估。第 5 章的 5.2 节讨论了有监督学习中的特征选择度量。

聚类与有监督的评估度量之间的联系也是比较有用的，因为我们可以用它来设计很多高质量的聚类评估度量。

#### 4.10.2.2 评估中的常见错误

有一些实践者在衡量聚类算法时常犯的错误如下：

1）大部分聚类度量不能以无偏的方式评估粒度不同的聚类结果的相对质量。例如，增加 $k$ 的值通常会提升簇的纯度、基尼系数以及熵。当每个点在它自己的簇中时，就会达到一个完美的度量值。尽管 Fowlkes - Mallows 度量没那么敏感，但它偏向由算法确定的簇的数量与真实的簇的数量相匹配的聚类结果。

2）对于实践者来说，一个常见的诱惑是使用一些外部有效性度量来评估聚类算法的不同变种，然后选择其中表现最好的。然而，通过使用外部有效性度量来进行调整，分析者将会不知不觉地将监督机制融入到算法中。为了保证聚类确实是无监督的，必须假设真值标记在设置算法参数时并不存在。

由于其无监督的特点，聚类是一个很难评估的问题。从真正意义上讲，聚类的唯一评估方式通常是它在应用场景中的有效性。

## 4.11 本章小结

聚类问题是一个无监督的学习问题，在这一问题中，我们并没有向学习器提供任何与数据中自然分组相关的指导。特征选择方法通常评估各个特征与其他特征在相似度方面的一致性。大部分矩阵分解方法和主题建模方法都可以用来挖掘语料库中的重叠的文档簇和词项簇。传统的混合模型在每个混合分量中使用一个具体的模型来生成文档。基于相似度的方法（如 $k$ 均值算法）与混合模型紧密相关，但较少陷入局部最优，因为它比较简单。层次型方法比 $k$ 均值方法更昂贵，但它们通常能提供更高质量的聚类。因此，结合层次型方法和 $k$ 均值方法来获得高质量的结果是有意义的。

聚类集成有助于综合不同聚类算法的结果以获得一个鲁棒性更好的聚类结果。这些方法与像子采样这样的方法相结合可以有效地提升聚类方法的效率。使用文本内部的序列信息的聚类方法几乎都是特征工程方法。可以证明，当与基于字符串的核函数相结合时，像核 $k$ 均值与显式特征工程这样的方法都很有用。特征工程的优点是，可以通过集成方法获得高质量的结果，并且还可以使用 $k$ 均值方法以外的算法。聚类评估度量要么是内部的要么是外部的。内部的评估度量往往具有误导性，通常不推荐使用。外部的度量使用类别标记作为真值，通常采用分类准确率度量来量化聚类的质量。

## 4.12 参考资料

在参考文献［8，14］中可以找到有关文本聚类的综述。在参考文献［8］中也可以找到一个关于聚类的特征选择的综述，这些方法中有一部分也可以应用到文本数据上。词项强度是针对文本特征选择提出的一个最早的无监督方法[498]。参考文献［379］提出了在异常检测上下文中使用面向有监督特征选择的无监督模型。参考文献［291］提出了一个结合 $\chi^2$ - 统计量和概率性聚类的封装方法。第3章讨论的大部分矩阵分解和降维技术都可以用作特征工程方法来对聚类应用进行改进，因为它们减少了同义词和多义词的影响，并指出了数据中的重要潜在概念。有趣的是，聚类还可以用来为其他应用（如相似度搜索）构造这种概念分解（concept decomposition）[12,133]。

参考文献［276］提出了非负矩阵分解，参考文献［224，225］提出了PLSA。参考文献［137］证明了两者的等价性。非负矩阵分解面向聚类的用法在一些工作中[135,138,443,508]得到了推广。在这些工作中，参考文献［138］的工作讨论了非负矩阵分解内部的不同类型的约束是如何使聚类在行和列中产生不同层次的重叠的。在参考文献［8］中可以找到一个关于面向聚类的非负矩阵分解方法的章节。在参考文献［317］中可以找到一个关于面向生物数据的双聚类的综述。

早期关于概率性聚类的工作[289,381]都专注于基于共现的单词的分布聚类（distributional clustering）。参考文献［33］将这些思想推广到了有监督的场景中。可以在参考文献［91］中找到无监督聚类的多项式版本。参考文献［364］的工作是期望最大化算法的一个半监督的变种。这个工作阐述了无监督的期望最大化算法和完全监督式的朴素贝叶斯算法之间的所有可能性。

一些研究者对 $k$ 均值算法进行了广泛的探索。本书讨论的基于投影的方法参考的是参考文献［438］。$k$ 均值聚类中的基本思想被推广到了数据流场景[13,537]中。已经有不计其数的用于聚类的层次型方法被提出，并且在参考文献［8］中可以找到一个比较全面的综述。在文本域中，参考文献［19，118］讨论了单链接聚类，参考文献［486］讨论了质心聚类方法。参考文献［124］中 Scatter/Gather 的工作讨论了层次聚类与 $k$ 均值聚类的结合（参考 4.6.2 节）。这种方法也讨论了使用层次型方法的替代方式，如 buckshot 和 fractionation 以使算法更高效。在参考文献［6］中可以找到 $k$ 均值的半监督变种，并且这篇文章还阐明了半监督聚类与分类之间的联系。在参考文献［536］中可找到各个聚类算法的详细比较。

在参考文献［187］中可以找到一个关于面向聚类的集成方法的综述。使用高频短语[525]可以将序列知识融入到文本聚类方法中。表示学习方法因其将单词间的序列关系嵌入到多维表示中而受到文本域的广泛关注。特别地，像 word2vec[341]和 doc2vec[275]这样的神经网络方法被用来将文本序列嵌入到多维方法中。参考文献［501］讨论了 Nyström 采样方法，参考文献［9］讨论了它在无监督学习中的使用。参考文献［8，524］详细讨论了很多有关聚类的有效性度量。

### 4.12.1 软件资源

Bow 工具包[325]是最早期用于聚类的库之一，它是用 C 语言编写的。Python 库 scikit - learn[550]包含一些文本聚类工具[569]。可以使用基于 R 的 tm 库[551]对文档进行预处理。大部分 R 版本都包括 stats 包，它默认包含 kmeans 和 hclust 函数，这两个函数分别执行 $k$ 均值聚类和层次聚类。然而，因为这些方法使用欧氏距离函数而不是余弦函数，所以预先将每个向量空间表示归一化为单位范数很重要，以使余弦函数、点积或是欧氏距离的使用都可以产生相同的结果（参考第 2 章的 2.5 节）。Weka 库也包含一些 Java 实现的聚类算法[553]。MAT-LAB 中的统计与机器学习工具箱中有一些用于 $k$ 均值聚类和层次聚类的函数[570]。它还提供了自动从数据集中计算系统树图的能力。在很多包中，预先将文档归一化到单位长度很重要，因为它们的底层实现使用的是欧氏距离。

## 4.13 习题

1. 本章讨论了（用于簇的有效性度量的）基尼系数准则。请说明如何将这种准则与 $k$ 均值算法搭配使用，以进行无监督的特征选择。通过这种方式可以使用其他哪一个簇的有效性准则来进行无监督的特征选择？

2. 实现基于词项强度的特征选择准则。

3. 考虑秩为 $k$ 的非负三分解 $D = Q\Sigma P^{\mathrm{T}}$，其中 $\Sigma$ 满足对角/非负约束。此外，$P$ 和 $Q$ 满足 $Q^{\mathrm{T}}Q = P^{\mathrm{T}}P = I$ 的约束。本章对这个问题的优化形式进行了讨论。请说明该如何使用 $k$ 均值算法为这个优化形式的梯度下降步骤创建一个初始点。

4. 假设文本文档有一种表示，我们只知道词典中一半单词是否出现，并知道剩下一半单词的频率。请说明，该如何使用伯努利模型和多项式模型来进行文本聚类。

5. 实现面向聚类的 $k$ 均值算法。

6. 假设将语料库表示为一个图，其中每个文档是一个节点，一对节点之间的边的权重等于它们之间的余弦相似度。根据这个相似度图对单链接聚类算法进行解释。

7. 假设只给定习题5中的相似度图，并且没有给定实际的文档。如何利用这个输入进行 $k$ 均值聚类？

8. 对于层次聚类算法来说，质心合并的复杂度是多少？该如何使其变得更高效？

9. 一个包含 $n$ 个点的数据集到 $k$ 个分组的可能聚类的数目是多少？这对算法的收敛行为（即该算法的目标函数从这次迭代到下次迭代保证不会变差）意味着什么？

10. 实现组平均链接聚类算法。

11. 正如本章所讨论的，利用 Nyström 采样可以使显式的特征工程方法更快和更准确。也可以将谱聚类当作是本章使用显式的特征工程的核方法的一种特例。讨论在谱聚类中使用 Nyström 采样的难点。可以想出一个能够提供合理估计的方法吗？［该问题的第二部分是开放式的，没有标准答案。］

# 第 5 章 文本分类：基本模型

“科学是经验的系统分类。”

——George Henry Lewes

## 5.1 导论

在分类任务中，语料库会被划分成多个类别，这些类别通常是由特定应用的准则来定义的。因此，在这类任务中所提供的训练样本将数据点与相应的标记相关联，这些标记代表对应数据点的类别隶属关系。例如，从新闻门户中提取的与政治事件有关的训练样本可能会附带如“senate（参议院）”“congress（国会）”和“legislation（立法）”这三个标记，每个文档都与其中的一个标记相关联。那么，对于给定的一组无标记的测试样本来说，分类的目标就是使用一个有监督模型将它们归置到其中的某一个类别中，而这个有监督模型是使用训练样本构建得到的。从训练数据中学出一个分类模型，然后将它应用到测试数据的过程被称为泛化，其中的基本原理是将我们从（具体的）标记已知的训练样本中获得的经验推广到标记未知的任意测试数据上。

文本分类与聚类是密切相关的问题。我们可以把每个类别近似地看成一个簇。与聚类不同，分类问题将训练样本和测试样本区分开来，并且只有训练样本才有标记。因此，从训练样本中得到的有监督模型被用来对测试样本的标记进行预测。例如，这个模型可能会学到单词“代表（representative）”与标记“国会（congress）”相关，那么它可能会基于这一事实将标记“国会（congress）”赋予包含这个单词的测试文档。一个重要的观测结果是，训练样本利用标记确定了这些“簇”（即类别）的性质。因此，在分类任务中，测试样本往往被赋予某个预定义的训练标记（分组），而聚类有着更开放的观点，它使用数据的相似度结构来定义自己的分组（最终可以由领域专家进行手动标记）。这就是分类被称为有监督学习的原因，因为训练样本扮演着老师的角色，其朝着寻找一个特定类型的分组的具体目标对学生进行指导。这种有指导的分组在很多应用场景中提供了重要的约束：

1）新闻门户：新闻门户通常基于某个具体的主题来组织新接收的文档，如政治、体育、娱乐等。在很多情形中，新闻文章被连续不断地接收，因此需要实时地进行主题分类。这个过程也被称为新闻过滤。类似的原则也适用于大型文档集合（如数字图书馆或科学文献）的组织。

2）邮件和垃圾过滤：很多邮件服务提供商能够自动地对垃圾邮件进行过滤。这是一个分类应用，其中每个邮件被标记为“垃圾”或“非垃圾”。

3）意见挖掘和情感分析：意见挖掘和情感分析中的基本思想是使用评论、博客或社交帖子中的文本来判断用户的意见和情感。正如第13章讨论到的，这个问题是分类的一个直接应用。

文本分类问题的形式化定义如下。考虑一个大小为$n \times d$的训练数据矩阵$D$，它的$n$行是$n$个文档的tf-idf表示，这些行对应着$d$维的行向量$\overline{X_1} \cdots \overline{X_n}$。另外，第$i$个文档$\overline{X_i}$与类别标记$y_i$相关联。我们假设列向量$\overline{y} = [y_1 \cdots y_n]^T$为与$n$个训练样本相关联的所有类别标记。尽管在二分类问题中有一些特殊的惯例（后面会讨论），但这里假设每个训练样本的类别标记是从集合$L = \{1 \cdots k\}$中抽取的，该集合包含$k$个标记值。因此，$(D, \overline{y})$表示训练数据，并且$D$的行与$\overline{y}$的元素之间存在一一对应关系。我们需要使用这个数据矩阵创建一个模型，以对每个无标记的测试样本进行分类。

**定义5.1.1（数据分类）** 给定一个大小为$n \times d$的文档-词项矩阵$D$，它与类别标记$\overline{y}$的$n$维向量相关联，目的是预测无标记的测试文档$\overline{Z}$的类别标记。

更通用的做法是，我们可以创建一个大小为$n_t \times d$的测试矩阵$D_t$。因此，这个矩阵的行由$n_t$个测试样本$\overline{Z_1} \cdots \overline{Z_{n_t}}$构成。我们需要使用上述模型独立地对其中的每个测试样本进行分类。在某些情形中，人们可能想要按照样本属于某个特别重要的类别的倾向性对$D_t$中的所有测试样本进行排序，而不是独立地预测每个样本的标记。例如，在一个垃圾邮件的检测应用中，我们可能想要按照邮件属于“垃圾”类别的倾向性对所有邮件进行排序。

### 5.1.1 标记的类型与回归建模

对于$k$分类问题来说，假设标记集合由$L = \{1 \cdots k\}$表示。需要注意的是，值$1 \cdots k$只是离散的标识符，它们之间没有任何顺序关系。比如，在一个色彩预测应用中，标记的语义解释可能对应着$L = \{\text{Blue}, \text{Red}, \text{Green}\}$。唯一可能在标记之间施加任意顺序关系（并把它们用作数值型量）的情形是$k$值为2的二分类问题。很多二分类算法要么使用传统的$L = \{0, 1\}$，要么使用传统的$L = \{-1, +1\}$。二分类问题在实际场景中十分常见，并且一些分类模型（参考第6章）原本就只是为解决二分类问题而设计的。然而，利用一些算法技巧也可以将这些分类器应用到$k$分类问题中。

到目前为止，我们只是从数据划分的角度来看待类别标记，因此它被定义为类别型的标记。一个更通用的观点是这种标记可以是任意的数值型量，如从实数域抽取的十进制值。在这样的情形中，我们使用因变量这个术语来描述这个量，而不是将其作为一个类别变量。在$D$的每一行（文档）中的元素被称为该样本的自变量。因变量为数值型量的问题也被称为回归建模。容易看出，我们可以把二分类看成回归建模的一个基本的特殊情形。因变量也被称为响应变量或回归子，自变量也被称为解释变量、输入变量、特征变量、预测变量或回归元。本章讨论到的所有模型都可以用于分类和回归，尽管我们的主要侧重点将会放在分类上。

### 5.1.2 训练与测试

大多数分类器都有一个预先的训练阶段，在这个阶段中，我们只使用有标记的训练数据来构建一个归纳模型，这个模型将文档的特征（如词项的分布）与类别关联起来。这个阶段被称为训练或学习。这个归纳模型本质上是将从训练数据中获得的知识推广到没有见过的测试样本上。对没有见过的测试样本的标记进行预测的这个过程被称为测试或预测阶段。值得注意的是，如果我们使用一个训练好的分类器来“预测”用来训练它的那些（见过的）样本的（已知）标记，那么得到的准确率通常会比在没有见过的测试样本上的准确率高得多。这是因为训练好的模型在其归纳模型内部记住了训练样本中一些具体的且无关紧要的细微差别，而这些差别只能在这些具体的样本上提升准确率。我们可以认为，训练数据和测试数据上的准确率差别较小的分类器具有较好的泛化能力。在训练数据上的准确率很高但在测试数据上的准确率很低的分类器很容易[㊀]构建。这样的现象被称为过拟合。过拟合是不理想的，因为分类器唯一的效用是对标记未知的样本（即测试数据）进行正确的预测。一般情况下，具有简洁的概要模型的分类器具备更好的泛化能力，尽管总体的准确率还取决于一些其他因素。这些将会在第 7 章的 7.2 节中讨论。

训练阶段可能包含一个模型选择阶段，该阶段与算法中的参数调优或其他设计选择有关。实现模型选择的一个很简单的方式是，在模型构建阶段隐藏（即留出）一部分有标记的训练数据，然后在留出的这部分数据集上评估模型使用不同参数值（或训练的设计选择）得到的准确率。这个集合被称为验证集，它不同于最终用来进行预测的测试集。在模型选择阶段结束后，我们利用优化后的设计选择对无标记的样本进行预测。

最后，决策边界是数据空间中的一个超平面或超曲面，它将数据划分为不同的类别。所有分类算法都试图使用训练数据直接地或间接地对这种决策边界进行建模。值得注意的是，当一个类别不是连续地分布在数据空间中时，超曲面可能是不连续的。此外，一个真实的数据集可能没有一个明确定义的决策边界，因为其中可能存在类别重叠的区域。因此，我们有时会把决策边界看作一个分类模糊的数据空间区域，并且通常把某个特定模型预测的决策边界选定为这个区域中的某处，从而在没有见过的数据上提供最佳的效果。我们通常在学习阶段提出一些简化的建模假设（如线性形状的边界），因此分类器在建模后的决策边界附近出错是比较常见的。

### 5.1.3 归纳、直推和演绎学习器

不是所有的分类器都会明确地区分训练阶段和测试阶段。预先从训练数据中创建归纳模型的分类器被称为归纳学习器，它们的主要目标是将观测结果从训练数据推广到没有见过的

㊀ 考虑对训练样本进行记忆的一个分类器。对任一个测试样本，确定是否存在一个训练样本与它之间的距离为 0（当该测试样本是从训练数据中抽取出的时候，要确保这一点）。如果找到了这样的一个样本，则返回对应训练样本的标签。否则返回一个随机的标签。这样的分类器在训练数据上将有 100% 的准确率，但在没有见过的测试样本上将会执行随机的分类。关键点在于泛化是将预测从数据空间（即训练点）的已知样本外推到数据空间的所有区域中。只记忆已知样本是实现这一点的最差的可能方式。——原书注

样本上。我们可以很容易地将这些分类器推广到任意无标记的测试样本上。然而，如果接收到更多的训练数据，那么其中存在的与当前可用的归纳模型相冲突的额外数据可能会使模型失效。毕竟，当前可用的模型只是一个关于没有见过的样本的假设。本章讨论到的大多数分类器都是归纳学习器。

在直推学习器中，（无标记的）测试数据与有标记的训练数据一起被包含在训练阶段中，并且预测过程只与特定的无标记数据集合相关。因此，直推学习器可以实现的泛化程度比归纳学习器要低，因为直推学习器所得到的模型可能无法推广到没有见过的测试样本上。然而，这种特性通常也提供了一个优点，即面向那些特定测试样本的预测会更准确。这些方法与半监督模型紧密相关，因为它们同时使用了有标记数据和无标记数据。

最后，一种完全不同的数据分类方式是使用演绎学习器。演绎学习器使用逻辑规则来捕捉样本的基本性质。这些规则通常是使用常识或其他领域特征获得的。从某种意义上来说，这些规则被认为是绝对真理，不能被未来的观测结果所推翻。例如，考虑下面两个规则：“秃头的人没有头发，有头发的人才需要梳子（Bald men do not have hair. Only people wear hair need combs）。”此时，如果你的样本中有一个特征，该特征包含了某个人是否秃头的信息，那么你就可以用它来预测这个人是否需要梳子。一个关于人的类比是，演绎学习包含你从父母那里学到的经验，而归纳学习则包含你从自己的人生经历学到的经验。虽然我们不该忽视演绎学习所提供的指导，但众所周知，后者在现实生活和机器学习中都更有效。我们可以认为，在分类过程中对数据领域知识进行编码的归纳学习器具有演绎学习器的某些特性，因此这样的学习器是混合模型[378]。基于领域相关的理解将少量约束（或偏置）融入到模型中，通常可以间接地把演绎学习的效用融入到归纳模型中。使用这些方法时需要谨慎，因为较大程度的偏置会限制学习器从更多的样本中获益的能力。大多数机器学习专注于归纳学习，因为它侧重于由观测结果驱动的推断。本章将主要关注归纳学习器。

### 5.1.4 基本模型

本章将讨论四个基本的文本分类模型，即朴素贝叶斯分类器、最近邻分类器、决策树和基于规则的分类器。选择这四个分类器是因为它们是文献记载的年代比较久远的几个模型，并且其他学习模型本质上与它们相关。例如，我们可以证明朴素贝叶斯分类器是第4章讨论的概率聚类的一个有监督变种。类似地，我们也可以证明，在有监督领域中，诸如随机森林和支持向量机这样一些最有效的分类器是最近邻分类器的自适应变种（参考5.5.6节和6.3.6节）。

### 5.1.5 分类器中与文本相关的挑战

文本是一种极其稀疏且高维的数据，这导致现成的多维模型的表现难以预料。单个词项的频率几乎没有预测能力，只有使用多个特征的组合才能实现比较鲁棒的分类。如果一个分类器使用顺序决策，即严格地令某个特征优先于另一个特征，那么这会导致过拟合，进而对分类的准确率产生负面的影响。这个观察结果对某些分类器的设计有一定的影响，如单变量决策树，它在各个属性上使用顺序决策。事实上，如果可以同时使用所有特征，那么，无需复杂的非线性数据变换，一些像线性分类器这样简单的模型在文本分类中的表现也会比在其他领域中的表现更好（参考第6章的6.5.3节）。

稀疏性导致的另一个后果是，对于类别标记的推断来说，文档中某个特定词项的存在所包含的信息比其缺失要更丰富。这是因为，如果一个词项在统计意义上很少出现在一个稀疏文档中，那么它的存在会包含比较丰富的信息。由于过拟合，一些过度使用词项的缺失信息的分类器往往表现较差。此外，与知道文档中出现某个词项所获得的信息相比，词项的精确频率包含的额外信息要少得多。在尝试对来自传统的多维领域的分类器（其倾向于以对称的方式对待所有值）进行自适应调整时，需要牢记这种关于不同词项频率的相对重要性方面的非对称性。

#### 5.1.5.1 本章内容组织结构

本章内容组织如下：5.2节介绍面向分类的特征选择方法；5.3节介绍朴素贝叶斯模型；5.4节讨论最近邻方法；5.5节讨论决策树；5.6节介绍基于规则的分类器；5.7节给出小结。

## 5.2 特征选择与特征工程

文本数据通常是从诸如网页之类的资源中提取而来的，在这些文本数据中，作者的身份差异较大，并且有很多拼写错误以及非标准词汇和首字母缩略语。很多特征是不相关的，将它们包含进来会导致过拟合，尤其是当有标记的数据有限时。我们可以通过检验各个词项关于各个类别的共现统计量来识别区分性特征。例如，一个非区分性的词项将会随机地分布在所有类别中，而一个高度相关的词项将会集中在一个较小的类别子集中。很多度量方式都被用来衡量这种关联性，如基尼系数、条件熵和$\chi^2$-统计量。这些模型被称为过滤模型，因为它们预先使用了一个单独的量来对特征进行过滤。除了在5.2.6节中讨论的那些模型，本节讨论的所有模型都是过滤模型。在封装模型中，一个迭代的特征选择过程与一个特定的分类模型紧密相关，并且某个特定的词项对该模型的准确率的影响会被用来进行特征选择。我们不详细讨论封装模型，因为它们很少用在文本域中。最后，在嵌入模型中（参考5.2.6节），我们可以使用一个特定分类算法的中间输出结果来量化特征的区分能力。

### 5.2.1 基尼系数

基尼系数衡量了一组包含某个特定词项的样本在类别分布中的不平衡性，其基本思想是区分性特征往往会增加这种不平衡性。在所有包含词项$t_j$的样本中，令$P(c_r|t_j)$为其中属于类别$r$的样本的比例（即观测到的概率）。因此，对于一个$k$类问题我们有

$$\sum_{r=1}^{k} P(c_r \mid t_j) = 1, \forall t_j \tag{5.1}$$

当词项$t_j$对类别标记的区分性较差时，对不同的$r$和固定的$j$，所有$P(c_r|t_j)$的值都是相近的，且都接近于$1/k$。另一方面，如果特征的区分性非常强，那么所有包含该词项的文档都将属于同一个类别。因此，这些比例中只有一个为1，其他为0。怎么样才能提供一个良好的度量方式来捕捉更大偏差的可取性呢？一种简单的度量方式是基尼系数$G(t_j)$，它的定

义如下：

$$G(t_j) = 1 - \sum_{r=1}^{k} [P(c_r|t_j)]^2 \tag{5.2}$$

当包含某个词项的所有文档都属于某个相同的类别时，基尼系数取最小值0。另一方面，如果包含该词项的文档均匀地分布在不同的类别中，则基尼系数取最大值$1-1/k$。换句话说，基尼系数总是在（0，$1-1/k$）之间，值越小越好（即该特征的区分性越好）。我们可以移除基尼系数较大的特征。这种度量方式存在一个问题，当原始数据中的类别分布不平衡时，它的表现不是很好[6]。因此，我们必须计算一个与各个类别的样本数$n_1 \cdots n_k$相关的归一化的$P(c_r|t_j)$：

$$f_r(t_j) = \frac{P(c_r|t_j)/n_r}{\sum_{s=1}^{k} P(c_s \mid t_j)/n_s} \tag{5.3}$$

然后，我们可以计算归一化的基尼系数值如下：

$$G_n(t_j) = 1 - \sum_{r=1}^{k} f_r(t_j)^2 \tag{5.4}$$

这种归一化是一种强制将原始类别的分布变为均匀分布，并检验词项$t_j$的增加对类别分布的改变程度的方式。与其他大部分度量方式不同，基尼系数的计算中没有使用词项的缺失信息。在文本域中，有时候最好不要过多地使用词项的缺失信息，因为这是有噪声的信息。

### 5.2.2 条件熵

令$n(t_j)$为大小为$n \geqslant n(t_j)$的语料库中包含词项$t_j$的文档数。在所有包含词项$t_j$的这些样本中，令$P(c_r|t_j)$为属于类别$r$的文档的比例（即观测到的概率）。此外，在所有不包含词项$t_j$的$(n-n(t_j))$个文档中，令$P(c_r|\neg t_j)$为属于类别$r$的文档的比例。条件熵$E(t_j)$的定义如下：

$$E(t_j) = -\sum_{r=1}^{k} \left\{ \left[\frac{n(t_j)}{n}\right] P(c_r|t_j) \cdot \log[P(c_r|t_j)] + \left[\frac{n-n(t_j)}{n}\right] P(c_r|\neg t_j) \log[P(c_r|\neg t_j)] \right\} \tag{5.5}$$

条件熵在（0，$\log(k)$）之间，它衡量了一个词项的存在或缺失对我们能够确定类别标记的确定性的影响程度。例如，如果所有包含某个词项的文档都同属于某一个类别，并且不包含该词项的所有文档都同属于另一个类别，则条件熵将为0。这个值越小，说明该特征的区分性越好。我们可以按照条件熵的大小对特征进行排序，并剔除那些值较大的特征。

### 5.2.3 逐点互信息

首先，我们定义关于单个类别的逐点互信息。接下来，我们将这个思想推广到多类别上。关于类别$r$的逐点互信息$\mathrm{PMI}_r(t_j)$的定义如下：

$$\mathrm{PMI}_r(t_j) = \log\left[\frac{P(c_r|t_j)}{P(c_r)}\right]$$

本节使用的符号表示与上面关于基尼系数和条件熵的讨论中所使用的那些相同。有两种不同的方式可以定义关于所有类别的总逐点互信息：

$$\mathrm{PMI}_{\mathrm{avg}}(t_j) = \sum_{r=1}^{k} \frac{n_r}{n} \mathrm{PMI}_r(t_j)$$

$$\mathrm{PMI}_{\max}(t_j) = \max_r \mathrm{PMI}_r(t_j)$$

当一个词项的存在与某个特定的类别正相关时，其逐点互信息是正的。逐点互信息的值越大越好（即该特征的区分性越好）。

## 5.2.4 紧密相关的度量方式

很多作者和实践者使用一些紧密相关的度量方式，如互信息（与逐点互信息不同）和信息增益，事实上这些度量方式给出的结果与条件熵的结果相同。因此，为了避免用法上的冗余，有必要了解它们之间的关系。需要注意的是，逐点互信息只使用了词项的存在的有关信息，但没有使用词项的缺失的有关信息。互信息是一个与之不同的度量方式，它同时使用词项的存在和缺失信息来计算逐点互信息的值，如$\{\mathrm{PMI}_r(t_j), \mathrm{PMI}_r(\neg t_j)\}$，然后计算所有概率的加权平均。令$P(c_r \cap t_j)$表示语料库中所有属于类别 $r$ 且包含词项 $t_j$ 的文档的比例。互信息$\mathrm{MI}(t_j)$的计算如下：

$$\mathrm{MI}(t_j) = \sum_{r=1}^{k} [P(c_r \cap t_j)\mathrm{PMI}(t_j) + P(c_r \cap \neg t_j)\mathrm{PMI}(\neg t_j)] \tag{5.6}$$

互信息衡量了词项 $t_j$ 所携带的关于类别分布的信息量。互信息总是非负的，并且当其中的两个项在统计意义上独立时，它取最小值 0。词项与某个特定类别之间的正相关关系和负相关关系都会使互信息增大。正如在第 4 章的 4.10.2 节中所讨论的，在衡量聚类的效果时也使用了互信息的一个归一化变种。互信息也被称为信息增益。有趣的是，我们可以根据上述的条件熵和原始的类别频率 $n_1 \cdots n_k$ 的熵来计算互信息（即信息增益）$I(t_j)$：

$$\underbrace{t_j \text{ 的信息增益 } I(t_j)}_{\text{与互信息相同}} = \underbrace{-\sum_{r=1}^{k} \frac{n_r}{n} \log\left(\frac{n_r}{n}\right)}_{\text{类别分布的熵}} - \underbrace{E(t_j)}_{\text{条件熵}} \tag{5.7}$$

换句话说，信息增益告诉我们条件熵（在知道词项 $t_j$ 的出现数据后）中相对于类别分布的基本熵的增益。由于上述等式右侧的第一项与 $t_j$ 无关（即是一个常量），所以与使用条件熵获得的特征排序相比，使用信息增益仅仅是对该特征排序的翻转。信息增益总是一个非负值，值越大说明区分性越好。信息增益 $I(t_j)$ 与互信息 $\mathrm{MI}(t_j)$ 相同，这一结论的证明给读者留作习题（见习题 2）。当进行特征选择时，只使用条件熵、互信息和信息增益这三个度量中的任一个都是比较合理的，因为它们会得到一样的结果。然而，逐点互信息将会给出不同的结果，因为它不使用词项的缺失信息。归一化的基尼系数也不使用词项的缺失信息。

## 5.2.5 $\chi^2$ - 统计量

$\chi^2$ - 统计量的基本思想是将词项与类别之间的共现当作一个列联表（contingency table）来处理。例如，考虑这样一个场景，我们想要确定词项“elections（选举）”是否与“Politics

（政治）”这一类别相关。假设我们有一个包含1000个文档的集合，其中有10%的文档属于“Politics”类别，在大约20%的文档中出现了词项“elections”。那么，词项和类别两者之间每种可能的组合的期望出现次数如下：

| | 词项“elections”出现在文档中 | 词项“elections”没有出现在文档中 |
|---|---|---|
| 文档属于Politics类别 | $1000 \times 0.1 \times 0.2 = 20$ | $1000 \times 0.1 \times 0.8 = 80$ |
| 文档不属于Politics类别 | $1000 \times 0.9 \times 0.2 = 180$ | $1000 \times 0.9 \times 0.8 = 720$ |

上述的期望值是基于词项“elections”在文档中的出现和文档属于“Politics”类别是独立事件这一假设来计算的。如果这两个事件确实是独立的，那么词项显然与学习过程不相关。因此，$\chi^2$-统计量的目标是评估列联表中的观测值与上面的期望值的差异程度。例如，考虑这样一个场景，列联表偏离期望值，且词项“elections”与类别标记“Politics”相关。在这样一个情形中，观测到的列联表可能如下：

| | 词项“elections”出现在文档中 | 词项“elections”没有出现在文档中 |
|---|---|---|
| 文档属于Politics类别 | $O_1 = 60$ | $O_2 = 40$ |
| 文档不属于Politics类别 | $O_3 = 140$ | $O_4 = 760$ |

$\chi^2$-统计量衡量了列联表中各个单元的观测值与期望值的归一化的偏离值。在这个例子中，列联表包含$p-2\times2=4$个单元。令$O_i$为第$i$个单元的观测值，$E_i$为第$i$个单元的期望值。那么，$\chi^2$-统计量的计算如下：

$$\chi^2 = \sum_{i=1}^{p} \frac{(O_i - E_i)^2}{E_i} \tag{5.8}$$

因此，在这个表的具体例子中，$\chi^2$-统计量的计算如下：

$$\chi^2 = \frac{(60-20)^2}{20} + \frac{(40-80)^2}{80} + \frac{(140-180)^2}{180} + \frac{(760-720)^2}{720}$$

$$= 80 + 20 + 8.89 + 2.22 = 111.11$$

我们还可以把$\chi^2$-统计量作为一个关于列联表中观测值的函数来计算，而无需求出具体的期望值。这是因为期望值也是关于这些观测值的函数。因此，$2\times2$的列联表中的$\chi^2$-统计量的计算公式可以等价地写成如下形式：

$$\chi^2 = \frac{(O_1+O_2+O_3+O_4)\cdot(O_1O_4-O_2O_3)^2}{(O_1+O_2)\cdot(O_3+O_4)\cdot(O_1+O_3)\cdot(O_2+O_4)} \tag{5.9}$$

式中，$O_1 \cdots O_4$是根据上表得到的观测频率。容易验证，这个公式也能计算得到值为111.11的$\chi^2$-统计量。需要注意的是，如果观测值恰好等于期望值，那么这意味着对应的词项与手头的类别不相关。在这样的情形中，$\chi^2$-统计量将取最小的可能值0。因此，我们只保留$\chi^2$-统计量最大的top-$k$个特征。我们还可以从$\chi^2$-分布的角度来解释$\chi^2$-检验的概率意义。

通过混合各个类的结果[520]，我们可以将二分类的$\chi^2$-统计量（如上面讨论的）扩展到$k$分类场景中。然后，如果$\chi_r^2(t_j)$表示关于词项$t_j$和类别$r$的$\chi^2$-统计量，那么合并后的值可计算如下：

$$\chi^2_{\text{avg}}(t_j) = \sum_{r=1}^{k} \frac{n_r}{n}\chi^2_r(t_j)$$

$$\chi^2_{\max}(t_j) = \max_r \chi^2_r(t_j)$$

式中，$n_1 \cdots n_k$表示 $k$ 个类别中的文档数，$n$ 是文档的总数。

### 5.2.6 嵌入式特征选择模型

很多分类和回归模型利用中间步骤的输出来进行嵌入式特征选择。利用正则化来进行特征选择以降低过拟合的做法在原理上与特征选择的目标相似。因此，这些正则化算法的中间输出结果为特征选择提供了有用的见解。例如，考虑下面的线性回归模型（见第 6 章的 6.2.2 节），它使用与特征变量$\overline{X_i}$相关的线性关系来预测数值因变量 $y_i$：

$$y_i \approx \overline{W} \cdot \overline{X}_i, \forall i \in \{1 \cdots n\} \tag{5.10}$$

符号$\overline{W}$表示需要通过训练模型来学习的一个 $d$ 维的系数向量，可以通过求解下面的优化模型来获得：

$$\text{最小化} \underbrace{\sum_{i=1}^{n} (\overline{W} \cdot \overline{X}_i - y_i)^2}_{\text{预测误差}} + \underbrace{\lambda \sum_{i=1}^{d} |w_i|}_{\text{使用特征的惩罚}}$$

式中，$\lambda > 0$ 是一个正则化参数，它控制了惩罚的力度。这样的惩罚确保了优化模型不会给相应的特征赋以较大的非零系数，除非该特征传达了重要的且不可替代的与因变量有关的信息。特征的惩罚也被称为正则化。上面讨论的惩罚类型被称为 $L_1$ 惩罚，它有一个重要的性质，即倾向于使系数向量$\overline{W}$中的很多 $w_i$的值为 0，对应的特征会被有效地弃除，因为根据式 (5.10)，它们对测试样本的预测没有影响。嵌入式特征选择的自然思想是利用算法的内置（正则化）机制来防止过拟合。毕竟，特征选择的主要目标还是防止过拟合。第6 章的6.2.2 节详细讨论了 $L_1$正则化。

### 5.2.7 特征工程技巧

在文本域中有两类常用的特征工程技巧。第一种技巧被用于消除稀疏性，这对于某些分类器（如决策树）来说可能是个问题。第二种技巧使用表示挖掘技术将文本的序列表示嵌入到多维表示中。后一种方法能够利用单词之间的序列信息在学习过程中融入更丰富的语义知识。由于第二种方法会在第 10 章讨论，所以接下来只讨论用来解决稀疏性问题的特征工程方法。

在某些类型的分类器（如决策树）中，稀疏性可能是一个挑战，这些分类器在建模过程中一次使用一个属性。由于每个词项包含的信息只与它所在的一小部分文档相关，并且词项的缺失是一种有噪声的信息，所以当分类器利用各个属性作重要的决策时，通常会出现过拟合问题。因此，在这些情形中，像潜在语义分析（LSA）这样的方法不只对降维比较有效，还可以作为特征工程方法，使某些分类器发挥作用。LSA 的一个叫作旋转集成（Rotation Ensemble）的特殊变种，对于以集成为中心的实现特别有效。其基本思想如下：

将 $d$ 个词项随机地划分到 $K$ 个大小为 $d/K$ 的不重合的子集中，以创建 $K$ 个投影数据集
在每个投影数据集上执行 LSA，以抽取 $r \ll d/K$ 个特征
对所有提取出的特征进行池化，以创建一个 $Kr$ 维的数据集
在新的表示上应用一个分类器

这种方法可以运行多次，然后对一个测试样本在多次这种变换中的预测值求平均。与这个方法一同使用的一个特别常见的分类器是决策树，由此得到的分类器被称为旋转森林（Rotation Forest）[413]。另一种特征工程方法是 Fisher 线性判别（参考第6章的6.2.3节），它在空间中提供了具有较好的区分性的方向。这些方法还能与决策树相结合[82]。

## 5.3 朴素贝叶斯模型

朴素贝叶斯分类器使用一个概率生成模型，这个模型与面向聚类的混合模型相同（参考第4章的4.4节）。该模型假设语料库是由不同类别的混合量生成的。这个生成过程被作用于每个观测到的文档上，其步骤如下：

1）以先验概率 $\alpha_r = P(C_r)$ 选择第 $r$ 个类别（混合分量）$C_r$。

2）根据 $C_r$ 的概率分布生成下一个文档。最常用的选择是伯努利分布和多项式分布。

将观测到的（训练和测试）数据假定为这个生成过程的输出，并估计这个生成过程的参数，以使该数据集是由这个生成过程创建的这一事件的对数似然最大。一般而言，只有训练数据被用来估计参数，因为训练数据中包含与（生成每个文档的）混合分量的标识有关的额外信息。随后，这些参数被用来估计从每个混合分量（类别）中生成每个无标记的测试文档的概率。这就得到了一个针对无标记文档的概率性分类算法。

在4.4节的期望最大化算法中的每个簇$\mathcal{G}_r$与这个场景中的类别 $C_r$ 相似。我们可以把朴素贝叶斯看作是迭代期望最大化算法的一个简化版本，其中标记的存在允许该方法只迭代一次。与聚类不同的是，分类中的训练过程执行一次 M 步（在有标记的数据上），并且测试样本的概率预测过程在无标记的测试样本上执行一次 E 步（来估计后验概率）。此外，朴素贝叶斯也采用与聚类中所使用的模型相似的伯努利模型和多项式模型。

### 5.3.1 伯努利模型

在伯努利模型中，假设只能观测到文档中每个词项的存在和缺失。因此，这里忽略了词项的频率，并且一个文档的向量空间表示是一个稀疏的二元向量。伯努利模型假设词典中的第 $j$ 个词项 $t_j$ 在由第 $r$ 个类别（混合分量）生成的文档中出现的概率为 $p_j^{(r)}$。那么，从混合分量 $C_r$ 生成文档$\overline{Z}$的概率 $P(\overline{Z}|C_r)$ 是与各个词项的存在和缺失相对应的 $d$ 个不同的伯努利概率的乘积㊀：

$$P(\overline{Z}|C_r) = \prod_{t_j \in \overline{Z}} p_j^{(r)} \prod_{t_j \notin \overline{Z}} (1 - p_j^{(r)}) \tag{5.11}$$

式中的一个重要假设是各个词项的存在或缺失与类别的选择是条件独立的。因此，我们可以

㊀ 虽然$\overline{X}_i$是一个二元向量，但当我们使用一个集合隶属度表示如 $t_j \in \overline{X}_i$时，我们以类似于对待集合的方式来处理它。也可以将任意的二元向量看作是其中元素全为1的一个集合。——原书注

将$\overline{Z}$中的属性的联合概率表示为各个属性的对应值的乘积。这种假设也被称为朴素贝叶斯假设，这也是该方法被称为朴素贝叶斯分类器的原因。使用术语“朴素”是因为这种类型的近似在实际场景中一般不成立。

贝叶斯分类器在训练阶段中的主要任务是估计先验概率 $\alpha_r$ 的（最大似然）值和与类别相关的生成概率 $p_j^{(r)}$。我们需要估计这些参数以使观测到的数据是由这个模型生成的这一事件的可能性最大，然后使用这些参数来预测没有见过的测试样本的标记。我们可以将这个过程总结如下：

- 训练阶段：只使用训练数据来估计参数 $p_j^{(r)}$ 和 $\alpha_r$ 的最大似然值。
- 预测阶段：使用参数的估计值来预测每个无标记的测试样本的类别。

先执行训练阶段，然后是预测阶段。然而，由于朴素贝叶斯分类器的预测阶段是理解它的关键，所以我们在介绍训练阶段前先对预测阶段进行说明。因此，下面将假设我们已经在训练阶段学到了模型参数。

#### 5.3.1.1　预测阶段

预测阶段使用估计后验概率的贝叶斯准则来预测一个样本的标记。其基本思想是学习器使用训练数据中每个类别的总频率来学习这些类别的先验概率 $\alpha_r = P(C_r)$。随后，在观测到一个标记未知的具体文档（二元表示为$\overline{Z}=(z_1\cdots z_d)$）后，它需要估计其后验概率 $P(C_r|\overline{Z})$。这种估计为属于某个特定类别的测试样本$\overline{Z}$提供了一个概率预测值。

根据贝叶斯准则，我们可以对$\overline{Z}$是由第 $r$ 个类别的混合分量 $C_r$ 生成的这一事件的后验概率进行如下估计：

$$P(C_r|\overline{Z}) = \frac{P(C_r)\cdot P(\overline{Z}|C_r)}{P(\overline{Z})} \propto P(C_r)\cdot P(\overline{Z}|C_r) \tag{5.12}$$

式中使用了比例常数[㊀]来替代分母中的 $P(\overline{Z})$，因为估计出的概率仅用于多个类别之间的比较，以确定类别的预测结果，并且 $P(\overline{Z})$与类别无关。

这里的一个重要观察结果是，该条件概率右侧的所有参数都可以使用伯努利模型来估计。我们进一步使用式（5.11）的伯努利分布来扩展式（5.12）中的关系如下：

$$P(C_r|\overline{Z}) \propto P(C_r)\cdot P(\overline{Z}|C_r) = \alpha_r \prod_{t_j\in\overline{Z}} P_j^{(r)} \prod_{t_j\notin\overline{Z}} (1-p_j^{(r)}) \tag{5.13}$$

需要注意的是，右侧的所有参数都是在下面讨论的训练阶段中估计出的。因此，在某个比例常数的上限范围内，我们可以预测某个样本属于每个类别的概率。后验概率最大的类别被预测为相关类别，尽管输出有时候是以概率的形式给出的。值得注意的是，这一步与聚类中用于混合建模（参考 4.4.1 节）的 E 步一致，不同的是这里只将它应用到无标记的测试样本上。

#### 5.3.1.2　训练阶段

贝叶斯分类器的训练阶段使用有标记的训练数据来估计式（5.13）中的参数的最大似然

㊀ 通过确保所有类别的后验概率之和为 1，可以轻易地推断出这个比例常数。正如我们接下来将会看到的，在某些场景中，我们需要对样本进行排序以判断属于哪些特别的类，这时比例常数就很重要了。——原书注

值。显然，我们需要估计两组参数，即每个混合分量的先验概率 $\alpha_r$ 和伯努利生成参数 $p_j^{(r)}$。可用于参数估计的统计量包括属于第 $r$ 个类别 $C_r$ 的有标记的文档数量 $n_r$，以及包含词项 $t_j$ 且属于类别 $C_r$ 的文档数量 $m_j^{(r)}$。这些参数的最大似然估计如下：

1）先验概率的估计：由于在大小为 $n$ 的语料库中，训练数据包含 $n_r$ 个属于第 $r$ 个类别的文档，所以该类别的先验概率的自然估计如下：

$$\alpha_r = \frac{n_r}{n} \tag{5.14}$$

如果语料库规模比较小，那么可以在分子上加上一个较小的 $\beta > 0$，并在分母上加上 $\beta k$ 来进行拉普拉斯平滑：

$$\alpha_r = \frac{n_r + \beta}{n + k\beta} \tag{5.15}$$

$\beta$ 的精确值表示平滑量，在实际中经常将它设为1。当数据量非常小时，这会使估计出的先验概率接近于 $1/k$，当没有足够多的数据时，这是一种比较合理的假设。

2）类别相关的混合参数的估计：类别相关的混合参数 $p_j^{(r)}$ 的估计如下：

$$p_j^{(r)} = \frac{m_j^{(r)}}{n_r} \tag{5.16}$$

在类别相关的概率上使用拉普拉斯平滑特别重要，因为特定的词项 $t_j$ 甚至可能不会出现在属于第 $r$ 个类别的训练文档中，尤其是当语料库比较小时。此时，我们会把 $p_j^{(r)}$ 估计为0。由于式（5.13）的乘法性质，词项 $t_j$ 在一个没有见过的文档中出现往往会导致第 $r$ 个类别的估计概率为0。这些预测值通常是错误的，并且是由于对较小的训练数据进行过度拟合而造成的。

对类别相关的概率估计进行拉普拉斯平滑的步骤如下。令 $d_a$ 为每个训练文档的二元表示中1的平均个数，$d$ 为词典大小。其基本思想是在式（5.16）的分子上加上一个拉普拉斯平滑参数 $\gamma > 0$，并在分母上加上 $d\gamma/d_a$：

$$p_j^{(r)} = \frac{m_j^{(r)} + \gamma}{n_r + d\gamma/d_a} \tag{5.17}$$

在实际中，我们通常将 $\gamma$ 的值设为1。当训练数据的数量非常小时，这种选择会使 $p_j^{(r)}$ 取默认值 $d_a/d$，它反映了文档集合中的稀疏程度。

值得注意的是，贝叶斯分类器的训练阶段是在面向聚类的混合模型中所使用的M步的一个简化变种（参考4.4.1节）。这种简化是因为我们可以使用有标记的数据来推断文档在各个混合分量中的隶属度。

## 5.3.2　多项式模型

伯努利模型只使用文档中词项的存在与缺失信息，而多项式模型直接使用它们的词项频率。正如伯努利模型中的参数 $p_j^{(r)}$ 表示某个词项在某个特定的分量中被观测到的概率，多项式模型中的参数 $q_{jr}$ 表示词项 $t_j$ 在第 $r$ 个混合分量中出现的比例，包括重复的出现。对于特定

的分量 $r$ 来说，所有词项的 $q_{jr}$ 值的和为 1（即 $\sum_{j=1}^{d} q_{jr} = 1$）。

多项式混合模型的生成过程首先以概率 $\alpha_r = P(C_r)$ 选择第 $r$ 个类别（混合分量）。然后，它抛掷一个不均匀的骰子（属于第 $r$ 个类别）$L$ 次，生成一个包含 $L$ 个词条（重复的也需要计数）的文档。这个不均匀的骰子具有 $d$ 个面，$d$ 也是词项的数量，并且对于属于第 $r$ 个类别的骰子来说，第 $j$ 个面出现的概率为 $q_{jr}$。因此，如果抛掷这个骰子 $L$ 次，则每个面出现的次数对应着每个词项在已观测到的文档中出现的次数。如果我们假设文档 $\overline{Z}$ 的频率向量为 $(z_1 \cdots z_d)$，那么第 $i$ 个文档的生成概率由下面的多项式分布给出：

$$P(\overline{Z}|C_r) = \frac{(\sum_{j=1}^{d} z_j)!}{z_1!z_2!\cdots z_d!} \prod_{j=1}^{d} (q_{jr})^{z_j} \propto \prod_{j=1}^{d} (q_{jr})^{z_j} \tag{5.18}$$

对于固定的 $\overline{Z}$ 和不同的类别来说，其中的比例常数保持不变，因为它只取决于 $\overline{Z}$，并且与类别 $C_r$ 无关。

多项式模型完整的训练和测试过程与伯努利模型的生成过程非常相似。与在伯努利模型中的情形一样，我们可以使用贝叶斯准则和式（5.18）推导出测试样本 $\overline{Z}$ 属于类别 $C_r$ 的后验概率估计值，具体如下：

$$P(C_r|\overline{Z}) \propto P(C_r) \cdot P(\overline{Z}|C_r) \propto \alpha_r \prod_{j=1}^{d} (q_{jr})^{z_j} \tag{5.19}$$

如果有需要，我们可以通过确保所有类别的后验概率之和为 1，进而推断出其中的比例常数。对于测试样本 $\overline{Z}$ 来说，后验概率最大的类别被预测为它的相关类别。

为了计算式（5.19）右侧的值，我们只需要在训练阶段估计出参数 $\alpha_r$ 和 $q_{jr}$ 即可。训练数据中的每个类别的存在比例被用作 $\alpha_r$ 的估计值。如果有需要，也可以使用拉普拉斯平滑。此外，如果 $v(j, r)$ 是词项 $t_j$ 在属于类别 $r$ 的文档中出现的次数（对单个文档中的重复出现赋以恰当的置信值），则 $q_{jr}$ 的估计值可以计算如下：

$$q_{jr} = \frac{v(j,r)}{\sum_{j=1}^{d} v(j,r)} \tag{5.20}$$

我们也可以把这种估计看成是某个类别中与某个特定词项相对应的词条（即位置）数的比例。这与伯努利模型不同，伯努利模型将类别相关的概率估计为包含某个特定词项的类别相关的文档比例。我们也可以使用拉普拉斯平滑对这个估计结果进行平滑。在这种情形中，我们在分子上加上较小的 $\gamma > 0$，并在分母上加上 $\gamma d$。由此产生了下面的估计：

$$q_{jr} = \frac{v(j,r) + \gamma}{\sum_{j=1}^{d} v(j,r) + \gamma d} \tag{5.21}$$

我们通常把 $\gamma$ 设为 1。在抛掷多项式骰子的过程中，这种类型的平滑使得 $d$ 面中每一面的概率估计值偏向于 $1/d$，这意味着所有词项会受到平等的对待。在没有足够多的数据时，这是一个比较合理的假设。

### 5.3.3 实际观察

条件独立的朴素假设在实际场景中永远都不可能为真。尽管如此，实际的预测结果却表现出较好的鲁棒性。使用更复杂的假设通常以数据过拟合而告终。参考文献［140］中提供了一些有关朴素假设为什么在实际中表现很好的见解。

一个很自然的问题是，什么时候使用伯努利模型更好，什么时候使用多项式模型更好。需要注意的是，伯努利模型同时使用了词项在文档中的存在和缺失信息，但它不使用词项频率。在上面的问题中，有两个主要的因子是①每个文档的典型长度以及②从中抽取词项的词典的大小。对于短文档（具有关于较小词典的非稀疏表示）来说，使用伯努利模型是比较合理的。在短文档中，词项的重复次数有限，这减少了由于包含频率信息而获得的增益。此外，如果词典规模非常小，并且其向量空间表示并不稀疏，那么甚至连文档中词项的缺失都蕴含着很丰富的信息。当文档表示比较稀疏时，与词项的缺失有关的信息是有噪声的，这会损害伯努利模型。此外，忽视频率信息也会增大伯努利模型的不准确性。因此，在这些情形中使用多项式模型是比较合理的。

### 5.3.4 利用朴素贝叶斯对输出进行排序

分类的预测问题并不总是为单个测试样本选择类别。在很多情形中，给出一组测试样本$\overline{Z_1}\cdots\overline{Z_{n_t}}$，我们期望的是按照它们属于特别有价值的相关类别的倾向性对它们进行排序。这个问题与搜索引擎中的排序问题密切相关。

考虑这样一个场景，一个汽车迷对标记为“Cars（车）”的第$r$个类别感兴趣。针对这个用户，该如何使用训练好的贝叶斯模型对测试文档$\overline{Z_1}\cdots\overline{Z_{n_t}}$进行排序呢？上面的讨论已经说明了如何在某个比例常数的上限范围内估计出每个测试样本$\overline{Z_i}$的$P(C_r|\overline{Z_i})$。当比较不同类别的概率时，这个比例常数并不重要，但当比较不同样本的预测值时它是非常重要的，因为它在不同样本上的值不同。基于所有类别的后验概率之和总为1这一事实，我们可以方便地估计出每个测试样本的比例常数：

$$\sum_{r=1}^{k} P(C_r|\overline{Z_i}) = 1 \tag{5.22}$$

在进行比例调整后，比较不同样本属于第$r$个类别的后验概率的归一化值，并按照概率的降序顺序对文档进行排序。

### 5.3.5 朴素贝叶斯的例子

接下来，我们将提供一个有具体数值的朴素贝叶斯模型的例子。我们将同时为伯努利模型和多项式模型提供一个相似的例子，在这个例子中，文档被分类为Cars（车）或Cats（猫科动物）。

#### 5.3.5.1 伯努利模型

考虑下面一个包含4个训练文档和2个测试文档的语料库。该语料库通过二元形式来表示，其中忽略了词项频率：

$$\begin{pmatrix} & \text{lion} & \text{tiger} & \text{cheetah} & \text{jaguar} & \text{porsche} & \text{ferrari} & \text{类别标记} \\ \text{训练文档 1} & 1 & 1 & 1 & 1 & 0 & 0 & \text{Cats} \\ \text{训练文档 2} & 1 & 1 & 1 & 1 & 0 & 0 & \text{Cats} \\ \text{训练文档 3} & 0 & 0 & 0 & 1 & 1 & 1 & \text{Cars} \\ \text{训练文档 4} & 0 & 0 & 0 & 1 & 1 & 1 & \text{Cars} \\ \text{测试文档 1} & 1 & 1 & 1 & 1 & 1 & 1 & — \\ \text{测试文档 2} & 1 & 1 & 1 & 1 & 0 & 0 & — \end{pmatrix}$$

为了便于阐述，这里的词典只包含 6 个词项。最后一列展示了每个样本的类别标记。前 4 个文档是训练文档，它们在最后一列的标记是“Cars”或“Cats”。然而，最后两行对应着测试样本，因此它们的标记是缺失的。

接下来，我们只说明如何使用训练数据来预测测试文档 1 属于这两个标记的概率。测试文档 2 的预测给读者留作习题（见习题 4）。训练阶段和预测阶段的步骤如下。

**训练**：为了进行训练，我们需要估计先验概率和类别相关的概率。我们使用 $\beta=\gamma=1$ 的拉普拉斯平滑。先验概率的估计如下：

$$P(\text{Car})=\frac{2+\beta}{4+2\beta}=\frac{1}{2},\quad P(\text{Cat})=\frac{2+\beta}{4+2\beta}=\frac{1}{2}$$

接下来，我们需要估计伯努利分布的参数。我们首先说明如何估计 $P(\text{lion}|\text{Cats})$。4 个训练文档的平均词项个数 $d_a$ 为 14/4，词典的总大小为 $d=6$。因此，拉普拉斯平滑所需的稀疏因子是 $6\times4/14=12/7$。为了估计 $P(\text{lion}|\text{Cats})$，要注意属于“Cats”的两个训练文档中都出现了该词项。因此，这个伯努利参数的估计如下：

$$P(\text{lion}|\text{Cats})=\frac{2+\gamma}{2+\frac{12\gamma}{7}}=\frac{2+1}{2+\frac{12}{7}}$$
$$=\frac{21}{26}$$

同理，我们可以得到下面的参数：

$$P(\text{lion}|\text{Cats})=\frac{21}{26},P(\text{tiger}|\text{Cats})=\frac{21}{26},P(\text{cheetah}|\text{Cats})=\frac{21}{26},P(\text{jaguar}|\text{Cats})=\frac{21}{26},$$
$$P(\text{porsche}|\text{Cats})=\frac{7}{26},P(\text{ferrari}|\text{Cats})=\frac{7}{26}$$

类似地，我们可以计算类别“Cars”的伯努利分布参数如下：

$$P(\text{lion}|\text{Cars})=\frac{7}{26},P(\text{tiger}|\text{Cars})=\frac{7}{26},P(\text{cheetah}|\text{Cars})=\frac{7}{26},P(\text{jaguar}|\text{Cars})=\frac{21}{26},$$
$$P(\text{porsche}|\text{Cars})=\frac{21}{26},P(\text{ferrari}|\text{Cars})=\frac{21}{26}$$

需要注意的是，“jaguar”是唯一一个在两个类别上的概率都比较大的词项。这些估计出的概率代表了朴素贝叶斯分类器所使用的整个训练模型。接下来，我们说明如何用这些估计出来的概率对测试文档 1 进行预测。

**预测**：测试文档1 的预测特别简单，因为它包含词典中的所有词项。因此，我们可以计算类别相关的概率如下：

$$P(\text{Cats}\mid\text{Test1})\propto P(\text{Cats})\cdot P(\text{lion}\mid\text{Cats})\cdot P(\text{tiger}\mid\text{Cats})\cdot P(\text{cheetah}\mid\text{Cats})\cdot P(\text{jaguar}\mid\text{Cats})\cdot P(\text{porsche}\mid\text{Cats})\cdot P(\text{ferrari}\mid\text{Cats})=\frac{1}{2}\left(\frac{21}{26}\right)^4\left(\frac{7}{26}\right)^2$$

$$P(\text{Cars}\mid\text{Test1})\propto P(\text{Cars})\cdot P(\text{lion}\mid\text{Cars})\cdot P(\text{tiger}\mid\text{Cars})\cdot P(\text{cheetah}\mid\text{Cars})\cdot P(\text{jaguar}\mid\text{Cars})\cdot P(\text{porsche}\mid\text{Cars})\cdot P(\text{ferrari}\mid\text{Cars})=\frac{1}{2}\left(\frac{21}{26}\right)^3\left(\frac{7}{26}\right)^3$$

这些计算只提供在比例常数的上限范围内的推断。通过确保相应的概率之和为 1，我们也可以计算每个类别确切的概率。使用这种关系，我们得到 $P(\text{Cats}\mid\text{Test1})=\frac{3}{4}$ 和 $P(\text{Cars}\mid\text{Test1})=\frac{1}{4}$。因此，测试文档 1 更有可能属于“Cats”这个类别。这是一个有逻辑的结论，因为文档中更多词项是属于“Cats”这个类别的。值得注意的是，拉普拉斯平滑对于获得合理的结果来说是不可或缺的。如果没有使用拉普拉斯，那么两个输出结果都很可能是一个为 0 的概率值，这会导致预测结果变得不明确。

5.3.5.2 多项式模型

在多项式模型的情形中，假设文档 - 词项矩阵是包含频率的。因此，这里使用了一个与前一种情形非常相似的矩阵，不同的是它还包含词项频率。对应的矩阵如下所示：

| | lion | tiger | cheetah | jaguar | porsche | ferrari | 类别标记 |
|---|---|---|---|---|---|---|---|
| 训练文档 1 | 2 | 2 | 1 | 2 | 0 | 0 | Cats |
| 训练文档 2 | 2 | 3 | 3 | 3 | 0 | 0 | Cats |
| 训练文档 3 | 0 | 0 | 0 | 1 | 1 | 1 | Cars |
| 训练文档 4 | 0 | 0 | 0 | 2 | 1 | 2 | Cars |
| 测试文档 1 | 2 | 2 | 2 | 3 | 1 | 1 | — |
| 测试文档 2 | 1 | 1 | 1 | 1 | 0 | 0 | |

先验概率的计算方式与之前的完全一样。因此，我们可以将每个类别的先验概率估计为 1/2。为了计算多项式参数，我们还要计算每个词项在各个类别中出现的次数（包括在同一文档中重复出现的次数），并总结如下：

| | lion | tiger | cheetah | jaguar | porsche | ferrari | 总计 |
|---|---|---|---|---|---|---|---|
| Cats | 4 | 5 | 4 | 5 | 0 | 0 | 18 |
| Cars | 0 | 0 | 0 | 3 | 2 | 3 | 8 |

最后一列包含了对应类别中所有文档的总词条数。需要注意的是，我们需要计算每个多项式参数的概率 $q_{jr}$。在没有进行拉普拉斯平滑的情况下，我们可以利用上面的计数，令每一行中的数值分别除以对应行最末端的总数，推导出这些参数。然而，在进行平滑的情况下，由于词典中有 6 个词项，所以我们需要在每个分子上加上 1，在每个分母上加上 6。下面的

矩阵给出了 $q_{jr}$ 的对应值：

$$
\begin{pmatrix}
 & \text{lion} & \text{tiger} & \text{cheetah} & \text{jaguar} & \text{porsche} & \text{ferrari} \\
\text{Cats} & \frac{5}{24} & \frac{6}{24} & \frac{5}{24} & \frac{6}{24} & \frac{1}{24} & \frac{1}{24} \\
\text{Cars} & \frac{1}{14} & \frac{1}{14} & \frac{1}{14} & \frac{4}{14} & \frac{3}{14} & \frac{4}{14}
\end{pmatrix}
$$

需要注意的是，每一行的和为 1，因为它代表了在某个特定位置选择一个词项这一多项式事件中骰子的不同面出现的概率。

我们可以使用这些估计出的参数来进行预测。由于测试文档 1 的频率向量是（2，2，2，3，1，1），所以这些频率是每个词项的概率参数的幂次：

$$P(\text{Cats}\mid\text{Test1})\propto\frac{1}{2}\left(\frac{5}{24}\right)^2\left(\frac{6}{24}\right)^2\left(\frac{5}{24}\right)^2\left(\frac{6}{24}\right)^3\left(\frac{1}{24}\right)\left(\frac{1}{24}\right)$$

$$P(\text{Cars}\mid\text{Test1})\propto\frac{1}{2}\left(\frac{1}{14}\right)^2\left(\frac{1}{24}\right)^2\left(\frac{1}{24}\right)^2\left(\frac{4}{14}\right)^3\left(\frac{3}{14}\right)\left(\frac{4}{14}\right)$$

在进行简化和归一化之后，我们可以得到该样本属于“Cats”和“Cars”的概率分别为 0.94 和 0.06。因此，我们可以得到相同的结论，不同的是，预测值在这种情形中更加明确。这是因为测试文档中与“Cats”相关的词项具有更大的频率。值得注意的是，拉普拉斯平滑对于获得合理的结果来说是不可或缺的。如果没有使用拉普拉斯，那么两个输出结果都很有可能是一个为 0 的概率值，这会导致预测变得不明确。多项式模型也不使用测试文档中的缺失词项。测试文档 1 包含了所有词项，但测试文档 2 没有。如果使用多项式模型来对测试文档 2 进行分类，那么 $P(\text{Cats}\mid\text{Test2})$ 和 $P(\text{Cars}\mid\text{Test2})$ 都只能用“lion”“tiger”“cheetah”和“jaguar”的条件概率估计值来表示，“porsche”和“ferrari”的条件概率估计值将会被忽略（见习题 5）。

### 5.3.6 半监督朴素贝叶斯

贝叶斯模型为有监督学习模型和无监督学习模型之间的联系提供了一个非常清晰的描述。值得注意的是，第 4 章的 4.4 节中面向聚类的混合建模算法使用的生成模型恰好与朴素贝叶斯方法所使用的模型相同。在无监督学习中，一个混合分量表示一个簇，而在有监督学习中一个混合分量表示的是一个类别。它们在计算过程方面存在差异的原因是，无监督的混合建模因标记缺失而受到损害。标记有助于识别用于生成每个训练点的混合分量，进而可以方便地估计出每个混合分量的参数。在标记缺失的情况下，必须使用迭代方法对与每个数据点关联的混合分量进行概率性的预测（E 步），并对混合参数进行估计（M 步）。标记的存在将这个学习过程简化为朴素贝叶斯分类中的单个 M 步，因为参数估计过程中没有使用无标记的数据。此外，无标记样本的分类是通过应用单个 E 步来完成的，其中使用了学习到的参数。

在有标记的数据有限的情况下，半监督学习比较有效，因此我们会在参数估计过程中融入无标记的数据来提高分类准确率。在参数估计中使用无标记的数据[364]会使得半监督方法像 4.4 节的期望最大化算法一样变成迭代式的。这个半监督方法假设每个混合分量与一个类别相关联。每个类别的有标记点和无标记点是由它的混合分量来生成的。在初始化时，我们在有标记的样本上应用朴素贝叶斯算法来估计每个混合分量的参数和先验概率。随后，迭代地执行以下两个步骤：

1）E步：E步使用估计后验概率的贝叶斯准则来估计无标记样本的概率。因此，E步的首次迭代产生的概率与朴素贝叶斯算法计算出的概率完全一样。之后，E步保持不变，但在迭代中只用它来预测无标记数据的类别隶属度。与4.4节的EM算法一样，我们使用在E步推导出的软隶属度概率将隶属度权重与无标记的样本关联起来。一个数据点在不同簇上的隶属度权重之和为1，因为它们表示的是后验概率。在半监督的场景中，针对E步的一个重要修改是有标记的数据还通过隶属度权重$\lambda>0$与它所属的类别/簇相关联，而与其他所有类别的关联隶属度权重为0。$\lambda$是一个由用户主导的参数，在（0，∞）之间取值，它决定了监督的程度。

2）M步：M步与在4.4节的混合建模算法中所讨论的一样，不同的是，它利用的是修改后的隶属度权重，其中我们将用户定义的权重$\lambda$赋予有标记的样本。

迭代这两步直到收敛。在最后的迭代中，我们可以使用E步的概率预测结果来预测类别标记。因此，此处针对4.4节的期望最大化算法的修改是相对较小的，并且在参数估计步骤中涉及了有标记的数据。这种改变的影响程度取决于$\lambda$的值。

参数$\lambda$控制着有标记数据和无标记数据之间的重要性权衡。当$\lambda=0$时，我们得到4.4节的EM算法；当$\lambda=\infty$时，则得到本节的朴素贝叶斯算法。$\lambda$所有其他的正值提供了不同的监督程度，但仍然需要使用迭代方法。在半监督的分类应用中选择$\lambda>1$通常是合理的，因为对有标记的数据点的加权程度应该大于对每个无标记的点的加权程度。

需要注意的是，在有标记的数据非常少的情形中，$\lambda$的这些中间值通常会表现得比贝叶斯方法要好。在有标记的数据有限的情况下，完全监督式的朴素贝叶斯方法针对有标记数据中缺失的词项的条件概率的估计结果会比较差。在半监督的场景中，这些概率的估计结果将会鲁棒得多，因为我们可以利用相关混合分量中的无标记文档进行鲁棒的估计。另一种理解这一点的方式是无标记的数据可以学到数据分布的形状，并确保有标记的数据只需要将学到的数据分布的簇映射到不同的标记上。因此，大部分学习数据分布形状的繁杂工作都是利用无标记的数据完成的，并且只需要一小部分数据就可以将这种数据分布的稠密部分（混合分量）映射到不同类别上。其中的假设是类别标记在数据连续、稠密和聚集的区域内不会突然改变，这种情形通常出现在真实数据集中，因为现实世界中的类别分布[90]具有天然的平滑性和聚集性质。在混合分量的数量大于有标记的类别数量的情况下，我们也可以构建半监督模型来学习具体区域中局部连续的类别分布（见习题6和习题7）。

半监督的另一个优点是学习过程只与我们感兴趣的测试样本相关。纯粹的有监督方法构建的模型比我们真正需要的更通用。半监督机制也因此而具备了一个基于Vapnik原理[90]的优点：

“当试图解决某些问题时，不应该把更难的问题作为一个中间步骤来解决。”

通过解决更加精准聚焦的问题并根据手头具体的测试样本对参数进行调优，往往可以获得更好的结果。例如，如果一个较小的训练数据只包含每个类别的一小部分样本，则样本数太少以至于模型不能鲁棒地对先验概率进行估计。另一方面，如果一个较大的测试数据集以9:1的比例包含这些类别，那么半监督的参数估计过程将会使用这种额外的信息得到更鲁棒的先验概率。如果一个不同的测试数据集以1:9的反比例包含这些类别，那么它将得到不同的先验概率。

这种方法可以同时用在半监督聚类和半监督分类中。半监督聚类的应用与半监督分类略有不同，因为前者所使用的监督机制更为温和，其目标是利用外部输入创建语义上比较有意义的划分，而不是对样本进行标记。对于半监督聚类应用来说，使用更小的 $\lambda$ 值为无标记的数据中固有的聚类结构赋予更大的重要性程度是比较合理的。

## 5.4 最近邻分类器

最近邻分类器的原理如下：

相似的样本具有相似的标记。

$\kappa$ - 最近邻分类器是一种实现这个原理的自然方式。其基本思想是识别[⊖]某个测试点的 $\kappa$ - 最近邻，并计算每个类别所包含的最近邻数据点的数量。数据点数量最多的类别即为该测试样本的相关类别。尽管我们可以使用诸如子字符串核函数这样的高级方法在分类过程中融入序列信息，但在这里我们使用余弦相似度来计算最近邻。最近邻分类可以同时用在二分类任务和多分类任务中，只要使用得票数最多的类别。如果因变量是数值型量，那么我们可以报告最近邻中的因变量均值。

最近邻分类器也被称为懒惰学习器、基于记忆的学习器以及基于实例的学习器。它们被称为懒惰学习器是因为大部分的分类工作被延迟到最后才进行。从某种意义上讲，这些方法先记住所有的训练样本，然后使用与手头的样本匹配度最佳的那些样本。与基于模型的方法不同，最近邻分类器预先完成的泛化和学习很少，并且大部分分类的工作以懒惰的方式留到了最后。然而，最近邻分类器有很多自然变种，在这些方法中，一些学习的工作被提前了。这些分类器被称为自适应最近邻分类器。

最近邻方法的直接实现不需要训练，但对每个测试样本进行分类都需要 $O(n)$ 的时间来计算相似度。我们可以使用一个被称为倒排索引的数据结构来加速这个过程。第9章的9.2.2节详细讨论了这种数据结构。一个倒排索引包含一个与每个词项相关联的文档标识符列表。对于一个给定的测试文档，我们需要访问文档中每个词项的倒排表，这意味着需要访问的倒排表的数量与文档中的词项个数一样多，然后只访问与这些倒排表中的标识符相对应的文档。

最近邻的数量 $\kappa$ 是该算法的参数。我们可以通过在训练数据上尝试不同的 $\kappa$ 值来确定它最终的值，选择使训练数据上的准确率最大的 $\kappa$ 值。当使用留一法（leave - one - out）来计算训练数据上的准确率时，需要保证那些要计算其 $\kappa$ - 最近邻的点不包含在最近邻中。如果我们不采用这种预防措施，那么每个点都是它自身的最近邻，则 $\kappa=1$ 的值将总会被当作是

⊖ 大多数文献使用符号 $k$ 而不是 $\kappa$ 来表示最近邻。为了消除符号上的歧义，我们使用 $\kappa$ 而不是 $k$，因为本章已经使用 $k$ 来表示类别的数目。使用 $k$ 同时表示类别数和邻居数会造成混淆。——原书注

最优的。这是过拟合的一种表现，我们可以通过留一法来避免这种情况。使用一个大小为$s$的验证样本集来计算分类准确率。对于样本集中的每个点来说，以留一法的方式计算其关于整个数据集中全部数据的相似度，然后使用这些计算出的相似度对其他$n-1$个训练点进行排序，并测试不同的$\kappa$值。这个过程需要$O(ns)$的时间来计算相似度，对点进行排序需要$O(ns\log(n))$的时间。因此，对于一个大小为$s$的验证样本集来说，调整参数$\kappa$所需的时间是$O(sn(T+\log(n)))$，其中，$T$是计算每个相似度所需要的时间。我们可以利用倒排索引来减少这个运行时间。

### 5.4.1 1-最近邻分类器的属性

最近邻分类器的一个特例是$\kappa$值为1的分类器。这种分类器在实际中不是非常鲁棒，因为它们对手头具体的数据集比较敏感。缺乏鲁棒性可能是由于预测值会对手头特定训练样本的异常变化进行过度拟合。当同一测试样本的分类结果随着训练样本的选择发生明显变化时，分类器的误差会增大，这部分误差被称为方差（参考第7章的7.2节）。随着训练样本的大小增加，1-最近邻分类器的准确率也随之增大。事实上，可以证明在数据量无限的情况下，1-最近邻分类器的误差最多是贝叶斯最优错误率的两倍。贝叶斯最优错误率是指特定数据分布可达到的最低错误率。为了理解这一点，考虑如图5.1所示的1维数据集，它包含两个呈正态分布的类别。值得注意的是，这样的类别分布在数据中的某个特定区域内是重叠的。即使一个学习器具有知道这两个类别的（真实）生成分布的非凡优势，它在这个重叠区域中的模糊样本上仍然会出错。贝叶斯错误率从概率的角度量化这种内部误差。这个概念与数据集中的内部噪声概念紧密相关，在任何一个分类器中这都是误差的一个基本组成部分（参考第7章的7.2节）。

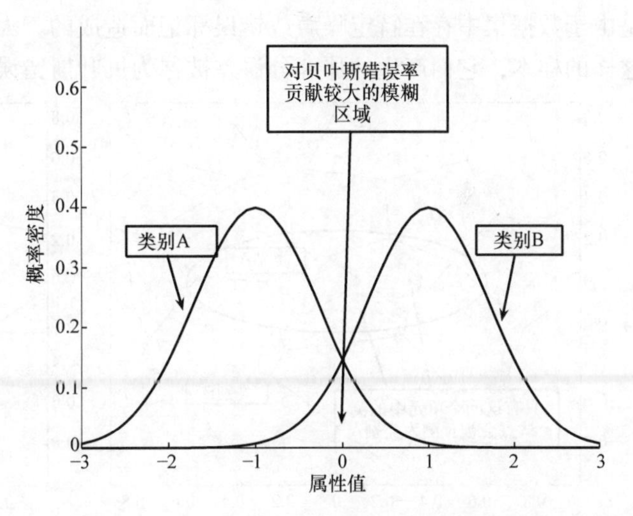


图5.1　一个数据集中的噪声如何影响误差的例子

各个类别之间的边界在分类问题中也被称为决策边界。一般而言，对于分类来说，复杂的非线性形状的边界被认为是比较有挑战性的。上述关于1-最近邻分类器错误率的观察结果意味着，只要给定“足够”数量的数据，它就可以很好地估计任意的非线性边界。利用训练数据推导出的Voronoi平面图可以比较好地理解这一点。

给定一组训练点，我们可以将数据空间划分为一组由这些点推导出的Voronoi区域或单元。一个Voronoi区域或单元是数据空间的一部分，与所有其他的训练点相比，它最接近其内部的某个点。从1-最近邻分类器的角度来看，每个Voronoi区域“属于”一个单独的训练点，并且该单元内的所有测试样本都具有与那个训练点相同的类别标记。这种情形如图

5. 2a 所示，其中类别 A 被一个椭圆决策边界包围。然而，这个图中只使用了 25 个训练点，因此只有两个 Voronoi 区域中的测试点被标记为类别 A。需要注意的是，Voronoi 单元的形状是锯齿状，因此如果两个类之间的决策边界是平滑的，那么 1 - 最近邻分类器会尝试使用锯齿状边缘来估计这个边界，这会使其误差增大。如图 5. 2b 所示，1 - 最近邻分类器试图使用阴影区域来近似类别 A 的椭圆区域，这会产生一个非常差的决策边界。这种近似随着训练数据的随机选择而变化，这会使分类的期望误差增大。然而，如果增加训练点的个数，那么每个 Voronoi 区域的大小会减小，进而此 1 - 最近邻分类器的锯齿状近似会得到改进，如图 5. 2c、d 所示，它们分别使用了 100 个点和 1000 个点。在数据无限的情况下，我们可以对任意的边界进行很好的估计，只有决策边界的模糊/重叠区域会得到错误的分类。这部分误差是由于数据集中存在特定噪声或错误标记而造成的。大多数分类器几乎不会花费精力来处理这样的样本，它们产生的那部分误差被称为贝叶斯错误率。

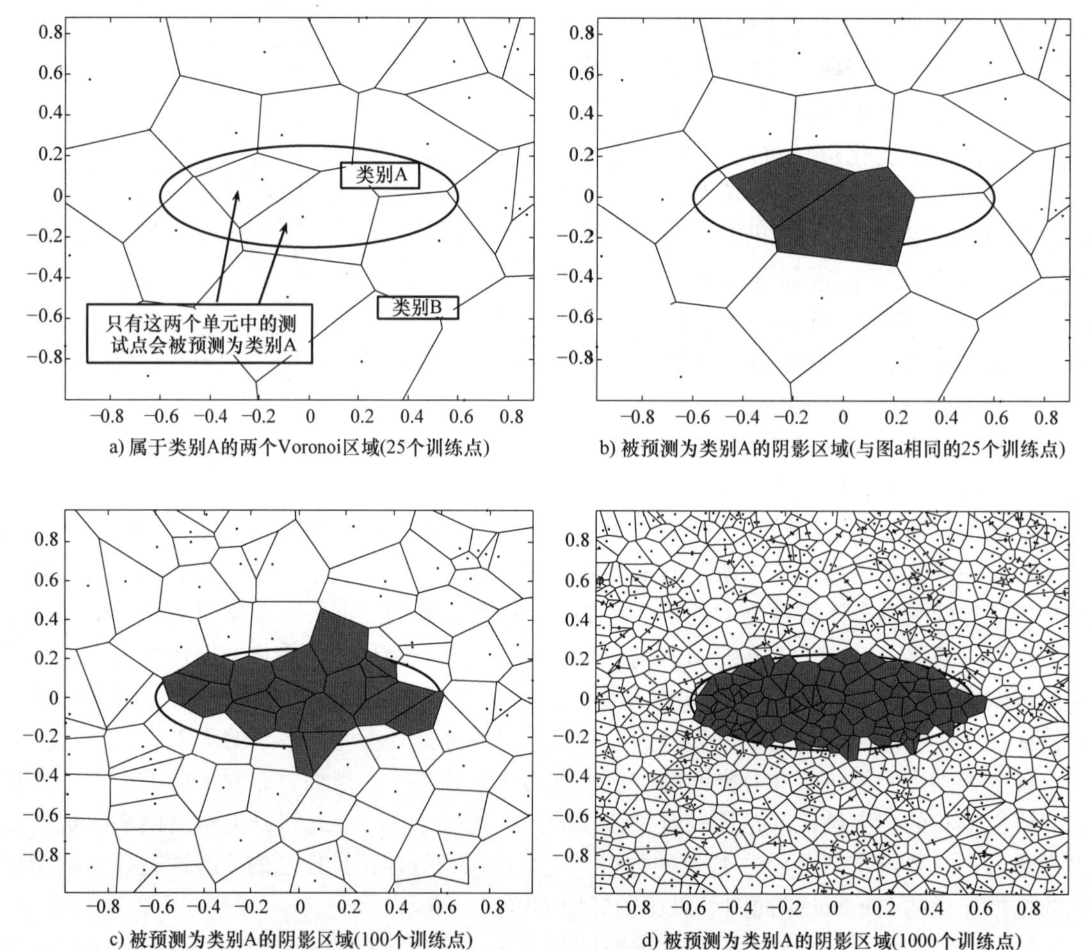


图 5. 2　增加训练点的个数会提升 1 - 最近邻分类的准确率。随着训练点数的增多，阴影区域越来越接近类别 A 与类别 B 之间的（真实的）椭圆边界。在数据量无限的情况下，只有由内部噪声（如重叠区域和标记错误的训练点）导致的误差会被保留下来。由训练点和测试点产生的噪声总和等于贝叶斯错误率的两倍

1－最近邻分类器的主要问题是，达到这个错误率所需的数据量指数式地依赖于数据集的内部维度。文本数据可能有数万个词项，其内部维度通常可能只是几百。因此，对于1－最近邻分类器来说，其所需的数据量太大，以至于在任何情况下都无法达到接近于贝叶斯错误率的误差。在数据有限的情况下，使用$\kappa$值更大的$\kappa$－最近邻分类器是一种平滑上述锯齿边界以提升错误率的方式。有一些其他方式也可以对这种边界进行平滑，如聚类，加权最近邻，或是在确定最近邻时使用一定程度的监督机制。最后一个方法也被称为自适应最近邻分类，它提供了一系列最有效的机器学习分类器。可以证明，机器学习中最有效的两个分类器，即随机森林和核支持向量机，都是自适应最近邻分类器。这些内容将会在5.5.6节和6.3.6节中讨论。本节将提供一个有关平滑预测决策边界的方法的综述，如Rocchio方法、加权最近邻方法和自适应最近邻方法。

### 5.4.2 Rocchio与最近质心分类

我们可以把Rocchio分类器看成是最近邻分类器的一个修改版。在Rocchio分类中，每个类别的质心是预先计算出来的。给定一个测试样本，使用余弦相似度来计算其最近的类别质心。最近质心的标记即为该测试样本的分类结果。Rocchio分类器在训练和预测中都非常高效。训练步骤只需要计算每个类别的质心，它与训练数据的大小成线性比例。对于$k$分类问题来说，测试步骤只需要计算$k$个余弦相似度。

Rocchio方法在不同的训练数据集上提供了稳定的预测。然而，它在预测阶段表现出显著的偏差。例如，如果相同类别的文档被划分到不同的簇中，那么Rocchio方法不会表现得很好。在这些情形中，某一类文档的质心可能不能代表这个类别。图5.3展示了Rocchio方法的一个较差的例子，其中每个类别都与两个不同的簇相关联。此外，每个类别的质心是相似的，因此Rocchio方法很难区分不同的类别，而1－最近邻分类器在这种情形中会表现得非常好。Rocchio方法不能很好地适应不同类别的不同频率。它对每个类别使用一个质心，从而有效地为每个类别设置了相等的先验概率。

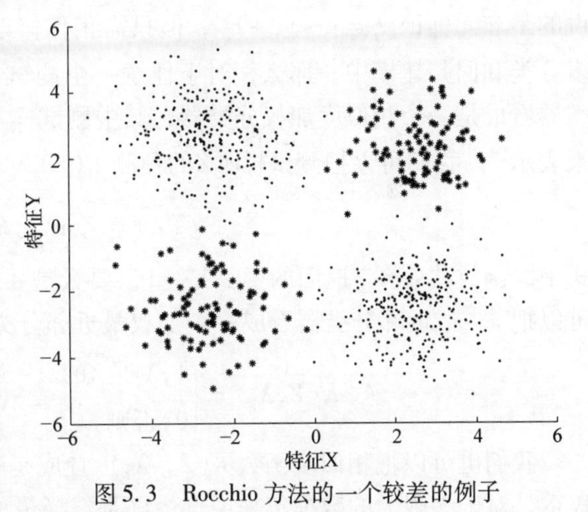


图5.3　Rocchio方法的一个较差的例子

1－最近邻分类器和Rocchio方法的两个极端情形之间的一个自然权衡是使用基于质心的分类。其基本思想是使用现成的聚类算法将每个类别的文档划分到各个簇中。类别标记与簇相关联，而不是与文档相关联。每个类别中的簇的数量与该类别中的文档数量成比例，这确保了每个类别中的簇的粒度都大致相同。

通过只保留质心中最频繁的词项来从中提取簇概要（cluster digest）。一般而言，每个质心中大约保留200～400个单词。每个质心中的词典为每个类别中的主题提供了一个稳定的主题表示。对应标记为“Business schools”和“Law schools”的两个类别的词向量的例子如下：

1）Business schools：business（35）、management（31）、school（22）、university（11）、campus（15）、presentation（12）、student（17）、market（11）……

2）Law schools：law（22）、university（11）、school（13）、examination（15）、justice（17）、campus（10）、courts（15）、prosecutor（22）、student（15）……

通常来讲，簇概要中已经截断了大多数的噪声单词。相似的词项被用在相同的质心表示中，具有多重含义的词项可以被用在上下文不同的质心表示中。因此，这种方法还间接地解决了同义词和多义词的问题，除此之外，在质心数量较少的情况下，它可以更高效地执行最近邻分类。最后报告 top - $k$ 个匹配到的质心中的主要标记，这些质心是基于余弦相似度计算得到的。在很多情形中，这样的方法可以提供与普通 $\kappa$ - 最近邻分类器相当甚至更高的准确率。

### 5.4.3 加权最近邻

我们可以从相似度加权分类器的角度来看待 $\kappa$ - 最近邻分类器。这样的角度有助于将 $\kappa$ - 最近邻分类器推广到一系列非常有效的方法中（如自适应最近邻方法），还有助于说明权重的正确选择是如何平衡鲁棒性（避免过拟合）和偏置降低两个方面的。考虑这样一个训练数据集，它包含文档$\overline{X_1}\cdots\overline{X_n}$，标签为 $y_1\cdots y_n$。尽管出于符号简单和闭式表达的目的，我们假设的是二元标记 $y_i\in\{-1,+1\}$，但只需稍作修改，这些参数背后的基本思想就可以推广到多分类和回归建模中。那么，对于任意一个测试样本$\overline{Z}$来说，我们可以把一个 $\kappa$ - 最近邻分类器看成是一个相似度加权分类器，其中测试样本$\overline{Z}$和训练样本$\overline{X_i}$之间的相似度由 $K(\overline{Z},\overline{X_i})$ 来表示[⊖]。我们可以把测试样本$\overline{Z}$的预测 $F(\overline{Z})$ 表示成一个相似度加权分类器如下：

$$F(\overline{Z})=\operatorname{sign}\{\sum_{i=1}^{n}K(\overline{Z},\overline{X_i})y_i\} \qquad (5.23)$$

式中，函数“sign”返回的要么是 -1，要么是 +1，具体取决于它里面的参数的符号。我们可以把 $\kappa$ - 最近邻分类器看成一个加权最近邻分类器，其中 $K(\overline{Z},\overline{X_i})$ 值的定义如下：

$$K(\overline{Z},\overline{X_i})=\begin{cases}1, & \overline{X_i}\text{是}\overline{Z}\text{的 }\kappa\text{ - 最近邻中的一个邻居}\\ 0, & \text{否则}\end{cases} \qquad (5.24)$$

我们也可以把相似度函数 $K(\overline{Z},\overline{X_i})$ 看成是一个随着$\overline{X_i}$和$\overline{Z}$之间的相似度减小而衰减的权重。对于无限大的数据集来说，最好是选择最剧烈的权重衰减，这是通过 1 - 最近邻分类器来实现的。对无限量的数据来说，这样的分类器产生的误差最多为贝叶斯最优错误率的两倍，但对于小数据集来说则会产生非常差的结果。即使是极小的数据集，选择 $\kappa=n$ 也会产生一个（相对稳定地）多数投票分类器，但其预测过程无法利用更多的数据，特别是难以区分空间的不同区域中的预测结果，因为每个测试点得到的预测值相同。这是预测中出现过度偏差的表现。显然，我们需要针对手头的数据集选择一个表现较好的权衡参数。

---

⊖ 我们有意地使用这个似乎不太常见的符号 $K(\cdot,\cdot)$ 来表示相似度函数，因为我们稍后将会把这个原理和支持向量机所使用的核相似度联系起来。——原书注

通过将$K(\overline{Z}, \overline{X_i})$设为点积$\overline{Z} \cdot \overline{X_i}$（把训练向量和测试向量变换为单位范数后），我们可以把余弦相似度用作权重。我们还可以使用高斯核函数（基于归一化后的文档），它通过对（平方）距离$D(\overline{Z}, \overline{X_i})$的负值取幂来生成相似度值：

$$K(\overline{Z},\overline{X_i}) = e^{-D(\overline{Z},\overline{X_i})^2/(2\sigma^2)} = e^{-\|\overline{Z}-\overline{X_i}\|^2/(2\sigma^2)} \tag{5.25}$$

带宽$\delta$决定了权重随着训练点到测试点的距离的增加而衰减的比率。如果我们有一个较小的数据集，那么应该使用较大的$\delta$值来减缓衰减。另一方面，对于较大的数据集来说，我们可以使用较小的$\delta$值来加剧衰减。我们可以使用留一验证法来调整$\delta$的值。加权最近邻方法也可以用于回归。唯一的区别是不需要使用式（5.23）中的符号函数，并且必须对所有点的相似度进行归一化，以使它们的和为1。换句话说，对于固定的$\overline{Z}$和所有的$\overline{X_i}$，应该成比例地对$K(\overline{Z}, \overline{X_i})$的值进行缩放，以使它们的和为1。

5.4.3.1　把使用bagging与子采样的1-最近邻看作加权最近邻分类器

1-最近邻分类器在不同训练数据上的预测不稳定。显而易见的是，分类器至少在某些训练数据样本上会出错，因此这种不稳定性会使期望误差更大。加权最近邻分类器的可变性比1-最近邻分类器的更小。有趣的是，可以证明，将一些集成方法如bagging或子采样与1-最近邻分类器相结合可以模拟加权最近邻分类器的效果，并且能够降低基本预测器的可变性。

bagging的工作过程如下。在每轮迭代中，我们从$n$个训练数据样本中选取一个包含$s \leq n$个样本的集合。有放回地选择样本以使其可能包含重复的样本。对每个测试点应用1-最近邻分类器预测这个点在每个集成分量中的值。对该点在所有集成分量中的预测值求平均。对于回归模型来说，返回平均的预测结果。对于类别标记在$\{-1, +1\}$中的二分类模型来说，返回平均（或总）预测结果的符号。子采样类似于bagging，不同的是，其中的采样是不放回的。

使用bagging的最近邻分类器是一种加权最近邻分类器，其中每个训练点的权重是，该训练点在规模为$s$的样本中成为某个测试样本的1-最近邻的概率。令$P(\overline{X_i} | \overline{Z})$为$\overline{X_i}$在规模为$s$的bagging样本中成为测试样本$\overline{Z}$的1-最近邻的概率。此外，令$R(\overline{Z},\overline{X_i}) \in \{1 \cdots n\}$表示$\overline{X_i}$到$\overline{Z}$的最近邻距离的排位。那么，在规模为$s$的bagging样本中，$\overline{X_i}$是$\overline{Z}$的1-最近邻的概率如下：

$$P(\overline{X_i} | \overline{Z}) = P[\text{没有采样离 } R(\overline{Z},\overline{X_i})-1 \text{ 最近的样本}] - P[\text{没有采样离 } R(\overline{Z},\overline{X_i}) \text{ 最近的样本}] \tag{5.26}$$

$$= \left(1 - \frac{R(\overline{Z},\overline{X_i})-1}{n}\right)^s - \left(1 - \frac{R(\overline{Z},\overline{X_i})}{n}\right)^s \tag{5.27}$$

然后，使用bagging的1-最近邻分类器的作用就是生成形如式（5.23）的加权预测函数，其中$K(\overline{Z}, \overline{X_i})$被设为$P(\overline{X_i} | \overline{Z})$。bagging的样本规模$s$决定了衰减率。使用bagging且样本规模$s=1$的1-最近邻分类器与$\kappa=n$的$\kappa$-最近邻分类器等价，使用bagging且样本规模$s=n$的1-最近邻分类器等价于在所有点上使用单个集成分量的1-最近邻分类器。一般而

言，增加样本规模会使权重衰减得更为剧烈。另一个观察结果是我们不需要通过蒙特卡洛采样来实现使用 bagging 的 1 - 最近邻分类器，可以直接使用式（5.23），并根据式（5.27）来设置$K(\overline{Z},\overline{X_i}) = P(\overline{X_i}|\overline{Z})$。对于不放回的子采样情形，我们也可以推导出相似的结果：

$$P(\overline{X_i}|\overline{Z}) = \begin{cases} \binom{n-R(\overline{Z},\overline{X_i})}{s-1} \Big/ \binom{n}{s} & , R(\overline{Z},\overline{X_i}) \leqslant n-s+1 \\ 0 & , R(\overline{Z},\overline{X_i}) > n-s+1 \end{cases} \tag{5.28}$$

我们将这个结果的证明留给读者作为习题（见习题8）

这些结果表明，加权最近邻分类器与集成学习中已有的技术相关联，把它们结合起来可以提供鲁棒性较好的结果。需要特别注意的是，在使用 bagging 和子采样的 1 - 最近邻方法中，权重随着训练点到测试点的距离的排位呈指数式地衰减。这与使用高斯衰减（参考式(5.25)）相似，不同的是式（5.25）中的权重是随着原始距离呈指数式地衰减（而不是排位）。我们已经知道使用 bagging 或子采样的 1 - 最近邻可以给出比较好的结果，这也表明利用高斯衰减可以得到较好的结果。事实上，我们可以证明，将高斯衰减与点的有监督的重要性加权相结合的方法等价于核支持向量机（参考第 6 章），这样的方法被称为自适应最近邻方法。

### 5.4.4 自适应最近邻：一系列有效的方法

最近邻方法对某些因素比较敏感，这会使其误差增大：

1）有噪声的点和无关的点会使最近邻分类器的误差增大。

2）无关的特征会增大计算的不稳定性，进而会增加预测过程中的可变性。

那么，有什么方式可以改进最近邻分类器使其对这些因素不那么敏感呢？事实上，单独使用以下任何一个策略或是把它们结合起来，都可以实现这一点：

1）我们可以预先学习哪个点对于提升分类的准确率来说更重要，然后可以对这样的点进行更大程度的加权。

2）我们可以预先学习，哪个维度（方向）更重要，并修改相似度函数 $K(\overline{Z}, \overline{X_i})$，从而给具有区分性的方向赋以更大的重要性。

此时，我们可以利用点$\overline{X_i}$的附加权重$\lambda_i$来扩展加权最近邻分类的预测函数。

$$F(\overline{Z}) = \operatorname{sign}\{\sum_{i=1}^{n} \lambda_i K(\overline{Z},\overline{X_i}) y_i\} \tag{5.29}$$

我们需要预先以数据驱动的方式学出 $\lambda_i$ 的值。此外，相似度函数 $K(\overline{Z}, \overline{X_i})$ 可能是由数据驱动的，并且可能是基于有标记的训练数据以有监督的方式学习得到的。经常被我们忽略的一点是，在所有机器学习分类器中，自适应最近邻分类器是最有效的一些分类器：

众所周知，核支持向量机与随机森林是非常有效的分类器[169]，它们是自适应最近邻分类器的特例。具体而言，它们的预测函数可以归约为式（5.29）的形式。

支持向量机的预测函数与式（5.29）的形式几乎完全一样，而在随机森林中 $\lambda_i = 1$，但它使用了一个由数据驱动的相似度函数，这是由算法来定义的（即不是闭式形式）[62]。在关于随机森林和支持向量机的章节（参考5.5.6节和6.3.6节）中将会更详细地解释这些点。

在本节中，我们将提供一个有关自适应方法的具体例子，其中$K(\overline{Z}, \overline{X_i})$是通过有监督的方式来设计的。我们会介绍判别式的自适应最近邻分类器[207]，它对数据中的具体方向进行加权以使距离函数对类别的分布更加敏感。这会使分类器对噪声没那么敏感，并能够使分类器在数据较少的情况下进行更好的分类。为了理解这一点，考虑图5.4所示的两类数据的分布，它包含了由A和B表示的两个类别。为了方便讨论，假设文档已经被归一化为单位范数，这样一来使用欧氏距离与使用余弦相似度（参考第2章的2.5节）等价。尽管其中的测试样本属于类别A，但欧氏距离的球面距离轮廓找到更多属于类别B的点。这是由于数据集非常小而导致的，并且数据中的两个方向只有一个具有区分性（见图5.4所示的箭头方向）。因此，有噪声的方向增加了小数据集中的固有变化所导致的误差。

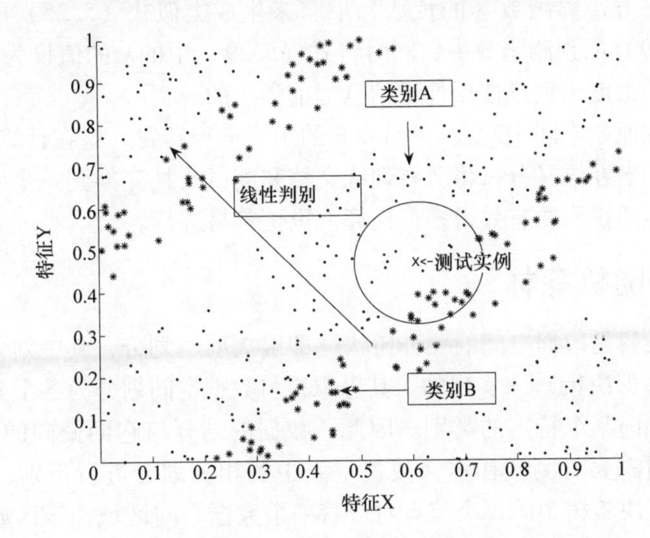


图5.4　增大距离函数对区分性方向的敏感度可以降低噪声的影响

通过融入类别分布的有关信息，我们可以改进欧氏距离函数。考虑欧氏距离$D(\overline{Z}, \overline{X_i})$，其定义如下：

$$D(\overline{Z},\overline{X_i}) = \|\overline{Z} - \overline{X_i}\|^2 = (\overline{Z} - \overline{X_i})(\overline{Z} - \overline{X_i})^{\mathrm{T}}$$

我们可以使用大小为$d \times d$的变形矩阵$A$对这个距离函数进行扩展，矩阵$A$包含了数据集中与区分性方向有关的所有有用的知识：

$$D(\overline{Z},\overline{X_i}) = (\overline{Z} - \overline{X_i})A(\overline{Z} - \overline{X_i})^{\mathrm{T}} \tag{5.30}$$

那么，该如何从训练数据中学出$A$呢？一般来说，我们会把矩阵$A$设为线性判别分析指标，它隐式地对数据中的方向进行缩放，以使区分性较差的方向被赋予较小的重要性。

令$\Sigma_i$为第$i$个类别的协方差矩阵，它的第$(j, k)$个元素等于第$i$个类别中的第$j$维与第$k$维之间的协方差。令$n_i$为第$i$个类别中的数据点的数量。令$\overline{\mu}$为表示整个数据集均值的$d$维行向量，$\overline{\mu_i}$为表示第$i$个类别的均值的$d$维行向量。那么，大小为$d \times d$的类内散度矩阵的定义如下：

$$S_w = \sum_{i=1}^{k} n_i \Sigma_i \tag{5.31}$$

大小为 $d \times d$ 的类间散度矩阵被定义为以下 1－秩矩阵的和：

$$S_b = \sum_{i=1}^{k} n_i (\overline{\mu_i} - \overline{\mu})^{\mathrm{T}} (\overline{\mu_i} - \overline{\mu}) \tag{5.32}$$

需要注意的是，上面求和项中的每一项都是一个大小为 $d \times d$ 的矩阵，因为它是一个大小为$d \times 1$ 的矩阵和一个大小为 $1 \times d$ 的矩阵的乘积。进而，我们有变形矩阵 $A$ 的定义如下：

$$A = S_w^{-1} S_b S_w^{-1} \tag{5.33}$$

这个矩阵 $A$ 被用来计算式（5.30）的距离函数以及对应的最近邻。然后把 $\kappa$ 个最近邻中的主要类别报告为相关类别。

我们还可以对平方距离函数（的负数）取幂来生成类似式（5.25）的相似度值，然后把它代入到式（5.29）的预测函数中，同时将式（5.29）中的$\lambda_i$的值设为 1。这是一种自适应方法，因为它的相似度函数是使用标记信息提前学出的。

这种方法需要在原始空间中对大小为 $d \times d$ 的矩阵进行转置，这在计算上是比较烦琐的。因此，我们可以使用潜在语义分析将所有训练文档和测试文档变换到一个维数小于 500 的空间中。在变换空间中的操作要有效得多，计算上也更容易进行。

## 5.5 决策树与随机森林

顾名思义，决策树是数据空间的一种树状（即层次型）划分，其中划分是通过一系列基于属性的分裂条件（即决策）来实现的。其思想是将数据空间划分为各个属性区域，这些区域在训练阶段严重偏向某个特定的类别。因此，数据的划分与它们偏向的类别标记相关联。在测试阶段，决策树需要对测试样本在数据空间中的相关划分进行识别，并返回划分的标记。需要注意的是，决策树中的每个节点对应着一个数据空间区域，该区域是根据它的祖先节点处的分裂条件来定义的，根节点对应着整个数据空间。随机森林是决策树的集成版本，众所周知，这是一个鲁棒程度和准确率都很高的方法。

### 5.5.1 构造决策树的基本步骤

决策树使用分裂条件或分裂谓词以自顶向下的形式递归地对数据空间进行划分，其基本思想是选择分裂条件，以使细分出来的部分由一个类别或多个类别主导。这些分裂谓词的评估准则通常与分类中的特征选择准则相似。分裂准则通常对应着一个或多个单词的频率上的约束。使用单个属性的分裂被称为单变量分裂，而使用多个属性的分裂被称为多变量分裂。决策树中的每个节点通常只有两个子节点。例如，如果分裂谓词对应着一个词项的存在和缺失，那么所有包含该词项的文档将会被分到某一个子节点中，而剩下的文档将在另一个子节点中。以自顶向下的形式递归地应用分裂，直到树中的每个节点都包含一个单一的类别，这样的节点是叶子节点，它们是通过自己包含的样本的类别来标记的。为了对标记未知的测试样本进行分类，自顶向下地在树的各个节点上使用分裂谓词来识别接下来要走的分支，直到到达叶子节点。例如，如果分裂谓词对应着词项的存在与缺失，则检验测试文档中是否包含该词项，以确定接下来要走的相关分支。重复这个过程，直到识别到相关的叶子节点，并将其标记作为对应测试样本的预测结果。

这种直到每个叶子节点只包含单个类别的样本的创建树的极端方式被称为让树生长到完全的高度。这样一个完全生长好的树在训练数据上将得到100%的准确率，即使对于一个类别标记是随机生成的且与训练样本中的特征相独立的数据集也是如此。这显然是过拟合的结果，因为我们不能指望从一个具有随机标记的数据集中学到所有知识。一个完全生长好的树会把训练数据中随机的细微差别错误地解读为判别能力的表现，并且这种过拟合的做法会导致使用不同训练样本构建的树对同一测试样本的预测结果明显不一样。这类可变性通常是分类器较差的标志，因为这些不同的预测值中至少有一部分一定是错误的。因此，这样的树在测试数据上的表现会很差，即使对于那些特征的值与类别标记相关的数据集来说也是如此。我们可以通过对较低层次的树节点进行修剪来解决这个问题，对于在没有见过的测试样本上的泛化能力而言，这些节点没有任何正向的贡献。因此，修剪后的树的叶子节点可能不只包含一个类别，此时的叶子节点需要使用自己所包含的多数类别（在 $k$ 分类问题中即为主要标记）来进行标记。

为了进行修剪，需要留出一部分训练数据，这部分数据不会用到（初始的）决策树的构造中。对于每个内部节点，我们通过移除以该节点为根的子树（将该内部节点转化为叶子节点）来检验修剪后的树在留出数据上的准确率是否有所提升。根据准确率是否有所提升来决定要不要修剪。自底向上地选择用于测试的内部节点，直到所有节点都经过一次测试。还值得注意的是，在像随机森林这种以集成方式实现的决策树中并不需要修剪，因为这些方法使用其他机制来防止过拟合。决策树构造的总体过程如图5.5所示。需要注意的是，这些通用的伪代码中没有对具体的分裂准则进行说明，这是5.5.2节将会讨论的一个问题。伪代码中也没有指明节点分裂需要满足的条件。因为底部的节点无论如何都会被修剪，所以我们可以使用其他准则提前终止树的生长，而不是让树生长到完全的高度。各种停止准则使节点不再符合分裂条件，如样本数量的最大阈值，或是主要标记的最小比例阈值。

```
算法 ConstructDecisionTree（有标记的训练文档集合：D_y）
begin
  从D_y中留出一部分文档子集H来创建D_y'=D_y−H
  将决策树T初始化为一个包含D_y'的根节点
  {树构造阶段}
repeat
  从T中选择任意符合条件的叶子节点(包含数据集L)
  使用5.5.2节的分裂准则将L划分为子集L_1和L_2
  在L处存储分裂条件，并在T中创建L的子集{L_1,L_2}
until T中不再有符合条件的节点
  {树修剪阶段}
repeat
  以自底向上的顺序在T中选择一个没有测试过的内部节点N
  在N处修剪T的子树进而得到T_n
  在留出集合H上比较T和T_n的准确率
  if T_n的准确率更高 then用T_n代替T
until T中不再剩余没有测试过的内部节点
  使用T中每个叶子节点的主要类别对它们进行标记
  return T
end
```

图5.5　决策树的训练过程

## 5.5.2　分裂一个节点

分裂准则可以使用5.2节中讨论的任意特征选择准则。常用的选择有基尼系数（见式(5.2)）和条件熵（见式(5.5)）。由于条件熵比较流行，接下来以它为例。

考虑单变量分裂的情形，其中我们只把一个词项在文档中的存在或缺失用作分裂准则。

换句话说，这里不考虑词项的频率。对于一个给定的节点 $L$，$L_1(j)$ 和 $L_2(j)$ 分别为包含和不包含第 $j$ 个词项 $t_j$ 的文档集合。然后，使用式（5.5）分别计算 $L_1(j)$ 和 $L_2(j)$ 的条件熵值，即 $E_1(t_j)$ 和 $E_2(t_j)$。将基于词项 $t_j$ 进行分裂的总体熵 $O_j$ 定义为这两个值的加权平均，其中权重分别为 $L_1(j)$ 和 $L_2(j)$ 中的数据点的数量：

$$O_j = \frac{|L_1(j)|}{|L_1(j)| + |L_2(j)|} E_1(t_j) + \frac{|L_2(j)|}{|L_1(j)| + |L_2(j)|} E_2(t_j) \tag{5.34}$$

我们对每个词项 $t_j$ 都进行这样的分裂检测，并选择条件熵最低的那个词项。词项 $t_j$ 的标识也被存储在节点 $L$ 处，以便在预测阶段使用，也就是使用决策树对某个测试样本进行分类时。

#### 5.5.2.1 预测

一旦构造好了决策树，将它用于预测便相对容易些。与每个节点相关联的分裂准则往往在决策树构造阶段与该节点一起被存储下来了。对于一个测试样本，我们需要对根节点处的分裂准则进行检测（如一个词的存在或缺失）以决定接下来要走哪一个分支。递归地重复这个过程，直到到达叶子节点。然后将叶子节点的标记作为预测结果返回。预测结果与一个置信度相关联，它对应着所预测的类别标记在相关叶子节点中所占的比例。

### 5.5.3 多变量分裂

在多变量分裂的情形中，不止一个属性被用来进行分裂决策。文档的向量空间表示被用来实现分裂。其基本思想是在 $d$ 维的向量空间中采样 $r$ 个方向 $\overline{Y_1}\cdots\overline{Y_r}$，并沿着其中的每一个方向对 $L$ 中的所有文档进行投影。其中，$r$ 是由用户定义的参数。文档 $\overline{X_i}$ 沿着第 $q$ 个方向的投影为 $\overline{X_i}\cdot\overline{Y_q}$。每个文档（包含在节点 $L$ 中）沿着第 $q$ 个方向的投影生成了这些文档间的一个顺序，它被用来对 $|L|-1$ 个可能的分裂点进行检测。此外，因为有 $r$ 个方向，所以沿着其中的每一个方向重复这个过程，我们一共可以检测 $r(|L|-1)$ 个可能的分裂点。使用式（5.34）的值来评估每一个分裂的质量，并选择质量最佳的那一个分裂。那么该如何选择方向 $\overline{Y_1}\cdots\overline{Y_r}$ 呢？一种可能的方法是在空间中选择随机的方向。然而，使用带偏置的方向通常更有帮助[432]，其中 $\overline{Y_q}$ 是一个连接了随机样本的质心的向量，这些样本采样自 $L$ 中的文档，并且每个质心仅由一个随机选择的单一类别的一些文档来定义。这样的方向更有可能产生一个能很好地区分两个类别的高质量分裂。

这种场景[432]的一个特殊情形是，选择两个属于不同类别的文档（$\overline{X_u}$，$\overline{X_v}$）来定义 $\overline{Y_q}=\overline{X_u}-\overline{X_v}$。在这样的情形中，数据点 $\overline{X_i}$ 在方向 $\overline{Y_q}$ 上的投影为 $\overline{X_u}\cdot\overline{X_i}-\overline{X_v}\cdot\overline{X_i}=s_{ui}-s_{vi}$。其中，$s_{ui}$ 和 $s_{vi}$ 表示两个对应的训练点对之间的点积相似度。除了点积，我们还可以使用任意类型的相似度函数，即使在没有使用文档多维表示的情况下也是如此。例如，如果我们想要使用序列信息，那么可以使用字符串核相似度。换句话说，我们可以仅利用相似度来构建多变量决策树，以使决策树对单词的序列比较敏感。当相似度与集成方法[432]相结合时，由此产生的方法被称为相似度森林（similarity forest），这是核方法到决策树的一个扩展（核方法见第6章）。

### 5.5.4 决策树在文本分类中的问题

由于文本的高维性和稀疏性，现成的决策树往往表现得并不好。然而，在正确实现的情况下，利用决策树可以获得高质量的结果。接下来，我们提供一些实际的指导。

与最近邻分类器类似，若给定无限量的数据，决策树可以估计任意的决策边界。这是因为通过分裂对数据小区域进行连续局部化处理的做法类似于[㊀]最近邻分类器中基于Voronoi的隐式数据空间划分。然而，在数据量有限的情况下，决策树的预测值不仅不准确，还会严重偏向数据特定区域中的某些类别。换句话说，如果从较大的基本数据集中采样少量的训练数据样本，则预测结果将会全部偏向数据具体区域中的某些特定的类别。这种偏差是由树中高层次的分裂准则造成的，它对最终的预测有着很大的影响。通常情况下，即使训练样本不同，树中高层次的分裂准则也是相对稳定的。需要注意的是，这种相关行为与1-最近邻分类器非常不一样，在1-最近邻分类器中，不同训练样本的预测值有着非常大的差异。在顶层的分裂准则中比较容易出错，因为决策树是以短视的方式创建这些准则的，它们并不理解各个属性之间的相关关系。随着数据集维度的增加，这个问题变得越来越严重。文本集合通常有几十万个维度。

关于单变量分裂的一个观察结果是，它们会导致决策树不平衡，其中由词项的缺失主导的路径远远比由词项的存在主导的路径更长。如果是对短文本或是从较小的词典中采样的文本文档进行分类，那么单变量分裂通常是最好的。对于更长的文档来说，多变量分裂准则通常能提供更好的结果。这是因为单变量分裂准则在树的很多长路径中会给词项的缺失赋予过大的重要性程度。这样的路径可能会产生有噪声的决策。当处理长文档时，非常重要的一点是，在学习过程中的关键决策处需要使用那些同时使用很多词项的模型，并给词项的存在（而不是词项的缺失）赋予更大的重要性程度。

另一个问题是如果构造一棵树去解释所有类别，那么多分类任务在文本域中往往表现较差。这是因为与各个类别相关的词项大多是不相邻的，这增大了相关词汇的规模。因为决策树在各个属性上使用连续的决策，所以在树的较高层次用来进行分裂的少数词项具有更大的重要性程度。因此，一个多分类问题通常被分解为多个二元的、一对全部的分类问题，最后需要把置信度最高的预测结果作为这些不同分类器的综合结果。

### 5.5.5 随机森林

即使决策树可以在数据无限的情况下对任意决策边界进行捕捉，但在数据有限的情况下它们只能捕捉到这些边界零碎的线性估计。这些估计在小数据集上特别不准确。决策树的另一个问题是用于1-最近邻的bagging和子采样技巧表现得也不是非常好，因为树中顶层的分裂是高度相关的。换句话说，在随机选择小规模训练数据的情况下，从对某些测试样本始终得到错误的分类结果这一现象来看，决策树的期望预测结果存在偏差。我们无法通过bagging和子采样来纠正这些测试样本的预测值。

---

㊀ 在5.5.6节，我们展示了最近邻分类器和决策树的随机化变种之间的进一步联系。——原书注

一个更有效的方式是，允许树较高层次的分裂使用从受限特征子集内选出的最佳特征来随机化树的构造过程。换句话说，在每个节点处随机选择 $r$ 个特征，并只从这些特征中选出最好的分裂特征。此外，不同的节点使用不同的随机选择的特征子集。$r$ 值较小会导致树构造过程中的随机化程度增大。第一眼看上去，使用这样的随机化树构造过程似乎会对预测产生负面影响。然而，关键在于要生成多棵这样的随机树，并对每个测试点在不同树中的预测结果求平均以产生最终的结果。我们需要求平均的是随机化树将某个测试样本预测为某个类别的次数，其中得票数最多的类别被预测为该测试样本的类别。在各个集成分量中，通过有效地在不同树的更高层次使用不同的词项，相比于单棵树的预测质量而言，这个求平均的过程显著提升了最终的预测质量，从而产生了鲁棒性更好的预测结果。另外，我们还可以让各个树生长到完全的高度，且无须修剪，因为平均后的预测结果不存在单棵树预测中的过拟合问题。

我们可以很容易地将这种方法推广到多变量的情形中，这在某种程度上已经被随机化了。多变量情形使用数据$\overline{Y_1}\cdots\overline{Y_r}$中的 $r$ 个随机化的方向，其中每个方向$\overline{Y_q}$被定义为一个由属于两个随机选择的类别的文档连接而成的向量。$r$ 值较小有助于优化相对于少数方向的分裂（从而增加随机化程度）。就连在只有文档间相似度（如借助字符串核函数[432]）可用的时候，这种方法也是比较有效的。选择两个属于不同类别的文档来定义$\overline{Y_q}=\overline{X_u}-\overline{X_v}$。在这样的情形中，数据点$\overline{X_i}$在$\overline{Y_q}$方向上的投影为$\overline{X_u}\cdot\overline{X_i}-\overline{X_v}\cdot\overline{X_i}=s_{ui}-s_{vi}$。其中，$s_{ui}$和 $s_{vi}$表示两个对应的训练点对之间的点积相似度（在分裂过程中可以用字符串核相似度来代替它），由此产生的方法被称为相似度森林[432]，它是核方法到决策树的一种扩展（核方法见第 6 章）。

我们也可以通过在数据集随机化的特征工程上构建一个传统的（确定性的）决策树来构造随机森林。这与在某个节点处使用一组特征获得的随机化方法不同。特别是它可以使用 5.2.7 节中讨论的基于 LSA 的特征提取技巧来构建每个决策树。由此得到的森林被称为旋转森林[413]，它特别适用于文本，因为新的表示能够消除原始表示中的稀疏性。

### 5.5.6 把随机森林看作自适应最近邻方法

随机森林是一种自适应最近邻方法。通过将 1 - 最近邻方法当作一种利用单个训练点对数据空间进行 Voronoi 划分的技术，可以直观地看出决策树与 1 - 最近邻方法之间的相似之处（参考图 5.2）。每个 Voronoi 区域由其训练样本的类别来标记。决策树也把空间划分成各个超立方（在单变量分裂的情形中），但超立方是通过层次型的树构造过程更谨慎地构造出来的。基于超立方的划分中的这种监督机制使决策树具有自适应性。这样的森林在其邻居上添加了鲁棒性更好的权重，就如同 1 - 最近邻的一个集成分量产生加权最近邻一样（参考 5.4.3.1 节）。

接下来，我们将对随机森林的这种结果进行更加形式化地说明。假设在没有修剪的情况下，让随机森林中的每个决策树生长到完全的高度（这在随机森林的设置中很常见）。令 $I_t(\overline{X},\ \overline{Y})$ 为一个二元的 0 - 1 指示函数，当$\overline{X}$和$\overline{Y}$被映射到第 $t$ 棵随机化决策树（来自一个包含 $m\geqslant t$ 棵树的森林）中的相同节点时，这个函数取值为 1。对于第 $t$ 棵随机化的决策树来说，令 $N(i,\ t)$为$\overline{X_i}$所在节点包含的训练样本数。考虑测试样本$\overline{Z}$和训练样本$\overline{X_i}$之间的相似度函数：

$$K(\overline{Z},\overline{X_i}) = \sum_{t=1}^{m} \frac{I_t(\overline{Z},\overline{X_i})}{N(i,t)} \tag{5.35}$$

然后，我们可以证明（见习题12）对于标记为$\overline{y}_i \in \{-1, +1\}$的二分类来说，随机森林对测试样本$\overline{Z}$的预测公式$F(\overline{Z})$采用的形式是$n$个训练样本的加权最近邻分类的结果：

$$F(\overline{Z}) = \text{sign}\{\sum_{i=1}^{n} K(\overline{Z},\overline{X_i})y_i\} \tag{5.36}$$

需要注意的是，这个公式恰好与式（5.29）中的自适应最近邻预测公式相同，不同的是，在这里，$\lambda_i$的值被设为1。这种分类仍然是自适应的，因为相似度函数$K(\overline{Z}, \overline{X_i})$需要在随机森林的构造过程中以有监督的方式预先学习出来。

## 5.6 基于规则的分类器

基于规则的分类器使用一组“if then”规则$R = \{R_1 \cdots R_m\}$将规则左侧与特征相关的条件和右侧的类别标记相匹配。规则左侧的表达式被称为“规则前件（antecedent）”，规则右侧的表达式被称为“规则后件（consequent）”。我们通常把一条规则表示成以下形式：

IF 条件 THEN 结果

规则左侧的条件，也被称为规则前件，通常包含形如$(t_j \in \overline{X})$AND$(t_l \in \overline{X})$AND$(\cdots)$的条件。换句话说，所有包括在规则前件内的词项，如$t_j$和$t_l$，必须在文档中出现以触发规则。每个条件$(t_j \in \overline{X})$被称为一个合取项（conjunct）。规则右侧被称为规则后件，它包含类别变量。因此，如果一条规则$R_i$的形式为$Q_i \Rightarrow c$，那么$Q_i$为前件，$c$为类别变量，符号“⇒”表示“THEN”条件。也就是说，规则将文档中诸如$t_j$和$t_l$这些词项的存在与类别变量$c$关联起来。尽管我们也可以在左侧使用更通用的条件，但实际中通常不这样做。例如，我们允许包含诸如（$t_j \notin \overline{X}$）这种对应着词项缺失的条件，但在像文本域这样的稀疏领域中并不推荐这样的做法，因为这种条件是有噪声的，可能会导致过拟合[104]。因此，在本节中，我们假设只生成与词项的存在相对应的规则。

与所有的归纳分类器一样，基于规则的方法有一个训练阶段和一个预测阶段。基于规则的算法在训练阶段创建一组规则。针对某个测试样本的预测阶段则挖掘由该测试样本触发或激发的一些规则或全部规则。当样本中的特征满足规则前件中的逻辑条件时，我们就称这条规则被这个训练样本或测试样本触发。如果具体到训练样本的情形，我们就称这样的一条规则覆盖了此训练样本。在某些算法中，规则是按照优先级排序的，因此，测试样本触发的第一条规则会被用来预测规则后件中的类别标记。在某些算法中，规则是无序的，测试样本会触发后件值（可能）出现冲突的多条规则。在这些情形中，我们需要使用一些方法来消除类别标记预测过程中的冲突。顺序覆盖算法生成的规则是有序的，而关联模式挖掘算法生成的规则是无序的。

### 5.6.1 顺序覆盖算法

顺序覆盖算法的基本思想是将感兴趣的类别当作正类，将所有其他类别的并集当作负类，一次为一个类别生成规则。每条生成的规则总包含正类规则后件。在每次迭代中，使用 Learn－One－Rule 过程生成单条规则，并移除被该类别覆盖的训练样本。生成的规则被添加到规则列表的底部。持续这个过程，直到这个类别至少已经覆盖了某个特定的最小比例的样本。其他的终止规则也很常用。例如，当下一条生成的规则在一个单独的验证集上的误差超过某个预定义的阈值时，终止这个过程。当进一步添加某条规则使模型的最小描述长度增加到超过一定量时，有时会使用一个最小描述长度（Minimum Description Length，MDL）准则。对所有类别重复此过程。需要注意的是，优先级较低的类别从较小的训练数据集开始，因为在优先级更高的类别的规则生成过程中，已经有大量的样本被移除了。RIPPER 算法将属于罕见类别的规则排在那些属于更频繁的类别的规则前，也有其他算法使用不同的排序准则，而 C4.5rules 使用各种准确率和信息理论度量来对各个类别进行排序。顺序覆盖算法的框架大致如下：

```
for 按特定顺序排列的每个类别 c do
    repeat
        在训练数据 V 上使用 Learn－One－Rule 提取下一条规则 R⇒c
        从训练数据 V 中移除被 R⇒c 覆盖的样本
        将提取出的规则添加到规则列表的底部
    until 直到类别 c 被充分覆盖
```

5.6.1.1 节中描述了单条规则的学习过程。我们只生成 $k-1$ 个类别的规则，并假设最后一个类别为默认的概括类。我们也可以将剩下的类别 $c_l$ 最后的规则作为概括规则 $\{\}\Rightarrow c_l$，并将这条规则添加到整个规则列表的最底部。这种类型的有序规则生成方法使预测过程变成一个相对简单的问题。对于任一条测试样本来说，标记第一条被触发的规则，把这条规则的后件作为类别标记。需要注意的是，当没有其他规则被触发的时候，需要确保概括规则会被触发。这种方法的一个缺点是有序的规则生成机制可能比其他一些机制更偏向某些类别。然而，由于存在多种对不同类别进行排序的准则，我们也可以利用这些不同的排列方式重复整个学习过程，最后报告一个平均的预测结果。

#### 5.6.1.1 Learn－One－Rule

单个类别的规则是如何生成的还有待解释。尽管原始的 RIPPER 算法允许前件条件同时与文档中存在和缺失的词项相对应，但词项的缺失是一种有噪声的表现。所以，将它们包含进来通常会导致过拟合[104]。因此，接下来的描述将只考虑前件中使用与词项的存在有关的规则。为了简洁起见，我们将用 $\{t_j, t_l\}\Rightarrow c$ 来表示如 $(t_j\in\overline{X})$ AND $(t_l\in\overline{X})\Rightarrow c$ 这样一条规则。当生成类别 $c$ 的规则时，我们连续地将每个词项添加到前件中。该方法从类别 $c$ 的空的规则 $\{\}\Rightarrow c$ 开始，然后逐个将词项添加到前件中。在当前规则 $R\Rightarrow c$ 的前件中添加一个词项的准则应该是什么呢？

1）最简单的准则是在前件中添加能够使规则的准确率尽可能增大的词项。换句话说，如果 $n_*$ 是该规则所覆盖的训练样本数（在前件中添加候选词项 $t_j$ 后），$n_+$ 是这些样本中的正样本数，那么规则的准确率为 $n_+/n_*$。然而，如果对应规则所覆盖的少量训练样本全部属于正类（存在这样的随机性），那么这样的方法有时会偏向罕见的词项或错误拼写，这是过拟合的一种表现。为了解决这个问题，我们需要按如下方式计算把词项 $t_j$ 添加到当前规则 $R \Rightarrow c$ 的前件中的准确率：

$$A(R \Rightarrow c, t_j) = \frac{n_+ + 1}{n_* + k} \tag{5.37}$$

式中，$k$ 是类别的总数。

2）另一个准则是 FOIL 信息增益。FOIL 代表一阶归纳学习器（First Order Inductive Learner）。考虑这样的情形，一条规则覆盖了 $n_1^+$ 个正样本以及 $n_1^-$ 个负样本，其中正样本被定义为与规则后件中的类别相匹配的训练样本。此外，假设把一个词项添加到前件中后，正样本和负样本的数目分布变为 $n_2^+$ 和 $n_2^-$。那么，FOIL 信息增益的定义如下：

$$\mathrm{FG} = n_2^+ \left( \log_2 \frac{n_2^+}{n_2^+ + n_2^-} - \log_2 \frac{n_1^+}{n_1^+ + n_1^-} \right) \tag{5.38}$$

这种度量往往选择覆盖率比较高的规则，因为 $n_2^+$ 是 FG 中的一个乘性因子。与此同时，括号内的项会使信息增益随着准确率的增大而增大。RIPPER 算法使用的便是这种特殊的度量。

一些其他的度量也很常用，如似然比和熵。我们可以连续地将词项添加到规则的前件中，直到该规则在训练数据上达到100%的准确率，或是在一个词项的添加不再使规则的准确率增大时停止。在很多情形中，这种终止点会导致过拟合。与在决策树中对节点进行修剪一样，为了防止过拟合，在基于规则的学习器中，也很有必要对规则前件进行修剪。另一个可以提升泛化能力的改进是在某个给定的时刻同时增长 $k$ 条最佳的规则，并在最后时刻基于留出集上的表现选择它们当中的一条规则，这种方法也被称为集束搜索（beam search）。

5.6.1.2　规则修剪

过拟合的出现可能是由于存在过多的合取。与决策树中的修剪一样，原则上最小描述长度也可用于修剪。例如，对于规则中的每个合取来说，我们可以在规则增长阶段将惩罚项 $\delta$ 添加到质量准则中。这会产生一个悲观错误率（pessimistic error rate）。从而，具有许多合取的规则将会有较大的总惩罚，因为它们的模型复杂度更大。针对这种悲观错误率的一个更简单的计算方法是使用单独的留出验证集，用它来计算错误率（没有惩罚）。然而，Learn-One-Rule 不使用这种方法。

接下来我们以相反的顺序对在规则增长（在顺序覆盖中）期间连续添加的合取进行检测以对它们进行修剪。如果修剪降低了该规则所覆盖的训练样本上的错误率，则使用一般化的规则。而某些算法如 RIPPER 首先检查最近添加的合取以进行规则修剪，但并非严格要求这么做。我们可以按照任意的顺序或者以贪婪的方式对合取进行检测以移除它们，从而尽可能地降低悲观错误率。规则修剪可能导致某些规则变得相同。在执行分类之前需要将重复的规则从规则集中移除。

## 5.6.2　从决策树中生成规则

我们也可以使用决策树来生成规则，因为决策树中的每条路径对应一条规则。一般来说，由于单变量决策树具有可解释性，所以规则通常是从它们中生成的，尽管原则上我们也可以从多变量决策树中生成规则。决策树中的每条路径都可以生成一条规则，它与到达某个叶子节点所需的条件合取相对应。从决策树中生成的规则与其他方法生成的规则的一个区别是，（单变量）决策树中的很多路径对应着属性的缺失。因此，这些规则可能包含与属性的缺失相对应的合取。由于决策树中的所有路径代表了相应空间的非重叠区域，所以从覆盖率来讲从决策树中生成的初始规则集合是互斥的。然而，随着对这个初始规则集合进行进一步的规则修剪，这种情况也会随之改变。

逐个处理每一条规则，并以贪婪的方式对它们当中的合取进行修剪，以尽可能地提高它们在单独的留出验证集中的覆盖样本上的准确率。这种方法类似于决策树修剪，不同的是，它不再受限于决策树低层合取的修剪。因此，这种修剪过程比决策树的修剪过程更灵活，因为它不再受限于树的结构。合取的修剪可能会产生重复的规则，我们需要移除这些规则。规则修剪阶段增大了单条规则的覆盖率，因此会损失规则的互斥性。单个测试样本可能会触发多条规则，因此，对规则进行排序再次变得很有必要。

在 C4.5rules[395] 中，如果某个类别的规则集的描述长度最小，那么所有属于该类别的规则都优先于其他规则。一个规则集的总体描述长度是对模型（规则集）的大小进行编码所需的比特数和训练数据中类别相关的规则集所覆盖的样本数（属于一个不同的类别）的加权和。通常来讲，这种方法比较偏向于训练样本数较少的类别。另一种方法首先对某些类别进行排序，这些类别的规则集在单独的留出集上有着最小的误报率。基于规则的决策树一般都允许在训练数据有限的情况下构造比生成规则的基本树更灵活的决策边界。这主要是因为这种模型具有更大的灵活性，它不再受到详尽且互斥的规则集的束缚。因此，这种方法可以更好地推广到没有见过的测试样本上。

### 5.6.3 关联分类器

关联分类器[306]利用关联规则挖掘技术[1,2]来进行文本分类。这样的方法尤其适合于文本域，因为关联分类器原本就是为像购物篮数据这样的稀疏领域（与文本域相似）设计的。这种分类器的基本思想是将规则前件中的一个词袋与规则后件中的类别标记相关联。因此，一条规则的形式如下：

$$S \Rightarrow c$$

式中，$S$ 是一组词项，$c$ 是从 $\{1 \cdots k\}$ 中抽取的一个类别标记（标识符）。规则前件中的词袋 $S$ 往往对应着 $S$ 中的所有词项都出现了某个文档中。因此，绝不会用到文档中缺失的词项。此外，这种方法借鉴关联规则挖掘的思想来定义规则集。如果有以下两个条件成立，我们就可以从训练数据中挖掘出一条规则 $S \Rightarrow c$：

1）至少有最小比例 minsup 的训练文档同时包含 $S$ 且属于类别 $c$。minsup 是一个由用户定义的参数，被称为最小支持度。一般而言，一条规则的支持度被定义为包含 $S$ 并属于类别 $c$ 的文档的比例。

2）在包含 $S$ 的所有文档中，至少有最小比例 minconf 的文档属于类别 $c$。minconf 是一个由用户定义的参数，被称为最小置信度。一般而言，一条规则的置信度是在已知一个文档包含 $S$ 的情况下，它属于类别 $c$ 的条件概率。

我们可以通过只选择具有重要存在意义的规则来施加最小支持度要求以防止过拟合，而施加最小置信度要求可以确保选择到有预测能力的规则。

高效地实现关联分类器是比较容易的，因为很多现成的关联模式挖掘技术都可以从数据中高效地挖掘出规则。读者可以参见参考文献［1，2］，其中有关于各种规则挖掘技术的综述。为了降低冗余性，需要经常使用一定数量的规则修剪。规则修剪是一个启发式的过程，其中不同因素被合并到一起来创建最终的规则集[26]。例如，我们有两条规则$S_1 \Rightarrow c$ 和$S_2 \Rightarrow c$，其中 $S_1 \subseteq S_2$，第二条规则相对于第一条规则来说是冗余的。然而，如果第二条规则的置信度明显更高，那么它确实会传达额外的信息。因此，仅当规则$S_2 \Rightarrow c$ 的置信度更低时，才能将其修剪，我们需要移除所有这样的规则。随后，按置信度对规则进行降序排列，并通过连续降低支持度并增加前件中的词项数的准则来避免置信度相同的情况出现。按这样的顺序处理规则，并标记触发规则的那些文档（如果它们还没有被标记过的话）。仅当一个规则在上述处理过程中至少被一个未标记过的文档触发时，才认为它是非冗余的。在处理过程的最后，那些没有触发任何规则的训练样本的主要类别（majority class）被当作是默认类。

### 5.6.4 预测

对于任意给定的测试样本来说，标记那些由此测试样本触发的规则。如果没有规则被触发，则将其预测为默认类别。如果所有被触发的规则预测其属于相同的类别，则报告对应的类别。这里的主要挑战出现在触发的规则相互冲突的情形中。最简单的方法是，把某个特定类别的所有被触发的规则的置信度之和作为其预测倾向性。把最高倾向性的类别作为其最终的预测类别。然而，各种基于规则的方法使用更为复杂的预测机制。参见5.8节。

## 5.7 本章小结

文本的稀疏性为分类任务带来了一系列独有的挑战。例如，与单词的存在相比，单词的缺失传达了有噪声的信息。本章介绍了很多特征选择方法，如基尼系数、条件熵、互信息和$\chi^2$-统计量。本章还探讨了四个最基本的分类方法，分别是朴素贝叶斯分类器、$\kappa$-最近邻方法、决策树以及基于规则的方法。朴素贝叶斯分类器与用于聚类的混合模型紧密相关。如果有无限多的数据，那么最近邻分类器在理论上是非常准确的，尽管它们的准确率受限于数据的适应程度和特征中的噪声。一系列很有效的最近邻分类器属于自适应方法，随机森林和支持向量机是其中的特例。决策树在文本数据中的有效实现方面面临着很多挑战，然而，在正确实现的情况下，它们能够提供比较好的结果。基于规则的分类器与决策树紧密相关，因为从决策树中也可以提取规则。很多方法如顺序覆盖算法和关联模式挖掘算法都已经被扩展用来从文本文档中提取规则。

## 5.8 参考资料

从参考文献［1，14，439］中可以找到关于文本分类的综述。从参考文献［520］中可以找到一些面向文本分类的特征选择方法的对比研究。参考文献［12，33，258，285，451］探讨了单词簇在降维方面的应用。参考文献［147，240，519］比较了很多文本域中的分类器。

参考文献［243，286，327］讨论了面向文本的朴素贝叶斯分类器的基本思想。参考文献［327］讨论了伯努利模型和多项式模型的区别。参考文献［113，140］提供了关于朴素贝叶斯中的独立假设的讨论。参考文献［80］讨论了一个使用朴素贝叶斯方法的层次型分类器。面向概率分类的半监督方法借鉴了参考文献［364］中的思想。参考文献［289］中的工作把混合模型与有监督聚类相结合，并用于分类。参考文献［56，57，350］讨论了一些用于学习的半监督方法。参考文献［90］为关于半监督学习的方法提供了一个优秀的综述。

学术界已经对 $\kappa$ - 最近邻分类器以及它的变种进行了广泛地研究[116]。参考文献［516，517，519］提供了早期关于 $\kappa$ - 最近邻方法效率方面的工作。参考文献［202］讨论了对单词进行加权的最近邻分类器。Rocchio 分类器基于的是参考文献［414］提出的相关性反馈的思想。参考文献［243］提供了用于文本分类的一个 Rocchio 算法的概率变种。参考文献［6，58，203，258］研究了一些质心分类器。参考文献［271］的工作使用线性分类器的思想为最近邻分类创建通用的样本集。参考文献［61］提出了 bagging 的思想，参考文献［65］提出了子采样的思想。关于 1 - 最近邻分类器的贝叶斯最优性证明可参见参考文献［144］。参考文献［428］探讨了使用 bagging 或子采样的 1 - 最近邻分类器和加权最近邻分类器之间的联系。参考文献［207］提出了基于判别式指标的距离函数，参考文献［207］的工作也介绍了这种方法的一个局部变种。

参考文献［395］提出了有名的 C4.5 决策树分类器，参考文献［396］提出了 ID3。在参考文献［60，62］中，决策树被扩展为随机森林。DT - min10[287]是早期的一个决策树算法，它为每个类别都构建树。该算法的名字来源于这样一个事实，当少于 10 个样本被映射到一个叶子节点时，停止树的构造，且不进行修剪。参考文献［246］的研究提供了在诸如文本这样的稀疏数据上构造决策树的一些推荐做法。参考文献［28，492］是比较早期的工作，它们研究了面向文本分类的决策树的集成实现的优点。参考文献［92］的工作提供了一些最早期的决策树构造方法，并建议应该为每个类别构建一棵单独的决策树。参考文献［82］提出了将 Fisher 线性判别用于决策树构造，参考文献［413］提出了旋转森林。参考文献［203］的工作强调了在像文本这样的稀疏领域中应用决策树分类的一些问题。参考文献［290］的工作表明，在与像朴素贝叶斯这样的方法相比时，决策树也没有取得比较正面的结果。然而，在这个问题上还没有明确的共识。例如，参考文献［147］的工作利用参考文献［92］提出的决策树报告了相对较好的结果，尤其是与朴素贝叶斯分类器进行比较时。参考文献［240］的独立实验表明决策树的表现并没有支持向量机那么好，但它的表现大致与 $\kappa$ - 最近邻和 Rocchio 一样好，并（远）优于朴素贝叶斯分类器。事实上，（广受推崇的）朴素贝叶斯在独立实验中重复表现出的较低性能[147,240,519]使得这个分类器成为一个让人怀疑的选择。还值得注意的是，所有的比较结果都没有使用决策树的随机森林实现，而这应该会提供更好的结果。因此，即使看起来决策树在文本域中有着稀疏性方面的挑战，但它们的真实潜力可能被广泛低估了，而朴素贝叶斯可能被广泛高估了。事实上，当使用任意方向的分裂时，随机森林很多关于稀疏性的缺陷都会消失。在这些情形中，我们甚至可以使用随机森林的核函数变种[432]。

最早期的基于规则的文本分类方法在参考文献［27］中被提出。Fürkranz 和 Widmer[178] 在 IREP 算法中提出了有关顺序覆盖算法的很多关键思想。用于规则简化的 RIPPER 方法[102] 与常用的文本分类方法 IREP 紧密相关。参考文献［103］研究了它在邮件分类中的应用。参考文献［104］表明在基于规则的文本分类中，不建议使用单词的缺失信息。参考文献［106］研究了使用上下文敏感的方法来提升基于规则的方法的分类准确率。参考文献［306］的开创性工作提出了基于关联性的分类的基础。本章中关于关联分类器的描述大致基于参考文献［26］，尽管有些部分简化了。

### 5.8.1 软件资源

用 C 语言写的 Bow 工具包[325] 包含了文本分类的很多基本算法。Python 库 scikit-learn[550] 包含一些文本分类工具。R 中用于分类的最有名的库是 caret 包[267]。尽管这个包不是专门为文本数据设计的，但利用恰当的文本预处理工具，可以很容易地将其中的很多核心预测建模技术扩展到文本域中。基于 R 的 tm 库[551] 可以和 caret 包相结合以进行预处理和词条化。R 中的 RTextTools 包[571] 有很多分类方法，它们都是专门为文本设计的。这个包的主要侧重点是集成方法，尽管它也包含像决策树这样的单独的分类器。另外，R 中的 rotationForest 包[572] 可以用来解决与文本相关的稀疏性挑战，可以从 CRAN 中获得。在 Weka[553] 中也可以找到这个方法。Java 中的 Weka 库[553] 包含不计其数的文本分类工具，像决策树和基于规则的方法这样的传统工具尤其丰富。MALLET 工具包[605] 支持很多分类器，如朴素贝叶斯和决策树。

## 5.9 习题

1. 考虑词项“elections（选举）”，在具有 1000 个文档的语料库中，它只在其中的 50 个文档中出现过。此外，假设该语料库有 100 个文档属于“politics（政治）”类别，900 个文档属于“non－politics（非政治）”类别。有 25 个属于“politics（政治）”类别的文档包含词项“elections”。

a）计算词项“elections”未归一化的基尼系数和归一化的基尼系数。

b）计算类别分布关于整个数据集的熵。

c）计算类别分布关于词项“elections”的条件熵。

d）根据式（5.6）计算词项“elections”的互信息。它与 b）、c）和 d）有怎样的关系？

e）根据式（5.7）计算词项“elections”的信息增益。它与 d）和 e）有怎样的关系？

2. 证明（1）一个类别和一个词项之间的互信息（式（5.6））与（2）类别分布关于同一词项的条件熵这两个度量之和，等于类别分布的熵。

3. 正如本章所讨论的，$\chi^2$－统计量通过以下公式来定义：

$$\chi^2 = \sum_{i=1}^{p} \frac{(O_i - E_i)^2}{E_i}$$

证明对于 $2 \times 2$ 的列联表来说，上述公式可以重写为以下形式：

$$\chi^2 = \frac{(O_1 + O_2 + O_3 + O_4) \cdot (O_1 O_4 - O_2 O_3)^2}{(O_1 + O_2) \cdot (O_3 + O_4) \cdot (O_1 + O_3) \cdot (O_2 + O_4)}$$

式中，$O_1 \cdots O_4$的定义方式与本章提供的表格中的示例一致。

4. 针对5.3.5.1节中的语料库示例，预测测试文档2属于“Cat”和“Car”的类别概率。可以使用平滑程度与本章的例子中相同的伯努利朴素贝叶斯模型。返回和为1的在两个类别上的归一化的概率值。

5. 针对5.3.5.2节中的语料库示例，预测测试文档2属于“Cat”和“Car”的类别概率。可以使用平滑程度与本章的例子中相同的多项式朴素贝叶斯模型。返回和为1的在两个类别上的归一化的概率值。

6. 朴素贝叶斯是一种生成模型，其中每个类别对应一个混合分量。设计一个完全监督式的朴素贝叶斯模型的通用版本，它一共有$k$个类别，其中每一个类别都包含$b>1$个混合分量，$k$个类别总共包含$bk$个混合分量。在这个模型中，如何进行参数估计?

7. 朴素贝叶斯是一种生成模型，其中每个类别对应一个混合分量。设计一个半监督式的朴素贝叶斯模型的通用版本，它一共有$k$个类别，其中每一个类别都包含$b>1$个混合分量，$k$个类别总共包含$bk$个混合分量。在这个模型中，如何进行参数估计?

8. 给出式（5.28）在子采样上的证明。具体来说，证明如果从$n$个点中采样得到的一个包含$s$个点的子样本，然后在子样本上使用1-最近邻算法，则$F(\overline{Z})$的预测等价于如下形式的加权最近邻分类器的预测结果：

$$F(\overline{Z}) = \text{sign}\{\sum_{i=1}^{n} P(\overline{X_i}|\overline{Z}) y_i\}$$

式中，在一个包含$n$个点的训练数据集中，第$i$个训练点与它的类别标记被表示为（$\overline{X_i}$，$y_i$）。$P(\overline{X_i}|\overline{Z})$值的定义如下：

$$P(\overline{X_i}|\overline{Z}) = \begin{cases} \binom{n - R(\overline{Z},\overline{X_i})}{s-1} \Big/ \binom{n}{s} & ,R(\overline{Z},\overline{X_i}) \leqslant n - s + 1 \\ 0 & ,R(\overline{Z},\overline{X_i}) > n - s + 1 \end{cases}$$

符号$R(\overline{Z},\overline{X_i}) \in \{1 \cdots n\}$表示排好序的第$i$个训练点与$\overline{Z}$之间的距离的排位。

9. 本章讨论的自适应最近邻方法在整个数据空间中使用一个单一的变形指标来计算一个点的最近邻。设计一个训练算法，使这种指标具有局部的适应性，从而能够基于数据中的局部类别模式对每个测试样本使用优化的变形指标。这种方法可能的优点和缺点有哪些?

10. 考虑一个使用bagging的1-最近邻分类器，我们需要从1000个训练点中重复选择出一组大小为$s$的样本，以创建一个预测模型。现在有两个不同的数据集，它们具有以下的类别分布：

- 分布A：尽管在边界附近可能有一些类别的混合，但利用超平面可以将类别1与类别2线性地分隔开。这两个类别在数据中都有50%的存在比例。

- 分布B：类别A和类别B各有10个球状簇，其中每个簇恰好各包含50个点，并且有一些不同类别的簇出现重叠。

如何在每个训练数据集中选择最优的样本大小 $s$。两个数据集中的这个最优样本大小一样吗？你认为哪一个数据集的最优样本大小会更大些？

11. 想象这样一个文档数据集，其中的类别标记是由下面的隐藏函数生成的（对分析者来说是未知的，因此必须通过一个有监督的学习器学习出来）：

如果一个词项有奇数个辅音，则该词项属于类型1，否则属于类型2。如果一个文档中的大多数词条是类型1，则其类别标记为类型1。否则，其类别标记为类型2。

对于这种类型的一个文档集合来说，你更喜欢使用（1）伯努利朴素贝叶斯分类器、（2）多项式朴素贝叶斯分类器、（3）最近邻分类器、（4）单变量决策树中的哪一个？词典大小和平均文档大小对各个分类器的影响是什么？

12. 证明在有 $m$ 个集成分量的情况下，随机森林对测试样本$\overline{Z}$的预测 $F(\overline{Z})$如下：

$$F(\overline{Z}) = \text{sign}\left\{\sum_{i=1}^{n}\sum_{t=1}^{m}\frac{I_t(\overline{Z},\overline{X_i})}{N(i,t)}y_i\right\}$$

式中，$\overline{X_1}\cdots\overline{X_n}$是训练样本，$y_1\cdots y_n$是从｛-1，+1｝中抽取的二元标记，$N(i,t)$是第 $t$ 个集成分量中$\overline{X_i}$所在叶子节点中的样本数，$I(i,\ t)$是一个指示函数，它告诉我们在第 $t$ 个集成分量中$\overline{Z}$和$\overline{X_i}$是否在相同的叶子节点中。

13. 讨论当数据有限时基于规则的学习器相较于决策树的优点。

14. 讨论如何将领域知识与基于规则的学习器相结合。

# 第 6 章 面向文本的线性分类与回归

"当解决方案很简单时，那是上帝在回答。"

——爱因斯坦

## 6.1 导论

面向分类与面向回归的线性模型将因变量（或类变量）表示为一个关于自变量（或特征变量）的线性函数。具体来讲，考虑 $y_i$ 是第 $i$ 个文档的因变量，$\overline{X_i}=(x_{i1}\cdots x_{id})$ 是这个文档的 $d$ 维特征变量的情形。在文本的情形中，这些特征变量对应着词典中的 $d$ 个词项的频率。在回归问题中，$y_i$ 的值是一个数值型的量，在分类问题中则是一个从 $\{-1, +1\}$ 中抽取的二元值。然后，面向分类与面向回归的线性模型都假设 $y_i$ 和 $\overline{X_i}$ 之间的依赖关系可以通过 $d$ 维的线性系数 $\overline{W}=(w_1\cdots w_d)$ 和一个偏置项 $b$ 来表示，具体如下：

$$y_i = \sum_{j=1}^{d} w_j x_{ij} + b = \overline{W}\cdot\overline{X_i} + b \quad \text{线性回归(数值型因变量)}$$

$$y_i = \text{sign}\left\{\sum_{j=1}^{d} w_j x_{ij} + b\right\} = \text{sign}\{\overline{W}\cdot\overline{X_i} + b\} \quad \text{分类(二元因变量)}$$

如果可以学出系数 $\overline{W}$ 和偏置 $b$ 以使训练数据满足上面的条件，则可以用上述预测函数来预测任意（未标记的）测试文档的因变量。这里的一个重点是，可能找不到系数 $\overline{W}$ 和偏置 $b$ 使所有训练点都恰好满足这些条件。毕竟，这种建模只是针对 $y_i$ 和 $\overline{X_i}$ 的真实关联函数的一个粗略假设。特别地，对于训练记录数 $n$ 大于 $d$ 的任意数据集来说，上述方程组是超定的。因此，往往不存在一组系数 $w_1\cdots w_d$ 和偏置 $b$ 使得上述等式都恰好成立。在这样的情形中，学习 $\overline{W}$ 和 $b$ 以使这些等式满足最小的累积误差是比较合理的。对于数值因变量的情形，我们可以设置如下形式的优化目标函数：

$$\text{最小化 } J = \frac{1}{2}\sum_{i=1}^{n}\left(y_i - \sum_{j=1}^{d} w_j x_{ij} - b\right)^2 = \frac{1}{2}\sum_{i=1}^{n}(y_i - \overline{W}\cdot X_i - b)^2$$

需要注意的是，此目标函数利用平方惩罚项对不满足线性条件 $y_i = \sum_{j=1}^{d} w_j x_{ij} + b$ 的样本进行惩罚。当然，面向二元因变量的惩罚与面向数值因变量的惩罚不同。此外，还有很多其他可以对误差进行惩罚的方式，这会使模型性质发生一些细微的变化。因此，将所有这些选择看作线性模型系列的一部分是很重要的，这些模型具有很多细微的差别。本章将会讨论很多这样的变种。

### 6.1.1 线性模型的几何解释

从线性超平面的角度来看，分类与回归都有一个巧妙的几何解释。在分类的情形中，我们可以把超平面$\overline{W} \cdot \overline{X} + b = 0$看成$d$维的特征空间中两个类别之间的一个$d-1$维的分隔超平面（separating hyperplane）。一个包含两个类别的例子如图6.1a所示，其中第一个类别由o来表示，第二个类别由*来表示。图中展示了两个类别之间的最佳线性分隔线$x_1 + x_2 = 1$，尽管有四个点确实出现在了分隔线的错误侧。用来学习$\overline{W}$和b的优化模型会对这些训练样本进行惩罚，即通过线性模型最小化这些点的总误差。通常情况下，我们通过一个关于这些点（错误侧上）到分隔超平面的距离的函数来对它们进行惩罚。通常来讲，只有在分隔线错误侧上的训练点会受到线性模型的惩罚，但是某些线性模型还会惩罚与分隔线“足够近”的点，即使它们出现在正确侧。惩罚的具体选择是区分线性模型中一系列不同方法的关键。偏置与超平面距原点的距离成比例，当成比例地对$\overline{W}$和$b$进行缩放以将前者归一化到单位长度时，这个比例因子等于1。

我们还可以通过线性超平面来解释线性回归模型。在回归问题中，我们在包含因变量的$d+1$维空间中构造一个$d$维的超平面。对应的超平面为$y = \overline{W} \cdot \overline{X} + b$，如图6.1b所示。在图6.1a的情形中，尽管需要在三维空间中来绘制超平面以将因变量包含进来，但只有两个自变量。对于任意给定的训练点（$\overline{X_i}$，$y_i$）而言，$y_i$的观测值与预测值$\overline{W} \cdot \overline{X_i} + b$的偏差会受到惩罚。与分类问题不同，大部分训练点都会受到一定程度的惩罚（并不只是分类错误的点），除非它们恰好位于由该算法学到的线性超平面上。面向线性分类与面向线性回归的模型之间存在很多联系。例如，我们还可以通过将二元类变量当作数值型响应值来处理，直接使用线性回归模型来解决线性分类问题。这种特殊情形被称为正则化最小二乘分类（regularized least - squares classification）。

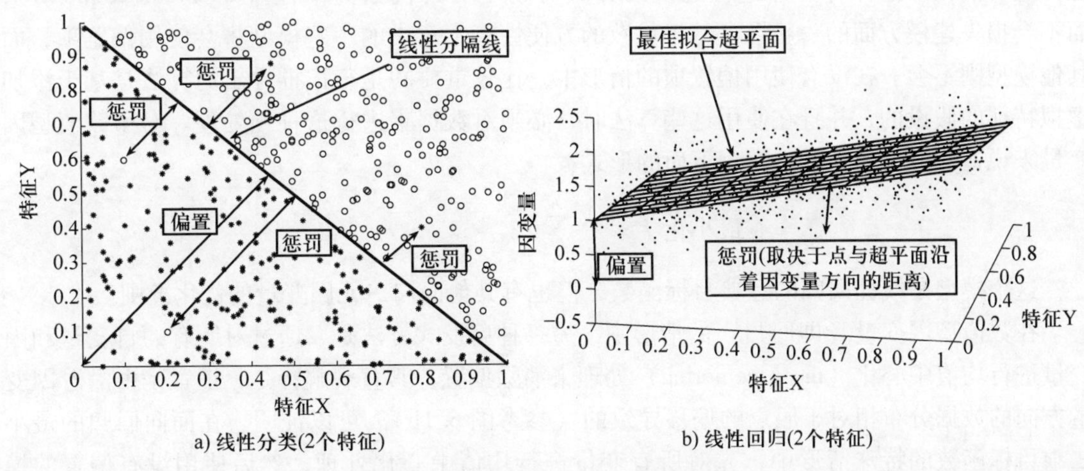


a) 线性分类(2个特征)　　b) 线性回归(2个特征)

图6.1　线性分类与回归的几何解释

在图6.1中，对于分类与回归来说，偏置是由学到的超平面相对于原点的偏移量来表示的。虽然偏置的影响很重要，但我们可以在公式中间接地融入它，而无需显式地引入一个偏置变量。6.1.2节将会讨论这种降低符号复杂性的代数简化方法。

### 6.1.2 我们需要偏置变量吗

偏置变量 $b$ 捕捉预测值 $y_i$ 中与特征变量的值无关的不变部分。例如，考虑这样一个回归场景，其中所有因变量 $y_i$ 都是从［99.99，100.01］中抽取的，并且所有特征变量的值对应着大小相对适中的词项频率，比如都小于10。由于因变量在不同的训练样本中变化不大，所以我们可以简单地将系数向量 $\overline{W}$ 设成一个元素值全为0的 $d$ 维向量，并将 $b$ 的值设为100，以获得一个合理的预测。需要注意的是，没有偏置变量很难得到准确的预测，特别是不同文档包含的词项非常不一样的时候。换句话说，偏置变量捕捉预测值在不同文档中的不变部分，而使用高度变化的特征是很难对其进行建模的。

我们也可以使用简单的特征工程技巧来融入一个不变的特征，将偏置变量作为一个特征变量的系数来进行建模。其基本思想是在每个训练样本上加上一个值为1的虚拟特征。这个新加入的虚拟变量的系数即为偏置。这种方式与创建一个单独的虚拟伪单词并把它加到语料库的每个文档中的做法等价。因此，如果我们改变这种符号表示以假定（不失一般性地）这个词典包含 $d-1$ 个词项（而不是 $d$ 个词项），而第 $d$ 个词项就是这个虚拟词项，那么我们可以设置 $b=w_d$。因此，上述的线性模型可以写成：

$$y_i = \sum_{j=1}^{d-1} w_j x_{ij} + w_d = \overline{W} \cdot \overline{X_i} \quad \text{线性回归(数值型因变量)}$$

$$y_i = \text{sign}\{\sum_{j=1}^{d-1} w_j x_{ij} + w_d\} = \text{sign}\{\overline{W} \cdot \overline{X_i}\} \quad \text{分类(二元因变量)}$$

添加一个单独的频率不变的虚拟词项很自然地在其系数内部（即偏置）对因变量的不变部分进行捕捉。这种对偏置进行建模的方式有助于提升代数简单性（algebraic simplicity），而不会损失建模方面的一般性。基于代数的方便性，本章中的一些模型将会使用偏置项，而其他模型则不会。在没有使用偏置项的情形中，比较重要的是牢记推导出的算法是基于添加虚拟特征的假设的，并且在使用这些算法时，必须对数据集进行这种预处理。对于数值型因变量来说，对应的优化模型变为下面的形式：

$$\text{最小化}\, J = \frac{1}{2}\sum_{i=1}^{n}(y_i - \overline{W} \cdot \overline{X_i})^2$$

这个模型是线性回归的经典目标函数，但也有其他面向二元因变量的优化准则。

在数值型因变量（即回归）的情形中，另一种启发式方法是，通过对所有的自变量和因变量进行均值中心化（mean centering）处理来消除偏置。其直观解释是，偏置是由沿着因变量方向的数据分布相对于原点的偏移导致的（参考图6.1b）。可以证明，在面向回归的最小二乘目标函数的特殊情形中，先对所有变量进行均值中心化处理，然后使用没有偏置的模型，在数学上与在原始数据上使用有偏置的模型是等价的（见习题2）。

### 6.1.3 使用正则化的线性模型的一般定义

所有形式的有监督学习都关注将一个学到的模型从训练数据推广到测试数据的能力。不幸的是，从训练数据学到的系数并不总是能很好地推广到测试数据的预测阶段中，尤其是训练数据的规模很小时。为了理解这一点，考虑特征数量 $d$ 大于训练样本数量 $n$ 的情形。同时，因变量 $y_i$ 总是文档 $\overline{X_i}$ 中第一个特征的值的两倍，而剩下的 $d-1$ 个特征的值与因变量是完全无关的。在这样的情形中，显然最优的系数向量为 $w_1=2$ 且 $w_2=w_3=\cdots=w_d=0$。把一个特征的系数值设为0具有与丢弃该特征相同的效果，也可以把这种做法看成一种特征选择。然而，不幸的是，当特征数 $d$ 大于 $n$ 时，上面的方程组是一个有很多误差为0的无穷解的欠定方程组。换句话说，优化模型很容易找到一些使用无关特征的解。这将不可避免地导致过拟合，进而使模型在没有见过的测试数据上的泛化能力较差。需要注意的是，过拟合的问题不仅出现在 $d>n$ 的情形中，还会出现在样本数量大于特征数量的情形中（只在一定程度上）。这是因为每个数据集都有随机的细微差别，这会造成特征和因变量之间的异常关联。优化模型也必须对这些特征进行非零的系数赋值。一般而言，从这些系数对没有见过的测试样本的泛化能力来讲，可用的数据量越大，能够通过优化预测值的平方误差学到的系数就越好。

怎么样才可以通过把这些特征的系数值设为0（或者较小的值）的方式来激励线性模型只使用相关的特征并丢弃无关的特征呢？一种可能是提前使用特征选择。虽然这样的解决方案在一定程度上确实有帮助，但从解释冗余特征的具体影响以及估计移除特征对优化过程的精确影响来看，这种方案存在一些问题。一个更自然的解决方案是尝试在使用的特征数量上施加限制。也就是说，我们可以尝试优化下面的问题：

$$\text{最小化}\ J=\frac{1}{2}\sum_{i=1}^{n}(y_i-\overline{W}\cdot\overline{X_i})^2$$

满足：

$\overline{W}$ 中至多有 $r$ 个系数有非零值

这样的优化问题在实践中往往难以求解。一个更自然的解决方案是，对系数值较大的那些变量施加惩罚。这是一种“温和”的特征选择，因为它鼓励系数的绝对值变小（从而降低弱相关的特征的影响）。因此，我们使用一个正则化参数 $\lambda>0$ 来构建下面的正则化线性回归模型：

$$\text{最小化}\ J=\underbrace{\frac{1}{2}\sum_{i=1}^{n}(y_i-\overline{W}\cdot\overline{X_i})^2}_{\text{预测误差}}+\underbrace{\frac{\lambda}{2}\|\overline{W}\|^2}_{\text{针对使用的特征的惩罚}}$$

系数上的惩罚项，即 $\|\overline{W}\|^2=\sum_{j=1}^{d}w_j^2$，也被称为正则化项。这种特定形式的正则化也被称为 $L_2$ 正则化，因为它使用了系数的 $L_2$ 范数。其他类型的正则化也很常用，如 $L_1$ 正则化。各种线性模型在选择量化预测误差（分类和聚类不同）的目标函数和选择正则化项方面都不一样。更一般地，可以证明，几乎所有面向分类与面向回归的线性模型都是下列优化问题的特

殊情形：

$$\text{最小化} J = \underbrace{\sum_{i=1}^{n} L(y_i, \overline{W} \cdot \overline{X_i})}_{\text{损失函数}} + \underbrace{\lambda \Omega(\overline{W})}_{\text{正则化}}$$

函数 $L(\cdot, \cdot)$ 表示损失函数，它试图对想要利用线性函数 $\overline{W} \cdot \overline{X_i}$ 预测 $y_i$ 的误差惩罚进行量化，函数 $\Omega(\cdot)$ 是防止过拟合的正则化项。所学到的模型的性质通过一些有趣的方式依赖于这些选择。本章将研究一些最常见的选择，包括线性回归、线性最小二乘拟合（LLSF）、Fisher 线性判别、支持向量机以及对数几率回归等模型。

### 6.1.4 将二值预测推广到多类

你可能已经注意到在线性模型的情形中，类别标记 $y_i$ 通常被假定是二元的。当数据包含 $k>2$ 个类时我们该怎么做呢？常见的是使用通用的元算法，它会将二分类算法 A 作为输入，并使用它来进行多标记预测。一些策略可以将二分类器转化为多标记分类器。

第一种策略是一对其余方法，也被称为一对全部方法。在这种方法中，一共创建了 $k$ 个不同的二分类问题，以使每个类别对应一个问题。在第 $i$ 个问题中，第 $i$ 个类别的样本被当作正样本的集合，而剩下的所有样本被当作负样本。将二分类器 $A$ 应用到这些训练数据集中的每一个上。这样一共创建了 $k$ 个模型。如果在第 $i$ 个问题中预测的结果是正类，则第 $i$ 个类别将得到一个与预测结果的置信度成比例的投票。我们还可以使用分类器的数值输出结果（如样本到分隔器的距离函数）来对相应的投票进行加权。选出数值分数最高的某个特定类别来预测标记。需要注意的是，用来对投票进行加权的数值型分数的选择取决于手头的分类器。

第二个策略是一对一方法。在这种策略中，我们需要为 $\binom{k}{2}$ 个类别对中的每一个类别对构造一个训练数据集。在每个训练数据集上应用算法 A。这样一共产生 $k(k-1)/2$ 个模型。对于每个模型来说，预测结果为获胜者投一票。最后，宣布具有最多投票的类别标记为获胜者。第一眼看上去，这种方法在计算上似乎是更加耗时的，因为它要求我们训练 $k(k-1)/2$ 个分类器，而不是像一对其余方法那样训练 $k$ 个分类器。然而，在一对一方法中，训练数据的规模较小，计算成本较低。具体来说，在后一个情形中的平均训练数据规模大约为一对其余方法所使用的训练数据规模的 $2/k$。如果每个分类器单独的运行时间与训练点的数目呈超线性关系，那么这种方法的总运行时间实际上可能低于第一个只要求我们训练 $k$ 个分类器的方法所需的时间。这会是很多非线性分类器的情形。一对一方法还可能会导致不同类别获得相同票数。在这样的情形中，分类器输出的数值分数可以被用来对不同类别的票数进行加权。与前一种情形一样，数值分数的选择取决于基本分类器模型的选择。

还有一些通过改变问题形式将二分类器转化为多标记分类器的优化方法。形式化的改变与手头的线性模型相关，而不是把它设计为元算法（像一对其余方法一样）。这样的例子包括多元对数几率回归（参考 6.4.4 节）以及 Weston - Watkins 多类 SVM[496]。

### 6.1.5 面向文本的线性模型的特点

文本的稀疏高维表示尤其适用于线性模型。一些独立的评估已经表明，线性模型是文本域中表现最好的分类器之一。此外，线性模型非常高效，可以在与语料库规模成线性比例的时间内实现。

在应用线性模型之前，通过使用特征工程技巧隐式地将文档变换到新的空间中，可以扩展线性模型，进而对非线性关系建模。事实上，甚至在只有文档间相似度而不是实际的特征表示的情况下，我们都可以使用这些模型。当我们想要利用以序列为中心的相似度函数，进而在挖掘算法中使用文本的序列表示时，这样的方法特别有用。因此，线性模型提供了一系列高度灵活的算法且在文本域中被认为是效果最好的。

#### 6.1.5.1 本章符号表示

本章将会使用下面的符号表示。训练数据由大小为 $n \times d$ 的数据矩阵 $D$ 来表示，它的行是由 $d$ 维的行向量$\overline{X_1} \cdots \overline{X_n}$表示的文档。令$\overline{X_i}$为由（$x_{i1}$，$x_{i2}$，…，$x_{id}$）表示的 $d$ 维元组，对应于文档中 $d$ 个词项的频率。另外，第 $i$ 个文档$\overline{X_i}$与类别标记 $y_i$ 相关联。我们可以假设列向量$\overline{y} = [y_1 \cdots y_n]^T$包含 $n$ 个训练样本的类别标记（或回归中的因变量）。在分类的上下文中，本章只考虑二元类别标记，即从 $\{-1, +1\}$ 中抽取得到。因此，（$D$，$\overline{y}$）对代表了训练数据，并且 $D$ 的 $n$ 行（文档）与$\overline{y}$的 $n$ 个元素之间存在一一对应关系。除了训练数据以外，我们有一个大小为 $n_t \times d$ 的测试矩阵$D_t$。因此，我们有 $n_t$个测试样本，由$\overline{Z_1} \cdots \overline{Z_{n_t}}$表示，对于这些样本来说，其类别标记（或数值型因变量）是没有观测到的。

#### 6.1.5.2 本章内容组织结构

本章内容组织如下：6.2 节介绍最小二乘系列的回归与分类模型，其中包括 Fisher 判别方法；6.3 节介绍支持向量机；6.4 节介绍对数几率回归；6.5 节讨论非线性模型；6.6 节对本章进行总结。

## 6.2 最小二乘回归与分类

对于分类和回归来说，最小二乘系列的方法是最基本的一类方法。虽然这个特殊的系列原本是为回归设计的，但也可以将其扩展到分类上。事实上，文本域中用到的很多重要的分类模型（如线性最小二乘拟合和 Fisher 判别）都是这种基本模型针对类别型因变量的应用。还有一些重要的模型性质是基于所使用的正则化类型的。目前，我们只考虑了对系数的平方和进行惩罚的正则化惩罚。这种类型的正则化被称为 $L_2$ 正则化或 Tikhonov 正则化。

### 6.2.1 使用 $L_2$ 正则化的最小二乘回归

考虑一个大小为 $n \times d$ 的文档 - 词项矩阵 $D$（训练数据），与之对应的数值型因变量由 $n$ 维的列向量$\overline{y} = [y_1 \cdots y_n]^T$来表示。然后，$D$ 的第 $i$ 行（即文档）由$\overline{X_i}$表示，我们使用一个 $d$ 维的系数行向量$\overline{W}$并将其与因变量大致关联如下：

$$y_i \approx \overline{W} \cdot \overline{X_i} \quad \forall i \in \{1 \cdots n\} \tag{6.1}$$

因此，包含正则化项（即系数上的惩罚）的最小二乘可以形式化为

$$\text{最小化} J = \underbrace{\frac{1}{2}\sum_{i=1}^{n}(y_i - \overline{W}\cdot\overline{X_i})^2}_{\text{预测误差}} + \underbrace{\frac{\lambda}{2}\sum_{j=1}^{d}w_j^2}_{L_2\text{正则化}}$$

我们已经在6.1节中见过这种形式的目标函数。根据大小为 $n\times d$ 的文档－词项矩阵 $D$、因变量向量$\overline{y}$以及系数向量$\overline{W}$，我们可以将这个目标函数表示为

$$\text{最小化} J = \frac{1}{2}\|D\,\overline{W}^{\mathrm{T}} - \overline{y}\|^2 + \frac{\lambda}{2}\|\overline{W}\|^2$$

通过把 $J$ 关于向量$\overline{W}$中的每个元素的偏导数设为0，可以得到这个问题的最优解条件。我们可以使用矩阵微分以整体的方式表示向量$\overline{W}$中所有元素的偏导数：

$$\frac{\partial J}{\partial \overline{W}} = D^{\mathrm{T}}(D\,\overline{W}^{\mathrm{T}} - \overline{y}) + \lambda\,\overline{W}^{\mathrm{T}} = 0 \tag{6.2}$$

通过重新组织上述条件，我们得到下式：

$$(D^{\mathrm{T}}D + \lambda I)\overline{W}^{\mathrm{T}} = D^{\mathrm{T}}\,\overline{y} \tag{6.3}$$

矩阵 $D^{\mathrm{T}}D$ 是半正定的，并且正则化项的系数 $\lambda>0$ 使矩阵 $D^{\mathrm{T}}D+\lambda I$ 是正定的。任何正定矩阵总是可逆的，因此可以得到系数向量$\overline{W}$：

$$\overline{W}^{\mathrm{T}} = (D^{\mathrm{T}}D + \lambda I)^{-1}D^{\mathrm{T}}\,\overline{y} \tag{6.4}$$

式中，$I$ 是一个大小为 $d\times d$ 的单位矩阵。一旦确定了系数向量，就可以通过系数向量与测试样本的点积来对没有观测到的测试样本$\overline{Z}_i$的因变量进行预测：

$$F(\overline{Z}_i) = \overline{W}\cdot\overline{Z}_i \tag{6.5}$$

事实上，我们可以通过$\overline{y_t} = D_t\overline{W}^{\mathrm{T}}$一次性预测整个大小为 $n_t\times d$ 的测试数据矩阵 $D_t$ 的标记。需要注意的是，$\overline{y_t}$是一个具有 $n_t$ 个元素的列向量，它包含 $D_t$ 中 $n_t$ 行的每一行的因变量的预测值。通过留出一部分数据，并在这部分数据上测试使用不同的 $\lambda$ 值进行训练的模型的准确率，可以对 $\lambda$ 的值进行调优。

6.2.1.1　高效实现

求解式（6.4）需要对一个大小为 $d\times d$ 的矩阵求逆。在文本域中，$d$ 值可以大于 $10^5$，这会带来巨大的挑战。一种可能是使用梯度下降方法来实现更高效的预测。

我们可以选择将梯度向量$\frac{\partial J}{\partial \overline{W}}$用于梯度下降，而不是将其设为0来获得解析解。这种方法随机初始化向量$\overline{W}$。在每次迭代中，可以使用步长 $\alpha>0$ 来更新系数向量$\overline{W}$：

$$\begin{aligned}\overline{W}^{\mathrm{T}} &\Leftarrow \overline{W}^{\mathrm{T}} - \alpha\left[\frac{\partial J}{\partial \overline{W}}\right]\\ &= \overline{W}^{\mathrm{T}}(1-\alpha\lambda) - \alpha D^{\mathrm{T}}\underbrace{(D\,\overline{W}^{\mathrm{T}} - \overline{y})}_{\text{当前误差}}\end{aligned}$$

重复这个梯度下降步骤直到收敛。需要注意的是，最后一项包含了误差向量（$\overline{D\overline{W}^{\mathrm{T}}} - \overline{y}$），我们需要先算出它，然后在它上面左乘$D^T$以创建更新。矩阵/向量计算的这种顺序是为了确保较高的效率。

#### 6.2.1.2 基于奇异值分解的近似估计

奇异值分解提供了一种高效的方式来执行（$D^{\mathrm{T}}D+\lambda I$）的近似矩阵求逆。此外，这种近似确实有助于预测，因为它是一种间接的正则化。换句话说，我们可以将 $\lambda$ 设为0，并使用这种替代形式的正则化。因此，我们将基于 $\lambda$ 被设为0的假设讨论下面的内容。秩为 $k$ 的截断奇异值分解近似地将大小为 $n\times d$ 的文档-词项矩阵 $D$ 分解为一个大小为 $n\times k$ 的矩阵 $Q$，一个大小为 $k\times k$ 的矩阵 $\Sigma$ 以及一个大小为 $d\times k$ 的矩阵 $P$：

$$D\approx Q\Sigma P^{\mathrm{T}} \tag{6.6}$$

通常情况下，我们应该选择足够小的秩 $k$ 以使 $\Sigma$ 中的每个元素都严格为正。一个重要的观察结论是我们通常可以设置 $k\ll\min\{d,n\}$，由这种截断产生的“损失”实际上会通过降低同义词和多义词的噪声影响使这种表示得到改善。这正是学到的系数针对没有观测到的测试样本的泛化能力得以提升的原因。通过在式（6.4）中代入式（6.6）并设 $\lambda=0$，我们可以得到下面的式子：

$$\begin{aligned}
\overline{W}^{\mathrm{T}} &=(P\Sigma^{2}P^{\mathrm{T}})^{-1}(Q\Sigma P^{\mathrm{T}})^{\mathrm{T}}\overline{y} \\
&=(P\Sigma^{-2}P^{\mathrm{T}})P\Sigma Q^{\mathrm{T}}\overline{y} && [\text{通过 } P^{-1}=P^{\mathrm{T}}] \\
&=P\Sigma^{-2}\Sigma Q^{\mathrm{T}}\overline{y} && [\text{通过 } P^{\mathrm{T}}P=I] \\
&=P\Sigma^{-1}Q^{\mathrm{T}}\overline{y}
\end{aligned}$$

这里的关键是，我们只需要使用 Lanczos 算法[145,146]来计算 $D$ 的 top-$k$ 个奇异向量/奇异值。就连3.2.2节的幂方法都可以用于规模适中的文档集合。由于 $k\sim[200,500]$ 的值通常远小于一个典型的文档的维度 $d>100000$，这样的方法会非常高效。此时，$k$ 的值承担的角色与正则化参数 $\lambda$ 所承担的角色相同，其中较小的 $k$ 值意味着较大的正则化。参考文献[515]中已经证明，在面向分类的线性最小二乘方法中，这种降噪方法也是有益的（参考6.2.3.3节）。

为了理解为什么这个方法可以提升其对未观测到的测试样本的泛化能力，我们可以将它看成一种使用更少的参数来构建简洁模型的方式。值得注意的是，我们可以使用变换 $D_k=DP$ 将训练矩阵 $D$ 变换到 $k$ 维空间中，也可以使用 $\overline{Z}^{(k)}=\overline{Z}P$ 将每个测试样本 $\overline{Z}$ 变换到 $k$ 维空间中。然后，我们可以在这个更低维的新空间中执行线性回归（无需任何正则化），并对因变量进行预测。可以证明，原始空间中的SVD截断预测值恰好等于这个变换后的问题中的预测值。需要注意的是，这个变换后的问题只需要计算一组非冗余变量上的 $k$ 个系数，因此要简洁得多。此外，通过将其变换到语义上连贯的空间中，这个更低阶的奇异向量（过拟合的一种来源）中的很多噪声已经被移除了。因此，在没有见过的测试样本上使用这种方法可以提升预测结果的总体准确率。

#### 6.2.1.3 与主成分回归的关系

截断奇异值分解的上述用法与主成分回归[248]紧密相关。在主成分回归中，我们首先使用主成分分析（PCA）[247]将数据变换到低维的空间中，然后通过把变换后的属性当作解释变量来处理，对这个新空间中的数据进行回归。这种方法与上面讨论的截断奇异值分解非常相似，不同的是其中使用PCA（而不是SVD）来进行变换。在中心化为零均值后的数据矩阵上应用SVD产生的解与使用PCA得到的解相同。对于像文本这样稀疏的数据矩阵来说，属性（词项频率）的均值往往接近于0，并且对数据进行中心化处理并不会对最终的预测造成太大的影响。最好不要对数据矩阵进行中心化处理，因为那样做会破坏数据矩阵的稀疏性。从计算和空间效率的角度来看，在使用这种分解时，稀疏性是非常需要的。

6.2.1.4　从线性回归到核回归

测试点$\overline{Z}$的线性回归预测值（参考式（6.5））完全可以等价地通过训练样本之间的点积以及$\overline{Z}$与训练样本之间的点积来表示。令$K(\overline{Z},\overline{X_i})=\overline{Z}\cdot\overline{X_i}$表示测试样本$\overline{Z}$与训练样本$\overline{X_i}$之间的点积。令$S$为大小为$n\times n$的矩阵，它表示$n$个训练点之间的相似度，$\overline{y}$是响应变量的$n$维列向量。然后，我们可以通过训练点与测试样本之间的$n$维相似度行向量$[K(\overline{Z},\overline{X_1}),\cdots,K(\overline{Z},\overline{X_n})]$来表示测试点$\overline{Z}$的预测值$F(\overline{Z})$：

$$F(\overline{Z})=\underbrace{[K(\overline{Z},\overline{X_1}),K(\overline{Z},\overline{X_2})\cdots K(\overline{Z},\overline{X_n})]}_{\text{测试点-训练点之间的相似度}}(S+\lambda I)^{-1}\overline{y} \tag{6.7}$$

我们将这个结果的证明留给读者作为习题（见习题3）。需要注意的是，在没有使用训练点的特征的情况下，我们无法推导出系数向量$\overline{W}$，但我们仍然可以用矩阵$S$中的点积来表示测试样本的预测值。对于$K(\overline{Z},\overline{X_i})$，如果我们选择使用相似度函数而不是点积，那么这种方法会变成最小二乘核回归（least-squares kernel regression），它能够捕捉回归元与回归子之间的非线性关系㊀。事实上，我们甚至不需要数据的多维表示，可以使用字符串核函数（参考第3章）来计算相似度。这种形式的预测有两个有用的应用：

1）如果文档数$n$远小于词典大小$d$，则对大小为$n\times n$的矩阵$S+\lambda I$求逆要比对大小为$d\times d$的矩阵求逆更容易。因此，上述解决方案可能更受欢迎。

2）考虑这样的场景，我们希望把文档中词项之间的序列关系用作主要信息来预测因变量。在这样的情形中，我们可以结合式（6.7）来使用字符串核函数。字符串核函数有效地融入了序列中的语言和语义的信息，这是词袋表示中没有的。因此，这种方法利用了嵌入在文档中的更深层次的语义知识。

一般而言，在较大的集合中难以对$n\times n$的相似度矩阵求逆。因此，使用6.2.1.2节中讨论的基于SVD的低秩技巧是有意义的。

### 6.2.2　LASSO：使用$L_1$正则化的最小二乘回归

首字母缩写LASSO代表最小绝对收缩与选择算子（Least Absolute Shrinkage and Selection Operator），它使用$L_1$正则化（而不是$L_2$正则化）来进行最小二乘回归。与在所有最小二乘问题中的情形一样，假设第$i$个训练样本$\overline{X_i}$与因变量关联如下：

$$y_i\approx\overline{W}\cdot\overline{X_i} \tag{6.8}$$

为了学习回归系数，需要最小化预测值的最小二乘误差：

$$\text{最小化}\ J=\underbrace{\frac{1}{2}\sum_{i=1}^{n}(y_i-\overline{W}\cdot\overline{X_i})^2}_{\text{预测误差}}+\underbrace{\lambda\sum_{j=1}^{d}|w_j|}_{\text{正则化}}$$

㊀ 当使用核方法时，习惯上在点与点之间的相似度矩阵中的每个元素上添加一个较小的常量来说明代表偏置项[319]的虚拟变量的影响（见习题5）。——原书注

需要注意的是，此时正则化项使用系数向量的 $L_1$ 范数而不是 $L_2$ 范数。根据大小为 $n \times d$ 的训练数据矩阵 $D$ 和因变量的 $n$ 维列向量 $\overline{y}$，我们可以写出目标函数：

$$\text{最小化 } J = \frac{1}{2}\|D\,\overline{W}^{\mathrm{T}} - \overline{y}\|^2 + \lambda\|\overline{W}\|_1$$

式中，$\|\overline{W}\|_1$ 表示向量 $\overline{W}$ 的 $L_1$ 范数。这种优化问题不像 $L_2$ 正则化的情形那样可以得到解析解。这里的一个重点是函数 $J$ 对于任意 $\overline{W}$ 都是不可微的，即使其中有单个分量 $w_j$ 为0。具体而言，如果 $w_j$ 是大于0的无穷小，则 $|w_j|$ 的偏导数为 +1，而如果 $w_j$ 是小于0的无穷小，则 $|w_j|$ 的偏导数为 -1，这使得 $w_j$ 在0处的导数恰好是没有定义的。对于这种不可微的目标函数，我们通常使用次梯度（subgradient）。在这些方法中，$w_j$ 在0处的偏导数是从 $\{-1, +1\}$ 中随机选择的，而在非0处的导数则使用与梯度计算相同的方式得到。令 $w_j$ 的次梯度由 $s_j$ 表示。对于步长 $\alpha > 0$ 来说，我们有下面的更新：

$$\overline{W}^{\mathrm{T}} \Leftarrow \overline{W}^{\mathrm{T}} - \alpha\lambda[s_1, s_2, \cdots, s_d]^{\mathrm{T}} - \alpha D^{\mathrm{T}}\underbrace{(D\,\overline{W} - \overline{y})}_{\text{误差}}$$

式中，每个 $s_j$ 是 $w_j$ 的次梯度，其定义如下：

$$s_j = \begin{cases} -1 & w_j < 0 \\ +1 & w_j > 0 \\ \{-1, +1\}\text{中的任意一个} & w_j = 0 \end{cases} \tag{6.9}$$

这里的一个问题是，从 $\{-1, +1\}$ 中随机选择的 $s_j$ 有时候会使目标函数变差。因此，这种方法不是一个梯度下降方法，因为一些迭代会使目标函数值变差。但是，可以证明，该方法保证了凸目标函数的收敛性质。然而，从使用在任意迭代中获得的 $\overline{W}_{\text{best}}$ 的最佳可能值的角度来看，目标函数会变差这个事实是比较重要的。在这个过程的一开始，$\overline{W}$ 和 $\overline{W}_{\text{best}}$ 都被初始化为相同的随机向量。在每次更新 $\overline{W}$ 后，我们计算关于 $\overline{W}$ 的目标函数，如果 $\overline{W}$ 提供的目标函数值优于从 $\overline{W}_{\text{best}}$ 的存储值得到的值的话，则将 $\overline{W}_{\text{best}}$ 设为最近更新的 $\overline{W}$。当这个过程结束时，由算法返回向量 $\overline{W}_{\text{best}}$ 作为最终的解。这种求解过程的一个问题是，在实际中会比较慢，因此我们通常使用另一个叫作最小角回归（least - angle regression）[151] 的技术。另一个选择是在 $w_j = 0$ 时使用 $s_j = 0$，这通常是一个更实际的选择。

#### 6.2.2.1 将LASSO解释为一个特征选择器

几乎所有 $L_1$ 正则化方法（包括LASSO）都会产生稀疏解，其中大多数 $w_j$ 的值为0。这与 $L_2$ 正则化不同，在 $L_2$ 正则化中，惩罚项使系数变小，但它们中大多数并不为0。从预测的角度来看，值为0的系数对预测没有影响，因此可以丢弃这样的特征。在 $L_2$ 正则化中，特征选择更温和，因为系数的缩小降低了每个特征的影响，但其中的大多数特征仍对预测有着一定的影响。这个观察结果为LASSO提供了一个非常好的可解释性，并为它提供了作为特征选择器的双重用法。事实上，这样的特征选择器被称为嵌入模型，因为它们在建模过程中嵌入了特征选择。从语义的角度来看，我们可以知道对于建模过程来说，哪些词项是相关的以及哪些是无关的。在像文本这样维度非常高的领域中，LASSO特别有用，其中少数特征可以具有较好的解释性。

一个很自然的问题是我们应该使用 $L_1$ 正则化还是 $L_2$ 正则化。在预测准确率方面，$L_2$ 正则化几乎总比 $L_1$ 正则化要好，在任何数据集上 $L_2$ 正则化都是比较安全的选择。对于像文本这样稀疏和高维的领域，$L_1$ 正则化有时可以提供类似的性能，但通过将 $L_1$ 正则化和 $L_2$ 正则化与弹性网络[546]相结合则往往能获得更好的表现。单纯的 $L_1$ 正则化的真正效用在于提供具有较好的可解释性的特征选择，我们应该将这个也看作是它的主要使用场景。与 $L_2$ 正则化相结合可以提供具有良好解释性的高质量解。然而，如果主要目标是预测值的准确率，并且我们不想使用更复杂的优化算法来结合 $L_1$ 正则化和 $L_2$ 正则化，那么既简单又安全的选择是只使用 $L_2$ 正则化。尽管本章主要侧重于面向分类的 $L_2$ 正则化，但值得注意的是，本章的所有线性分类方法都有相应的 $L_1$ 变种，它们与面向回归的 LASSO 有着相似的稀疏性质。参考文献［208］中提供了一个关于很多这样的一般化方法的详细讨论。

### 6.2.3 Fisher 线性判别与最小二乘分类器

可以证明，Fisher 线性判别是对恰当编码的响应变量进行最小二乘回归的一种特殊情形，尽管判别并不是这样定义的。相反，如果沿着某个方向对所有点进行投影，那么线性判别就被定义为使得类间方差与类内方差的比例最大的那个方向。

我们可以把 Fisher 判别看作主成分分析（PCA）的一个有监督版本。后者在数据空间中寻找一个方向，该方向最大化所有沿着该方向的点的方差，而不考虑类别。另一方面，Fisher 判别侧重于最大化类间方差与类内方差的比例，因此可以找到非常不同的解。图 6.2 阐释了一个两个类别的例子，其中展示了在相同数据集上使用不同类别标记产生的影响。图 6.2a、b 中的方向非常不同，因为在两个情形中，类间方差与类内方差的比例是在不同方向上进行最大化的。令找到的方向为 $\overline{W}$，那么，任意数据点 $\overline{X_i}$ 沿着这个方向的投影由 $\overline{W} \cdot \overline{X_i}$ 给出。在每一种情形中，通过对投影的 1 维坐标使用恰当选择的阈值，对数据集进行分类是一个相对简单的问题。可以用这个阈值的负值来定义偏置 $b$。可以使用交叉验证在留出集上估计 $b$ 的值。因此，第 $i$ 个数据点的预测值 $\hat{y}_i \in \{-1, +1\}$ 可计算如下：

$$\hat{y}_i = \text{sign}\{\overline{W} \cdot \overline{X_i} + b\}$$

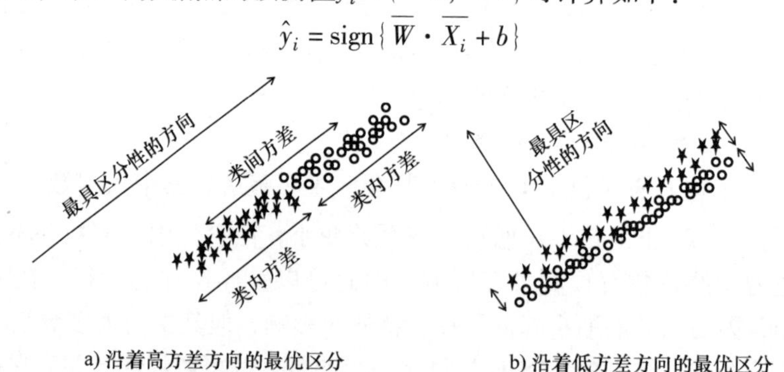


图 6.2 Fisher 判别对类分布的敏感性

这是线性分类中有名的预测函数。然而，我们稍后会讨论，Fisher 方法也被用作一种特征工程方法，尤其是在多分类的场景中。

接下来，我们讨论 Fisher 判别方向$\overline{W}$的推导。对于一个 $d$ 维的数据集来说，令$\overline{\mu_0}$表示负类的 $d$ 维均值的行向量（即标记为 -1 的类），$\overline{\mu_1}$表示正类的 $d$ 维均值的行向量（即标记为 +1 的类）。类似地，令$\Sigma_0$为只属于负类的点的大小为 $d \times d$ 的协方差矩阵，其中第（$j$，$k$）个元素是这个类别中的点的第 $j$ 个属性与第 $k$ 个属性之间的协方差。正类对应的协方差矩阵为$\Sigma_1$。此外，令 $n_0$和 $n_1$分别为属于正类和属于负类的训练样本数量，这样一来训练样本总数 $n$ 为 $n_0 + n_1$。

两个类别沿着$\overline{W}$方向的均值之间的平方距离由$(\overline{W} \cdot \overline{\mu_1} - \overline{W} \cdot \overline{\mu_0})^2$给出。这个量与类间方差㊀（或类间散度）$B(\overline{W})$成比例：

$$B(\overline{W}) \propto n(\overline{W} \cdot (\overline{\mu_1} - \overline{\mu_0}))^2 = \overline{W}\underbrace{[n(\overline{\mu_1} - \overline{\mu_0})^{\mathrm{T}}(\overline{\mu_1} - \overline{\mu_0})]}_{\text{大小为}d \times d\text{的}1-\text{秩矩阵}S_b}\overline{W}^{\mathrm{T}} = \overline{W}S_{\mathrm{b}}\,\overline{W}^{\mathrm{T}}$$

上面的关系使用类间散度矩阵㊁$S_b$代替大小为 $d \times d$ 的 1 - 秩矩阵$[n(\overline{\mu_1} - \overline{\mu_0})^{\mathrm{T}}(\overline{\mu_1} - \overline{\mu_0})]$，因此引入了额外的符号 $S_b$。

为了计算每个类别内沿着方向$\overline{W}$的散度，我们利用一个众所周知的事实[247]，即可以用协方差矩阵 $\Sigma$ 将一组沿着方向$\overline{W}$的 $n$ 个点的散度表示为 $n\,\overline{W}\Sigma\,\overline{W}^{\mathrm{T}}$。那么，我们可以计算每个类别内沿着$\overline{W}$的散度，并用$I(\overline{W})$表示它们的和：

$$\begin{aligned} I(\overline{W}) &= n_1(\overline{W}\Sigma_1\,\overline{W}^{\mathrm{T}}) + n_0(\overline{W}\Sigma_0\,\overline{W}^{\mathrm{T}}) \\ &= \overline{W}\underbrace{(n_1\Sigma_1 + n_0\Sigma_0)}_{\text{大小为}d \times d\text{的矩阵}S_w}\overline{W}^{\mathrm{T}} \\ &= \overline{W}S_w\overline{W}^{\mathrm{T}} \end{aligned}$$

上面的式子引入了一个额外的符号 $S_w$，它对应着类内散度矩阵。那么，Fisher 判别的目标函数是最大化沿着$\overline{W}$的类间散度与类内散度的比例：

$$\text{最大化}\ J = \frac{B(\overline{W})}{I(\overline{W})} = \frac{\overline{W}S_b\,\overline{W}^{\mathrm{T}}}{\overline{W}S_w\,\overline{W}^{\mathrm{T}}}$$

需要注意的是，在上面的解决方案中只有$\overline{W}$的方向比较重要，并且它的缩放（即范数）不会影响 $J$。因此，为了使最优解唯一，我们可以选择分母为 1 的缩放。这就产生了一个带约束的优化问题：

$$\text{最大化}\ J = \overline{W}S_b\,\overline{W}^{\mathrm{T}}$$

满足：

$$\overline{W}S_w\,\overline{W}^{\mathrm{T}} = 1$$

将拉格朗日松弛$\overline{W}S_b\overline{W}^{\mathrm{T}} - \alpha(\overline{W}S_w\overline{W}^{\mathrm{T}} - 1)$的梯度设为 0 会产生一般化的特征向量条件$S_b\overline{W}^{\mathrm{T}} = \alpha\,S_w\overline{W}^{\mathrm{T}}$。因此，$\overline{W}^{\mathrm{T}}$是 1 - 秩矩阵$S_w^{-1}S_b$的唯一的非零特征向量。因为$S_b\overline{W}^{\mathrm{T}} = (\overline{\mu_1}^{\mathrm{T}} -$

㊀ 散度和方差的概念只是在尺度上不同。一个具有 $n$ 个值的集合的散度等于它们方差的 $n$ 倍。因此，是否在比例常数内使用散度或方差并不重要。——原书注

㊁ 散度矩阵 $S_b$的这种两个类别的变种与 6.2.3.1 节的多类别的版本 $S_b$中的定义不完全相同。然而，这两个矩阵中的所有元素都与比例因子$\frac{n_1 n_0}{n^2}$相关，实际上这对 Fisher 判别的方向无关紧要。换句话说，6.2.3.1 节中多类别的公式的使用将会产生与在二元情形中相同的结果。——原书注

$\overline{\mu}_0^{\mathrm{T}})[n(\overline{\mu}_1-\overline{\mu}_0)\overline{W}^{\mathrm{T}}]$总是指向（$\overline{\mu}_1^{\mathrm{T}}-\overline{\mu}_0^{\mathrm{T}}$）的方向，所以$S_w\overline{W}^{\mathrm{T}}\propto\overline{\mu}_1^{\mathrm{T}}-\overline{\mu}_0^{\mathrm{T}}$。因此，我们得到

$$\overline{W}^{\mathrm{T}}\propto S_w^{-1}(\overline{\mu}_1-\overline{\mu}_0)^{\mathrm{T}} \tag{6.10}$$

$$=(n_1\Sigma_1+n_0\Sigma_0)^{-1}(\overline{\mu}_1-\overline{\mu}_0)^{\mathrm{T}} \tag{6.11}$$

使用这种方法的变种也是比较常见的，其中引入了参数 $\gamma$ 来对各个类别赋以不同的权重：

$$\overline{W}^{\mathrm{T}}\propto(\Sigma_1+\gamma\Sigma_0)^{-1}(\overline{\mu}_1-\overline{\mu}_0)^{\mathrm{T}} \tag{6.12}$$

我们可以通过在数据的留出部分优化想要的损失函数来选择 $\gamma$ 的值。通过设置 $\gamma=1$，可以对各个类实现相同的加权，而这与它们的相对总数无关。然而默认的 Fisher 判别只通过式（6.11）来定义，本章也会使用这个定义。

#### 6.2.3.1 多个类别的线性判别

我们可以通过两种方式将上述解决方案推广到多个类别的场景中。我们可以使用一对全部方法来进行分类，其中选择一个类别作为正类，其余类别作为负类。重复此过程 $k$ 次，并为测试样本返回置信度最高的预测。在文本域中，经常用到这个方法[82,515,518]。虽然这个方法可以合理地用于预测，但一个更有效的方法是同时使用所有类别来得到 $k-1$ 个方向。

首先，对于多类别的场景，我们需要计算散度矩阵 $S_w$ 和 $S_b$。以类似于第 5 章 5.4.4 节的线性判别指标的方式计算该散度矩阵。令$\Sigma_i$为第 $i$ 个类别的协方差矩阵，这样一来$\Sigma_i$中的第（$j$，$k$）个元素为第 $i$ 个类别中第 $j$ 维与第 $k$ 维之间的协方差。令 $n_i$ 为第 $i$ 个类别中的点的数量，$n=\Sigma_i n_i$为点的总数。令$\overline{\mu}$表示整个数据集均值的 $d$ 维行向量，$\overline{\mu}_i$表示第 $i$ 个类别的均值的 $d$ 维行向量。那么，大小为 $d\times d$ 的类内散度矩阵的定义如下：

$$S_w = \sum_{i=1}^{k} n_i\Sigma_i \tag{6.13}$$

大小为 $d\times d$ 的类间散度矩阵[⊖]被定义为下面 1－秩矩阵的和：

$$S_b = \sum_{i=1}^{k} n_i(\overline{\mu}_i-\overline{\mu})^{\mathrm{T}}(\overline{\mu}_i-\overline{\mu}) \tag{6.14}$$

需要注意的是，上面的每个乘积都是一个大小为 $d\times 1$ 的矩阵和一个大小为 $1\times d$ 的矩阵的积。矩阵 $S_b$ 是某个数据集的协方差矩阵的 $n$ 倍，这个数据集包含各个类的均值，其中第 $i$ 个类别的均值被重复了 $n_i$ 次。同时，秩为 $k-1$ 的矩阵 $S_w^{-1}S_b$ 的 top－（$k-1$）个特征向量提供了一个低维的数据表示空间。我们可以在这个空间中构造其他分类器，如决策树。线性判别分析的多类别变种经常被用来为其他分类器执行特征工程。有时它也被用于进行 5.4.4 节所示的温和的特征缩放。

我们可以直接观察到该方法在高维数据集上的计算比较耗时。它需要 $O(nd^2)$的时间来计算每个散度矩阵，以及 $O(d^3)$的时间来对类内散度矩阵求逆。在文本域中，$d$ 的值通常大于$10^5$。为了提高效率，我们可以先利用潜在语义分析对训练数据和测试数据的特征变量进行预处理，并将维度降低到 500 以下，因为计算一个 $500\times500$ 的矩阵并对其求逆要容易得多。

⊖ 注意，这个矩阵与在两个类别的情形中引入的那个矩阵只相差一个比例系数，这不会影响最终的预测。——原书注

#### 6.2.3.2 Fisher 判别与最小二乘回归的等价性

二元的 Fisher 判别分类器与使用（二元的）类别指示变量的最小二乘回归是等价的[50]。这是一个很重要的结论，因为它使得最小二乘回归能够使用很多高效的技术，如梯度下降和基于 SVD 的估计。此外，这种等价性使得最小二乘回归也可以使用核方法。

从代数意义上来讲，通过以特定的方式同时对数据矩阵和响应变量进行均值中心化并将偏置[㊀]设为0来展示这个结果是最容易的。因此，接下来将不会假设使用虚拟列来调整偏置。考虑下面的情形，在这个情形中，我们对大小为 $n \times d$ 的文档－词项矩阵 $D$ 和包含类别变量的 $n$ 维列向量$\overline{y}$进行如下预处理。通过简单地从对应的列变量中减去每一列的均值对矩阵 $D$ 进行均值中心化处理。类似地，通过将正的元素设为 $n_0/n$ 以及将负的元素设为 $-n_1/n$，对类别变量取自 $\{-1, +1\}$ 的列向量$\overline{y}$进行均值中心化处理。那么，没有正则化的最小二乘回归的系数向量$\overline{W}^{\mathrm{T}}$满足下式：

$$(D^{\mathrm{T}}D)\overline{W}^{\mathrm{T}} = D^{\mathrm{T}}\overline{y} \tag{6.15}$$

由于响应变量的特殊编码方式，上述表达式的右侧可以简化如下（请自行证明可以这样做的原因）：

$$(D^{\mathrm{T}}D)\overline{W}^{\mathrm{T}} \propto (\overline{\mu}_1 - \overline{\mu}_0)^{\mathrm{T}} \tag{6.16}$$

类内散度矩阵 $S_w$、类间散度矩阵 $S_b$ 和完全散度矩阵 $D^{\mathrm{T}}D$ 之间的一个重要关系如下：

$$D^{\mathrm{T}}D = S_w + \frac{n_1 n_0}{n^2}S_b \tag{6.17}$$

$$= S_w + K[(\overline{\mu}_1 - \overline{\mu}_0)^{\mathrm{T}}(\overline{\mu}_1 - \overline{\mu}_0)] \tag{6.18}$$

式中，$K$ 是一个恰当选择的标量。需要注意的是，当矩阵 $D$ 完成均值中心化处理后，这个关系才成立。这里，我们只是假设这种关系，并作为习题留给读者去证明它的正确性（见习题4）。

通过将式（6.18）代入式（6.16），可以得到

$$(S_w + K[(\overline{\mu}_1 - \overline{\mu}_0)^{\mathrm{T}}(\overline{\mu}_1 - \overline{\mu}_0)])\overline{W}^{\mathrm{T}} \propto (\overline{\mu}_1 - \overline{\mu}_0)^{\mathrm{T}} \tag{6.19}$$

此时，其中的一个关键是向量$[(\overline{\mu}_1 - \overline{\mu}_0)^{\mathrm{T}}(\overline{\mu}_1 - \overline{\mu}_0)]\overline{W}^{\mathrm{T}}$总是指向$(\overline{\mu}_1 - \overline{\mu}_0)^{\mathrm{T}}$的方向，因为我们可以把这个向量写作$(\overline{\mu}_1 - \overline{\mu}_0)^{\mathrm{T}}[(\overline{\mu}_1 - \overline{\mu}_0)\overline{W}^{\mathrm{T}}]$。这意味着我们可以弃除式（6.19）左侧的第二项，而不会影响向量的比例关系：

$$S_w\overline{W}^{\mathrm{T}} \propto (\overline{\mu}_1 - \overline{\mu}_0)^{\mathrm{T}}$$

$$\overline{W}^{\mathrm{T}} \propto S_w^{-1}(\overline{\mu}_1 - \overline{\mu}_0)^{\mathrm{T}}$$

需要注意的是，右侧的向量与 Fisher 判别提供的向量相同。换句话说，在对数据矩阵和响应变量进行适当预处理的情况下，利用最小二乘回归可以得到与 Fisher 判别相同的结果。

上述结果使用均值中心化矩阵来获得等价的代数简单性（algebraic simplicity）。对数据矩阵和响应变量进行中心化处理只是一种确保最小二乘回归的最优解中的偏置为0的方式，并且不必担心 $D$ 中全为1的（未进行中心化处理的）虚拟列。还可以通过允许偏置变量的存在，即在数据矩阵上加上全为1的虚拟列来融入偏置系数，以证明更一般的等价性。这个结

㊀ 我们还可以通过允许偏置的存在来证明更一般的等价性。——原书注

果有着重要的实际意义，因为它表明在面向两个类别的 Fisher 判别的情形中，我们可以使用本节前面讨论的任意面向最小二乘回归的高效的解决方案。最小二乘回归与 Fisher 判别之间的等价性也意味着我们可以把 6.2.1.4 节讨论的核回归方法扩展到 Fisher 判别中。

尽管利用最小二乘回归可以模拟 Fisher 判别，但这并不意味着整个系列的判别方法都被最小二乘系列所包含。Fisher 判别只是线性判别器整个大系列中的一员。线性判别器和最小二乘回归的目标函数试图捕捉几何意义上不同的概念，但事实是在像面向二元数据的 Fisher 判别这样的特殊情形中，它们是等价的。此外，多类别的处理在两种情形中是不同的。

#### 6.2.3.3 正则化最小二乘分类与 LLSF

当正则化与取自 $\{-1, +1\}$ 的二元类别变量上的线性回归结合时，其优化形式被称为正则化最小二乘分类。可以写出最小二乘分类的优化形式如下：

$$\text{最小化 } J = \frac{1}{2}\sum_{i=1}^{n}[y_i - (\overline{W}\cdot\overline{X_i})]^2 + \frac{\lambda}{2}\|\overline{W}\|^2 \tag{6.20}$$

$$= \frac{1}{2}\sum_{i=1}^{n}[1 - y_i(\overline{W}\cdot\overline{X_i})]^2 + \frac{\lambda}{2}\|\overline{W}\|^2 \tag{6.21}$$

需要注意的是，式（6.21）的第二个关系只有在类别变量被编码为 $\{-1, +1\}$ 时才成立，因为$y_i^2$的值总为 1。正如我们接下来将看到的，这种形式的目标函数与支持向量机的目标函数紧密相关。在学习出$\overline{W}$值的情况下，我们使用下面的预测函数对测试样本$\overline{Z}$进行分类：

$$F(\overline{Z}) = \text{sign}\{\overline{W}\cdot\overline{Z}\} \tag{6.22}$$

在学习速率为 $\eta$ 时，最小二乘分类的随机梯度下降更新恰好与之前展示的使用数值型响应变量的更新相同（参考 6.2.1.1 节）：

$$\overline{W} \Leftarrow \overline{W}(1 - \eta\lambda) + \eta y(1 - y(\overline{W}\cdot\overline{X}))\overline{X}$$

当 $y^2 = 1$ 时，这种更新等价于 6.2.1.1 节的更新。此外，上面的更新对应着随机梯度下降，因为其计算的是关于从训练数据中随机采样的单个训练点（$\overline{X}$，$y$）的梯度。我们使用这种形式的更新以更好地将它们与其他类型的线性分类方法关联起来。

在文本域中，这种优化形式也被称为线性最小二乘拟合（Linear Least - Squares Fit，LLSF）方法[515,518]。然而，参考文献［515，518］中的原始形式不使用 $L_2$ 正则化，相反，它使用的是截断的奇异值分解（参考 6.2.1.2 节）。参考文献［515］也提出了一种面向多类别情形的优化形式，不过我们可以将它等价地分解为应用于二元形式的一对全部方法。

当没有使用正则化时，LLSF 和最小二乘分类方法与 Fisher 判别等价。LLSF 方法不对文档词项矩阵进行中心化处理，并且它把二元变量作为响应变量来学习回归元。而 6.2.3.2 节中的结果表明 Fisher 判别在进行中心化处理后的变量上进行相同的回归。这种差异显著吗？事实证明，这些差异并不显著，因为在运行 LLSF 时仅通过全为 1 的虚拟列的形式将偏置变量加到 $D$ 上，我们就可以对它们进行调整。需要注意的是，通过在每个响应值上加上 $n_1/n$，我们就可以从 6.2.3.2 节的响应变量中获得一个二元指示变量。此外，均值中心化处理后的数据矩阵 $D$ 的每一列与未进行中心化处理的矩阵的不同之处只在于每列均值的平移。利用偏置变量的不同值可以完全吸收平移中的这些差异，而不会改变非平凡的回归系数（即属于观测变量的那些）。LLSF 确实具有处理原始稀疏数据矩阵的优势，这在文本域中特别有用。

作为历史上的记录，应该指出正则化最小二乘系列已经被重新改造（re-invented）过很多次了。Fisher 判别于 1936 年作为一种寻找类别敏感方向的方法被提出。最小二乘分类与回归可以追溯到 20 世纪 60 年代的 Widrow-Hoff 学习[497]和 20 世纪 70 年代的 Tikhonov-Arsenin 的开创性工作[474]。有研究[50]最终发现了 Fisher 判别与这些方法的重要关系。另一个密切相关的变种是感知器算法（参考第 10 章的 10.6.1.1 节），它是支持向量机损失函数的一个（重要的）位移版本。正如下一节要讨论的，支持向量机本身就是最小二乘分类损失函数的一个修补版本。事实上，Hinton[217]对最小二乘分类损失函数的 Widrow-Hoff 版本进行了修补，进而提出了支持向量机的 $L_2$ 损失函数，这比 Cortes 和 Vapnik 关于支持向量机的开创性工作[115]早 3 年。参考文献［515，518］首次将最小二乘方法应用到文本分类中。

#### 6.2.3.4 最小二乘分类的致命弱点

从损失函数的性质来看，最小二乘分类系列（包括 Fisher 判别）有一个重要的缺点。通过直接惩罚指示变量 $y_i$ 和预测值 $\overline{W}\cdot\overline{X_i}$ 之间的平方差，它不仅惩罚了错误分类的点，还惩罚了那些被 $\overline{W}\cdot\overline{X_i}$ 以非常强有力的方式分类正确的“容易”点。例如，考虑属于正类的样本 $\overline{X_i}$，它的 $\overline{W}\cdot\overline{X_i}$ 值为 10。即使我们非常有信心这个预测值是正确的，但它的置信度还是会受到最小二乘目标函数的惩罚，其中 $y_i$ 的值为 1。这些点通常是与决策边界良好分隔的点，在这些点上学到的 $\overline{W}$ 值通常会对接近于决策边界的点的分类产生负面影响。

为了阐明这一点，图 6.3 给出了一个二类分布。值得注意的是，那些远离决策边界的点（在正确侧）偏离了 Fisher 判别的方向，这导致了真实决策边界附近产生了两个错误分类区域。如果弃除图 6.3 中良好分隔的点，则 Fisher 判别在估计真实边界时确实会表现得好很多。这个观察是比较有趣的，因为我们希望分类模型受到那些在决策边界错误侧“拖后腿的”（即错误标记的）训练点的惩罚，但很少期望由于训练数据中有优秀的成员而受到惩罚！

Fisher 判别通常逊色于另一个被称为支持向量机的线性分类器。支持向量机移除了良好分隔的点，并且只保留接近决策边界的点，这些点被称为“支持向量”，并用于模型学习。有趣的是，参考文献［445］已经证明，如果弃除良好分隔的点，则 Fisher 判别与支持向量机相似㊀。

支持向量机与 Fisher 判别/最小二乘分类在准确率性能方面的差异主要体现在它们在处理良好分隔的点方面的差异。

当然，由于找到良好分隔的点是支持向量机中最难的部分，所以从算法的角度来说这个观察并没有帮助我们多少。然而，从启发式的观点来看，这个观察很有用，因为我们可以使用各种启发式技巧来弃除那些良好分隔的点[82,112]。这些启发式方法通常可以显著地提升 Fisher 判别的准确率。

尽管大家普遍接受了 SVM 相对于最小二乘分类的优势，但一些研究者又指出两者的差异不足以被认为是显著的[407,519]。另外，决策边界附近的点也可能是边界错误侧的噪声点，

㊀ SVM 一般使用 hinge 损失函数而不是平方损失函数。在 SVM 中使用平方损失函数也是可以的，但是不常见。这是 Fisher 判别与 SVM（最常见的版本）的另一个重要区别。——原书注

因此无法保证它们相对于良好分隔的点的重要性。不是所有现实世界的场景都像图 6.3 中所示的那么简洁。我们可以很容易地构建一个示例数据集对此进行反驳，即与决策边界附近的点相比，良好分隔的点包含的信息更丰富。支持向量机在参数调优方面还需要更多的留意和计算上的投入，特别是参考文献［407］中的工作展示了几个例子，其中与支持向量机相比，最小二乘方法对参数选择（如正则化参数）的敏感度更低。

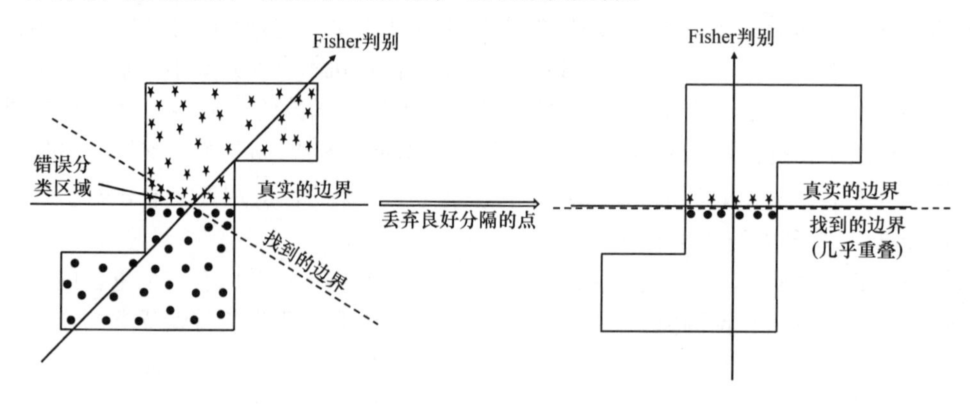


图 6.3　良好分隔的点对 Fisher 判别有负面影响

## 6.3　支持向量机（SVM）

SVM 针对其正则化项有一个特殊的几何解释，这产生了属于两个类别的点的基于间隔的分隔（margin - based separation）的概念。这里的基本思想是 SVM 在决策边界两侧对称地创建了两个平行的超平面，以使大部分正确侧上的点处于两个间隔超平面（margin hyperplane）的两侧。尽管大部分教材通过这种几何解释来介绍 SVM，但我们认为支持向量机的正则优化（regularized optimization）观点更有助于理解它真正的起源，并且有助于将它与其他线性模型（如最小二乘分类）关联起来。因此，我们首先从正则优化的观点开始介绍，后面再介绍其几何解释。

关于 SVM 的一些描述显式地使用了偏置变量 $b$，而另一些没有。我们可以通过在文档 - 词项矩阵 $D$ 上加上一列全为 1 的列来融入偏置变量。这个虚拟项的系数就是偏置变量（参考 6.1.2 节）。当使用正则化时，这会使最终的预测发生较小的变化。这是因为只有特征变量上的系数是正则化的而显式的偏置变量却没有。然而，当偏置变量被当作虚拟特征的系数来处理时，它也是正则化的。虽然虚拟变量的使用稍微改变了优化模型，但其对最终预测产生的影响非常小。接下来的描述将会基于虚拟列的假设，就像本章的其他模型一样。

### 6.3.1　正则优化解释

考虑一个包含 $n$ 个训练点 - 类别变量对（$\overline{X_1}$，$y_1$）…（$\overline{X_n}$，$y_n$）的数据集，其中类别变量 $y_i$ 总是从 $\{-1, +1\}$ 中抽取的。我们从式（6.21）中的最小二乘分类的优化形式开始，它被当作本章整个章节的“父问题”来处理：

$$\text{最小化} J = \frac{1}{2}\sum_{i=1}^{n}[1 - y_i(\overline{W} \cdot \overline{X_i})]^2 + \frac{\lambda}{2}\|\overline{W}\|^2 \quad [\text{正则化最小二乘分类}]$$

最小二乘分类模型受到批评（参考6.2.3.4节）主要在于这样一个事实，即它不仅惩罚在决策边界错误侧的点，还惩罚位于正确侧的远离决策边界的点。特别地，任意满足 $y_i(\overline{W} \cdot \overline{X_i}) > 1$ 的点$\overline{X_i}$实际上以适当的方式得到了正确的分类，它不该受到惩罚。如何消除最小二乘分类模型的这个缺陷呢？最简单的方式是修改上面的目标函数使得满足 $y_i(\overline{W} \cdot \overline{X_i}) > 1$ 的点不会受到惩罚。针对SVM目标函数的不同变种，我们做出以下两种修改形式：

$$\text{最小化} J = \frac{1}{2}\sum_{i=1}^{n}\max\{0, [1 - y_i(\overline{W} \cdot \overline{X_i})]\}^2 + \frac{\lambda}{2}\|\overline{W}\|^2 \quad [\text{平方损失函数SVM}]$$

$$\text{最小化} J = \sum_{i=1}^{n}\max\{0, 1 - y_i(\overline{W} \cdot \overline{X_i})\} + \frac{\lambda}{2}\|\overline{W}\|^2 \quad [\text{hinge 损失函数SVM}]$$

与在正则化最小二乘回归中的情形一样，测试点$\overline{Z}$的预测值 $F(\overline{Z})$ 如下：

$$F(\overline{Z}) = \text{sign}\{\overline{W} \cdot \overline{Z}\} \tag{6.23}$$

线性分隔器$\overline{W} \cdot \overline{X} = 0$ 定义了正类与负类之间的决策边界。因此，支持向量机是最小二乘分类模型的改进版本，它解决了后者在处理良好分隔的训练点时存在的缺陷。

比起hinge损失函数，平方损失函数SVM与正则化最小二乘分类的关系更为密切。然而，由于hinge损失函数SVM更常见，接下来的描述将主要关注这种情形。SVM社区所使用的一个表示上的习惯是，优化形式是由松弛惩罚 $C = 1/\lambda$（而不是正则化参数 $\lambda$）来（等价地）进行参数化的。因此，为了与大家普遍接受的符号表示保持一致，我们使用一个相似的形式：

$$\text{最小化} J = \frac{1}{2}\|\overline{W}\|^2 + C \cdot \sum_{i=1}^{n}\max\{0, [1 - y_i(\overline{W} \cdot \overline{X_i})]\} \quad [\text{hinge 损失函数SVM}]$$

从直观的角度来看，松弛惩罚 $C$ 量化了每个点片面地从 $y_i$的目标值“松弛（slack off）”而受到惩罚的量。例如，一个满足$\overline{W} \cdot \overline{X_i} = 0.7$ 的正类点（$y_i = 1$）将会受到 $0.3C$ 的惩罚，而满足$\overline{W} \cdot \overline{X_i} = 1.3$ 的点将不会受到惩罚。需要注意的是，式（6.23）将会对前一个点进行正确的分类，但这个点仍然会由于距离决策边界“太近”而受到惩罚。毕竟，这样的一个点可能只是由于过拟合的原因而位于决策边界的正确侧。我们可以立即看出，支持向量机的优化形式是天生为防止过拟合而设计的。

## 6.3.2 最大间隔解释

支持向量机也有一个有趣的几何解释，这通常有助于可视化它们的解，并推动一些解决方法的产生。需要注意的是，决策面$\overline{W} \cdot \overline{X} = 0$ 位于$\overline{W} \cdot \overline{X} = 1$ 和$\overline{W} \cdot \overline{X} = -1$ 两个超平面的中间。图6.4a展示了两个平行于决策边界的超平面。这些超平面很重要，因为它们之间的距离被称为间隔（margin），它们之间的区域反映了决策边界附近的“不确定性”空间。我们并不希望这个区域中有过多的点，位于该区域的训练点$\overline{X_i}$总会受到惩罚，即使它因为满足 $y_i = \text{sign}\{\overline{W} \cdot \overline{X_i}\}$ [或是，等价地 $y_i(\overline{W} \cdot \overline{X_i}) > 0$]而得到正确的分类。在不确定间隔区域中得到正确分类的这些训练点满足 $y_i(\overline{W} \cdot \overline{X_i}) \in (0,1)$，并且对应的惩罚将至多为 $C$。在决策边界错误侧的其他点可以有任意大的惩罚值，具体取决于它们到（相应的）间隔超平面的距离。$(1-y_i(\overline{W}\cdot\overline{X_i}))>0$ 这个量捕捉这个“松弛”，本节后面将会显式地将它表示为一个松弛变量 $\xi_i$。图 6.4a 展示了四个受到惩罚的点的例子，即所有被圈起来的那些点。需要注意的是，即使点 A 位于决策边界的正确侧，它仍然会受到惩罚。

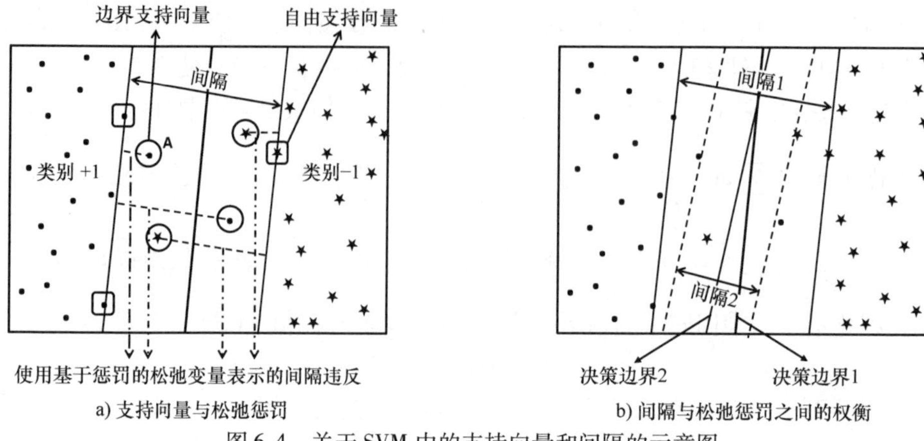

a) 支持向量与松弛惩罚

b) 间隔与松弛惩罚之间的权衡

图 6.4　关于 SVM 中的支持向量和间隔的示意图

正则化项的贡献有一个更有趣的解释。使用坐标几何的基本规则可以证明[㊀] $\overline{W}\cdot\overline{X}=1$ 和 $\overline{W}\cdot\overline{X}=-1$ 两个超平面之间的距离为 $2/\|\overline{W}\|$。需要注意的是，正则化项是这个量的平方的倒数，因此最小化该正则化项等价于增大两个超平面之间的距离。增大两个超平面之间的距离是一种实现正则化这个目标的自然方式，它不鼓励分类正确的训练点太过于靠近决策边界，因为这可能是过拟合的结果。因此，我们可以根据间隔最大化原则，重写正则化和预测误差的目标：

$$\text{最小化}\ J=\underbrace{\frac{1}{2}\|\overline{W}\|^2}_{\text{鼓励更大的间隔}}+\underbrace{C\cdot\sum_{i=1}^{n}\max\{0,[1-y_i(\overline{W}\cdot\overline{X_i})]\}}_{\text{不鼓励间隔违反}}$$

与所有正则化问题一样，损失函数和正则化项之间有一个权衡参数。例如，在图 6.4b 中，展示了两组可能的决策边界。在其中一个情形中，间隔非常窄，但只有两个关于间隔违反的惩罚。在另一个情形中，间隔较宽，但有四个关于间隔违反的惩罚。SVM 优化形式会选择其中的哪一个呢？如果 $C$ 比较小，则它会选择正则化程度较高的宽间隔。如果 $C$ 比较大，则 SVM 会选择正则化程度较低的窄间隔。在实践中，像 $C$ 这样的参数是以数据驱动的方式选择的，即通过留出一部分训练数据并在这些数据上对它们进行选择以最大化准确率。

SVM 优化形式中的一个关键概念是支持向量（support vector），SVM 就是因为这个而得名。关于 SVM 优化的一个重点是，决策边界两侧的两个超平面都能够以最优的方式通过一个或多个训练点。这些训练点被称为自由支持向量（free support vector）。图 6.4a 的例子中有 3 个自由支持向量。支持向量的概念自然地传达了这些训练点“支持”决策边界两侧的超平面的几何解释。由于间隔违反而受到显式惩罚的训练数据点也被认为是支持向量，但它们

㊀ 见 http://mathworld.wolfram.com/Point-PlaneDistance.html. ——原书注

被认为是边界支持向量（bounded support vector）。需要注意的是，边界支持向量可以是间隔区域内被正确分类的训练点，也可以是间隔区域内/外被错误分类的点。

### 6.3.3 Pegasos：在原始空间中求解SVM

虽然SVM的对偶形式很常用，但在原始空间中我们也可以非常高效地对线性SVM进行求解。与在最小二乘模型中一样，第一步应该是检查梯度下降是否可以用于原始空间中的（即原始的）目标函数。不幸的是，由于训练数据中存在满足 $y_i(\overline{W}\cdot\overline{X_i})=1$ 条件的点，基于hinge损失函数的目标函数在向量$\overline{W}$的特定值处是不可微的。这个问题是由关于每个点的损失项内部的最大值函数 $\max\{0,1-y_i(\overline{W}\cdot\overline{X_i})\}$ 造成的。对于满足 $y_i(\overline{W}\cdot\overline{X_i})<1$ 的间隔违反点来说，这些点贡献的梯度是 $-y\overline{X_i}$。而对于满足 $y_i(\overline{W}\cdot\overline{X_i})>1$ 的点来说，它们对梯度的贡献为0。主要的不确定性出现在条件恰好满足等式的那些点上，在这些点上的梯度是不可微的。尽管如此，特定形式的小批量随机梯度下降仍然表现得非常好，其中这样的不可微点都从样本集中移除了。

Pegasos[444]就是这样的一个解决方案，它也有一个关于次梯度的解释。该方法随机地采样批量规模为 $s$ 的训练点，并且只保留批量样本中违反间隔（即满足 $y_i(\overline{W}\cdot\overline{X_i})<1$）的那些点。在每轮迭代中，只针对这些保留下来的点进行梯度更新。由于这些点是基于间隔违反来选择的，所以可以保证目标函数关于这些点的可微性。在第 $t$ 轮迭代中，将学习速率 $\eta_t$ 设为 $1/t$。Pegasos算法将$\overline{W}$初始化为全为0的向量，然后使用下面的步骤：

for $t=1\sim T$ do begin

$\eta_t=1/t;\overline{W}\Leftarrow\overline{W}(1-\eta_t)$;

$A_t=$随机采样 $s$ 个训练对$(\overline{X_i},y_i)$

$A_t^+=\{(\overline{X},y)\in A_t: y(\overline{W}\cdot\overline{X})<1\}$;

$$\overline{W}\Leftarrow\overline{W}+\frac{\eta_t nC}{s}\sum_{(\overline{X},y)\in A_t^+}y\overline{X};$$

$$\overline{W}\Leftarrow\min\left\{1,\frac{\sqrt{nC}}{\|\overline{W}\|}\right\}\overline{W};\{\text{可选的}\}$$

endfor

除了随机梯度更新㊀步骤以外，该方法在循环结束前有一个额外的参数缩放步骤，这个步骤是可选的。Pegasos另一个值得注意的性质是其步长的冒险性，可以表明这有助于加快其收敛速度。除了步长和缩放方面的创新之外，这些更新几乎与正则化感知器的更新一致（参考第10章的式(10.23)），不同的是，感知器将 $A_t^+$ 定义为所有满足 $y_i(\overline{W}\cdot\overline{X_i})<0$ 的错误分类的点的集合（没有包含决策边界附近的分类正确的点）。参考文献［444］已经证明其所需的迭代次数取决于 $O(C_0/\epsilon)$，其中 $\epsilon$ 是期望的准确率，$C_0=nC$ 是在考虑训练数据规模的影响后，

㊀ 从表面上看，这些步骤与参考文献［444］中的不同。然而，它们在数学意义上是相同的，不同的是其目标函数使用不同的参数化和符号表示。参考文献［444］中的参数 $\lambda$ 等于本书中的 $1/(nC)$。——原书注

松弛惩罚项相较于正则化项的相对权重。在谨慎处理更新过程中的稀疏性的情况下，每次更新的复杂度为 $O(sq)$，其中 $s$ 是（通常较小）批量样本的规模，$q$ 是每个训练样本中具有非零频率的词项的个数。换句话说，该方法的运行时间与训练样本的规模无关，因为我们可以假设相对权重 $C_0$ 是通过对训练数据规模不敏感的方式选择的。每次更新的实现都需要谨慎地处理稀疏性。

6.3.3.1 稀疏友好型的更新

这种方法尤其适合诸如文本之类的稀疏领域，其中每个 $\overline{X_i}$ 中的大部分元素都为 0。需要注意的是，$\overline{W}$ 可能是一个稠密向量，而在每轮迭代中，从包含 $s$ 个元素的小批量中获得的并添加到它上面的向量可能是稀疏的。我们希望更新时间与稀疏向量（而不是稠密向量）中非零元素的数量成比例。一部分问题在于 $\overline{W}$ 上的一些更新是关于所有元素的乘法，第一眼看上去可能需要 $O(d)$ 的时间。我们不想在 $\overline{W}$ 的 $d$ 个元素中的每一个元素上显式地进行乘性更新（multiplicative update），因为 $d$ 的值往往大于 $10^5$。一个重点在于乘性更新只会影响向量的成比例缩放，而这可以与其元素的相对值分开维护。换句话说，我们维护两个标量 $\theta$ 和 $\gamma$，以及一个没有归一化的向量 $\overline{V}$。向量 $\overline{W}$ 等于 $\theta\,\overline{V}$，$\overline{W}$ 的范数通过 $\gamma=\|\overline{W}\|$ 来维护。需要注意的是，这是 $\overline{W}$ 的一个冗余表示（因为它使用了 $d+2$ 个值而不是 $d$ 个值来表示 $\overline{W}$），但它有助于在表示的不同部分执行更新中的加法部分和乘法部分。一次更新可实现如下。首先，$\theta$ 和 $\gamma$ 与 $(1-\eta_t)$ 相乘作为更新的乘法部分。然后，利用加法量 $\frac{\eta_t nC}{s\theta}\sum_{(\overline{X},y)\in A_t^+} y\,\overline{X_i}$ 来更新 $\overline{V}$ 中的相关元素。需要注意的是，加法量的分母中使用了 $\theta$，从而对 $\overline{W}=\theta\,\overline{V}$ 进行适当的更新。这个加性更新（additive update）改变了 $\gamma$ 的值，它可以在与附加量中的稀疏程度成比例的时间内完成更新[⊖]。然后，使用由最终的缩放步骤产生的乘性更新规则来更新 $\theta$ 和 $\gamma$。最终的缩放步骤能够避免 $\overline{W}$ 范数的比较耗时的计算，因为随时可以在 $\gamma$ 中获得它。

## 6.3.4 对偶 SVM 优化形式

历史上[89]，SVM 的对偶优化形式一直是求解 SVM 的主要方法，尽管比起原始形式，人们并没有特殊理由要偏爱对偶形式。为了形式化对偶 SVM，首先需要显式地引入松弛变量 $\xi_i$ 来消除优化目标中的最大值函数。这种对目标函数的重新描述产生了下面的带约束的优化问题：

$$\text{最小化 } J=\frac{1}{2}\|\overline{W}\|^2+C\cdot\sum_{i=1}^{n}\xi_i$$

满足：

$\xi_i \geqslant 1-y_i(\overline{W}\cdot\overline{X_i}),\ \forall i\in\{1\cdots n\}$ ［对于不良分隔的点来说是严格成立的］

$\xi_i \geqslant 0,\ \forall i\in\{1\cdots n\}$［对于良好分隔的点来说是严格成立的］

---

⊖ 当在一个稠密向量 $\overline{b}$ 上添加一个系数向量 $\overline{a}$ 时，$\overline{b}$ 的平方范数中的变化为 $\|\overline{a}\|^2+2\,\overline{a}\cdot\overline{b}$。我们可以在与系数向量 $\overline{a}$ 的非零元素数成比例的时间内计算出它。——原书注

直观来讲，松弛变量 $\xi_i$ 表示违反间隔的量，并通过 $C$ 来对它们进行惩罚。因此，目标函数自然地尝试最小化每个 $\xi_i$。因此，与 $\xi_i$ 相关的两个约束中至少有一个将满足等式（在最优点处），具体取决于训练点是没有被较好地分隔（即支持向量）还是被较好地分隔（即在间隔超平面外被正确地分类）。

拉格朗日松弛方法常被用来求解这样的带约束的优化问题。我们引入与两个约束集相对应的两组拉格朗日系数。为间隔违反约束赋予拉格朗日系数 $\alpha_i$，而为非负约束赋予拉格朗日系数 $\gamma_i$，则有拉格朗日松弛 $J_L$ 如下：

$$L_D = \text{最小化}\ J_L = \frac{1}{2}\|\overline{W}\|^2 + \{C\sum_{i=1}^{n}\xi_i\} - \underbrace{\sum_{i=1}^{n}\alpha_i(\xi_i - 1 + y_i(\overline{W}\cdot\overline{X_i}))}_{\text{松弛间隔规则}} - \underbrace{\sum_{i=1}^{n}\gamma_i\xi_i}_{\text{松弛}\xi_i\geqslant 0}$$

满足：

$$\alpha_i \geqslant 0, \gamma_i \geqslant 0, \forall i \in \{1\cdots n\}[\text{由于松弛的约束是不等式}]$$

在拉格朗日优化中,我们想要最小化拉格朗日系数在固定值处的优化问题,然后最大化这个与拉格朗日系数所有的值相关的目标函数。这样的问题被称为拉格朗日的对偶问题。换句话说,我们有

$$L_D^* = \max_{\alpha_i,\gamma_i\geqslant 0} L_D = \max_{\alpha_i,\gamma_i\geqslant 0}\min_{\overline{W},\xi_i} J_L$$

对于像支持向量机这样的凸优化问题，可以证明这个相当怪异的优化问题的解与原始问题的最优解相同。这样的解被称为拉格朗日的鞍点。寻找这个鞍点的第一步是消除最小化变量，以剩下纯粹的关于拉格朗日系数的最大化问题。因此，我们必须将关于 $\overline{W} = (w_1\cdots w_d)$ 以及 $\zeta_i$ 的偏导数设为0：

$$\nabla J_L = \overline{W} - \sum_{i=1}^{n}\alpha_i y_i \overline{X_i} = 0[\text{关于}\overline{W}\text{的梯度为}0] \tag{6.24}$$

$$\frac{\partial J_L}{\partial \xi_i} = C - \alpha_i - \gamma_i = 0 \quad \forall i \in \{1\cdots n\} \tag{6.25}$$

这两个约束中的第一个特别有趣，因为它表明分隔超平面的系数完全可以通过训练点来表示。因此，求解出 $\alpha_i$ 足以推导出分隔超平面。此外，我们甚至可以通过点与点之间的成对的点积，使用 $\alpha_i$ 直接给出测试样本 $\overline{Z}$ 的预测值 $F(\overline{Z})$：

$$F(\overline{Z}) = \text{sign}\{\overline{W}\cdot\overline{Z}\} = \text{sign}\{\sum_{i=1}^{n}\alpha_i y_i \overline{X_i}\cdot\overline{Z}\} \tag{6.26}$$

为了消除最小化变量，我们替换目标函数中的 $\overline{W}$。作为附带的好处，我们还可以通过替换 $\gamma_i = C - \alpha_i$（基于式（6.25））来消除 $\gamma_i$，从而推出只关于 $\alpha_i$ 的目标函数。在替换这些变量和简化的基础上，我们可以以最大化的形式写出这个对偶问题：

$$\text{最大化}\ L_D = \{\sum_{i=1}^{n}\alpha_i\} - \frac{1}{2}\sum_{i=1}^{n}\sum_{j=1}^{n}\alpha_i\alpha_j y_i y_j(\overline{X_i}\cdot\overline{X_j})$$

满足：

$$0 \leqslant \alpha_i \leqslant C \quad \forall i \in \{1\cdots n\}$$

一旦我们求解出 $\alpha_i$，就可以使用式（6.26）的预测函数对测试样本进行分类。对于线性

SVM 来说，还可以使用式（6.24）推导出其系数向量$\overline{W}$。对偶优化形式具有以下几个性质：

1）仅通过点积就可以表示出这个对偶目标函数和式（6.26）的预测值，而无需知道点的特征表示。正如我们之后将会看到的，为了将该方法用于任意的数据类型，这一事实有着重要的意义。

2）将拉格朗日松弛中的惩罚项设为0，可以得到拉格朗日对偶的 Kuhn - Tucker 最优性条件：

$$\alpha_i(\xi_i - 1 + y_i(\overline{W} \cdot \overline{X_i})) = 0$$
$$(C - \alpha_i)\xi_i = 0$$

基于 Kuhn - Tucker 最优性条件，可以推出以下几点：

- 由于第一个 Kuhn - Tucker 条件与$\xi_i$的非负性，任意满足$y_i(\overline{W} \cdot \overline{X_i}) > 1$（例如，非支持向量）的点必须满足$\alpha_i = 0$。此外，第二个 Kuhn - Tucker 条件（$C - 0$）$\xi_i = 0$ 确保了对于非支持向量有$\xi_i = 0$。这些良好分隔的点在原始空间中不会受到惩罚。
- 任意满足$y_i(\overline{W} \cdot \overline{X_i}) < 1$（例如，边界支持向量或间隔违反支持向量）的点必须满足$\xi_i > 0$ 和$\alpha_i = C$。这些点在原始目标函数中会受到惩罚，因为它们要么太靠近决策边界（在正确侧），要么就位于决策边界的错误侧。
- 满足$0 < \alpha_i < C$的点是自由支持向量，并且满足$\xi_i = 0$ 和$y_i(\overline{W} \cdot \overline{X_i}) = 1$。由于松弛为0，这些点在原始目标函数中不会受到惩罚。这些点位于间隔超平面上。

不是支持向量的点对最优的原始目标函数值和对偶函数值都没有贡献。这意味着良好分隔的点对优化目标和约束而言都是冗余的，可以丢弃而不会影响最优解。这个观察结果常被用在 SVM 的优化算法中。

### 6.3.5 对偶 SVM 的学习算法

接下来，我们将点积$\overline{X_i} \cdot \overline{X_j}$替换为核相似度值$K(\overline{X_i}, \overline{X_j})$，从而提供一个关于对偶解的一般化描述。这个一般化的描述有助于在支持向量机中使用核方法。

$$\text{最大化 } L_D = \{\sum_{i=1}^{n} \alpha_i\} - \frac{1}{2}\sum_{i=1}^{n}\sum_{j=1}^{n} \alpha_i\alpha_j y_i y_j K(\overline{X_i}, \overline{X_j})$$

满足：

$$0 \leqslant \alpha_i \leqslant C \quad \forall i \in \{1 \cdots n\}$$

一个自然的解决方案是使用梯度下降，其中拉格朗日系数的$n$维向量是根据梯度方向来更新的。$L_D$关于$\alpha_k$的偏导数如下：

$$\frac{\partial L_D}{\partial \alpha_k} = 1 - y_k \sum_{s=1}^{n} y_s \alpha_s K(\overline{X_k}, \overline{X_s}) \tag{6.27}$$

我们使用这个方向来更新$\alpha_k$。然而，更新可能会导致$\alpha_k$违反可行性约束。解决这个问题的一个可能的方案是，如果$\alpha_k$为负则将它的值重置为0，如果它超过$C$则将它重置为$C$。因此，我们首先把拉格朗日系数向量$\overline{\alpha} = [\alpha_1 \cdots \alpha_n]$设为一个全为0的$n$维向量，然后使用学习速率$\eta_k$对第$k$个分量执行下面的更新步骤：

```
repeat
  for 每个 k∈{1…n} do begin
    更新 α_k ⇐ α_k + η_k[1 - y_k Σ_{s=1}^{n} y_s α_s K(X_k, X_s)];
      {这个更新等价于 α_k ⇐ α_k + η_k[∂L_D/∂α_k]}
    α_k ⇐ min{α_k, C};
    α_k ⇐ max{α_k, 0};
  endfor
until 收敛
```

将第 $k$ 个分量的学习速率 $\eta_k$ 设为 $1/K(\overline{X_k}, \overline{X_k})$，因为在执行该步骤后，目标函数关于 $\alpha_k$ 的偏导数降为0。我们可以通过在式（6.27）中使用 $\alpha'_k = \alpha_k + \eta_k(1 - y_k \sum_{s=1}^{n} y_s \alpha_s K(\overline{X_k}, \overline{X_s}))$ 替换 $\alpha_k$ 来证明这个结果（见习题19）。在上面的伪代码中，所有 $\alpha_k$ 的值并不是同时更新的，并且 $\alpha_k$ 的更新值可以影响 $\overline{\alpha}$ 其他分量的更新，这使得收敛速度更快。

就效率而言，上述算法并不是最优的。我们可以利用分解技术来提升效率，这些分解技术在任意给定时刻只对拉格朗日变量的活跃子集（active subset）进行优化[368,241]。在这些情形中，关于序列最小优化（Sequential Minimal Optimization，SMO）[165,382]的思想将变量的工作集（working set）限制为最小值2。像 SVMPerf[242]这样的一些割平面算法（cutting plane algorithms）专注于在诸如文本这样的稀疏域中构建线性模型。该算法随着文档-词项矩阵中的非零元素个数进行线性的缩放。

### 6.3.6 对偶 SVM 的自适应最近邻解释

SVM 的对偶形式有着自适应的最近邻解释。考虑测试样本 $\overline{Z}$ 的预测值 $F(\overline{Z})$（在式(6.26）中介绍并重复如下)：

$$F(\overline{Z}) = \text{sign}\{\overline{W} \cdot \overline{Z}\} = \text{sign}\{\sum_{i=1}^{n} \alpha_i y_i \overline{X_i} \cdot \overline{Z}\} \tag{6.28}$$

将这个公式与第5章中的式（5.29）的自适应最近邻预测函数进行比较是很有用的。两个预测函数是相同的，因为式（5.29）中的权重 $\lambda_i$ 与拉格朗日系数 $\alpha_i$ 类似，并且式（5.29）中的相似度函数 $K(\overline{Z}, \overline{X_i})$ 是点积 $\overline{X_i} \cdot \overline{Z}$。良好分隔的数据点不是支持向量，因此有 $\alpha_i = 0$。这样的数据点对目标函数没有影响。换言之，SVM 使用拉格朗日系数 $\alpha_i$ 来学习数据点的相对重要性，这导致不重要的数据点被丢弃（即良好分隔的点）。在丢弃不重要的数据点之后，SVM 在剩下的数据点上进行加权最近邻预测，其中的权重对应着学到的拉格朗日系数。这是自适应最近邻的基本原理，其中一些识别“重要的”数据点或维度方面的工作是提前完成的，而不是以完全懒惰的方式完成的。有没有一种方式可以解释由这个对偶形式学到的适应性的性质呢？为了理解这一点，考虑对偶目标函数 $L_D$ 中唯一的数据依赖项 $-\sum_{i=1}^{n}\sum_{j=1}^{n} \alpha_i \alpha_j y_i y_j (\overline{X_i} \cdot \overline{X_j})$。当属于相反类别（即 $y_i y_j = -1$）且彼此比较接近（即（$\overline{X_i} \cdot \overline{X_j}$）较大）的两个点（$\overline{X_i}$，$\overline{X_j}$）的权重也有较大的权值（$\alpha_i$，$\alpha_j$）时，这个项被最大化。换句话说，在“混合类别区域”中的数据点应该有较大的权重，并且这些点正好是决策边界附近的不确定点。此外，良好分隔的点没有任何影响。正如我们后面将会看到的，如果我们使用非点积的值作为对偶目标函数中的相似度，则决策边界的形状可以是非线性的（像最近邻分类器一样）。思考一下，我们使用 0－1 相似度 $K(\overline{X_i}\cdot\overline{X_j})$ 来定义邻居（只有当相似度大于某个阈值时它的值才为 1，否则为 0），而不是使用 $(\overline{X_i}\cdot\overline{X_j})$ 作为对偶形式中的相似度时，会发生什么。在这样的情形中，我们可以将这个对偶形式大致[⊖]解释为针对以下问题的求解：

$$\text{最大化 } \alpha_i \sum_{\text{相反类别的邻居对}} \alpha_i \cdot \alpha_j - \sum_{\text{相同类别的类邻居对}} \alpha_i \cdot \alpha_j$$

满足：

每个非负权重 $\alpha_i$ 小于 $C$

这个优化形式试图最大化位于其他类别附近的区域中的点的权重，并把完全被相同类别的邻居所包围的点的权重设为 0。这将产生一个“不确定”点的子集，其中的点具有点相关的权重。其基本思想是，对于最近邻预测而言，给边界区域中的不确定点赋予更大的权重比使用最近邻分类的朴素实现要更准确。这个“重要性权重”是在对偶参数中学到的。我们将这一点总结如下：

支持向量机是一种自适应最近邻方法。

SVM 与自适应最近邻方法的等价性如图 6.5 所示。可以丢弃大部分训练点而不会改变预测值的这个事实意味着，比起懒惰的最近邻方法，SVM 有着更简洁的模型。这种类型的模型压缩（model compression）是自适应最近邻分类器有时用来表达自己的方式。压缩学习算法对没有见过的测试数据往往具有较好的泛化能力，因为它们没有足够的内存去记忆无关训练数据的细微差异。

SVM 和最近邻方法之间的等价性也提供了一个直观的解释，即为什么通过把优化形式和预测函数中的点积 $\overline{X_i}\cdot\overline{Z}$ 变为一个随距离比随点积衰减更剧烈的权重（如高斯核函数），可以捕捉非线性的决策边界。毕竟，当权重剧烈衰减时（参考第 5 章的 5.4 节），加权最近邻方法也能够捕捉非线性的边界。6.5 节将会对这样的核方法进行更详细的讨论。

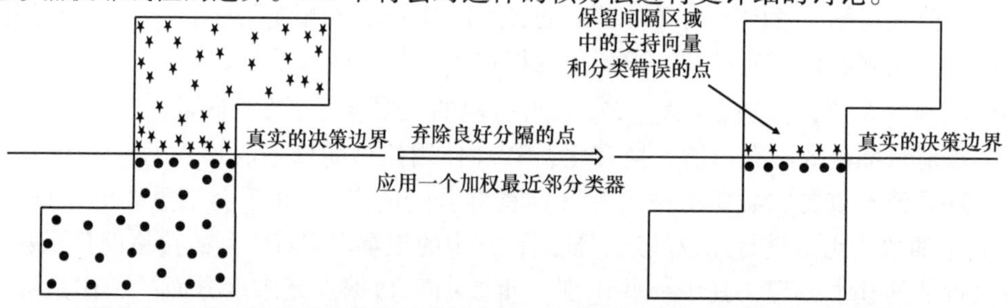


图 6.5　支持向量机是自适应最近邻方法。支持向量机通过少量的支持向量对数据进行归纳，这对其泛化能力有帮助

⊖ 我们说“大致”是因为我们忽略了数据无关项 $\sum_{i=1}^{n}\alpha_i$。—— 原书注

## 6.4 对数几率回归

对数几率回归属于一类被称为判别模型（discriminative model）的概率性模型。这些模型假设因变量是由关于特征变量的函数定义的概率分布生成的一个观测值。首先，我们会提供一个正则优化解释以将它更好地与本章讨论的其他模型关联起来。

### 6.4.1 正则优化解释

考虑训练 - 测试对（training - test pair）为（$\overline{X_1}$，$y_1$）…（$\overline{X_n}$，$y_n$）的分类问题。每个类变量$y_i$来自｛-1，+1｝。我们从式（6.21）中的最小二乘分类优化形式开始（它被当作本章整个章节的“父问题”来处理）：

$$最小化\ J = \frac{1}{2}\sum_{i=1}^{n}[1 - y_i(\overline{W}\cdot\overline{X_i})]^2 + \frac{\lambda}{2}\|\overline{W}\|^2 \quad [正则化最小二乘分类]$$

SVM 解决了最小二乘分类模型（参考6.2.3.4节）中的一个重要缺陷，即最小二乘不仅惩罚那些在决策边界错误侧的点，还惩罚位于正确侧的远离决策边界的点。通过将松弛$[1 - y_i(\overline{W}\cdot\overline{X_i})]$的负值设为0，SVM 不会惩罚这样的点。然而，这种变化的一个不寻常的影响是，对于那些分隔足够好的点来说，目标值不会出现任何变化。对数几率回归使用一个平滑的对数损失，其中这些点的目标函数值仍会有一些变化。这种改变是否会对模型有所帮助是个值得商榷的问题。这也是我们将在6.4.5节探索的问题。

我们可以写出对数几率回归的目标函数如下：

$$最小化\ J = \sum_{i=1}^{n}\log[1 + \exp\{-y_i(\overline{W}\cdot\overline{X_i})\}] + \frac{\lambda}{2}\|\overline{W}\|^2 \tag{6.29}$$

式中，指数函数用“exp(·)”表示。这里的一个关键是，位于正确侧的训练点$\overline{X_i}$到决策边界的距离（由$y_i(\overline{W}\cdot\overline{X_i})$ 不断增大的正值来捕捉）越大，对数几率回归对它的惩罚就越小（虽然返回值是比较平稳地递减）。这与最小二乘分类相反，在最小二乘中，超过某个特定点之后的惩罚会越来越大。在支持向量机中，若到决策边界的距离在正确的方向上超过某个特定的值后不断增大，那它既不会受到奖励也不会受到惩罚。

为了展示各个损失函数之间的差异，我们绘制了（参考图6.6）标记为$y = +1$的训练点$\overline{X}$在$\overline{W}\cdot\overline{X}$不同值处的惩罚。其中展示了正则化最小二乘分类、SVM，以及对数几率回归三个分类器的损失函数。对数几率回归和支持向量机的损失函数看起来惊人地相似，不同的是，前者是平滑函数，并且 SVM 在超过$\overline{W}\cdot\overline{X}\geqslant 1$时会剧烈地降为0损失。损失函数中的这种相似性很重要，因为它解释了为什么两个模型在很多实际场景中给出了相似的结果。正则化最小二乘模型与 Fisher 判别一样，它提供了一个非常不同的损失函数。事实上，这是唯一一个具有这种空间区域的损失函数，在这个区域中，$\overline{W}\cdot\overline{X}$的增大会增加点受到的惩罚。对数几率回归的平滑目标函数的一个意义是，它考虑了所有与模型相关的点，包括良好分隔的点，尽管是以较小的程度。因此，对数几率回归模型不会（像 SVM 那样）丢弃大部分的点。此外，与 SVM 不同，对数几率回归常被用在线性分类的场景中。在文本域的具体场景中，这不是问题，这些场景中无论如何都推荐使用线性模型。虽然可以设计对数几率回归的非线性变种，但在那些情形中 SVM 一般更受欢迎。

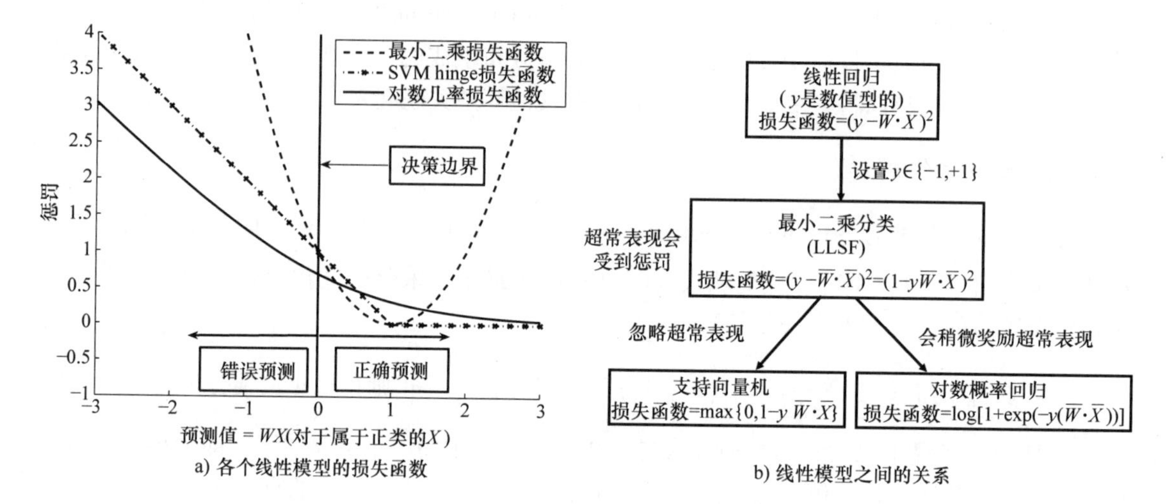


a) 各个线性模型的损失函数　　b) 线性模型之间的关系

图 6.6　a）属于正类的训练样本$\overline{X}$在不同$\overline{W}\cdot\overline{X}$的值处的损失。对数几率回归与 SVM 相似，不同的是，前者是平滑的，而后者在超过满足$\overline{W}\cdot\overline{X}\geqslant 1$ 的间隔点后突然变得平坦。对于（正）类训练样本来说，最小二乘分类是唯一一个随着$\overline{W}\cdot\overline{X}$的增加在某些区域中的惩罚也随之增大的情形。b）分类中所有的线性模型都源于线性回归这一父问题，这在历史上是先于分类形式化的。这些修改以不同的方式对待良好分隔（即超常表现的）的点

因为对数几率回归也有概率可解释性，事实证明，无论从确定意义上还是概率意义上，我们都可以执行测试样本$\overline{Z}$的预测 $F(\overline{Z})$。确定性预测与 SVM 相同，但概率性预测对对数几率回归来说是唯一的[⊖]。

$$F(\overline{Z})=\text{sign}\{\overline{W}\cdot\overline{Z}\}\ [\text{确定性预测}]$$

$$P(F(\overline{Z})=1)=\frac{1}{1+\exp(-\overline{W}\cdot\overline{Z})}\ [\text{概率性预测}]$$

值得注意的是，决策边界上满足$\overline{W}\cdot\overline{Z}=0$ 的点将会得到一个$\frac{1}{1+\exp(0)}=0.5$ 的概率预测值，这是一个合理的预测。可以使用梯度下降来学习对数几率回归中的概率性预测。

## 6.4.2　对数几率回归的训练算法

为了推导出对数几率回归的随机梯度下降迭代公式，我们考虑目标函数 $J$ 关于$\overline{W}$的梯度 $\nabla J$：

$$\nabla J=\lambda\overline{W}-\sum_{i=1}^{n}\frac{y_i\exp\{y_i(\overline{W}\cdot\overline{X_i})\}\overline{X_i}}{1+\exp\{-y_i(\overline{W}\cdot\overline{X_i})\}} \tag{6.30}$$

对于小批量随机梯度下降来说，只考虑关于包含 $s$ 个随机选出的训练样本的子集 $A$ 的梯

⊖　参考文献［383］中已经向我们展示了如何通过 SVM 推出启发式的概率估计值。——原书注

度。我们可以写出对应的梯度：

$$\nabla J = \frac{\lambda s}{n}\overline{W} - \sum_{(\overline{X_i}, y_i) \in A} \frac{y_i \exp\{-y_i(\overline{W} \cdot \overline{X_i})\} \overline{X_i}}{1 + \exp\{-y_i(\overline{W} \cdot \overline{X_i})\}} \tag{6.31}$$

当 $s=1$ 时，我们将得到纯粹的随机梯度下降。我们可以使用这些更新来设计面向对数几率回归的小批量随机梯度下降算法，从$\overline{W}=0$ 开始，利用学习速率 $\eta$ 进行 $T$ 次迭代更新：

for　$t=1 \sim T$　do begin

　　$A_t$ = 随机采样 $s$ 个训练对$(\overline{X_i}, y_i)$；

　　$\overline{W} \Leftarrow \overline{W}\left(1 - \frac{\eta \lambda s}{n}\right) + \eta \sum_{(\overline{X}, y) \in A_t} \frac{y \exp\{-y(\overline{W} \cdot \overline{X})\} \overline{X}}{1 + \exp\{-y(\overline{W} \cdot \overline{X})\}}$；

endfor

建议读者检验这个更新过程与 6.3.3 节中描述的 Pegasos 算法的相似性。它们之间的主要差异在于处理良好分隔的点的方式和学习速率的选择。简单起见，我们使用一个常数学习速率 $\eta$。在对数几率回归中，还有一些其他技术可用于快速收敛，如牛顿方法。

### 6.4.3　对数几率回归的概率解释

对数几率回归是广义线性模型系列中的一员，它具有自然的概率解释。虽然对数几率回归是设计来处理二元因变量的，但广义线性模型系列可以处理所有类型的因变量，如有序数据（评分）、类别数据，以及计数数据。SVM 和对数几率回归使用不同的方式对最小二乘回归进行修改，使其因变量具有二元属性。从某种意义上来说，对数几率回归是更系统化的，因为其思想可以适应其他类型的目标变量。

本质上讲，对数几率回归假设目标变量 $y_i \in \{-1, +1\}$ 是从隐含的伯努利概率分布中生成的观测值，此概率分布由$\overline{W} \cdot \overline{X_i}$进行参数化。由于$\overline{W} \cdot X_i$可能是任意大小的值（与伯努利分布的参数不同），所以我们需要对它应用某些类型的函数以使其在（0，1）范围内。其中使用的函数为 sigmoid 函数。也就是说，我们有

$y_i$ ~ 由$\overline{W} \cdot \overline{X_i}$ 的 sigmoid 函数值进行参数化的伯努利分布

我们根据这个概率解释可以得到给定数据点$\overline{Z}$的预测值 $F(\overline{Z})$：

$$P(F(\overline{Z})=1) = \frac{1}{1+\exp(-\overline{W} \cdot \overline{Z})}$$

对任意目标值 $y \in \{-1, +1\}$，可以更一般地写出这个预测函数：

$$P(F(\overline{Z})=y) = \frac{1}{1+\exp(-y(\overline{W} \cdot \overline{Z}))} \tag{6.32}$$

容易验证 $y$ 的两个输出结果的概率之和为 1。

这里的关键是如果我们有其他类型的目标变量，例如类别的（categorical）、多项式的（multinomial）或是有序的（ordinal），那么我们可以选择使用不同类型的分布和$\overline{W} \cdot \overline{X_i}$的不同函数来定义隐含概率过程的参数化。处理任意类型的目标变量的能力正是广义线性模型这个系列真正的优势所在。

概率性模型学习概率过程的参数来最大化数据的似然。包含 $n$ 个形式为（$\overline{X_i}$，$y_i$）的数据点对的整个训练数据集的似然如下：

$$L(\text{训练数据} \mid \overline{W}) = \prod_{i=1}^{n} P(F(\overline{X_i}) = y_i) = \prod_{i=1}^{n} \frac{1}{1 + \exp(-y_i(\overline{W} \cdot \overline{X_i}))}$$

我们必须最大化该似然函数或是最小化其负对数似然。因此，我们可以使用上述表达式的负对数来表示最小化对数似然目标函数 $LL$：

$$LL = \sum_{i=1}^{n} \log[1 + \exp\{-y_i(\overline{W} \cdot \overline{X_i})\}] \tag{6.33}$$

在加上正则化[⊖]项之后，这个（负）对数似然函数与式（6.29）中的对数几率回归的目标函数相同。因此，对数几率回归本质上是一个（负）对数似然最小化算法。

6.4.3.1 随机梯度下降步骤的概率解释

大部分梯度下降方法是误差驱动方法，因为更新的步骤通常是一个关于在训练数据上出现的误差的函数。为了理解这一点，需要注意到 6.2.1.1 节中面向最小二乘回归的梯度下降步骤是训练数据上出现的误差的直接函数。对数几率回归中的更新如何与其他方法的这个特点比较呢？让我们来检验，随机梯度下降对第 $t$ 轮迭代中的点的子集 $A_t$ 所做的更新（伪代码见 6.4.2 节）：

$$\begin{aligned}
\overline{W} &\Leftarrow \overline{W}\left(1 - \frac{\eta\lambda s}{n}\right) + \eta \sum_{(\overline{X},y) \in A_t} \frac{y\exp\{-y(\overline{W} \cdot \overline{X})\}\overline{X}}{1 + \exp\{-y(\overline{W} \cdot \overline{X})\}} \\
&= \overline{W}\left(1 - \frac{\eta\lambda s}{n}\right) + \eta \sum_{(\overline{X},y) \in A_t} y\{P(F(\overline{X}) = -y)\}\overline{X} \\
&= \overline{W}\left(1 - \frac{\eta\lambda s}{n}\right) + \eta \sum_{(\overline{X},y) \in A_t} y\{P[(\overline{X},y)\text{ 上的误差}]\}\overline{X}
\end{aligned}$$

因此，对数几率回归也是一种误差驱动方法，并且使用了误差的概率。这与对数几率回归是概率方法的事实一致。

6.4.3.2 线性模型在原始空间中的更新之间的关系

SVM 在前一节的概率更新中利用一个 0/1 值来替换 $P[(\overline{X},y)$上的误差$]$，具体取决于点（$\overline{X}$，$y$）是否满足间隔要求。事实上，对最小二乘分类、SVM 和对数几率回归来说，我们可以写出统一形式的更新步骤。这种形式的更新如下：

$$\overline{W} \Leftarrow \overline{W}(1 - \eta\lambda) + \eta y[\delta(\overline{X}, y)]\overline{X}$$

式中，误差函数 $\delta(\overline{X}, y)$ 可以是最小二乘分类的误差值，可以是 SVM 的指示变量，也可以是对数几率回归的概率（见习题 15）。更新之间的密切关系反映了它们的损失函数之间的密切关系（参见图 6.6）。值得注意的是，感知器更新与 SVM 更新相同，但指示变量的定义不同。

### 6.4.4 多元对数几率回归与其他推广

对数几率回归的概率解释特别方便，因为它提供了一种利用广义线性模型对其他类型的

⊖ 正则化与 $\overline{W}$ 中的参数是从高斯先验采样得到的假设等价，所以我们需要在对数似然上加上 $\lambda\|\overline{W}\|^2/2$ 以融入这种先验假设。——原书注

目标变量进行建模的途径。毕竟，在对数几率回归中，概率过程的整个重点是将连续值$\overline{W}\cdot\overline{X_i}$转化为具有概率解释的一个二元预测量$y_i$。在$k$类问题的情形中，我们可以生成目标变量$y_i$如下：

$$y_i \sim \text{通过}\overline{W_1}\cdot\overline{X_i}\cdots\overline{W_k}\cdot\overline{X_i}\text{的函数进行参数化的目标敏感的分布}$$

上面的分布选择取决于我们想要学习的目标变量（即因变量）的类型。在上述场景中，目标变量有$k$个由$\{1\cdots k\}$表示的类别值。因此，各个类别具有如下定义的概率分布：

$$P(y_i = r|\overline{X_i}) = \frac{\exp(\overline{W_r}\cdot\overline{X_i})}{\sum_{m=1}^{k}\exp(\overline{W_m}\cdot\overline{X_i})} \quad \forall r \in (1\cdots k) \tag{6.34}$$

与在对数几率回归中的情形一样，我们通过最大化观测目标在训练数据上的似然来学习$\overline{W_1}\cdots\overline{W_k}$中的参数。具体来讲，这种损失函数被称为交叉熵损失（cross - entropy loss）函数：

$$\mathcal{LL} = -\sum_{i=1}^{n}\sum_{r=1}^{k} I(y_i, r)\cdot\log[P(y_i = r|\overline{X_i})] \tag{6.35}$$

式中，当$y_i$的值为$r$时，指示函数$I(y_i, r)$值为1，否则为0。因此，学习多类别的参数的方法只在最大化似然函数的具体细节上与对数几率回归不同，而总体结构的原理是保持不变的。当使用（$\overline{X_i}$，$y_i$）进行训练时，我们可以对每个$W_r$使用下面的随机梯度下降步骤：

$$\overline{W_r} \Leftarrow \overline{W_r}(1-\eta\lambda) + \eta\overline{X_i}[I(y_i, r) - P(y_i = r|\overline{X_i})] \quad \forall r \in \{1\cdots k\} \tag{6.36}$$

式中，$\eta$是步长，$\lambda$是正则化参数。读者应该可以证明二元类别的多元目标函数（式(6.35)）的特殊情形与对数几率回归相同（见习题13）。

本质上，该方法同时学习$k$个不同的线性分隔器（separator），并且每个分隔器试图将剩余数据与特定类别区分开来。这与一对全部（one - against - all）的方法（见6.1.4节）有一些相似之处，通过对不同预测值进行投票的方式，它常被用来将二分类器（如支持向量机）转换为多分类器，而这些预测值是通过分别构建这样的模型获得的。然而，它们的差异在于，在多元对数几率回归中，分隔器是通过一次性联合优化训练关于所有$k$个类别的对数似然同时进行学习的。这产生了更加灵活的模型，而不是可分解的一对全部方法，它是在单独学出每个$\overline{W_r}$后按顺序进行的。这个模型也被称为多项式对数几率回归（multinomial logistic regression）、最大熵（maximum entropy，MaxEnt）或softmax模型。我们还可以使用合适的分布对计数数据（使用多项式分布）或评分数据（使用有序的probit模型）进行建模。有关广义线性模型的资料，请参阅6.7节中的说明。值得注意的是，在其他二元模型（如SVM）中也可以同时使用不同的线性分隔器。例如，可以设计一个多类别的SVM损失函数，它被称为Weston - Watkins SVM [496]，它同时学习$k$个不同的分隔器（见习题14）。然而，SVM在处理不同类型的目标变量时并没有广义线性模型系列那么灵活。

### 6.4.5 关于对数几率回归性能的评述

对数几率回归与支持向量机的性能非常相似。这是因为两个方法的损失函数非常相似。事实上，在具有重叠类分布的高噪声数据集中，线性对数几率回归可能稍微优于线性支持向量机。在类被较好地分隔时，支持向量机往往表现很好。其中一个原因在于支持向量机总会在支持向量中将分类错误的训练点包含进来。因此，如果数据集包含大量错误标记的点或是内部噪声，那么它会在很大程度上影响 SVM 的分类。这是因为 SVM 出于不是支持向量的原因丢弃了许多标记正确的点。因此，分类错误的训练点在 SVM 模型保留的支持向量中会占据更大比例。在这些具体的情形中，对数几率回归的平滑目标函数可能会提供一些保护，因为它在损失函数中给所有标记正确的点赋以一些权重（尽管相对于良好分隔的点来说只是一小部分）以平衡一部分噪声。然而，即使在这些情形中，只要正确调整正则化参数，SVM 的表现从统计意义上讲往往也是与对数几率回归相当的。

对数几率回归中的一个比较困难的情形是针对良好分隔的类的情形，在这种情形中，支持向量机通常表现更好。在这些情形中，对数几率回归方法在概率估计方面往往变得不稳定。然而，即使概率估计较差，通常还是可以用它们来对测试样本进行合理的分类。需要注意的是，良好分隔的类是一种比较容易的情形，很多分类器都可以用来解决这种情形。总的来讲，在 SVM 和对数几率回归之间做选择通常很困难。对数几率回归的多元变种在多分类中通常有一些优势，因为在具有多个类别的情况下，它可以构建更有效的模型。如果想要非线性模型，则支持向量机是首选方法，这也是下一节要讨论的主题。

## 6.5 线性模型的非线性推广

面向分类的非线性模型可以在由核奇异值分解（SVD）定义的数据变换表示上使用线性模型。因此，一种实现非线性模型的简单的方式如下：

1）将 $d$ 维空间中的 $n$ 个训练数据点变换为一个新的表示 $D'$。对于一个具有 $n$ 个点的有限数据集来说，总可以找到至多 $n$ 维的数据相关表示。通过对适当选定的大小为 $n \times n$ 的点与点之间的相似度矩阵 $S$ 进行对角化，将其表示为 $S = UU^{\mathrm{T}}$，从而大小为 $n \times n$ 的矩阵 $U$ 的 $n$ 行中包含了这些点的 $n$ 维表示。

2）在 $U$ 的行中的训练数据的变换表示上应用任意线性模型（如 Fisher 判别，SVM 或对数几率回归）以创建一个模型。

3）对于任意测试点，将其变换到与训练数据相同的空间中，并将学到的模型应用到变换表示上以预测其类标记。

其基本思想是变换空间中的线性分隔器可以映射为原始空间中的非线性分隔器。虽然这种实现核分类的粗糙方式不是实际中所使用的，但它与使用类似核技巧这样的方法实现的结果一样，后面会讨论。在进一步阅读前，建议读者回顾第 3 章 3.6 节中关于核 SVD 的内容。核 SVM 是这种变换的直接应用。

通过计算其中特征值最大的特征向量，SVD 可以从大小为 $n \times n$ 的相似度（即点积）矩阵中恢复[⊖]原始的数据表示。任意数据矩阵 $D$ 都可以使用大小为 $n \times n$ 的点积矩阵 $S = DD^{\mathrm{T}}$ 的特征向量来复原。我们可以对 $S$ 进行对角化：

$$S = Q\Sigma^2 Q^{\mathrm{T}} = \underbrace{(Q\Sigma)}_{U} \underbrace{(Q\Sigma)^{\mathrm{T}}}_{U^{\mathrm{T}}} \tag{6.37}$$

当 $S$ 包含点积时，矩阵 $U$ 将至多有 $d$ 个非零列，因为对角矩阵 $\Sigma$ 至多有 $\min\{n,d\}$ 个元

⊖ 通常在特定方向上对数据进行旋转和反射。——原书注

素（SVD 奇异值）不为0。可以弃除 $U$ 中剩余的 $n-d$ 维。在这种情形中，矩阵 $U$ 包含所有 $n$ 个点的 $d$ 维嵌入，这是通过传统的 SVD 方法实现的。现在，想象使用另一种核相似度值 $K(\overline{X_i}, \overline{X_j})$ 来代替 $S=DD^{\mathrm{T}}$ 的第（$i$, $j$）个元素中的点积，如下表中的任一个：

| 函数 | 形式 |
|---|---|
| 线性核函数 | $K(\overline{X_i},\overline{X_j})=\overline{X_i}\cdot\overline{X_j}$<br>原始数据的旋转和反射版本在 SVD 中的默认形式 |
| 高斯径向基核函数 | $K(\overline{X_i},\overline{X_j})=\exp(-\lVert\overline{X_i}-\overline{X_j}\rVert^2/(2\sigma^2))$ |
| 多项式核函数 | $K(\overline{X_i},\overline{X_j})=(\overline{X_i}\cdot\overline{X_j}+c)^h$ |
| sigmoid 核函数 | $K(\overline{X_i},\overline{X_j})=\tanh(\kappa\,\overline{X_i}\cdot\overline{X_j}-\delta)$ |

其基本思想是这些核相似度函数表示变换空间中使用未知变换 $\Phi(\cdot)$ 的数据点之间的点积：

$$K(\overline{X_i},\overline{X_j})=\Phi(\overline{X_i})\cdot\Phi(\overline{X_j}) \tag{6.38}$$

从上面的任意相似度矩阵中提取非零特征向量都将会产生变换数据的一个 $n$ 维表示 $\Phi_s(\overline{X})$。考虑这样的情形，对于上面任意的大小为 $n\times n$ 的相似度矩阵来说，如果我们使用与上面相同的方法提取出所有的非零特征向量：

$$S=Q\Sigma^2Q^{\mathrm{T}}=\underbrace{(Q\Sigma)}_{U}\underbrace{(Q\Sigma)^{\mathrm{T}}}_{U^{\mathrm{T}}} \tag{6.39}$$

在这种情形中，$U$ 的 $n$ 行提供了数据相关[⊖]的变换表示 $\Phi_s(\overline{X})$，并且对于 $U$ 来说非零向量可能多于 $d$ 个。换句话说，这种变换表示可能具有比原始数据更高的维度。线性核是一种特殊情形，在这种情形中，我们获得原始数据的旋转和反射版本，它最多有 $d$ 个非零维度。对于很多核方法来说，这种更高维的表示会沿着不同的变换维度使数据拥有局部的聚类特点，并且这些簇（或类）此时变成线性可分的。因此，在 $\Phi_s(\overline{X})$（而不是原始数据）上使用线性 SVM 是比较合理的。

### 6.5.1 基于显式变换的核 SVM

虽然使用显式变换来实现核 SVM 并不常见，但也可以这样做。出于讨论的目的，假设大小为 $n\times n$ 的相似度矩阵 $S$ 的特征向量和特征值由 $Q$ 和 $\Sigma$ 来表示。我们可以弃除 $\Sigma$ 和 $Q$ 中的零特征向量（列）以产生具有 $r<n$ 个维度的大小为 $n\times r$ 的矩阵 $U_0=Q_0\Sigma_0$。$U_0$的行包含

⊖ 严格来讲，变换 $\Phi(\overline{X})$ 需要无限维才能充分表示出高斯核所有可能的数据点。然而，我们总可以将 $n$ 个点（以及原点）在任意维度中的相对位置投影到一个 $n$ 维的平面上，就好比一个包含两个3维的点（以及原点）的集合总可以投影到一个2维的平面上。这些点的大小为 $n\times n$ 的相似度矩阵的特征向量恰好给出了这种投影。这被称为数据相关的 Mercer 核映射。因此，即使我们经常听到从高斯核提取无限维的点是不可能的，但这使得变换的性质比实际上听起来更抽象和更不可能。事实上，我们往往可以处理数据相关的 $n$ 维变换表示。只要相似度矩阵是半正定的，则一个有限数据集总会存在一个有限维的变换表示，这对于学习算法来说已经足够了。我们使用符号 $\Phi_s(\cdot)$（而不是 $\Phi(\cdot)$）来表示这是一个数据相关的变换表示。——原书注

训练点的显式变换表示。因为样本外测试点$\overline{Z}$与训练点的点积是该测试点和训练点之间相应的核相似度，所以任意样本外的测试点$\overline{Z}$也可以投影到这个 $r$ 维的表示空间中：

$$\underbrace{\Phi_s(\overline{Z})}_{1\times r}\underbrace{(Q_0\Sigma_0)}_{r\times n}{}^{\mathrm{T}}=\underbrace{[K(\overline{Z},\overline{X_1}),K(\overline{Z},\overline{X_2}),\cdots,K(\overline{Z},\overline{X_n})]}_{\text{大小为}1\times n\text{的相似度行向量}} \tag{6.40}$$

在两边同时乘上 $Q_0\Sigma_0^{-1}$ 并在左侧使用$Q_0^{\mathrm{T}}Q_0=I$，我们得到

$$\Phi_s(\overline{Z})=[K(\overline{Z},\overline{X_1}),K(\overline{Z},\overline{X_2}),\cdots,K(\overline{Z},\overline{X_n})]Q_0\Sigma_0^{-1} \tag{6.41}$$

点$\Phi_s(\overline{Z})$包含测试点在 $r$ 维空间中的数据相关的变换表示，这个空间与对训练数据进行变换的空间相同。因此，我们给出核 SVM 的算法（使用从训练数据相似度矩阵 $S$ 开始的显式变换）如下：

对角化 $S=Q\,\Sigma^2Q^{\mathrm{T}}$；
在 $Q\Sigma$ 的行中提取出 $n$ 维的嵌入；
从 $Q\Sigma$ 中弃除任意零特征向量以创建$Q_0\Sigma_0$；
{$Q_0\Sigma_0$的 $n$ 行和它们的类标记构成训练数据}；
在$Q_0\Sigma_0$和类标记上应用线性 SVM 来学习模型 M；
使用式(6.41)将测试点$\overline{Z}$转换为$\Phi_s(\overline{Z})$；
在$\Phi_s(\overline{Z})$上应用 M 以生成预测结果；

换句话说，我们可以通过显式变换来实现核 SVM。此外，我们可以将 SVM 替换为任意的学习算法，如对数几率回归或 Fisher 判别。需要注意的是，这种方法适用于有监督学习和无监督学习的所有算法。第 4 章的 4.8.1.2 节描述了一个基于核函数的 $k$ 均值聚类算法（具有显式特征变换）的无监督学习的例子。在上面描述的形式中，显式变换方法是极其低效的，因为对于矩阵 $U_0=Q_0\Sigma_0$来说，提取出的表示可能需要 $O(n^2)$的空间。这就是我们要诉诸于核技巧的（实际的）原因，本章后面会讨论。核技巧提供的方案与上面伪代码提供的方案是等价的。

然而，使用核函数的显式变换的声誉比它们应有的声誉更差。值得注意的是，我们可以结合集成技巧来使用 Nyström 采样（参考第 3 章的 3.6.2 节）以提高这种方法的效率和准确率。事实上，这种类型的采样方法（显式变换）有很多益处，但研究人员和从业人员经常低估了这些方法。4.7 节和 4.8.1.2 节针对聚类描述了这种基于采样的方法。我们将分类的实现留给读者（见习题 12）。探索显式变换方法也是很有用的，因为它提供了关于核是如何提升变换空间中不同类别的可分性的理解，这也是 6.5.2 节要讨论的主题。

### 6.5.2 为什么传统的核函数能够提升线性可分性

像高斯核这样传统的核函数可以将数据变换到高维空间中，在这个空间中，不同类别的点变得线性可分。正如 6.5.1 节所讨论的，这些变换实际上增加了嵌入数据在输入空间中的表示维度。增加的维度使得很多方法得以用来对两组点进行分隔，因此更容易找到一个线性分隔器。通过检验使用这么多维度的方式，我们可以获得更好的理解。关键在于嵌入核函数可以捕捉数据在工程化特征的专用子集中的局部聚类（即类别）结构，这些特征彼此之间通常没有交集。为了理解这一点，考虑文本文档全被归一化为单位范数的情形。那么，任意文

档对间的点积（$\overline{X_i}$，$\overline{X_j}$）可以通过它们之间的欧氏距离的平方 $R^2$ 来表示：

$$\overline{X_i}\cdot\overline{X_j}=\frac{\|\overline{X_i}\|^2+\|\overline{X_j}\|^2-\|\overline{X}-\overline{Y}\|^2}{2}$$

$$=\frac{1+1-R^2}{2}=1-R^2/2$$

因此，我们可以通过$R^2$表示出传统的核函数：

$$\overline{X_i}\cdot\overline{X_j}=1-R^2/2 \quad [\text{线性核函数}]$$

$$(\overline{X_i}\cdot\overline{X_j})^2=(1-R^2/2)^2 \quad [\text{平方核函数}]$$

$$\exp(-\|\overline{X_i}-\overline{X_j}\|^2/(2\sigma^2))=\exp(-R^2/2\sigma^2) \quad [\text{指数核函数}]$$

在每个情形中，很明显，在变换空间中，随着输入空间中距离的增大，更高阶的核相似度衰减得要比点积更剧烈。图6.7展示了高斯核的相似度值（即变换空间中的点积）是如何随着输入空间中的不同的平方距离值 $R^2$ 而变化的。对于高斯核而言，图中使用了 $\sigma$ 在0.25和0.5处的两个不同的值。很明显，使用更高阶的核和较小的带宽的话，下降更加剧烈。在这样的情形中，很多点对之间的相似度几乎为0。由于总是可以假定[㊀]使用像高斯核这样的非负核函数在象限中创建了一个非负的嵌入，所以一对变换点之间的相似度为0的唯一方式是它们取沿着不同维度的正分量。换句话说，像高斯核这样的核函数将输入空间中相距较远的点映射到不同维度，并且它们将紧密聚集的点（通常属于同类）映射为一个有关维度的专有子集。在正确选择带宽 $\sigma$ 的情况下，不同类别将会由变换空间中的不同维度的子集来控制，这可以提升线性可分性。然而，这种在变换空间中的线性分隔器对应着原始输入空间中的非线性分隔器。

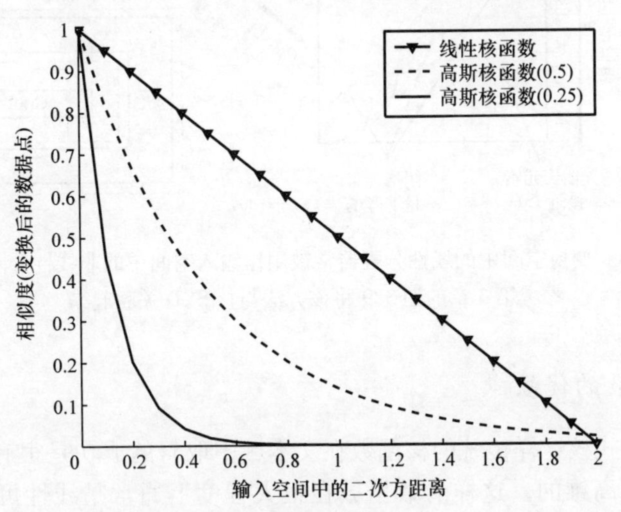


图6.7　当使用较小的高斯核带宽时，变换空间中的两个点之间的相似度对输入空间中的平方距离非常敏感。

㊀ 当核相似度矩阵中的所有元素为非负时，这意味着点与点之间所有的成对角度都小于90°。我们总可以将点反射到非负象限中，而不失一般性。——原书注

为了解释这一点，我们在图 6.8 中回顾第 3 章中的例子。在这种情况下，数据被分为三个类，对应于 Arts（艺术）、Crafts（手工）和 Music（音乐）。假设，我们想要将 Arts 与其他类别分隔开来。显然线性分隔器不能将这个类分离出来，因为它与其他类是紧密结合在一起的。现在，想象使用一个高斯核函数对数据进行变换。如果我们选了一个足够小的带宽，那么即使在相同类别内总是存在彼此之间有着高相似度的点对，但属于不同类别的点对之间的相似度接近于 0。因此，相似度矩阵中的填充元素看起来可能如图 6.8 所示。只有当这个嵌入的不同维度由不同类别来控制时，这样的矩阵才可以通过数据点的点积来表示。在这种情形中，线性分隔器能够将 Arts 与其他类分隔开。需要注意的是，这种在变换后的空间中的线性分隔器对应着原始输入空间中的非线性分隔器。本质上，设计这样的变换方法是为了将通过（输入）维度的组合捕捉到的局部信息转换为单独的（变换后的）维度。关键在于，恰当地调整核函数的参数（如带宽 $\sigma$）对于得到最佳的分类性能来说是至关重要的。

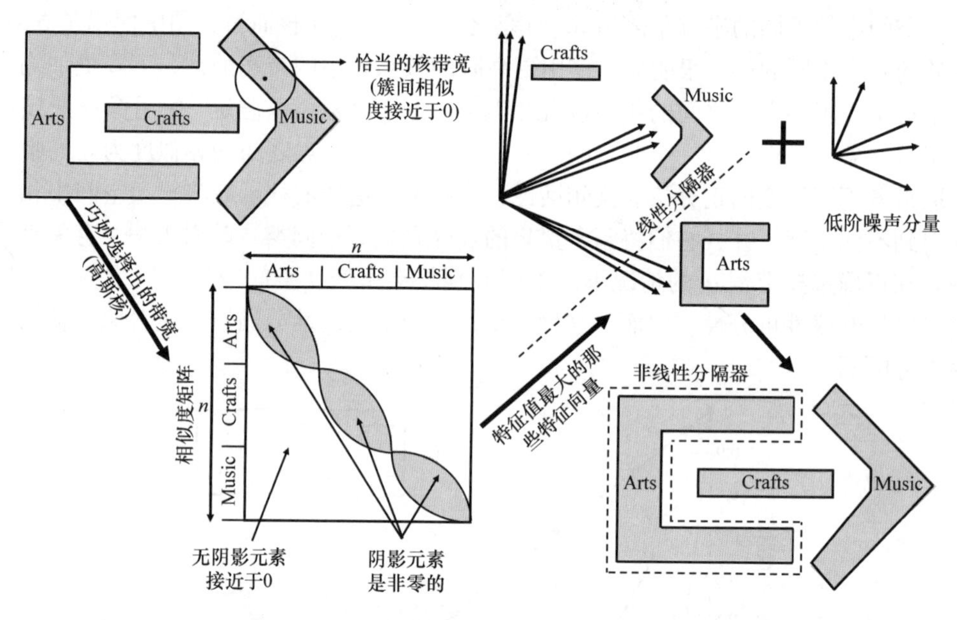


图 6.8　变换空间中的线性分隔器常被用作输入空间中的非线性分隔器。参考第 3 章的图 3.9 将该方法与核 SVD 关联起来

### 6.5.3　不同核函数的优缺点

像高斯核与多项式核这样传统的核函数在文本域中取得的成功是很有限的。一个问题是文本数据是稀疏的和高维的，这样的数据域在很大程度上通常是线性可分的。需要注意的是，在进行充分的参数调优的情况下，高斯核函数与多项式核函数通常会提供略优于线性分类器的性能，因为在高斯核函数中选择较大的带宽（几乎）与线性核函数等价。因此，在充分进行带宽调优的情况下，通常可以找到一个操作点（operating point），其中非线性核会超越线性核。主要问题在于大部分 SVM 算法的非线性变种比起线性变种来说，计算上比较昂

贵，较小的准确率优势可能并不值得额外的付出。另外要记住的一点是，我们此时需要对两个参数（对应着正则化参数和核函数参数）进行调优，对于参数调优来说这需要更昂贵的网格搜索㊀，这进一步增加了计算的成本。如果网格搜索不够充分，则非线性的核方法可能会表现得比更容易进行有效调参的线性核还差。二阶多项式核函数在准确率方面可以提供一定程度的提升[88]，因为它们对两个词项之间的交互信息进行了捕捉，尽管其优势也是非常有限的。

6.5.3.1　利用核函数捕捉语言知识

核函数的主要潜力在于它能够将语言知识融入语料库以进行分类。在这种上下文中，子字符串核函数[308]使用单词的位置顺序信息，以从数据中捕捉到（比从词袋表示中获得的概念）更深层次的语义概念。第3章讨论了一些这样的核函数。通过使用字符串核函数直接将语义和语言概念融入到模型中是一个比较有效的想法。从长远来看，虽然在文本域中需要对语言敏感的相似度学习进行大量的研究，但这些设置可能是核方法在文本中的主要使用场景。真正的人工智能认知形式需要具备将基于序列的学习模型整合到分类过程的能力。

## 6.5.4　核技巧

正如前面所讨论的，变换 $\Phi(\overline{X})$ 是通过使用大小为 $n \times n$ 的相似度矩阵 $S$ 来获得的，该矩阵包含变换后的空间中的所有的成对相似度 $\Phi(\overline{X_i}) \cdot \Phi(\overline{X_j})$。使用核方法的一种方式是对大小为 $n \times n$ 的相似度矩阵 $S$ 进行对角化，然后在提取出的表示上构建一个线性模型，进而提取出数据相关的 Mercer 核映射 $\Phi_s(\overline{X})$。然而，在很多情形中，如果可以用点积来表示线性模型的解，则没有必要显式地进行这种特征工程。在这种情形中，使用相似度替换点积提供的结果与显式的特征工程一致。所以，核技巧的本质如下：

创建一个通过点积来定义的解析解或优化形式，并通过测试样本与其他训练样本的点积推导出测试样本上的预测函数的形式。此时使用相似度矩阵 $S$ 中的元素替换所有点积。

本章的一些小节表明很多线性模型的训练和预测都可以通过点积来表示。例如，考虑本章前面介绍的支持向量机的对偶形式。其对偶形式可以表示如下：

$$\text{最大化 } L_D = \{\sum_{i=1}^{n} \alpha_i\} - \frac{1}{2}\sum_{i=1}^{n}\sum_{j=1}^{n} \alpha_i \alpha_j y_i y_j (\overline{X_i} \cdot \overline{X_j})$$

满足：

$$0 \leqslant \alpha_i \leqslant C \quad \forall i \in \{1 \cdots n\}$$

显然，这个对偶形式只包含像 $\overline{X_i} \cdot \overline{X_j}$ 这样的训练数据对之间的点积。我们可以使用核相似度（如从字符串核函数获得的相似度）来代替这种点积，并求解 $\alpha_i$ 的不同值。需要注意的是，对于对偶问题（参考6.3.5节）来说，梯度上升更新已经通过核相似度 $K(\overline{X_i}, \overline{X_j})$（而不是点积）来表示。

如何使用这种相似度来返回某个测试样本的预测结果（比如，字符串形式）呢？为了理

㊀ 假设针对 $t$ 个不同的参数，不同的可能性分别为 $p_1 \cdots p_t$。我们此时必须在留出集上评估算法使用 $p_1 \times p_2 \times \cdots \times p_t$ 个组合中的每个参数组合的效果。——原书注

解这一点，考虑核 SVM 针对测试点$\overline{Z}$的预测函数：

$$F(\overline{Z}) = \text{sign}\{\overline{W} \cdot \overline{Z}\} = \text{sign}\{\sum_{i=1}^{n} \alpha_i y_i \overline{X_i} \cdot \overline{Z}\} \tag{6.42}$$

我们可以使用训练点$\overline{X_i}$与测试点$\overline{Z}$之间对应的字符串核相似度来代替每一个$\overline{X_i} \cdot \overline{Z}$，以生成最终的预测结果。

### 6.5.5 核技巧的系统性应用

回顾一下，在 SVM 的对偶形式中使用核技巧看起来几乎像是一个偶然的观察。然而，线性模型有大量可能的变种，其中每一个变种可能都有自己的目标函数和自己的约束集。最小二乘回归，Fisher 判别，以及对数几率回归技术就是来自一系列可能性的例子。给定一个线性问题，如何引入核函数？优化问题的对偶形式对于核函数的引入来说总会有效吗？有没有系统性的方式呢？

虽然近年来已经有一些方法提出在原始空间中使用核技巧，但更有名的是核技巧在对偶形式中的使用。结合核技巧来使用在原始空间中的方法要系统性得多，甚至有一些效率方面的优势。然而，由于历史原因，这个（更）有用和系统性的技术比起更为有名的对偶变种来说，相对总是较少有人关注，例如关于这个主题的第一篇论文就使用了对偶优化方法[115]。在这个上下文中，十年前写的一篇富有洞察力的论文[89]中得到了一个观察结论如下：

“大多数介绍支持向量机（SVM）的教材和文章首先描述在原始空间中的优化问题，然后直接就跳到对偶优化形式。读者很容易会产生一个印象，就是这是训练 SVM 的唯一可能的方式。”

为了在原始空间中求解非线性 SVM，一个可以使用的重要思路是表示定理（representer theorem）。考虑本章讨论到的所有使用 $L_2$ 正则化形式的线性模型，其中损失函数是 $L(y_i, \overline{W} \cdot \overline{X_i})$：

$$\text{最小化}\ J = \sum_{i=1}^{n} L(y_i, \overline{W} \cdot \overline{X_i}) + \frac{\lambda}{2}\|W\|^2 \tag{6.43}$$

考虑训练数据点的维度为 $d$ 且它们全都位于 2 维平面上的情形。需要注意的是，在这个平面上的点的最优线性分隔总可以利用这个 2 维平面上的 1 维直线来实现。此外，这个分隔器比任何更高维的分隔器都更精简，因此更受 $L_2$ 正则化项的偏爱。位于 2 维平面上的训练点的 1 维分隔线如图 6.9 所示。虽然我们还可以使用任何穿过图 6.9a 的 1 维分隔器的二维平面（见图 6.9b）来得到训练点的相同分隔，但 $L_2$ 正则化项并不会偏爱这样的分隔器，因为它缺乏精简性。换句话说，给定一组训练数据点$\overline{X_1} \cdots \overline{X_n}$，分隔器$\overline{W}$总是位于这些向量所跨越的空间中。我们在下面描述这个结果，它是表示定理的一个非常简化的版本，并且是使用 $L_2$ 正则化项的线性模型特有的。

**定理 6.5.1（简化后的表示定理）** 令 $J$ 为形式如下的任意一个优化问题：

$$\text{最小化}\ J = \sum_{i=1}^{n} L(y_i, \overline{W} \cdot \overline{X_i}) + \frac{\lambda}{2}\|\overline{W}\|^2$$

则有上述问题的任意最优解$\overline{W}^*$位于训练点$\overline{X_1}\cdots\overline{X_n}$所表示的子空间中。也就是说，一定存在实值$\beta_1\cdots\beta_n$使得下式为真：

$$\overline{W}^* = \sum_{i=1}^{n}\beta_i\overline{X_i}$$

**证明**：假设在训练点所表示的子空间中无法表示出$\overline{W}^*$。那么我们将$\overline{W}^*$分解为训练点所表示的部分$\overline{W}_{\parallel} = \sum_{i=1}^{n}\beta_i\overline{X_i}$以及额外的正交残差$\overline{W}_{\perp}$。换言之，我们有

$$\overline{W}^* = \overline{W}_{\parallel} + \overline{W}_{\perp} \tag{6.44}$$

那么，只有当$\overline{W}_{\perp}$为零向量时，才可以证明$\overline{W}^*$是最优的。

每个$\overline{W}_{\perp}\cdot\overline{X_i}$必须为0，因为$\overline{W}_{\perp}$正交于各个训练点所表示的子空间。可以写出最优目标函数$J^*$如下：

$$\begin{aligned}
J^* &= \sum_{i=1}^{n}L(y_i,\overline{W}^*\cdot\overline{X_i}) + \frac{\lambda}{2}\|\overline{W}^*\|^2 = \sum_{i=1}^{n}L(y_i(\overline{W}_{\parallel}+\overline{W}_{\perp})\cdot\overline{X_i}) + \frac{1}{2}\|\overline{W}_{\parallel}+\overline{W}_{\perp}\|^2 \\
&= \sum_{i=1}^{n}L(y_i,\overline{W}_{\parallel}\cdot\overline{X_i} + \underbrace{\overline{W}_{\perp}\cdot\overline{X_i}}_{0}) + \frac{\lambda}{2}\|\overline{W}_{\parallel}\|^2 + \frac{\lambda}{2}\|\overline{W}_{\perp}\|^2 \\
&= \sum_{i=1}^{n}L(y_i,\overline{W}_{\parallel}\cdot\overline{X_i}) + \frac{\lambda}{2}\|\overline{W}_{\parallel}\|^2 + \frac{\lambda}{2}\|\overline{W}_{\perp}\|^2
\end{aligned}$$

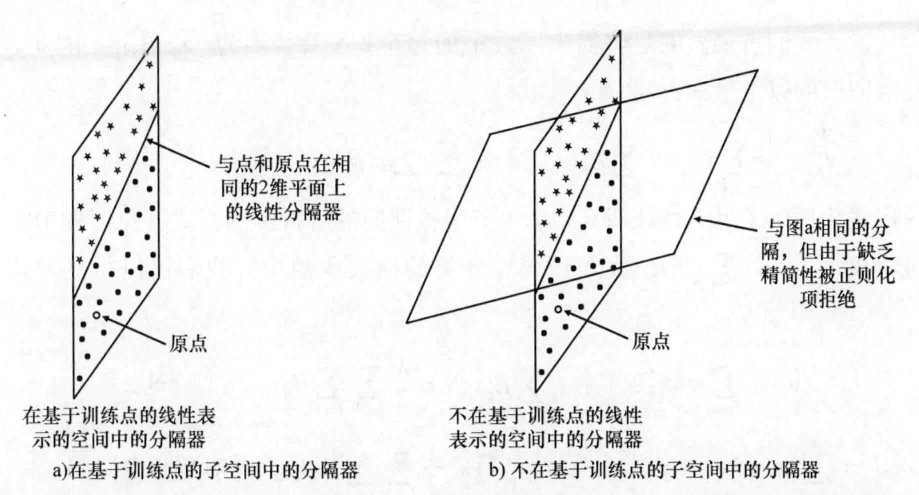


图6.9　图a和图b中的线性分隔器提供了完全相同的训练点分隔，但图a中的分隔器可以表示为训练点的线性组合，图b中的分隔器总会被正则化项拒绝。表示定理的关键在于总是可以在训练点的平面（子空间）中找到一个分隔器$\overline{W}$

值得注意的是，$\|\overline{W}_{\perp}\|^2$必须为0，否则$\overline{W}_{\parallel}$将会是比$\overline{W}^*$更优的解。因此，$\overline{W}^* = \overline{W}_{\parallel}$位于训练点所表示的子空间中。

直观来讲，表示定理指出，对于特定系列的损失函数来说，总可以在训练点所表示的子

空间内找到一个最优的线性分隔器（见图 6.9），并且其正则化项确保这是完成它的精简方式。

表示定理提供了一种模板方法来创建优化模型，该模型被表示为一个关于点积的函数：

对于任意给定的形式为式（6.43）的优化模型，插入 $\overline{W} = \sum_{i=1}^{n} \beta_i \overline{X_i}$ 以获得一个由$\beta_1 \cdots \beta_n$进行参数化且只通过训练点之间的点积来表示的新的优化问题。此外，针对测试样本$\overline{Z}$计算$\overline{W} \cdot \overline{Z}$时也使用相同的方法。

考虑计算$\overline{W} \cdot \overline{X_i}$以将它插入到损失函数中会发生的情形：

$$\overline{W} \cdot \overline{X_i} = \sum_{p=1}^{n} \beta_p \overline{X_P} \cdot \overline{X_i} \tag{6.45}$$

此外，可以将正则化项$\|\overline{W}\|^2$表示如下：

$$\|\overline{W}\|^2 = \sum_{i=1}^{n} \sum_{j=1}^{n} \beta_i \beta_j \overline{X_i} \cdot \overline{X_j} \tag{6.46}$$

为了对该问题引入核函数，我们必须要做的就是使用大小为 $n \times n$ 的相似度矩阵 $S$ 中的相似度值 $s_{ij} = K(\overline{X_i}, \overline{X_j}) = \Phi(\overline{X_i}) \cdot \Phi(\overline{X_j})$ 来代替点积。因此，我们得到下面的优化目标函数：

$$J = \sum_{i=1}^{n} L(y_i, \sum_{p=1}^{n} \beta_p s_{pi}) + \frac{\lambda}{2} \sum_{i=1}^{n} \sum_{j=1}^{n} \beta_i \beta_j s_{ij} \quad [\text{一般形式}]$$

换句话说，我们需要做的是将损失函数中的每个$\overline{W} \cdot \overline{X_i}$替换为 $\sum_p \beta_p s_{pi}$。因此，我们得到最小二乘回归的以下形式：

$$J = \frac{1}{2} \sum_{i=1}^{n} (y_i - \sum_{p=1}^{n} \beta_p s_{pi})^2 + \frac{\lambda}{2} \sum_{i=1}^{n} \sum_{j=1}^{n} \beta_i \beta_j s_{ij} \quad [\text{最小二乘回归}]$$

上述形式化提供了另一种证明 6.2.1.4 节中核回归的解析解的方式（见习题 18）。

通过将 $\overline{W} \cdot \overline{X_i} = \sum_p \beta_p s_{pi}$ 代入到线性分类的损失函数中，我们可以得到对应的优化形式：

$$J = \sum_{i=1}^{n} \max\{0, 1 - y_i \sum_{p=1}^{n} \beta_p s_{pi}\} + \frac{\lambda}{2} \sum_{i=1}^{n} \sum_{j=1}^{n} \beta_i \beta_j s_{ij} \quad [\text{SVM}]$$

$$J = \sum_{i=1}^{n} \log(1 + \exp(-y_i \sum_{p=1}^{n} \beta_p s_{pi})) + \frac{\lambda}{2} \sum_{i=1}^{n} \sum_{j=1}^{n} \beta_i \beta_j s_{ij} \quad [\text{对数几率回归}]$$

我们可以方便地使用成对的相似度来表示这些无约束的优化问题，并且由 $\beta_1 \cdots \beta_n$ 进行参数化。为了对测试样本$\overline{Z}$进行分类，只需要在学到 $\beta_1 \cdots \beta_n$ 之后计算 $\overline{W} \cdot \overline{Z} = \sum_i \beta_i K(\overline{X_i}, \overline{Z})$ 即可。

在 SVM 中，原始空间中的变量$\beta_1 \cdots \beta_n$可以与最优的对偶变量 $\alpha_1 \cdots \alpha_n$ 相关联。至少存在一个最优解对（$\overline{\alpha}^*$，$\overline{\beta}^*$），其中我们有$\beta_i^* = y_i \alpha_i^*$，因为 $\overline{W}^* = \sum_i \alpha_i^* y_i \Phi(\overline{X_i}) = \sum_i \beta_i^* \Phi(\overline{X_i})$。然而，并不是在解空间的所有点上都有这种关系，在 $\beta_i = \alpha_i y_i$处对应的原始空间

中的非最优目标函数值总是大于对偶形式在$\alpha_i$处的非最优目标函数值。可以使用对偶形式的任意最优解来推出原始空间中的最优解$\beta_i^* = y_i \alpha_i^*$，尽管反过来是不正确的，因为对偶变量是有界限的。此外，对偶问题的一个“几乎”最优的解可以映射为原始空间中的一个差得多的解（这是对偶优化的一个潜在缺陷）。

在原始空间中，优化无约束变量$\beta_1 \cdots \beta_n$（与对偶问题中的有界变量$\alpha_1 \cdots \alpha_n$相反）更容易。此外，在原始空间中，有一个简洁的二次参数化技巧可用。我们可以执行关于$\overline{W}$的随机梯度下降（与在6.3.3节中一样），而只通过表示定理间接使用$\beta_1 \cdots \beta_n$来更新$\overline{W}$。我们使用$C=1/\lambda$来描述SVM的Pegasos核函数的变种：

初始化$\beta_1 \cdots \beta_n$为0；

for $t=1 \sim T$ do begin

$\eta_t = 1/4; \overline{\beta} \Leftarrow (1-\eta_t)\overline{\beta}$;

随机选择$(\overline{X_{i_t}}, y_{i_t})$；

$$\text{if } \underbrace{\left(y_{i_t} \sum_{p=1}^{n} \beta_p K(\overline{X_{i_t}}, \overline{X_p}) < 1\right)}_{y_{i_t} \overline{X} \cdot \overline{X_{i_t}} < 1} \text{ then } \underbrace{\beta_{i_t} \Leftarrow \beta_{i_t} + \eta_t \cdot n \cdot C \cdot y_{i_t}}_{\text{间接地更新}\overline{W}};$$

endfor

需要注意的是，这个算法与6.3.3节中讨论的几乎一样，不同的是，我们是通过更新$\beta_i$（而不是$\overline{W}$）来间接地更新$\overline{W} - \sum_{i=1}^{n} \beta_i \overline{X_i}$。其中，我们把批量样本的规模设为1，并略去了（可选的）投影步骤以简化更新。使用表示定理可以针对很多线性方法得到一个类似上面的算法（见习题9）。

使用$\eta_t = 1/t$的学习速率很方便，因为它允许Pegasos中存在一些优化。在第$t$轮迭代中，对于间隔违反的点$\overline{X_{i_t}}$来说，加到系数$\beta_{i_t}$上的量是$n \cdot C \cdot y_{i_t}/t$，它与$1/t$成比例。针对所有的$t' > t$次迭代维护这个比例，因为对于每一个$r \in (t, t']$来说，$\overline{\beta}$在第$r$次迭代中被连续缩放了$(r-1)/r$。这个性质允许我们在第$t$轮迭代中在$\beta_{i_t}$没有归一化的值上加1，移除正则化缩放，并在最终的（即第$T$次）迭代后，在末尾给每个（即第$i$个）系数乘上$n \cdot C \cdot y_i/T$。将间隔的检验条件修改为$y_{i_t} \sum_{p=1}^{n} \beta_p y_p K(\overline{X_{i_t}}, \overline{X_p}) < t/nC$，这是唯一可能比较耗时的步骤。该检验的时间取决于向量$\overline{\beta}$中的非零元素个数。每次迭代中至多引入一个非零的$\beta_i$，并且如果存在早期的泛化准确率（early generalization accuracy），则$\overline{\beta}$是稀疏的。通过从较小的数据样本的执行过程中推导出$\overline{\beta}$，以将其初始化为一个稀疏的且“几乎最优的”向量有时是有益的。Pegasos算法因其效率被认为是最好的方法。这个算法表明，经过20多年在对偶SVM优化方面的复杂研究，在原始空间中的优化方法可以通过几行代码做得一样好或者更好。

## 6.6 本章小结

所有面向分类的线性模型都密切相关，因为它们优化的损失函数都是通过特征变量的线性组合来表示的。线性分类问题以各种方式来扩展线性回归中的损失函数，以处理类变量的二元性质。像 Fisher 判别这样的方法是线性回归在这个方面的直接扩展。从处理数据中良好分隔的点来看，SVM 不同于 Fisher 判别。对数几率回归使用的损失函数是 SVM 使用的损失函数的一个平滑的变种，它提供了相似的结果。通过使用核函数变换，所有的些模型都可以推广到非线性的场景中。

## 6.7 参考资料

最小二乘回归与分类可以追溯到 Widrow – Hoff 算法[497]和 Tikhonov – Arsenin 的开创性工作[474]。$L_2$ 正则化有时被称为 Tikhonov 正则化。从参考文献［142］中可以找到关于回归分析的一个详细讨论，参考文献［208］讨论了使用 $L_1$ 正则化的回归。像感知器[51]这样的神经网络也是基于最小二乘回归的改进版本，它更接近支持向量机。从参考文献［191］中可以找到一个关于这些方法的讨论。一些独立工作[177,466]根据它们与支持向量机的关系重新推导了这些方法。参考文献［515，518］给出了最小二乘方法在文本分类中的首次应用。通过将二元响应变量当作数值型响应变量来处理，所有这些方法都是正则化最小二乘回归在训练数据上的直接应用。Fisher 判别于 1936 年由 Ronald Fisher[167]提出，它是线性判别分析方法[330]系列中的一种特殊情形。参考文献［340］讨论了 Fisher 判别的核函数版本。即使 Fisher 判别使用看起来与最小二乘回归不同的目标函数，但事实上它是最小二乘回归的一个特殊情形，其中二元响应变量被用作回归子[50]。参考文献［445］根据对良好分隔的点的处理方式，证明了 Fisher 判别与支持向量机的关系。还提出了 Fisher 判别的一个变种[112]，它移除了良好分隔的点以提升其性能。

支持向量机一般归功于 Cortes 和 Vapnik[115]，虽然 $L_2$ 损失函数 SVM 的原始方法是更早几年由 Hinton[217]提出的。这个方法通过只保留一半的平方损失曲线并将剩余的设为 0，来修复最小二乘分类中的损失函数，以使得它看起来像 hinge 损失函数的平滑版本（在图 6.6a 上尝试这种做法）。这个贡献的具体意义在更广阔的神经网络文献中不复存在。尽管在神经网络中将收缩加到梯度下降步骤中的一般概念很有名，但 Hinton 的工作也不关注正则化在 SVM 中的重要性。hinge 损失函数 SVM[115]很大程度上是从对偶性和最大间隔解释的角度来体现的，这使得它与正则化最小二乘分类的关系有些不明确。SVM 与最小二乘分类的关系在其他相关工作[407,445]中更为明显，其中变得比较明显的是平方损失函数和 hinge 损失函数 SVM 是正则化 $L_2$ 损失函数（即 Fisher 判别）和 $L_1$ 损失函数分类的自然变种，它们将二元类变量用作回归响应变量[191]。这些主要差异说明了这样一个事实，即应该区别对待二元响应变量与数值型响应变量，并且 $y_i(\overline{W}\cdot\overline{X}_i)>1$ 的点不应该受到惩罚，因为它们代表了训练实例的正确分类（见图 6.6）。可以使用表示定理以相同的方式针对所有这些目标函数的变种引入核函数[487]。以间隔为中心的解释已经被用来创建不同的面向数值型目标的线性回归变种，它被称为支持向量回归[143,482]。

对偶问题的分解方法由 Osuna 等人[368]提出，并在 SVMLight[241]和序列最小优化（Sequential Minimal Optimization，SMO）[382]算法中得到了扩展。这个算法的优化版本[165]是用

LIBLINEAR[164]实现的，这是一个具有很多线性学习算法的软件库。SVMPref[242]中提出了一个面向文本数据的割平面算法（cutting plane algorithm）。核 SVM 在原始空间中的优化在参考文献［89］得到了推广。参考文献［444］提出了 Pegasos 算法，并且该方法是基于原始优化的。参考文献［69，117，482］中都有关于支持向量机的一般性介绍。参考文献［308］讨论了字符串核函数。对数几率回归模型对支持向量机中的 hinge 损失函数进行平滑，它属于更大系列的广义线性模型。参考文献［328］提供了一个关于广义线性模型的详细讨论。参考文献［363］探索了最大熵方法面向文本分类的用法。参考文献［209］讨论了多元对数几率回归的各种过程，如广义迭代缩放（generalized iterative scaling）、迭代式再加权最小二乘（iteratively reweighted least - square）以及梯度下降（gradient descent）。

### 6.7.1 软件资源

对于大规模 SVM 和线性分类来说，LIBSVM[87]和 LIBLINEAR[164]是两个比较重要的库，这两个库都是用 C + + 实现的。这些库实现了本章讨论的很多线性分类算法，并且还包含针对稀疏数据（如文本）的专门的算法实现。前一个库更侧重于 SVM，而后一个库有各种线性算法，如 SVM 和对数几率回归。LIBSVM 和 LIBLINEAR 的创建者已经提供了 Python、Java 和 MATLAB 等多种语言的接口。此外，很多其他第三方平台也使用 LIBLINEAR 和 LIBSVM。因此，下面提到的很多工具也使用了这些实现，但讨论它们也很重要，因为它们使用不同的编程语言平台来提供用户接口。Python 库 scikit - learn[550]包含很多线性分类和回归的工具。来自 CRAN 的 kernlab 包[255]也可以用来在 R 语言中进行线性与非线性分类。对于那些使用 R 编程语言工作的人来说，caret 包[267]是一个较好的选择，尽管它从其他包中获取特定算法的实现并构造一个封装器将它们封装起来。基于 R 的 tm 库[551]可以与 caret 包相结合以进行预处理和词条化。R 语言中的 RTextTools 包[571]也有很多分类方法，它们都是专门为文本设计的。Java 中的 Weka 库[553]也实现了各种文本分类和回归的工具。MALLET 工具包[605]支持最大熵分类器的实现，它使用多元对数几率回归。

## 6.8 习题

1. 在最小二乘分类与回归中，通常通过在数据上加上全为 1 的额外列来处理偏置变量。当使用模型的正则化形式时，使用一个显式的偏置项来讨论它们的差异。

2. 不使用正则化，写出具有偏置项 $b$ 的形式为 $y = \overline{W} \cdot \overline{X} + b$ 的最小二乘回归的优化形式。证明当数据矩阵 $D$ 和响应变量$\overline{y}$都进行均值中心化处理后，偏置项 $b$ 的最优值总为 0。

3. 对于任意大小为 $n \times d$ 的数据矩阵 $D$ 来说，使用奇异值分解证明对于任意 $\lambda > 0$ 都有下面的等式：

$$(D^{\mathrm{T}}D + \lambda I)^{-1}D^{\mathrm{T}} = D^{\mathrm{T}}(DD^{\mathrm{T}} + \lambda I)^{-1}$$

需要注意的是，等式两侧的两个单位矩阵的大小分别为 $d \times d$ 和 $n \times n$。你所要证明的是矩阵代数中 Sherman - Morrison - Woodbury 的一个特殊情形。解释这个单位矩阵对核最小二乘回归的意义。

4. 假设类内散度矩阵 $S_w$ 的定义与 6.2.3 节中一样，类间散射矩阵 $S_b$ 的定义为 $S_b =$

$n[(\overline{\mu_1}-\overline{\mu_0})^{\mathrm{T}}(\overline{\mu_1}-\overline{\mu_0})]$。假设数据矩阵 $D$ 进行了均值中心化处理，证明完整的散度矩阵可以表示如下：

$$D^{\mathrm{T}}D = S_w + \frac{n_1 n_0}{n^2} S_b \tag{6.47}$$

式中，$\overline{\mu_1}$ 和 $\overline{\mu_0}$ 是训练数据中正类和负类的均值。此外，$n_1$ 和 $n_0$ 是训练数据中正类和负类样本的数目。

5. 证明在线性模型中使用核函数时，可以通过在大小为 $n \times n$ 的核相似度矩阵的每个元素上加上一个常量来说明偏置项的影响。

6. 对正则化最小二乘分类的一个变种进行形式化，其中使用了 $L_1$ 损失而不是 $L_2$ 损失。你觉得这些方法在存在异常值的情况下表现如何？哪些方法与使用 hinge 损失函数的 SVM 更相似？与正则化最小二乘形式相比，讨论在这个问题中使用梯度下降所面临的挑战。

7. 推导习题 6 引入的 $L_1$ 损失分类变种的随机梯度下降步骤，可以使用常数步长。

8. 推导使用平方损失函数而非 hinge 损失的 SVM 的随机梯度下降步骤，可以使用常数步长。

9. 考虑下面形式的损失函数：

$$\text{最小化} J = \sum_{i=1}^{n} L(y_i, \overline{W} \cdot \overline{X_i}) + \frac{\lambda}{2} \|\overline{W}\|^2$$

推导这个通用的损失函数的随机梯度下降步骤，可以使用常数步长。

10. 考虑下面形式的损失函数：

$$\text{最小化} J = \sum_{i=1}^{n} L(y_i, \overline{W} \cdot \overline{X_i}) + \frac{\lambda}{2} \|\overline{W}\|^2$$

使用表示定理推导这个通用的损失函数在核函数场景中的随机梯度下降步骤，其中计算的是关于 $\overline{\beta}$ 的梯度，$\overline{\beta}$ 定义了表示定理的 $n$ 维系数向量。

11. 考虑下面形式的损失函数：

$$\text{最小化} J = \sum_{i=1}^{n} L(y_i, \overline{W} \cdot \overline{X_i}) + \frac{\lambda}{2} \|\overline{W}\|^2$$

使用表示定理推导这个通用的损失函数在核函数场景中的随机梯度下降步骤，其中计算的是关于 $\overline{W}$ 的梯度，$\overline{W}$ 定义了维度未知的变换空间中的线性超平面。你所推导的梯度下降步骤应该通过表示定理间接地对超平面 $\overline{W}$ 进行更新。讨论它与前一道习题的差别。

12. 给出一个利用显式的核特征变换和 Nyström 估计进行分类的算法。该如何使用集成方法来使算法更高效和更准确？

13. 多元对数几率回归：证明对二元类别来说，式（6.35）的特殊情形与对数几率回归的目标函数一致。

14. 多类 SVM：考虑 $k>2$ 的 $k$ 类问题。用来学习多类 SVM 的一对全部的替代方法是像多元对数几率回归模型一样同时学习 $k$ 个分隔器的系数向量 $\overline{W_1} \cdots \overline{W_k}$。为多类 SVM 设置一个损失函数和优化模型。讨论这个方法相对于一对全部方法的优点和缺点。

15. 证明最小二乘分类、SVM 和对数几率回归的梯度下降更新形式都是 $\overline{W} \Leftarrow \overline{W}(1-$

$\eta\lambda) + \eta y[\delta(\overline{X},y)]\overline{X}$。其中，对于最小二乘分类来说，误差函数 $\delta(\overline{X}, y)$ 是 $1 - y(\overline{W} \cdot \overline{X})$，对于SVM来说它是一个指示变量，对于对数几率回归来说它是一个概率值。假设 $\eta$ 是学习速率，$y \in \{-1, +1\}$，写出 $\delta(\overline{X}, y)$ 在每种情形中的具体形式。

16. 考虑参数得到正确优化的SVM。给出一个直观论证，说明为什么SVM的样本外误差率通常小于训练数据中的支持向量的比例。

17. 假设使用没有正则化的损失函数 $\sum_{i=1}^{n} (y_i - \overline{W} \cdot \overline{X_i})^2$ 进行最小二乘回归，但在每个特征上加上方差为 $\lambda$ 的球面高斯噪声。证明，具有干扰特征的期望损失给出了与 $L_2$ 正则化相同的损失函数。使用这个结果给出一个有关正则化与加噪之间的关系的直观解释。

18. 证明如何使用表示定理推出核最小二乘回归的解析解。

19. 证明当6.3.5节中的步长 $\eta_k$ 被设为 $1/K(\overline{X_k},\overline{X_k})$ 时，式（6.27）中的拉格朗日对偶 $L_D$ 的偏导降为0。

# 第 7 章 分类器的性能与评估

“所有模型都是错的，但有一些是有用的。”

——George E. P. Box

## 7.1 导论

在所有机器学习问题中，研究得最为充分的就是分类问题，它有着最多的解决方案。这种丰富性自然也带来了一些有关模型选择与评估的问题。特别地，一些自然的问题如下：

1）给定一个分类器，造成其误差的原因是什么？有没有一种理论方法可以用来将误差分解为可直观解释的部分？

2）能否使用上述分析中的见解，在某个一般的领域中（尤其是在文本域中）选择一个特定的分类器？有没有一些具体的设计准则是我们使用一个特定的有监督学习算法时应该注意的？有没有一些方法可以使用这些见解来提升现成的分类器的性能？

3）给定一组学习算法，有没有一些经验方法可以对它们的性能进行评估，并在其中选择一个性能最佳的分类器？

分类模型的理论分析与它们的评估、模型设计和选择紧密相关。因此，本章将会综合讨论这些问题。

设计分类模型通常是为了直接地或间接地最大化训练数据上的准确率。虽然最大化训练数据上的准确率一般来说是比较理想的，但这并不总是能够使测试数据上的准确率得到提升（即更好的泛化能力），尤其是在训练数据比较少的时候。例如，决策树修剪节点，基于规则的分类器修剪规则，几乎所有基于优化的学习模型都使用正则化项，设计这些正则化项是为了以训练准确率为代价而使模型更精简。对于（未观测到的）测试数据来说，精简的模型具有更好的泛化能力，但它们可能无法充分利用训练数据不断增加带来的优势。这些目标之间的自然权衡是通过偏置 - 方差权衡来量化的。

分类器性能的理论分析很有用，因为它提供了一些有关分类器设计和其他技巧（如集成方法的使用）方面的指导。前面的章节已经讨论了诸如 bagging 和随机森林这样的一些集成方法，本章将回顾这些方法，并介绍 boosting 等其他的方法。最后，本章将讨论分类器评估、模型选择和参数调优。

### 7.1.1 本章内容组织结构

本章内容组织如下：7.2 节介绍偏置 - 方差权衡；7.3 节讨论偏置 - 方差权衡对文本分

类性能的影响；7.4 节介绍分类集成方法；7.5 节介绍用于分类器评估的方法；7.6 节给出本章小结。

## 7.2 偏置 - 方差权衡

偏置 - 方差权衡为各种对误差进行建模的原因提供了理论上的解释。所有分类器都试图通过各种各样的形式学习出将不同类别分隔开的决策边界的形状。类似线性支持向量机这样的分类器在决策边界的形状上施加了强有力的先验假设，因此与像核支持向量机这种可以学习任意决策边界的非线性分类器相比，其性能固然会差一些。从概念上来看，非线性模型是更“正确的”，因为它对决策边界的形状没有做过多的假设（即没有预定义的偏置）。然而，事实上，更强大的模型在处理有限的数据集时并不总是更胜一筹，这是我们从偏置 - 方差权衡中得出的最重要的一个结论。关键在于模型的预测不仅取决于所使用的模型的正确性，还取决于手头训练数据集的具体细微的差别，这可能会导致特定的训练数据集中的特征变量与目标变量之间产生意外的关系。一个复杂的模型可能会给这些意外的关系带来更多影响最终预测的可能性，特别是训练数据集比较小时。这种针对训练数据具体细微差异的预测敏感性导致了误差的产生，并使不同模型之间的准确率比较比一开始看起来更加微妙。特别地，我们可以将分类器的误差分解为以下三个部分：

1）偏置：笼统地说，我们可以把偏置视作由模型中的错误假设而导致的误差。例如，考虑一个非线性决策边界将两个类别分隔开的情形。然而，如果我们在这个场景中选择使用线性支持向量机（SVM），则这个分类器在不同的训练数据集上将始终都是错误的。偏置通常会导致特定的测试样本上的分类结果始终是不正确的。另一个具有较大偏置的分类器的例子是面向规模为 $n$ 的训练数据集的 $n$ - 最近邻分类器。这个分类器本质上是一个面向数据集全集的多数投票分类器，无论它接收到的训练数据的具体采样如何，只要采样的规模合理，它（几乎总是）会对少数类别中的样本进行错误的预测。

2）方差：学习算法的方差是一种衡量它相对于不同训练数据集的稳定性的方式。例如，1 - 最近邻分类器相对于它所使用的具体训练数据集的选择来说是极其不稳定的。当方差较大时，相对于不同的训练数据，相同的测试点可能会得到不一致的预测。这种不一致性是过拟合的结果，其中分类器学习了训练数据的具体细微差异，而这并不能很好地推广到测试样本上。因此，改变训练数据集会改变相同测试样本的预测结果，并且分类器预测会变得更不稳定。显然，方差往往会使期望误差增大，这是因为至少某些训练实例的预测一定是错误的，在这些实例中，相同测试点的预测结果不同。因此，方差导致相同测试样本相对于不同的训练数据集的分类结果不一致，这自然会使误差增大。

3）噪声：内部噪声是手头具体数据集的一种性质。任何数据集在空间中都存在一些区域，在这些区域中，两个类存在重叠或者某些点的标记是有误的。任何分类器都无法减少这种类型的噪声。当偏置和方差与某个特定的学习模型相关时，这种内部噪声被认为是数据的一个性质，它与手头的模型无关。噪声被视作是误差中无法消除的一部分，无法通过学习算法来处理。例如，即使一个学习算法与生俱来就有知晓每个类别分布的非凡优势，但噪声仍然是其误差的一部分。

正如上面使用最近邻分类器的例子所示，相同模型中的不同参数选择可能会产生不同程度的偏置和方差，这通常是（但并不总是）通过两者之间的权衡形式来体现的。有监督学习算法的目标是达到这种权衡的一个最优点，此时总体误差是最小的。

### 7.2.1 一个形式化的观点

我们假设生成训练数据的基本分布由$\mathcal{B}$来表示。我们可以从这个基本分布中生成一个数据集$\mathcal{D}$：

$$\mathcal{D} \sim \mathcal{B} \tag{7.1}$$

我们可以使用多种不同的方式来采样训练数据，例如只选择特定规模的数据集。现在，假设我们有一些明确定义的生成过程，用来从$\mathcal{B}$采样训练数据。下面的分析不依赖于在$\mathcal{B}$中进行数据集采样时所使用的具体机制。

访问基本分布$\mathcal{B}$等价于访问无限量的训练数据源，因为我们可以无限次地使用基本分布来生成训练数据集。然而，在实践中，这样的基本分布（即无限数据源）是无法获得的。实际上，分析者使用一些数据收集机制收集$\mathcal{B}$的一个有限大小的样本集。然而，对于从理论上量化在这个有限的数据集上的训练过程中的误差源来说，可以从基本分布生成其他训练数据集的概念是有帮助的。

现在想象分析者有一组 $d$ 维空间中的 $t$ 个测试样本，由$\overline{Z_1} \cdots \overline{Z_t}$表示。这些测试样本的因变量由$y_1 \cdots y_t$表示。为了便于讨论，我们假设测试样本和它们的因变量也是通过第三方从相同的基本分布$\mathcal{B}$中生成的，但分析者只有特征表示$\overline{Z_1} \cdots \overline{Z_t}$的访问权限，而没有访问因变量$y_1 \cdots y_t$的权限。因此，分析者的任务是使用训练数据集$\mathcal{D}$的单个有限样本集来预测$\overline{Z_1} \cdots \overline{Z_t}$的因变量。

此时，假设通过未知函数$f(\cdot)$来定义因变量 $y$ 和它的特征表示$\overline{Z_i}$之间的关系如下：

$$y_i = f(\overline{Z_i}) + \epsilon_i \tag{7.2}$$

式中，符号$\epsilon_i$表示固有的噪声，它与所使用的模型无关。尽管这里的假设是 $E[\epsilon_i]=0$，但$\epsilon_i$的值可能为正，也可能为负。如果分析者知道与这个关系相对应的函数$f(\cdot)$，那么他们只需要将这个函数应用到每个测试点$\overline{Z_i}$上就可以估计出因变量$y_i$，剩下的唯一的不确定性是由固有的噪声导致的。

这里的问题在于在实践中分析者并不知道函数$f(\cdot)$是什么样的。需要注意的是，基本分布$\mathcal{B}$的生成过程中使用了这个函数，并且整个生成过程就像是分析者无法获知的一个“神谕”一样。分析者只有这个函数输入和输出的样例。显然，分析者需要使用训练数据构建一个模型 $g(\overline{Z_i}, \mathcal{D})$，从而以数据驱动的方式来估计这个函数：

$$\hat{y}_i = g(\overline{Z_i}, \mathcal{D}) \tag{7.3}$$

需要注意的是，变量$\hat{y}_i$上方的抑扬音符（即符号“^”）表示它是一个由具体算法预测得到的值，而不是$y_i$的观测（真实）值。

有监督学习模型（如贝叶斯分类器、SVM 和决策树）的所有预测函数都是估计函数 $g(\cdot,\cdot)$的一些具体例子。我们甚至能够通过一种精简和易于理解的方式来表示某些算法

(如线性回归和 SVM):

$$g(Z_i,\mathcal{D}) = \underbrace{\overline{W}\cdot\overline{Z_i}}_{\text{通过}\mathcal{D}\text{来学习}\overline{W}} \quad [\text{线性回归}]$$

$$g(Z_i,\mathcal{D}) = \underbrace{\text{sign}\{\overline{W}\cdot\overline{Z_i}\}}_{\text{通过}\mathcal{D}\text{来学习}\overline{W}} \quad [\text{SVM}]$$

其他类似决策树这样的模型在算法上被表示为计算函数(computational function)。计算函数的选择包括其具体参数设置，如 $\kappa$-最近邻分类器中的最近邻数目。

偏置-方差权衡的目标是从偏置、方差以及(与具体数据相关的)噪声这几个方面来量化学习算法的期望误差。为了便于讨论，我们假设目标变量为数值形式，以便能够直观地通过预测值$\hat{y}_i$和观测值$y_i$之间的均方误差来对误差进行量化。虽然我们也可以通过使用测试样本的概率性预测把它用在分类中，但在回归中这是对误差进行量化的一种自然形式。在测试样本集$\overline{Z_1}\cdots\overline{Z_t}$上定义学习算法 $g(\cdot,\mathcal{D})$ 的均方误差 MSE 如下:

$$\text{MSE} = \frac{1}{t}\sum_{i=1}^{t}(\hat{y}_i - y_i)^2 = \frac{1}{t}\sum_{i=1}^{t}(g(\overline{Z_i},\mathcal{D}) - f(\overline{Z_i}) - \epsilon_i)^2$$

以独立于具体训练数据集的形式来估计误差的最佳方式是对不同的训练数据集计算期望误差:

$$E[\text{MSE}] = \frac{1}{t}\sum_{i=1}^{t}E[(g(\overline{Z_i},\mathcal{D}) - f(\overline{Z_i}) - \epsilon_i)^2]$$

$$= \frac{1}{t}\sum_{i=1}^{t}E[(g(\overline{Z_i},\mathcal{D}) - f(\overline{Z_i}))]^2 + \frac{\sum_{i=1}^{t}E[\epsilon_i^2]}{t} \quad [\text{使用}E[\epsilon_i] = 0]$$

通过展开第一个公式右侧的二次表达式可以得到第二个关系。

通过在右侧的平方项中加上并减去 $E[g(\overline{Z_i},\mathcal{D})]$可以对上面表达式的右侧进行进一步的分解:

$$E[\text{MSE}] = \frac{1}{t}\sum_{i=1}^{t}E[\{(f(\overline{Z_i}) - E[g(\overline{Z_i},\mathcal{D})]) + (E[g(\overline{Z_i},\mathcal{D})] - g(\overline{Z_i},\mathcal{D}))\}^2] + \frac{\sum_{i=1}^{t}E[\epsilon_i^2]}{t}$$

我们可以展开右侧的二次多项式得到下面的式子:

$$E[\text{MSE}] = \frac{1}{t}\sum_{i=1}^{t}E[\{f(\overline{Z_i}) - E[g(\overline{Z_i},\mathcal{D})]\}^2]$$

$$+ \frac{2}{t}\sum_{i=1}^{t}\{f(\overline{Z_i}) - E[g(\overline{Z_i},\mathcal{D})]\}\{E[g(\overline{Z_i},\mathcal{D})] - E[g(\overline{Z_i},\mathcal{D})]\}$$

$$+ \frac{1}{t}\sum_{i=1}^{t}E[\{E[g(\overline{Z_i},\mathcal{D})] - g(\overline{Z_i},\mathcal{D})\}^2] + \frac{\sum_{i=1}^{t}E[\epsilon_i^2]}{t}$$

上述表达式右侧的第二项为0，因为其中有一个乘法因子是 $E[g(\overline{Z_i},\mathcal{D})] - E[g(\overline{Z_i},\mathcal{D})]$。通过简化，可以得到下面的式子:

$$E[\mathrm{MSE}] = \underbrace{\frac{1}{t}\sum_{i=1}^{t}\{f(\overline{Z_i}) - E[g(\overline{Z_i},\mathcal{D})]\}^2}_{\text{偏置}^2} + \underbrace{\frac{1}{t}\sum_{i=1}^{t}E[\{g(\overline{Z_i},\mathcal{D}) - E[g(\overline{Z_i},\mathcal{D})]\}^2]}_{\text{方差}} + \underbrace{\frac{\sum_{i=1}^{t}E[\epsilon_i^2]}{t}}_{\text{噪声}}$$

我们对上面的每一项进行检验，以理解它们所代表的误差部分。考虑与表达式 $\frac{1}{t}\sum_{i=1}^{t}E[\{f(\overline{Z_i}) - E[g(\overline{Z_i},\mathcal{D})]\}^2]$ 相对应的（平方）偏置项。这个量计算函数 $f(\overline{Z_i})$ 的真值与通过模型得到的期望预测值之间的差异，其中的期望预测值由 $E[g(\overline{Z_i},\mathcal{D})]$ 来表示。比如，众所周知的 1 - 最近邻分类器具有非常低的偏置，因为它在大量数据集上的平均预测结果会接近于真实预测结果。类似地，非线性分类器通常也会有较低的偏置，因为它们能够对复杂的决策边界进行建模。

然而，非常低的偏置并不总能使期望均方误差（MSE）较小。这是由于存在额外的方差项，而这一项通常是无法约减为 0 的。主要问题在于我们只能访问到训练数据集 $\mathcal{D}$ 的单个有限的样本集，因此不可能精确地计算出 $E[g(\overline{Z_i},\mathcal{D})]$，所以这只是一个理论上的预测。接下来我们可以看到，虽然是以一种不太完美的方式，但集成方法仍试图使用某些技巧来估计这个预测值。

在小数据集上使用强大的分类器会使方差项变化得比较剧烈。例如，对于无限大的数据集来说，强大的 1 - 最近邻分类器几乎是贝叶斯最优的。现在考虑一个小数据集，其中所有属于正类的点都包含在下面的椭圆内：

$$\frac{25}{9}x_1^2 + 16x_2^2 = 1$$

图 7.1a 和 b 展示了两个 Voronoi 区域（参考第 5 章）的例子，它们是由两个不同的包含 25 个训练点的样本集得到的。在每种情形中，位于阴影区域的测试样本都被预测为正类，这个阴影区域与真实的椭圆边界非常不同。这种高度的不准确性是因为模型在较小的训练数据集上存在固有的不稳定性（即方差）。

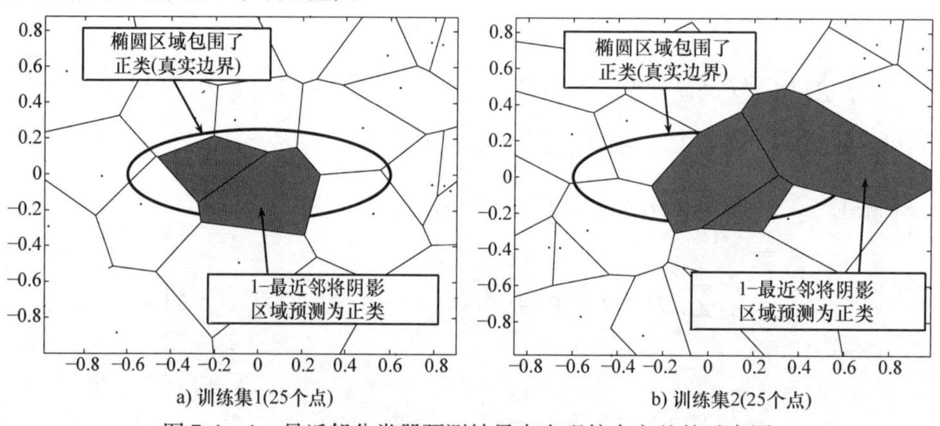


图 7.1　1 - 最近邻分类器预测结果中出现较大方差的示意图

在小数据集上使用非常强大的模型就如同用大锤拍打一只苍蝇一样，这会在对它进行正确的控制方面导致不可预测性（即方差增大）。最优模型的复杂度取决于偏置和方差之间的微妙权衡。虽然偏置随着模型复杂度的增大而降低，但方差也随之增大。因此，最优误差是在模型复杂度的某些中间值处达到的（参考图7.2）。

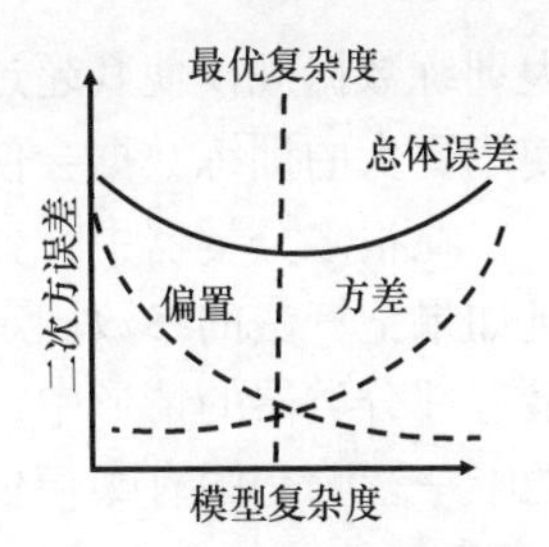


图7.2 对应于最优模型复杂度的点

### 7.2.2 偏置和方差的迹象

对于一个给定的数据集和学习算法来说，分析者如何判断导致误差的主要原因是偏置还是方差？为了对手头的算法进行恰当的调整，这是一个很有用的信息。一般而言，在无法访问无限数据源的情况下，我们是不可能精确地估计出偏置和方差的。然而，分析者可以根据某些迹象来判断误差源。方差较大的算法特别容易识别，因为它们通常会对数据进行过度的拟合，并且它们在训练数据上的准确率与在有标记数据的留出部分（不用来训练）上的准确率之间会存在较大的差距。此外，我们还可以在多个样本上运行算法来估计样本外的测试数据集上的方差项，尽管这仅仅是一个非常近似的估计项。

偏置一般难以识别。虽然训练准确率和测试准确率（和较大误差）之间差距较小的算法可能具有较高的偏置，但我们无法确定这些误差是否是由训练数据中的固有噪声导致的。检验误差是否是由固有噪声导致的一种方式是，在数据集上使用其他类型的模型，以此来检验非常不同的模型是否会对相同的测试样本进行错误的分类。有噪声的样本会使所有模型出现问题，并且往往会以比较一致的方式得到错误的分类。另一方面，不同模型的偏置不同将会反映在这样一个事实上，即每个模型在自己的特定的测试样本集上始终是错误的，这个测试样本集与其他的不太一样。虽然这种方法可以提供一些与偏置和噪声的性质有关的大致提示，但我们不应该将这种方法看作是一种正式的方法。需要牢记的一个重要问题是，分析者只能看到特定数据集上的综合形式的误差，在数据源有限的情况下，精准地将其分解为不同部分通常是不可能的。

## 7.3 偏置-方差权衡在性能方面可能的影响

本节将讨论偏置-方差权衡对分类器性能的影响。这些讨论将具体侧重于文本数据，这种数据是高维且稀疏的。

### 7.3.1 训练数据规模的影响

由于使用大量数据可以使模型具有较好的鲁棒性，所以增大训练数据规模几乎总会使分类器的方差减小。当使用较小的训练数据集时，分类器过度拟合某个特定数据分布的具体特性是比较常见的。在偏置-方差权衡中，方差$V$的期望值$E[V]$如下：

$$E[V]=\frac{1}{t}\sum_{i=1}^{t}E[\{g(\overline{Z_i},\mathcal{D})-E[g(\overline{Z_i},\mathcal{D})]\}^2]$$

需要注意的是，如果相对于规模较小的数据集$\mathcal{D}$对这个期望进行有条件的计算，那么对于大多数合理的模型来说，$g(\overline{Z_i},\mathcal{D})$的值将会随着$\mathcal{D}$的选择发生明显的变化。图7.1展示了在规模为25的数据集上应用1-最近邻分类器时出现这种剧烈变化的例子。此外，如果增大训练数据规模使其超过 25，则预测得到的区域的例子如第 5 章的图 5.2 所示。容易看到，使用更大的训练数据会使预测结果更稳定。

在很多分类器中，数据规模的增大也会使偏置降低，不过这种影响通常没那么显著，并且如果把算法的参数固定在适合于小数据集的值时，这种情况有时会出现反转。在使用 1 - 最近邻分类器的情形中，数据规模的增大会同时使偏置和方差减小。当数据量无限时，剩下的唯一影响是固有噪声的影响，特别是 1 - 最近邻分类器的准确率是贝叶斯最优率的 2 倍（参考第 5 章的 5.4 节）。这个系数为 2 是因为训练数据中的噪声和测试样本中的噪声对误差的贡献是相等的。

另一个关于数据规模对偏置的影响的有趣的例子出现在决策树中。决策树可以在数据量无限的情况下对任意决策边界进行建模。然而，当使用少量数据时，它生成的线性边界是分段的。

如果这些分段的线性边界相对于不同训练数据来说变化比较明显，那么这并不一定意味着较高的偏置。然而，由于决策树严重受到树顶层分裂的影响，且这不会随着不同的训练数据而出现明显的变化，所以决策树针对不同训练数据集的预测结果会非常稳定。这种情形如图 7.3a 所示，其中展示了真实的决策边界的粗糙的分段线性估计。当只基于规模较小的训练数据集来估计偏置时，这种类型的粗糙估计经常会产生更大的偏置。换句话说，当期望计算限于规模较小的数据集时，$E[g(\overline{Z_i},\mathcal{D})]$ 的值通常离 $f(\overline{Z_i})$ 更远。关键问题在于决策树的偏置取决于它的高度。越小的树偏置越大，较小的数据集会阻碍较深的树的创建。而随机森林在较小的训练数据集上具有比较好的偏置性能，因为它对使用不同分裂构造的各个树给出的预测结果求平均。这个平均化过程使决策边界更平滑，如图 7.3b 所示，这种边界可以更准确地估计真实的决策边界，从而产生了更低的偏置。虽然我们经常把随机森林看成一种使方差减小的方法，但这种观点需要一个针对偏置 - 方差权衡的非传统定义㊀，其中期望的偏置、

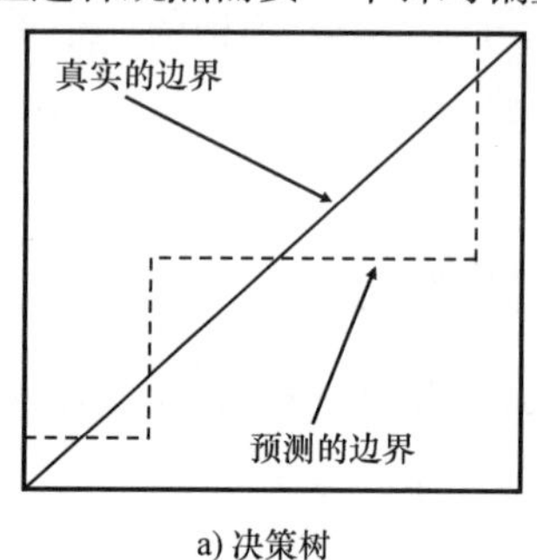


a) 决策树

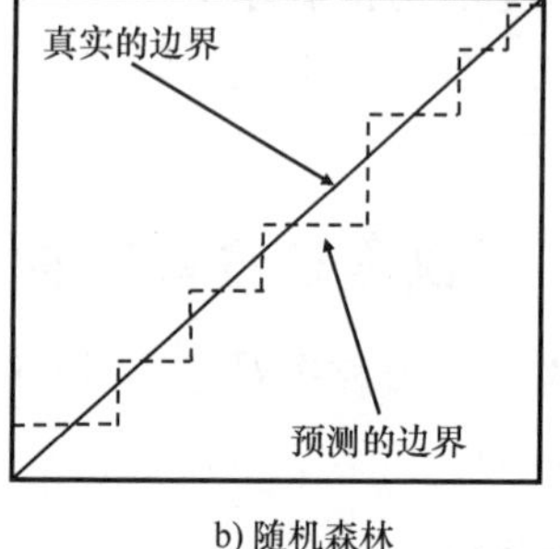


b) 随机森林

图 7.3 尽管决策树可以在数据量无限的情况下对任意决策边界进行建模，但在只有少量数据的情况下，它具有较为一致的偏置。这反映在它的分段的线性边界中，这种边界不会随训练数据的选择而发生显著的变化。对树的构造过程进行随机化是一种降低以数据为中心的偏置的方法，该方法强制使模型具有多样性并对预测结果求平均。可以把随机森林看成一种降低偏置的方法或一种减小方差的方法，具体取决于用于分析的偏置 - 方差分解的具体选择

㊀ 我们可以计算偏置 - 方差权衡相对于模型不同随机化选择的期望值，而不是计算它相对于不同训练数据集的期望值。这种方法被称为以模型为中心的偏置 - 方差权衡的观点[9]。偏置 - 方差权衡的传统观点是以数据为中心的，其中对偏置 - 方差权衡进行描述的随机化过程是使用不同的训练数据集来定义的。从以数据为中心的观点来看，随机森林实际上是一个相对于小规模数据的偏置降低的方法。——原书注

方差和误差是使用由手头的模型定义的随机过程来计算的。偏置－方差权衡的传统观点是基于随机选择的训练数据集来计算这些期望值[9]。第5章的5.5.5节提供了一个关于随机森林的详细讨论。

### 7.3.2 数据维度的影响

由于无关属性的存在，数据维度的增加几乎总会使误差增大。文本数据具有较高的维度，所以这个问题在文本域中特别重要。增大的误差可能会反映在偏置或方差中，具体取决于分类器的选择。像线性回归这样的分类器，其中的参数空间随着维度的增加而增大，如果没有使用正则化，那么它往往会表现出随着维度的增加而增大的方差。我们可以把线性模型中的正则化看成一种间接形式的特征选择。特征选择通过减小方差来提升一个复杂模型的准确率。这正是在文本数据上应用线性模型时使用正则化比较关键的原因。有趣的是，即使维度的增加增大了线性模型的方差，但它对偏置却是有益的。在像文本这样高维的情形中，不同的类别通常（几乎）是线性可分的。因此，即使线性模型在很多数据集中会有较高的偏置，但它们在文本域中似乎表现得很好。这是对面向文本的线性SVM的一个有力支持，因为线性SVM的方差比非线性SVM更小。对于文本这一特定的领域，它们似乎也确实具有较低的偏置。

另一方面，在进行预测之前提前把来自不同维度的贡献合并到一起的分类器往往表现出较大的偏置。一个例子是最近邻分类器，其中来自不同维度的贡献被合并到距离函数中。在这些情形中，维度的增大实际上往往使分类器的预测更稳定（尽管由于无关维度的合并影响而使偏置增大）。就如同随机森林由于使用随机化的分裂选择从而表现较好一样，最近邻分类器在高维的情形中使用的一个技巧是在随机的维度子集上构建分类器，并对各个子集的预测结果求平均。这种方法被称为基于特征的bagging。事实上，在分类问题中，基于特征的bagging的思想是随机森林思想的前身[220,221]。

### 7.3.3 文本中模型选择可能的影响

文本的高维稀疏性质会对分类器的设计产生一些影响。虽然第5章和第6章讨论了很多这样的问题，本章也将从偏置－方差权衡的角度来提供一个有关这些行为的分析解释。这些解释也为文本模型的设计提供指导。

线性模型与非线性模型：虽然线性模型由于引入了较强的先验假设通常具有较高的偏置，但在文本域中的情况并非如此，其中文本的稀疏高维性质往往使不同类别之间变得（几乎）线性可分。因此，线性模型在文本域中通常具有较低的偏置。虽然通过使用较大的带宽，像高斯核函数这样的非线性模型也可以模拟（或稍微提升）线性模型的性能，但额外的准确率优势通常不值得耗费多出的计算成本。一个关键是，当使用非线性模型时，核参数的调优变得非常重要，而基于非线性方法来搜索参数选择空间很容易不够彻底（考虑到计算成本）。在这样的情形中，非线性模型实际上有可能表现得比线性模型更差。非线性方法的使用在很大程度上应该仅限于通过字符串核函数使用文本内部的语义或序列信息的这类情形中。通过文本的向量空间（即多维的）表示来使用非线性核函数没有太大意义。

特征选择的重要性：文本是一个具有很多无关属性的高维领域。这些属性通过偏置或方差来增大分类器的误差，具体取决于所选择的模型。参数数量随着数据维度的增加而增大的模型往往会表现出随维度增加而增大的方差。在这些情形中，特征选择是一种减小方差的有效方式。线性模型中的参数正则化也是一种特征选择的形式。

单词的存在与缺失：第5章和第6章已经提供了一些例子，其中使用单词存在的分类器一般要比那些使用单词缺失的分类器表现更好。例如，这就是为什么在文本分类中多项式模型通常比伯努利模型表现要好的重要原因。一个类别通常由上千个单词来表示，并且大部分该类别的主题词可能只是偶然性地从少部分文档中缺失。如果分类器使用这些单词的缺失作为特定文档属于这个类别的结论性依据，那么它对没有见过的测试文档很可能会有较差的泛化能力。这将会导致过拟合，这是方差较大的一种表现。一般而言，在分类模型中将类别特征的不均衡频率考虑进来是很重要的，因为特征的存在远比它的缺失要包含更丰富的信息。

## 7.4 利用集成方法系统性地提升性能

从上面的讨论来看，算法设计中的关键选择显然可以通过恰当地选择偏置 - 方差权衡来对误差进行优化。集成方法提供了一种自然的方式来审慎地使用偏置 - 方差理论以对性能进行优化。这些方法是元算法，它们使用一种基本方法作为输入，并针对数据的不同修改或是同一模型的不同变种重复地应用这个基本方法来提升它的性能。然后将不同模型得到的结果合并到一起以产生一个鲁棒性更好的预测。模型的具体选择以及对不同模型的输出进行合并的方式决定了集成方法降低偏置或方差的方式。

### 7.4.1 bagging 与子采样

bagging 与子采样是两个减小集成方法的方差的方法。第5章的5.4.3.1节提供了这些方法在1 - 最近邻检测器中的简要描述。这些方法中的基本思想如下：

1）在 bagging 的情形中，有放回地对训练数据进行采样。样本规模 $s$ 可能与训练数据规模 $n$ 不同，不过比较常见的是把 $s$ 设为 $n$。在后一种情形中，重新采样的数据将包含重复的数据，并且原始数据集有大约 $1/e$ 部分将完全不包含在内（见习题6）。其中，符号 e 表示自然对数底。在重新采样的训练数据集上构建模型，并基于重新采样的数据对每个测试样本进行预测。一共需要重复 $m$ 次重新采样和模型构建的过程。对于一个给定的测试样本，我们需要把这 $m$ 个模型中的每一个模型都应用到测试数据上。然后对不同模型的预测结果求平均，以产生一个鲁棒性更好的预测结果。虽然在 bagging 中通常选择 $s = n$，但最好的结果往往是通过选择远小于 $n$ 的 $s$ 值得到的。

2）子采样与 bagging 类似，不同的是，不同的模型是基于不放回采样生成的数据样本来构建的。然后对不同模型的预测结果求平均。在这种情形中，$s < n$ 变得很重要，因为 $s = n$ 时，在不同集成分量中会产生相同的训练数据集和相同的结果。

bagging 和子采样都是减小方差的方法。为了理解这一点，考虑偏置 - 方差权衡中的方差项：

$$E[V] = \frac{1}{t}\sum_{i=1}^{t} E[\{g(\overline{Z_i},\mathcal{D}) - E[g(\overline{Z_i},\mathcal{D})]\}^2]$$

如果分析者能够访问无限的数据源（即基本分布$\mathcal{B}$），则可以根据自己的需要进行多次采样，从而采样到不同的训练数据集$\mathcal{D}$，利用$\overline{Z_i}$的平均预测结果估计$E[g(\overline{Z_i},\mathcal{D})]$的值，并将其报告为最终的结果，而不是基于$\mathcal{D}$的单个有限样本得到的$E[g(\overline{Z_i},\mathcal{D})]$。这样的方法会使得方差为0，进而提供较低的误差。

这种方法的主要问题在于分析者并不能够访问这样的无限数据源。bagging是一种从有限数据的原始样本中采样$\mathcal{D}$，从而进行相同模拟的不完美方式。当然，这样的模拟之所以不完美是由于以下两个方面：

1）由于样本间存在重叠，从相同的基本数据中采样的$\mathcal{D}$的不同样本是彼此关联的。这限制了方差减小的量，其中有一部分是无法消除的，这部分对分析者是不可见的（不知道其基本分布）。我们不能指望根据基本分布（仅包含单个有限的实例）的多次采样来确定其期望值，所以这种方差是无法消除的。然而，当使用不稳定的检测器设置（如1-最近邻检测器）时，方差减小的影响会非常显著。

2）来自原始数据集的样本提供的结果没有使用原始数据得到的结果那么准确。例如，bagging样本包含重复的数据，这自然不能反映原始分布。类似地，子采样的样本在规模上小于原始样本，因此会不可避免地丢失一些对于建模来说比较有用的模式。所有这些影响都会使偏置略微增加。

上面的启发式模拟要么会提升准确率要么会降低准确率，具体取决于手头检测器的选择和设置。例如，如果使用了非常稳定的检测器，那么方差的减小将不足以补偿偏置的损失。然而，在实际中，这种模拟在整体上会提升大部分使用合理设置的基本检测器的准确率。

像bagging和子采样这样的方法有利于不稳定的检测器设置发挥出它们的全部潜能。检测器的不稳定设置本质上有更高的提升潜力，因为相比于稳定的设置，其中引入的先验假设更少，并且它的基本性能在很大程度上受到了方差的阻碍。由于利用了bagging，使用非常稳定的设置（即大量的最近邻）得到的总体误差实际上会略有增加，因此对bagging来说这种选择并不合适。

### 7.4.2 boosting

在boosting中，权重与每个训练样本相关联，并且不同的分类器是利用这些权重来训练的。基于分类器的性能迭代地修改这些权重。换句话说，未来构造的模型依赖于前面模型的结果。因此，这个模型中的每个分类器是在一个加权的训练数据集上使用相同的算法$\mathcal{A}$来构造的。其基本思想是通过增加得到错误分类的样本的相对权重，以在未来的迭代中侧重于这些样本。其假设是这些得到错误分类的样本中的误差是由分类器的偏置造成的。因此，增加得到错误分类的样本的权重将会产生一个新的分类器，这个分类器会纠正这些特定样本上的偏置。迭代地使用这种方法，并创建一个关于各个分类器的加权组合，以这样的方式可以生成一个总体偏置较低的分类器。

AdaBoost算法是最著名的boosting方法。为简单起见，接下来的讨论将假定在二分类场景中。假设类别标记取自｛-1，+1｝。这个算法的工作原理是，将每个训练样本与一个权重相关联，这些权重会在每次迭代中得到更新，具体取决于上一次迭代中的分类结果。因此基本分类器需要能够处理加权样本。我们可以通过直接修改训练模型，也可以通过训练数据的（有偏的）bootstrap 采样来融入权重。有关该主题的讨论，读者可以回顾关于罕见类别学习的章节。在连续的迭代中，为得到错误分类的样本赋予更高的权重。需要注意的是，这种做法其实就相当于，相对于全局训练数据，在之后的迭代中有意识地使分类器产生偏置，进而降低某些局部区域中的偏置（这部分偏置被认为是“难以”通过特定模型 A 来进行分类的）。

在第 $t$ 轮迭代中，第 $i$ 个样本的权重是$W_t(i)$。对于 $n$ 个样本中的每一个样本来说，算法从相等的 $1/n$ 的权重开始，在每轮迭代中对它们进行更新。如果第 $i$ 个样本得到错误的分类，则把它的（相对）权重增加到$W_{t+1}(i)=W_t(i)e^{\alpha_t}$，而在分类正确的情形中，需要把它的权重减小为$W_{t+1}(i)=W_t(i)e^{-\alpha_t}$。这里把$\alpha_t$设为函数$\frac{1}{2}\log_e((1-\epsilon_t)/\epsilon_t)$的值，其中$\epsilon_t$是第 $t$ 轮迭代中被模型预测错误的训练样本的比例（是在使用$W_t(i)$ 进行加权之后计算出的）。当分类器在训练数据上实现 100% 的准确率（$\epsilon_t=0$）或表现得比一个随机的（二元）分类器（$\epsilon_t\geqslant 0.5$）更差时，该方法停止。另一个停止准则是通过用户定义的参数 $T$ 对 boosting 的轮数进行限制。算法的整体训练过程如图 7.4 所示。

```
算法 AdaBoost（数据集：D，基本分类器：A，最大轮次：T）
begin
    t=0;
    for每个i 初始化W_1(i)=1/n;
    repeat
        t=t+1;
        当把基本算法A应用到权重为W_t(·)的加权数据集上时，确定D上的加权误差率ϵ_t
        α_t=(1/2)log_e((1−ϵ_t)/ϵ_t);
        for每个得到错误分类的X̄_t ∈D do W_{t+1}(i)=W_t(i)e^{α_t};
            else(得到正确分类的样本)do W_{t+1}(i)=W_t(i)e^{−α_t};
        for每个样本X̄_t do归一化W_{t+1}(i)=W_{t+1}(i)/[Σ_{j=1}^n W_{t+1}(j)];
    until ((t⩾T)OR(ϵ_t=0)OR(ϵ_t⩾0.5));
    基于权重α_t使用集成分量对测试样本进行分类;
end
```

图 7.4　AdaBoost 算法

如何使用集成学习器对某个特定的测试样本进行分类还有待解释。接下来，把在 boosting 不同轮次中产生的每一个模型应用到测试样本上。使用$\alpha_t$对测试样本在第 $t$ 轮模型中的预测结果$p_t\in\{-1,+1\}$ 进行加权，并合并这些加权预测值。这个合并项$\sum_t p_t\alpha_t$的符号提供了测试样本的类别标记预测。需要注意的是，学习器越不准确，这种方法为其赋予的权重就越小。

$\epsilon_t\geqslant 0.5$ 的误差率与随机分类器的期望误差一样差或者更差。因此，这种情形也被用作停止的准则。在 boosting 的某些实现中，只要$\epsilon_t\geqslant 0.5$，就将权重$W_t(i)$ 重置为 $1/n$，并在重置权重的情况下继续执行 boosting 过程。在其他实现中，允许$\epsilon_t$超过 0.5，因此，利用权重$\alpha_t=\log_e((1-\epsilon_t)/\epsilon_t)$的负值可以有效地反转测试样本的一些预测结果$p_t$。

boosting主要侧重于降低偏置。误差的偏置部分得以降低的原因是得到错误分类的样本会受到更多的关注。集成方法得到的决策边界是一个简单的决策边界的复杂组合，其中每一个决策边界都是针对训练数据的具体部分来优化的。例如，如果AdaBoost算法在一个具有非线性决策边界的数据集上使用线性SVM，那么它将能够使用boosting的不同阶段来学习数据不同部分的分类，进而学出这种决策边界。由于它专注于降低分类器的偏置，所以这样的方法可以结合很多较弱（较高偏置的）的学习器来创建一个较强的学习器。因此，我们一般应该在各个集成分量中使用方差较小的比较简单（偏置较高）的学习器，以这样的方式来使用这种方法。尽管它专注于偏置，但当通过采样来进行再加权时，boosting偶尔会略微地使方差减小。这种减小是由于在随机采样（尽管再加权）的数据上重复地构造模型导致的。方差减小的量取决于所使用的再加权策略。降低轮次之间权重修改的剧烈程度将会使方差减小得更合理。例如，如果根本不修改boosting轮次之间的权重，则boosting方法默认为bagging，它只会使方差减小。因此，我们可以通过各种各样的方式利用boosting的变种来探索偏置-方差权衡。然而，如果我们尝试基于方差较大的学习器来使用普通的AdaBoost算法，则很有可能出现严重的过拟合。

boosting很容易受到其中包含显著噪声的数据集的影响。这是因为boosting假设错误分类是由错误建模的决策边界附近的样本的偏置造成的，而这也可能只是对数据进行了错误标记的结果。这是数据（而不是模型）中固有的噪声。在这些情形中，boosting在质量较低的部分数据上会对分类器进行不恰当的过度训练。事实上，在很多有噪声的真实数据集上，boosting的表现并不好。在数据集没有过度噪声的场景中，它的准确率通常优于bagging。

## 7.5 分类器评估

从理解学习算法的性能特点的角度来看，评估算法是比较重要的，从通过模型选择优化算法性能的角度来看它也很重要。给定一个特定的数据集，我们怎么知道该使用哪个算法？我们该使用支持向量机还是随机森林？因此，模型评估和模型选择的概念是紧密相关的。

给定一个有标记的数据集，我们不可以把它全部用于模型的构建。这是因为分类的主要目标是把从有标记的数据中获得的模型推广到没有见过的测试样本上。因此，把相同的数据集同时用于模型构建和测试会大大地高估模型的准确率。此外，用于模型选择和参数调优的数据集部分还需要不同于用于模型构建的那部分。常见的错误是使用相同的数据集来进行参数调优和最终的评估（测试）。这样的方法混合了部分训练数据和测试数据，由此得到的准确率是过于乐观的。给定一个数据集，往往应该将它分为三个部分。

1）训练数据：这部分数据被用来构建训练模型，如决策树或支持向量机。可以相对于参数的不同选择或是完全不同的算法多次使用训练数据，以多种方式来构建模型。这个过程包含了模型选择阶段，其中最好的算法是从这些不同的模型中选出来的。然而，用来选择最佳模型的面向这些算法的实际评估并不是在训练数据上完成的，而是在单独的验证数据集上完成的，以防止模型出现过拟合。

2）验证数据：这部分数据被用来进行模型选择和参数调优。例如，我们可以在数据集的第一部分（即训练数据）上多次构建模型，然后使用验证集来评估这些不同模型的准确率，以这样的方式对核函数的带宽和正则化参数的选择进行调优。使用这个准确率来确定参数的最佳选择。从某种意义上来说，验证集应该被视作一种测试数据集，它对算法参数进行调优，或是挑选最佳的算法（如决策树与支持向量机）。

3）测试数据：这部分数据被用来测试最终（调优好的）模型的准确率。比较重要的是，为了防止过拟合，在参数调优和模型选择过程中不能查看测试数据。只有在整个过程的最后才能使用测试数据。此外，如果分析者通过某些方式使用了测试数据上的结果对模型进行调整，那么结果将会受到来自测试数据的知识的影响。只允许查看一次测试数据的思想是一个极其严格（和重要的）的要求。然而，在真实的基准测试中经常会违背这一点，这是因为使用从最终的准确率评估中学到的知识的这个诱惑实在是太大了。

从有标记的数据到训练数据、验证数据和测试数据的划分如图 7.5 所示。严格来讲，验证集也是训练数据的一部分，因为它影响了最终的模型（虽然经常只把用于模型构建的那部分数据称为训练数据）。比例为 2:1:1 的划分方式十分常见。然而，我们不应该把这个看作一个严格的规则。对于非常大的有标记的数据集来说，我们只需要使用中等数目的样本来评估准确率。当有非常大的数据集可用时，把尽可能多的数据用于模型的构建是比较合理的，因为验证阶段和评估阶段产生的方差通常非常小。在验证集和测试集中，常量数目的样本（如少于几千）足以提供准确的评估。

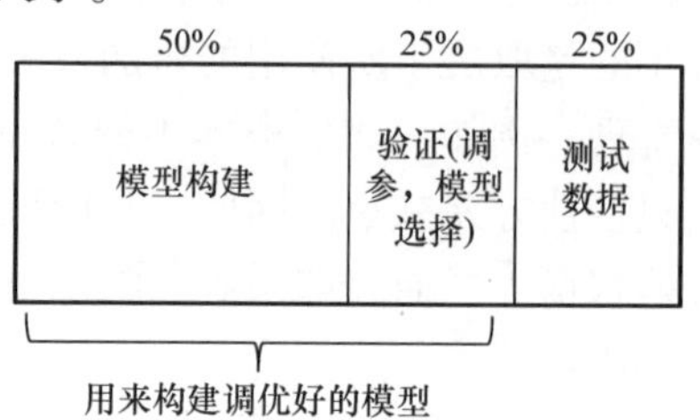


图 7.5　对有标记的数据进行划分，进而用于评估设计

## 7.5.1　分割为训练部分和测试部分

上述把有标记的数据划分为三个部分的描述是关于留出（hold - out）法的一个隐式描述，它把有标记的数据划分为各个部分。然而，把数据划分为三部分的过程并不是一次性完成的。相反，我们首先要将训练数据划分为用于训练和测试的两个部分。然后，在任何进一步的分析中需要把测试部分谨慎地隐藏起来，直到最后才能使用它一次。紧接着，再次将数据集的剩余部分划分为训练部分和验证部分。这种类型的递归划分如图 7.6 所示。

关键是，从概念上来讲，在这个层次结构中的两个层次上的划分类型是相同的。接下来，我们将使用图 7.6 中的第一层次的划分术语，也就是把有标记的数据划分为训练数据和测试数据，尽管同样的方法也可以用于第二层次的划分过程中，也就是把训练数据划分为模型构建部分和验证部分。这种术语上的一致性允许我们针对两个层次的划分提供一个通用的描述。

### 7.5.1.1　留出法

在留出法中，一部分样本被用来构建训练模型。剩下的样本，也被称为留出样本，被用于测试。然后对留出样本的标记进行预测，由此得到的准确率作为总体的准确率。这样的方法确保了所报告的准确率不是过度拟合具体数据集的结果，因为训练阶段和测试阶段使用的是不同的样本。然而，这种方法低估了真实的准确率。考虑这样的情形，其中某个特定类别的样本在留出样本中的数量比在有标记的数据中的数量要多。这意味着留持（held - in）样本中同类别的样本的平均数量较低，这将会导致训练数据与测试数据之间的不匹配。此外，留持样本的类别相关的频率将与留出样本的类别相关的频率成反比关系。这会导致评估结果中始终存在悲观偏置（pessimistic bias）。

7.5.1.2 交叉验证

在交叉验证方法中，有标记的数据被划分为 $q$ 等份。取 $q$ 个部分中的一部分来进行测试，剩下的 $q-1$ 个部分用来进行训练。通过将 $q$ 个部分中的每一个部分作为测试集，重复 $q$ 次这个过程。报告 $q$ 个不同测试集上的平均准确率。需要注意的是，当 $q$ 的值较大时，这种方法可以很好地估计出真实的准确率。一个特殊情形是 $q$ 等于有标记的文档数量，此时用于测试的是单个文档。由于这个文档是从训练数据中留出的，所以这种方法被称为留一交叉验证（leave - one - out cross - validation）。虽然这种方法可以很好地估计准确率，但它通常过于耗时而无法对模型进行多次训练。然而，对于诸如最近邻分类器这样的懒惰学习算法来说，留一交叉验证是最好的选择。

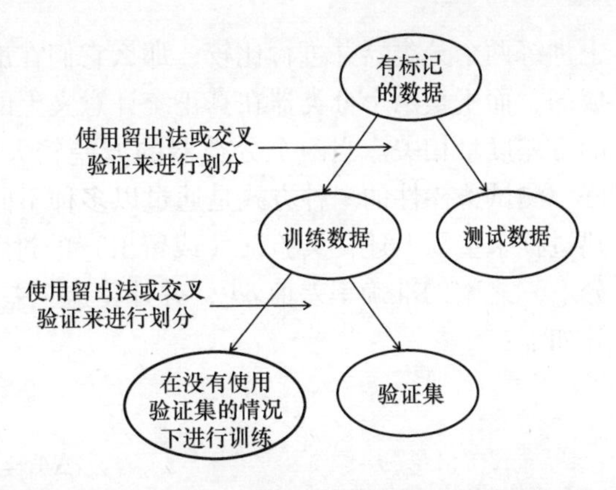

图 7.6 关于训练、验证和测试部分的层次型划分

## 7.5.2 绝对准确率度量

一旦把数据分为训练数据和测试数据，就会出现一个自然的问题，这个问题与我们在分类和回归中可以使用的准确率度量的类型有关。

7.5.2.1 分类准确率

当输出是以类别标记的形式呈现时，我们将真值标记与预测值标记进行对比以生成下面的度量：

1）准确率：准确率是预测值与真值相匹配的测试样本的比例。

2）代价敏感的准确率（cost - sensitive accuracy）：当比较准确率时，并非在所有场景中所有类别都同等重要。这在不均衡类别的问题中尤其重要，其中多个类别中的某一类别远比其他类别要罕见得多。例如，考虑这样的场景，我们想要将肿瘤分类为恶性的或是良性的，前者远比后者要罕见。在这样的情形中，前者的错误分类比起后者的错误分类来说通常是更不理想的。这种情形通常是通过对不同类别的错误分类施加不同的代价 $c_1 \cdots c_k$ 来量化的。令 $n_1 \cdots n_k$ 为每个类别包含的测试样本数目。此外，令 $a_1 \cdots a_k$ 为分类器在每个类别的测试样本子集上的准确率。那么，我们可以通过一个关于各个类别的准确率的加权组合来计算总体的准确率 $A$。

$$A = \frac{\sum_{i=1}^{k} c_i n_i a_i}{\sum_{i=1}^{k} c_i n_i} \tag{7.4}$$

当所有代价 $c_1 \cdots c_k$ 相同时，代价敏感的准确率与未加权的准确率相同。

除了准确率以外，模型的统计鲁棒性也是一个重要的问题。例如，如果在少量测试样本上训练两个分类器并进行比较，那么它们在准确率方面的差异可能是由于随机因素的影响造成的，而不是两个分类器在真正统计意义上的显著差别。这种度量与本章前面讨论的分类器的方差度量相关。当两个分类器的方差较大时，通常难以评估其中一个是否真的比另一个好。测试鲁棒性的一种方式是通过以多种不同的方式（或测试）重复随机化数据集划分的创建过程来重复上述交叉验证（或留出）的过程。计算第 $i$ 对分类器（构建在相同的数据集划分上）之间的准确率差值 $\delta a_i$，并计算这个差值的标准差 $\sigma$。$s$ 次测试的总体准确率差值可计算如下：

$$\Delta A = \frac{\sum_{i=1}^{s} \delta a_i}{s} \tag{7.5}$$

需要注意的是，$\Delta A$ 可能为正也可能为负，具体取决于获胜的是哪一个分类器。标准差的计算如下：

$$\sigma = \sqrt{\frac{\sum_{i=1}^{s} (\delta a_i - \Delta A)^2}{s-1}} \tag{7.6}$$

然后，一个分类器胜出另一个分类器的总体显著性统计水平由下式给出：

$$Z = \frac{\Delta A \sqrt{s}}{\sigma} \tag{7.7}$$

因子$\sqrt{s}$表明我们使用的是样本均值 $\Delta A$，它比单个准确率差值 $\delta a_i$更稳定。$\Delta A$ 的标准差是各个准确率差值的标准差的 $1/\sqrt{s}$。$Z$ 的值明显大于 3 是某个分类器在统计意义上显著优于另一个分类器的一种强有力的表现。

7.5.2.2　回归准确率

我们可以通过一个被称为均方误差（MSE）或均方根误差（RMSE）的度量方式来评估线性回归模型的有效性。令$y_1 \cdots y_r$为 $r$ 个测试样本的观测值，令$\hat{y}_1 \cdots \hat{y}_r$为预测值。那么，由 MSE 表示的均方误差的定义如下：

$$\text{MSE} = \frac{\sum_{i=1}^{r} (y_i - \hat{y}_i)^2}{r} \tag{7.8}$$

均方根误差（RMSE）被定义为这个值的平方根：

$$\text{RMSE} = \sqrt{\frac{\sum_{i=1}^{r} (y_i - \hat{y}_i)^2}{r}} \tag{7.9}$$

另一个度量是$R^2$ - 统计量，也被称为决定系数（coefficient of determination），它为特定模型的相对性能提供了更好的解释。为了计算$R^2$ - 统计量，我们先计算观测值的方差$\sigma^2$。令$\mu = \sum_{j=1}^{r} y_j / r$为因变量的均值，那么，$r$ 个测试样本的观测值的方差$\sigma^2$可计算如下：

$$\sigma^2 = \frac{\sum_{i=1}^{r}(y_i - \mu)^2}{r} \tag{7.10}$$

进而，$R^2$ - 统计量的计算如下：

$$R^2 = 1 - \frac{\text{MSE}}{\sigma^2} \tag{7.11}$$

$R^2$ - 统计量的值越大越好，最大值1对应着值为0的MSE。当把$R^2$ - 统计量应用到样本外的数据集上，或者是与非线性模型结合使用时，它可能为负。

尽管我们已经描述了面向测试数据的$R^2$ - 统计量的计算，但这种度量方式经常被用在训练数据上以计算模型中不可解释的方差部分。在这些情形中，线性回归模型返回的$R^2$ - 统计量总在（0，1）范围内。这是因为当把特征的系数设为0并且只将偏置项（或是虚拟列的系数）设为均值时，通过线性回归模型可以预测出训练数据中因变量的均值$\mu$。由于线性回归模型总会提供一个使训练数据上的目标函数值更小的解，所以MSE的值不再大于$\sigma^2$。因此，训练数据上的$R^2$ - 统计量的值总在（0，1）范围内。换句话说，使用训练数据集的均值永远不可能比使用线性回归的预测能更好地对训练数据进行预测。然而，与使用线性回归的预测相比，使用均值可以更好地对样本外的数据集进行建模。

我们可以仅通过增加回归元的数量来增大训练数据上的$R^2$ - 统计量，正如MSE随着过拟合程度的增大而减小一样。当维度较大时，计算训练数据上的$R^2$ - 统计量是比较合理的，修正后的$R^2$ - 统计量提供了一个更准确的度量方式。在这些情形中，使用大量特征的回归模型会受到惩罚。对于具有$n$个文档和$d$个维度的训练数据集来说，修正后的$R^2$ - 统计量的计算如下：

$$R^2 = 1 - \frac{(n-d)}{(n-1)}\frac{\text{MSE}}{\sigma^2} \tag{7.12}$$

$R^2$ - 统计量一般只用于线性模型，对于非线性模型来说，更常见的做法是将MSE用作误差的度量。

### 7.5.3 面向分类和信息检索的排序度量

分类问题是以不同的方式呈现的，具体取决于使用它的场景。7.5.2节讨论的绝对准确率度量在最终输出的预测结果是标记或数值因变量的情形中很有用。然而，在某些场景中，我们对特定的目标类别有特殊兴趣，并且所有测试样本是按照属于目标类别的倾向性来排序的。一个特殊的例子是将邮件分类为“垃圾邮件（spam）”或“非垃圾邮件（not spam）”。当我们有大量的文档具有不均衡的类别相对比例时，直接返回二元预测没有太大意义。在这些情形中，比较合理的是基于属于“垃圾邮件”类别的概率，也就是目标类别，只返回排在最前面的邮件。在类别不均衡的场景中，经常需要使用基于排序的评估度量方式，此时，从检测的角度来看，多个类别中的某一个类别（即罕见的类别）被认为是更相关的。

基于排序的评估在信息检索的场景中也很有用，在这种场景中，由用户输入想要查询的关键词，然后系统基于文档的相关性返回一个排序列表。这样的方法也被用在网络搜索中，这将会在第9章讨论。我们可以把所有这样的信息检索问题隐式地看成二分类问题，其中文档要么属于“相关”类别要么属于“无关”类别，并基于属于前者的倾向性返回排序结果。因此，本节关于评估的讨论不仅与分类相关，从信息检索、网络搜索和一些其他应用的通用角度来看也是很有用的：

1）在异常值分析中，通常返回异常值的一个排序列表。虽然异常值分析是一个无监督问题，但经常可以找到二元真值用来进行评估。

2）在具有隐式反馈的推荐系统中，我们可以获得有关哪些物品被消费的二元真值。可以根据这些真值对一个排序推荐列表进行评估。

3）在信息检索与搜索中，我们可以获得相关文档的真值集。可以根据这个二元真值对检索到的文档排序列表进行评估。

参考文献［3，4］在不同的上下文中对其中一些排序度量进行了讨论。

#### 7.5.3.1 接收者操作特性

排序方法被频繁地用在这一类情形中，此时返回的结果是我们感兴趣的一个特定类别的排序列表。假设这里的真值是二元的，其中我们感兴趣的类别对应于正类，剩余的文档属于负类。在大多数这样的场景中，两个类别的相对频率是高度不均衡的，从而找出（罕见）正类是更符合期望的。这种情形也适用于信息检索与搜索，其中为了响应关键词搜索而返回的文档集合可以被看成是属于“相关”类别的。

观测数据中属于正类的样本是真值为正的类或真正类。值得注意的是，当使用信息检索、搜索或分类应用时，算法可以将任意数目的样本预测为正样本，这可能与观测到的正样本（即真正类）数量不同。当大量样本被预测为正类时，我们会复现大量的真正类样本，但只有少部分预测列表是正确的。我们可以利用精确率-召回率或接收者操作特性（ROC）曲线对这种类型的权衡进行可视化。这样的权衡绘图常用在罕见类别检测、异常值分析评估、推荐系统和信息检索中。事实上，这样的权衡绘图可以用在任何应用中，在这些应用中，二元真值被拿来与算法得出的排序列表做比较。

其中的基本假设是我们可以使用数值分数对所有测试样本进行排序，这些分数是手头算法的输出。我们通常可以从分类算法中得到这种数值分数，在像朴素贝叶斯分类器或对数几率回归这样的方法中，分数的形式为样本属于正类的概率。对于像SVM这样的方法，我们可以使用点与分隔类的（有符号）距离，而不是将它转化为二元预测。数值分数上的阈值生成了正类的一个预测列表。通过改变阈值（即预测列表的长度），我们可以对列表中相关（真值为正）样本的比例和被列表遗漏的相关样本的比例进行量化。如果预测列表太小，则算法将会遗漏相关样本（即假负类）。另一方面，如果推荐的列表非常大，则将会包含太多预测错误的样本（即假正类）。这产生了假正类和假负类之间的权衡，我们可以利用精确率-召回率曲线或接收者操作特性（ROC）曲线对其进行可视化。

假设我们选择排序集合中的top-$t$个样本，并将它们预测为正类。对于（预测为正类的）列表长度的任意给定值$t$来说，将预测为正类的样本集合表示为$S(t)$，其中，$|S(t)|=t$。因此，随着$t$的改变，$S(t)$的大小也随之改变。令$\mathcal{G}$表示相关文档（真值为正）的真集。那么，对于任意给定的长度为$t$的预测列表来说，我们将精确率定义为预测列表中被预测为

正类且确实属于正类的样本的比例：

$$\text{Precision}(t)=100\cdot\frac{|S(t)\cap\mathcal{G}|}{|S(t)|}$$

Precision($t$) 的值不一定是随 $t$ 单调变化的，因为分子和分母可能随 $t$ 发生不同的变化。对应地，将召回率定义为长度为 $t$ 的列表中的正样本占所有真值为正的样本的比例。

$$\text{Recall}(t)=100\cdot\frac{|S(t)\cap\mathcal{G}|}{|\mathcal{G}|}$$

尽管精确率和召回率之间存在一种自然的权衡，但这种权衡不一定是单调的。换句话说，召回率的增大并不一定会使精确率减小。一种同时结合精确率和召回率的度量方式是$F_1$-度量，它是精确率和召回率之间的调和平均值。

$$F_1(t)=\frac{2\cdot\text{Precision}(t)\cdot\text{Recall}(t)}{\text{Precision}(t)+\text{Recall}(t)} \tag{7.13}$$

尽管$F_1(t)$ 度量提供了比精确率或召回率更好的量化方式，但它仍取决于被预测为正类的样本数的规模 $t$，因此这仍然不是一个可以完整地表示精确率和召回率之间的权衡的方式。通过改变 $t$ 的值，并绘制精确率和召回率的对比图，我们可以直观地对精确率和召回率之间的整个权衡进行检验。精确率单调性的缺失使得结果较难解释。

另一种以更直观的方式生成权衡的方式是使用 ROC 曲线。真正率与召回率相同，被定义为真值为正的样本中被包含在大小为 $t$ 的预测列表内的样本的比例。

$$\text{TPR}(t)=\text{Recall}(t)=100\cdot\frac{|S(t)\cap\mathcal{G}|}{|\mathcal{G}|}$$

假正率 FPR($t$) 是真值为负的样本（即在观测到的标记中属于负类的无关文档）中在预测列表中被错误报告成正类样本的比例。因此，如果 $U$ 表示所有测试样本的集合，真值负样本集合则为（$U-\mathcal{G}$），预测列表中被错误报告为正类的部分为（$S(t)-\mathcal{G}$）。因此，假正率的定义如下：

$$\text{FPR}(t)=100\cdot\frac{|S(t)-\mathcal{G}|}{|U-\mathcal{G}|} \tag{7.14}$$

我们可以把假正率视作一种“坏的”召回率，其中报告了被错误捕捉到预测列表 $S(t)$ 中的真值为负的样本（即具有负类别标记的测试样本）的比例。基于变化的 $t$ 值在 $X$ 轴绘制 FPR($t$) 并在 $Y$ 轴绘制 TPR($t$) 来定义 ROC 曲线。也就是说，ROC 曲线绘制了“好的”召回率与坏的“召回率”的对比图。需要注意的是，当我们把 $S(t)$ 设为测试文档的整体（或是为了响应查询而返回的测试文档的整体）时，两种形式的召回率都将为 100%。因此，ROC 曲线的端点总是在（0，0）和（100，100）处，并且随机方法的性能曲线应该沿着连接这两个点的对角线。在这个对角线上提升的部分提供了一个关于该方法的准确率的解释。ROC 曲线下的面积为特定方法的有效性提供了一种精简的量化评估方式。虽然我们可以直接使用如图 7.7a 所示的面积，但为了使用局部线性分割，我们通常对阶梯状的 ROC 曲线进行修改，使得它们与 $X$ 轴和 $Y$ 轴都不平行。然后再使用梯形准则[166]稍微更准确地计算这个面积。从实践的角度来看，这种变化对于最终的计算几乎没有影响。

为了对这些从不同图形表示中获得的直观解释进行说明，考虑这样的一个例子，在具有

100 个测试样本的场景中，有 5 个文档真的属于正类。我们将 A 和 B 两个算法应用到这个数据集上，按照属于正类的概率对 1 ~ 100 的所有测试样本进行排序，先选择预测列表中排名较后的样本。因此，我们可以根据这 5 个测试样本在正类中的排名来生成真正率和假正率的值。表 7.1 中展示了不同算法在 5 个真正的正样本上的一些假设的排名。此外，其中还给出了随机算法对真值为正的样本的排名。这个算法随机地对所有测试样本进行排序。类似地，“完美神谕”算法的排名就是将排序列表中的前 5 个样本设为真正的正样本的那些排序。由此得到的 ROC 曲线如图 7.7a 所示。对应的精确率 – 召回率曲线如图 7.7b 所示。需要注意的是，ROC 曲线总是单调递增的，而精确率 – 召回率曲线不是单调的。尽管精确率 – 召回率曲线不像 ROC 曲线那样可以很好地解释，但容易看到不同算法之间的相对趋势在两种情形中是一样的。一般而言，ROC 曲线的使用更为频繁，因为它易于解释。

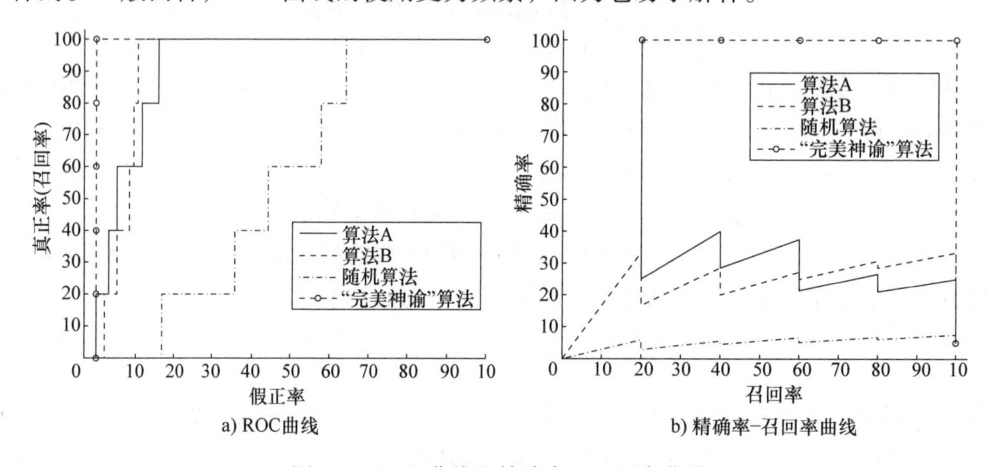


图 7.7 ROC 曲线和精确率 – 召回率曲线

**表 7.1 真值为正的样本的排名**

| 算法 | 真值为正的样本的排序 |
|---|---|
| 算法 A | 1，5，8，15，20 |
| 算法 B | 3，7，11，13，15 |
| 随机算法 | 17，36，45，59，66 |
| “完美神谕”算法 | 1，2，3，4，5 |

这些曲线实际上告诉了我们什么呢？对于一条曲线严格优于另一条曲线的情形，显然前一条曲线的算法更优。例如，“完美神谕”算法很明显优于所有算法，而随机算法比其他所有算法都要差。另一方面，算法 A 和算法 B 在 ROC 曲线的不同部分展现出了各自的优势。在这些情形中，很难说哪一个算法是严格更优的。从表 7.1 中可以看到，显然算法 A 对三个正样本的排名较高，但剩余的两个正样本的排名较低。在算法 B 的情形中，虽然从排名阈值来看所有的 5 个正样本更早地得到了确定，但排名最高的正样本没有算法 A 排得好。对应地，在 ROC 曲线前面的部分算法 A 较好，而在后一部分算法 B 较好。可以使用 ROC 曲线下

面积作为算法整体有效性的一种表示。然而，不是ROC曲线的所有部分都同等重要，因为在预测列表的长度方面通常会有一些实际的限制。

应用到信息检索与搜索中：ROC曲线也可以用于信息检索与搜索的评估中。唯一的区别是我们有一个包含多个查询的集合$Q$，而不是一个单一的预测问题。每一个这样的查询都有自己的ROC曲线，需要对不同的查询的AUC求平均以提供一个最终结果。

曲线下面积（AUC）的直观解释：AUC有一个自然的直观解释。如果我们随机采样两个测试样本，其中一个属于正类，另一个属于负类，那么AUC提供了排序算法在两个样本之间进行正确排序的概率。当算法返回随机排序时，这两个样本中的每一个样本在排序列表中都有同等的可能性会出现在另一个的前面。因此，随机算法的AUC为0.5。

平均精确率（AP）和平均精确率均值（MAP）：平均精确率被定义在单查询场景中（如分类），而平均精确率均值被定义在像信息检索这样使用多个查询的多查询场景中。在信息检索应用中，精确率也被称为命中率。令$L$为信息检索场景中推荐列表的最大长度，Precision($t$) 为预测列表长度为$t$时的精确率，则有平均精确率的计算如下：

$$\mathrm{AP} = \frac{\sum_{t=1}^{L} \mathrm{Precision}(t)}{L} \tag{7.15}$$

这定义了在使用单个查询时的平均精确率。然而，如果我们有一个查询集合$Q$，$\mathrm{AP}_i$对应着第$i$个查询的平均精确率，那么平均精确率均值被定义为这些值在$|Q|$个不同查询上的均值。

$$\mathrm{MAP} = \frac{\sum_{i=1}^{|Q|} \mathrm{AP}_i}{|Q|} \tag{7.16}$$

我们可以将$L$的值设为文档整体的规模，虽然在实际中通常不这么做。在实际中，我们使用推荐列表的最大“合理”长度来设置$L$的值。

#### 7.5.3.2 面向排序列表的顶部侧重（Top-Heavy）度量

接收者操作特性的一个缺点是它对排名靠后的样本与排名靠前的样本赋予相同程度的重要性。例如，将排序列表中属于正类的一个样本移动到紧接着的10个负样本下面对AUC会产生相同的增量，而不需要考虑这个样本是不是原本就在列表顶部或者位于列表中间。然而，从应用的角度来看，用户通常将更多的注意力放在列表顶部。因此，设计将更多注意力放在排序列表顶部的性能度量是很有用的。这类度量在信息检索与搜索中特别重要，其中返回的结果列表是文档整体中极小的一部分，并且使用像AUC这样需要整个排序列表的度量方式是不现实的。顶部侧重度量降低了列表中排名较后的样本的重要性，从而沿着向下的顺序方向改变列表不会对性能指标产生太大的影响。从实践的角度来看，这种方法对预测为正的样本的排序列表进行了截断，因为大多数在列表底部的样本对整体的评估没有太大的影响。

在基于效用的排序中，其基本思想是推荐列表中的每一个正样本都提供了一个效用值，这个值取决于它在列表中的位置。如果一个正类物品在推荐列表中的排名较高，那么它对用户会有更大的效用，因为它更有可能由于位置的原因而被注意到。这是一个和 AUC 不太相同的概念，AUC 只使用正样本和负样本的相对位置，而对它们的绝对位置关注较少。

令$v_j$为第 $j$ 个测试样本在推荐列表中的位置。此外，令$y_j \in \{0,1\}$ 为它的标记，它与该测试样本是否相关相对应。值为 1 表示它是相关的。在分类[⊖]问题中，值为 0 对应着负类，而值为 1 对应着正类。

这种度量方式的一个例子是折损累计增益（DCG）。在这种情形中，第$j$ 个测试样本的折损因子被设为$\log_2(v_j+1)$，其中$v_j$是这个样本在推荐列表中的排名。那么，对于单个查询来说，其 DCG 定义为

$$\text{DCG} = \sum_{j:v_j \leqslant L} \frac{2^{\text{rel}_j} - 1}{\log_2(v_j + 1)} \tag{7.17}$$

式中，$\text{rel}_j$是测试样本 $j$ 的真值相关度。在分类场景中，我们可以将$\text{rel}_j$的值简单地设为$y_j$。在信息检索场景中，我们将$\text{rel}_j$的值设为评估人员赋予文档的数值分数。需要注意的是，只有针对$v_j$的值最多为 $L$ 的那些测试样本，DCG 才能获得置信度。在类似分类的某些场景中，$L$ 的值被设为测试样本的总数。然而，在其他场景中，$L$ 的值被设为一些合理的较大值，超过这个值对推荐列表进行检测是没有意义的。上面的描述是面向诸如分类这样的单查询场景的。在多查询场景中，需要对不同查询的 DCG 值求平均。需要注意的是，每个查询都有自己的真值集以及对应的$\text{rel}_j$值，因此需要独立地对每个查询计算其 DCG。

然后，我们将归一化折损累计增益（NDCG）定义为 DCG 与其理想值的比例，其理想值也被称为理想折损累计增益（IDCG）。

$$\text{NDCG} = \frac{\text{DCG}}{\text{IDCG}} \tag{7.18}$$

IDCG 是通过重复 DCG 的计算来进行计算的，不同的是，它在计算中使用了真值排名。这个计算的基本思想是假设排名系统可以将真值为正的样本置于排序列表的顶部。然后基于这个假设来计算一个理想的分数。

## 7.6 本章小结

本章讨论了文本分类性能的理论方面和它在提升文本分类器准确率方面的应用。特别地，我们讨论了集成方法在提升分类器准确率方面的应用。另外，我们讨论了分类算法的评估。文本分类器的评估与搜索引擎的评估密切相关，尤其是使用基于排序的度量时。接收者操作特性常被用来评估分类器的准确率。此外，本章还介绍了一些顶部侧重度量，如归一化

⊖ 在整本书中，我们已经在分类场景中使用了$y_j \in \{-1, +1\}$。然而，为了与信息检索的文献更加一致，我们在这里将切换为 $\{0, 1\}$。——原书注

折损累计增益。

## 7.7 参考资料

在参考文献［206］中可以找到一个关于偏置－方差权衡的具体讨论。偏置－方差权衡原本是针对回归问题提出的，但它最终被推广到分类问题中的二元损失函数中[264,265]。也有一些工作从无监督问题的角度对偏置－方差权衡进行了探索，如异常值分析[9]。在参考文献［441，539］中可以找到面向分类的集成方法的具体讨论，在参考文献［9］中可以找到关于异常值分析的讨论。参考文献［60，61，65］讨论了面向分类的 bagging 和随机森林方法。此外，参考文献［220，221］介绍了面向分类的基于特征的 bagging 方法。这些方法都是随机森林技术的前身。参考文献［428］探索了 bagging 在 1－最近邻检测器中的应用。参考文献［173］介绍了 AdaBoost 算法，参考文献［510］讨论了面向信息检索的排序变种，这个变种被称为 AdaRank。参考文献［174］提出了基于随机梯度的 boosting 方法。

### 7.7.1 boosting 与对数几率回归的联系

虽然 boosting 方法在持续提升准确率方面有时似乎比较神秘，但当从线性回归的迭代变种的角度来看待这个问题时，我们可以更好地理解这些方法，这些方法通过样本再加权的方式利用线性模型来拟合非线性数据。这样的模型被称为广义加性模型（generalized additive model）[209]，它们试图通过对训练数据的再加权或修正后的样本应用多个线性模型，进而使用一个（更简单的）线性模型对复杂的数据分布进行拟合。一个使用数值数据的模型的例子是把残差作为新的因变量，并重新对样本进行加权，从而迭代地应用线性回归。这是广义加性模型远在 boosting 算法[209]前就广为人知的一种经典形式。

然而，使用残差的迭代式线性模型适用于数值因变量。对数几率回归是一种概率性方法，它使用对数几率函数将线性回归中的数值因变量转化为对因变量进行伯努利假设的二元响应变量。对于二分类问题来说，我们可以将 boosting 看成一种把最大伯努利似然当作准则的在对数几率变换（logistic scale）上应用加性建模的近似方法[175]。需要注意的是，对数几率变换的使用是一种将数值因变量转化为二元情形的标准方式。我们可以基于这个假设来解释 boosting 中的指数再加权。本质上，AdaBoost 以适当的形式改写了广义加性模型中的损失函数并用来进行分类，然后使用迭代方法对其进行优化。此外，AdaBoost 被用作任意分类算法的集成方法，而不是某个具体分类（即对数几率回归）模型的一个广义变种。这种历史联系也与 AdaBoost 应该只与方差较小的简单模型（如线性模型）结合使用的事实一致。与 AdaBoost 一样，广义线性模型容易过拟合。

### 7.7.2 分类器评估

分类、推荐系统、回归、信息检索和异常值分析的评估方法都紧密相关。事实上，在所有这样的情形中，我们往往会使用多个像精确率－召回率度量和接收者操作特性这样的技术。在参考文献［3］中可找到一个关于推荐系统的评估方法的具体讨论。这些评估度量在信息检索应用中起着重要的作用。参考文献［166］详细讨论了接收者操作特性曲线。参考文献［321］详细讨论了一些面向分类和信息检索的评估方法。

### 7.7.3 软件资源

很多库都包含集成方法，如 Python 库 scikitlearn[550]、R 中的 caret 包[267]和 RTextTools 包[571]。我们可以使用 R 中的 rotationForest 包[572]（可以从 CRAN 获得）来解决与文本相关的稀疏性挑战。Java 的 Weka 库[553]包含很多面向分类的集成方法。上面的很多库都包含面向分类器评估的内置工具，如精确率、召回率以及接收者操作特性。

### 7.7.4 用于评估的数据集

很多数据集都可以用于分类算法的评估。在没有讨论基准数据集 20 Newsgroups 和 Reuters 的情况下，任意关于文本数据集的讨论都是不完整的。20 Newsgroups 数据集[576]包含来自 20 个不同用户网分组的 1000 篇文档。因此，这是一个多分类问题，它被用在很多分类场景中。Reuters 数据集有与 Reuters - 21578[577]和（更大的）Reuters Corpus Volume 1 (RCV1)[578]相对应的两个版本。前一个数据集的名字源于它包含 21578 篇来自 Reuters 新闻服务的新闻文档。后一个集合包含 80 多万篇文章。加利福尼亚大学的 Irvine 机器学习库[549]包含一些有标记的文本数据集。欧洲链接开放数据（Europeana Linked Open Data）倡议[579]有一个文本数据集的集合，它包含了其他类型的丰富数据，如链接、图像、视频和其他元数据。ICWSM 2009 数据集挑战赛[580]也公布了一个非常大的数据集，它包含 4400 万个博客帖子。虽然这个数据集不是专门面向分类的，但它有适当的注释，可以用在各种有监督应用中。此外，斯坦福大学 NLP[555]也包含大量的文本语料库，虽然它们主要是面向语言方面的应用的。

某些数据集也可以用来评估搜索与检索的相关性，这与分类相关但不完全与分类相同。在这些数据集中，文本检索会议（TREC）集合是最著名的信息检索评估数据集[573]。这个数据集还包含对评估有帮助的相关性判断。IR 系统的 NII 测试集（NTCIR）专注于交叉语言检索，在参考文献［574］中可以找到。交叉语言评估论坛（CLEF）也提供了相似的数据集[575]。

## 7.8 习题

1. 通过对分类算法进行以下修改，讨论它们对偏置和方差的影响：（a）增大 SVM 中的正则化参数，（b）增大朴素贝叶斯中的拉普拉斯平滑参数，（c）增加决策树的深度，（d）增加规则中的规则前件数，（e）当结合 SVM 使用高斯核函数时减小带宽 $\sigma$。

2. 假设对于某个数据集来说，我们已经找到高斯核函数在 SVM 中的最优设置。现在给定一些可用于 SVM 训练的额外的数据，它与先前的数据集分布一致。给定更大的数据集，核带宽的最优值在大多数场景中会增大还是减小？

3. 设计子采样集成方法的一个关键参数是子采样的规模，从偏置 - 方差的角度讨论这种选择的影响。

4. 结合 1 - 最近邻分类器，实现一个子采样集成方法。

5. 假设结合一个集成方法来使用 1 - 最近邻分类器，并可以确保对于一个测试样本来说，每次应用都能以 60% 的概率给出正确答案。使用 3 次尝试的多数投票得到正确答案的概率是多少？其中保证每一次尝试都是独立且分布一致的。

6. 假设对数据集进行不放回地采样以创建一个与原始数据规模相同的 bagging 样本。证明某个点不会被包含在重采样数据集中的概率为 1/e，其中 e 是自然对数底。

# 第 8 章 结合异构数据的联合文本挖掘

“我们不是一个熔炉，而是一个美丽的马赛克。不同的人，不同的信仰，不同的渴望，不同的希望，不同的梦想。”

——吉米·卡特

## 8.1 导论

文本文档通常与其他异构数据一起出现，如图像、网页链接、社交媒体和评分等。这些场景的例子如下：

1）网络与社交媒体链接：在网络与社交媒体网络中，文本文档通常与节点相关联。例如，我们可以将网络看成一个图，其中每个节点包含一个网页，并且通过超链接与其他节点相连接。类似地，社交网络是用户到用户链接的朋友关系图，其中每个节点包含用户的文本发布行为。因此，我们可以把一个节点与一个词项列表相关联，也可以与一个包含其他节点的列表相关联。

2）图像数据：来自网络和其他来源的很多图像都与文字说明以及其他内容相关联。因此，我们可以单独地对文本和图像两个集合进行概念化，它们是通过共现或有关文字说明的链接相互关联的。

3）跨语言数据：跨语言数据包含面向每种语言的单独语料库，并且其中的两个集合之间可能存在关联。这些关联可能是基于跨语言的词典或相似的文档对。它们的目标是找出一个联合表示来进行文本挖掘。

特征的异构性为算法设计带来了诸多挑战。虽然研究者和实践者通常对这些不同的问题领域进行了独立的研究，但这些场景在底层技术方面却有着惊人的相似性。因此，本章将为这些异构的场景提供一个统一的表示。

上述问题同时出现在有监督的场景（即分类）和无监督的场景（如聚类和主题建模）中。由此发展出的方法相当通用，它们包含了这些问题的非传统变种，如迁移学习。在迁移学习中，当第一个领域中有标记的数据量显著多于第二个领域时，我们把前一个领域中有标记的数据（如文档）用来帮助后一个领域中的分类任务。在无监督的上下文中也可以使用迁移学习，其中对于像图像数据这样的领域来说，我们可以使用文本域中无标记的数据来帮助学习（图像中）语义上连贯的特征。

在所有这样的情形中，我们面临的主要挑战是不同领域的输入特征空间不同。当把来自不同模态的数据嵌入在单个特征空间中时，机器学习方法可以得到最优的实现。这为潜在建模技术（latent modeling technique）开启了大门，这些技术可以采用下面三种形式中的一种：

1）共享矩阵分解（shared matrix factorization）：在这样的情形中，我们将各种类型的数据表示为矩阵，并通过分解图的形式来表示这些矩阵之间的关系，这种图表示了矩阵之间的一组分解关系。不要将这个术语与概率图模型中的因子图概念相混淆。在这种分解图中，每个顶点对应着某一行（如文档、图像、社交网络节点）或某一列（如词项、视觉特征、社交网络节点）的潜在变量。通过将两个端点处的潜在变量矩阵相乘，每条边与一个分解关系相对应，从而每条边是由相关矩阵（可分解为两个端点处的潜在变量）来标记的。因此，给定一个具有异构数据的问题，分析者需要做的是设置一个恰当的分解图，然后构建对应的优化问题和梯度下降步骤。值得注意的是，即使很多研究者在多个数据领域重复地使用了这种方法，但本书将会把这种方法形式化为一个更系统的框架。希望这样一个系统化的框架能够减轻实践者和研究者在涉及异构数据的新场景时所面临的负担。

2）分解机（factorization machine）：分解机是最近在面向推荐系统中的异构数据建模这样的背景下提出的。我们可以将这个方法扩展到推荐系统以外的所有异构场景中。分解机的很多特殊情形与共享矩阵分解方法一致。使用分解机的一个优势是这个问题可以简化成一个关于特征工程的系统化过程。此外，有一些现成的分解机软件可以使用。另一方面，分解机更适合于有监督的问题，如回归和分类，而共享矩阵分解方法可以应用到更多的场景中。

3）联合概率建模（joint probabilistic modeling）：在联合概率建模中，我们假设生成过程是基于隐变量来创建文档和其他数据类型的。每种数据类型采样自它本身的概率分布。

另一种常见的方法是将异构数据转化为关系图，然后可以直接把网络挖掘算法应用到这个图上。在这样的情形中，每个数据项（文档）或特征对应着图中的一个节点，边表示它们之间的关系（如文档中一个词项的存在）。我们可以把关系图看成分解图的一种扩展表示，在这种图中，我们试图不使用潜在变量来对数据进行归纳。这种方法与上述方法不同，因为它不直接试图寻找数据的压缩（潜在）表示，而是显式地对不同领域中的各个数据项和/或特征之间的结构关系进行建模，并将它们表示成一个网络。由此得到的网络通常非常大，因为每个数据项（如文档）或特征（如词项）对应着网络中一个不同的节点。这种建模方式可以使用现成的结构挖掘算法。

最后，我们就本章的目标给出一个总体的评价。尽管我们可以对文本 - 图像挖掘、文本 - 链接挖掘或是跨语言挖掘设置单独的章节，但这样的方法并不能帮助我们掌握相应的数学技术背后的主要思想和原理。因此，如果我们面对的是一个涉及不同类型数据的新的场景，那么在我们无法将已知场景中的已有思想推广出去的情况下，就必须从头开始为挖掘过程设计合适的方法。本章的目标不是向读者介绍特定类型的异构场景，如文本、图像、链接或跨语言数据。相反，本章的目标是指出贯穿这些（看似独立的）研究工作中的共同主线，并帮助读者以系统性的方式来使用它们。因此，本书首次在统一的框架下对各个领域中（以及独立工作）常用的技巧进行总结。另外，对于每个具体的方法，本章将提供来自不同应用领域的例子以对不同的技巧进行比较和对比（compare and contrast）。

### 8.1.1 本章内容组织结构

本章内容组织如下：8.2 节介绍共享矩阵分解；8.3 节介绍分解机；8.4 节介绍联合概率建模技术；8.5 节讨论图挖掘技术在异构数据挖掘领域中的应用；8.6 节给出本章小结。

## 8.2 共享矩阵分解的技巧

处理异构数据时的主要挑战在于不同数据领域使用完全不同的特征空间来表示它们的数据。例如，文档被表示为文档 - 词项矩阵，而图像则被表示为图像 -（视觉词项）矩阵。此外，文档和图像之间的间接关系，如文字说明和用户标签，也可以通过矩阵的形式来表示。需要注意的是，文档 - 词项矩阵与文档 - 图像矩阵共享了文档这一模态。一般来说，我们有一组矩阵，其中有一些模态是共享的，我们希望提取出这些矩阵中的共享关系所隐含的潜在表示。这些潜在表示通常是通过低秩矩阵的形式来表示的，我们可以将这些表示用于任意应用，如聚类、分类等。整个过程的关键在于使用不同模态间的共享潜在因子，以使它们能够通过间接的（潜在的）形式将这些关系的影响融入到提取的嵌入中。这种方法的一个关键是创建一个表示不同数据模态之间的潜在关系的分解图。

### 8.2.1 分解图

分解图是一种表示如何通过不同特征和数据项来创建不同数据矩阵的方式。最简单的可能的分解图是将大小为 $n \times d$ 的文档 - 词项矩阵分解为 $n \times k$ 大小的潜在因子 $U$ 和 $d \times k$ 大小的潜在因子 $V$。我们将对应的文档 - 词项矩阵 $D$ 分解如下：

$$D \approx UV^{\mathrm{T}} \tag{8.1}$$

需要注意的是，矩阵 $U$ 在它的行中包含了每个文档的潜在因子（即嵌入坐标），矩阵 $V$ 在它的行中包含了每个词项的潜在因子（即嵌入坐标）。我们可以把这种分解表示成如图 8.1a 所示的有向图。这种分解图的节点和边的定义如下：

1）每个节点对应着一个潜在因子矩阵。这些潜在因子可能对应于数据矩阵的行或列。例如，图 8.1a 左侧的节点对应着文档嵌入 $U$，右边的节点对应着词嵌入 $V$。每一个潜在因子矩阵都是通过这样的方式来定义的，即其列数等于对应分解的秩。

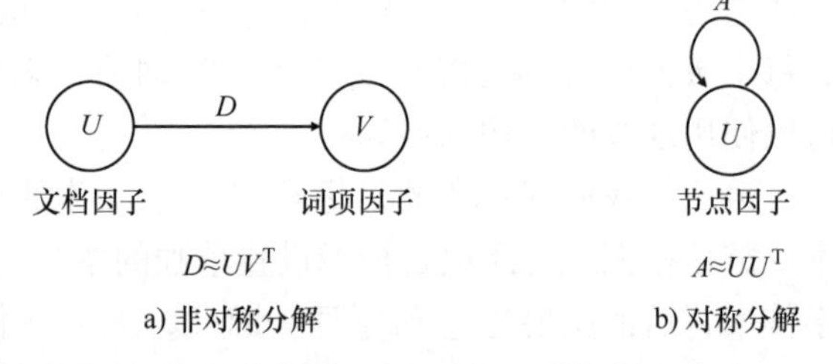


图 8.1 分解图最简单的可能例子

2）针对分解 $D \approx UV^{\mathrm{T}}$ 定义一条从 $U$ 到 $V$ 的有向边。使用被分解的矩阵 $D$ 来对边进行标记。值得注意的是，边的方向定义了 $U$ 在分解中会先出现这个事实。此外，即使在边的箭头头部处的节点是通过 $V$ 来标记的，但在分解中使用的是它的转置。

分解图中的边可能是自循环的。例如，大小为 $n \times n$ 的对称矩阵 $A$（如一个社交网络的邻接矩阵）的分解可以是 $UU^{\mathrm{T}}$ 的形式，这样的例子如图 8.1b 所示。在这种情形中，分解是通过分解图中的单个节点来表示的。

第3章讨论的所有分解都是双节点或单节点分解。我们还可以在分解上加上其他约束，如正交约束、非负约束等。这些约束是可选的，并不包含在分解图内。因此，一个给定的分解图可以表示很多可能的分解，具体取决于添加到分解过程中的约束。虽然双节点分解图似乎不会传递太多的信息，但这种图形化表示在复杂的多模态场景中会比较有用。

### 8.2.2 应用：结合文本和网页链接进行共享分解

考虑我们想要结合文本内容和链接对一个网络图进行分解的场景。在这种情形中，我们有两个数据矩阵。第一个数据矩阵 $D$ 是一个大小为 $n\times d$ 的文档 - 词项矩阵，它对应着所有网页的文字内容。另一个矩阵 $A$ 是一个大小为 $n\times n$ 的有向邻接矩阵，它不是对称的。此外，结构信息和文字信息紧密地联系在一起。因此，一个节点的潜在因子应该由文本和链接结构来共同调控（regulated）。

大小为 $n\times k$ 的文档因子由矩阵 $U=[u_{ij}]$（每一行包含一个 $k$ 维的文档因子）来表示，词项因子则被包含在矩阵 $V=[v_{ij}]$（每一行包含一个 $k$ 维的词项因子）中。由于文档和网络图的节点之间存在一一对应关系，因此 $U$ 应该是邻接矩阵 $A$ 的一个因子。然而，我们有两种建模选择，即应该将 $U$ 用作邻接矩阵的传出（outgoing）因子还是将 $U$ 用作邻接矩阵的传入（incoming）因子。这些选择对应的分解如下：

1）当把 $U$ 用作邻接矩阵的传出因子时，它对应的语义解释是一个网页文档的低秩表示与它所指向的网页的类型紧密相关。在这种情形中，我们必须引入一个额外的大小为 $n\times k$ 的传入因子矩阵 $H=[h_{ij}]$，并尝试找到 $U$、$V$、$H$，同时满足下面的条件：

$$D\approx UV^{\mathrm{T}},\ A\approx UH^{\mathrm{T}} \tag{8.2}$$

对应的分解图如图8.2a所示。

2）当把 $U$ 用作邻接矩阵的传入因子时，它对应的语义解释是一个网页文档的低秩表示与指向它的网页的类型紧密相关。在这种情形中，我们必须引入一个额外的大小为 $n\times k$ 的传出因子矩阵 $H=[h_{ij}]$，并尝试找到 $U$、$V$、$H$，同时满足下面的条件：

$$D\approx UV^{\mathrm{T}},\ A\approx HU^{\mathrm{T}} \tag{8.3}$$

对应的分解图如图8.2b所示。

3）一个额外的选择是以对称的方式使用下面一组条件来处理传出链接因子和传入链接因子：

$$D\approx UV^{\mathrm{T}},\ D\approx HV^{\mathrm{T}},\ A\approx UH^{\mathrm{T}} \tag{8.4}$$

需要注意的是，在这种情形中，我们是否将最后一个条件用作 $A\approx UH^{\mathrm{T}}$ 或是使用 $A\approx HU^{\mathrm{T}}$ 并不重要，虽然这两个条件中只有一个被施加在非对称矩阵 $A$ 上。两个等价的分解如图8.2c所示。

共享分解的具体选择取决于分析者认为哪一种语义解释更有可能。此时，我们考虑文档内容与它们的传出链接更密切相关的情形（参考图8.2a）。在这种情形中，优化模型应该执行下面的分解：

$$D\approx UV^{\mathrm{T}},\ A\approx UH^{\mathrm{T}} \tag{8.5}$$

因此，我们可以定义优化问题来学习矩阵 $U$、$V$ 和 $H$ 如下：

$$\text{最小化 } J = \| D - UV^{\mathrm{T}} \|_F^2 + \beta \| A - UH^{\mathrm{T}} \|_F^2 + \underbrace{\lambda( \| U \|_F^2 + \| V \|_F^2 + \| H \|_F^2)}_{\text{正则化项}}$$

式中，符号$\| \cdot \|_F$表示矩阵的 Frobenius 范数，参数$\beta$控制结构与内容的相对重要性，$\lambda$控制正则化的程度。我们还可以对$U$、$V$和$H$使用不同的正则化权重。利用梯度下降方法（参考8.2.2.1节）来求解这样的优化问题。通过将上述优化问题中的$\beta \|A - U H^{\mathrm{T}}\|_F^2$改为$\beta\|A - H U^{\mathrm{T}}\|_F^2$来对图8.2b情形的优化问题进行形式化是相对比较直接的。在图8.2c的分解图的情形中，将$\gamma\|D - HV^{\mathrm{T}}\|_F^2$添加到上述两个形式中的任意一个即可。这一特殊系列的优化问题是为无监督的场景设计的。通过将$k$均值算法分别应用到$U$和$V$的$k$维的行上，我们可以使用得到的因子来对文档或词项进行聚类。虽然这些嵌入可以直接用于分类，但我们也可以针对无监督的场景对优化模型（参考8.2.2.2节）进行改进。

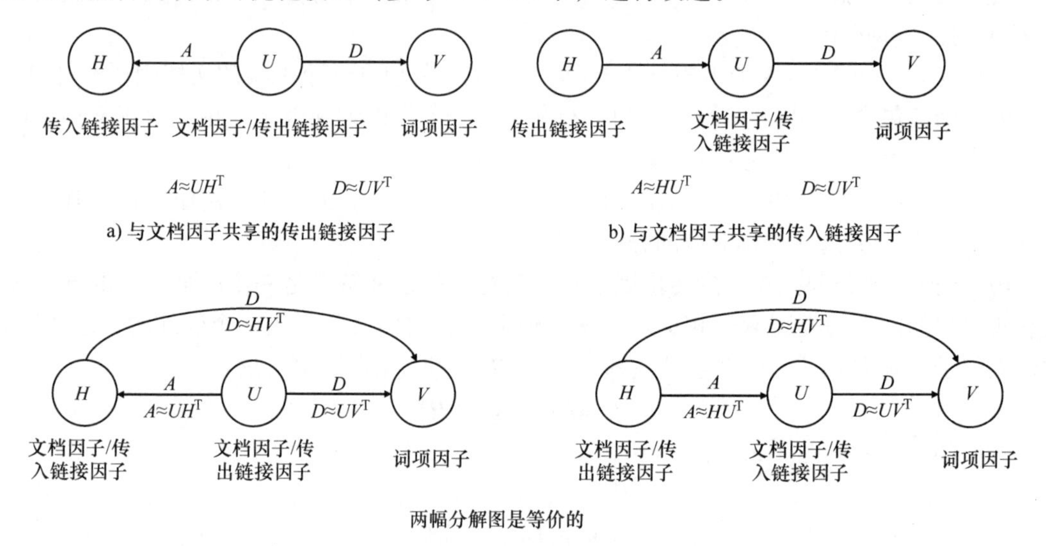


图8.2　面向文本和网页链接的共享分解的分解图

#### 8.2.2.1　求解优化问题

我们计算$J$关于$U$、$V$和$H$中的元素的梯度，以在（负）梯度方向上对它们进行更新。对于$U$、$V$和$H$的任意当前值来说，令$e_{ij}^D$表示误差矩阵（$D - UV^{\mathrm{T}}$）的第（$i$，$j$）个元素，$e_{ij}^A$表示误差矩阵（$A - UH^{\mathrm{T}}$）的第（$i$，$j$）个元素，则$J$的相关偏导数可以表示如下：

$$\frac{\partial J}{\partial u_{iq}} = -\sum_{j=1}^{d} e_{ij}^D v_{jq} - \beta \sum_{p=1}^{n} e_{ip}^A h_{pq} + \lambda u_{iq} \qquad \forall i \in \{1 \cdots n\},\ \forall q \in \{1 \cdots k\}$$

$$\frac{\partial J}{\partial v_{jq}} = -\sum_{i=1}^{n} e_{ij}^D u_{iq} + \lambda v_{jq} \qquad \forall j \in \{1 \cdots d\}, \forall q \in \{1 \cdots k\}$$

$$\frac{\partial J}{\partial h_{pq}} = -\beta \sum_{i=1}^{n} e_{ip}^A u_{iq} + \lambda h_{pq} \qquad \forall j \in \{1 \cdots d\}, \forall q \in \{1 \cdots k\}$$

为表述简单，我们从上述梯度中略去了因子2，因为我们可以通过梯度下降方法中的步长来融入它。基于步长 $\alpha$ 使用这些梯度对包含 $(2n+d)k$ 个参数的整个集合进行更新。然而，这种方法有时收敛比较慢。这样不太现实，因为它需要计算与 $(D-UV^{\mathrm{T}})$ 和 $(A-UH^{\mathrm{T}})$ 相对应的较大的误差矩阵。当 $n$ 较大时，后者会特别大。

一个更有效的方法是使用随机梯度下降，它有效地计算从矩阵中随机采样的元素相对于残差的梯度。我们可以对文档-词项矩阵或邻接矩阵中的任意元素进行采样，然后针对单个元素中的误差来执行梯度下降步骤。换句话说，我们执行下面的步骤：

从 $D$ 或 $A$ 中采集任意元素

针对与具体元素相关的损失函数值来执行梯度下降步骤

考虑这样的情形，在这种情形中，我们采样得到文档-词项矩阵中的第 $(i, j)$ 个元素，它的误差为$e_{ij}^D$。针对每个 $q\in\{1\cdots k\}$ 和步长 $\alpha$，我们执行下面的更新：

$$u_{iq}\Leftarrow u_{iq}(1-\alpha\cdot\lambda/2)+\alpha e_{ij}^D v_{jq}$$

$$v_{jq}\Leftarrow v_{jq}(1-\alpha\cdot\lambda)+\alpha e_{ij}^D u_{iq}$$

另一方面，如果采样得到邻接矩阵中的第 $(i, p)$ 个元素，则针对每个 $q\in\{1\cdots k\}$ 和步长 $\alpha$，我们执行下面的更新：

$$u_{iq}\Leftarrow u_{iq}(1-\alpha\cdot\lambda/2)+\alpha\beta e_{ip}^A h_{pq}$$

$$h_{pq}\Leftarrow h_{pq}(1-\alpha\cdot\lambda)+\alpha\beta e_{ip}^A u_{iq}$$

重复这些步骤直到收敛。随机梯度下降的主要优势在于其快速更新和处理较大矩阵的能力。

上述更新是针对图8.2a的分解情形设计的。通过类似的方式也可以针对图8.2b的情形推导出它们的随机梯度下降步骤。

8.2.2.2 有监督的嵌入

通过在优化模型中融入来自因变量的信息，我们可以在有监督的场景中提取出更好的嵌入。考虑这样一个情形，在这种情形中，大小为 $n\times d$ 的数据矩阵 $D$ 的某些行与取自 $\{-1, +1\}$ 的类别标记$y_i$相关联。因此，我们定义观测到的标记集合 $S$ 如下：

$$S=\{i: D\text{ 的第 } i \text{ 行的标记} y_i \text{是观测到的}\} \tag{8.6}$$

在这种情形中，我们可以创建一个 $k$ 维的系数（行）向量$\overline{W}$，并假设通过回归把类别标记与特征相关联。令$\overline{u_i}$为与 $U$ 的第 $i$ 行相对应的 $k$ 维行向量，则有如下的线性回归条件：

$$y_i\approx\overline{u_i}\cdot\overline{W}\qquad\forall i\in S \tag{8.7}$$

在这样的情形中，我们修改优化问题如下：

$$\text{最小化 } J=\|D-UV^{\mathrm{T}}\|_F^2+\beta\|A-UH^{\mathrm{T}}\|_F^2+\gamma\sum_{i\in S}(y_i-\overline{u_i}\cdot\overline{W})^2 + \underbrace{\lambda(\|U\|_F^2+\|V\|_F^2+\|H\|_F^2+\|\overline{W}\|^2)}_{\text{正则化项}}$$

需要注意的是，新加进去的那一项是最小二乘分类（参考第6章）中的优化形式。因此，我们也可以将该方法用在因变量是实数值的情形中。我们可以使用梯度下降方法来学习有监督的嵌入 $U$、$V$ 和 $H$。在这种情形中，向量 $U\overline{W}^{\mathrm{T}}$同时生成了训练数据和测试数据的$y_i$的预测值。对于分类来说，使用有监督的嵌入有时可以产生比无监督的嵌入质量更好的结果。

其中的梯度下降步骤推导使用与 8.2.2.1 节一样的通用方法。

### 8.2.3 应用：结合文本与无向社交网络

很多像社交网络这样的图是无向的，这增加了对称矩阵分解的可能性。我们有一个包含 $n$ 个文档的集合，其中每个文档对应社交网络中的一个节点（或参与者）。因此，我们有一个大小为 $n \times d$ 的文档 - 词项矩阵 $D$，以及一个大小为 $n \times n$ 的社交朋友关系网络的对称无向邻接矩阵。此外，假设文档和社交参与者之间存在一一对应关系，表示与参与者相关联的内容（如所有 Facebook 的留言摘要）。在这种情形中，我们有一个大小为 $n \times k$ 的节点 - 链接因子矩阵 $U$ 和一个大小为 $d \times k$ 的词项因子矩阵 $V$。相关的分解如下：

$$D \approx UV^{\mathrm{T}},\ A \approx UU^{\mathrm{T}} \tag{8.8}$$

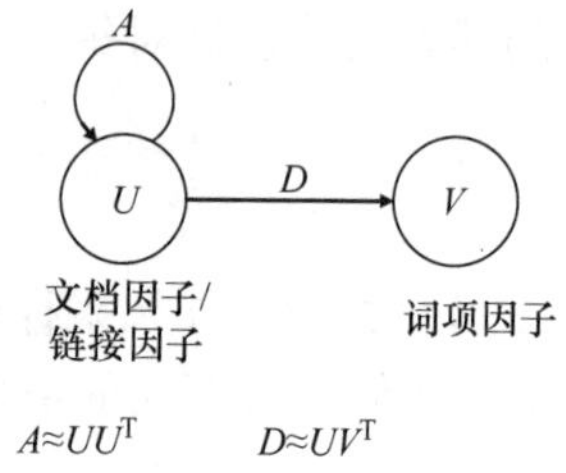

对应的分解图如图 8.3 所示。值得注意的是，由于其中的邻接矩阵是对称的，所以我们可以通过单个矩阵来对它进行分解。然而，关键之处在于把 $A$ 的对角元素设为各个节点的度，以确保矩阵 $A$ 是半正定的。否则，对角元素可能会使分解 $UU^{\mathrm{T}}$（它总是半正定的）的误差增大。对应分解的优化形式如下：

$$\text{最小化 } J = \| D - UV^{\mathrm{T}} \|_F^2 + \beta \| A - UU^{\mathrm{T}} \|_F^2 + \underbrace{\lambda( \| U \|_F^2 + \| V \|_F^2)}_{\text{正则化项}}$$

图 8.3 结合无向社交网络的联合分解

我们可以使用与 8.2.2.1 节相似的随机梯度下降步骤来求解这个优化问题。在 $U$ 和 $V$ 的任意特定值处，文档 - 词项矩阵中的第 $(i,\ j)$ 个元素的误差由 $e_{ij}^D = (D - UV^{\mathrm{T}})_{ij}$ 来表示，邻接矩阵中的第 $(i,\ j)$ 个元素的误差由 $e_{ij}^A = (A - UU^{\mathrm{T}})_{ij}$ 来表示。在随机梯度下降方法中，我们需要计算单个元素相对于损失函数的梯度。考虑这样的情形，其中我们已经采样得到文档 - 词项矩阵中的第 $(i,\ j)$ 个元素，其误差为 $e_{ij}^D = (D - UV^{\mathrm{T}})_{ij}$。那么，我们需要针对每个 $q \in \{1 \cdots k\}$ 和步长 $\alpha$，执行下面的更新：

$$u_{iq} \Leftarrow u_{iq}(1 - \alpha \cdot \lambda / 2) + \alpha e_{ij}^D v_{jq}$$

$$v_{jq} \Leftarrow v_{jq}(1 - \alpha \cdot \lambda) + \alpha e_{ij}^D u_{iq}$$

另一方面，如果采样得到邻接矩阵中的第 $(i,\ p)$ 个元素，那么，我们需要针对每个 $q \in \{1 \cdots k\}$ 和步长 $\alpha$，执行下面的更新：

$$u_{iq} \Leftarrow u_{iq}(1 - \alpha \cdot \lambda / 2) + 2\alpha\beta e_{ip}^A u_{pq}$$

$$u_{pq} \Leftarrow u_{pq}(1 - \alpha \cdot \lambda) + 2\alpha\beta e_{ip}^A u_{iq}$$

重复这些步骤直到收敛。我们还可以通过扩展 8.2.2.2 节中讨论的方法来执行有监督的矩阵分解。

#### 8.2.3.1 结合文本内容的链接预测应用

社交网络中的链接预测（link prediction）问题是一个寻找参与者对的问题，这些参与者目前不相连但在未来很有可能会相连[292]。我们可以方便地将上述分解用到社交网络的链接预测中。特别地，考虑任意节点对 $(i,\ j)$，它们之间当前并不存在任何链接。然后，$UU^{\mathrm{T}}$ 的第 $(i,\ j)$ 个元素将会提供一个数值以表示节点 $i$ 和节点 $j$ 之间存在一条链接的倾向度。因此，$UU^{\mathrm{T}}$ 的元素提供了链接预测的分数。

### 8.2.4 应用：结合文本的图像迁移学习

文本文档的优势在于它具有语义上连贯的特征空间，在现实应用中，这通常与簇和类别的语义性质紧密相关。换句话说，文本具有一种数据表示，由于提取它的方式比较自然，这种表示通常是应用友好的。但在图像数据中并非如此，其中的特征在语义上的信息量并不丰富。我们可不可以通过某些方式使用更高质量的文本数据特征为图像挖掘构建更好的特征呢？这个问题在图像分类中被称为“消除语义差距”。实现这个目标的一种方式是使用迁移学习，在这种学习方法中，我们将知识从文本领域迁移到图像领域。其中的关键思想是图像经常与各种类型的文本（如标签和说明文字）一起出现。我们可以使用这种共现将图像映射到一个新的潜在语义空间中，在这个新的空间中，共现信息中的反馈被融合进来了。从语义上讲，这种新的多维表示是更连贯的，因为它融入了来自文本模态的知识。因此，在这种表示上使用现成的分类器时，分类性能会得到显著的提升。迁移学习的使用有两种不同的场景。在第一种场景中，文本是无标记的，并且迁移学习的唯一目标是利用共现信息构建质量更高的特征。这种方法是一种半监督机制，不同的是，无标记的数据所属的领域是一个不同于执行分类的数据的（文本）领域。在第二种场景中，文本数据是已经标记过的，并且我们使用标记信息来执行图像领域中的分类。与第一种场景不同，文本还有助于弥补与图像相关联的标记的不足。

#### 8.2.4.1 结合无标记文本的迁移学习

考虑这样的情形，我们有一个大小为 $m \times d'$ 的图像 -（视觉特征）矩阵，它由 $d'$ 维（对应于视觉单词）空间中的 $M$ 来表示，这个矩阵的 $m$ 行中的每一行都有一个对应的类别标记。值得注意的是，视觉词项对应着图像特征，它们在语义上通常没有文本词项那么友好。因此，我们使用迁移学习方法[540]来提取语义上连贯的图像表示。我们可以将这种方法视作一种使用无标记数据的半监督学习，不同的是，这种半监督机制是使用一个不同（文本）领域的数据来执行的，而最终是对图像数据进行分类[540]。

在哪里可以获得有关视觉特征的语义知识呢？这是从标签数据中提取出的。在很多像 Flickr 这样的社交媒体网站中，图像通常是有标签的，我们可以把每个标签看成一组简短的关键词。每个标签通常包含不到 2 个或 3 个的词项，很少超过 10 个词项。实际上，我们可以把一个标签集合看成一个新的非正式的词典，它在语义上具有很强的描述性。考虑我们有一个包含 $d$ 个标签的词汇表，并且每个标签都可以应用到集合中 $p$ 个图像的某一个图像或多个图像上。因此，我们有一个图像集合，它包含 $p$ 个有标记的图像，它在视觉词项空间中具有一个 $p \times d'$ 的表示（由 $Z$ 表示），以及一个对应的标签矩阵 $T$，它有一个大小为 $p \times d$ 的二元表示。换句话说，矩阵 $T$ 包含 0 - 1 元素，这些元素对应着哪个标签被应用到哪个图像上。这个矩阵是极其稀疏的。矩阵 $G = Z^{\mathrm{T}} T$ 是视觉词项与标签之间的大小为 $d' \times d$ 的映射。换句话说，它告诉我们哪个视觉词项频繁地与哪个标签相对应，这是（语义上模糊的）视觉词项到（语义上连贯的）标签空间的一个映射。另外，假设我们有一个包含 $n$ 个文档的集合，它是由包含 $d$ 个标签的非正式词汇表来表示的。尽管一个文档集合原本是使用英语单词的传统词典来表示的，但通过把第 $i$ 个文档的第 $j$ 个标签的值设为 1（如果这个文档和这个标签之间至少有一个传统的单词是相同的），则不难通过标签词汇表的形式来表示它。也就是说，我们有一个大小为 $n \times d$ 的文档 - 标签矩阵，它是基于大小为 $d$ 的非传统的标签词汇表来表示的。这个文档 - 标签矩阵由 $D$ 来表示，它提供了有用的关于不同标签之间的共现信息，这对于提取图像的语义表示来说是很有用的。我们可以把 $D$ 看作是用于半监督机制的无标记集合。

令 $H$ 为一个大小为 $d' \times k$ 的矩阵，$V$ 为一个大小为 $d \times k$ 的矩阵，其中 $k$ 是分解过程中的秩。需要注意的是，尽管矩阵 $G = HV^{\mathrm{T}}$ 的分解不能解释不同标签之间的共现和关系，但它提供了每个视觉词项的潜在表示。这是特别重要的，由于矩阵 $G$ 通常是稀疏的，所以很难提取出可靠的因子矩阵。因此，我们提出通过一个额外的 $n$ 个文档的大小为 $n \times k$ 的因子矩阵 $U$ 在 $D$ 中使用共享分解：

$$D \approx UV^{\mathrm{T}},\ G \approx HV^{\mathrm{T}}$$

对应的分解图如图 8.4 所示，它的优化问题如下：

$$\text{最小化}\ J = \| D - UV^{\mathrm{T}} \|_F^2 + \beta \| G - HV^{\mathrm{T}} \|_F^2 + \lambda( \| U \|_F^2 + \| V \|_F^2 + \| H \|_F^2 )$$

式中，$\beta$ 是控制不同项的相对重要性的平衡参数。这个优化问题与 8.2.2.1 节讨论的问题非常相似。因此，尽管参考文献［540］中也讨论了其他类型的优化方法，但我们也可以将 8.2.2.1 节的梯度下降步骤用在这个问题中。

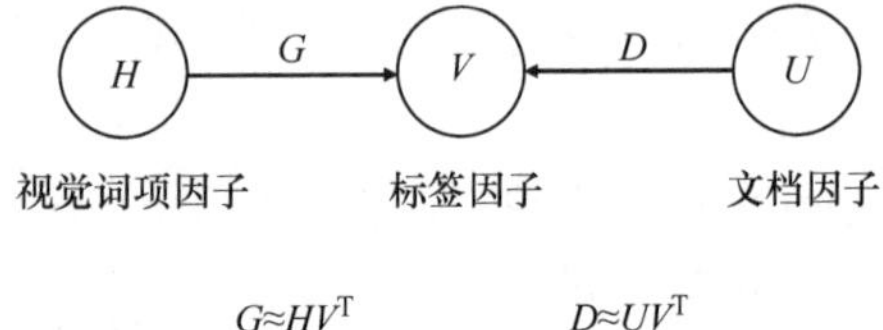


图 8.4　结合文档 - 标签矩阵和（视觉特征）- 标签矩阵的联合分解

我们可以把矩阵 $H$ 看成一种将数据点从视觉词项空间转化到潜在语义空间的变换矩阵，在这个新的空间中，表示的质量有所提升。给定有标记的大小为 $m \times d'$ 的矩阵 $M$，我们可以通过使用新的表示 $M' = MH$ 将其变换到 $k$ 维空间中，并在这个变换后的数据表示上执行分类。

8.2.4.2　结合有标记文本的迁移学习

在第二种场景中，我们有一个大小为 $n \times d$ 的有标记的文档 - 词项矩阵，但只观测到非常少的一组图像的标记。在这样的情形中，我们可以将标记当作一个 $n$ 维的列向量 $\overline{y} = [y_1 \cdots y_n]^{\mathrm{T}}$。假设每个 $y_i$ 都是从 $\{-1, +1\}$ 中抽取的。另外，我们有一个大小为 $m \times d'$ 的图像 - 视觉词项矩阵 $M$，它被定义在一个包含 $d'$ 个单词的词典上。我们观测到 $M$ 中一个图像子集 $S$ 的标记，这些标记是从与那些文档相同的基本集合中抽取的。因此，我们有

$$S = \{i : M\ \text{的第}\ i\ \text{行的标记是已观测到的}\}$$

如果我们观测到 $M$ 的第 $i$ 行的标记，则将其表示为 $z_i$。每个 $z_i$ 也是从 $\{-1, +1\}$ 中抽取的。值得注意的是，集合 $S$ 在很多实际场景中可能非常小，这就是一开始我们需要迁移学习的原因。假设这些文档和图像可能通过网页链接或是网页内的内置图像等各种方式一同出现。因此，我们假设图像和网页之间有一个大小为 $m \times n$ 的共现矩阵 $C$。

为了执行分解，需要将图像和文档映射到一个 $k$ 维的潜在空间中，对应因子分别由 $U_M$ 和 $U_D$ 来表示。其中，因为有 $m$ 个图像，所以 $U_M$ 是一个大小为 $m \times k$ 的矩阵；因为有 $n$ 个文档，所以 $U_D$ 是一个大小为 $n \times k$ 的矩阵。此外，由 $H$ 来表示视觉词项的大小为 $d' \times k$ 的潜在因子矩阵，由 $V$ 来表示（文本）单词的大小为 $d \times k$ 的潜在因子矩阵。然后，为了强制使 $U_M$ 和 $U_D$

分别为图像领域和文本领域的相关嵌入，我们有下面的式子：

$$M \approx U_M H^{\mathrm{T}},\ D \approx U_D V^{\mathrm{T}}$$

关键在于矩阵$U_M$和$U_D$在相同的 $k$ 维空间中，并且它们的行之间的点积与相似度相对应，这也会反映在共现矩阵 $C$ 中。我们可以通过下面的分解来强制施加这个条件：

$$C \approx U_M U_D^{\mathrm{T}} \tag{8.9}$$

对应的分解图如图 8.5 所示。

在没有考虑标记的情况下，我们可以在联合的潜在空间中为文档和图像创建一个无监督的嵌入。对应的优化问题如下：

$$\text{最小化 } J = \| D - U_D V^{\mathrm{T}} \|_F^2 + \beta \| M - U_M H^{\mathrm{T}} \|_F^2 + \gamma \| C - U_M U_D^{\mathrm{T}} \|_F^2 + \lambda \cdot \text{正则化项}$$

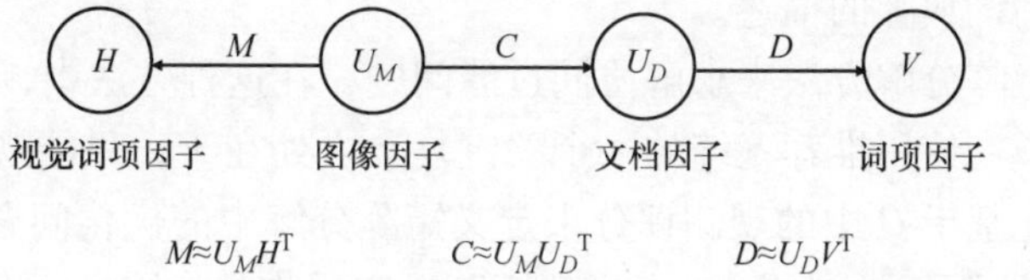

图 8.5 结合文本、图像和共现矩阵的联合分解

与前面所有的情形一样，我们将正则化项定义为各个参数矩阵的 Frobenius 范数的平方和。此外，$\beta$ 和 $\gamma$ 是控制各项相对重要性的平衡参数。

然而，当文档有额外的标记$y_i$和图像有额外的标记$z_j$时，我们可以通过强制具有相同标记的文档和图像具有一定的相似性来添加监督机制。因为标记是从 {-1，+1} 中抽取的，所以当$y_i = z_j$时，$1 + y_i z_j$的值将为 2，否则为 0。令$\overline{u_i^D}$为文档因子矩阵$U_D$的第 $i$ 行，$\overline{u_j^M}$为图像因子矩阵$U_M$的第 $j$ 行。这两行都是 $k$ 维的行向量，它们之间的差提供了这两行的相关嵌入之间的距离。通过对标记相同的两个嵌入之间的距离进行惩罚来定义标记的一致性项（label - agreement term）$J_L$：

$$J_L = \sum_{i=1}^{n} \sum_{j \in S} \underbrace{(1 + y_i z_j) \| \overline{u_i^D} - \overline{u_j^M} \|^2}_{\text{当} y_i = z_j \text{时为非零}}$$

为了构造一个有监督的嵌入，需要在无监督嵌入的目标函数 $J$ 中添加一个额外的项 $\theta J_L$，其中 $\theta$ 控制了监督机制的重要程度。

一旦学到了嵌入（通过梯度下降方法），列向量$U_M U_D^{\mathrm{T}} \overline{y}$中的 $m$ 个元素的符号就可以为 $m$ 个图像提供对应的标记预测（包含原始有标记的那些）。其基本思想是$U_M U_D^{\mathrm{T}}$提供了图像 - 文档对之间的成对相似度。通过在它上面右乘$\overline{y}$，我们可以使用文档标记的相似度加权线性组合来对每个图像进行分类。我们可以对像 $\beta$、$\gamma$ 和 $\theta$ 这样的超参数进行调优以最大化留出集上的准确率。这里的讨论大致是基于参考文献 [391] 中提出的思想的。

### 8.2.5 应用：结合评分和文本的推荐系统

基于内容的推荐系统结合物品的文字描述来学习与特定物品有关的用户偏好。评分显示了用户对物品喜欢或不喜欢的程度。在这些情形中，每个用户的数据被转化为一个与具体用户相关的文本分类问题。每个与具体用户相关的分类问题所使用的训练文档对应着那个用户评过分的物品的描述，因变量则来自该用户对具体物品的评分。我们可以使用这样的训练数据来学习一个与具体用户相关的分类模型或回归模型以进行评分预测。

然而，基于内容的推荐系统并不使用具有类似想法的用户的协同效应来进行预测。另一类被称为协同过滤（collaborative filtering）的推荐方法使用用户与物品之间的评分模式中的相似性来进行预测。令 $R$ 为基于 $m$ 个用户和 $n$ 个物品的大小为 $m \times n$ 的评分矩阵。矩阵 $R = [r_{ij}]$ 是一个非常不完整的矩阵，我们只能观测到 $R$ 中一个较小的评分子集 $O$：

$$O = \{(i,j): r_{ij}\text{是已观测到的}\}$$

另外，我们有一个大小为 $n \times d$ 的文档 - 词项矩阵 $D$，其中 $n$ 行中的每一行包含的是一个物品在大小为 $d$ 的词典上的描述。

我们通常使用矩阵分解方法来求解协同过滤问题，在这种方法中，评分矩阵 $R$ 被分解为用户因子和物品因子。使用推荐系统的一个关键复杂之处在于，只能观测到评分矩阵的部分评分，因此我们只能基于 $O$ 中的观测评分来定义矩阵分解中的优化问题。令 $U$ 为 $m \times k$ 大小的矩阵，表示用户的因子；$V$ 为 $n \times k$ 大小的矩阵，表示物品的因子；令 $H = [h_{ij}]$ 为 $d \times k$ 大小的矩阵，表示文本单词（词项）的因子。那么，我们可以得到下面的关系：

$$\underbrace{R \approx UV^{\mathrm{T}}}_{\text{观测到的元素}}, \; D \approx VH^{\mathrm{T}}$$

对应的分解图如图 8.6 所示。

需要注意的是，第一个分解是只基于 $O$ 中的观测到的元素来定义的。因此，我们还需要根据观测到的元素对相应的优化问题进行如下的形式化：

$$\text{最小化}\; J = \sum_{(i,j) \in O} \left( r_{ij} - \sum_{s=1}^{k} u_{is} v_{js} \right)^2 + \beta \| D - VH^{\mathrm{T}} \|_F^2 + \lambda ( \| U \|_F^2 + \| V \|_F^2 + \| H \|_F^2 )$$

式中，$\beta$ 是平衡参数。这个优化问题的梯度下降步骤与 8.2.2.1 节讨论的那些相似，不同的是，这里只有观测到的元素被用来计算梯度。将 $\beta$ 设为 0 会得到推荐系统中使用的传统更新（见习题 5）。此外，下面的相关场景中使用了几乎相同的优化问题：

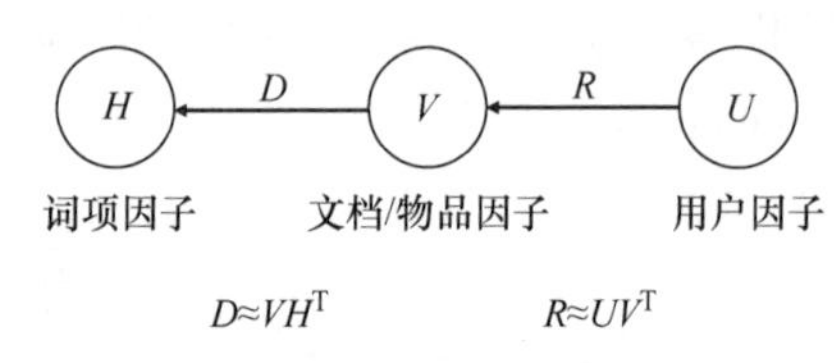


图 8.6　结合用户、物品和物品描述的联合分解

1）我们可以将用户 - 用户信任矩阵与评分矩阵相结合，而不是将文本矩阵与评分矩阵相结合。参考文献 [3] 中的第 11 章对这种方法进行了讨论。

2）我们可以将社交标签矩阵与评分矩阵相结合。这样的方法与上面讨论的技术类似，不同的是，在这样的方法中，我们把标签用作“词典”来表示物品。此外，因为标签与用户相关，所以我们还可以创建用户 - 标签矩阵，然后对这个矩阵进行分解。

值得注意的是，共享矩阵分解方法已成为推荐系统很多混合技术的基础。

### 8.2.6　应用：跨语言文本挖掘

跨语言文本挖掘与对图像和文本进行共同挖掘的情形有很多相似之处。然而，在图像/

文本挖掘的情形中，我们使用图像和文档的样本来创建共现矩阵。在跨语言文本挖掘中，我们可以获得足够的领域知识来创建特征级别的跨语言矩阵。

考虑这样的场景，我们有两个分别包含英语文档和西班牙语文档的集合，其中英语文档集合由大小为 $n \times d$ 的文档-词项矩阵 $D_E$ 来表示，西班牙语文档集合由大小为 $m \times d'$ 的文档-词项矩阵 $D_S$ 来表示。另外，我们有一个英语和西班牙语之间的大小为 $d \times d'$ 的特征级别的共现矩阵 $C$。我们可以通过各种各样的方式来提取英语和西班牙语之间的特征级别的共现矩阵。例如，我们可以使用跨语言的词典[34]或同义词库[338]来创建共现矩阵。如果第 $i$ 个英语词项与第 $j$ 个西班牙语词项相关，则 $C$ 中的元素 $(i, j)$ 取值为1。使用词典创建共现矩阵是相对容易的。我们还可以从互为译文的两个文档来创建一个共现特征矩阵。例如，令 $C_E$ 和 $C_S$ 分别为包含 $c$ 个英语文档和 $c$ 个西班牙语文档的大小为 $c \times d$ 的和大小为 $c \times d'$ 的文档-词项矩阵，以使 $C_E$ 和 $C_S$ 中的第 $i$ 行分别是相同句子的英语译文和西班牙语译文。那么，我们可以推出 $d \times d'$ 的特征级别的共现矩阵如下：

$$C = C_E C_S^T \tag{8.10}$$

与图像-文本挖掘不同，其中的共现矩阵定义在特征级别上而不是样本级别上。令 $U_E$ 和 $V_E$ 分别为英语文档的大小为 $n \times k$ 的文档因子和大小为 $d \times k$ 的词项因子。类似地，令 $U_S$ 和 $V_S$ 分别为西班牙语文档的大小为 $n \times k$ 的文档因子和大小为 $d \times k$ 的词项因子。则对应的分解如下：

$$D_E \approx U_E V_E^T,\ D_S = U_S V_S^T,\ C \approx V_E V_S^T$$

对应的分解图如图8.7所示。这种特定的分解与图像或文本挖掘的情形相似，不同的是，这个共现矩阵被定义为两种语言中的词项因子（而不是样本因子）矩阵的乘积。我们可以通过类似的方式对这个优化问题进行形式化，并通过计算其平方误差的导数来推导它的梯度下降步骤。

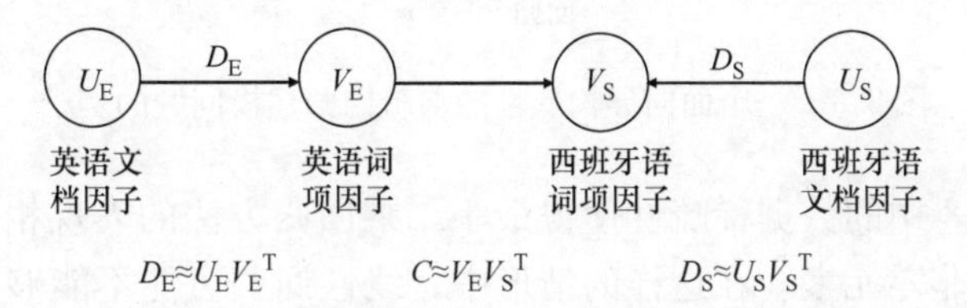


图8.7　通过特征共现来结合英语文档和西班牙语文档的联合分解

## 8.3 分解机

分解机与共享矩阵分解方法密切相关，它特别适用于以下几个情形：

1）每个数据样本包含来自多个领域的特征。例如，考虑这样一个物品，某个用户利用特殊关键词对它打了标签，并对它进行了评分。在这种情形中，特征集合对应于所有的物品标识符、所有可能的关键词以及用户标识符。这个用户标识符、物品标识符以及相关关键词的特征的值均被设为1，而所有其他特征的值均被设为0。其因变量等于评分值。

2）特征表示通常是稀疏的，它包含大量的0。很多同构文本域（如短文本片段）也可以与分解机结合。例如，Twitter 中的一条推文被限制在 140 个字符内，它在每个这样的“文档”中施加了单词数量的约束。在这种场景中，传统的分类与回归方法（如支持向量机）表现较差。在很多自然应用中，尽管不一定是必须的，但特征表示通常是稀疏的和二元的。

分解机是一种多项式回归技术，它在回归系数上施加了强有力的正则化条件以应对稀疏性挑战。稀疏性在短文本领域中是比较常见的，如公告板上的社交内容、社交网络数据集以及聊天信息。在推荐系统中也很常见。

提取自推荐领域的一个数据集的例子如图 8.8 所示。显然，其中有三种类型的属性，对应着用户属性、物品属性和标签关键词。此外，评分对应着因变量，也就是回归子。第一眼看上去，这个数据集似乎与传统的多维数据集没有太大差别，我们可以对它应用最小二乘回归以将评分建模为一个关于回归元的线性函数。

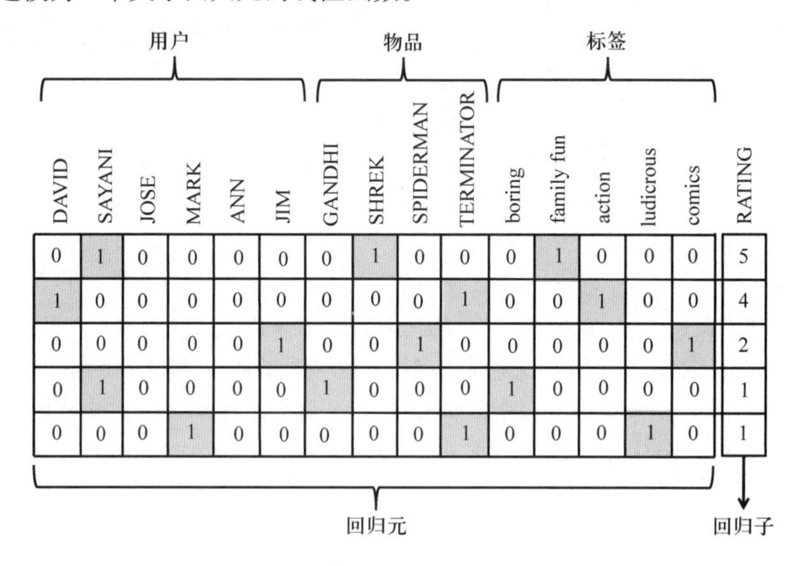


| DAVID | SAYANI | JOSE | MARK | ANN | JIM | GANDHI | SHREK | SPIDERMAN | TERMINATOR | boring | family fun | action | ludicrous | comics | RATING |
|---|---|---|---|---|---|---|---|---|---|---|---|---|---|---|---|
| 0 | 1 | 0 | 0 | 0 | 0 | 0 | 1 | 0 | 0 | 0 | 1 | 0 | 0 | 0 | 5 |
| 1 | 0 | 0 | 0 | 0 | 0 | 0 | 0 | 0 | 1 | 0 | 0 | 1 | 0 | 0 | 4 |
| 0 | 0 | 0 | 0 | 0 | 1 | 0 | 0 | 1 | 0 | 0 | 0 | 0 | 0 | 1 | 2 |
| 0 | 1 | 0 | 0 | 0 | 0 | 1 | 0 | 0 | 0 | 1 | 0 | 0 | 0 | 0 | 1 |
| 0 | 0 | 0 | 1 | 0 | 0 | 0 | 0 | 0 | 1 | 0 | 0 | 0 | 1 | 0 | 1 |

图 8.8　一个面向异构属性的稀疏回归建模问题的例子

不幸的是，图 8.8 中的数据稀疏性使得最小二乘回归方法的表现相当差。例如，每行可能只包含 3 个或 4 个非零元素。在这样的情形中，线性回归可能不能够很好地对因变量进行建模，因为少量非零元素的存在并没有提供太多的信息。因此，第二种可能是使用属性间的高阶交互，其中我们使用多个元素的共现来进行建模。实际上，我们通常使用属性间的二阶交互，它对应着二阶多项式回归。一种可能是通过核技巧（参考第 6 章）使用二阶多项式核来进行核回归。然而，正如我们下面将讨论的，那样的做法会导致过拟合，而稀疏的数据表示会加剧这种情况。

令 $d_1 \cdots d_r$ 为 $r$ 个数据模态中的（如文本、图像和网络数据等）每一个模态包含的属性数量。因此，属性的总数由 $p = \sum_{k=1}^{r} d_k$ 给定。我们使用 $x_1 \cdots x_p$ 表示行变量，其中大部分为 0，只有少部分非零。在推荐领域的很多自然应用中，$x_i$ 的值可能是二元的。此外，假设每一行都有一个目标变量与之对应。虽然原则上目标变量可以是任意类型的因变量，但在图 8.8 的例子中它是与每一行相关联的评分。

考虑回归方法在这种场景中的应用。例如，最简单的可能的预测是使用基于变量$x_1 \cdots x_p$的线性回归得到的。

$$\hat{y}(\overline{x}) = b + \sum_{i=1}^{p} w_i x_i \tag{8.11}$$

式中，$b$是偏置变量，$w_i$是第$i$个属性的回归系数。这与第6章6.2节中讨论的线性回归在形式上几乎相同，不同的是，我们显式地使用了全局偏置变量$b$。虽然这种形式在某些情形中可以提供合理的结果，但对于其中有大量信息是由各个属性间的相关性来捕捉的稀疏数据来说，这通常是不足够的。例如，在推荐系统中，用户－物品对的共现远比用户和物品单独的系数包含更多的信息。因此，这里的关键在于使用二阶回归系数$s_{ij}$，它捕捉了第$i$个属性和第$j$个属性之间的交互系数。

$$\hat{y}(\overline{x}) = b + \sum_{i=1}^{p} w_i x_i + \sum_{i=1}^{p} \sum_{j=i+1}^{p} s_{ij} x_i x_j \tag{8.12}$$

需要注意的是，虽然$x_i$通常是从稀疏领域中抽取的，它的非零值没有太大的差别，并且这个项的添加并不总是有用的，但我们也可以包含二阶项$\sum_{i=1}^{p} s_{ii} x_i^2$。例如，如果$x_i$的值是二元的（因为比较常见），则$x_i^2$的系数相对于$x_i$的系数来说是冗余的。

一个观察结果是上面的模型与我们利用具有二阶多项式核的核回归获得的模型非常相似。在像文本这样的稀疏领域中，这样的核通常会对数据过度拟合，尤其是维度比较大并且数据比较稀疏时。即使对于单个领域中的某个应用来说（如短文本推文），$d$的值都大于$10^5$，因此二阶系数的数目会大于$10^{10}$。在任何包含少于$10^{10}$个点的训练数据集上都会得到非常差的结果。稀疏性加剧了这个问题，其中属性对很少一起出现在训练数据中，并且可能无法推广到测试数据上。例如，在推荐应用中，一个特定的用户－物品对在整个数据集中可能只出现了一次，并且如果它在训练数据中出现了，那么它在测试数据中将不会出现。事实上，所有出现在测试数据中的用户－物品对都不会出现在训练数据中。那么，该如何学习这种用户－物品对的交互系数$s_{ij}$呢？类似地，在短文本挖掘应用中，单词“movie”和“film”可能一起出现，而单词“comedy”和“film”也可能一起出现，但单词“comedy”和“movie”在训练数据中可能永远都不会一起出现。如果最后一个单词对出现在测试数据中我们该怎么办呢？

一个重要的观察结果是我们可以使用针对其他两个单词对（即“comedy”/“film”和“movie”/“film”）学习到的$s_{ij}$值来对“comedy”和“film”这两个词的交互系数进行推断。该如何实现这个目标呢？关键思想是假设对于某些大小为$d \times k$矩阵$V = [v_{is}]$来说，大小为$d \times d$的二阶系数矩阵$S = [s_{ij}]$具有低秩结构：

$$S = VV^{\mathrm{T}} \tag{8.13}$$

式中，$k$是分解的秩。直观来说，我们可以将式（8.13）视作二阶系数上的一种正则化约束，以防止过拟合。因此，如果$\overline{v_i} = [v_{i1} \cdots v_{ik}]$表示$V$的第$i$行的$k$维行向量，则有

$$s_{ij} = \overline{v_i} \cdot \overline{v_j} \tag{8.14}$$

通过在式（8.12）的预测函数中代入式（8.14），可以得到下式：

$$\hat{y}(\overline{x}) = b + \sum_{i=1}^{p} w_i x_i + \sum_{i=1}^{p} \sum_{j=i+1}^{p} (\overline{v_i} \cdot \overline{v_j}) x_i x_j \tag{8.15}$$

$b$、$w_i$的不同值以及向量$\overline{v_i}$中的每一个元素都是需要学习的参数。虽然交互项的数量似乎会比较大，但在式（8.15）的稀疏场景中，它们中大多数的结果为0。这是分解机被设计来只在稀疏场景中使用的原因之一，其中使用式（8.15）计算得到的大多数项的结果为0。关键在于我们只需要学习出由$\overline{v_1} \cdots \overline{v_k}$表示的$O(dk)$个参数来代替$[s_{ij}]_{d \times d}$中的$O(d^2)$个参数。

求解这个问题的一种自然方法是使用梯度下降方法，其中我们循环使用因变量的观测值来计算观测到的元素相对于误差的梯度。所有模型参数$\theta \in \{b, w_i, v_{is}\}$的更新步骤都取决于预测值与观测值之间的误差$e(\overline{x}) = y(\overline{x}) - \hat{y}(\overline{x})$：

$$\theta \Leftarrow \theta(1 - \alpha \cdot \lambda) + \alpha \cdot e(\overline{x}) \frac{\partial \hat{y}(\overline{x})}{\partial \theta} \tag{8.16}$$

式中，$\alpha > 0$是学习速率，$\lambda > 0$是正则化参数。更新公式中的偏导数的定义如下：

$$\frac{\partial \hat{y}(\overline{x})}{\partial \theta} = \begin{cases} 1 & \theta = b \\ x_i & \theta = w_i \\ x_i \sum_{j=1}^{p} v_{js} \cdot x_j - v_{is} \cdot x_i^2 & \theta = v_{is} \end{cases} \tag{8.17}$$

需要注意的是第三种情形中的项$L_s = \sum_{j=1}^{p} v_{js} \cdot x_j$。为了避免重复，当评估$\hat{y}(\overline{x})$用于误差项$e(\overline{x}) = y(\overline{x}) - \hat{y}(\overline{x})$的计算时，我们可以预先将这个项存储下来。这是因为我们可以从代数意义上对式（8.15）进行重组：

$$\begin{aligned} \hat{y}(\overline{x}) &= b + \sum_{i=1}^{p} w_i x_i + \frac{1}{2} \sum_{s=1}^{k} \left( \left[ \sum_{j=1}^{p} v_{js} \cdot x_j \right]^2 - \sum_{j=1}^{p} v_{js}^2 \cdot x_j^2 \right) \\ &= b + \sum_{i=1}^{p} w_i x_i + \frac{1}{2} \sum_{s=1}^{k} \left( L_s^2 - \sum_{j=1}^{p} v_{js}^2 \cdot x_j^2 \right) \end{aligned}$$

此外，当$x_i = 0$时，不需要更新参数$\overline{v_i}$和$w_i$。这可以使稀疏场景中的更新过程比较高效，它同时与非零元素数和$k$的值呈线性关系。

所有的（极其稀疏的）分类和回归任务都可以使用分解机；推荐系统中的评分预测只是一个自然应用的例子。虽然这个模型原本是为回归而设计的，但通过在数值预测结果上应用对数几率函数来推出$\hat{y}(\overline{x})$是$+1$或是$-1$，我们也可以对二分类进行处理。我们将式（8.15）的预测函数修改为对数几率回归中使用的一种形式：

$$P[y(\overline{x}) = 1] = \frac{1}{1 + \exp(-[b + \sum_{i=1}^{p} w_i x_i + \sum_{i=1}^{p} \sum_{j=i+1}^{p} (\overline{v_i} \cdot \overline{v_j}) x_i x_j])} \tag{8.18}$$

需要的注意是，这种形式与第6章的式（6.32）一致。主要差别在于我们还在预测函数中使用了二阶交互。我们可以使用梯度下降方法[172,403,404]来优化对数似然准则以学习模型的参数。

本节的描述基于的是实践中广泛使用的二阶分解机。在三阶多项式回归中，我们有$O(p^3)$个额外的回归系数，它们的形式为$w_{ijk}$，它对应着形如$x_i x_j x_k$的交互项。这些系数定义了一个较大的三阶张量，我们可以使用张量分解对它进行压缩。尽管现在已经提出了更高阶的分解机，但它们通常是不太现实的，因为它们的计算复杂度更高且容易过拟合。一个被称为 libFM[404] 的软件库提供了一系列优秀的分解机实现。使用 libFM 需要完成初始的特征工程，而模型的有效性主要取决于分析者在提取正确特征集方面的技术。其他有用的库包括 fastFM[42] 和 libMF㊀[581]，它们有一些面向分解机的快速学习方法。

## 8.4 联合概率建模技术

因为不同的数据模态是由不同的分布生成的，所以在具有异构数据的情况下，我们可以比较自然地使用诸如期望最大化和朴素贝叶斯这样的概率建模技术。换句话说，各个数据样本包含了来自所有不同领域的元素，而这些元素是由与具体领域相关的不同分布生成的。事实上，我们可以将诸如共同主题建模[130,131]这样的方法视作共享矩阵分解的概率性变种。

出于讨论方便，考虑这样的一个场景，其中每个数据样本包含与文本域、数值域以及类别域相对应的属性。因此，假设我们一共有 $n$ 个数据样本，通过向量$\overline{X_1}\cdots\overline{X_n}$来表示。我们可以将每个数据样本$\overline{X_i}$划分为三部分$\overline{X_i}=(\overline{X_i}^D,\ \overline{X_i}^C,\ \overline{X_i}^N)$。其中，$\overline{X_i}^D$包含面向数据样本中文本部分的 $d$ 个属性（词项频率）的值，$\overline{X_i}^C$包含类别部分的属性值，$\overline{X_i}^N$包含数值部分的属性值。

### 8.4.1 面向聚类的联合概率模型

创建生成模型来对具有不同类型的属性的数据样本进行聚类是相对容易的。考虑我们希望使用混合建模方法来确定簇的情形。因此，我们将会讨论第 4 章 4.4 节的混合建模方法的一般化形式。

我们假设这个混合量包含 $k$ 个隐含分量（簇），由$\mathcal{G}_1\cdots\mathcal{G}_k$表示。$k$ 的值是算法的一个输入参数。生成过程的每轮迭代会创建一个特定的数据样本$\overline{X_i}=(\overline{X_i}^D,\ \overline{X_i}^C,\ \overline{X_i}^N)$。因此，这里需要同时生成每个样本的文本分量、类别分量和数值分量。生成过程中的一个重要假设是一旦选定了混合分量，则由最适合于那个特定数据模态的分布以条件独立的方式生成文本分量、类别分量和数值分量。例如，我们可以使用下面的假设：

1）词项频率分量$\overline{X_i}^D$是由多项式分布生成的。

2）类别分量$\overline{X_i}^C$是由类别分布生成的。

3）数值分量$\overline{X_i}^N$是由高斯分布生成的。

值得注意的是，每种分布的相关参数都与手头的混合分量相关。因此，我们通过选择一个特定分量，以相关概率分布的形式来固定相关簇在所有数据模态中的形状和位置。因此，通过从这三个不同的概率分布中独立地生成样本，我们可以生成全部的数据样本。这个生成

㊀ libFM 库和 libMF 库并不相同。——原书注

过程使用下面的步骤：

1）以先验概率$\alpha_r = P(\mathcal{G}_r)$选择第 $r$ 个混合分量$\mathcal{G}_r$。

2）使用第 $r$ 个混合分量的多项式分布独立地生成$\overline{X_i}^D$，使用第 $r$ 个混合分量的类别分布独立地生成$\overline{X_i}^C$，使用第 $r$ 个混合分量的高斯分布独立地生成$\overline{X_i}^N$。

将期望最大化算法扩展到这种场景中是相对容易的。关键区别在于 E 步。在 E 步中，它的目标是估计 $P(\mathcal{G}_r \mid \overline{X_i})$，我们使用贝叶斯理论通过下面的方式将其表示出来：

$$P(\mathcal{G}_r \mid \overline{X_i}) = \frac{P(\mathcal{G}_r) \cdot P(\overline{X_i} \mid \mathcal{G}_r)}{\sum_{m=1}^{k} P(\mathcal{G}_m) \cdot P(\overline{X_i} \mid \mathcal{G}_m)} \tag{8.19}$$

这里的关键是，由于条件独立性，我们可以使用不同数据模态的相应值的乘积来表示$P(\overline{X_i} \mid \mathcal{G}_r)$：

$$P(\overline{X_i} \mid \mathcal{G}_r) = P(\overline{X_i}^D \mid \mathcal{G}_r) \cdot P(\overline{X_i}^C \mid \mathcal{G}_r) \cdot P(\overline{X_i}^M \mid \mathcal{G}_r) \tag{8.20}$$

由于其中的每一项都有自己的（离散的或连续的）概率分布，所以我们可以使用对应参数的当前值来计算这些值。此外，M 步与同构数据的情形一致，不同的是，每个数据模态的参数是针对每个混合分量独立估计出来的。4.4 节讨论了对文本模态的多项式分布参数进行估计的方法。参考文献［2］讨论了数值分布和类别分布的参数估计。

### 8.4.2 朴素贝叶斯分类器

使用与面向聚类的期望最大化算法相同的方法将朴素贝叶斯分类器推广到异构数据上是很自然的。这是因为我们可以将朴素贝叶斯分类器看作是期望最大化算法的一种有监督变种，在这个方法中，我们在有标记的数据上应用 M 步的单次迭代来估计每个混合分量（类别）的参数。此外，对于无标记的数据点来说，与在 E 步中一样，我们通过贝叶斯准则，使用这些估计的参数来计算其属于每个类别的概率：

$$P(\mathcal{G}_r \mid \overline{X_i}) = \frac{P(\mathcal{G}_r) \cdot P(\overline{X_i} \mid \mathcal{G}_r)}{\sum_{m=1}^{k} P(\mathcal{G}_m) \cdot P(\overline{X_i} \mid \mathcal{G}_m)} \tag{8.21}$$

与期望最大化算法的情形一样，我们可以使用不同数据模态的相应值的乘积来对右侧的量进行估计（参考式（8.20））。

## 8.5 到图挖掘技术的转换

很多异构文本挖掘问题都可以转换为图挖掘问题。这为很多图挖掘技术的使用打开了一扇大门，如社区检测（community detection）和共同分类（collective classification）[2]。几乎 8.2 节讨论的所有共享矩阵分解方法都可以转化为图挖掘技术来处理。这是因为 8.2 节讨论的分解图可以扩展为更详细的关系图。

考虑一个无向社交网络，其中我们有一个包含 $n$ 个文档的集合，每个文档对应着社交网络中的一个节点。因此，我们有一个大小为 $n \times d$ 的文档 - 词项矩阵 $D$，以及表示社交朋友网络的一个大小为 $n \times n$ 的对称且无向的邻接矩阵 $A$。此外，假设文档和社交参与者之间存在一一对应关系，表示与对应的参与者相关联的内容（如所有 Facebook 留言的摘要）。8.2.3 节讨论了这样的情形。在这样的情形中，我们有一个大小为 $n\times k$ 的节点－链接因子矩阵 $U$ 和一个大小为 $d\times k$ 的词项因子矩阵 $V$。相关的分解如下：

$$D\approx UV^{\mathrm{T}},\ A\approx UU^{\mathrm{T}} \tag{8.22}$$

对应的分解图如图 8.3 所示，图 8.9a 重复了这个图。此外，对应的关系图如图 8.9b 所示。需要注意的是，此时图 8.9a 中的文档因子在图 8.9b 中被替换为社交网络（包含文档）中的实际节点。类似地，图 8.9 的自循环（通过 $A$ 标记的）被替换为邻接矩阵 $A$ 中的对应链接。图 8.9a 中的词项因子节点被替换为图 8.9b 中的实际词项。文档－词项矩阵此时被替换为文档和节点之间的连接。我们可以根据词项频率对这些边进行加权。值得注意的是，关系图一般来说是无向的，而分解图往往是有向的。

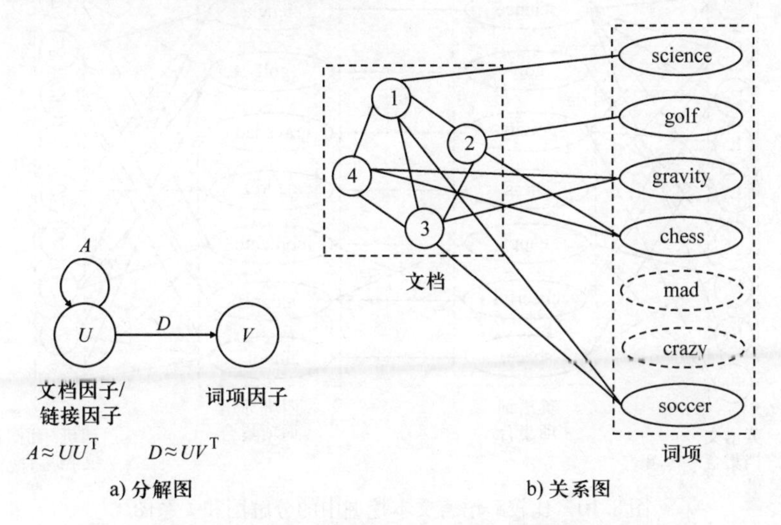


图 8.9　将一个分解图扩展成一个无向社交网络的关系图

整个过程创建了一个半二分网络（semi－bipartite network），我们可以结合很多图挖掘算法[2]来进行聚类和分类。图挖掘领域包含很多组合算法，我们可以用这些算法来获得不同的洞见。例如，我们也可以结合第 9 章讨论的 PageRank 技术来使用这些网络挖掘算法以挖掘与文档和词项之间的关系有关的各种洞见。大部分方法使用以下两个步骤：

1）为各个数据样本的标识符（如文档标识符）和数据中的属性值（如词项）创建节点。

2）根据不同领域中可用的数据矩阵创建无向的、加权的链接。这些矩阵可能对应于文档－词项矩阵、图像－（视觉词项）矩阵或共现矩阵。

考虑 8.2.6 节中讨论的跨语言挖掘应用。在这种情形中，假设我们可以将英语文档和西班牙语文档分别表示为文档－词项矩阵 $D_{\mathrm{E}}$ 和 $D_{\mathrm{S}}$。另外，在共现矩阵 $C$ 中，我们可以获得英语词项与西班牙语词项之间的显式映射，其中 $C$ 的行对应于英语词项，它的列对应于西班牙语词项。分解图和可能的关系图如图 8.10 所示。尽管我们也可以通过两种语言中的匹配句子对来构造共现矩阵，但我们已经有两种语言之间的精确映射。在这样的情形中，当英语和西班牙语中的词项同时出现在一对匹配的句子中时，我们就在 $C$ 中对应的词项之间填充一个非零元素。尽管这样的方法创建了有噪声的共现链接，但它可以在没有确切等价性的情况下捕捉到一些有用的语义关系。

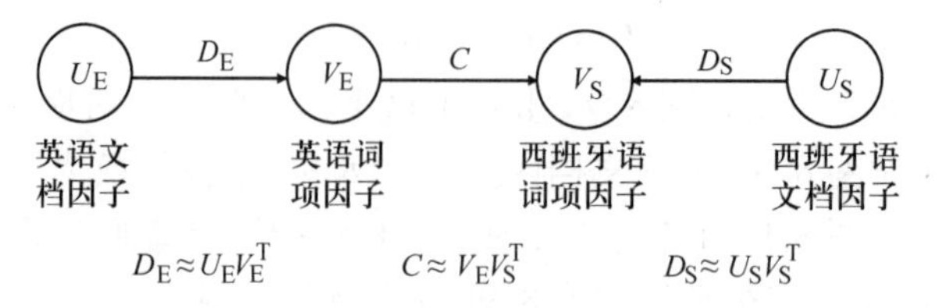


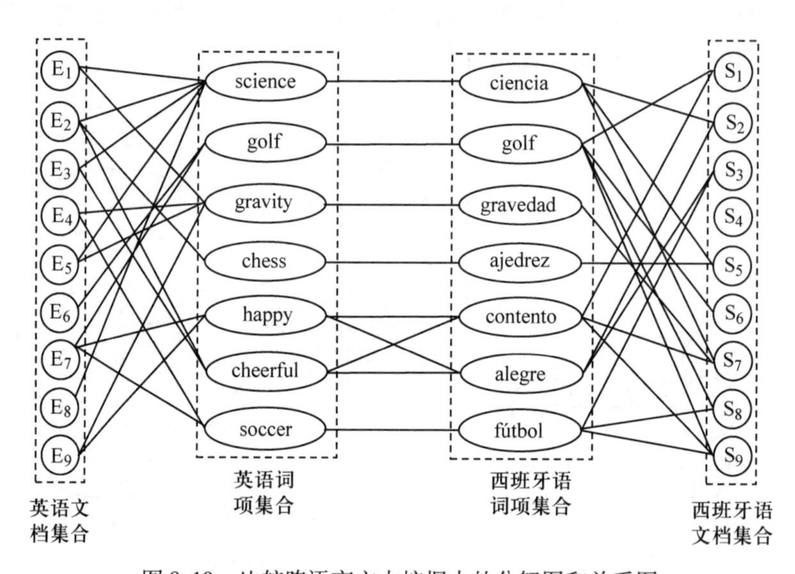


图 8.10 比较跨语言文本挖掘中的分解图和关系图

从图 8.10 中容易看出，分解图中的节点与关系图中各个类型的节点之间存在一一对应关系。此外，分解图中的数据矩阵已经被展开成关系图中的显式链接。一旦构造了这样的一个网络，我们就可以结合很多图挖掘算法来使用它，具体如下：

1）可以使用节点聚类方法将节点划分为没有交集的组，并在所有模态中同时为数据样本和词项创建一个分割。

2）可以使用共同分类方法来利用有标记的节点子集（在任何模态中），通过标记传播方法[2]将标记传播给其他节点。参考文献［7］讨论了一个面向社交网络的具体方法，它通过类似 PageRank 的随机游走方法来使用标记传播。

基于图的变换技术的主要优势在于，它们可以使用更丰富的离散的组合优化技术，这与诸如矩阵分解这样的技术所使用的连续优化方法本质上是不同的。我们在很多情形中都可以使用现成的图挖掘技术。

## 8.6 本章小结

文本挖掘应用经常与各种类型的异构数据（如网络链接、社交链接、图像、推荐系统和跨语言数据）结合。共享矩阵分解方法是挖掘异构数据源的最灵活的方法之一，并且它们可以同时用在有监督和无监督的场景中。分解机与共享矩阵分解方法密切相关，尤其适合于稀疏数据的有监督建模。通过使用条件独立的数据分布对异构数据进行建模，我们可以将很多混合方法和它们的有监督变种如朴素贝叶斯分类器方便地扩展到异构数据域中。最后，很多异构数据挖掘问题都可以转换为图挖掘技术。

## 8.7 参考资料

很多结合文本数据的异构挖掘应用使用了共享矩阵分解。特别地，参考文献［448］介绍了共同矩阵分解的概念，它为具有共享的实体类型的矩阵分解方法的使用提供了一个较为通用的视角。由于像PLSA这样的主题建模方法是非负矩阵分解的实例化，所以我们也可以方便地将这样的概率模型推广到其他领域中。例如，参考文献［130，131］讨论了共同主题建模方法，参考文献［332］讨论了使用网络正则化的主题建模方法。参考文献［332］的方法也被称为NetPLSA。参考文献［462］的工作讨论了异构网络上下文中的主题建模方法。参考文献［392］讨论了矩阵分解方法在结合边上的内容的社区检测中的应用。参考文献［292］提出了链接预测问题。参考文献［3，336］讨论了矩阵分解方法在链接预测中的应用。现在已经有不计其数的方法提出结合文本和图像之间的迁移学习来进行聚类[513]和分类[125,540,391]。在参考文献［14］中可以找到一个关于异构迁移学习的综述。参考文献［484，490］讨论了跨语言文本挖掘的方法。参考文献［14］提供了一个面向文本挖掘的跨语言方法的概述。

参考文献［403，404］提出了分解机，参考文献［172］给出了一个详细的讨论。尽管分解机主要被用在推荐系统中，但它们也有较大的潜力可以用在像网络链接预测和异构分类这样的其他应用中。它们对短文本数据也比较有用，尽管这方面相对来说仍未被探索。

参考文献［81］提供了一个早期的工作，它使用贝叶斯方法对具有超链接的文本进行分类。参考文献［16］提供了贝叶斯方法在面向文本数据的聚类和分类中的应用。参考文献［512］提出了一个在具有内容的节点中进行社区检测的一般化方法。参考文献［514］给出了一个将社区检测中的链接和内容相结合的判别式概率方法。参考文献［440］详细讨论了一些结合内容和结构的节点分类方法。参考文献［11，186］讨论了结合内容和结构来进行链接预测的概率模型。

参考文献［538］提出了一个结合结构和内容来进行聚类的基于图的方法。参考文献［7］讨论了一种分类技术，它在派生图上使用随机游走对社交网络中的文本进行分类。参考文献［475］讨论了结合图像、文本和链接的社交媒体场景中的随机游走方法。这些游走方法被用在异构社交媒体场景的应用中，如搜索与推荐。

### 8.7.1 软件资源

scikit-learn[550]（Python）和Weka[553]（Java）中有不计其数的软件资源可以用来执行矩阵分解。然而，大部分这些矩阵分解方法基于的是第3章的思想，是为同构场景设计的。大部分共享矩阵分解方法是作为研究原型而设计的，并且很少有面向实际用途的现成软件可用。最早使用异构数据的软件是分解机[403]。特别地，现在有三个不同的库可供使用，分别为 libFM[404]（来自原始作者）、libMF[581] 以及 fastFM[42]。libMF 库还提供了使用其他矩阵分解方法的方式，它与听起来相似的 libFM 库并不相同。很多这些库都有可以免费下载的 Python 封装包。

## 8.8 习题

1. 请说明如何使用分解机对包含内容信息的社交网络进行无向链接预测。

2. 请说明如何把结合结构和内容的链接预测问题转化为派生图上的链接预测问题。

3. 假设有一个具有数值评分或缺失值的用户 - 物品评分矩阵，同时，用户还通过二元值或缺失值对彼此的可信度进行了评估。

（a）请说明如何使用共享矩阵分解方法来估计用户对他/她们未评过分的物品的评分。

（b）请说明如何使用分解机实现与（a）类似的目标。

4. 在使用对数几率损失函数的二分类问题中，推导出分解机的梯度更新公式，以及面向 hinge 损失函数的预测函数和更新规则。

5. 针对 8.2.5 节中的优化问题，推导出其梯度下降更新准则，并对 $\beta=0$ 的特殊情形进行讨论。

# 第9章 信息检索与搜索引擎

"做出一个错误的决定是可以理解的，但拒绝持续地探索学习则不可以理解。"

——Phil Crosby

## 9.1 导论

信息检索是满足用户信息需求的过程，这些信息需求是通过文本查询来表示的。搜索引擎代表了一个与网络相关的信息检索范例。而网络搜索（Web search）问题面临着很多额外的挑战，如网络资源的收集、这些资源的组织以及使用超链接来协助搜索等。传统的信息检索只使用文档的内容来对查询进行检索，而网络由于其开放性，往往需要强有力的质量管控。此外，网络文档包含大量的元信息和不同区域的文本，如标题、作者或锚文本，我们可以对这些信息加以利用来提升检索的准确率。本章会讨论信息检索的以下几个方面：

1）什么类型的数据结构最适合用于检索应用？倒排索引是实现文本搜索的经典数据结构，它在处理各类查询方面具有惊人的通用性。倒排索引的讨论将与查询处理的讨论相结合。

2）我们会讨论一些额外的与网络搜索引擎相关的设计问题，例如从网络中收集文档源的技术，这种技术被称为爬虫。

3）如何决定哪些文档是高质量的？被很多其他网页所指向的文档通常被认为是更可靠的，在搜索结果中赋予这些文档更高的排名是比较合理的。

4）给定一个搜索查询，如何对关键词和文档之间的匹配度进行评分？这是利用信息检索模型来实现的。近年来，机器学习技术的应用使这些模型得到了改进，从而能更好地解释用户反馈。

从上述讨论可以看出，以网络为中心的信息检索应用（即搜索引擎）显然有一些其他层面的复杂性。本章将会对这些额外的层面展开讨论。

查询处理既可以提供0-1响应（即布尔检索），也可以提供一个表示文档与查询之间的相关性（relevance）的分数。布尔模型是用在经典的信息检索问题中的传统方法，在这种方法中，系统会返回所有满足逻辑关键词查询（logical keyword query）的结果。对于面向诸如网络这种非常大的文档集合的查询来说，评分模型更加常见，因为整个文档集合中只有一小部分排名靠前的结果与具体查询相关。虽然数以千计的网页可能恰好与用户指定的关键词相匹配，但至关重要的是通过各种以相关性和质量为中心的准则对结果进行排序以减轻用户的负担。毕竟，我们不能指望一个用户浏览 10 个或 20 个以上的排名靠前的结果。在这样的情形中，我们经常使用基于用户反馈的质量评分技术和学习技术来改善搜索结果。虽然信息检索的传统形式是无监督的，但信息检索的有监督变种最近受到了越来越多的关注。我们可以把搜索看成一种以排序为中心的分类的变种。这是因为面向某个文档集合的用户查询是一个关于整个语料库的二分类问题，其中“相关”的标记意味着该文档是相关的，反之“不相关”的标记意味着不相关。这是排序学习（learning - to - rank）方法的本质，本章也会对此进行讨论。

### 9.1.1 本章内容组织结构

本章内容组织如下：9.2 节讨论索引和查询处理，而评分模型会在 9.3 节涉及；9.4 节讨论网络爬虫方法；9.5 节讨论搜索引擎中与查询处理相关的特殊问题；9.6 节讨论不同的排序算法，如 PageRank 和 HITS；9.7 节给出本章小结。

## 9.2 索引和查询处理

信息检索中的查询通常是以关键词集合的形式呈现的。更古老的布尔检索系统更接近于数据库查询系统，其中用户可以输入由“AND”和“OR”语句连接的关键词的集合：

text AND mining

(text AND mining) OR (recommender AND systems)

上述表达式中的每个关键词都隐含地表明所查询的文档需要包含相关的关键词。例如，我们可以把上面的第一个查询看成以下两个条件的合取：

$$(\text{text} \in \text{Document})\ \text{AND}\ (\text{mining} \in \text{Document})$$

信息检索系统中的大部分自然关键词查询都是以合取的形式呈现的。由于以相关词项集合的形式给出关键词比较容易，所以在没有显式使用“AND”操作符的情况下，我们通常隐含地假设像“text mining”这样的查询实际上指的是两个条件的合取。“OR”操作符的使用在现代检索系统中越来越少，因为它的用法比较复杂，并且在查询包含“OR”的情况下，除非各个合取的限制性比较强，否则系统会返回过多的结果。一般来说，最常用的方法是简单地把查询当作一组关键词，它隐式地使用了“AND”操作符。然而，在解读这样的查询时，搜索引擎还使用了关键词的相对顺序。例如，查询项“text mining”产生的结果可能与“mining text”的结果不同。为了方便讨论，我们首先讨论以关键词集合的形式呈现的查询，这些关键词被隐式地解读为隶属条件的合取。稍后，我们将展示如何将这种方法扩展到更复杂的场景中。

在所有以关键词为中心的查询中，我们经常会用到以下两个比较重要的数据结构：

1）词典（Dictionary）：给定一个包含一组词项的查询，第一步是找到其中的词项是否出现在语料库的词汇表中。如果该词项确实出现在这个词汇表中，则返回一个指向另一个数据结构的指针，这个数据结构对包含该词项的文档进行索引。这个数据结构是一个倒排表（inverted list），它是倒排索引（inverted index）的一部分。

2）倒排索引（inverted index）：顾名思义，我们可以把倒排索引看成文档 - 词项矩阵的一种“倒置”表示，它由一组倒排表构成。每个倒排表包含了具有某个词项的文档的标识符。倒排索引与词典数据结构相连，因为词典数据结构包含指向每个词项的倒排表表头的指针。在查询处理期间我们会用到这些指针。

对于一个给定的查询来说，我们先用词典来定位指向相关词项的倒排表的指针，随后用这些倒排表来进行查询处理。不同倒排表的交集提供了与某个特定查询相关的文档的标识符列表。在实践中，满足所有查询关键词的文档可能过多或过少。因此，我们需要使用其他类型的评分准则（如部分匹配和词项位置）来对结果进行排序。只要评分函数满足与查询词项相关的某些方便的可加性（additivity），则使用倒排索引就足以处理这样的排序查询。接下来，我们将描述这些查询处理技术，以及它们支持的数据结构。

### 9.2.1 词典数据结构

哈希表是最简单的词典数据结构。哈希表的每个元素包含词项的字符串表示、指向该词项的倒排表的第一个元素的指针以及包含该词项的文档数量。考虑一个包含 $N$ 个元素的哈希表。我们将这个数据结构初始化为一个值为 NULL 的数组。哈希函数 $h(\cdot)$ 使用词项$t_j$的字符串表示将它映射为 $[0, N-1]$ 之间的一个随机值 $v=h(t_j)$。如果哈希表的第 $v$ 个位置为空，则插入词项$t_j$作为哈希表中的第 $v$ 个元素。这里的主要问题出现在第 $v$ 个位置已经被占据的情形中，此时这样的做法可能会导致碰撞（collision）。根据所使用的哈希表类型，我们有两种解决碰撞的方法：

链式哈希（Chained hashing）：在链式哈希的情形中，我们创建一个包含多个词项的链表，哈希表中的每个元素都指向这样的一个链表。当第 $v$ 个位置已经被占用时，先检查词项$t_j$是否在该位置对应的链表中。如果链表中已经存在词项$t_j$，则不需要进行插入操作。否则，加入词项$t_j$来扩展该链表，同时链表长度加 1。链表的元素包含该词项的字符串表示、它出现的文档数以及指向该词项倒排表的第一个元素的指针。我们根据（按词典序）排好序的顺序[⊖]来维护该链表，以使词项的搜索更快。当我们对照链表检查某个词项时，只需按照排好序的顺序对链表进行扫描，直到找到该词项或到达词典序更大的词项。

线性探测（Linear probing）：在线性探测中，我们并不在哈希表的每个位置上维护一个链表。相反，哈希表中的每个位置都包含单个词项的元信息（如字符串表示、倒排表指针以及倒排表的长度）。对于一个给定的词项$t_j$来说，我们先检查第 $h(t_j)$ 个位置是否为空。如果该位置为空，则将词项$t_j$的字符串及其元信息（文档频率和倒排表指针）一起插入到该位置。否则，检查被占据的位置是否已经包含词项$t_j$。如果被占据的位置不包含词项$t_j$，则在$[h(t_j)+1]$个位置重复相同的检查。因此，我们连续地“探测”位置 $h(t_j)$，$h(t_j)+1$，…，$h(t_j)+r$，直到碰到词项$t_j$或是到达一个空的位置。如果碰到词项$t_j$，则什么也不用做，因为哈希表中已经包含词项$t_j$。否则，将词项$t_j$插入到线性探测过程中遇到的第一个空位置。当我们需要在词典中搜索某个词项以获得其倒排表指针时，这个探测过程在查询阶段也很有用。

哈希表数据结构没有提供任何自然的方法来识别拼写相近的词项。当用户输入的查询有

⊖ 按词典序排序是指其中的词项按照在词典中出现的顺序来排序。——原书注

误时，识别出这些词项并通过查询建议的方式反馈给用户通常是比较有用的。例如，如果一个用户输入（拼写错误的）查询词项“recieve”，通常比较合理的是建议用户输入另一个查询词项“receive”。通过创建一个单独的词典，这个词典包含拼写错误的词项（从历史查询中获得）以及可能正确的拼写，我们也可以在哈希表数据结构的上下文中找到这些词项。一个更具挑战性的情形是用户将单词错误地拼写为其同音词。例如，词项“school principle”更有可能是“school principal”。这种拼写校正被称为上下文拼写校正，我们只能够通过周围的短语来检测它，这些短语可以用错误查询短语的 $k$ - gram 词典来表示。

另一种可以对相近拼写进行检测的方法是通过一个二元搜索树（binary search tree）的变种来实现词典结构，其中词项只被存储在树的叶子层，树的内部节点包含元信息，以便高效地找到相关的叶子节点。在二元搜索树中，我们可以把整个词项集合看成一个按词典序排好序的列表，并在 a 和 z 之间的某个中间的字母处对该列表进行划分。例如，所有以 a 和 h 之间的字母开头的词项属于树的左分支，而所有以 i 和 z 之间的字母开头的词项属于树的右分支。类似地，我们可以继续将这个左分支划分为两部分，分别对应着以［a，de］之间的字母开始的部分和以［df，h］之间的字母开始的部分。这种类型的递归划分如图 9.1 所示。二元搜索树的叶子节点包含的是实际的词项。搜索词项的过程是一个相对简单的问题。我们只需要对应着查询词项的前面部分遍历该路径，直到到达合适的叶子节点（或确定二元树不包含该搜索词项）。

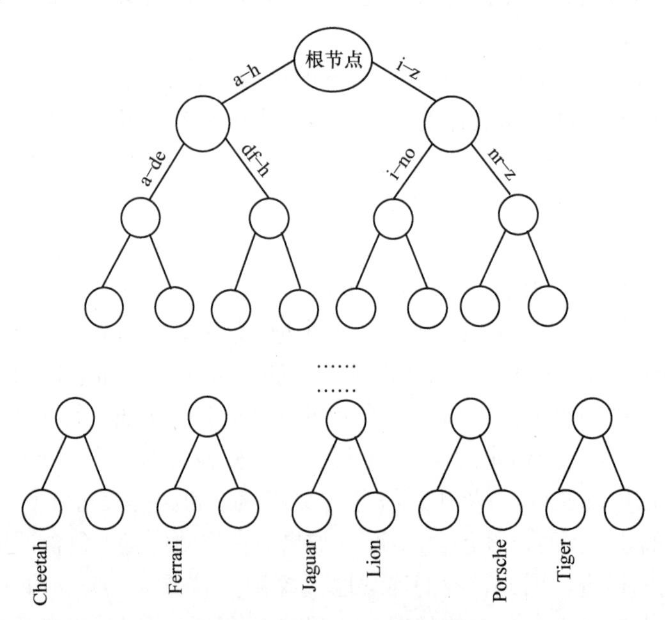


图 9.1　一个可用于存储可搜索词项词典的二元树结构。叶子节点指向由词项来索引的数据结构，也就是倒排表

如果二元树相对来说比较平衡的话，则搜索过程是很高效的，因为一个包含 $d$ 个词项的词典对应的树的深度为 $O(\log(d))$。当存在动态更新时，我们通常难以使一个二元树达到平

衡状态。创建更平衡的树结构的一种方式是使用B树而不是二元搜索树。有关这些树结构的更多细节，感兴趣的读者可以参见参考文献［427］。虽然树状结构确实提供了更好的搜索能力，但词典通常选择哈希表作为其数据结构。哈希表的一个优点是它的查询和插入操作的时间复杂度均为$O(1)$。

### 9.2.2 倒排索引

设计倒排表是为了识别与某个特定词项相关的所有文档的标识符。每个倒排表（inverted list）或记录表（postings list）都与词典中的某个特定词项对应，并且它包含一个列表，这个列表包含所有包含该词项的文档的标识符。这个列表中的每个元素也被称为一个记录（posting）。我们通常（但并不总是）按排好序的顺序维护倒排表中的文档标识符，以使查询处理和索引更新操作更加高效。我们通常将相关的词项频率与文档标识符存储在一起。

一个文档－词项矩阵的倒排表示的例子如图9.2所示。这个图中也包含（与这个索引相关联）基于哈希的词典数据结构。需要注意的是，这个词典数据结构还包含每个词项的文档频率（即出现该词项的不同文档的数量），而倒排表中每个单独的记录包含该词项在具体文档中的频率。通过逆文档频率归一化来计算查询与文档之间的匹配分数需要使用这些额外的统计量。正如我们接下来将会看到的，记录表还可能包含与该词项在文档中的位置有关的其他元数据。对于含位置信息的查询（positional query）来说，这些元数据也可以派上用场。

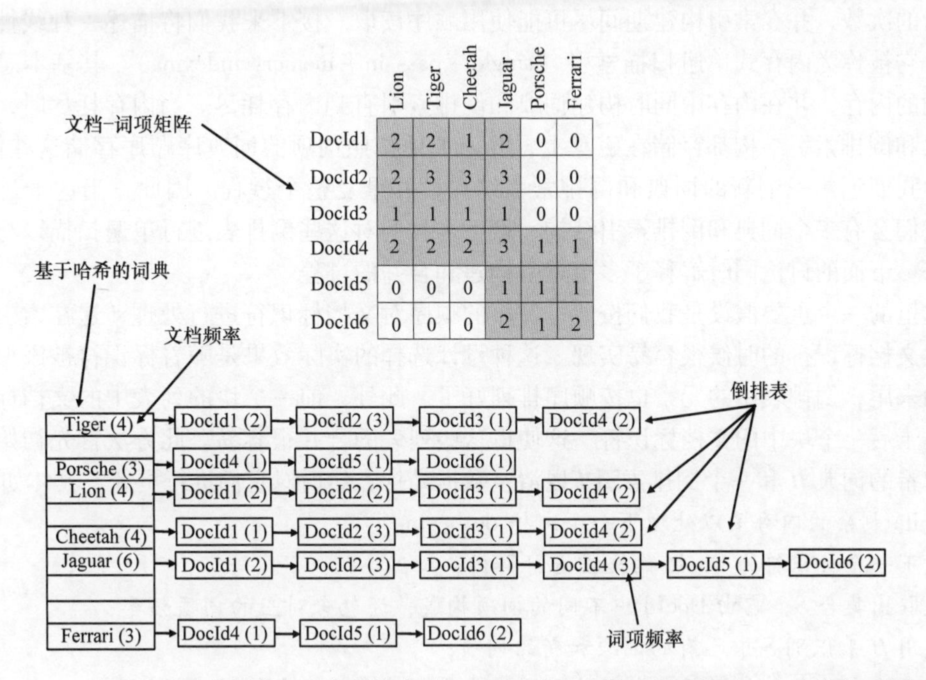


图9.2　一个基于哈希的词典和一个倒排索引，以及它的父文档－词项矩阵。在查询处理期间，这个词典被用来检索指向倒排表中第一个元素的指针

当在内存中维护倒排索引时，我们通常使用链表来存储它。即使当倒排索引过长而无法存储在内存中时，我们通常也会在内存中维护其中较小的一部分，以便进行快速的查询处理。通过单个指针的删除和两个指针的增加，我们可以使用链表在倒排表中的任意位置高效地插入一个文档标识符。因此，从增量式更新的角度来看，这种数据结构是比较高效的。词典数据结构中的相关词项指向每个倒排表中的第一个元素。这种映射对于查询处理来说十分关键。

倒排索引的一个问题是很多不常见或是罕见的词项的列表都非常短。将这样的列表存储为单独的文件是比较低效的。在实际的实现中，我们把多个倒排表合并为磁盘上的文件，词典数据结构包含指向磁盘上相关文件中的偏移量的指针。这个指针提供了所查询的词项的倒排表中的第一个记录。

### 9.2.3　线性时间的索引构建

给定一个文档语料库，如何创建词典和倒排表？现代计算机通常有足够的内存，可以在内存中维护词典。然而，倒排表的构造是一个完全不同的问题。倒排索引所需的空间大小在某个比例常数范围内与文档－词项矩阵的稀疏表示所需的空间大小相同（参见习题 1）。一个文档语料库通常太大而无法维护在内存中，它的倒排索引也是如此。

如果没有对磁盘的读写进行限制，那么把一个磁盘驻留表示（即语料库）转化成另一种表示（即倒排索引）通常是一个比较低效的任务。最重要的算法设计准则是，最小化随机访问磁盘的次数，并在索引构建期间尽可能使用顺序读取。接下来我们将描述一种线性时间的方法，它被称为内存式单遍扫描索引（single - pass in - memory indexing）。其基本思想是使用可用的内存，并在内存中同时构建词典和倒排索引直到内存耗尽。当内存耗尽时，将当前的词典和倒排索引结构都存储在磁盘上，并谨慎地按照词项的词典序顺序存储这些倒排表。此时，我们创建一个新的词典和倒排索引结构，并重复整个过程。因此，当这个过程结束时，我们会有多个词典和倒排索引结构。接下来我们对这些倒排表进行单遍扫描以将它们合并起来。下面的讨论同时解释了多个索引构建和合并的过程。

这里的一个重要假设是我们按照排好序的顺序对文档标识符进行处理，这在索引构造期间创建文档标识符的时候很容易实现。这种设计选择的实际效果是随着标识符被添加到每个列表的末尾，倒排表中的元素也按顺序排列好了。此外，前一个块的列表中的文档标识符都严格小于后一个块中的文档标识符，这使得这些列表的合并很容易。此方法首先初始化一个基于哈希的词典 $H$ 和一个倒排索引 $I$ 以清空数据结构，然后对它们进行更新，具体如下：

while 剩余的内存足以处理下一个文档 do begin

对下一个标识符为 DocId 的文档进行解析；

提取出集合 $S$，它由 DocId 中不同的词项构成，还包含对应的词项频率；

使用 $H$ 来识别 $S$ 中已有的词项和新的词项；

对于 $S$ 中的每个新词项，在 $H$ 中创建一个新元素指向 $I$ 中新创建的只包含一个元素的倒排表，该倒排表包含 DocId 和词项频率；

对于 $S$ 中每个已有的词项，将 DocId 及其词项频率添加到 $I$ 中对应倒排表的末尾；

end while

按词项的词典序顺序对 $H$ 的元素进行排序；

使用排好序的 $H$ 的元素创建一个单独的磁盘文件，该文件包含按词项的词典序顺序排列的 $I$ 的倒排表；

将排好序的词典 $H$ 存储在磁盘上，其中包含指向各个倒排表的偏移指针；

我们可以采用排好序的词项－字符串/文档频率/偏移三元组的列表（而不是哈希表）的形式把排好序的词典存储在磁盘中。在处理完整个语料库后，我们需要合并包含部分倒排索引的（多个）磁盘文件。令这些包含倒排表的磁盘文件由$I_1$，$I_2$，…，$I_k$来表示。合并是一个比较简单的问题，因为①$I_j$中的每个倒排表是按文档标识符来排序的，②每个$I_j$中的不同倒排表是按词项的词典序顺序排列的，③前面的块写入中的所有文档标识符小于后面的块写入中的文档标识符。条件①和③之所以成立是因为我们是按排好序的顺序选择（或创建）文档标识符来进行解析的。一个包含两个部分索引的例子如图 9.3 所示，其中每一个部分都有 3 个文档。需要注意的是，第一个索引只包含文档标识符在 DocId1 和 DocId3 之间的排好序的列表，而第二个索引包含文档标识符在 DocId4 和 DocId6 之间的排好序的倒排表。因此，我们可以通过在某个列表之后拼接另一个列表来获得任意词项（如 Jaguar）的已合并且排好序的列表。

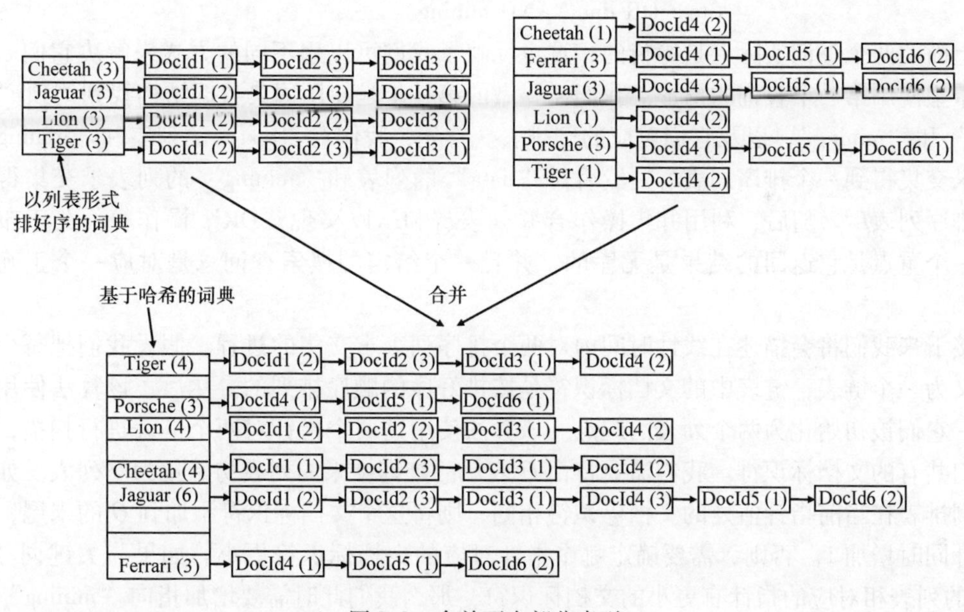


图 9.3　合并两个部分索引

为了合并倒排表，我们可以同时打开所有包含$I_1$，$I_2$，…，$I_k$和$H_1$，$H_2$，…，$H_k$的文件。我们不需要将这些文件读入内存，而是顺序地对它们进行扫描，从而按排好序的顺序处理每个词项。我们可以对不同的文件同时进行线性扫描来完成合并，因为各个词项的倒排表是按词典序顺序存储的。对于任意一个特定的词项来说，我们在每个块中标记它的倒排表（如果存在的话），并将这些列表简单地拼接在一起。将后面块的列表拼接到前面块的那些列表后，以确保文档标识符保持排好序的顺序。与此同时，从零开始为已合并的索引创建词典。对于每个与具体词项相关的合并来说，我们将一个新的元素添加到词典中，该元素包含指向合并记录表的指针和包含该词项的文档数（也就是合并后的倒排表的长度）。虽然在没有按排好序的顺序处理文档标识符的情况下创建索引会略微增加运行时间，但我们也可以这样做（见习题2）。

### 9.2.4 查询处理

查询处理有两种类型。其中一种是布尔检索，在这种检索中，只有当文档恰好与特定查询相匹配时系统才会返回相应的文档。虽然这种检索返回了大量的文档，但它并不关注结果的排序。此外，在布尔检索模型中，我们可以对包含“AND”“OR”和“NOT”的查询构造布尔表达式，而排序检索一般使用自由文本查询。然而，作为一个实际的问题，为了区分目标查询和文档之间不同层面的匹配，排序检索几乎总是有必要的。

#### 9.2.4.1 布尔检索

在布尔检索中，结果的返回与否取决于它们是否与特定的查询相匹配。这种检索中的查询可以是下面这样的形式：

(text AND mining) OR (data AND mining)

(text OR data) AND mining

上面的两个查询实际上是等价的，这也反映了我们可以用不同的方式来解决它们。考虑我们希望使用第一个查询的情形。我们需要做的第一步是使用词典数据结构找到词项“text”“data”和“mining”，以及它们对应的倒排表。首先，我们对“text”的列表和“mining”的列表求交集得到一个排序列表$L_1$，然后对“data”的列表和“mining”的列表求交集得到另一个排序列表$L_2$。随后，利用并集操作合并列表$L_1$和$L_2$以实现“OR”操作符。关于布尔检索的一个重点是它返回的结果是无序的，并且一个给定的搜索查询总是对应一个正确的结果集。

接下来我们将会描述在线性时间内对两个排序列表求交集的过程。假设我们把每个倒排表定义为一个链表，链表中的文档标识符是按排好序的顺序排列的。然后，该算法使用两个指针，它们被初始化为两个列表的起点。该算法使用这两个指针对两个链表进行扫描，以识别它们共有的文档标识符。我们需要将由$Q$表示的查询结果的列表初始化为空列表。如果这两个倒排表在当前指针值处的文档标识符相同，则将这个文档标识符添加到$Q$的末尾，且两个指针同时增加1。否则，需要确定哪个指针对应的文档标识符更小。如果与关键词“mining”的列表相对应的指针有更小的文档标识符，那么我们此时需要增加指向“mining”的倒排表的指针，直到对应的文档标识符与“text”的标识符相同或更大。持续这个在两个列表上移动指针的过程（列表$Q$不断地增大），直到到达其中任一个列表的末尾。当需要对两个以上的列表连续求交集时，建议先从限制性最强的两个词项开始执行这个过程，以使中间结果的规模尽可能地小。换句话说，在求交集的过程中，我们按照逆文档频率的降序顺序使用倒排表。这样做是为了确保较小的文档先得到处理。利用“OR”操作符合并两个列表的过程使用的方法与求交集的方法相似（见习题3）。

9.2.4.2 排序检索

布尔检索很少用在信息检索和搜索引擎中，因为它并没有提供任何有关检索结果排序的理解。即使布尔检索模型确实能够结合不同的逻辑操作符来创建比较复杂的查询，但现实是，对于终端用户来说，有效地使用这种类型的功能是令人烦扰的。大部分实际应用使用自由文本查询，用户在这些情形中指定了关键词集合。虽然我们可以从最大化查询关键词的匹配的角度来解读自由文本查询，但通常有很多其他因素会对匹配产生影响。在排序检索中，我们需要对结果进行评分并排序以对查询做出响应，系统通常使用各种不同的因子来执行这种类型的排序（如词项在文档中的相对位置或文档质量），而在查询中不一定会显式地指定这些因子。从这个意义上讲，排序检索允许我们使用各种不同的模型对搜索结果进行检索，但是普遍的观点是没有一个模型能够被清晰地定义成完全“正确”的。这是一个不同于布尔检索的概念，布尔检索精确地定义了正确的结果集，并且它返回的结果是无序的。

对于像网络搜索这样的大规模应用来说，为了确保最靠前的小部分搜索结果与具体的用户相关，（可能数以千计的）文档与一组搜索词项之间的布尔相关性并没有那么重要。这是一个远比布尔搜索更难的问题，并且它的很多方面都具有独特的机器学习风格。虽然我们可以基于相关性准则对搜索结果进行限制（如文档中必须包含所有查询词项），但能够对大量有效的搜索结果进行正确评分的能力在这些场景中仍然非常重要。大多数自然的评分函数满足以下几个性质：

1）文档中包含一个与某个查询词项匹配的词项会使其分数增大，并且这个分数会随着该词项频率的增大而增加。

2）与在文档集合中很少出现的词项（即逆文档频率较高的词项）匹配会在很大程度上使分数增大。这是因为罕见的词项不太可能由于意外而被匹配到。

3）较长的候选文档的分数会受到惩罚，这是因为词项与查询项的匹配可能纯属偶然。

使用 tf - idf 归一化的余弦相似度函数满足上面的所有性质，但它并没有考虑现代搜索引擎中所使用的很多因子，如词项的顺序或是它们的接近程度。此外，当我们使用多个因子来计算相似度时，能够对这些因子的相对重要性进行加权是比较有用的。这个问题具有有监督学习的特点，这导致了信息检索中机器学习概念的产生。本节将提供一个关于索引结构、查询处理以及评分函数的大致概述，而 9.3 节将更专注于用来设计各种评分函数的基本原则。

在排序检索中，我们有两种进行查询处理的基本范式，即使用倒排索引的以词项为单位（term - at - a - time）的查询处理和以文档为单位（document - at - a - time）的查询处理。我们使用其中任一种范式都能对很多表现较好的评分函数（如余弦函数）进行计算，因为它们可以通过查询词项的加性函数来表示。然而，对于使用与多个词项有关的各种因子（如词项的相对位置）的复杂函数来说，以文档为单位的处理范式更加方便。在这两种情形中，我们都是使用倒排表来访问文档标识符的，它们的分数是使用累加器变量（其中每一个文档标识符都有一个对应的累加器变量）来持续更新的。接下来，我们将会描述这些范式。

9.2.4.3 使用累加器的以词项为单位的查询处理

累加器是一些中间聚合变量，只要评分函数在目标查询词项上是以加和的方式来计算的，累加器就有助于计算查询与文档之间的通用的评分函数。对于较小的查询词项子集来说，融入词项间的位置信息的更通用的函数甚至都能通过累加器来计算。考虑一个包含少数查询词项的查询$\overline{Q}=(q_1,\cdots,q_d)$，其中大部分$q_i$的值为0。考虑一个定义在大小为$d$的同一词典上的文档$\overline{X}=(x_1,\cdots,x_d)$。现在考虑一个如下形式的简单的评分函数$F(\overline{X},\overline{Q})$：

$$F(\overline{X},\overline{Q}) = \sum_{j:q_j>0} g(x_j,q_j) \tag{9.1}$$

需要注意的是，这个求和项只定义在满足$q_j>0$的少数词项上，$g(\cdot,\cdot)$是另一个同时随着$x_j$和$q_j$递增的函数。例如，当$g(x_j,q_j)=x_jq_j$时，我们得到的是两者的点积，这是余弦函数未归一化的变种。

我们依次访问所有满足$q_j>0$的词项的倒排表来进行评分。每当在一个倒排表中遇到一个新的文档标识符，我们就需要创建一个新的累加器来记录该文档的分数。对于在某个满足$q_j>0$的查询词项的倒排表中遇到的每一个文档标识符，我们将$g(x_j,q_j)$的值加到对应文档标识符的累加器中。在语料库比较大的情形中，我们可能会遇到过多的文档标识符，并且我们可能会耗尽所有空间来创建新的累加器。有一些方法可以解决这个问题。首先，我们应该总按照逆文档频率的降序顺序来访问倒排表，以便我们在用尽内存时能够使用大多数的词项。此外，由于我们假设逆文档频率更高的词项具有更好的区分性，所以这种顺序也有助于确保累加器更有可能被分配给相关的文档。我们使用哈希表来记录各个文档的累加器。当耗尽哈希表中的内存时，我们只[⊖]返回相对于目前碰到的那些标识符的结果。我们不再增加新的累加器，因为我们并不认为这些文档是强匹配的。然而，我们需要持续更新已有的累加器的计数。

最后，我们返回累加器的值最大的文档。朴素方法会对所有累加器进行扫描以识别出前$k$个值最大的累加器。一个更高效的方法是扫描累加器的值并在一个最小堆（即一个在根部包含最小值的堆）中维护前$k$个值最大的累加器。通过插入最先扫描的$k$个累加器来初始化这个堆。然后将后面得到的累加器与在堆根部的值进行比较，如果它们小于根部的值，就将它们弃除。否则，将它们插入到堆中，并删除根部的最小值。这种方法需要$O(n_a\cdot\log(k))$的时间，其中$n_a$是累加器的数量。

值得注意的是，以词项为单位的处理不需要倒排表中的元素是按文档标识符排好序的。事实上，对于以词项为单位的查询处理来说，我们按照各个文档标识符中的词项频率的降序顺序来对列表进行排序，并只使用词项频率大于某个特定阈值的那些文档，这样做是比较合理的。此外，我们还可以处理比式（9.1）更通用的函数，其形式如下：

$$F(\overline{X},\overline{Q}) = \frac{\sum_{j:q_j>0} g(x_j,q_j)}{G(\overline{X})} + \alpha\cdot Q(\overline{X}) \tag{9.2}$$

式中，$G(\overline{X})$是某个归一化函数（如文档长度），$\alpha$是一个参数，函数$Q(\overline{X})$是某个关于文档质量的全局度量方式（如9.6.1节的PageRank）。不难看出，余弦度量是这种度量方式的

⊖ 如果所有的查询词项都必须包含在返回的结果中，那么我们可以预先对倒排表求交集，并只给交集中的文档标识符分配累加器。有很多这样的索引消除技巧可以用来对这个过程进行加速。——原书注

一种特例[⊖]。我们还假设这种面向文档归一化或文档质量的全局度量被预先存储在由文档标识符进行索引的哈希表中。我们可以通过在最后使用额外的步骤来处理这种类型的评分函数，此时我们从哈希表中访问 $G(\overline{X})$ 和 $Q(\overline{X})$ 的值以进一步对分数进行调整。

9.2.4.4 使用累加器的以文档为单位的查询处理

与以词项为单位的查询处理不同，以文档为单位的处理方法要求每个倒排表都按文档标识符排好序。与以词项为单位的方法相比，以文档为单位的方法可以处理更通用的查询函数，因为它同时访问查询词项的所有倒排表来识别与某个文档标识符相关联的所有与具体查询相关的元信息。对于一个给定的查询向量$\overline{Q}=(q_1,\cdots,q_d)$，令$\overline{Z}_{X,Q}$表示文档$\overline{X}$中所有与其中的匹配词项相关的元信息，这些匹配词项是相对于查询而言的。这种元信息可以是匹配词项在文档$\overline{X}$中的位置，匹配词项所处的文档部分等。正如我们接下来将会看到的，这样的元信息通常可以与倒排表一起存储。然后，我们考虑下面的评分函数，它是式（9.2）的一般化：

$$F(\overline{X}\cdot\overline{Q})=\frac{H(\overline{Z}_{X,Q})}{G(\overline{X})}+\alpha\cdot Q(\overline{X}) \tag{9.3}$$

式中，与在式（9.2）中一样，$G(\overline{X})$ 和 $Q(\overline{X})$ 是全局文档度量。函数 $H(\overline{Z}_{X,Q})$ 比式（9.2）的加和形式更通用，因为它可以包含多个查询词项的交互效应。理论上，这个函数可以非常复杂，它可以包含诸如文档中查询词项之间的位置距离这样的因子。然而，为了实现这样的查询，倒排索引需要包含与查询词项位置有关的元信息（参考9.2.4.7节）。

在这样的情形中，我们同时遍历每个满足$q_j>0$（即包含在查询内的词项）的词项$t_j$的倒排表。与求列表交集的情形一样，我们同时遍历这些排序列表中的每一个元素，直到到达相同的文档标识符。在这个时候，计算 $H(\overline{Z}_{X,Q})$ 的值（使用与文档标识符相关联的元信息），并将其添加到对应的文档标识符的累加器变量中。以文档为单位的查询过程中的其他后续处理步骤与以词项为单位的查询过程中的相应步骤一样。如果累加器变量的空间有限，则以文档为单位的处理过程需要维护到目前为止最好的分数，事实证明这对于获取最佳的结果来说是一种更加合理的方式。在这些情形中，在处理文档时融入像 $G(\overline{X})$ 和 $Q(\overline{X})$ 这种全局文档度量的影响（而不是将它留到后续处理阶段）也可能是比较合理的。

虽然通过以词项为单位的查询可以实现类似式（9.3）的评分函数，但它以不切实际的方式增加了空间上的开销。我们需要将已遍历列表中的所有元信息与累加器变量存储起来，并在最后一步对式（9.3）进行计算。

9.2.4.5 以词项为单位还是以文档为单位

这两种策略有不同的优点和缺点。以文档为单位的方法允许动态地维护到目前为止已找到的最好的 $k$ 个结果。此外，以文档为单位的处理方法能够解决的查询类型更复杂，因为我们可以使用词项的相对位置和其他使用多个查询词项的性质的统计量。但是，以文档为单位的处理需要进行多次磁盘搜寻和缓存，因为它同时检测多个倒排表。而在以词项为单位的处理过程中，我们可以一次性读入单个较大的倒排表块，从而能够比较高效地执行处理过程。

---

⊖ 我们可以设 $Q(\overline{X})=0$ 并将 $G(\overline{X})$ 设为文档$\overline{X}$的长度。使用查询长度进行归一化是没有必要的，因为它在所有文档中都是常数，并不会改变文档的相对排序。——原书注

9.2.4.6　常见的评分类型有哪些

在很多搜索引擎中，文档的全局元特征（如它的来源和引用结构）都包含在最后的相似度评分中。事实上，现代搜索引擎通常利用用户的点击行为来学习各个元特征（参考9.2.4.9节和9.2.4.10节）的重要性。例如，式（9.2）和式（9.3）包含参数$\alpha$，它对页面质量在排序过程中的重要性进行控制。我们可以使用从先前的用户点击行为中学习到的机器学习模型来学习这个参数。需要指出的是，通过恰当地对式（9.2）和式（9.3）中的各个项进行实例化，我们可以捕捉到信息检索与搜索引擎（包括高级的机器学习模型）中大多数常用的评分函数。本节和9.3节将会对这样的模型进行探究。

9.2.4.7　含位置信息的查询

对于查询处理来说，将查询词项的位置考虑进来通常是比较合理的。有一些方式可以把位置信息考虑进来。第一种方式是将常见短语作为“词项”包含进来，并为它们创建倒排表。然而，这种方法大大地扩展了词项集合。此外，对于一个给定的查询，我们可以通过多种方式使用短语或各个词项来处理它。

为了使用含位置信息的索引（positional index）对查询进行解析，我们维护的还是相同的倒排表，不同的是，一个词项在相应文档中的所有位置都与文档标识符一起作为元信息被维护在倒排表中。具体而言，对于任意的特定词项，我们将下面的元信息与文档标识符一起保留在倒排表中：

$$\text{DocId}, \text{freq}, (\text{Pos}_1, \text{Pos}_2, \cdots, \text{Pos}_{\text{freq}})$$

式中，freq表示词项在标识符为DocId的文档中出现的次数。例如，如果词项“text”在DocId中的位置7和16出现，词项“mining”在DocId的位置3、8和23出现，那么我们会把所有的这些位置与文档标识符一起存储在倒排表中。因此，在第一种情形中，我们把元信息DocId，2，（7，16）作为“text”的倒排表中的一个元素来维护，而在第二种情形中，我们把元信息DocId，3，（3，8，23）作为“mining”的倒排表的一个元素来维护。在这个特殊的情形中，词项“text”显然在标识符为DocId的文档中的位置7出现，而词项“mining”在同一文档中的位置8出现。因此，很明显DocId中出现了“text mining”这个短语。对于布尔查询来说，我们在对“text”和“mining”的倒排表求交集的时候需要检查这些位置信息。

在排序查询（如搜索引擎）中，词项在一个文档中的相对位置会影响用来量化文档与一组按特定顺序排列的关键词之间的匹配程度的评分函数。因此，当使用像Google这样的搜索引擎时，查询项“text mining”和查询项“mining text”并不会返回排列顺序相同的结果。事实证明，我们可以通过累加器变量来执行这种类型的查询处理，因为式（9.3）可以捕捉相对位置的影响。特别地，我们应该根据搜索引擎架构来定义式（9.3）的函数$H(\overline{Z}_{X,Q})$，以捕捉词项位置的影响。在这些情形中，比较自然的方法是使用以文档为单位的查询处理（见第9章9.2.4.4节）。

将基于短语的索引与含位置信息的索引结合是比较常见的。其基本思想是记录经常被查询的短语，除了各个词项的倒排表以外，还需要维护这些频繁短语的倒排表。对于一个给定的查询，我们将它里面的频繁短语与含位置信息的索引相结合以使用位置信息。该如何实现这样的结合呢？这里的一个重点是搜索引擎通常使用自由文本查询，系统通常会使用查询解析器将这些查询映射为一个内部表示。在很多情形中，查询解析器可以处理多个查询，其中我们将短语索引与含位置信息的索引相结合，以产生一个高效的查询结果。例如，我们可以使用下面的方法：

1）我们可以使用频繁短语的倒排表为查询提供第一个响应。需要注意的是，查询短语不一定是频繁的，并且在索引中不一定可以找到这些短语。在这样的情形中，我们可以尝试使用查询短语的不同的2-词子集来检查是否可以在倒排索引中找到它。

2）如果使用上述方法不能够生成足够多的查询结果，那么我们可以尝试使用含位置信息的索引来生成一个查询结果，它基于查询词项的相对接近程度对文档进行评分。

对查询进行解析的具体启发式方法取决于手头搜索系统的目标。现代搜索引擎使用一些查询优化方法来对结果进行评分和排序，这些优化方法包含所有与文档有关的元信息。这样的例子包括域加权评分（zoned scoring）和机器学习评分（machine learned scoring），9.2.4.8节和9.2.4.9节分别讨论了这两种评分方法。此外，与文档有关的质量评估是基于共同引用结构来推断的，并被融入到最终的排序过程中。我们会在后面讨论这些问题（参考9.5节和9.6节）。

#### 9.2.4.8 域加权评分

在域加权评分中，文档的不同部分，如作者、标题、关键词和其他元信息会被赋予不同的权重。这些不同的部分被称为域（zone）。虽然第一眼看上去域与字段（field）相似，但它们是不同的，因为它们可能包含形式自由的任意文本。例如，在搜索引擎中，与文档的主体相比，文档的标题非常重要。在某些情形中，我们可以通过简单地以更大的权重将一个更重要的域添加到向量空间表示中来实现域加权。例如，我们可以给标题赋予比文档的主体更大的权重。然而，在大多数情形中，域加权是通过在倒排表中存储与域有关的信息来实现的。具体来讲，考虑每个词项的倒排表包含其频率以及位置信息的情形。与每个位置信息一起，我们还对词项所出现的域进行维护。换句话说，考虑一个含位置信息的倒排索引，其中"text"的倒排表中的一个元素的形式为DocId，2，（7，16）。因此，词项"text"在DocId中出现了两次，出现的位置分别是7和16。然而，这种类型的元素假设位置是针对只有一个域的文档来定义的。更一般地，这个元素的形式可以是DocId，2，（2-标题，9-主体）。在这种情形中，词项"text"是作为标题中的第二个词条以及主体中的第9个词条出现的。我们可以将这种类型的元信息方便地用到域加权评分中，其中我们在对倒排表求交集的过程中基于匹配文档标识符所在的具体域来对它们进行评分。这里的重点在于如何确定该给每个域赋予多大的权重。显然，诸如标题这样的一些域是比较重要的，而寻找面向各个域的具体权重的过程需要用到机器学习算法。

#### 9.2.4.9 信息检索中的机器学习

在信息检索场景中如何为每个域找到恰当的权重？考虑这样一个情景，语料库的文档在$r$个域上有$r$个权重$w_1 \cdots w_r$。此外，一个特定的文档-词项组合在这些域中的频率为$x_1 \cdots x_r$。为简单起见，我们还可以假设每个$x_i \in \{0, 1\}$，具体取决于该词项是否出现在这个域中。然而，$x_i$也可以有非二元的值。例如，如果一个词项在第$i$个域中不止出现一次，则$x_i$的值可以大于1。在实际的场景中，很多$x_i$的值为0。然后，$\sum_{j=1}^{r} w_j \cdot x_j$表示的是这个文档－词项组合对评分的贡献，其中$w_j$是一个未知的权重。如果我们知道权重$w_1 \cdots w_r$的值，那么在查询处理的时候利用累加器计算这种类型的加和分数就相对比较容易。因此，权重是通过线下的方式预先学习出的。

为了学习$w_i$的值，我们可以利用用户在一组训练查询上的相关性反馈值。训练数据包含从对某个查询进行响应的每个文档中提取出的一组工程化特征（如查询词项所处的域），以及关于文档与对应查询是否相关的一个用户的相关性评价。相关性评价可以是一个二元的值（即相关/不相关）、一个关于相关性评价的数值，或是两个文档间基于排序的评价。我们稍后将会讨论，在以网络为中心的方法中，往往是通过用户的点击行为来收集相关性反馈。

学习各个域的重要性并不是这种权重学习技术的唯一应用。除此之外，有大量同时与词项和文档相关联的元信息，我们可以学习它们的重要性来进行查询处理。相关的例子如下：

1）与具体文档相关的特征：与网络上某个文档相关联的元信息，如它的地理位置、创建日期、基于网络链接的共同引用度量（参考9.6.1节）、所指向的锚文本中的单词数量，或是网络域名都可以用在评分过程中。与具体文档相关的元数据通常与手头的查询相独立，并且有研究表明，通过使用机器学习技术，这些元数据能够有效地提升检索的性能[406]。

2）影响特征：一些词项在评分函数中的影响通常是由一些参数来控制的。例如，式(9.2)和式(9.3)的评分函数包含参数$\alpha$，它控制了文档质量的重要性。有时候我们可以通过权重将诸如余弦度量、二值独立模型和BM25模型（见9.3节）这样的多个评分函数相结合。我们也可以通过用户反馈来学习这些权重的重要性。

3）与具体查询－文档对相关的元数据：我们可以把查询词项在文档中所处的域和查询词项在候选文档中的顺序/位置用到评分过程中。

现代搜索引擎中的评分函数是非常复杂的，我们通常使用机器学习来对它们进行调优。一般而言，我们可以有任意一组参数$w_1 \cdots w_m$。换句话说，这些权重参数包含域权重，并且它们可能表示从一个文档－查询对中提取出的不同特征$x_1 \cdots x_m$的重要性。需要注意的是，从任一文档－查询对中提取出相同的特征集合，这允许我们把学习从一个查询推广到另一个查询上。在域加权的例子中，特征对应于查询词项在文档中所处的不同域，以及它们的相应频率。因此，如果用户反馈数据始终显示用户优先点击标题中（与正文相比）具有查询词的搜索结果，那么不管手头的查询是什么，算法都会学到这个事实。这是通过一个相关性函数$R(w_1x_1, \cdots, w_mx_m)$来实现的，它是通过加权的特征来定义的。例如，一个可能的相关性函数如下：

$$R(w_1x_1, \cdots, w_mx_m) = \sum_{j=1}^{m} w_jx_j \tag{9.4}$$

$w_1 \cdots w_m$的值是从用户反馈中学习到的。相关性函数的选择是搜索引擎设计的一部分，并且几乎所有通过与查询和目标文档之间的匹配词项有关的元数据来进行定义的函数都可以使用像式(9.3)这样的评分函数来建模。在查询处理的时候可以使用累加器对这些分数进行高效的计算。

值得注意的是，我们也可以使用基于用户行为的隐式反馈而不是它们的显式评价来推断相关性。例如，搜索引擎基于用户对返回的查询结果的点击行为收集了大量的隐式反馈。然而，我们应该谨慎地使用这些反馈，因为排名靠前的结果更有可能被用户点击，因此我们必须在学习过程中调整返回的结果的排名。考虑这样一个情形，搜索引擎将文档$\overline{X_j}$排在$\overline{X_i}$前面，但用户点击了文档$\overline{X_i}$而没有点击$\overline{X_j}$。由于用户的优先点击模式，容易看出与文档$\overline{X_j}$相比，文档$\overline{X_i}$可能与用户更相关。在这样的情形中，训练数据是用类似（$\overline{X_i}$，$\overline{X_j}$）这样的排序对来定义的，这表明了用户的相对偏好。这种类型的数据有很多噪声，但其可取之处在于我们可以方便地收集到大量的数据。机器学习方法特别擅长从大量有噪声的数据中学习内在规律。

为了方便讨论本节和下一节，我们假设每个$\overline{X_i}$指的是从文档中提取出的与特定查询相关的特征（如影响特征），而不是文本向量。这种选择要求我们对文档 - 查询对的各个特征的重要性有所理解，如影响特征，包括域的使用、物理上的接近程度、匹配词项的顺序、文档的作者、领域、创建日期和页面引用结构等。根据查询与文档之间的匹配来提取特征是一种重要的建模方式和特征工程，它依赖于手头的搜索应用。我们要么需要存储每一个这样的特征（如特定文档的 PageRank），要么需要使用累加器对它们进行动态的计算。在查询的时候，我们需要使用式（9.4）中的线性条件来将它们结合起来。

9.2.4.10　排序支持向量机

9.2.4.9 节通过提取与具体查询相关的 $m$ 个特征并学习它们的关联参数$w_1 \cdots w_m$来量化它们与新查询的相关性，进一步讨论了学习方法的重要性。该如何使用终端用户的成对的评价来学习诸如$w_1 \cdots w_m$这种用在结果排序中的关键参数呢？这通常是通过排序学习算法来实现的。这种算法的一个经典例子是排序支持向量机（ranking support vector machine），也被称为排序 SVM。排序 SVM 使用之前的查询为提取出的特征生成训练数据。一个文档的特征包含与查询词项所处的各个域相对应的属性和有关文档的元信息（如它的地理位置）等。训练数据包含文档对（在这种以查询为中心的表示中），由（$\overline{X_i}$，$\overline{X_j}$）表示，它强调了$\overline{X_i}$应该出现在$\overline{X_j}$前这一事实。我们想要学习$\overline{W}=(w_1 \cdots w_m)$，以使对于训练文档$X_i$和$X_j$来说，有$\overline{W} \cdot \overline{X_i} > \overline{W} \cdot \overline{X_j}$成立，$\overline{X_i}$和$\overline{X_j}$包含与具体查询相关的“匹配”特征（例子见 9.2.4.9 节）。一旦我们从训练语料库中学习到这些权重（由过去的查询和用户反馈创建），我们就可以实时地用它们来对不同的文档进行排序。

现在，我们对排序 SVM 的优化模型进行形式化。训练数据$D_R$包含下面的排序对集合：

$$D_R = \{(\overline{X_i}, \overline{X_j}) : \overline{X_i}\text{应该排在}\overline{X_j}\text{的前面}\}$$

在排序 SVM 中，对于每一个这样的文档对来说，其目标是学习$\overline{W}$，以使$\overline{W} \cdot \overline{X_i} > \overline{W} \cdot \overline{X_j}$。然而，我们施加一个额外的边界约束（margin requirement）来惩罚$\overline{W} \cdot \overline{X_i}$和$\overline{W} \cdot \overline{X_j}$之间的差异不够大的文档对。因此，我们想要施加更强的约束如下：

$$\overline{W} \cdot (\overline{X_i} - \overline{X_j}) > 1$$

任何违反这个条件的样本在目标函数中都会受到$1 - \overline{W} \cdot (\overline{X_i} - \overline{X_j})$的惩罚。因此，我们可以形式化这个问题如下：

$$\text{最小化} J = \sum_{(\overline{X_i},\overline{X_j}) \in D_R} \max\{0, [1 - (\overline{W} \cdot [\overline{X_i} - \overline{X_j}])]\} + \frac{\lambda}{2} \| \overline{W} \|^2$$

式中，$\lambda > 0$ 是正则化参数。需要注意的是，我们可以用新的特征集$\overline{X_i} - \overline{X_j}$来替换每个（$\overline{X_i}$，$\overline{X_j}$）对。因此，我们此时可以假设训练数据仅包含由$\overline{U_1} \cdots \overline{U_n}$表示的 $m$ 维差值特征的 $n$ 个样本，其中 $n$ 是训练数据中的排序对的数量。也就是说，对于一个排序对（$\overline{X_i}$，$\overline{X_j}$）来说，$\overline{U_p} = \overline{X_i} - \overline{X_j}$。所以，排序 SVM 的优化问题如下：

$$\text{最小化} J = \sum_{i=1}^{n} \max\{0, [1 - \overline{W} \cdot \overline{U_i}]\} + \frac{\lambda}{2} \| \overline{W} \|^2$$

我们还可以使用松弛惩罚 $C = 1/\lambda$ 写出这个优化形式，以使它看起来更像传统的 SVM：

$$\text{最小化} J = \frac{1}{2} \| \overline{W} \|^2 + C \sum_{i=1}^{n} \max\{0, [1 - \overline{W} \cdot \overline{U_i}]\}$$

需要注意的是，它与传统 SVM 的唯一差异在于它的优化形式中没有类别变量$y_i$。然而，6.3 节讨论的所有优化技术都可以非常方便地融入这种变化，在其中的每一种情形中，我们只需要把 6.3 节中讨论的各种方法相应的梯度下降步骤中的类别变量$y_i$替换为 1。虽然我们也可以通过一些细微改动把这种技术扩展到核 SVM 中，但使用上述方法可以特别方便地对线性情形进行扩展。需要牢记的重点是，核 SVM 使用的是训练样本之间的点积。在这种情形中，训练样本的形式为$\overline{U_p} = \Phi(\overline{X_i}) - \Phi(\overline{X_j})$，其中 $\Phi(\cdot)$ 是某个特定核相似度函数（隐式）使用的非线性变换。令核相似度函数定义了一个在训练样本上的相似度矩阵 $S = [s_{ij}]$，则我们有

$$s_{ij} = \Phi(\overline{X_i}) \cdot \Phi(\overline{X_j}) \tag{9.5}$$

在核方法中，我们只有相似度值$s_{ij}$可用（作为一个实际的问题），而没有显式的变换。

考虑如下形式的两个训练样本$\overline{U_p}$和$\overline{U_q}$：

$$\overline{U_P} = \Phi(\overline{X_i}) - \Phi(\overline{X_j}) \qquad [\overline{X_i}\text{排在}\overline{X_j}\text{的前面}]$$

$$\overline{U_q} = \Phi(\overline{X_k}) - \Phi(\overline{X_l}) \qquad [\overline{X_k}\text{排在}\overline{X_l}\text{的前面}]$$

然后，我们可以计算$\overline{U_p}$和$\overline{U_q}$之间的点积如下：

$$\begin{aligned}\overline{U_p} \cdot \overline{U_q} &= (\Phi(\overline{X_i}) - \Phi(\overline{X_j})) \cdot (\Phi(\overline{X_k}) - \Phi(\overline{X_l})) \\ &= \{\Phi(\overline{X_i}) \cdot \Phi(\overline{X_k}) + \Phi(\overline{X_j}) \cdot \Phi(\overline{X_l})\} - \{\Phi(\overline{X_i}) \cdot \Phi(\overline{X_l}) + \Phi(\overline{X_j}) \cdot \Phi(\overline{X_k})\} \\ &= \underbrace{\{s_{ik} + s_{jl}\}}_{\text{相似排序}} - \underbrace{\{s_{il} + s_{jk}\}}_{\text{不同排序}}\end{aligned}$$

我们可以使用这些成对的相似度值将 6.3 节中讨论的核方法扩展到排序 SVM 的情形中。然而，从实际上讲，线性模型更受欢迎，因为它们可以使用累加器更高效地与倒排索引结合。其中的基本思想是，一旦我们在（线下）评分阶段学出$\overline{W}$中的权重，就可以结合倒排索引与它内部所有可用的元数据来高效地计算测试（候选）文档$\overline{Z}$的$\overline{W} \cdot \overline{Z}$。

### 9.2.5 效率优化

有一些与查询处理相关联的其他优化方法。这些优化方法中有一部分在网络检索中特别

重要，在这种情形中，倒排索引往往比较长，并且会导致多次的磁盘空间访问。

9.2.5.1 跳表指针

跳表指针就像倒排表中各个位置的捷径一样，以便我们在求交集的过程中跳过列表的无关部分。跳表指针有助于对长度不等的列表求交集。在这些情形中，在较长的列表中使用跳表指针有助于高效地求交集，因为较长的倒排表中将会有大部分元素与交集无关。考虑词项$t_j$的倒排表，它的长度为$n_j$。我们假设这个倒排表是按文档标识符排好序的。对于固定的跳跃步长$s$来说，我们只在倒排表中形式为$sk+1$的位置放置跳表指针，其中$k=0$，1，2，…，$\left\lfloor \frac{n_j}{s} \right\rfloor - 1$一个步长为$s=4$的跳表指针的例子如图9.4所示。

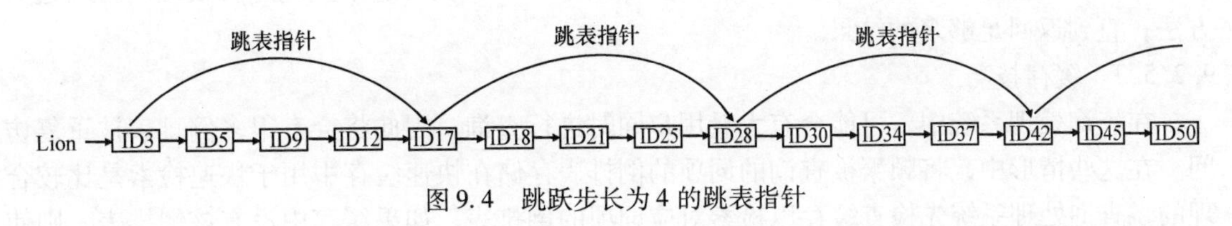


图9.4 跳跃步长为4的跳表指针

此时，考虑对一个长列表和一个长度为1（只包含一个文档标识符）的极短列表求交集的简单问题。为了确定这个长列表是否包含这个文档标识符，我们仅遍历它的跳表指针，直到我们识别出这个标识符所在的部分。随后，我们只扫描这个部分来确定这个文档标识符是否在这一部分。在这种情形中，如果$s=\sqrt{n_j}$，那么我们可以证明至多需要$2\sqrt{n_j}$次遍历。此时，如果我们需要对长度$n_i$的短列表和长度$n_j$的长列表求交集，那么我们可以按照排好序的顺序逐个使用短列表的元素来重复这个过程。需要注意的是，为了达到最佳效率，在每次已经完成短列表中前一个元素的搜索的情况下，我们必须要回到长列表中的起始位置。在最差的情形中，这种方法可能会产生一点开销，而在两个列表具有不对称长度的情况下，这种方法通常会表现得非常好。一般来说，使用倒排表长度的平方根是一种设置跳跃步长的很好的启发式方法。跳表指针的主要缺陷在于它们最适合不会频繁变化的静态列表。而对于动态变化的列表来说，在不产生较大的更新开销的情况下，维护跳表指针的结构化模式是不可能的。

9.2.5.2 胜者表和分层索引

在上述所有情形中，对应的解决方案存在的一个问题是，对于所包含的倒排表都非常长的较大集合来说，查询处理会非常慢。在这些情形中，一般来讲，只要我们能够合理准确地识别出排名靠前的结果，我们甚至不需要所有针对具体查询的响应。

由于较大的词项频率通常对分数有良好的影响，所以我们用它们来识别倒排表中最有可能产生良好匹配的部分。一种比较自然的方法是使用胜者表（champion list)，在这种方法中，只有文档标识符的子集被维护在截断的倒排表中，这个子集包含（相对于某个词项来说）频率最高的top-$p$个文档。我们还可以一起维护任意额外的元信息（如词项频率和词项位置）和文档标识符。为了处理某个查询，我们需要做的第一步是确定只使用胜者表是否能返回“足够”多（比如，$q$）的文档。如果能够返回足够多的文档，那么就不需要使用完整的倒排索引。否则，必须使用完整的倒排索引来处理这个查询。因此$p$和$q$的值是这个过程中的参数，需要通过某种与应用相关的方式对它们进行选择。胜者表在以文档为单位的查询中特别有用，其中倒排表是按文档标识符排好序的。如果我们按照词项频率的降序顺序对倒排表进行排列（对于以词项为单位的查询来说），则只使用倒排表的前面部分就可以实现胜者表的效果。因此，在这些情形中我们不需要显式地维护胜者表。

胜者表概念的一个扩展是分层索引（tiered index）。在分层索引中，基本思想是倒排表只包含频率大于某个特定阈值的文档标识符的子集。因此，最高的阈值对应于第1层，它具有最短的倒排表。下一个最高的阈值对应于第2层，依次类推。如果只使用第1层的列表就可以处理一个查询，则接受其结果。否则，使用下一个层次对这个查询进行处理。持续这个方法，直到返回足够多的结果。

9.2.5.3 缓存技巧

在查询处理系统中，可能会有大量用户同时进行查询，因此将会有很多倒排表被重复访问。在这些情形中，将频繁被查询的词项的倒排表存储在快速缓存中用于快速检索是比较合理的。查询处理系统先检查缓存以检索对应词项的倒排表。如果缓存中没有该倒排表，则使用指向磁盘（词典中可用）的指针。

缓存比较昂贵，所以它只可以存储一小部分倒排表。因此，我们需要一种许可控制机制来决定把哪些倒排表存储在缓存中。许可控制机制必须有足够的适应性，以使存储在缓存中的倒排表在统计意义上更有可能在最近一段时间内会被频繁访问。为了实现这个目标，一个经过时间考验的方法是使用最近最少使用（LRU）缓存。这个缓存在它内部维护每个倒排表最近被访问的时间。当某个词项的倒排表被请求时，首先需要检查缓存看它是否可用，如果在缓存中找到了这个倒排表，则把它的时间戳更新为当前的时间。相反，如果在缓存中没有找到这个倒排表，则需要从磁盘访问它，而且需要以缓存中的一个或多个已存在的列表为代价将这个倒排表插入到缓存中。这是通过从缓存中移除足够多的最近最少使用的倒排表为新插入的倒排表腾空间来实现的。有关信息检索应用中使用的多级缓存方法，请参阅9.8节。

9.2.5.4 压缩技巧

我们通常以压缩的形式来存储词典和倒排索引。虽然压缩方法可以显著地节约存储空间，但使用压缩的一个更重要的动机是它能够提升效率。这是因为更小的文件可以提升系统的缓存速度。此外，从磁盘中读取文件并将它加载到内存中会花更少的时间。

词典通常存储在内存中，因为它们所需要的空间比倒排索引小得多。然而，对于某些系统来说，就连词典的内存要求都会成为一个负担。因此，我们需要尽可能地减少它的内存占用，以确保它适合内存，并能为索引的其他部分释放存储空间。如何为词典中的词项分配内存呢？一种方式是在基于哈希的词典中为词项字符串表示分配固定的宽度。例如，如果在哈希表中为每个词项分配25个字符，但像“golf”这样的词项只需要4个字符，此时就有21个字符是浪费的。此外，固定长度的方法在存储多于25个字符的长词项和短语时也会出现问题。另外一种方法是只在哈希表中为指向每个词项的字符串表示的指针分配空间，这样的指针被称为词项指针。我们通过把词典中的所有词项拼接为一个字符串来压缩词典，其中每个词项是按词典序顺序出现的。使用词项指针可以获得两个词项之间的分隔符。因此，我们现在维护一个按词典顺序排列的以这些词项指针为元素的数组，而不是哈希表。一个词项指针指向该词项在字符串中的开始位置。因为字符串词典和这个数组是按相同的方式排列的，所以数组中的下一个指针也提供了当前词项在字符串中的结尾分隔符。除了词项指针以外，这个数组还包含一个数值元素，这个元素代表了包含该词项的文档的数量，以及指向该词项的倒排表第一个元素的指针。因此，在这个排序表中，每个元素包含 2 个指针（指向词项和倒排表），这两个指针各占 4 个字节，另外还需要使用 4 个字节来存储文档频率。图 9.5 针对图 9.2 的例子给出了一个压缩词典的例子。当用户输入一个查询时，我们需要高效地定位出指向相关倒排表的指针。为了实现这个目标，我们可以使用词项指针对这个词典进行二元搜索。一旦分隔出数组的相关元素，就可以返回指向倒排表的指针。对于包含 100 万个词项（每个词项包含 8 个字符）的词典来说，字符串需要的空间大小是 8MB，数组需要的空间大小是 12MB。虽然这些要求看起来可能很小（压缩并不重要），但它们确实可以使用非常快的缓存或限制严格的硬件设置。如果空间有限，我们还可以通过动态地为词项分配内存来使用哈希表。

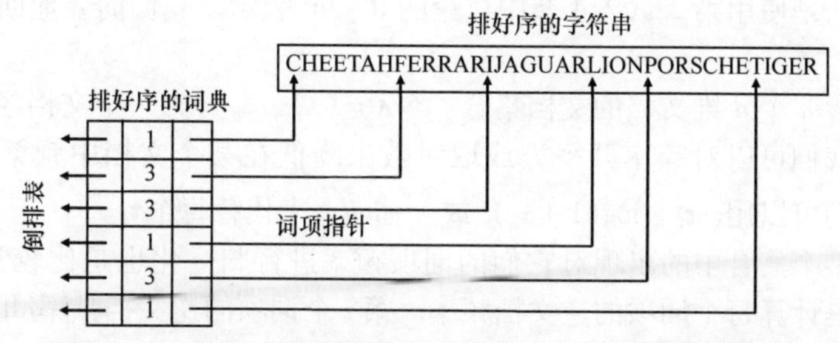


图 9.5　通过避免分配固定的词项宽度来对一个词典进行压缩

我们也可以对倒排表进行压缩。最常用的方法是使用变长字节编码（variable byte code），在这种方法中，我们可以根据需要使用多个字节来对每个数字进行编码。字节内只有 7 个比特被用来编码，最后一个比特是一个延续指示器，它告诉我们下一个字节是否是同一数字的一部分。因此任意小于$2^7=128$ 的数字都需要一个单独的字节，任意小于$128^2$的数字至多需要 2 个字节。一个文档中的大部分词项频率都是小于 128 的较小值，我们可以将它们存储在单个字节中。然而，文档标识符可以是任意长的整数。在倒排表是按文档标识符排序的情形中，我们可以使用差分编码（delta encoding）的思想。

当文档标识符按排好序的顺序排列时，我们可以使用变长字节编码（或任意其他偏向小数目的压缩框架）来存储连续的文档标识符之间的差值。例如，考虑下面的文档标识符序列：

23671，23693，23701，23722，23755，23812

我们确实必须存储第一个文档标识符，这个值相当地大。然而，我们可以将随后的文档标识符存储为连续的偏移量，也就是上述序列中连续值之间的差值：

22，8，21，33，57

这些值也被称为 d－间隔（d－gap）。在这个特殊的例子中，每一个这样的值都足够小到可以用单个字节来存储。需要牢记的另一个重点是，对于频率较大的词项（对应的倒排表比较长）来说，连续的文档标识符之间的差值会比较小。这意味着较大的倒排表被压缩的程度比较大，对于存储效率来说这是比较合理的。这是一个在很多压缩方法中反复出现的思想，在这些方法中，我们使用长度更短的编码来表示频繁出现的物品，而允许罕见物品使用长度更长的编码。我们建议读者参阅 9.8 节，以获取关于各种压缩方案的资源。

## 9.3 信息检索模型的评分

9.2 节利用不同类型的索引提供了信息检索中评分过程的一个大致思想，还提供了与对文档进行评分和排序的各类因子（如聚合匹配或关键词的接近程度）有关的大致说明。然而，其中并没有讨论信息检索应用中对文档进行评分和排序的具体模型。我们可以通过权重来混合这些模型，进而结合相关性评价来使用它们。值得注意的是，使用形如式（9.2）和式（9.3）讨论的评分函数可以涵盖本节的大多数模型。这个事实使这些模型能够使用以词项为单位或以文档为单位的高效的查询处理方法（见 9.2.4.3 节）。

### 9.3.1 基于 tf - idf 的向量空间模型

最简单的方法是使用第 2 章 2.4 节中讨论的 tf - idf 表示。我们简要地回顾使用 tf - idf 表示的一些概念。

考虑一个包含 $n$ 个 $d$ 维文档的文档集合。令 $\overline{X}=(x_1\cdots x_d)$ 为一个文档经过词项提取阶段后的 $d$ 维表示。我们可以对频率开平方或取对数来降低在某个文档中频繁出现的词项的影响。换言之，我们可以用 $\sqrt{x_i}$、$\log(1+x_i)$ 或 $1+\log x_i$ 来代替每个 $x_i$。

基于词项在整个集合中的出现对它们的词项频率进行归一化也是比较常见的一种方式。归一化的第一步是计算每个词项的逆文档频率。第 $i$ 个词项的逆文档频率 $\mathrm{idf}_i$ 是一个关于包含它的文档数 $n_i$ 的递减函数：

$$\mathrm{idf}_i=\log(n/n_i) \tag{9.6}$$

需要注意的是，$\mathrm{idf}_i$ 的值总是非负的。当词项在集合的每一个文档中都出现时，$\mathrm{idf}_i$ 的值为 0。我们将词项频率与逆文档频率相乘以对词项频率进行归一化：

$$x_i \Leftarrow x_i \cdot \mathrm{idf}_i \tag{9.7}$$

一旦计算出语料库中每个文档的归一化表示，我们就用它来响应基于相似度的查询。最常用的相似度函数是余弦函数，第 2 章 2.5 节对它进行了介绍。

考虑一个目标文档 $\overline{X}=(x_1\cdots x_d)$ 和查询向量 $\overline{Q}=(q_1\cdots q_d)$。查询向量要么是二元的，要么是基于词项频率的。余弦函数的定义如下：

$$\mathrm{cosine}(\overline{X},\overline{Q}) = \frac{\sum_{i=1}^{d} x_i q_i}{\sqrt{\sum_{i=1}^{d} x_i^2}\sqrt{\sum_{i=1}^{d} q_i^2}}$$

$$\propto \frac{\sum_{i=1}^{d} x_i q_i}{\sqrt{\sum_{i=1}^{d} x_i^2}} = \frac{\sum_{i=1}^{d} x_i q_i}{\|\overline{X}\|}$$

我们基于比例关系来计算余弦函数就足够了，因为我们只需要对特定查询的不同实例进行排序。容易看出这个评分函数可由式（9.2）和式（9.3）涵盖，我们可以通过以词项为单位或以文档为单位的查询处理来计算它（见9.2.4.3节和9.2.4.4节）。

### 9.3.2 二值独立模型

为了利用朴素贝叶斯分类器对先前没有见过的文档进行评分，二值独立模型使用与训练文档有关的二元相关性评价。特别地，它使用了第5章5.3.1节中的伯努利分类器。令$R \in \{0, 1\}$表示一个文档是否与特定查询相关。正如5.3.1节所讨论的，伯努利模型隐式地假设每个文档$\overline{X}$是由基于布尔属性的向量空间表示来表示的，这些属性包含每个词项$t_j$是否在$\overline{X}$中出现的信息。

假设我们有一些训练数据可用，这些数据告诉我们一个文档是否与某个特定词项相关。需要注意的是，尽管我们允许用户对查询结果提供反馈，以收集文档相关还是不相关的评价数据，但我们通常难以获得与具体查询相关[⊖]的相关性评价数据。需要注意的是，收集到的数据只对特定的查询有用，这与前面的机器学习方法不同，其中训练数据中特定类型的元特征的重要性是基于多个查询来学习的。为了在没有人工干预或训练数据的情况下使用这些模型，我们需要做出一些简化的假设。从这个意义上讲，这些模型还提供了在没有这些（查询相关）相关性评价的情况下进行查询处理所需的直观理解。

令$p_j^{(0)}$为在训练数据（即用户相关性评价）的不相关文档中包含词项$t_j$的文档的比例，$p_j^{(1)}$为在训练数据的相关文档中包含词项$t_j$的文档的比例。类似地，令$\alpha_0$为训练数据中不相关文档的比例，$\alpha_1$为训练数据中相关文档的比例。我们通过贝叶斯分类概率来表示面向某个给定查询的评分函数。我们希望找出概率$P(R=1 \mid \overline{X})$与$P(R=0 \mid \overline{X})$的比例。基于5.3.1节中伯努利模型的结果，我们可以描述如下：

$$P(R=1 \mid \overline{X}) = \frac{P(R=1) \cdot P(\overline{X} \mid R=1)}{P(\overline{X})} = \frac{\alpha_1 \prod_{t_j \in \overline{X}} p_j^{(1)} \prod_{t_j \notin \overline{X}} (1 - p_j^{(1)})}{P(\overline{X})}$$

$$P(R=0 \mid \overline{X}) = \frac{P(R=0) \cdot P(\overline{X} \mid R=0)}{P(\overline{X})} = \frac{\alpha_0 \prod_{t_j \in \overline{X}} p_j^{(0)} \prod_{t_j \notin \overline{X}} (1 - p_j^{(0)})}{P(\overline{X})}$$

然后，在忽略先验概率（因为它们与具体的文档无关，不会影响排序）后，我们可以计算得到两个量的比例：

$$\frac{P(R=1 \mid \overline{X})}{P(R=0 \mid \overline{X})} \propto \frac{\prod_{t_j \in \overline{X}} p_j^{(1)} \prod_{t_j \notin \overline{X}} (1 - p_j^{(1)})}{\prod_{t_j \in \overline{X}} p_j^{(0)} \prod_{t_j \notin \overline{X}} (1 - p_j^{(0)})} \tag{9.8}$$

⊖ 在前面所有关于机器学习的信息检索的讨论中，训练数据不是与某个特定查询相关的。然而，每一组提取的特征的值是与具体查询相关的，并且在相同的训练数据中包含多个查询。文档的元特征（如域、作者和位置）中与具体查询相关的值的重要性是通过反馈数据来学习的。——原书注这里使用比例常数是因为我们在上面的表达式中略去了文档无关的比例$\alpha_1/\alpha_0$。我们可以在某个比例常数范围内重组上面的表达式，并使它只取决于$\overline{X}$中出现的词项。为了实现这一点，我们可以在式（9.8）的两侧同时乘上一个与文档无关的项，然后只从左侧将它移除（由于与文档无关，保留了比例关系）：

$$\frac{P(R=1|\overline{X})}{P(R=0|\overline{X})}\cdot\underbrace{\frac{\prod_{t_j}(1-p_j^{(0)})}{\prod_{t_j}(1-p_j^{(1)})}}_{\text{与文档无关}}\propto\frac{\prod_{t_j\in\overline{X}}p_j^{(1)}(1-p_j^{(0)})}{\prod_{t_j\in\overline{X}}p_j^{(0)}(1-p_j^{(1)})}\quad[\text{两边同乘}]$$

$$\frac{P(R=1|\overline{X})}{P(R=0|\overline{X})}\propto\prod_{t_j\in\overline{X}}\frac{p_j^{(1)}(1-p_j^{(0)})}{p_j^{(0)}(1-p_j^{(1)})}\quad[\text{移除左侧与文档无关的项}]$$

为了得到相关性分数的加和性，我们对上面式子取对数。正如 9.2.4.2 节讨论的，排序评分的加和性往往是比较理想的，因为我们可以使用倒排索引和累加器来计算它。在二值独立模型中，我们可以使用只在文档$\overline{X}$中出现的词项的求和来表示文档$\overline{X}$关于查询向量$\overline{Q}$的检索状态值$\mathrm{RSV}_{bi}$（$\overline{X}$，$\overline{Q}$），具体如下：

$$\mathrm{RSV}_{bi}(\overline{X},\overline{Q})=\sum_{t_j\in\overline{X}}\log\left(\frac{p_j^{(1)}(1-p_j^{(0)})}{p_j^{(0)}(1-p_j^{(1)})}\right)\tag{9.9}$$

对于任意不包含在二值查询向量$\overline{Q}$中的词项$t_j$，我们假设这种词项在相关文档和不相关文档中的分布是相似的。这与不在$\overline{Q}$中的词项满足$p_j^{(0)}=p_j^{(1)}$的假设等价，它会使式（9.9）右侧的非查询词项被移除。这会产生一个检索状态值（retrieval status value），这个值只通过查询和文档中的匹配词项上的求和来表示：

$$\mathrm{RSV}_{bi}(\overline{X},\overline{Q})=\sum_{t_j\in\overline{X},t_j\in\overline{Q}}\log\left(\frac{p_j^{(1)}(1-p_j^{(0)})}{p_j^{(0)}(1-p_j^{(1)})}\right)\tag{9.10}$$

这里的一个重点是基于特定的查询不一定能找到像$p_j^{(0)}$和$p_j^{(1)}$这样的量，除非用户主动提供相对于查询结果的相关性反馈。某些系统确实允许用户主动输入相关性反馈值。在这些情形中，系统会基于某些用来进行检索的匹配模型向用户展示一个结果列表。然后由用户指出哪些结果是相关的。所以我们此时可以将文档标记为相关的或不相关的，这是一种比较直接的分类场景。在这些情形中，$p_j^{(0)}$和$p_j^{(1)}$的参数估计问题与 5.3.1 节中伯努利模型的参数估计方式一样。与 5.3.1 节一样，我们使用拉普拉斯平滑来提供更加鲁棒的概率估计。需要注意的是，这样的方法在收到反馈后必须实时地进行参数估计，以便在计算出$\mathrm{RSV}_{bi}$（$\overline{X}$，$\overline{Q}$）值的基础上可以将下一轮排序展示给用户。如果$R$是$N$个文档中相关文档的数量，$n_j$是包含词项$t_j$的文档数量，$r_j$是这$n_j$个文档中相关文档的数量，则我们设$p_j^{(0)}$和$p_j^{(1)}$的值如下：

$$p_j^{(1)}=\frac{r_j+0.5}{R+1},\ p_j^{(0)}=\frac{n_j-r_j+0.5}{N-R+1}\tag{9.11}$$

我们分别将常数值 0.5 和 1 加到分子和分母上以进行平滑。

然而，不是所有系统都能够实时地使用相对于具体查询的反馈。在这些情形中，我们使用一些简化的假设来估计像$p_j^{(0)}$和$p_j^{(1)}$这样的量。对于二元查询向量$\overline{Q}$包含的任意词项$t_j$来说，我们将$p_j^{(1)}$的值假设成一个较大的常数㊀，如0.5（相对于文档中随机词项的出现比例），因为查询中的词项一般是非常相关的。然而，这些词项也能够以类似于在剩余集合中的统计频率出现在不相关文档中。基于词项$t_j$在整个集合中的统计频率来计算$p_j^{(0)}$的值。词项在整个集合中的统计频率为$n_j/n$，其中$n_j$是整个集合中包含词项$t_j$的文档数，$n$是文档的总数。因此，我们将$p_j^{(0)}$的值设为$n_j/n$。

因此，如果没有使用相关性反馈，则通过在式（9.10）中代入$p_j^{(1)}=0.5$和$p_j^{(0)}=n_j/n$，我们可以使用二值独立模型得到与具体查询$\overline{Q}$和候选文档$\overline{X}$相关的检索状态值：

$$\mathrm{RSV}_{bi}(\overline{X},\overline{Q}) = \sum_{t_j \in \overline{X}, t_j \in \overline{Q}} \log\left(\frac{n-n_j}{n_j}\right) \approx \sum_{t_j \in \overline{X}, t_j \in \overline{Q}} \log\left(\frac{n}{n_j}\right) \tag{9.12}$$

当需要拉普拉斯平滑时，我们也使用上面表达式的另一个版本：

$$\mathrm{RSV}_{bi}(\overline{X},\overline{Q}) = \sum_{t_j \in \overline{X}, t_j \in \overline{Q}} \log\left(\frac{n-n_j+0.5}{n_j+0.5}\right) \tag{9.13}$$

容易看出，式（9.12）右侧的表达式等于匹配词项的逆文档频率（idf）权重之和。因此，我们甚至可以把这种概率模型看作是在其他相似度函数（如余弦函数）中使用逆文档频率来计算匹配分数的一个合理的理论依据。然而，这个模型和余弦相似度有一些关键的差异。首先，它没有使用文档的词项频率，再者，它没有进行文档长度归一化。词项频率缺失是把文档当作二元向量来处理的一个结果。不幸的是，词项频率缺失和文档长度归一化缺失确实会损害检索的性能。然而，二值独立模型提供了一个初始模板，我们可以使用这个模板来构造更精细的概率模型，这样的模型使用词项频率以及与余弦相似度相同的因子，但从概率解释性方面来看会更加合理。这个模型被称为BM25模型，我们会在下一节对它进行讨论。

### 9.3.3 使用词项频率的BM25模型

BM25模型，也被称为Okapi模型，它通过词项频率和文档长度归一化来扩展二值独立模型，以改善检索得到的结果。令$(x_1 \cdots x_d)$表示文档$\overline{X}$中的原始词项频率，我们没有对这些频率进行任何形式的频率衰减㊁或逆文档频率归一化。类似地，令$\overline{Q}=(q_1 \cdots q_d)$表示查询$Q$中的词项频率。那么，检索状态值$\mathrm{RSV}_{\mathrm{bm25}}(\overline{X}, \overline{Q})$与二值独立模型的检索状态值紧密相关：

$$\mathrm{RSV}_{\mathrm{bm25}} = \sum_{t_j \in \overline{Q}} \underbrace{\left(\log \frac{p_j^{(1)}(1-p_j^{(0)})}{p_j^{(0)}(1-p_j^{(1)})}\right)}_{\text{词项}j\text{的逆文档频率}} \cdot \underbrace{\frac{(k_1+1)x_j}{k_1(1-b)+b\cdot L(\overline{X})+x_j}}_{\text{文档频率/长度的影响}} \cdot \underbrace{\frac{(k_2+1)q_j}{k_2+q_j}}_{\text{查询的影响}} \tag{9.14}$$

---

㊀ 这是由Croft和Harper[119]提出的最早期的一个想法。然而，我们也可以使用其他方式。有时，我们可能会找到一些相关的文档，我们可以用这些文档来估计$p_j^{(1)}$。另一种想法是允许$p_j^{(1)}$随着包含词项$t_j$的文档数量$n_j$的增加而增大，例如，我们可以使用$p_j^{(1)}=\frac{1}{3}+\frac{2n_j}{3n}$[184]。——原书注

㊁ 正如前面讨论到的，平方根或对数被频繁地应用到词项频率上以降低重复词项的影响。——原书注

值$k_1$、$k_2$和 $b$ 是参数，它们分别控制文档中的词项频率、查询中的词项频率以及文档长度归一化的影响程度。第一项与二值独立模型中对应的项一样，我们可以通过类似于式（9.13）的方式对它简化。第二项融入了词项频率和文档长度的影响。$k_1$值较小会导致词项频率被忽略，$k_1$值较大则相当于对词项频率$x_j$进行线性加权。$k_1 \in (1, 1.5)$ 的中间值[⊖]产生的效果与对词项频率开平方和取对数相同，这样可以降低词项重复出现的过度影响。表达式$L(\overline{X})$是文档$\overline{X}$归一化后的长度，即它的长度与集合中文档的平均长度的比值。需要注意的是，对于长文档来说$L(\overline{X})$ 会大于1。对于文档长度归一化来说，参数 $b$ 很有用。将 $b$ 的值设为0，我们不会进行文档长度归一化，而 $b=1$ 则会进行最大化归一化。我们通常令 $b=0.75$。参数$k_2$与$k_1$的用途相同，不同的是它面向的是查询中的词项频率。然而，$k_2$的选择并不是非常关键，因为具有重复词项的查询通常比较短。在这些情形中，几乎$k_2 \in (1, 10)$ 的任意选择都会产生类似的结果，在某些情形中，用来进行查询频率归一化的整个项都会被删除。查询长度归一化是没有必要的，因为它是一个不会影响文档排序的比例因子。与二值独立模型不一样，它的求和项定义在查询$\overline{Q}$中的所有词项上，而不是只在$\overline{Q}$和$\overline{X}$之间的匹配词项上。然而，$x_j$的值是以乘法的形式包含在表达式中的，所以查询词项在某个文档中缺失的话，其检索状态值自动被设为0。这很重要，因为这意味着只有包含匹配词项的文档对排序分数才有贡献，我们可以通过倒排索引来执行查询处理过程。与式（9.13）相似，我们可以通过数据驱动的方式来表示第一项：

$$\mathrm{RSV}_{\mathrm{bm25}} = \sum_{t_j \in \overline{Q}} \underbrace{\left(\log \frac{N - n_j + 0.5}{n_j + 0.5}\right)}_{\text{词项}j\text{的逆文档频率}} \cdot \underbrace{\frac{(k_1 + 1)x_j}{k_1(1-b) + b \cdot L(\overline{X}) + x_j}}_{\text{文档频率/长度的影响}} \cdot \underbrace{\frac{(k_2 + 1)q_j}{k_2 + q_j}}_{\text{查询的影响}} \quad (9.15)$$

上面的表达式是针对没有相关性反馈的情形。如果我们有相关性反馈可用，那么我们就可以使用式（9.11）来设置第一个项中的$p_j^{(0)}$和$p_j^{(1)}$的值。由于检索状态值是基于查询词项的加和形式计算出的，并且只有匹配的文档才是相关的，所以我们可以使用以文档为单位（见9.2.4.4节）的查询处理技术来计算分数。

### 9.3.4 信息检索中的统计语言模型

统计语言模型以数据驱动的形式为一门给定语言中的每个单词序列赋予一个概率。换言之，给定一个文档语料库，语言模型估计使用这个模型生成该语料库的概率。语言模型在信息检索中的使用基于的是用户通常根据返回的文档中可能出现的词项来指定查询的这一直觉。在某些情形中，我们甚至可以根据文档中的期望词项序列来选择词项在查询中的顺序。因此，如果用户为每个文档都创建了一个语言模型，那么它有效地为对应的查询提供了一个语言模型。换言之，这种假设是文档和查询都是由相同的模型生成的。然后我们计算使用生成查询的同一模型来生成文档的后验概率，进而对文档进行排序。对文档的排序来说，这是一个本质上与二值独立模型和BM25模型中使用的相关性不同的概念。

---

⊖ TREC 实验中推荐了$k_1$的这些值。——原书注

一个文档的语言模型提供了构建该文档的生成过程。最原始的语言模型是unigram语言模型，它没有使用序列信息，只使用词项频率。其基本假设是文档中每个词条都是通过（与前面的词条相独立）独立地抛掷一个骰子生成的，其中骰子的每一面都有一个特定的词项。需要注意的是，正如第4章和第5章讨论的，unigram语言模型为文档中的词项创建了一个多项式分布。因此，使用文档中不同词项的概率可以完全捕捉到unigram语言模型，而不需要使用与集合中的词项序列有关的信息。

更复杂的语言模型使用的是序列信息，如bigram和$n$-gram语言模型。bigram语言模型只使用前一个词项来预测某个特定位置的词项，trigram模型使用前两个词项。一般来说，$n$-gram模型使用前$n-1$个词项来预测某个特定位置的词项。在这种情形中，给定一组固定的前$n-1$个词条，模型的参数对应着各个词条的条件概率。$n$-gram模型属于广义的马尔可夫模型，也被称为短记忆假设。在这种特殊的情形中，我们只使用序列中的$n-1$个词项的历史记录来预测当前词项，因此用于建模的记忆数量由参数$n$进行限制。$n$的值较大理论上会产生更准确的结果（即低偏置），但我们通常没有足够多的数据来估计数量呈指数式增长的模型参数（即高方差）。在现实中，我们只能使用较小的$n$值，因为$n$值较大时，参数估计所需的数据量迅速增加。虽然本节会把讨论限制在unigram语言模型，但第10章10.2节提供了较为全面的关于语言模型的讨论。一般来说，unigram语言模型的使用比较频繁，因为它比较简单，并且在数据量有限的情况下比较容易对参数进行估计。

#### 9.3.4.1 查询似然模型

如何将语言模型用于信息检索？给定一个文档$\overline{X}$，我们可以估计出语言模型的参数，然后在给定有关查询$\overline{Q}$的额外知识的情况下，我们就可以计算$\overline{X}$的后验概率。因此，总体的方法可以描述如下：

1）利用语料库中的每个候选文档$\overline{X}$来估计所使用的语言模型$M$的参数向量$\overline{\Theta}_X$。例如，如果我们使用unigram语言模型，则参数向量$\overline{\Theta}_X$包含的是一个骰子不同面出现的概率，$\overline{X}$是通过抛掷这个骰子生成的。因此，我们可以通过$\overline{X}$中各个词项的存在比例来估计$\overline{\Theta}_X$的值。需要注意的是，每个参数向量$\overline{\Theta}_X$都只与特定的文档$\overline{X}$相关。

2）针对一个给定的查询$\overline{Q}$，我们估计后验概率$P(\overline{X} \mid \overline{Q})$，并基于这个后验概率对文档进行排序。

为了计算上面的后验概率，我们需要使用贝叶斯准则：

$$P(\overline{X}|\overline{Q}) = \frac{P(\overline{X}) \cdot P(\overline{Q}|\overline{X})}{P(\overline{Q})} \propto P(\overline{X}) \cdot P(\overline{Q}|\overline{X})$$

上面的比例常数是与文档无关的，它并不会影响文档的相对排序。更进一步的假设是先验概率$P(\overline{X})$在所有文档中是一样的。因此，我们有下面的关系：

$$P(\overline{X}|\overline{Q}) \propto P(\overline{Q}|\overline{X})$$

最后，我们使用语言模型来计算$P(\overline{Q} \mid \overline{X})$的值，与估计$P(\overline{Q} \mid \overline{\Theta}_X)$相同，它的参数是使用$\overline{X}$估计得到的。

在 unigram 模型中，这种估计采取的形式特别简单。令$\overline{\Theta}_X=(\theta_1\cdots\theta_d)$为集合中不同词项的概率，它们是使用$\overline{X}=(x_1\cdots x_d)$估计得到的。我们可以估计参数$\theta_j$如下：

$$\theta_j=\frac{x_j}{\sum_{j=1}^{d}x_j} \tag{9.16}$$

然后，我们可以使用多项式分布来实现$P(\overline{Q}\mid\overline{\Theta}_X)$的估计：

$$P(\overline{Q}\mid\overline{\Theta}_X)=\prod_{j=1}^{d}\theta_j^{q_j} \tag{9.17}$$

需要注意的是，对式（9.17）取对数本质上是做加法，我们可以利用倒排索引和累加器变量（见9.2.4.3节）对它进行高效的计算。此外，使用对数可以避免出现非常小的概率乘法。

理解 unigram 语言模型中的查询似然概率的一种方式是，它估计的是查询是由文档中的一组词项生成的概率。当然，这种解释对于像 bigram 这样更复杂的模型来说是不成立的。

这种估计的一个问题是，只有当一个文档包含所有词项时，它才会给这个文档赋予非零的分数。这是因为参数向量$\overline{\Theta}_X$是使用单个文档$\overline{X}$来估计的，这不可避免地导致了参数向量中有很多为0的值。正如第4章和第5章所讨论的，我们可以使用多项式分布中经常使用的拉普拉斯平滑方法。另一个选择是使用 Jelinek - Mercer 平滑，这种方式同时使用文档$\overline{X}$和整个集合的统计量来估计$\theta_j$的值。令这两个估计值分布为$\theta_j^X$和$\theta_j^{\mathrm{All}}$。我们像之前那样对参数$\theta_j^X$进行估计，而$\theta_j^{\mathrm{All}}$的估计值是词条$t_j$在整个集合中的比例。那么，$\theta_j$的估计值是这两个值使用参数$\lambda\in(0,1)$的凸组合（convex combination）：

$$\theta_j=\lambda\theta_j^X+(1-\lambda)\theta_j^{\mathrm{All}} \tag{9.18}$$

当$\lambda=1$时，式（9.18）将退化为前面没有使用平滑的模型的情形，而$\lambda=0$会导致过度平滑，以至于所有文档都具有相同的排名分数。

## 9.4 网络爬虫与资源发现

网络爬虫也被称为蜘蛛（spider）或机器人（robot），网络爬虫的主要动机是网络上的资源广泛分布在全球各地的站点上。虽然网络浏览器以交互的方式提供了访问这些页面的图形化用户接口，但仅使用浏览器并不能充分地利用已有的资源。在很多应用中，如搜索和知识发现，需要把某个中心位置（或是中等数目的分布位置）的所有相关页面都下载下来，才可以使搜索引擎和机器学习算法高效地使用这些资源。从这个意义上讲，搜索引擎与信息检索应用是有些不同的，由于网络的开放性和广阔性，就连收录语料库以进行查询都是一个比较困难的任务。

网络爬虫有很多应用。最重要且最有名的应用是搜索，在这个应用中，系统对已下载的网页编制索引，从而针对用户关键词查询提供响应。所有有名的搜索引擎，如 Google 和 Bing，都是利用爬虫来阶段性地刷新已下载到它们服务器上的网页资源的。这样的爬虫也被称为通用爬虫（universal crawler），因为它们的目的是爬取所有的网页，不管这些网页的主题或位置如何。网络爬虫也被用于商业智能，在这类应用中，爬虫需要对与特定主题相关的网站进行爬取，或是对竞争者的站点进行监控并根据它们的变化进行增量式的爬取。这些爬虫也被称为带偏好的爬虫（preferential crawler），因为它们针对手头的应用区分不同页面的相关性。

### 9.4.1 一个基本的爬虫算法

一个爬虫的设计非常复杂，因为它具有分布式架构及很多进程和线程，接下来我们会描述一个简单的顺序式通用爬虫，它囊括了构造爬虫的必要条件。

爬虫使用的机制与浏览器使用的机制相同，它们都是基于超文本传输协议（HTTP）来抓取网页。主要区别在于爬虫的抓取过程是通过一个使用自动选择决策的自动程序来完成的，而不是由用户通过浏览器来手动指定统一资源定位符（URL）。在所有情形中，特定的URL都是由系统抓取的。浏览器和爬虫通常[㊀]使用GET请求来抓取网页，这是一个由HTTP提供的功能。它们的差别是，在浏览器中，GET请求的调用发生在用户点击某个链接或输入某个URL时，而爬虫是以自动的方式调用GET请求的。在这两种情形中，相应的程序都使用了一个域名系统（DNS）服务器将URL转化为一个因特网协议（IP）地址。然后这个程序使用这个IP地址与服务器建立连接并发送一个GET请求。在大多数情形中，服务器会在多个端口监听请求，网络请求通常使用80端口。

基本的爬虫算法使用一个包含统一资源定位符（URL）的种子集合 $S$ 和一个选择算法 $A$ 作为输入，我们接下来以一种非常通用的方式来描述该算法。算法 $A$ 根据当前的URL队列（frontier list）来决定下一个要爬取的文档。这个队列代表了从网页中提取出的URL。这些是爬虫最终可以抓取的候选页面。选择算法 $A$ 很重要，因为它决定了爬虫用来发现资源的基本策略。例如，如果新的URL被添加到URL队列的尾部且算法 $A$ 从队列头部选择文档，那么这种策略对应着宽度优先算法。

基本爬虫算法的过程如下。首先，我们将URL的种子集添加到URL队列中。在每轮迭代中，选择算法 $A$ 从队列中选择一个URL，然后从队列中删除这个URL，并使用HTTP的GET请求对它进行抓取。将抓取到的页面存储在本地仓库中，并提取它内部的URL。鉴于这些URL还没有被访问过，所以需要将它们添加到队列中。因此，我们需要单独维护一个哈希表形式的数据结构来存储所有访问过的URL。在爬虫的实现中，由于网络垃圾、蜘蛛陷阱、主题偏好或仅仅是队列大小的实际限制这些原因，不是所有未访问过的URL都会添加到URL队列中。当算法已经把相关的URL添加进队列中以后，下一次迭代使用队列中的下一个URL重复此过程。当队列为空时该过程停止。队列为空并不一定意味着我们已经爬取了整个网络，这是因为网络并不是强连通的，并且很多页面是大多数随机选择的种子集合无

㊀ 当网络服务器需要额外的信息时，浏览器也使用POST请求。例如，一个物品的购买通常是通过POST请求来实现的。然而，爬虫并不使用这样的请求，因为它们会不可避免地产生一些动作（如购买），这并不是爬虫想要的。——原书注

法到达的。因为大多数实际爬虫（如搜索引擎）是增量式爬虫，它们会对前面爬取的页面进行刷新，所以根据前面爬取的内容来识别未访问过的种子是比较容易的，如果有需要则把它们添加到队列中。在种子集合较大的情况下，如一个预先爬取的网络资源库，算法可以比较鲁棒地爬取到大多数页面。基本爬虫算法如图9.6所示。

```
算法 BasicCrawler(种子URL：S，选择算法：A)
begin
  FrontierList = S;
  repeat
    使用算法A从FrontierSet中选择URL X;
    FrontierList = FrontierList-{X};
    抓取URL X并添加到URL仓库中;
    将已抓取的文档X中的所有相关URL添加到FrontierList的末尾;
  until满足终止准则;
end
```

图9.6 基本爬虫算法

因此，爬虫是一种图搜索算法，它通过解析网页和提取URL来从节点中找到传出链接。选择算法 $A$ 的选取通常会导致爬虫算法产生偏置，尤其是在由于资源限制而无法爬取到所有相关页面的情形中。例如，一个宽度优先的爬虫更有可能爬取到有很多链接指向它的页面。有趣的是，这些偏置有时候在爬虫中是可取的，因为任何爬虫都无法对整个网络进行索引。因为一个网页的入度通常与它的PageRank（一种网页质量的度量）密切相关，所以这种偏置不一定是不可取的。爬虫使用各种由算法 $A$ 定义的其他选择策略。

因为大多数通用爬虫是增量式爬虫，它们的目的是对前面爬取到的页面进行刷新，所以爬取频繁改变的页面是比较合理的。使用HTTP的HEAD请求能够以相对较低的成本显式地检测网页是否已经发生更改。HEAD请求以比爬取网页更低的成本只接收一个网页的头信息。这种头信息还包含网页文档最后一次被修改的日期。我们将这个日期与网页上一次被抓取的日期做比较（使用GET请求）。如果日期发生变化，则需要再次爬取该页面。

HEAD请求的使用降低了网页爬取的成本，但它仍然给服务器带来了一些负担。因此，爬虫需要实现一些内部机制来估计网页变化的频率（在实际中没有发出任何请求的情况下）。这种类型的内部估计帮助爬虫最小化对网络服务器发出无结果请求的数量。特定类型的网页，如新闻站点、博客和门户网站，可能频繁地发生改变，而其他类型的页面可能变化比较缓慢。我们可以根据先前对同一页面的重复爬取次数来估计这个页面的变化频率，也可以使用学习算法来估计，这些算法考虑了网页的具体特性。某些资源（如新闻门户）会频繁地进行更新。因此，算法 $A$ 可能会选择更新比较频繁的页面。除了变化频率以外，另外一个因素是网页相对于公众的流行度和有用程度。显然，更频繁地对流行且有用的页面进行爬取是比较可取的。因此，选择算法 $A$ 可能会专门从URL队列中选择PageRank较高的网页。9.6.1节讨论了PageRank的计算。PageRank作为一种准则在选取待爬取网页方面与带偏好的爬虫密切相关。

### 9.4.2 带偏好的爬虫

在带偏好的爬虫中，程序只需要爬取满足由用户定义的准则的页面。这种准则可以通过不同的形式来指定，比如页面中的关键词，由机器学习算法定义的主题准则，关于页面位置的地理准则，或是不同准则的混合。一般而言，用户可以指定任意谓词（predicate），这构成了爬取的基础。在这些情形中，主要的改变是在爬取期间对URL队列进行更新的方法以及从队列中选择 URL 的顺序。

1）网页需要满足由用户指定的准则，才能将从中提取出的 URL 添加到队列中。

2）在某些情形中，我们可以检查锚文本来确定网页与由用户指定的查询的相关性。

3）在以上下文为主的爬虫中，我们需要训练爬虫来学习相关页面在某个页面的短距离范围内出现的可能性，即使这个页面本身与由用户指定的准则并不直接相关。例如，虽然关于“data mining”的页面可能与关于“information retrieval”的查询不相关，但一个关于“data mining”的网页很有可能指向关于“information retrieval”的网页。这些页面中的 URL 会被添加到 URL 队列中。因此，我们需要设计启发式方法来学习这种与具体上下文有关的相关性。

算法 $A$ 也可能发生改变。例如，算法 $A$ 可能先选择具有比较相关的锚文本或是网络地址中具有相关词条的 URL。一个网页地址中具有单词“golf”的 URL，如 http://www.golf.com，比起没有这个单词的一个 URL 来说，更有可能与“golf”的主题相关。9.8 节包含了一些常用于带偏好的资源发现的启发式方法。

某些简单的技术可以极大地提升所爬取的网页的流行度，如使用 PageRank 有偏好地爬取某些页面。这种类型的方法确保了只有“热门”的网页才会被爬取，很多用户都会对它们感兴趣。因此，当在资源有限的情况下爬取页面时，使用这些带偏好的爬虫是比较合理的，即使它们的目标通常与通用爬虫算法的目标相似。

其他类型的带偏好的爬虫包含聚焦爬虫或主题爬虫。在聚焦爬虫中，使用特定类型的分类器会使爬虫产生偏置。其中，第一步是基于网页的开放资源（比如开放式目录[⊖]计划（ODP））构建一个分类模型。当某个爬取到的网页属于期望的类别时，我们将它里面的 URL 添加到队列中。我们可以通过各种方式对 URL 进行评分，从而对 URL 队列进行排序，比如它们父网页的分类器相关性程度以及它们的时效性。

在主题爬虫中，没有有标记的样本可供爬虫使用，只有一个页面的种子集合和一个相关主题的描述可供使用。在很多情形中，相关主题的描述是由用户使用一个短查询来给出的。在这种情形中，一种常用的方式是使用最佳优先算法，其中算法会选择所包含的由用户指定的关键词数量最多的（已爬取的或种子）网页，并优先将其中的 URL 添加到队列中。与聚焦爬虫的情形一样，算法可以使用队列中 URL 的父网页的主题相关性以及它们的时效性来对它们进行排序。

### 9.4.3 多线程

爬虫通常使用多线程来提升效率。你可能已经注意到你的网页浏览器有时候会花费好几秒去响应你的 URL 请求。在网络爬虫中也会遇到这种情况，当另一端的服务器满足 GET 请求时这个爬虫程序处于空闲状态。网络爬虫使用这个空闲时间来抓取更多网页是比较合理的。一种对爬虫进行加速的自然方式是利用并发性。其思想是使用爬虫的多个线程来为已访问过的 URL 和页面仓库更新它们的共享数据结构。在这些情形中，实现并发性控制机制以

⊖ http://www.dmoz.org。——原书注

在更新期间锁定或解锁相关数据结构是很重要的。并发性设计可以显著地加快爬虫的速度，从而更高效地利用资源。在大规模搜索引擎的实现中，爬虫是地理分布的，每一个“子爬虫”都在其地理位置附近收集页面。

这种方法的一个问题是，如果在某个单独的站点上有上百个向网络服务器发出的请求，则这可能会导致服务器产生不合理的负载，这个服务器还必须响应其他客户端的请求。因此，网络爬虫通常使用礼貌策略（politeness policy），在这种策略中，如果某个页面最近被爬取过，则爬虫程序不会从网络服务器上对其进行爬取。这是通过为每个服务器创建一个队列来实现的，如果在一个特定的时间窗口内从某个队列中爬取了某个页面，则不允许从这个队列中对其进行抓取。

### 9.4.4 避开蜘蛛陷阱

爬虫算法总是访问不同网页的主要原因是，为了方便比较，它维护了一个先前访问过的URL的列表。然而，某些购物站点会创建动态的URL，其中最后访问的页面会被添加到用户序列的末尾，以便服务器能够在URL内记录用户的行为序列以用于进一步的分析。例如，当一个用户从http：//www. examplesite. com/page1点击了page2的链接时，动态创建的新的URL将会是http：//www. examplesite. com/page1/page2。接下来访问的页面将继续被添加到该URL的末尾，即使这些页面之前被访问过。避开这种情况的一种自然的方式是限制URL的最大规模。此外，我们还可以对从特定站点上爬取的URL的数量设置一个最大限制。

### 9.4.5 用于近似重复检测的Shingling方法

爬虫收集网页的一个主要问题是它可能会爬取到相同页面的多个副本。这是因为相同的网页可能在多个站点上有镜像。因此，具备检测近似重复的能力是十分关键的。为此，我们通常使用一个叫作shingling的方法。

一个文档的$k$-shingle只是文档中连续出现的$k$个字符串。我们也可以将一个shingle视为一个$k$-gram。例如，考虑包含以下句子的文档：

Mary had a little lamb，its fleece was white as snow.

从这个句子中提取的2-shingle集合是“Mary had”“had a”“a little”“little lamb”“lamb its”“its fleece”“fleece was”“was white”“white as”，以及“as snow”。需要注意的是，从某个文档中提取的$k$-shingle的数量不再大于该文档的长度，并且1-shingle只是文档中的单词的集合。令$S_1$和$S_2$为从文档$D_1$和$D_2$中提取的$k$-shingle。那么，$D_1$和$D_2$之间基于shingle的相似度只是$S_1$和$S_2$之间的Jaccard系数：

$$J(S_1,S_2)=\frac{|S_1\cap S_2|}{|S_1\cup S_2|} \tag{9.19}$$

使用$k$-shingle而不是单个单词（1-shingle）来计算Jaccard系数的优势在于，与单词相比，shingle更不可能在不同的文档中重复出现。对于一个规模为$r$的词典，一共可以生成$r^k$个不同的shingle。$k\geqslant 5$时，很多shingle在两个文档中重复出现的概率变得非常小。因此，如果两个文档有很多共有的$k$-shingle，则它们很有可能是近似重复的。为了节省空间，我们对各个 shingle 进行哈希计算，将它们转换为 4 个字节（32 比特）的数字用来进行比较。这种表示也能够实现更高的效率。

## 9.5 搜索引擎中的查询处理

正如 9.2 节和 9.3 节中所讨论的，搜索引擎中查询处理的通用框架是从传统信息检索中继承而来的。前面介绍的所有数据结构都被用在了搜索引擎中，如词典（参考 9.2.1 节）和倒排索引（参考 9.2.2 节），考虑到网络的大规模和大量查询给网络服务器带来的巨大负担，我们对这些结构进行了一些修改。

在爬取到文档后，我们用它们来进行查询处理。下面是搜索索引构建中的主要步骤：

1）预处理：在这个步骤中，搜索引擎对爬取到的文档进行预处理以提取词条。网页需要使用专门的预处理方法，这在第 2 章进行了讨论。此外，还要收集大量有关网页的元信息，这在进行查询处理时通常很有用。这种元信息可能包含诸如文档日期、地理位置，甚至是它的 PageRank（基于 9.6.1 节中的方法）之类的信息。需要注意的是，我们需要预先计算出像 PageRank 这样的度量，因为计算它们是比较耗时的，并且在预处理阶段我们无法对这些度量进行合理的计算。

2）索引构建：我们需要将 9.2 节中讨论的大部分数据结构迁移到搜索引擎的场景中。特别地，我们需要使用倒排索引来响应查询，并且需要使用词典数据结构将词项映射为倒排文件中的偏移量，进而方便地访问每个词项对应的倒排表。然而，使用这种数据结构时会出现很多效率方面的问题。例如，截至 2018 年，谷歌索引的规模达到了 100 万亿份文档的数量级，而且随着时间的推移，这个规模还会继续增大。在大部分情形中，构建容错性较高的分布式索引是比较经济划算的。容错性是通过在多个机器上复制索引来实现的。因此，在索引构建的过程中，我们经常使用分布式 MapReduce 方法[128]。

3）查询处理：这个预处理后的集合会被用来进行在线查询处理。我们需要访问相关的文档，然后根据它们与查询的相关性以及它们的质量来对它们进行排序。9.2.4 节讨论了使用倒排索引进行查询处理的基本技术，9.3 节讨论了一些用于评分的额外的信息检索模型。我们经常使用用户对搜索结果的反馈来构造基于提取的元特征（如域、位置数据、文档元信息和链接特征（如 PageRank））的机器学习方法。只要能够以加和的形式将所有这些特征相结合以产生一个分数，我们就可以结合倒排索引来使用累加器以进行高效的查询处理（参考 9.2.4.3 节）。然而，搜索引擎中的查询处理比信息检索中的查询处理更具挑战性，因为其搜索量大，且索引的分布性强。在这些情形中，使用像分层倒排表和跳表指针之类的技术变得很有必要。这些类型的优化可能会大幅提升效率，因为倒排表的大部分内容根本不会访问到。

下面将讨论一部分这样的问题。

### 9.5.1 分布式索引构建

在大多数大型搜索引擎中，索引是分布在多个节点中的。我们可以将不同的倒排表存储在不同的节点（词项相关的划分）中或将不同的文档划分到多个节点中来对倒排索引进行划分。虽然在倒排表的情形中，通过词项来进行划分看起来可能是比较自然的，但它为查询处理带来了很多挑战。考虑这样一个情形，用户输入了关键词“text mining”，且“text”和“mining”的倒排表位于不同的节点。这意味着我们此时必须将其中一个索引表从一个节点发送到另一个节点来执行交集的操作，这会导致查询处理比较低效。

另一方面，基于文档的划分方法将文档分布在不同的节点中，并将对应的文档子集的所有倒排表维护在一个单独的节点中。这意味着所有求交集的操作和中间计算都可以在单个节点内进行。然而，诸如某个词项在所有文档中的频率（为了计算 idf）这样的全局统计量需要使用分布式过程在所有文档间以全局的方式才能计算出来，然后与对应的词项一起存储在单个节点中。我们对每个 URL 应用哈希函数以统一的方式将不同网页分布到各个节点中。对于查询处理来说，我们首先把给定的查询广播到所有节点中，并在各个节点内执行计算/合并操作。返回每个节点中最前面的结果，然后将这些结果混合以产生针对该查询的排名最靠前的结果。

### 9.5.2 动态索引更新

在搜索引擎中，另一个重要的问题是新文档的连续创建和删除，当单个节点需要存储多个倒排表时，会产生一些问题。这是因为在一个包含多个倒排表的单个文件中插入记录将会影响词典中所有记录的偏移位置。虽然在文献中可以找到一些诸如对数合并（logarithmic merging）这样的技术，但它们的缺陷在于这些方法会增加查询处理的复杂性，而我们对查询处理的关键要求是需要非常高效。因此，很多大型搜索引擎会定期地重新构建索引，因为网络蜘蛛会发现新的已爬取页面，并移除旧的页面。参考文献［281］讨论了与不同的动态索引维护方式相关的权衡。

### 9.5.3 查询处理

网页内部有不同类型的文本，这些文本可以用于各类临时的查询优化。一个例子是在查询处理期间使用不同于对待文档主体的方式来处理锚文本和标题文本。给定查询中的一组词项，我们需要访问所有相关的倒排表，并确定这些倒排表的交集。我们可以使用累加器来对不同的文档进行评分和排序。通常来讲，为了加快这个过程，我们需要构建两种索引。我们可以只在网页的标题或是指向该页面的页面锚文本上构建一个较小的索引。如果我们在这个较小的索引中找到了足够多的文档，则不再访问更大的索引。否则，我们需要访问更大的索引。使用较小索引的逻辑在于网页的标题和指向它的网页锚文本通常能很好地表示页面中的内容。

如果我们只使用网页中的文本内容，那么相对于常见查询返回的页面数可能达到数百万或更多。显然，如此大量的查询结果对于用户来说是难以接受的。一个典型的浏览器接口在搜索结果的单个窗口中只会向用户展示最前的几个（比如 10 个）结果，以及浏览其他不太相关的结果的选项。因此，用来进行排序的方法需要非常鲁棒，以确保前面的结果是高度相关的。正如 9.3 节所讨论的，为了实现高质量的检索性能，除了 tf－idf 分数以外，信息检索技术往往还会提取其他元特征。尽管商业引擎使用的精准评分方法是专有的，但我们已经知道有一些因素会影响基于内容的分数：

1）根据词项是否出现在标题、主体、URL 词条或是所指向网页的锚文本中，赋予它不同的权重。我们一般给在标题或指向该页面的网页锚文本中出现的词项赋予更高的权重。这与9.2.4.8 节讨论的域加权概念相似。使用9.2.4.9 节讨论的机器学习技术可以学出各个域的权重。

2）可以利用一个词项在字体大小和颜色方面的突出表示来进行评分。例如，字体越大，分数越高。

3）当查询中指定了多个关键词时，我们也可以利用它们在文档中的相对位置。例如，两个关键词在某个网页中彼此比较接近会使相应页面的分数增大。

4）搜索引擎使用的最重要的元特征是网页基于信誉度的分数，这个分数也被称为 PageRank。

在查询处理期间，上述很多特征的加权都需要在信息检索中使用机器学习技术来完成。当用户从响应搜索的结果中选择了某个网页，而没有选择排名更靠前的结果时，这清楚地表明了该网页与用户的相关性。正如9.2.4.9 节所讨论的，搜索引擎可以使用这些数据来学习各个特征的重要性。此外，只要评分计算是关于各个元特征的加和，我们就可以结合累加器变量来使用倒排索引以进行高效的查询处理（参考9.2.4.2 节）。

### 9.5.4 信誉度的重要性

网页搜索中使用的最重要的一个元特征是信誉度，也被称为页面质量。这个元特征对应着 PageRank。由于网络开发的不协调性和开放性，使用这种机制非常重要。毕竟，网络允许任何人发布几乎所有的东西，因此在结果的质量方面几乎没有任何管控。用户可能会发布不正确的材料，原因可能是对该主题的了解不足、利益驱使，或是故意恶意发布误导性的信息。

另一个问题源于网页垃圾（Web spam）的影响，其中网站所有者故意发布一些误导性的内容以使它们排名更高。商业网站的所有者有明显的经济利益驱动确保他们的站点排名更高。例如，一个高尔夫设备生意的所有者，想要确保一个关于“高尔夫”的搜索能尽可能地把他或她的网站排在前面。网站所有者会使用一些策略来将它们排得更高：

1）内容垃圾（Content-spamming）：在这种情形中，网络主机所有者会在宿主网页中填充重复的关键词，但这些关键词实际上对用户是不可见的。这是通过控制文本的颜色和页面的背景来实现的。因此，其想法是在没有增加相关性的可见程度的情况下，最大化网页内容与搜索引擎的相关性。

2）伪装技术（Cloaking）：这是一种更复杂的方法，在这种方法中，网站向爬虫提供的内容与向用户提供的内容不同。因此，网站首先需要确定传入的请求是来自用户还是爬虫。如果传入的请求来自用户，则提供实际的内容（即广告内容）。如果请求是来自爬虫，则提供与具体关键词最相关的内容。因此，搜索引擎会使用不同的内容来响应网络用户的搜索请求，这与用户真正会看到的不同。

显然，这种垃圾机制会显著地降低搜索结果的质量。搜索引擎也有明显的动机提升它们返回的结果的质量以支持它们的付费广告模型，其中出现在搜索结果侧栏显式标记出的赞助商链接实际上就是付费广告。搜索引擎不想把广告（通过制造虚假内容来伪装）作为查询的真实结果来给出，尤其是当这些结果降低了用户体验的时候。这导致了搜索引擎与虚假内容制造者之间的对立关系，其中前者使用基于信誉度的算法来降低垃圾的影响。在网站所有者的另一端，搜索引擎优化（Search Engine Optimization，SEO）行业试图利用搜索引擎所使用的算法知识来对搜索结果进行优化，具体来说，我们可以通过搜索引擎使用的一般原则或是通过搜索结果的逆向工程来实现这一点。

对于一个给定的搜索来说，几乎总会出现这样的情形，即一小部分结果的信息更丰富或者它们提供的信息更准确。我们该如何确定这样的页面呢？庆幸的是，网络提供了一些自然的投票机制来确定页面的信誉度。网页的引用结构是用来确定网页质量的一个最常见的机制。当一个页面的质量较高时，会有很多其他的页面指向它。从逻辑上讲，我们可以将一个引用看成是针对相应网页的一个投票。虽然我们可以把传入链接页面的数量用作一个大致的质量指示器，但它并不能提供完整的视图，因为它不考虑指向它的页面的质量。为了提供更全面的基于引用的投票，我们使用一种被称为 PageRank 的算法。

应该指出，基于引用的信誉度分数并不是完全不受其他虚假内容的影响，这些虚假内容涉及大量指向某个网页的链接的协调一致的创建。此外，在排名分数的内容部分使用指向网页的锚文本有时会导致可笑的无关搜索结果。例如，几年前，在谷歌搜索引擎中搜索关键词“悲惨失败（miserable failure）”，搜索引擎会将美国前总统的官方传记作为首要结果返回。这是因为很多网页都是通过一种协同的方式来构建的，以使用锚文本“悲惨失败（miserable failure）”来指向这本自传。这种对某个特定站点构造协调的链接从而影响搜索结果的做法被称为谷歌炸弹（Googlewashing）。这种做法往往不太具有经济动机，而更多的是出于搞笑或讽刺的目的。

因此，搜索引擎所使用的排序算法并不是完美的，但这些年来得到了很大的改善。下一节我们将讨论用来计算基于信誉度的排序分数的算法。

## 9.6 基于链接的排序算法

PageRank 算法使用网页的链接结构来实现基于信誉度的排序。PageRank 方法与用户查询无关，因为它只预先计算分数的信誉度部分。最终，我们会将分数的信誉度部分与其他内容评分方法如 BM25 相结合，并由排序学习算法（如 9.2.4.10 节的排序 SVM）来控制不同分量的权重。HITS 算法是与具体查询相关的，它使用了很多直观理解来说明，在超链接的环境中，关于不同主题的权威网页是如何相互链接的。

### 9.6.1 PageRank

PageRank 算法利用网络中的引用（或链接）结构对网页的重要性进行建模。其基本思想是信誉度较高的文档更有可能被其他信誉度良好的网页引用。

为了实现这一目标，我们在网络图上使用一个随机冲浪者（random surfer）模型。考虑一个在网络上通过随机选择页面上的链接来访问随机页面的冲浪者。访问任何特定页面的长期相对频率显然会受到指向它的传入链接页面数量的影响。此外，如果其他被频繁访问的（或信誉良好）页面链接到某个页面，则该页面的长期访问频率会比较高。换言之，PageRank 算法根据随机冲浪者访问页面的长期频率来对网页的信誉度进行建模。这种长期频率也被称为稳态概率（steady - state probability），这个模型也被称为随机游走模型（random walk model）。

基本的随机冲浪者模型不能很好地处理所有可能的图拓扑结构。一个关键问题是某些网页可能没有传出链接，这可能会导致随机冲浪者被困在某些特定的节点中。事实上，在这样的节点处的概率转移甚至不存在有意义的定义。这样的节点被称为死节点（dead ends）。死节点的一个例子如图 9.7a 所示。显然，死节点是不理想的，因为 PageRank 计算的转移过程在这个节点上无法进行定义。为了解决这个问题，我们对随机冲浪者模型做出了两个修改。第一个修改是添加从死节点（网页）到所有节点（网页）的链接，包括到自身的循环。每条这样的边都有 $1/n$ 的转移概率。但这并不能完全解决这个问题，因为死节点也可以定义在节点组上。在这样的情形中，图中的某一组节点没有到其他节点的传出链接。这种定义在节点组上的死节点被称为死节点分量（dead - end component），或是吸纳分量（absorbing component）。死节点分量的例子如图 9.7b 所示。

死节点分量在网络图中很常见，因为网络并不是强连通的。在这些情形中，我们可以对各个节点处的转移进行有意义的定义，但稳态转移仍然会被困在这些死节点分量中。所有的稳态概率将会集中在死节点分量中，因为任一转移到达死节点分量后，就不会再出现任何转移。因此，只要存在到达死节点分量[⊖]的转移概率，即使非常小，所有稳态概率也都会集中在这些分量中。从 PageRank 计算的角度来看，在大型网络图中这种情形是不太理想的，其中死节点分量不一定是关于流行度的指标。此外，在这些情形中，节点在不同的死节点分量中的最终概率分布不是唯一的，并且它依赖于起始状态。这一点很容易验证，即我们可以观察到，以不同死节点分量作为起点的随机游走将会有各自的稳态分布，这些分布集中在相应的分量中。

虽然边的添加解决了死节点的问题，但解决死节点分量这个更复杂的问题需要使用额外的步骤。因此，除了这些边的添加以外，我们还需要在随机冲浪者模型中使用随机跳转或是重启步骤。这个步骤的定义如下。在每次转移中，随机冲浪者要么能够以概率 $\alpha$ 跳转到任意页面，要么以概率 $(1-\alpha)$ 接着在该页面上的某个链接游走。$\alpha$ 的常用值为 0.1。由于随机跳转的使用，稳态概率变成唯一的，并且与起始状态无关。我们还可以将 $\alpha$ 的值看成是一个平滑概率或衰减概率。较大的 $\alpha$ 值通常会导致不同页面的稳态概率变得更加均匀。例如，如果 $\alpha$ 的值为 1，则访问所有页面的稳态概率将是一样的。

如何确定稳态概率呢？令 $G=(N, A)$ 为有向网络图，其中节点对应页面，边对应超链接。节点的总数由 $n$ 表示。假设 $A$ 也包含从死节点到所有其他节点的额外边。传入 $i$ 的节点

⊖ 形式化的数学处理方式通过马尔可夫链的遍历性来描述。在遍历马尔可夫链中，一个必要的条件是使用一个或多个转移序列可以从任意其他状态到达某一个状态。这个条件被称为强连接性。我们在这里提供一个非形式化的描述以便理解。——原书注

集由 In$(i)$ 表示，节点 $i$ 的传出链接的端点集由 Out$(i)$ 表示。节点 $i$ 处的稳态概率由 $\pi(i)$ 表示。一般来讲，我们可以将网络冲浪者的转移序列看成是一个马尔可夫链，在这条链中，我们针对一个包含 $n$ 个节点的网络图定义了一个大小为 $n\times n$ 的转移矩阵 $P$。在马尔可夫链模型中，节点 $i$ 的 PageRank 等于节点 $i$ 的稳态概率 $\pi(i)$。节点 $i$ 转移到节点 $j$ 的概率[㊀] $p_{ij}$ 被定义为 $1/|\text{Out}(i)|$。转移概率的例子如图 9.7 所示。然而，这些转移概率并不能解释随机跳转，我们将在下面对它进行单独处理[㊁]。

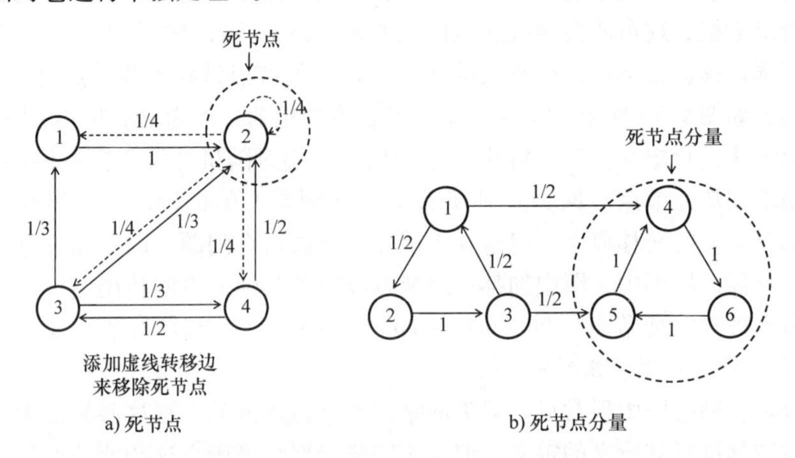


图 9.7　在具有不同类型的死节点的情况下，用于计算 PageRank 的转移概率

让我们来检测到达给定节点 $i$ 的转移。节点 $i$ 的稳态概率 $\pi(i)$ 是一个随机跳转到它的概率和某一个传入链接节点直接转移到它的概率之和。随机跳转到该节点的概率恰好为 $\alpha/n$，因为随机跳转以概率 $\alpha$ 出现在某个步骤中，所有节点都有同等的可能性成为随机跳转的受益者。到达节点 $i$ 的转移概率由 $(1-\alpha)\cdot\sum_{j\in\text{In}(i)}\pi(j)\cdot p_{ji}$ 给出，即从不同传入链接节点转移到它的概率之和。因此，在稳态时，我们通过随机跳转与转移事件的概率和来定义一个到达节点 $i$ 的转移概率：

$$\pi(i)=\alpha/n+(1-\alpha)\cdot\sum_{j\in\text{In}(i)}\pi(j)\cdot p_{ji} \tag{9.20}$$

例如，我们可以写出图 9.7a 中节点 2 的等式如下：

$$\pi(2)=\alpha/4+(1-\alpha)\cdot(\pi(1)+\pi(2)/4+\pi(3)/3+\pi(4)/2)$$

每个节点都会有一个这样的等式，因此以矩阵形式写出整个方程组是比较方便的。令

㊀ 在某些应用中，如书目网络，边 $(i,j)$ 可能有一个权重，由 $w_{ij}$ 表示。在这些情形中，我们通过 $\frac{w_{ij}}{\sum_{j\in\text{Out}(i)}w_{ij}}$ 来定义转移概率 $p_{ij}$。——原书注

㊁ 另一种实现这个目标的方式是通过在现有的边转移概率上乘以因子 $(1-\alpha)$ 并在 $G$ 中每个节点对之间的转移概率上加 $\alpha/n$ 来修改 $G$。因此，$G$ 将会变成一个有向集，其中每个节点对之间都有双向边。这种强连接的马尔可夫链有唯一的稳态概率。然后，我们可以将由此得到的图当作一个马尔可夫链来处理，无须单独考虑跳转分量。这个模型与本章讨论的模型等价。——原书注

$\overline{\pi}=(\pi(1)\cdots\pi(n))^{\mathrm{T}}$为$n$维列向量，表示所有节点的稳态概率，令$\overline{e}$为所有值为1的一个$n$维列向量，则我们可以通过矩阵形式重写方程组：

$$\overline{\pi}=\alpha\,\overline{e}/n+(1-\alpha)P^{\mathrm{T}}\,\overline{\pi} \tag{9.21}$$

右侧第一项对应着一个随机跳转，第二项对应着一个来自某个传入节点的直接转移。另外，因为向量$\overline{\pi}$表示一个概率，所以它的分量之和$\sum_{i=1}^{n}\pi(i)$必须等于1。

$$\sum_{i=1}^{n}\pi(i)=1 \tag{9.22}$$

需要注意的是，这是一个线性方程组，我们可以使用迭代方法方便地对它进行求解。算法从初始化$\overline{\pi}^{(0)}=\overline{e}/n$开始，通过重复下面的迭代步骤从$\overline{\pi}^{(t)}$推出$\overline{\pi}^{(t+1)}$：

$$\overline{\pi}^{(t+1)}\Leftarrow\alpha\,\overline{e}/n+(1-\alpha)P^{\mathrm{T}}\,\overline{\pi}^{(t)} \tag{9.23}$$

在每次迭代后，我们将$\overline{\pi}^{(t+1)}$的所有元素缩放到和为1来对它进行归一化。重复这些步骤，直到$\overline{\pi}^{(t+1)}$和$\overline{\pi}^{(t)}$的差的矢量值小于用户定义的某个阈值。这种方法也被称为幂迭代方法。需要清楚的一点是，PageRank计算是比较耗时的，并且对于网络搜索期间的某个用户查询来说，我们无法动态地计算PageRank。相反，针对所有已知网页的PageRank值都是预先计算并存储好的。只有某个页面被包含在某个特定查询的搜索结果中并用于最终的排序时，我们才会访问这个页面的PageRank存储值。通常来讲，这个存储值会被用作排序学习过程中的一个特征（参考9.2.4.10节）。

可以证明，PageRank值是随机转移矩阵$P$最大的左特征向量[㊀]的$n$个分量，其中对应的特征值为1。然而，我们需要调整随机转移矩阵$P$以在转移概率内融入重启机制。这个方法会在第11章11.3.3节进行描述。

#### 9.6.1.1 主题敏感的PageRank

主题敏感的PageRank是针对在排序过程中想要给某些主题赋予比其他主题更高重要性的情形设计的。尽管在大规模商业引擎中个性化没那么常见，但在规模较小的与具体站点相关的搜索应用中很常见。通常情况下，用户可能对某些特定的主题组合比对其他的更感兴趣。由于用户注册的原因，个性化搜索引擎可以获得这些兴趣知识。例如，某个特定的用户可能对汽车主题更感兴趣。因此，当响应该用户的查询时，把与汽车相关的页面排得更高是比较合理的。我们也可以把这种情况看作是排序值的个性化。该如何实现这种机制呢？

第一步是固定一组基本主题，并为其中的每一个主题确定一些高质量的页面样本。我们可以使用类似开放目录计划（ODP）[㊁]这样的资源来实现这一点，这样的资源可以为我们提供一组基本主题和每个主题的样本网页。此时，我们对PageRank的计算公式进行修改，以使随机跳转只出现在这个网页文档的样本集中，而不是在网页文档的整个空间中。令$\overline{e_p}$为一个$n$维的个性化（列）向量，其中每个元素对应一个页面。如果某个页面包含在样本集中，

㊀ $P$的左特征向量$\overline{X}$是一个满足$\overline{X}P=\lambda\overline{X}$的行向量。右特征向量$\overline{Y}$是一个满足$P\overline{Y}=\lambda\overline{Y}$的列向量。对于非对称矩阵来说，左特征向量与右特征向量不同。然而，它们的特征值往往是相同的。没有明确说明的“特征向量”默认为右特征向量。——原书注

㊁ http：//www.dmoz.org.——原书注

则$\overline{e_p}$中对应元素的取值为1，否则为0。令$\overline{e_p}$中的非零元素数量为$n_p$，则我们可以修改计算PageRank的式（9.21）如下：

$$\overline{\pi}=\alpha\,\overline{e_p}/n_p+(1-\alpha)P^{\mathrm{T}}\,\overline{\pi} \tag{9.24}$$

我们可以使用相同的幂迭代法来求解个性化PageRank问题。选择性的随机跳转会使随机游走产生偏置，从而在样本的结构局部区域（structural locality）中的页面会得到更高的排名。只要样本页面能够很好地表示出网络图中不同的结构局部性，且这些局部区域中存在一些特定主题的页面，这种方法就可以很好地工作。因此，对于每个不同的主题，我们可以预先对一个单独的PageRank向量进行计算并存储，以便在查询期间使用。

在某些情形中，用户对具体的主题组合感兴趣，如体育和汽车。显然，用户可能感兴趣的组合数会非常大，预先存储每个个性化的PageRank向量是不可能的或没有必要的。在这些情形中，我们只计算基本主题的PageRank向量，并通过特定主题的PageRank向量的加权线性组合来定义返回给某个用户的最终结果，其中的权重是由用户在不同主题中指定的兴趣来定义的。

9.6.1.2　SimRank

定义SimRank的概念是为了计算节点间的结构性相似度。SimRank确定节点之间的对称相似度。换言之，节点$i$和节点$j$之间的相似度与$j$和$i$之间的相同。在讨论SimRank之前，我们定义一个相关但稍有不同的非对称排序问题：

给定一个目标节点$i_q$和来自图$G=(N,A)$的节点子集$S\subseteq N$，按照与$i_q$的相似度，对$S$中的节点进行排序。

这样的查询在推荐系统中非常有用，其中用户和物品是通过偏好二分图的形式来组织的，其中节点对应着用户和物品，边对应着偏好。节点$i_q$可能对应一个物品节点，集合$S$可能对应用户节点。或者，节点$i_q$对应一个用户节点，集合$S$对应物品节点。关于推荐系统的讨论参见参考文献[3]。推荐系统与搜索紧密相关，因为它们也对目标对象进行排序，但将用户偏好考虑进来了。

我们可以把这个问题看成是主题敏感的PageRank的一种带限制的情形，其中随机跳转是针对单个节点$i_q$来执行的。因此，我们可以使用随机跳转向量$\overline{e_p}=\overline{e_q}$直接对个性化PageRank式（9.24）进行扩展，即这个随机跳转向量满足，除了对应于节点$i_q$的值为1以外，其他所有值为0。此外，在这种情形中，我们将$n_p$的值设为1。

$$\overline{\pi}=\alpha\,\overline{e_q}+(1-\alpha)P^{\mathrm{T}}\,\overline{\pi} \tag{9.25}$$

上述方程的解将会为$i_q$的结构局部区域中的节点提供较高的排名值。这种相似度定义是非对称的，因为从节点$i$开始到节点$j$的相似度赋值与从查询节点$j$开始到节点$i$的赋值不同。这种非对称的相似度度量适合以查询为中心的应用，如搜索引擎和推荐系统，但不一定适合任意基于网络的数据挖掘应用。在某些应用中，我们需要的是节点间对称的成对相似度。尽管我们可以对方向相反的两个主题敏感的PageRank值求平均以创建一个对称的度量，但SimRank方法提供了一个有效且直观的解决方案。

SimRank方法如下。令$\mathrm{In}(i)$表示$i$的传入链接节点，我们以递归的方式对SimRank公式进行自然的定义，具体如下：

$$\text{SimRank}(i,j) = \frac{C}{|\text{In}(i)|\cdot|\text{In}(j)|}\sum_{p\in\text{In}(i)}\sum_{q\in\text{In}(j)}\text{SimRank}(p,q) \tag{9.26}$$

式中，$C$ 是一个（0，1）间的常量，我们可以把它看成一个递归衰减率。作为边界条件，当 $i=j$ 时，我们将 SimRank($i$，$j$) 的值设为1。当 $i$ 或 $j$ 没有传入链接节点时，我们将 SimRank($i$，$j$) 的值设为0。我们使用迭代方法来计算 SimRank。如果 $i=j$，则将 SimRank($i$，$j$) 的值初始化为1，否则为0。算法随后使用式（9.26）来更新所有点对之间的 SimRank 值，直到达到收敛。

从随机游走的角度来讲，SimRank 的概念有一个有趣的直观解释。考虑两个随机冲浪者步伐一致地从节点 $i$ 和节点 $j$ 背向行走直到他们相遇。他们走的步数是一个随机变量 $L(i, j)$。那么，可以证明 SimRank($i$，$j$) 等于$C^{L(i,j)}$的期望值。我们使用衰减常量 $C$ 将长度 $l$ 的随机游走映射成一个关于$C^{l}$的相似度值。需要注意的是，因为 $C<1$，所以距离越小将会导致相似度越大，反之亦然。

衡量节点间的相似度时，基于随机游走的方法一般比最短路径距离更加鲁棒。这是因为随机游走度量隐式地考虑了节点间的路径数，而最短路径没有。

### 9.6.2 HITS

超文本敏感主题搜索（HITS）算法是一个依赖于查询的页面排序算法。该方法背后的直观解释在于对网络典型结构的理解，这种结构被组织为枢纽页面（hub）和权威页面（authority）。

权威页面是指具有很多传入链接的页面。通常来讲，这种页面包含与特定主题有关的权威内容，因此很多网络用户可能将这种页面作为相应主题的知识来源而信任它。这将导致很多页面都会链接到权威页面。枢纽页面包含很多指向权威页面的链接。这些页面代表了某个特定主题的汇总。因此，枢纽页面为网络用户提供了指导，即用户在哪里可以找到特定主题的有关资源。在网络图中的枢纽页面和权威页面的典型拓扑结构的例子如图9.8a 所示。

HITS 算法使用的主要思想是好的枢纽页面会指向很多好的权威页面。相反，好的权威页面会有很多枢纽页面指向它。枢纽页面和权威页面的典型组织结构的例子如图9.8b 所示。HITS 算法利用了这种相互增强的关系。对于用户发出的任意查询来说，HITS 算法从相关页面的列表开始，通过枢纽页面排名和权威页面排名对它们进行扩展。

HITS 算法从收集与手头的搜索查询最相关的 top－$r$ 个页面开始。$r$ 的常见值为200。这就定义了根集合 $R$。通常来讲，我们使用针对某个商业搜索引擎的查询或基于内容的评估结果来确定根集合。对于 $R$ 中的每一个节点来说，这个算法确定了所有与 $R$ 直接相连（传入链接或传出链接）的节点。这为我们提供了一个较大的基本集合 $S$。因为基本集合 $S$ 可以非常大，所以我们对添加到 $S$ 中的节点的数目进行限制，这些节点最多通过 $k$ 个传入链接与 $R$ 中的任意一个节点相连，典型的 $k$ 值大约为50。需要注意的是，这仍然会产生一个相当大的基本集合，因为200个根节点中的每一个节点都可能带来50个传入链接节点以及50个传出链接节点。

令 $G=(S, A)$ 为定义在（扩展的）基本集合 $S$ 上的网络图的一个子图，其中 $A$ 是基本集合 $S$ 中的节点间的边集合。我们将 HITS 算法的整个分析限制在这个子图中。同时为每个页面（节点）$i \in S$ 赋予一个枢纽分数 $h(i)$ 和权威分数 $a(i)$。假设枢纽分数和权威分数已经经过归一化处理，从而枢纽分数的平方和与权威分数的平方和都等于 1。分数值越大表示页面质量越好。枢纽分数和权威分数通过下面的方式彼此关联：

$$h(i) = \sum_{j:(i,j) \in A} a(j) \qquad \forall i \in S \tag{9.27}$$

$$a(i) = \sum_{j:(j,i) \in A} h(j) \qquad \forall i \in S \tag{9.28}$$

这里的基本思想是奖励指向较好权威页面的枢纽页面，并奖励有很多好的枢纽页面指向它的权威页面。容易看出，上述方程组强化了这种相互增强的关系。该算法首先初始化 $h^0(i) = a^0(i) = 1/\sqrt{|S|}$。令$h^t(i)$和$a^t(i)$分别表示第 $i$ 个节点在第 $t$ 次迭代结束时的枢纽分数和权威分数。对于每一个 $t \geqslant 0$，算法在第 $t+1$ 次迭代中执行下面的迭代步骤：

for 每一个 $i \in S$，设置 $a^{t+1}(i) \Leftarrow \sum_{j:(j,i) \in A} h^t(j)$；

for 每一个 $i \in S$，设置 $h^{t+1}(i) \Leftarrow \sum_{j:(i,j) \in A} a^{t+1}(j)$；

通过归一化使枢纽向量和权威向量的 $L_2$ 范数为 1；

对于枢纽向量$\overline{h} = [h(1) \cdots h(n)]^{\mathrm{T}}$和权威向量$\overline{a} = [a(1) \cdots a(n)]^{\mathrm{T}}$来说，当边的集合 $A$ 被当作$|S| \times |S|$的邻接矩阵来处理时，我们可以将对应的更新分别表示为$\overline{a} = A^{\mathrm{T}}\overline{h}$和$\overline{h} = A\overline{a}$。重复此迭代过程直到收敛。可以证明，枢纽向量$\overline{h}$和权威向量$\overline{a}$分别在与 $AA^{\mathrm{T}}$ 和 $A^{\mathrm{T}}A$ 的主特征向量成比例的方向上收敛。这是因为我们可以证明这两个相关的更新分别与 $AA^{\mathrm{T}}$ 和$A^{\mathrm{T}}A$ 的幂迭代更新等价。

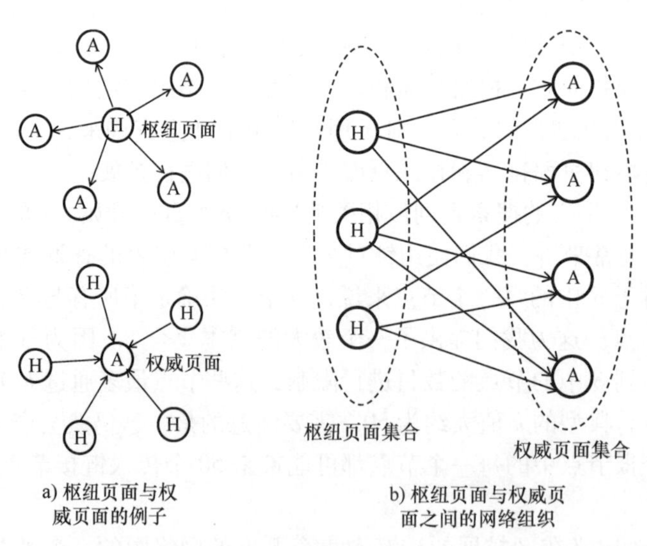


图 9.8　枢纽页面与权威页面的示意图

## 9.7 本章小结

本章讨论了信息检索中涉及的数据结构和查询处理方法，以及它们在搜索引擎中的应用。倒排索引的合理设计对于获得高效的查询响应来说至关重要。通过倒排索引和累加器变量可以计算很多类型的定义在词项上的加和函数。搜索引擎使用很多向量空间模型和检索概率模型，其中部分模型使用相关性反馈，而其他一些模型能够在不使用相关性反馈的情况下对与查询相关的文档进行评分。构建搜索引擎的一个重要方面是利用爬虫技术来挖掘相关的资源。在搜索引擎中，我们可以通过 PageRank 度量使用链接来创建一个关于网页质量的度量方式。将这些质量度量与基于匹配的度量相结合可以对查询提供响应。

## 9.8 参考资料

从参考文献［427］中可以找到一些关于数据结构的讨论，如哈希表、二元树和 B 树。所有这些数据结构对词典构造来说都很有用。从参考文献［542，543］中可以找到 $k$ - gram 词典在拼写纠正和容错检索方面的应用。

从参考文献［506，545］中可以找到倒排文件在搜索引擎上下文中的详细讨论，包括各种类似跳表指针的优化方法。参考文献［354］介绍了跳表指针。虽然学术界也提出了一些其他的方案如签名文件[163]，但倒排文件仍是用来对文档进行索引的主要数据结构。参考文献［544］提供了倒排文件与签名文件的对比分析，表明了与倒排文件相比，签名文件是比较低效的。参考文献［216，506］讨论了一些用来构造倒排索引的方法。参考文献［31，72，194，334，405］讨论了分布式索引的构建。大多数最新的技术是基于 MapReduce 框架的[128]。参考文献［71］讨论了诸如对数合并之类的动态索引构建方法。参考文献［281］讨论了索引维护的不同方式的权衡。

参考文献［354］讨论了通过提前停止来使用累加器的技术。参考文献［22，24］讨论了利用提前停止和修剪来进行查询处理的其他方法。参考文献［502］讨论了在短语查询中使用倒排索引的方法。参考文献［224］开创性地提出了利用排序 SVM 进行搜索引擎优化的机器学习方法。然而，将信息检索看作一个分类问题的观点早已得到认可，并出现在了 van Rijsbergen 的经典著作中[480]，该书出版于 1979 年。最早基于成对的训练数据点进行排序学习的方法在参考文献［105］中提出。参考文献［472］的工作基于 NDCG 度量对 BM25 的参数进行了优化。NDCG 度量方式的讨论参见第 7 章。参考文献［74］对信息检索中的排序 SVM 的思想进行了探索。参考文献［522］讨论了一个优化平均精准率的结构化 SVM。参考文献［70］的工作讨论了通过 RankNet 算法使用梯度下降技术的排序方式。参考文献［307］声称 RankNet 算法是一些商业搜索引擎中使用的初始算法。参考文献［75］讨论了基于列表的排序学习方法。参考文献［406］讨论了通过机器学习方法提取文档相关的特征以改进排序。参考文献［307］提供了一个聚焦搜索引擎的关于不同排序学习算法的很好的概述。

参考文献［77，309，321，366］讨论了用于大规模搜索的胜者表、修剪，以及分层索引的使用。参考文献［506］讨论了词典压缩，参考文献［435］提出了变长字节编码。参考文献［23，25］提出了改进变长字节编码的字对齐编码。参考文献［153］提出了差分编码。参考文献［31，278，429］研究了缓存在提升检索性能方面的应用。很多这些方法向我们展示了该如何使用多层缓存来提升性能。参考文献［532］探索了倒排表压缩和用来提升性能的缓存的结合。一般来讲，压缩也能提升缓存的性能。在 Zobel 和 Moffat 关于索引的综述[545]中可以找到一个关于缓存和压缩的概述。

参考文献［426］介绍了用于信息检索的向量空间模型，参考文献［423］研究了词项加权方法。近年来，已经提出了不计其数的词项加权和文档长度归一化方法。回转长度文档归一化（pivoted length document normalization）是一个值得关注的常用方法[450]。参考文献［453］首先提出了 idf 归一化。参考文献［411，480］提出了二值独立模型，以及检索状态值的最终形式是 idf 在检索应用中的重要性的证明。从参考文献［410］中也可以找到 idf 归一化的一些理论依据。参考文献［456］提供了一些关于信息检索概率模型的实验。这篇文章还把二值独立模型扩展到了 BM25 模型上。BM25 模型会对搜索引擎中的匹配函数产生显著的影响。一种使用文档中不同字段的 BM25 模型的变种被称为 BM25F[412]。Ponte 和 Croft 采用伯努利方法开创了语言模型在信息检索中的应用[385]。Hiemstra 提出的语言模型[214]也在大致相同的时间出现，它使用了多项式方法。Miller 等人[346]提出将隐马尔可夫模型用于语言建模。Zhai 和 Lafferty[528]研究了平滑在语言建模方法中的作用。从参考文献［527］中可以找到一个有关面向信息检索的语言模型的概述。

关于爬虫和搜索引擎的具体讨论可以在一些著作中[31,71,79,120,303,321,506]找到。参考文献［83］提出了聚焦爬虫。参考文献［93］的工作讨论了正确的 URL 排序对有效抓取有用页面的重要性。参考文献［64，370］描述了 PageRank 算法。参考文献［262］描述了 HITS 算法。从参考文献［79，303，321，280］中可以找到有关 PageRank 算法和 HITS 算法不同变种的具体描述。参考文献［205］描述了主题敏感的 PageRank 算法。

### 9.8.1 软件资源

我们有不计其数的开源搜索引擎可以使用，如 Apache Lucene and Solr[587,588]、Datapark 搜索引擎[586]和 Sphinx[589]。某些搜索引擎还提供了爬虫技术。Lemur 计划[582]提供了面向信息检索中的语言建模方法的开源框架。我们可以找到不计其数的开源爬虫，如 Heritrix[585]（Java）、Apache Nutch[583]（Java），Datapark 搜索引擎[586]（C + +）以及 Python Srapy[584]。scikit - learn 包[550]实现了主特征向量的计算，这对 PageRank 的计算和 HITS 来说都很有用。斯坦福大学的 Snap 资源库也包含了 PageRank 的实现[590]。gensim 软件包[401]有一些排序函数如 BM25 的实现。

## 9.9 习题

1. 证明倒排索引要求的空间恰好与文档 - 词项矩阵的稀疏表示要求的空间成比例。

2. 9.2.3 节的索引构建假设文档标识符是按排好序的顺序来处理的。当没有按照排好序的顺序来处理文档标识符时，我们需要做出哪些修改，这种修改会增加多少时间复杂度？

3. 讨论一种实现布尔检索中“OR”运算符的高效算法，该算法有两个排好序的倒排表。

4. 证明通过使用线性探测的哈希表实现的一个词典需要常量时间来进行插入和查询操

作。根据表中已填满的部分推出查询的期望次数。

5. 编写一个计算机程序，实现基于哈希的词典和一个文档 - 词项矩阵的倒排索引。

6. 假设倒排索引还包含位置信息，证明此倒排索引的规模与语料库中的词条数成比例。

7. 考虑字符串 ababcdef，把每个字母当作一个词条，列出所有的 2 - shingle 和 3 - shingle。

8. 证明使用随机跳转的 PageRank 计算过程等价于针对适当构造的概率转移矩阵的特征向量计算过程。

9. 证明我们可以分别通过 $AA^{T}$ 和 $A^{T}A$ 的主特征向量计算来计算 HITS 中的枢纽分数和权威分数。与本章的定义一样，其中的 $A$ 是图 $G=(S, A)$ 的邻接矩阵。

10. 提出一个基于对数几率回归的排序 SVM 方法。讨论如何形式化该优化问题，以及如何将该问题的随机梯度下降步骤与传统的对数几率回归相关联。

11. 排序 SVM 是经典 SVM 的一个特例，其中训练数据中的每个类变量为 +1（但在预测期间不一定是），以及偏置变量为 0。证明我们可以将任意偏置变量为 0 但类变量提取于 $\{-1, +1\}$ 的经典 SVM 变换到每个类变量为 +1 的情形。为什么这种变换需要满足偏置变量为 0？

# 第 10 章 文本序列建模与深度学习

“序列是以集合永远不可能的方式来工作的。”

——George Murray

## 10.1 导论

前面章节中的大部分讨论侧重于文本的词袋表示。虽然在很多实际应用中词袋表示就足够了，但在某些情形中，文本的序列方面变得更为重要。序列表示变得特别有用有两个主要的原因：

1）以数据为中心的原因：在某些场景中，文本单元的长度很小。例如，与微博和推文（tweet）对应的文本段相对较短。在这些情形中，词袋表示中没有足够的信息来进行有意义的推断。当文档较长时，词袋可以包含足够多的以词项频率的形式存在的信息。另一方面，通过序列信息来丰富短文本片段以从有限数据中提取出最多的信息更加重要。

2）以应用为中心的原因：很多诸如文本摘要、信息提取、意见挖掘和问答之类的应用需要语义上的理解。只有通过把句子当作序列来处理才能获得语义上的理解。

单词序列传达了无法从词袋表示中推断出的语义信息。例如，考虑下面一对句子：

The cat chased the mouse.

The mouse chased the cat.

显然，这两个句子非常不同（第二个比较罕见），但从词袋表示的角度来看它们是相同的。对于更长的文本段来说，词项频率通常传达了足够的信息来鲁棒地处理像二分类这样简单的机器学习问题。这是序列信息很少用在像分类这样比较简单的场景中的一个原因。另一方面，具有细微差异的更复杂的应用需要较高程度的语言智能。

常用的一种方法是将文本序列转化为多维嵌入（multidimensional embedding），因为对于多维数据来说，机器学习解决方案有着比较广泛的适用性。然而，与第 3 章的矩阵分解技术不同，其目标是在嵌入中融入数据的序列结构。例如，考虑“king is to queen as man is to woman”这个词项类比的例子。我们想要获得词项“king”“queen”“man”和“woman”的多维嵌入 $f(\cdot)$，且满足下面的式子[380]：

$$f(\text{king}) - f(\text{queen}) \approx f(\text{man}) - f(\text{woman}) \tag{10.1}$$

由于这种嵌入具有语义特性，我们只能使用序列信息来生成它。

有两种更加广泛的方式来融入文本句子中的语言结构。这些方法如下：

1）与具体语言相关的方法：这些技术在学习过程中使用词性和其他语言特征，这就需要语言学家针对手头特定的语言提供输入。一个与具体语言相关的方法的例子是概率上下文无关语法，它使用语法规则来定义一门语言的句法。虽然这些规则是通过统计分析来进行补充的，但其基本方法本质上是与具体语言相关的，因为它是从一组语法规则开始的，而这些规则是手头的语言特有的。一个关键是，使用规则来融入语言的领域知识对于这种系统的运作来说是不可或缺的。因此，这样的学习系统不完全是归纳型的，因为其中涉及了一定程度的基于规则的演绎学习。

2）语言无关的方法：这些技术仅对单词在序列中的次序使用统计分析来创建语言模型。一个统计语言模型是单词序列上的一个概率分布，它学习某个单词跟在句子中的某个单词序列后的统计上的可能性。这些模型的例子包含 unigram、bigram、trigram 和 $n$ - gram。自然语言模型使用神经网络对文本样本中的语言的语法结构进行编码。这些模型可以与任意语言和应用一起使用，因为它们的底层表示是通过数据驱动的方式学习到的，无须大量的领域知识。

即使语言无关的方法一开始就面临着一个困难（即没有一个对语法进行编码的规则集合），但当有足够的数据可用时，它们的表现通常出奇地好。与语言识记（linguistically literate）方法相比，语言盲视（language - illiterate）方法有着惊人的有效性，这是因为很多思想本质上是直接通过口语来传达的。在用法的变化方面，人类语言是非常不精确和复杂的，仅基于语法规则往往难以解释一个句子的语义含义。从这个角度来看，不使用与具体语言相关的输入可以成为一个优点，因为这样可以避免由于语法规则对语义概念进行编码存在固有的局限性而引起的错误偏差。很多时候，我们对句子的理解是基于我们直观的生活经验，也就是从样例中学习句子用法和语义含义所获得的经验，而我们并不能以直译的方式来对它们进行编码。

相同的见解也适用于机器学习，其中给定足够的训练数据，算法应该通过以目标为导向的方式学到手头的特定应用（如机器翻译）的大部分语法和用法。这也阐明了这些方法的另一个优点，即在这些方法中，工程化特征通常是通过与应用相关的方式学习到的。例如，用于图像描述应用的某个句子的最优特征表示可能与用于机器翻译应用的不同，归纳学习中的典型的目标函数自动地解释了这些差异。一般来讲，归纳学习方法相对于直推学习方法来说具有一些优势，尽管两者之间的争论从来没有停止过。语言输入在很多情形中确实比较有用，因为将词性标签和其他由语言衍生的特征用作额外的输入可以提升学习质量。从这个角度来看，语言特征主要是作为指导来应对与有限数据相关的挑战，这种方式就如同使用正则化项来提升性能一样。然而，我们通常只把以语言为导向的方法用在边边角角，很少作为以序列为中心的应用的主要基础来使用。由于本书主要专注于语言无关的方法，所以本章将考虑第二种类型的归纳方法。

与统计语言建模紧密相关的一个问题是以对文本挖掘算法的使用友好的多维的格式对文本序列中所有丰富的结构信息进行编码。事实上，特征工程是机器学习和文本挖掘方法的一个“法宝”。常用于特征工程的一些技术使用统计语言模型把序列信息以及一些句法信息编码为多维的格式。统计语言模型被间接地用在特征工程方法中。例如，我们可以使用短语和

$k$ - gram 扩展、神经网络和核函数方法。在设计诸如字符串核函数（参考第 3 章 3.6.1.3 节）这样的核相似度方法时，使用统计语言模型是更微妙的，并且是隐式的。其他像卷积树核这样的方法（参考 12.3.3.3 节）使用形式为上下文无关语法的语言相关的输入。所有这些方法通常会返回每个词和/或文档的一个高维表示。一旦构造出单词和/或文档的高维表示，我们就可以把它与任意现成的挖掘算法相结合。这个过程如图 10.1 所示。

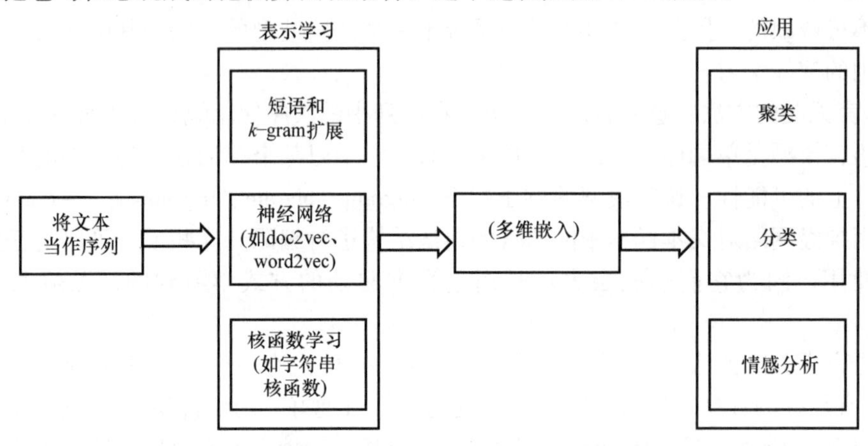


图 10.1　将序列转化为含语义知识嵌入的表示学习

### 10.1.1　本章内容组织结构

本章将在统一的框架中研究统计语言模型和表示学习。由于表示学习和特征工程依赖于底层的语言模型，所以我们先在 10.2 节讨论这些模型。一些嵌入方法用来创建词嵌入比较好，而另外一些则适合用来创建文档嵌入。本书有好几章讨论了核函数方法，10.3 节从特征工程的角度对这些方法进行了总结。在单词 - 上下文分解模型中（参考 10.4 节），不同的上下文元素在给定窗口中的出现频率被用来创建词嵌入。10.5 节讨论了用于表示学习的基于图的方法。正如 10.6 节讨论到的，使用神经网络也可以实现与单词 - 上下文分解相似的目标。10.7 节讨论了用于语言建模的循环神经网络。10.8 节做出小结。

## 10.2　统计语言模型

统计语言模型为每个单词序列赋予一个概率。给定一个单词序列 $w_1$，$w_2$，…，$w_m$，语言模型需要估计它的概率 $P(w_1, w_2, \cdots, w_m)$。语法正确且以较高的频率出现在集合中的单词序列通常会被赋予较大的概率。统计语言模型的常见应用包括语音识别、机器翻译、词性标注和信息检索。第 9 章 9.3.4 节讨论了统计语言模型在信息检索中的应用。统计语言模型还为我们提供了将文本序列转化到多维数据的特征工程所需要的直观理解。

计算 $P(w_1, w_2, \cdots, w_m)$ 的最简单的方式是在序列中使用链式法则：

$$P(w_1,\cdots,w_m) = P(w_1) \cdot P(w_2 \mid w_1) \cdot P(w_3 \mid w_1,w_2) \cdot \cdots \cdot P(w_m \mid w_1,w_2,\cdots,w_{m-1})$$

$$= \prod_{i=1}^{m} P(w_i \mid w_1,\cdots,w_{i-1})$$

我们需要通过数据驱动的方式来估计其中的每一项 $P(w_i \mid w_1 \cdots w_{i-1})$。这是通过利用贝叶斯准则把条件概率表示为下面的式子来实现的：

$$P(w_i \mid w_1, \cdots, w_{i-1}) = \frac{P(w_1, \cdots, w_i)}{P(w_1, \cdots, w_{i-1})} = \frac{\text{Count}(w_1, \cdots, w_i)}{\text{Count}(w_1, \cdots, w_{i-1})}$$

我们可以直接从数据中估计出分母和分子中的计数。不幸的是，对于 $i$ 的值较大的集合 $(w_1, \cdots, w_i)$，我们难以鲁棒地估计出它的计数。在这些情形中，上述公式中的分子和分母会接近于0。即使利用拉普拉斯平滑，这样的估计也不太可能具有较好的鲁棒性。

为了解决这个问题，我们可以使用马尔可夫假设，它也被称为短记忆假设。根据这个假设，我们只使用某个词条前面的 $n-1$ 个词条来估计它的条件概率，这样可以得到一个 $n$-gram 模型。从数学意义上讲，我们可以把 $n$-gram 模型的短记忆假设写为如下形式：

$$P(w_i \mid w_1, \cdots, w_{i-1}) \approx P(w_i \mid w_{i-n+1}, \cdots, w_{i-1}) \tag{10.2}$$

我们可以使用这个简化的假设对条件概率进行如下估计：

$$P(w_i \mid w_1, \cdots, w_{i-1}) \approx P(w_i \mid w_{i-n+1}, \cdots, w_{i-1}) = \frac{\text{Count}(w_{i-n+1}, \cdots, w_i)}{\text{Count}(w_{i-n+1}, \cdots, w_{i-1})} \tag{10.3}$$

$n$ 的值越大，理论上意味着区分性越好，但我们往往没有足够的数据来获得可靠的估计。因此，我们可以把这种选择视作可靠性与区分性的一个权衡，它是偏置-方差权衡的一种形式，被广泛应用在机器学习中。当 $n=2$ 时，对应的模型被称为 bigram 模型；当 $n=3$ 时，则对应 trigram 模型。当 $n=1$ 时，我们会得到 unigram 语言模型，它完全不使用序列信息，与独立地抛掷骰子来确定句子中的词条的方法等价。unigram 语言模型是传统词袋模型的一个概率版本，它会生成一个关于词项频率的多项式分布。正如第9章9.3.4节所讨论的，这个模型常被用于搜索问题中的查询似然估计。此外，第4章和第5章还分别（隐式地）讨论了这个模型在概率聚类和分类问题中的应用。由于本章侧重于文本的序列方面，我们对 unigram 语言模型的兴趣不大，所以我们只关注 $n \geqslant 2$ 的 $n$-gram 语言模型。

在 $n=2$ 的 bigram 模型中，我们可以把上述的概率估计写为如下形式：

$$P(w_i \mid w_1 \cdots w_{i-1}) \approx P(w_i \mid w_{i-1}) = \frac{\text{Count}(w_{i-1}, w_i)}{\text{Count}(w_{i-1})} \tag{10.4}$$

$n$-gram 本质上融入了连续上下文的影响。例如，在一个 bigram 模型中，$P$（“sky” | “blue”）的值通常大于 $P$（“tree” | “blue”）的值，因为比起单词“tree”来说，“sky”更有可能跟在“blue”的后面。$n$ 最常见的值介于2和5之间。然而，随着数据量的增加，我们也可以使用更大的值。

由于数据的匮乏，平滑对语言模型来说特别重要。在这些情形中，式（10.4）的分子和分母中的计数都可能为0，这样一来概率估计会变得比较困难。此外，非常罕见的单词的存在会对估计过程产生混淆。我们经常使用由 <UNK> 表示的一个特殊词条来替换训练数据中以非常低的频率出现的单词。接下来，在估计过程中，我们会把这个词条当作和其他词项一样的任意词项来处理。此外，对于一个大小为 $d$ 的词典，我们可以修改式（10.4）以融入平滑：

$$P(w_i \mid w_{i-1}) = \frac{\text{Count}(w_{i-1}, w_i) + \beta}{\text{Count}(w_{i-1}) + d\beta} \tag{10.5}$$

式中，$\beta>0$ 是控制正则化程度的平滑参数，$\beta$ 值越大意味着平滑的程度越大。

我们可以通过有限状态自动机的形式把 $n$ - gram 模型表示为生成模型。这种马尔可夫模型包含一组状态，这些状态在彼此之间相互转移，每次转移都会生成一个单词。状态转移的概率总和为 1。用一个长度为 $n-1$ 的字符串对每个状态进行标记。在任意给定的转移点处，对应的状态值提供了前一个长度为 $n-1$ 的字符串。对于一个大小为 $d$ 的词典来说，我们有 $d$ 个可能的状态转移，这些状态转移是通过把生成的单词添加到前面的 $n-2$ 个单词中获得的。这些转移概率恰好是使用式（10.4）来估计的条件概率。

一个 $n$ - gram 模型中的状态数为 $d^{n-1}$。考虑一个大小为 4 的示例词典，它包含元素 {the，mouse，chased，cat}。相应的数据集包含以下两个句子：

The mouse chased the cat.

The cat chased the mouse.

对于这个例子来说，bigram 模型有 4 个可能的状态，对应着其中的各个单词。trigram 模型有 $4^2$ 个可能的状态，然而，大部分这些状态在训练数据中甚至一次都没有出现。因此，在实践中，我们要从模型中移除这些状态。此外，假设 $n$ - gram 模型没有跨越句子边界，所以上面的每一个句子都被当作一个单元来处理。对应的 bigram 和 trigram 模型分别如图 10.2a、b 所示。在 bigram 模型中，每个状态由一个单词来定义，在 trigram 中则由两个单词来定义。需要注意的是，在图 10.2b 的 trigram 模型中，只有一小部分转移子集是有效的，因为两个连续的状态必须有一个单词重叠。因此，那些无效的转移（理论上概率为 0）根本不包含在内。我们可以使用前面讨论的利用拉普拉斯平滑的计数比值来估计各个转移的概率。图 10.2a、b 中的某些（有效的）转移并没有反映在两个训练句子中，然而，由于我们使用了拉普拉斯平滑，这些转移将会有非零的概率。例如，单词“cat”和“mouse”在上面任一个句子中都没有连续出现，但由于拉普拉斯平滑的原因，图 10.2a 中从状态“cat”到状态“mouse”的转移将会有非零的概率。

在 trigram 中，我们已经对不频繁（概率为 0）的状态进行了修剪，因此状态数非常少。值得注意的是，任意长度为 $m$ 的文本段至多可以创建 $m-n+1$ 个 $n$ - gram，这对利用修剪而创建的马尔可夫模型的规模进行了实际的限制。状态修剪的一个后果是，在以应用为中心的场景中，对某个文本段使用马尔可夫模型时可能会在泛化能力方面出现问题，其中相应的状态是之前从来没有见过的。在这些情形中，使用回退（back - off）模型来处理这些状态变得十分关键。例如，当有足够的数据可用时，我们可以使用图 10.2b 中的 trigram 模型。然而，如果在一个（语法上错误或罕见的）测试段中遇到像“cat cat”这样的单词对，那么我们可以回退到图 10.2a 中的 bigram 模型。一般来讲，为了估计式（10.4）的条件概率，我们先尝试 $n$ - gram 模型，然后是（$n-1$）- gram 模型，以此类推。

这些模型被认为是可见马尔可夫模型，与隐马尔可夫模型相反。读者可以花点时间对图 10.2 进行检验，并验证这样一个事实，即我们能够以确定性的方式推断出某个给定的训练句子的精准状态序列。对于 $n$ - gram 模型来说，精准的状态序列对分析者总是可见的。在隐马尔可夫模型中，状态是通过一个隐含的语义概念来定义的，并且通过该模型的多条路径可以生成相同的训练句子。我们会在第 12 章有关信息提取的部分讨论隐马尔可夫模型。值得注意的是，可见马尔可夫模型的参数估计过程简单得多，因为它能够对与训练数据相对应的转移序列进行确定性的推断。

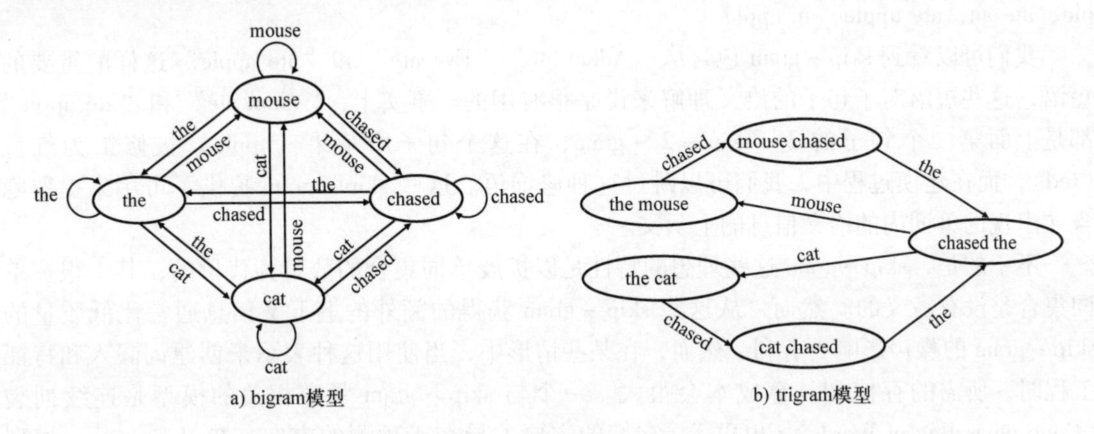


图 10.2 bigram 和 trigram 马尔可夫模型。利用转移生成的符号（单词）来对它们进行标记

## 10.2.1 skip-gram 模型

通过像平滑或回退这样的方法永远不可能从根本上解决数据稀疏性的问题。毕竟，平滑和回退都是正则化的形式，并没有提供非常精细的模型，它们只是将先验的信念编码到模型中。因此，如果模型被这些正则化所主导，那么预测的质量通常会比较低。大量研究表明，即使有很大的训练数据集，我们也没办法从中获得大量有效的 trigram。

一个问题是对上下文的长度进行编码所需要的 $n$ 值可能因句子而异。在 $n$-gram 模型中，一个给定的句子的细微变化可能对估计产生较大的影响。例如，考虑下面一对句子：

Adam and Eve ate an apple.

Adam ate the red apple.

虽然这两个句子中的每一个句子都包含另一个句子中没有的信息，但从这两个句子中我们都可以获得 Adam 吃了一个苹果（apple）的关键信息。不幸的是，这两个句子甚至没有一个 bigram 或是 trigram 是相同的。这个问题的一部分原因在于单词中有像“red”这样的噪声，这些噪声对于关键信息来说并不重要，但它们却会对 $n$-gram 表示产生很大的影响。

为了解决这个问题，最近有一些模型提出在创建模型的时候可以跳过部分词条。skip-gram 就是一个这样的模型。skip-gram 模型基于给定的单词来预测目标单词的上下文单词。在 skip-gram 模型中，预测一个单词的上下文时最多可以跳过 $k$ 个词条。那么，一个句子序列$w_1 w_2 w_3 \cdots w_m$的所有 $k$-skip-$n$-gram 的集合 $S(k, n)$ 的定义如下：

$$S(k,n) = \{w_{i_1} w_{i_2} \cdots w_{i_n} : \sum_{j=2}^{n} (i_j - i_{j-1} - 1) \leqslant k, i_j > i_{j-1}, \forall j\} \tag{10.6}$$

需要注意的是，我们可以将所有的 $n$-gram 视作 0-skip-$n$-gram。因此，skip-gram 代表 $n$-gram 的一种自然的推广。我们接下来会看到，在如何将 skip-gram 用于预测建模方面也存在一些差异。

例如，句子“Adam and Eve ate an apple.”的2 - skip - 2 - gram 如下：

Adam and，Adam Eve，Adam ate，and Eve，and ate，and an，Eve ate，Eve an，Eve apple，ate an，ate apple，an apple

我们可以看到 skip - gram 包含像“Adam ate”“Eve ate”和“ate apple”这样的重要的短语，这些短语对于句子的语义理解来说是很有用的。事实上，“Adam ate”和“ate apple”都是上面第二个句子的 2 - skip - 2 - gram，在这个句子中苹果（apple）被修饰为红色（red），而在建模过程中，我们可以跳过这种修饰语。这些 skip - gram 提供了可用来提取隐含在出现的单词内的语义信息的上下文。

不幸的是，skip - gram 这些理想的特性是以扩展单词集合的数量为代价的，其中很多单词集合是没有意义的。然而，从这些 skip - gram 获得的额外的上下文信息通常比低质量的 skip - gram 的噪声影响更有利。然而，在某些情形中，当使用这种表示来创建词嵌入和特征工程时，所需的存储和计算成本会很大。一个与 skip - gram 紧密相关的模型是连续词袋（Continuous Bag of Words，CBOW），它们的主要差异在于预测的方向。在 skip - gram 模型中，我们是基于目标单词 $w$ 预测上下文 $C$，而在连续词袋中是基于给定的上下文预测目标单词。这种预测模型对于嵌入的创建来说很有用。

### 10.2.2 与嵌入的关系

有一些可以直接或间接将 skip - gram 用于嵌入的方法。在很多情形中，很多方法与 skip - gram 的关系都只是间接的。大多数这些方法遵守句子边界，因为各个句子被假定是充分独立的，所以 skip - gram 跨越句子边界是不合理的。此外，一些嵌入是在单词级别执行的，而其他的则是在文档级别或句子级别执行的。

使用语言模型来创建嵌入的一些重要方法如下：

1）基于核函数的嵌入：基于核函数的嵌入计算两个句子/文档之间的相似度，以创建数据的多维表示。需要注意的是，这些嵌入通常是在句子级别或文档级别（而不是在单词级别）执行的。第 3 章和第 12 章讨论了各种基于核函数的嵌入方法。因此，本章主要对这些方法进行总结，并讨论它们与其他方法的关系。一些基于核函数的方法直接通过 $n$ - gram 来丰富文档的表示以计算高质量的相似度。其他诸如字符串核函数（参考 3.6.1.3 节）这样的方法通过衰减上下文间接利用 skip - gram 中的原理来计算相似度。

2）分布式语义模型（distributional semantic model）：分布式语义模型也被称为计数模型，它们使用各个单词在其他单词的上下文中出现的计数来创建词嵌入。通常来讲，我们需要构造一个单词 - 上下文共现矩阵 $C$，其中每一行包含各个上下文元素出现在相应行对应的目标单词附近的频率。然后，我们需要对这个矩阵 $C$ 进行分解 $C = UV^{\mathrm{T}}$，以提取矩阵 $U$，$U$ 的每一行包含目标单词的嵌入。虽然上下文元素也可以是单词，但我们可以把它们推广到除单词以外的特征上，如词性等。

3）上下文神经网络模型：尽管我们使用神经网络结构来实现相同的目标，但这些模型本质上与分布式语义模型相似。在这些模型中，我们使用一个单词和它周围的文本（即上下文）来创建一个有监督学习问题。虽然原则上我们可以使用任何有监督方法，但神经网络的使用特别流行。这些方法已经被证明是与基于计数的矩阵分解和核方法[282,365]密切相关的。这些方法（如word2vec）被设计来创建词嵌入，尽管一些像doc2vec这样的修改也可以创建文档嵌入。

4）循环神经网络模型：这些方法使用循环神经网络来创建一个神经语言模型。与上下文模型不同（主要是针对词嵌入设计的），循环神经网络模型是为句子级的嵌入设计的。对于像图像描述和序列到序列学习这样的应用来说，这些方法是其中最有效的一些方法。

最后，多维嵌入并不是表示文本的唯一方法[15]。我们也可以使用距离图（distance graph）来表示文本。使用图表示的优点是我们可以使用许多组合式的图挖掘算法（而不是多维算法）来进行学习。图挖掘本身就是一个成熟的机器学习领域，它提供了很多现成的方法。有趣的是，分解距离图得到的表示与基于计数的方法提供的表示相似。

## 10.3 核方法

核方法通常在句子级别或文档级别提取嵌入。考虑一个包含 $N$ 个不同句子/文档的数据集，第 $i$ 个句子与第 $j$ 个句子之间的相似度为$s_{ij}$。因此，我们需要计算一个大小为 $N\times N$ 的矩阵 $S=[s_{ij}]$。在需要计算文档间相似度的情形中，我们可以将句子间的成对的相似度合并为文档间的成对的相似度。例如，我们可以计算一个文档中每个句子与另一个文档中每一个句子之间的1-最近邻相似度。我们首先对每个文档中的各个句子上的这些值求平均，然后在两个文档间求平均。

接下来，我们可以使用大小为 $N\times K$ 的矩阵 $U$ 将矩阵 $S$ 对称地分解如下：

$$S\approx UU^{\mathrm{T}} \tag{10.7}$$

式中，$U$ 的 $N$ 行包含各个数据样本的 $K$ 维表示。需要注意的是，矩阵 $U$ 不是唯一的，因为我们可以通过正交变换$U'=UP$ 旋转坐标系，其中 $P$ 是列相互正交的大小为 $K\times K$ 的矩阵，以使对称因子的乘积不变。在核方法中，传统的做法是选择一个列相互正交的嵌入矩阵 $U$。这是通过将半正定且对称的矩阵 $S$ 分解为一个具有正交列的大小为 $N\times k$ 的矩阵 $Q$ 和一个大小为 $k\times k$ 的对角矩阵 $\Sigma$ 来实现的，具体如下：

$$S\approx Q\Sigma^2 Q^{\mathrm{T}}=\underbrace{(Q\Sigma)}_{U}\underbrace{(Q\Sigma)^{\mathrm{T}}}_{U^{\mathrm{T}}} \tag{10.8}$$

相似度计算的过程中融入了序列信息。由于第3章和第12章讨论了很多这样的方法，我们在这里不再回顾。我们将这些方法的要点总结如下：

1）直接基于 $n$-gram 和 skip-gram 的核函数：第3章3.6.1.2节详细讨论了这些核函数。最简单的可能的方法是利用 $n$-gram 和 skip-gram 来丰富向量空间表示，然后计算文档对之间的向量空间相似度。接下来对得到的相似度矩阵进行对称分解 $S=UU^{\mathrm{T}}$，生成文档嵌入 $U$。

2）字符串子序列核函数：第3章3.6.1.3节讨论了字符串子序列核函数。和skip-gram一样，通过使用衰减因子对一个skip-gram进行加权，这些核函数也可以跳过部分单词。此外，我们可以对字符串子序列核函数进行扩展，从而允许特征与字符串中的词条相关联。对于在嵌入中融入语言知识来说，这些核函数是很有用的（参考第12章12.3.3.2节）。

3）基于与具体语言相关的语法的核函数：通过创建句子的短语结构分析树，然后计算卷积树核（参考第12章12.3.3.3节），我们也可以将一些语言知识直接融入到核函数中。此外，我们可以对这种方法进行扩展，以处理与词条相关联的特征，对于信息提取来说，这是比较有用的。

值得注意的是，这些方法都使用对称分解，并且很多特征工程方法以各种各样的形式来使用矩阵分解。

## 10.4 单词-上下文矩阵分解模型

矩阵分解模型基于每个目标单词的上下文元素的计数来计算一个单词-上下文矩阵。一个目标单词的上下文通常是通过这个目标单词两侧同等大小的窗口来定义的。为了方便本节的讨论，假设目标单词两侧的窗口大小由 $t$ 表示。窗口大小在2～10之间变化，具体取决于训练数据的规模。较大的训练数据集可以使用更大的窗口。

### 10.4.1 使用计数的矩阵分解

在最简单的情形中，我们分解共现频率矩阵来创建词嵌入。这是超空间模拟语言（Hyperspace Analogue to Language，HAL）模型所使用的方法。HAL[313]是一个比较早期的且没有进行任何优化的模型，有一些年没有被跟进了。本节会介绍HAL以及一些最近的学习、优化和后处理技术，这些技术是所有嵌入的通用技术。

对于每个单词 $i$，令 $c_{ij}$ 表示单词 $j$ 在单词 $i$ 任一侧的上下文中出现（即 $i$ 与 $j$ 的距离最多为 $t$）的次数。例如，考虑这个句子：

Adam and Eve lived in Eden and frequently ate apples.

假设在单词两侧使用大小为2的窗口，那么，单词“Eden”的上下文来自于{lived, in, and, frequently}这4个单词。因此，完整的上下文窗口大小为 $m=2t$。对于任一个给定的单词，我们可以提取出该单词的每个上下文出现的次数。

接着，通过矩阵 $C=[c_{ij}]$ 来表示大小为 $d\times d$ 的上下文共现矩阵，需要注意的是，我们可以将 $C$ 的每一行直接用作对应单词的一个新的高维特征表示，也可以通过对 $C$ 应用降维方法来创建一个更紧凑的特征表示。

我们可以将矩阵 $C$ 分解为秩为 $p$ 的矩阵 $U$ 和 $V$（大小为 $d\times p$）：

$$C\approx UV^{\mathrm{T}} \tag{10.9}$$

矩阵 $U$ 的行生成了我们感兴趣的嵌入。一个常用的选择是3.2节的奇异值分解（SVD）方法。然而，$C$ 中大多数元素为0，这些元素提供的关于上下文的信息没有非零元素那么丰富。例如，对于一个大小为 $m=10$ 的上下文窗口来说，一个在语料库中只出现20次的单词在规模为 $10^6$ 的词汇表中至多有200个非零元素。因此，这样的分解是由零元素来主导的。直接使用随机梯度下降的优点是，通过以更低的比例对零元素进行采样，我们可以间接地改变分解的目标函数，进而降低零元素的影响。这种方法对应着加权矩阵分解。此外，这种方法的计算复杂度只取决于非零元素的数量。

通过使用矩阵 $U$ 的第 $i$ 行 $\overline{u}_i$ 与矩阵 $V$ 的第 $j$ 行 $\overline{v}_j$ 之间的点积来表示矩阵 $C=[c_{ij}]$，我们能够以逐个元素的形式写出式（10.9）的关系：

$$c_{ij} \approx \hat{c}_{ij} = \overline{u}_i \cdot \overline{v}_j \tag{10.10}$$

需要注意的是，$\hat{c}_{ij}$上方的抑扬音符将这个预测值和观测值区分开来。大小为 $d \times p$ 的矩阵 $U$ 的行提供了各个单词的 $p$ 维嵌入。矩阵 $V$ 的行提供了上下文元素的嵌入，这些元素（在这种情形中）也是单词。使用具有行偏置$b_i^r$和列偏置$b_j^c$的带偏置的矩阵分解可以进一步改进这个矩阵分解：

$$\hat{c}_{ij} = b_i^r + b_j^c + \overline{u}_i \cdot \overline{v}_j \tag{10.11}$$

这些偏置变量也需要通过面向分解的优化模型来学习。

矩阵分解的比较直接的优化模型如下：

$$\text{最小化 } J = \sum_i \sum_j (c_{ij} - b_i^r - b_j^c - \overline{u}_i \cdot \overline{v}_j)^2 + \underbrace{\lambda \cdot \left( \sum_i \| \overline{u}_i \|^2 + \sum_i (b_i^r)^2 + \sum_j \| \overline{v}_j \|^2 + \sum_j (b_j^c)^2 \right)}_{\text{正则化项}}$$

当数据量较大时可以移除正则化项。

随机梯度下降对 $U$ 和 $V$ 进行随机初始化。在每轮迭代中，该方法基于从 $C$ 中随机选出的元素（$i$，$j$）的误差$e_{ij} = c_{ij} - \hat{c}_{ij}$来更新 $U$ 和 $V$：

$$\overline{u}_i \Leftarrow \overline{u}_i (1 - \alpha\lambda) + \alpha e_{ij} \overline{v}_j$$

$$\overline{v}_j \Leftarrow \overline{v}_j (1 - \alpha\lambda) + \alpha e_{ij} \overline{u}_i$$

$$b_i^r \Leftarrow b_i^r (1 - \alpha\lambda) + \alpha e_{ij}$$

$$b_j^c \Leftarrow b_j^c (1 - \alpha\lambda) + \alpha e_{ij}$$

式中，$\alpha > 0$ 是学习速率。我们可以按随机顺序循环选取 $C$ 中的所有元素，并执行这些更新。重复这样的循环直到收敛。使用负采样可以提高分解的质量，其中随机梯度下降的单次循环对 $C$ 中的所有非零元素进行采样，但只采样零元素的一个随机样本集。在每次循环过程中，随机样本可能不同，但它的规模总是非零元素数量的 $k$ 倍。$k > 1$ 是一个由用户主导的参数，它隐式地控制了分解中正样本和负样本的权重。在这样的情形中，随机梯度下降的每次循环不再需要与 $O(d^2)$ 成比例的时间，而是与矩阵中非零元素的数量呈线性比例。值得注意的是，这种类型的负采样在上下文嵌入中无处不在。也有其他一些结构化的负采样方式，其中每个正样本（$i$，$j$）与 $k$ 个负样本（$i$，$j_1$）…（$i$，$j_k$）相匹配。索引$j_1 \cdots j_k$是通过与它们在语料库中的频率成比例的概率采样得到的。我们还可以使用$c_{ij}$的缩放值（damped value）（如用$\sqrt{c_{ij}}$）来降低高频词的影响。

#### 10.4.1.1 后处理问题

对于本章讨论的所有类型的词嵌入方法（包括神经网络方法）来说，某些后处理问题是比较常见的。例如，为什么将 $U$ 的行用作嵌入？为什么不是 $V$ 的行？还有，该如何对 $U$ 和 $V$ 的行进行归一化？本节将会对这些问题进行综合的讨论。

使用与词典相同的上下文词汇表是比较常见的。在这样的情形中，我们可以将词嵌入$\overline{u}_i$和上下文嵌入$\overline{v}_j$拼接或相加以创建单词 $i$ 的嵌入，其中的第一个思想是在原始的 HAL 论文中被提出的，第二个是由 GloVe 方法（见 10.4.2 节）提出的。然而，在上下文的数目 $d'$ 与 $d$

不同的情形中，上下文也可能有其他的定义。在这些情形中，我们可以对大小为 $d \times d'$ 的矩阵 $C$ 进行分解（参见 10.4.5 节），并且必须遵守仅使用 $\overline{u_i}$ 的传统做法。一般来说，将 $\overline{u_i}$ 和 $\overline{v_j}$ 相加可能会对嵌入有所帮助，也可能会对嵌入有所损害。这是值得一试的。

$C \approx UV^{\mathrm{T}}$ 的分解并不唯一。例如，将 $U$ 的第一列乘以 2 并将 $V$ 的第一列除以 2 并不会改变 $UV^{\mathrm{T}}$。该如何对 $U$ 和 $V$ 进行归一化以创建一个唯一的嵌入？有一些可以用来进行归一化的方法。如果将 $U$ 和 $V$ 的行相加，则必须以相同的方式对两个矩阵进行归一化。我们要么把 $U$ 的行归一化到单元范数，要么把它的列归一化到单元范数。此外，我们可以连续地对行和列进行归一化。如果使用 SVD 来执行分解 $C \approx Q\Sigma P^{\mathrm{T}}$，那么一种可行的方式是分别取 $U = Q\sqrt{\Sigma}$ 和 $V = P\sqrt{\Sigma}$[283]。事实上，我们可以通过把这个分解转化为标准的三分解如 SVD（参考 3.1.2 节），以将这个技巧用到任意类型的分解方法中。

### 10.4.2 GloVe 嵌入

分解方法的一个问题是，不同词项的频率变化幅度较大会导致嵌入严重受到高频词的影响。这个问题特别严重，因为原始的共现计数可以跨越 8 ~ 9 个数量级。因此，GloVe 方法[380]对基本的矩阵分解方法做了以下两个修改：

1）将矩阵 $C$ 的第 $(i, j)$ 个元素定义为 $\log(1 + c_{ij})$ 而不是 $c_{ij}$。正如第 2 章 2.4 节讨论的，这种类型的频率衰减函数被用在所有类型的文本挖掘应用中以降低高频词的影响。

2）通过一个关于 $c_{ij}$ 且包含最大阈值 $M$ 和参数 $\alpha$ 的函数对矩阵分解的优化目标中与第 $(i, j)$ 个元素的误差相对应的项（参考 10.4.1 节）进行加权，具体如下：

$$\mathrm{Weight}(i,j) = \min\left\{1, \frac{c_{ij}}{M}\right\}^{\alpha} \tag{10.12}$$

根据经验，$M$ 和 $\alpha$ 的推荐值分别为 100 和 3/4。

此时，我们可以写出修改后的目标函数：

$$\begin{aligned}
\text{最小化}\ J &= \sum_i \sum_j \mathrm{Weight}(i,j) \cdot [\log(1 + c_{ij}) - b_i^r - b_j^c - \overline{u_i} \cdot \overline{v_j}]^2 \\
&= \sum_i \sum_j \min\left\{1, \frac{c_{ij}}{M}\right\}^{\alpha} \cdot [\log(1 + c_{ij}) - b_i^r - b_j^c - \overline{u_i} \cdot \overline{v_j}]^2
\end{aligned}$$

把 $\overline{u_i}$ 与 $\overline{v_j}$ 的和用作单词 $i$ 的嵌入。

原始的 GloVe 论文没有使用任何正则化项。我们可以使用梯度下降或坐标下降来求解这个优化模型。GloVe 的随机梯度下降步骤与 10.4.1 节中的那些类似，不同的是，其中的每个元素是通过与 $\mathrm{Weight}(i, j)$ 成比例的概率来采样的，并使用了对数归一化（log - normalized）频率。值得注意的是，这个方法完全没有对零元素进行采样，因为对于这些元素来说，$\mathrm{Weight}(i, j)$ 的值为 0。换言之，GloVe 无视了值为 0 的 $c_{ij}$。因此，随机梯度下降的复杂度只取决于非零元素的数量。移除零元素的含义可能是比较有意思的。例如，如果我们有一个数据集，其中每个非零元素 $c_{ij}$ 都相差不大（但有很多零元素），由于零元素和非零元素之间存在明显差异，10.4.1 节讨论的方法依旧可以挖掘出合理的嵌入。然而，GloVe 可能会挖掘出没有意义的矩阵 $U$ 和 $V$，即其中所有元素都是相同的（见习题 8）。当然，在实际场景中，这样的异常情况并不会发生。众所周知，GloVe 在实践中效果很好。

### 10.4.3 PPMI 矩阵分解

GloVe 使用对数归一化来降低非常频繁的单词带来的影响。此外，我们也可以通过使用各种类型的相关性度量来实现这种降低影响的方法以构造矩阵，如正逐点互信息（Positive Pointwise Mutual Information，PPMI）[66]。对于每个单词，我们提取该单词两侧特定长度的上下文。对于某个偶数 $m$，任一侧的窗口大小的长度为 $t=m/2$。

令$c_{ij}$为单词 $j$ 在目标单词 $i$ 的上下文中出现的次数。令$f_i = \sum_j c_{ij}$，$q_j = \sum_i c_{ij}$。此外，我们有 $N = \sum_{i,j} c_{ij}$。PPMI 的定义如下：

$$\mathrm{PPMI}(i,j) = \max\left\{\log\left(\frac{N \cdot c_{ij}}{f_i \cdot q_j}\right), 0\right\} \tag{10.13}$$

这些 PPMI 值被存储在大小为 $d \times d$ 的矩阵 $M$ 中。我们可以将矩阵 $M$ 分解为秩为 $p$ 的矩阵 $U$ 和 $V$：

$$M \approx UV^{\mathrm{T}} \tag{10.14}$$

矩阵 $U$ 和 $V$ 的大小均为 $d \times p$。$U$ 的行包含各个单词的 $p$ 维嵌入，而 $V$ 的行包含上下文的嵌入。这个优化方法与 10.4.1 节中讨论的矩阵分解方法相似。另外一种方法是在 $p$ 维空间中使用（截断）奇异值分解对矩阵 $M$ 进行分解 $M \approx Q\Sigma P^{\mathrm{T}}$，然后将矩阵 $U$ 和 $V$ 分别设为 $Q\sqrt{\Sigma}$和 $P\sqrt{\Sigma}$[283]。

### 10.4.4 位移 PPMI 矩阵分解

位移 PPMI（SPPMI）矩阵使用参数 $k$ 对矩阵进行位移变换并对其进行稀疏化：

$$\mathrm{SPPMI}(i,j) = \max\left\{\log\left(\frac{N \cdot c_{ij}}{f_i \cdot q_j}\right) - \log(k), 0\right\} \tag{10.15}$$

当 $k=1$ 时，它与 PPMI 等价。当 $k>1$ 时，它可以获得更好的结果，并且我们可以证明这些结果与一个流行的使用负采样的 word2vec 的变种相关[282]。令$M^{(s)}$为 $d \times d$ 大小的矩阵，它的元素对应着上面计算的 SPPMI 值。与在 PPMI 矩阵分解中的情形一样，我们可以使用 $M^{(s)}$ 的奇异值分解来提取词嵌入。另一种方法是不进行任何分解直接使用 SPPMI 矩阵的行。因为 SPPMI 矩阵比较稀疏，所以我们可以高效地处理这些向量。

### 10.4.5 融入句法和其他特征

在设计基于计数的方法时，一个比较关键的地方是在分解过程中融入句法和其他特征相对比较容易。例如，在单词 - 单词嵌入的情形中，矩阵 $C$ 是一个单词 - 单词共现矩阵。严格来讲，它的列不需要与单词相对应，它们可以是任意类型的上下文元素。例如，在上下文窗口中可能有各种词性和实体类型的计数等。在这样的情形中，矩阵 $C$ 甚至可能不是一个方阵。也就是说，上下文单词可能携带它们的词性标签。例如，单词 “bear” 可能有分别对应于动词和名词形式的 “bear - V” 和 “bear - N” 变种。显然，构建这样的矩阵需要使用一定程度的自然语言处理。特征的选择仅受限于人们想要在这些系统中所执行的语言预处理方法的类型。

## 10.5 单词距离的图形化表示

特征工程一般指的是多维嵌入的创建，因为它们可以与大部分机器学习算法搭配。然而，近年来，已经有很多算法被设计来处理诸如图这种更有效的数据类型。因此，创建图形化表示也是有意义的。此外，通过对这些图的邻接矩阵进行分解，这些方法还提供了一种创建多维嵌入的间接途径。由此得到的表示与分解单词 - 上下文矩阵得到的那些表示相似。图形化表示相对于基于上下文的窗口来说有一些优势，因为它们对更多有关单词的接近程度和顺序的信息进行编码。下面的讨论将会介绍距离图（distance graph）[15]。

距离图表示捕捉单词之间的顺序关系，因此基于各个句子创建距离图是比较合理的。换言之，每个距离图对应着一个句子。句子中的每个不同的单词对应一个节点，当两个单词在句子中足够接近时，对应的两个节点之间就存在一条有向边，这种接近程度通过距离图的阶 $k \geqslant 1$ 来定义。我们可以将 $k$ 阶距离图看成是 skip - gram 模型的一种图形化表示，其中每条边代表一个（$k-1$）- skip - 2 - gram。$k=1$ 的距离图对应着 bigram。$k$ 的值可以类比为本章的分解和基于上下文的神经网络模型中所使用的上下文窗口。此外，对于 $r=k-1$ 来说，边的权重由 $r$ - skip - 2 - gram 在句子中出现的次数㊀来定义。值得注意的是，从节点 $i$ 到节点 $j$ 的权重与从节点 $j$ 到节点 $i$ 的权重不一样。因此，距离图捕捉到的单词间的优先级信息比大多数分解模型要丰富。

为了进行更精细的分析，我们还可以基于单词间跳过的单词数量来对边进行加权。例如，考虑一对节点 $i$ 和 $j$，其中单词 $i$ 在单词 $j$ 前面出现的总次数为 $t$，并假设在其中的每个情形中跳过的单词个数分别为 $r_1$，$r_2$，…，$r_t$，其中每个 $r_i \leqslant k-1$。通过关于衰减参数 $\lambda \in (0, 1)$ 的衰减权重总和可以计算出边（$i$，$j$）的权重 $c_{ij}$，具体如下：

$$c_{ij} = \sum_{s=1}^{t} \lambda^{r_s+1} \tag{10.16}$$

需要注意的是，当 $\lambda=1$ 时，我们会得到距离图的非衰减版本。添加这种衰减权重还会产生一个更精细的上下文表示，其中各个单词间的距离的影响程度会更大。

虽然距离图是在句子级别自然创建的，但通过合并所有的句子级距离图我们也可以将它转化为文档级距离图。我们可以通过在各个（句子级）距离图中的所有节点的并集上定义一个新的距离图，并将对应边的权重相加，来合并句子级距离图。我们还可以创建一个语料库级的距离图，对它进行分解产生的结果与本章的很多模型得到的结果都比较相似。

与所有其他文本表示方法一样，高频词和停用词会对表示的准确率产生混淆。因此，参考文献［15］提出的一个解决方案是在创建距离图之前移除停用词。然而，我们也可以对高频词进行欠采样来创建距离图。图 10.3 展示了基于一个著名童谣创建的四个距离图的示例。

㊀ 距离图[15]的原始定义与这里的 skip - gram 定义没有太大的差异。其原始定义总假设一个单词与自身相连接，这样的定义还允许 0 阶距离图的存在，它对应着一个只有自循环的传统词袋。例如，对于句子“Adam ate an apple”来说，在四个节点中的每个节点处都有一个自循环，即使没有相邻的重复单词。这里的定义做出细微的修改，仅在单词确实出现在它们自己的上下文中时才把自循环包括进来。然而，对于很多传统的应用来说，这个差别似乎不会对结果产生影响。——原书注

这个距离图中的自循环与参考文献［15］提出的那些稍有不同，因为它们的包含标准略有差异。我们可以通过两种不同的方式来利用距离图：

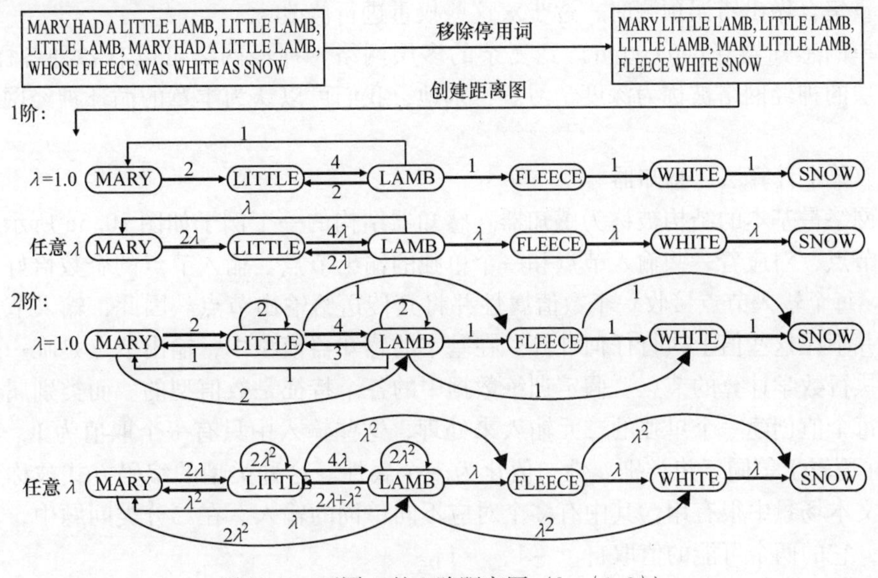


图10.3　不同 $\lambda$ 的 $k$ 阶距离图（$k=\{1,2\}$）

1）直接将图挖掘算法应用到各个句子的距离图表示上。与序列挖掘算法相比，图挖掘算法在学术界的进展更好，通常有现成的算法可供使用[15]。

2）将不同句子的距离图合并为单个距离图。然后分解（合并后的）距离图来创建与单词-上下文分解方法类似的嵌入（见习题6）。

如果优先级信息不重要，那么我们可以创建距离图的无向变种[15]。

## 10.6　神经语言模型

与 GloVe 和其他矩阵分解方法类似，像 word2vec[341,342] 这样的神经嵌入方法基于上下文窗口来创建嵌入。我们首先对神经网络做一个简要的介绍。

### 10.6.1　神经网络简介

神经网络是一种模仿人类神经系统的模型。人类的神经系统由细胞组成，这些细胞被称为神经元。生物神经元在接触点彼此相连，这些接触点被称为突触。在生物体中，学习是通过改变神经元之间的突触连接强度来进行的。通常来讲，为了响应外部刺激，这些连接的强度会发生变化。我们可以把神经网络看成一个对这种生物过程的模拟。

与在生物网络中的情形一样，人工神经网络中的各个节点被称为神经元。这些神经元是计算单元，它们从其他神经元接收输入，并在这些输入上进行计算，然后将计算结果传送给其他神经元。某个神经元处的计算会受到该神经元的输入连接的权重的影响，因为这些权重对该神经元的输入进行缩放。我们可以把这个权重类比为突触连接的强度。通过适当改变这些权重，我们可以学到人工神经网络的整体计算函数，它与生物神经网络中的突触强度的学习类似。人工神经网络中用来学习这些权重的“外部刺激”是由训练数据提供的。其思想是在当前权重集合做出错误预测时，逐步对这些权重进行修改。

从简单的感知器（perceptron）到复杂的多层网络，神经网络可以有各种各样的结构。使用很多层的神经网络被称为深度学习。特别地，我们可以认为本章的循环神经网络也属于深度模型。

10.6.1.1　单个计算层：感知器

神经网络最基本的结构被称为感知器。感知器结构的一个例子如图 10.5a 所示。感知器包含两层节点，对应着一些输入节点和一个单独的输出节点。输入节点的个数恰好等于数据的维度 $d$。每个输入节点接收一个数值属性并将其传送给输出节点。因此，输入节点只传送输入值，并不在这些值上执行任何计算。在基本的感知器模型中，输出节点是唯一一个在它的输入上执行数学计算的节点。假定训练数据中的各个特征是数值型的。而类别属性可以通过为它的每个值创建一个单独的二元输入来处理，这些输入中只有一个取值为 1，其他取值为 0。这在逻辑上等同于将类别属性二值化为多个属性。这种类型的编码方式被称为独热编码，它在文本场景中很有用，其中有多个对应不同单词的输入。在二分类问题中，只有一个输出节点，它的两个可能的值取自 $\{-1, +1\}$。

考虑使用数值输入和一个二元输出的最简单的可能场景。在这个场景中，每个输入节点通过一条加权连接与输出节点相连。这些权重定义了一个函数，这个函数把输入节点传送的值映射为一个取自 $\{-1, +1\}$ 的二元值。我们可以将这个值解读为感知器对传给输入节点的数据样本所做出的类变量预测值。与通过修改突触强度在生物系统中进行学习一样，感知器中的学习是通过修改从输入节点到输出节点的连接权重（当预测标签与真实标签不匹配时）来进行的。

通过感知器来学习的函数被称为激活函数（activation function），这是一个有符号的线性函数。这个函数与支持向量机中用来将训练样本映射为二值型类标记的学习函数类似。对于一个维度为 $d$ 的数据记录来说，令 $\overline{W}=(w_1 \cdots w_d)$ 为 $d$ 个不同的输入神经元到输出神经元的连接的权重。另外，该神经元的第 $d+1$ 个输入是一个值为 1 的常量，其系数为偏置 $b$。数据点 $\overline{X}$ 的特征集 $(x_1 \cdots x_d)$ 的输出 $\hat{y} \in \{-1, +1\}$ 如下：

$$\hat{y} = \operatorname{sign}\{\sum_{j=1}^{d} w_j x_j + b\} \tag{10.17}$$

$\hat{y}$（上方具有抑扬音符）的值表示的是感知器对 $\overline{X}$ 的类变量做出的预测结果，其中使用了符号函数将输出转换为适用于二分类的形式。如果要学习的目标是实值，则可以移除符号函数。

值得注意的是，使用具有常数值 1 的虚拟输入允许我们从上面的函数中避免偏置的显式使用，因为我们可以把这个偏置融入到系数向量 $\overline{W}$ 中：

$$\hat{y} = \operatorname{sign}\{\sum_{j=1}^{d} w_j x_j\} \tag{10.18}$$

这种特征工程技巧与线性模型中使用的技巧类似（参考第 6 章 6.1.2 节）。一个等价的方法是创建一个输出值总是为1的偏置神经元。这个神经元不与前一层的任何节点相连，但它对需要使用偏置的层中的每一个节点都有一个输入，其中每条连接的系数提供了与具体节点相关的偏置。

我们期望学习到的权重使尽可能多的训练样本的 $\hat{y}$ 值等于类变量的真实值 $y$。神经网络算法的目标是学习权重向量 $\overline{W}=(w_1\cdots w_d)$，以使 $\hat{y}$ 尽可能地接近真实的类变量 $y$。因此，我们试图隐式地最小化各个训练样本上的平方误差和 $(\hat{y}-y)^2$。然而，这种类型的目标函数非常适合数值型数据，我们可以将二元输出看成是数值型数据的特殊情形。在真值是多个类别的值（如文本数据中的单词标识符）的情形中，我们通过与多元对数几率回归（参考6.4.4节）相似的概率预测形式来使用多个输出节点。因此，其目标函数采用对数似然最大化的形式，这种类型的输出被称为 softmax，我们会在 word2vec 模型的上下文中提供一个具体的例子。要理解的关键是神经网络使各种各样的结构能够处理不同的学习问题和数据类型。

基本的感知器算法从一个随机的权重向量开始，然后逐个地将每个数据样本 $\overline{X}$ 送进神经网络来生成预测结果 $\hat{y}$，然后基于误差值 $E(\overline{X})=\hat{y}-y$ 对权重进行更新。具体来讲，当数据点 $\overline{X}$ 被送进神经网络时，算法需要更新权重向量 $\overline{W}$：

$$\overline{W}\Leftarrow\overline{W}+\alpha(y-\hat{y})\overline{X} \tag{10.19}$$

参数 $\alpha$ 决定了神经网络的学习速率。感知器算法按随机的顺序多次循环遍历所有的训练样本，并迭代地调整权重，直到收敛。需要注意的是，一个数据点可能会被循环遍历多次。每个这样的循环被称为一个轮次（epoch）。我们还可以根据误差 $E(\overline{X})=\hat{y}-y$ 写出梯度下降更新公式：

$$\overline{W}\Leftarrow\overline{W}+\alpha E(\overline{X})\overline{X} \tag{10.20}$$

感知器隐式地使用了损失函数，这与最小二乘分类中所使用的函数非常不同（参考式(6.21)）。我们在式（10.19）的更新中检测增量项 $(y-\hat{y})\overline{X}$，不考虑乘数因子 $\alpha$。在感知器中计算出的误差（$y-\hat{y}$）总是一个整数值，但在最小二乘分类中不是。然而，这两个方法以相同的方式使用它们各自的误差。换言之，感知器算法相对其他相关的最小二乘方法来说是比较独特的。

感知器更新是基于逐个元组来执行的，而不是在整个数据集上全局地执行的（像全局最小二乘优化中那样）。我们可以把基本的感知器算法看成一个随机梯度下降方法，它通过对随机选择出的训练点执行局部梯度下降更新，来隐式地最小化预测结果的平方误差。其假设是神经网络在训练期间以减小预测误差为目标按随机的顺序循环遍历数据点。容易看到，只有当 $y\neq\hat{y}$ 时，权重才会进行非零的更新，并且误差是在分类中产生的。在小批量（mini-batch）随机梯度下降中，式（10.20）的更新是在训练点的一个随机选择的子集 $S$ 上实现的：

$$\overline{W}\Leftarrow\overline{W}+\alpha\sum_{\overline{X}\in S}E(\overline{X})\overline{X} \tag{10.21}$$

与第6章中的所有线性模型一样，我们可以对权重进行惩罚以防止过拟合。最常见的惩罚形式是 $L_2$ 正则化，在这种情形中，更新如下：

$$\overline{W}\Leftarrow\overline{W}(1-\alpha\lambda)+\alpha\sum_{\overline{X}\in S}E(\overline{X})\overline{X} \tag{10.22}$$

式中，$\lambda>0$ 是正则化参数。我们可以将这种类型的惩罚看成是更新期间的一种权重衰减。需要注意的是，这种类型的惩罚被用于所有类型的神经网络中，而不是只在感知器中。正则化在数据量有限时特别重要。

10.6.1.2　与支持向量机的关系

感知器与支持向量机（SVM）的关系非常密切。当把感知器更新重写为如下形式时，这种相似性变得非常明显：

$$\overline{W} \Leftarrow \overline{W}(1-\alpha\lambda)+\alpha \sum_{(\overline{X}, y) \in S^{+}} y \overline{X} \tag{10.23}$$

式中，$S^{+}$ 被定义为满足 $y(\overline{W}\cdot\overline{X})<0$ 的 $\overline{X}$ 的集合，即 $\overline{X}\in S$。尽管上面的更新看起来与感知器基于误差的更新不同，但对于错误分类的点来说，（整数的）误差 $E(\overline{X})=(y-\text{sign}\{\overline{W}\cdot\overline{X}\})\in\{-2,+2\}$ 等于 $2y$，我们可以将因子 2 融入到学习速率中。由此得到的感知器更新（用 $y$ 来替换 $E(\overline{X})$）与原始 SVM 算法使用的更新相似，不同的是，它只对错误分类点执行这种更新，并且不包含决策边界附近的正确的预测。需要注意的是，SVM 使用条件 $y(\overline{W}\cdot\overline{X})<1$ 来定义 $S^{+}$，这会导致位于决策边界的预测也被包括在内。这是感知器与原始 SVM 算法的唯一差异。关于原始 SVM 算法的讨论，可参考第 6 章的 6.3.3 节。

感知器隐式地优化由下式定义的感知器准则（perceptron criterion）[51]：

$$L=\max\{-y(\overline{W}\cdot\overline{X}),0\} \tag{10.24}$$

鼓励读者验证，使用这个平滑的目标函数的梯度可以对感知器进行更新。一个重要的观察是这个感知器准则是 SVM 中所用的 hinge - loss 的一个位移版本：

$$L_{\text{SVM}}=\max\{1-y(\overline{W}\cdot\overline{X}),0\} \tag{10.25}$$

这种一个单位的移动也解释了上述条件中的细微差异，在这个条件下，训练点（$\overline{X}$，$y$）对更新有所贡献。通过感知器和 SVM 找到的最优解的示例如图 10.4 所示。SVM 不鼓励决策边界附近有正确的预测，因此它对位于决策边界附近的没有观测到的测试数据点往往有更好的泛化能力。

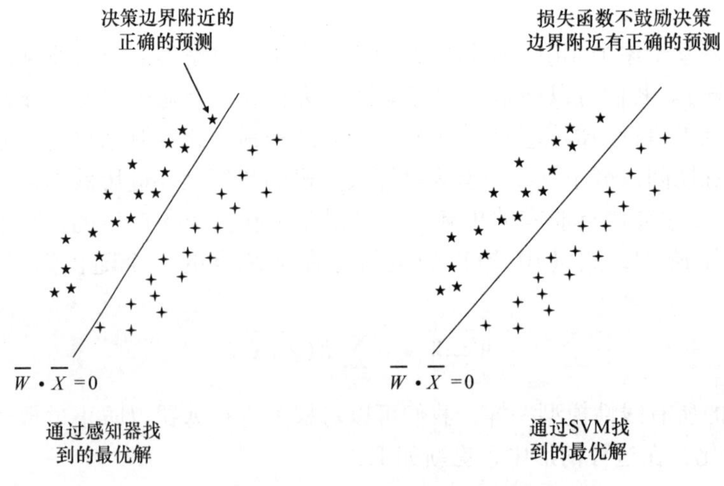


图 10.4　比较 SVM 和感知器

#### 10.6.1.3 激活函数的选择

在感知器中，符号函数被用作激活函数。这种特殊类型的激活函数对于离散输出的创建来说很有用，尽管它可能并不适用于所有类型的输出。例如，如果我们想要预测正类的概率，则可以选择使用sigmoid函数。在这些情形中，平方误差的优化形式不再合适（在感知器中也一样），而最大化已观测到的数据的可能性是比较合理的。因此，激活函数和损失函数的选择也会根据学习算法的目标做出修改。很多这些损失函数与第6章中的线性模型和非线性模型所使用的损失函数相似。原因是这些模型高度依赖像梯度下降这样的优化方法，这些方法可以很容易地推广到神经网络结构中。强烈推荐对神经网络和深度学习感兴趣的读者熟练掌握这些模型。

常用的激活函数有符号（sign）函数、sigmoid函数，或双曲正切（hyperbolic tangent）函数。我们使用$\Phi$来表示激活函数：

$$\hat{y}=\Phi(\overline{W}\cdot\overline{X}) \tag{10.26}$$

函数$\Phi(\cdot)$的一些例子如下：

$\Phi(v)=v$（恒等函数） $\Phi(v)=\text{sign}(v)$（符号函数）

$\Phi(v)=\dfrac{1}{1+e^{-v}}$（sigmoid函数） $\Phi(v)=\max\{v,0\}$（ReLU）

$\Phi(v)=\dfrac{e^{2v}-1}{e^{2v}+1}$（tanh函数） $\Phi(v)=\max\{\min[v,1],-1\}$（硬tanh函数）

激活函数的具体选择是由分析者根据自身经验和对不同问题的理解来确定的。例如，sigmoid函数总是将输出映射到（0，1）之间，它被解读为一个概率值。tanh函数与sigmoid函数相似，不同的是，它将输出映射到（−1，+1）之间，而不是（0，1）之间。当需要将输出同时映射为正类或负类时，这是比较可取的。ReLU和硬tanh函数分别是sigmoid函数和tanh函数的分段线性近似。

正如我们接下来会看到的，这些非线性激活函数在多层网络中也很有用，因为它们有助于创建更有效的不同类型的函数组合。这些中的很多函数被称为挤压函数（squashing function），因为它们将一个任意范围内的输出映射成有边界的输出。

#### 10.6.1.4 输出节点的选择

在感知器结构的很多基本变种中，当有多个类别时，我们可以使用多个输出节点。多个输出节点在其他类型的结构中很有用，在这些结构中，我们试图基于其他属性的子集重构数据的多个属性。这种场景的一个经典例子是自编码器（autoencoder），它试图通过多层结构来重构所有的特征。我们对多个输出节点也感兴趣，因为这种输出可能是根据单个单词预测出的$t$个上下文单词的集合。目标单词的离散性质也要求我们选择一种不同于符号激活函数的输出形式。在输出是一个具有$d$个可能的值的目标单词的情形中，我们通常使用具有$d$个输出节点的softmax层来计算输出值，其中每个输出值是表示特定单词被选中的可能性的概率值。因此，如果$\overline{v}=[v_1\cdots v_d]$是对每个单词应用某个线性模型得到的$d$个输出值，那么第$i$个softmax输出值的计算如下：

$$\Phi(\bar{v})_i = \frac{\exp(v_i)}{\sum_{j=1}^{d} \exp(v_j)} \qquad \forall i \in \{1 \ldots d\} \tag{10.27}$$

我们可以把一个 softmax 输出看成一个多元对数几率预测（参考第6章6.4.4节）的形式，它对多元场景中的离散变量预测特别有效。在这些情形中，我们把输出概率的负对数损失函数（而不是感知器中所使用的平方误差）用作神经网络的损失函数。

10.6.1.5 损失函数的选择

从前面的讨论中明显可以看出，激活函数的选择、输出节点的性质以及具体应用的目标在确定损失函数的过程中扮演着一定的角色。例如，对于一个目标值为 $y$ 且预测值为 $\hat{y}$（使用恒等激活函数）的训练样本，使用数值输出的最小二乘回归采用一个形式为 $(y-\hat{y})^2$ 的简单的平方损失函数。我们也可以使用其他类型的损失函数如 hinge 损失函数，它是针对 $y \in \{-1, +1\}$ 和实值预测值 $\hat{y}$（使用恒等激活函数）来定义的：

$$L = \max\{0, 1 - y \cdot \hat{y}\} \tag{10.28}$$

读者可以自行证明，这种类型的损失函数可以用来隐式地定义一个具有单层神经网络的支持向量机（参考第6章6.3节）。由此得到的算法与感知器的差别非常小（见围绕式(10.23)的讨论）。

对于多元预测（如预测目标是单词标识符或多个类别中的一个）来说，softmax 输出特别有用。然而，一个 softmax 输出是概率性的，因此它需要一种不同类型的损失函数。事实上，对于概率性预测来说，根据预测值是二元的还是多元的，可以使用两种不同类型的损失函数：

1）二元目标（对数几率回归）：在这种情形中，假设观测值 $y$ 是从 $\{-1, +1\}$ 中抽取的，预测值 $\hat{y}$ 是一个使用恒等激活函数的任意数值。在这样的情形中，观测值为 $y$ 和预测值为 $\hat{y}$ 的单个样本的损失函数的定义如下：

$$L = \log(1 + \exp(-y \cdot \hat{y})) \tag{10.29}$$

读者可以自行证明，这个损失函数与对数几率回归中所使用的函数相同（参考第6章6.4节）。或者，我们可以使用 sigmoid 激活函数来输出 $\hat{y} \in (0,1)$，它表示观测值 $y$ 为1的概率。然后，假设 $y$ 的值取自 $\{-1, +1\}$，则 $\left|\frac{y}{2} - 0.5 + \hat{y}\right|$ 的负的对数可以作为损失函数。这是因为 $\left|\frac{y}{2} - 0.5 + \hat{y}\right|$ 表示预测正确的概率，基于这一点，我们可以创建负的对数损失函数。

2）类别目标：在这种情形中，如果 $\hat{y}_1 \cdots \hat{y}_k$ 是 $k$ 个类别的概率（使用 softmax 激活函数），并且第 $r$ 个类别是真值类，则单个样本的损失函数的定义如下：

$$L = -\log(\hat{y}_r) \tag{10.30}$$

这个函数被称为交叉熵损失（cross-entropy loss），它与多元对数几率回归中所使用的函数相同（见6.4.4节的式(6.35)）。此外，这个损失函数是上面针对二分类情形讨论的损失函数的一个直接的扩展。

预测一个输出单词的概率（如语言模型中的下一个单词）是这种方法的一个经典例子，因为我们需要从包含 $d$ 个词项的词典中预测出单个离散值的可能性（单词）。word2vec 方法提供了一个使用这种方法的具体例子。需要记住的关键是输出节点的性质、激活函数的性质以及根据手头的应用来优化的损失函数的性质。即使我们通常把感知器当作单层网络的典型代表，它也只是众多网络中的一个代表。

10.6.1.6　多层神经网络

感知器模型是神经网络最基本的形式，它只包含一个单一的输入层和输出层。因为输入层只传送属性值，实际上没有对输入应用任何数学函数，所以感知器学到的函数只是一个基于单个输出节点的简单的线性模型。在实践中，我们可能需要使用多层神经网络来学习更复杂的模型。

多层神经网络除了输入层和输出层以外，还有一个隐藏层（hidden layer）。原则上，我们可以通过不同的拓扑结构将隐藏层的节点相连。例如，隐藏层本身可以由多个层组成，并且某一层中的节点会传送给下一层的节点，这种结构被称为多层前馈网络。某一层中的节点也被假定是与下一层的节点全连接的。因此，多层前馈网络的拓扑结构是在分析者指定层数和每层的节点数/类型后自动确定的，但损失函数的选择也很关键。我们可以把基本的感知器看成是一个单层的前馈网络，一个常用的模型是只包含一个隐藏层的多层神经网络。我们可以把这种网络看成一个两层的前馈网络。一个三层的前馈网络的例子如图 10.5b 所示。需要注意的是，层数指的是计算层的数目，不包含输入层（它只是将数据传送给下一层）。

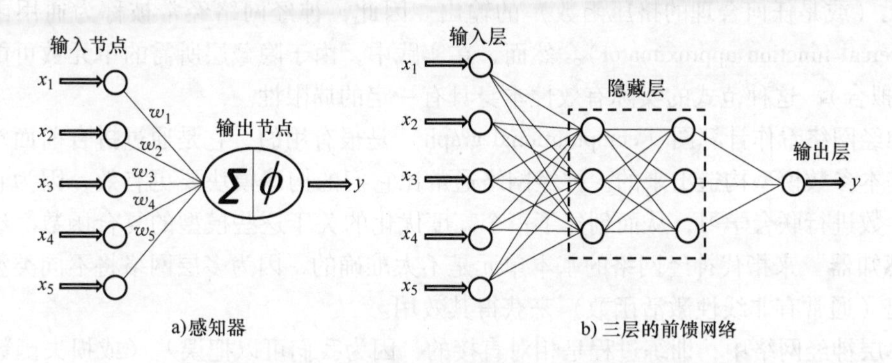


图 10.5　单层神经网络与多层神经网络

图 10.5b 的例子展示了一个多层网络，它与分类问题相关。然而，根据手头的目标，我们可以使用不同类型的输出。这种场景的一个经典例子是自编码器，它基于输入重新生成输出。因此，输出节点的数目等于输入节点的数目（见图 10.6）。中间的降维隐藏层输出每个样本的降维表示，就如同主成分分析或矩阵分解生成数据点的低维表示一样。事实上，我们可以证明这种结构的浅层变种在数学上等价于主成分分析。另一个常见的多输出的例子是多元对数几率回归的模拟。这种方法在语言模型的上下文中特别有用，其中我们把上下文窗口用作输入来预测各个单词的概率。本章将会讨论一个这样的方法。

从各个节点处的计算函数来看，多层神经网络意味着什么？我们可以把神经网络中函数

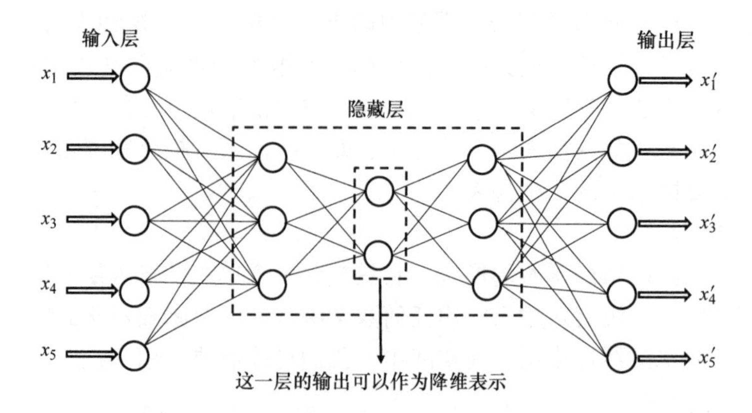


图 10.6　一个具有多个输出的自编码器的例子

“$f(\cdot)$跟着$g(\cdot)$”这样长度为2的路径看成一个复合函数$f(g(\cdot))$。此外，如果$g_1(\cdot)$，$g_2(\cdot),\cdots,g_k(\cdot)$是第$m$层中的计算函数，$f(\cdot)$是第$m+1$层中某个特定节点的计算函数，则通过第$m+1$层的这个节点计算的关于第$m$层的输入的复合函数即为$f(g_1(\cdot),\cdots,g_k(\cdot))$。非线性激活函数的使用增加了多层网络的有效性。如果所有层使用恒等激活函数，那么一个多层神经网络就简化为线性回归。参考文献［227］已经证明一个具有单个隐藏层的网络（给定足够的数据）理论上可以计算任意函数，其在隐藏层中线性地结合了多个 sigmoid 单元（或是任何合理的挤压函数）的输出。因此，神经网络经常被称为通用函数逼近器（universal function approximator）。然而，在实践中，由于隐藏层所需的单元数可能非常大（导致过拟合），这种范式的实际有效性本身具有一定的局限性。

把神经网络看作计算图（computational graph）是很有用的，它是通过拼合前面章节讨论的很多基本参数模型构造出来的。神经网络通常比它们的构建模块要更有效，因为它对这些模型的参数进行联合学习，从而创建了一个高度优化的关于这些模型的复合函数。经常使用术语“感知器”来指代神经网络的基本单元是不太准确的，因为多层网络将不同类型的模型放到一起（通常有非线性激活函数）来获得其效用。

在单层神经网络中，训练过程是相对直接的，因为我们可以把误差（或损失函数）作为权重的一个直接的函数来计算，它的梯度计算比较简单。在多层神经网络的情形中，问题在于损失函数是一个关于前面所有层的权重的复杂的复合函数。我们可以使用反向传播算法（backpropagation algorithm）来计算复合函数的梯度。反向传播算法利用微积分的链式法则，它根据从一个节点到输出节点的各条路径上的局部梯度乘积的求和项来计算误差的梯度。虽然这个求和项具有指数级数量的分量（路径），但我们可以使用动态规划（dynamic programming）对它进行高效的计算。反向传播算法是动态规划的一个直接应用。它包含两个主要阶段，分别叫作前向（forward）阶段和反向（backward）阶段。前向阶段需要计算各个节点处的输出值和局部导数，反向阶段需要累积从各个节点到输出节点的所有路径上的这些局部值的乘积：

1）前向阶段：在这个阶段，我们将一个训练样本的输入送进神经网络。这会驱动模型使用当前的权重集合以前向级联的方式在各层间进行计算。然后我们可以把最后输出的预测结果与训练样本的真实结果进行比较，并计算损失函数关于输出结果的导数。此时需要在反向阶段计算这个损失函数值关于所有层中的权重的导数。

2）反向阶段：反向阶段的主要目标是利用微积分的链式法则来学习损失函数关于不同权重的梯度，然后使用这些梯度来更新权重。由于这些权重是从输出节点开始，在反方向上学习出的，所以这个学习过程被称为反向阶段。考虑一个隐藏单元序列 $h_1$，$h_2$，$\cdots$，$h_k$，它后面跟着输出节点 $o$，我们需要计算关于 $o$ 的损失函数 $L$。此外，假设从隐藏单元 $h_r$ 到 $h_{r+1}$ 的连接的权重为 $w_{(h_r,h_{r+1})}$，那么第 $r-1$ 个隐藏单元传送给第 $r$ 个单元的输入即为 $w_{(h_{r-1},h_r)}\cdot h_{r-1}$。因此，在从 $h_1$ 到 $o$ 存在一条路径的情形中，我们可以使用链式法则推导出损失函数关于其中任意一条边上的权重的梯度：

$$\frac{\partial L}{\partial w_{(h_{r-1},h_r)}}=\frac{\partial L}{\partial o}\cdot\left[\frac{\partial o}{\partial h_k}\prod_{i=r}^{k-1}\frac{\partial h_{i+1}}{\partial h_i}\right]\frac{\partial h_r}{\partial w_{(h_{r-1},h_r)}}\qquad\forall r\in 1\cdots k\tag{10.31}$$

上面的表达式假设网络中从 $h_1$ 到 $o$ 只存在一条路径，而现实中可能存在指数级数量的路径。链式法则的一个广义变种被称为多变量链式法则（multivariable chain rule），它对计算图中的梯度进行计算，其中有多条路径存在。这是通过把沿着从 $h_r$ 到 $o$ 的每条路径的复合项相加来实现的。在一个有两条路径的计算图中的链式法则的例子如图 10.7 所示。因此，我们

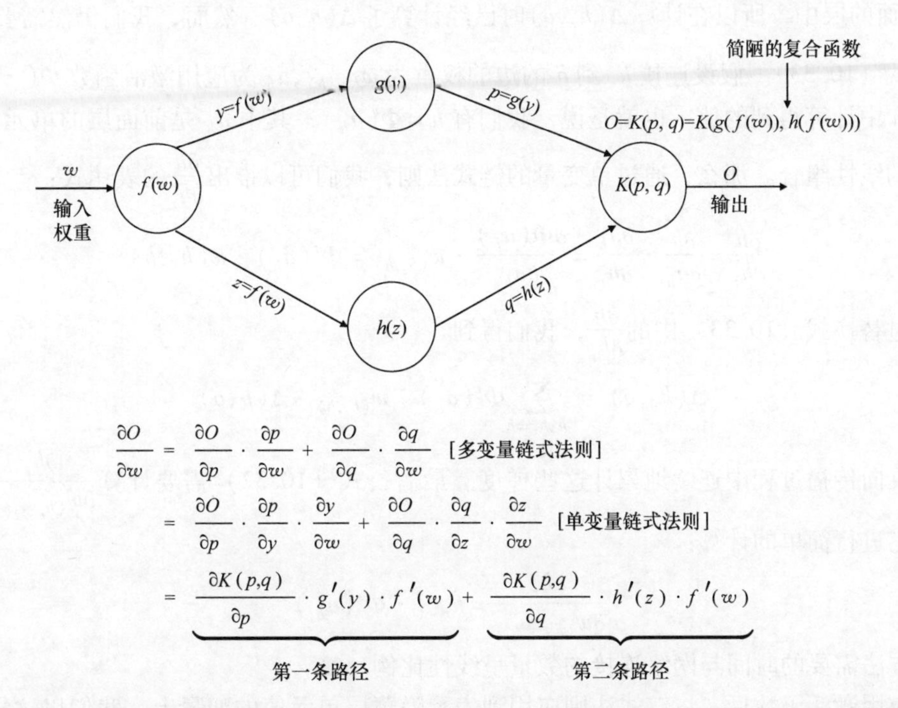


图 10.7 计算图中的链式法则的示例。沿着从权重 $w$ 到输出 $O$ 的路径对特定节点的偏导数的乘积进行合并。由此得到的值产生了输出 $O$ 关于权重 $w$ 的导数。在这个简化的例子中输入节点与输出节点之间只有两条路径

将上面的表达式推广到从 $h_r$ 到 $o$ 存在一个路径集合 $P$ 的情形中：

$$\frac{\partial L}{\partial w_{(h_{r-1},h_r)}} = \underbrace{\frac{\partial L}{\partial o} \cdot \left[ \sum_{[h_r,h_{r+1},\cdots,h_k,o] \in p} \frac{\partial o}{\partial h_k} \prod_{i=r}^{k-1} \frac{\partial h_{i+1}}{\partial h_i} \right]}_{\text{反向传播计算}\Delta(h_r,o) = \frac{\partial L}{\partial h_r}} \frac{\partial h_r}{\partial w_{(h_{r-1},h_r)}} \tag{10.32}$$

计算右侧的$\frac{\partial h_r}{\partial w_{(h_{r-1},h_r)}}$比较直接，稍后会在式（10.35）中讨论。然而，上面的路径合并项［由$\Delta(h_r,o) = \frac{\partial L}{\partial h_r}$表示］是在呈指数式增加的路径（相对于路径长度）上进行合并的，这第一眼看上去似乎是难以处理的。一个关键是神经网络的计算图没有循环，通过先计算最接近 $o$ 的节点 $h_k$ 的 $\Delta(h_k,o)$，然后递归地计算后面层中的节点关于前面层中的节点的这些值，原则上可以反向地计算出这样的合并项。这种动态规划技术被频繁地用来对有向无环图中所有以路径为中心的函数进行高效的计算，其他情形可能需要指数级数量的运算。$\Delta(h_r,o)$的递归式可以表示如下：

$$\Delta(h_r,o) = \frac{\partial L}{\partial h_r} = \sum_{h:h_r \Rightarrow h} \frac{\partial L}{\partial h} \frac{\partial h}{\partial h_r} = \sum_{h:h_r \Rightarrow h} \frac{\partial h}{\partial h_r} \cdot \Delta(h,o) \tag{10.33}$$

在反向传播开始的时候，我们需要将$\Delta(o,o)$的值初始化为$\frac{\partial L}{\partial o}$。由于其中的每个 $h$ 都位于 $h_r$ 后面的层中，所以在计算$\Delta(h_r,o)$时已经计算了$\Delta(h,o)$。然而，我们仍然需要计算$\frac{\partial h}{\partial h_r}$来计算式（10.33）。假设连接 $h_r$ 到 $h$ 的边的权重为 $w_{(h_r,h)}$，$a_h$ 为应用激活函数 $\Phi(\cdot)$前在隐藏单元 $h$ 中计算得到的值。也就是说，我们有 $h = \Phi(a_h)$，其中 $a_h$ 是前面层的单元传送到 $h$ 的输入的线性组合。那么，通过单变量的链式法则，我们可以推出$\frac{\partial h}{\partial h_r}$的表达式：

$$\frac{\partial h}{\partial h_r} = \frac{\partial h}{\partial a_h} \cdot \frac{\partial a_h}{\partial h_r} = \frac{\partial \Phi(a_h)}{\partial a_h} \cdot w_{(h_r,h)} = \Phi'(a_h) \cdot w(h_r,h)$$

通过替换式（10.33）中的$\frac{\partial h}{\partial h_r}$，我们得到

$$\Delta(h_r,o) = \sum_{h:h_r \Rightarrow h} \Phi'(a_h) \cdot w_{(h_r,h)} \cdot \Delta(h,o) \tag{10.34}$$

在反向传播过程中连续地累计这些梯度。最后，式（10.32）需要计算$\frac{\partial h_r}{\partial w_{(h_{r-1},h_r)}}$，我们可以对它进行简单的计算：

$$\frac{\partial h_r}{\partial w_{(h_{r-1},h_r)}} = h_{r-1} \cdot \Phi'(a_{h_r}) \tag{10.35}$$

该方法需要的时间与网络连接的数量呈线性比例。

在应用激活函数后，将链式法则应用到表示隐藏层单元值的变量上，我们以这样的方式在上面推导出了式（10.34）的循环计算公式。通过用$\delta(h_r,o)$代替$\Delta(h_r,o)$，我们可以得到一个略有不同的循环计算公式[51,183]，它是根据单元 $h_1 \cdots h_k$ 以及 $o$ 中表示预激活（pre - activation）值 $a_{h_1} \cdots a_{h_k}$和 $a_o$的变量来定义的。因此，我们调整式（10.32）如下：

$$\frac{\partial L}{\partial w_{(h_{r-1},h_r)}}=\underbrace{\frac{\partial L}{\partial o}\Phi'(a_o)\cdot\Big[\sum_{[h_r,h_{r+1},\cdots,h_k,o]\in P}\frac{\partial a_o}{\partial a_{h_k}}\prod_{i=r}^{k-1}\frac{\partial a_{h_{i+1}}}{\partial a_{h_i}}\Big]}_{\text{反向传播计算}\delta(h_r,o)=\frac{\partial L}{\partial a_{h_r}}}\cdot\underbrace{\frac{\partial a_{h_r}}{\partial w_{(h_{r-1},h_r)}}}_{h_{r-1}} \tag{10.36}$$

式中，$\delta(h_r,o)=\frac{\partial L}{\partial a_{h_r}}$的循环计算公式为$\delta(h_r,o)=\Phi'(a_{h_r})\sum_{h:h_r\Rightarrow h}w_{(h_r,h)}\delta(h,o)$，并且每个$\delta(o,o)$被初始化为$\frac{\partial L}{\partial o}\Phi'(a_o)$。使用预激活值的循环计算公式更为常用，在大多数教材中都能找到。通过将所有的贡献值加起来可以方便地将这种循环计算公式推广到多个输出的情形中。

### 10.6.2 基于word2vec的神经嵌入

word2vec的两个变种如下：

1）基于上下文预测目标单词：这个模型试图在一个句子中的第$i$个单词$w_i$周围使用一个宽度为$t$的窗口来预测这个单词。因此，单词$w_{i-t}w_{i-t+1}\cdots w_{i-1}w_{i+1}\cdots w_{i+t-1}w_{i+t}$被用来预测目标单词$w_i$。这个模型也被称为连续词袋（CBOW）模型。

2）基于目标单词预测上下文：给定句子中由$w_i$表示的第$i$个单词，这个模型试图预测单词$w_i$周围的上下文$w_{i-t}w_{i-t+1}\cdots w_{i-1}w_{i+1}\cdots w_{i+t-1}w_{i+t}$。这个模型被称为skip-gram模型。然而，有两种可以实现这种预测的方式。第一种技术是一个从$d$个输出结果中预测一个单词的多项式模型。第二种模型是伯努利模型，它针对每个上下文相对于某个特定词是否都出现来建模。第二种方法使用负采样（negative sampling）来提升效率。

本节将会讨论这些模型。

#### 10.6.2.1 基于连续词袋的神经嵌入

在连续词袋（CBOW）模型中，训练数据全部是上下文-单词对，其中输入是一个包含上下文单词的窗口，要预测的是一个单一的目标单词。上下文包含$2t$个单词，对应着目标单词前面和后面的$t$个单词。为了表示方便，我们将使用长度$m=2t$来定义上下文的长度。因此，输入到系统的是一个包含$m$个单词的集合。不失一般性，我们对这些单词的下标进行编号，以将它们表示为$w_1\cdots w_m$，并令$w$表示上下文窗口中间的目标（输出）单词。需要注意的是，我们可以把$w$看成是具有$d$个可能的值的类别变量，其中$d$是词典的大小。神经嵌入的目标是计算概率$P(w|w_1w_2\cdots w_m)$，并最大化在所有样本上的这些概率的乘积。

这个模型的总体结构如图10.8所示。在这种结构中，我们有一个包含$m\times d$个节点的单输入层，一个包含$p$个节点的隐藏层，以及一个包含$d$个节点的输出层。输入层的节点被聚集成$m$个不同的组，其中每个组都有$d$个单元。具有$d$个输入单元的每一个组都对应着$m$个上下文单词中某一个单词的独热编码输入向量，这是通过CBOW来建模的。其中每一个组的$d$个输入中只有一个元素为1，其余元素为0。因此，通过与上下文位置和单词标识符相对应的两个索引，我们可以表示出输入$x_{ij}$。具体而言，输入$x_{ij}\in\{0,1\}$的下标中包含两个索引$i$和$j$，其中$i\in\{1\cdots m\}$是上下文的位置，$j\in\{1\cdots d\}$是单词的标识符。

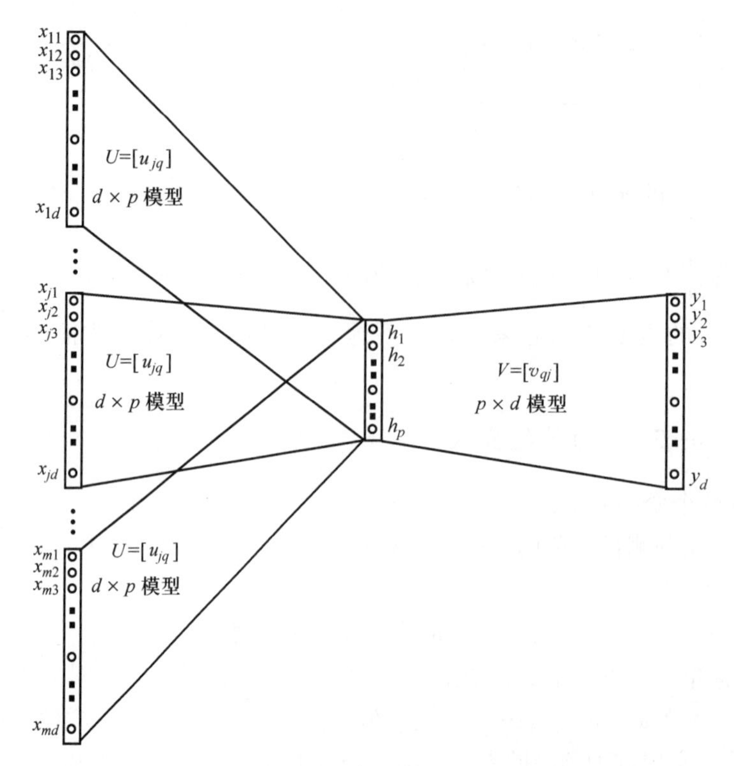


图 10.8　word2vec：CBOW 模型。我们还可以把各包含 $d$ 个输入节点的 $m$ 个集合变形为单个只包含 $d$ 个输入节点的集合，并在单个上下文窗口中合并 $m$ 个独热编码的输入来实现相同的效果。在这样的情形中，输入不再是独热编码

隐藏层包含 $p$ 个单元，其中 $p$ 是 word2vec 中隐藏层的维度。令 $h_1$，$h_2$，…，$h_p$ 为隐藏层节点的输出。需要注意的是，词典里的 $d$ 个单词中的每一个在输入层都有 $m$ 个不同的表示，对应着 $m$ 个不同的上下文单词，但这 $m$ 条连接的权重是相同的。这样的权重被称为是共享的（shared）。令每一条从词典中第 $j$ 个单词到第 $q$ 个隐藏层的连接的共享权重用 $u_{jq}$ 表示。需要注意的是，输入层中的 $m$ 个组中的每一个组都有到隐藏层的连接，这些连接都是由相同的大小为 $d \times p$ 的权重矩阵 $U$ 来定义的。这种情形如图 10.8 所示。

值得注意的是，我们可以把 $\overline{u}_j=(u_{j1},u_{j2},\cdots,u_{jp})$ 看成是第 $j$ 个输入单词在整个语料库中的 $p$ 维嵌入，并且 $\overline{h}=(h_1\cdots h_p)$ 提供了一个具体的输入上下文实例的嵌入。然后，隐藏层的输出如下：

$$h_q = \sum_{i=1}^{m}\left[\sum_{j=1}^{d} u_{jq}x_{ij}\right] \quad \forall q \in \{1\cdots p\} \tag{10.37}$$

很多工作的阐述在右侧的分母中使用一个额外的因子 $m$，但这种乘性变换（使用常数）是无关紧要的。我们也能以向量的形式写出这个关系：

$$\overline{h} = \sum_{i=1}^{m}\sum_{j=1}^{d}\overline{u}_j x_{ij} \tag{10.38}$$

事实上，我们在这里对输入单词的独热编码进行了合并，这意味着在大小为 $m$ 的窗口内的单词顺序并不会影响模型的输出。这正是该模型被称为连续词袋模型的原因。然而，由于我们把预测结果限制在了一个上下文窗口内，所以这里仍然使用了单词的顺序。

接下来，该模型利用 softmax 函数，使用嵌入 $(h_1 \cdots h_p)$ 来预测 $d$ 个输出单词中每一个单词可能为目标单词的概率。用一个大小为 $p \times d$ 的矩阵 $V=[v_{qj}]$ 对输出层的权重进行参数化，$V$ 的第 $j$ 列用 $\overline{v}_j$ 表示。在应用 softmax 之后，输出层产生了 $d$ 个输出值 $\hat{y}_1 \cdots \hat{y}_d$，它们是介于 (0，1) 之间的实数值。这些实数值的和为 1，因为我们可以把这些值解读为概率。对于一个给定的训练样本来说，输出 $y_1 \cdots y_d$ 中只有一个真值为 1，其余值为 0。我们可以写出这个条件如下：

$$y_j = \begin{cases} 1 & \text{如果目标单词 } w \text{ 是第 } j \text{ 个单词} \\ 0 & \text{反之} \end{cases} \tag{10.39}$$

通过 softmax 函数计算独热编码的输出真值 $y_j$ 的概率 $P(w \mid w_1 w_2 \cdots w_m)$ 如下：

$$\hat{y}_j = P(y_j = 1 \mid w_1 \cdots w_m) = \frac{\exp\left(\sum_{q=1}^{p} h_q v_{qj}\right)}{\sum_{k=1}^{d} \exp\left(\sum_{q=1}^{p} h_q v_{q_k}\right)} \tag{10.40}$$

需要注意的是，这种预测的概率形式与多元对数几率回归相同（参考 6.4.4 节）。对于一个特定的目标词 $w = r \in \{1 \cdots d\}$ 来说，损失函数为 $L = -\log[P(y_r = 1 \mid w_1 \cdots w_m)] = -\log(\hat{y}_r)$。使用负对数会把不同训练样本上的乘性似然函数转化成一个加性损失函数。

我们在前馈神经网络中使用反向传播算法来定义更新公式。我们可以使用不同训练样本的损失函数梯度以加和的方式对神经网络的权重进行更新，训练样本一个接一个地通过神经网络。首先，我们可以使用上述损失函数的导数来更新输出层权重矩阵 $V$ 的梯度。然后，使用反向传播算法来更新输入层和隐藏层之间的权重矩阵 $U$。使用学习速率 $\alpha$ 的更新公式如下：

$$\overline{u}_i \Leftarrow \overline{u}_i - \alpha \frac{\partial L}{\partial \overline{u}_i} \quad \forall i$$

$$\overline{v}_j \Leftarrow \overline{v}_j - \alpha \frac{\partial L}{\partial \overline{v}_j} \quad \forall j$$

式中，预测词典中的第 $j$ 个单词出错时的概率是通过 $|y_j - \hat{y}_j|$ 来定义的。然而，我们使用有符号的误差 $\epsilon_j$，其中只有满足 $y_j = 1$ 的正确单词才能得到正的误差值，而词典中的所有其他单词得到的误差值都为负。这是通过移除取绝对值符号来实现的：

$$\epsilon_j = y_j - \hat{y}_j \tag{10.41}$$

然后，针对一个特定的输入上下文和一个输出单词的更新[㊀]如下：

$$\overline{u}_i \Leftarrow \overline{u}_i + \alpha \sum_{j=1}^{d} \epsilon_j \overline{v}_j \quad [\text{任意出现在上下文窗口中的单词 } i]$$

---

㊀ 需要注意的是，更新公式中将 $\overline{u}_i$ 和 $\overline{v}_j$ 相加是一种对符号的轻微滥用。虽然 $\overline{u}_i$ 是一个行向量，$\overline{v}_j$ 是一个列向量，但更新公式直观上是比较清晰的。——原书注

$$\overline{v}_j \Leftarrow \overline{v}_j + \alpha \epsilon_j \overline{h} \quad [\text{词典中的任意} j]$$

式中，$\alpha > 0$ 是学习速率。相同单词 $i$ 在上下文窗口中的重复出现会触发$\overline{u}_i$ 的多次更新。值得注意的是，因为 $\overline{h}$ 合并了输入嵌入（根据式（10.38）），所以在两个更新公式中都对上下文单词的输入嵌入进行了合并。这种类型的合并对 CBOW 模型有一种平滑效应，在数据集较小的情况下非常有用。

训练过程中，我们依次给出上下文 - 目标对的训练样本，并训练权重直到收敛。值得注意的是，word2vec 模型提供了两个（而非一个）不同的嵌入，分别对应着矩阵 $U$ 的 $p$ 维行和矩阵 $V$ 的 $p$ 维列。前一种类型的词嵌入被称为输入嵌入，而后者则被称为输出嵌入。在 CBOW 模型中，输入嵌入代表上下文，因此使用输出嵌入是比较合理的。然而，输入嵌入（或者输入嵌入和输出嵌入的和/拼接）对于很多任务来说也很有用。

10.6.2.2　基于 skip - gram 模型的神经嵌入

在 skip - gram 模型中，目标单词被用来预测 $m$ 个上下文单词。因此，我们有一个输入单词和 $m$ 个输出单词。CBOW 模型的一个问题是，上下文窗口中的输入单词的平均效应（创建了隐含表示（hidden representation））在数据较少时具有一种（有益的）平滑效果，但它不能充分利用数据量增大带来的优势。而当有大量数据可用时，skip - gram 模型是首选的技术。

skip - gram 模型将单个目标词 $w$ 用作输入，并输出由 $w_1 \cdots w_m$ 表示的 $m$ 个上下文单词。因此，其目标是估计 $P(w_1 \cdots w_m | w)$，与 CBOW 模型中所估计的 $P(w | w_1 \cdots w_m)$不同。与在 CBOW 模型中的情形一样，我们可以在 skip - gram 模型中使用（类别）输入和输出的独热编码。在进行这样的编码后，skip - gram 模型将会有 $d$ 个二元输入，由 $x_1 \cdots x_d$ 表示，对应着单个输入单词的 $d$ 个可能的值。类似地，该模型将每个训练样本的输出编码为 $m \times d$ 个值 $y_{ij} \in \{0,1\}$，其中 $i$ 在 $1 \sim m$ 的范围内（上下文窗口的大小），$j$ 在 $1 \sim d$ 的范围内（词典的大小）。每个 $y_{ij} \in \{0,1\}$ 表示对应训练样本的第 $i$ 个上下文单词是否取第 $j$ 个可能的值。然而，第$(i, j)$个输出节点只计算一个软概率值$\hat{y}_{ij} = P(y_{ij} = 1 | w)$。因此，对于固定的 $i$ 和不同的 $j$ 来说，输出层的概率$\hat{y}_{ij}$的总和为 1，因为第 $i$ 个上下文的位置恰好取的是 $d$ 个单词中的某一个单词。隐藏层包含 $p$ 个单元，其输出由 $h_1 \cdots h_p$ 表示。每个输入 $x_j$ 通过一个大小为 $d \times p$ 的矩阵与所有隐藏节点相连。此外，$p$ 个隐藏节点通过相同的共享权重集合与各包含 $d$ 个输出节点的 $m$ 个组的每一个组相连。这 $p$ 个隐藏节点与每一个上下文单词的 $d$ 个输出节点之间的共享权重集合由大小为 $p \times d$ 的矩阵 $V$ 来定义。需要注意的是，skip - gram 模型的输入 - 输出结构是 CBOW 模型输入 - 输出结构的一个反转版本。skip - gram 模型的神经网络结构如图 10.9 所示。

使用输入层和隐藏层之间的大小为 $d \times p$ 的权重矩阵 $U = [u_{jq}]$ 可以从输入层中计算出隐藏层的输出：

$$h_q = \sum_{j=1}^{d} u_{jq} x_j \quad \forall q \in \{1 \cdots p\} \tag{10.42}$$

由于输入单词 $w$ 是关于 $x_1 \cdots x_d$ 的独热编码，所以上面的等式有一个简单的解释。如果输入单词 $w$ 是第 $r$ 个单词，那么对每个 $q \in \{1 \cdots p\}$，我们仅将 $u_{rq}$复制到隐藏层的第 $q$ 个节点中。也就是把 $U$ 的第 $r$ 行$\overline{u}_r$ 复制到隐藏层。正如上面所讨论的，隐藏层与各包含 $d$ 个输出节点

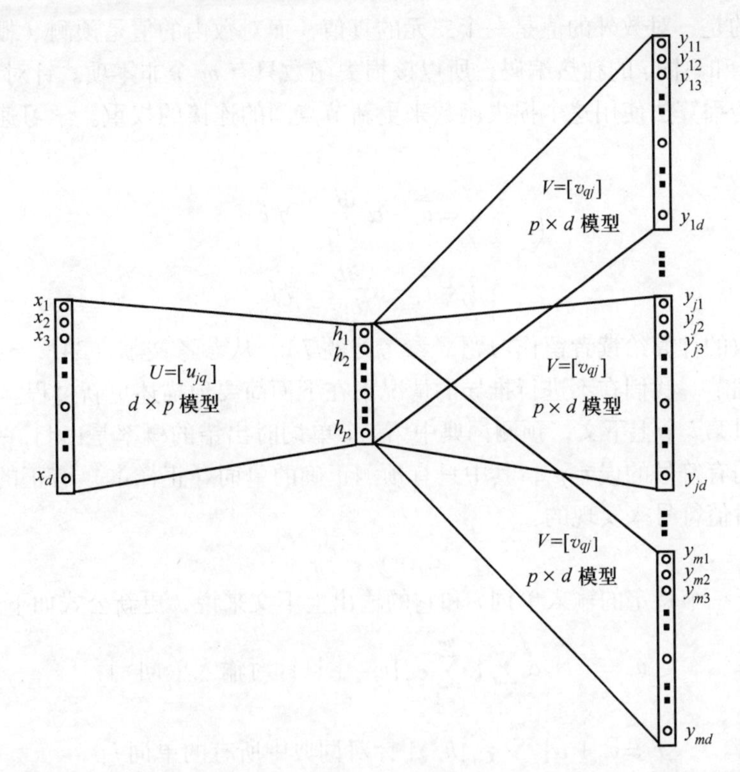


图 10.9　word2vec：skip - gram 模型。我们也可以将各包含 $d$ 个输出节点的 $m$ 个集合变形为只包含 $d$ 个输出节点的单个集合，并在随机梯度下降期间对单个上下文窗口中的 $m$ 个样本进行小批量处理来实现相同的效果

点的 $m$ 个组相连，其中每一个组都是通过大小为 $p \times d$ 的矩阵 $V=[v_{qj}]$ 与隐藏层相连的。这些各包含 $d$ 个输出节点的 $m$ 个组中的每一个组都需要计算各个单词相对于某个特定上下文单词的概率。$V$ 的第 $j$ 列由 $\bar{v}_j$ 表示，代表第 $j$ 个单词的输出嵌入。输出 $\hat{y}_{ij}$ 是在第 $i$ 个上下文的位置的单词取词典中第 $j$ 个单词的概率。然而，由于所有的分组共享相同的矩阵 $V$，所以神经网络为每个上下文单词预测的多项式分布是相同的。因此，我们有

$$\hat{y}_{ij} = P(y_{ij} = 1 \mid w) = \frac{\exp\left(\sum_{q=1}^{p} h_q v_{qj}\right)}{\underbrace{\sum_{k=1}^{d} \exp\left(\sum_{q=1}^{p} h_q v_{qk}\right)}_{\text{与上下文位置}i\text{无关}}} \quad \forall i \in \{1 \cdots m\} \tag{10.43}$$

需要注意的是，对于固定的 $j$ 和不同的 $i$ 来说，概率 $\hat{y}_{ij}$ 是相同的，因为上述公式的右侧与上下文窗口中的确切位置 $i$ 无关。

反向传播算法的损失函数是关于一个训练样本的真值 $y_{ij} \in \{0,1\}$ 的负的对数似然值。下面给出这个损失函数 $L$：

$$L = -\sum_{i=1}^{m} \sum_{j=1}^{d} y_{ij} \log(\hat{y}_{ij}) \tag{10.44}$$

需要注意的是，对数外的值是一个二元的真值，而对数内的值是预测（概率）值。由于 $y_{ij}$ 是关于固定 $i$ 和不同 $j$ 的独热编码，所以该损失函数只有 $m$ 个非零项。针对每个训练样本，我们结合反向传播算法使用这个损失函数来更新节点间的连接的权重。学习速率为 $\alpha$ 的更新公式如下：

$$\overline{u}_i \Leftarrow \overline{u}_i - \alpha \frac{\partial L}{\partial \overline{u}_i} \quad \forall i$$

$$\overline{v}_j \Leftarrow \overline{v}_j - \alpha \frac{\partial L}{\partial \overline{v}_j} \quad \forall j$$

我们将导数的计算给读者留作习题（参考习题7），从参考文献［341，342，415］中也可以找到一些细节。我们在不进行推导的情况下在下面简要地描述更新过程。

其中，针对第 $i$ 个上下文，预测词典中第 $j$ 个单词时出错的概率是由 $|y_{ij} - \hat{y}_{ij}|$ 来定义的。然而，我们使用有符号的误差 $\epsilon_j$，其中只有预测正确的单词（正样本）有正的概率值。这是通过移除取绝对值符号来实现的：

$$\epsilon_{ij} = y_{ij} - \hat{y}_{ij} \tag{10.45}$$

那么，对于一个特定的输入单词 $r$ 和它的输出上下文来说，更新公式如下：

$$\overline{u}_r \Leftarrow \overline{u}_r + \alpha \sum_{j=1}^{d} \left[ \sum_{i=1}^{m} \epsilon_{ij} \right] \overline{v}_j \quad [\text{只针对输入单词 } r]$$

$$\overline{v}_j \Leftarrow \overline{v}_j + \alpha \left[ \sum_{i=1}^{m} \epsilon_{ij} \right] \overline{h} \quad [\text{针对词典中所有的单词 } j]$$

式中，$\alpha > 0$ 是学习速率。将矩阵 $U$ 的 $p$ 维的行用作词嵌入。换句话说，传统做法使用的是 $U$ 的行中的输入嵌入而不是 $V$ 的列中的输出嵌入。参考文献［283］声称将输入嵌入与输出嵌入相加会对一些任务有所帮助（但在其他任务中会有损害）。此外，两者的拼接也会有用。

#### 10.6.2.3 实际问题

有一些实际问题与 word2vec 的准确率和效率相关。由隐藏层中的节点数定义的嵌入维度提供了偏置和方差之间的权衡。增加嵌入维度可以提升区分性，但它需要使用更多的数据。一般而言，典型的嵌入维度是几百，尽管对于非常大的集合来说我们可以选择上千的维度。上下文窗口的大小通常在 5 ~ 10 之间变化，比起 CBOW 模型，skip - gram 模型使用的窗口更大。使用随机的窗口大小是一种变种，它有一种隐含的效应，即它会给彼此比较接近的单词赋予更大的权重。skip - gram 模型速度比较慢，但它能更好地处理非频繁词和大规模的数据集。

另一个问题是高频和区分性较差的单词（如“the”）会对结果产生主导性的影响。因此，一个常用的方法是对高频词进行欠采样，这可以同时提升准确率和效率。需要注意的是，对高频词进行欠采样会产生增大上下文窗口大小的隐含效应，因为移除两个单词中间的任一个单词都会使这两个单词更接近。非常罕见的单词往往是拼写错误，很难在没有过拟合的情况下为它们创建有意义的词嵌入。因此，我们会忽略这些单词。

从计算的角度来看，输出嵌入的更新是很耗时的。这是因为 word2vec 在一个包含 $d$ 个单词的词典上应用了 softmax 函数，这需要对每个 $\overline{v}_j$ 进行更新。因此，为了实现更高的效率，我们可以通过层次型的方式来实现 softmax 函数。这种方法的思想是创建一个关于单词的二元树，然后将这个问题简化成复杂度为$\log_2 d$ 的二元预测问题。树的结构确实会影响结果的质量。参考文献［341，342］建议使用霍夫曼编码（Huffman encoding）。更多细节可参见参考文献［341，342，415］。

10.6.2.4　使用负采样的 skip - gram

另一个可以代替层次 softmax 技术的高效方法叫作使用负采样的 skip - gram（Skip - Gram with Negative Sampling，SGNS）[342]，在这个方法中，单词 - 上下文对的存在和缺失都会被用于训练。顾名思义，负的上下文是基于单词在语料库中的频率（即 unigram 分布）成比例地对它们进行采样手动生成的。这种方法优化的目标函数不同于 skip - gram 模型，该模型是基于噪声对比估计的思想[198,352,353]。

其基本思想是，我们试图预测词典中 $d$ 个单词中的每一个单词是否出现在窗口中，而不是直接预测上下文窗口（$m$ 个单词）中的每一个单词。换言之，图 10.9 的最后一层不是一个 softmax 预测层，而是一个 sigmoid 的伯努利层。在图 10.9 中，在每个上下文位置处针对每个单词的输出单元是一个 sigmoid 单元，它提供了该位置取相应单词的概率值。由于真实值也是可用的，所以我们可以使用在所有单词上的对数几率损失函数。因此，从这个角度来看，该方法就连预测问题的定义也与之前的方法不同。当然，试图对 $d$ 个单词中的每一个单词进行二元预测在计算上是比较低效的。因此，SNGS 方法使用上下文窗口中所有的正类单词，以及一个负类单词样本集。负样本的数量是正样本数量的 $k$ 倍。其中，$k$ 是一个控制采样比例的参数。在这个修改后的预测问题中，负采样变得不可或缺，这样的做法可以防止学习出将所有样本预测为 1 的无意义权重。换句话说，我们不能完全不使用负样本（即我们不能设 $k=0$）。

如何生成负样本呢？普通的 unigram 分布根据单词在语料库中的相对频率 $f_1 \cdots f_d$ 成比例地对它们进行采样。基于 $f_j^{3/4}$ 而不是 $f_j$ 成比例地对单词进行采样可以获得更好的结果[342]。与所有的 word2vec 模型一样，令 $U$ 为表示输入嵌入的大小为 $d \times p$ 的矩阵，$V$ 为表示输出嵌入的大小为 $p \times d$ 的矩阵。令$\overline{u}_i$ 为 $U$ 的 $p$ 维行（第 $i$ 个单词的输入嵌入），$\overline{v}_j$ 为 $V$ 的 $p$ 维列（第 $j$ 个单词的输出嵌入）。令$\mathcal{P}$为上下文窗口中的目标 - 上下文单词对的正样本集合，$\mathcal{N}$为通过采样创建的目标 - 上下文词对的负样本集合。因此，$\mathcal{P}$的大小等于上下文窗口 $m$，而$\mathcal{N}$的大小为 $mk$。然后，我们对这 $m$ 个正样本和 $mk$ 个负样本的对数几率损失函数求和，可以获得每个上下文窗口的（最小化）目标函数：

$$O = -\sum_{(i,j)\in\mathcal{P}} \log(P[\text{预测}(i,j)\text{ 为}1]) - \sum_{(i,j)\in\mathcal{N}} \log(P[\text{预测}(i,j)\text{ 为}0]) \quad (10.46)$$

$$= -\sum_{(i,j)\in\mathcal{P}} \log\left(\frac{1}{1+\exp(-\overline{u}_i \cdot \overline{v}_j)}\right) - \sum_{(i,j)\in\mathcal{N}} \log\left(\frac{1}{1+\exp(\overline{u}_i \cdot \overline{v}_j)}\right) \quad (10.47)$$

这个修改后的目标函数被用在 SGNS 模型中，以更新 $U$ 和 $V$ 的权重。SGNS 在数学意义上不同于前面讨论的基本的 skip - gram 模型。SGNS 不仅高效，而且在 skip - gram 模型的不同变种中，它提供的结果最好。

#### 10.6.2.5 SGNS 真实的神经网络结构是什么

即使原始的 word2vec 论文似乎将 SGNS 看作 skip - gram 模型的一个效率优化，但就最后一层使用的激活函数而言，SGNS 使用的是一个完全不同的结构。不幸的是，原始的 word2vec 论文没有显式地指出这一点（只提供了修改后的目标函数），这造成了人们的疑惑。

SGNS 的修改后的神经网络结构如下。在 SGNS 的实现中，我们不再使用 softmax 层。相反，图 10.9 中的每个观测值 $y_{ij}$ 都被当作一个独立的二元输出来处理，而不是一个多元输出结果（其中在某个上下文位置处的不同输出结果的概率预测彼此依赖）。SGNS 不使用 softmax 函数来创建预测 $\hat{y}_{ij}$，而是使用 sigmoid 激活函数来创建 $\hat{y}_{ij}$，这是每个上下文位置 $i$ 处是否出现第 $j$ 个单词的预测概率。然后，我们可以对每个单词在每个上下文位置出现（正）和不出现（负）的概率使用对数损失函数值。接下来，我们可以将 $(i, j)$ 的所有 $md$ 个可能的值上的 $\hat{y}_{ij}$ 的损失函数值加起来，以创建一个关于上下文窗口的完整的损失函数。然而，这是不现实的，因为值为 0 的 $y_{ij}$ 的数量太多，并且 0 值总是有噪声的。因此，SGNS 使用负采样来估计这个修改后的目标函数。这意味着对每个上下文窗口来说，我们只根据图 10.9 中的 $md$ 个输出结果中的一个子集来进行反向传播，这个子集的大小为 $m + mk$。这正是效率得以提升的原因。然而，由于最后一层使用二元预测（通过 sigmoid），所以即使就使用的基本神经网络而言（即对数几率激活函数而不是 softmax 激活函数），SNGS 的结构与普通的 skip - gram 模型本质上也是不同的。SGNS 模型与普通的 skip - gram 模型的差异可类比于伯努利模型与朴素贝叶斯分类（只将负采样应用到了伯努利模型上）中的多项式模型之间的差异。显然，我们不能把其中一个看成是另一个的直接效率优化。

### 10.6.3 word2vec（SGNS）是对数几率矩阵分解

skip - gram 模型的结构看起来与自编码器的结构特别相似（不同的是，它是从单词推出上下文）。自编码器通常是一种执行矩阵分解的间接方式。我们可以通过对数几率矩阵分解来模拟 word2vec 的 SGNS 模型。可以证明，SGNS 模型大致等价于 10.4.4 节的位移 PPMI 矩阵分解[282]。然而，仅相对于派生的 PPMI 矩阵而言，这种等价性才是隐含的。本节根据实际输出结果的二元矩阵来讨论更为直接的关系。

令 $B=[b_{ij}]$ 为一个二元矩阵，如果在数据集中单词 $j$ 在单词 $i$ 的上下文中至少出现一次，则第 $(i, j)$ 个值为 1，否则为 0。通过单词 $j$ 在单词 $i$ 的上下文中出现的次数来定义语料库中出现的任意单词 $(i, j)$ 的权重 $c_{ij}$。在 $B$ 中，零元素的权重的定义如下。对于 $B$ 中的每一行 $i$，我们从行 $i$ 中采样 $k\sum_j b_{ij}$ 个不同的元素，这些元素满足 $b_{ij}=0$，并且第 $j$ 个单词被采样的频率与 $f_j^{3/4}$ 成比例。这些元素是负样本，我们把负样本（即那些 $b_{ij}=0$ 的元素）的权重 $c_{ij}$ 设为每个元素被采样到的次数。与 word2vec 一样，第 $i$ 个单词和第 $j$ 个上下文的 $p$ 维嵌入分别由 $\bar{u}_i$ 和 $\bar{v}_j$ 来表示。最简单的分解方式是在 $B$ 上应用基于 Frobenius 范数的加权矩阵分解：

$$\text{最小化}_{U,V}\sum_{i,j} c_{ij}(b_{ij}-\bar{u}_i\cdot\bar{v}_j)^2 \tag{10.48}$$

即使矩阵 $B$ 的大小为 $O(d^2)$，这个矩阵分解在目标函数中也只有有限数量的非零项，它

们满足 $c_{ij}>0$。与 GloVe 一样，这些权重取决于共现的计数值，但（与 GloVe 不同）一些零元素也有正权重，在 GloVe 中，随机梯度下降步骤只须关注 $c_{ij}>0$ 的元素。与 word2vec 的 SGNS 实现一样，该分解方法的随机梯度下降的每个循环与非零元素个数呈线性关系。通过将计数值一直缩放为一个二元值，这个目标函数会超过 GloVe 的对数缩放。因此，在这个方法中，元素之间的对比是通过负采样实现的，而 GloVe 忽略了负样本，只对非零元素中的变化进行对比。

然而，这个目标函数看起来与 word2vec 还是有些不同的，它有一个对数几率的形式。正如在目标变量为二元变量的有监督学习中建议使用对数几率回归代替线性回归一样，我们也可以在二元矩阵的矩阵分解[245]中使用相同的技巧。我们可以将平方误差项改为熟悉的似然项$L_{ij}$，对数几率回归使用了这个项：

$$L_{ij}=\left|b_{ij}-\frac{1}{1+\exp(\overline{u}_i\cdot\overline{v}_j)}\right| \tag{10.49}$$

$L_{ij}$的值总在（0，1）范围内，并且值越大表示可能性越大（这产生了最大化目标）。上述表达式中的绝对值符号只改变了负样本的符号，其中 $b_{ij}=0$。此时，我们可以通过最小化形式来优化下面的目标函数：

$$\text{最小化}_{U,V}J=-\sum_{i,j}c_{ij}\log(L_{ij}) \tag{10.50}$$

它与 word2vec 的目标函数［见式（10.47）］的主要差异在于，它是一个关于所有矩阵元素的全局的目标函数，而不是一个关于某个特定上下文窗口的局部目标函数。在矩阵分解中使用小批量随机梯度下降（通过恰当选择的小批量）会使这个方法与 word2vec 的反向传播更新几乎一样。

该如何解释这种类型的分解呢？我们有 $B\approx f(UV)$，而不是 $B\approx UV$，其中 $f(\cdot)$是 sigmoid 函数。更准确地说，这是一种概率性分解，其中我们计算的是矩阵 $U$ 和 $V$ 的乘积，然后应用 sigmoid 函数来获得生成 $B$ 的伯努利分布的参数：

$$P(b_{ij}=1)=\frac{1}{1+\exp(-\overline{u}_i\cdot\overline{v}_j)}\quad\text{［对数几率回归的矩阵分解版本］}$$

从式（10.49）容易验证，对于正样本来说，$L_{ij}$是 $P(b_{ij}=1)$，对负样本则是 $P(b_{ij}=0)$。因此，分解的目标函数形式是对数似然最大化。这种类型的对数几率矩阵分解常用在使用二元数据的推荐系统（如用户点击流）中[245]。

参考文献［37］表明像 SGNS 这样进行二元预测的模型，从根本上就比基于计数的分解模型（参考 10.4 节）要好。然而，正如上面的论述所表明的，SGNS 也等价于一个分解模型，这个分解模型把计数而不是矩阵元素用作分解中的权重。因此，性能方面的任何差异都只是如何在目标函数中使用不同计数产生的结果。参考文献［380］也表明基于计数的分解的表现可以优于 word2vec，尤其是在对计数进行正确缩放并用来对目标函数进行加权的情况下。因此，我们应该对预测模型从根本上优于基于计数的模型的这个说法持怀疑态度。真正的问题可能是以适当的方式正确处理目标函数中单词计数的数量级变化。根据问题设置，以谨慎的方式利用计数共现矩阵的零元素也是比较有帮助的（见习题 8）。如果 skip-gram 模型的 SGNS 变种是对数几率矩阵分解，那么普通的 skip - gram 模型又如何呢？事实表明，普通的 skip - gram 模型等价于多项式矩阵分解（multinomial matrix factorization）（见习题9）。

10.6.3.1 梯度下降

检验分解的梯度下降步骤也很有用。我们可以取 $J$ 关于输入嵌入和输出嵌入的导数：

$$\frac{\partial J}{\partial \overline{u}_i} = -\sum_{j:b_{ij}=1} \frac{c_{ij}\overline{v}_j}{1+\exp(\overline{u}_i \cdot \overline{v}_j)} + \sum_{j:b_{ij}=0} \frac{c_{ij}\overline{v}_j}{1+\exp(-\overline{u}_i \cdot \overline{v}_j)}$$

$$= \underbrace{-\sum_{j:b_{ij}=1} c_{ij}P(b_{ij}=0)\overline{v}_j}_{\text{正误差}} + \underbrace{\sum_{j:b_{ij}=0} c_{ij}P(b_{ij}=1)\overline{v}_j}_{\text{负误差}}$$

$$\frac{\partial J}{\partial \overline{v}_j} = -\sum_{j:b_{ij}=1} \frac{c_{ij}\overline{u}_i}{1+\exp(\overline{u}_i \cdot \overline{v}_j)} + \sum_{j:b_{ij}=0} \frac{c_{ij}\overline{u}_i}{1+\exp(-\overline{u}_i \cdot \overline{v}_j)}$$

$$= \underbrace{-\sum_{j:b_{ij}=1} c_{ij}P(b_{ij}=0)\overline{u}_i}_{\text{正误差}} + \underbrace{\sum_{j:b_{ij}=0} c_{ij}P(b_{ij}=1)\overline{u}_i}_{\text{负误差}}$$

由于这是一个最小化问题,所以优化过程使用梯度下降直到收敛：

$$\overline{u}_i \Leftarrow \overline{u}_i - \alpha \frac{\partial J}{\partial \overline{u}_i} \quad \forall i$$

$$\overline{v}_j \Leftarrow \overline{v}_j - \alpha \frac{\partial J}{\partial \overline{v}_j} \quad \forall j$$

值得注意的是，我们可以根据预测 $b_{ij}$ 出错的概率来表示导数。这在使用对数似然优化的梯度下降中很常见。同时还值得关注的是，式（10.47）中 SGNS 目标函数的导数产生了相似形式的梯度。唯一的区别是 SGNS 目标的导数是基于一个更小批量的样本来表示的，由上下文窗口来定义。我们还可以通过小批量随机梯度下降来求解概率矩阵分解。在恰当选择批量样本的情况下，矩阵分解的随机梯度下降变得与 SGNS 的反向更新一致。唯一的区别是 SGNS 动态地为每一组更新采样负元素，而矩阵分解预先固定了负样本。当然，动态的采样方式也可以与矩阵分解更新一起使用。

### 10.6.4 除了单词以外：基于 doc2vec 的段落嵌入

通过将段落标识符当作上下文中的另一个单词来处理，我们也可以把 word2vec 的通用原理扩展到段落嵌入中。例如，考虑 word2vec 的 CBOW 模型，它有 $m$ 个输入单词，每个输入单词使用具有 $d$ 个可能的值的独热编码。我们可以加上第 $m+1$ 个上下文“单词”，对应着一个段落标识符，然而，这个段落标识符是从一个包含 $d'$ 个段落标识符而不是其他上下文单词的词典中抽取的。因此，这个段落标识符的独热编码需要 $d'$ 个二元输入单元。另一个区别是，除了将单词输入节点连接到隐藏层的大小为 $d \times p$ 的矩阵 $U$ 以外，我们此时有一个额外的大小为 $d' \times p$ 的矩阵 $U'$，它包含从这个段落标识符的输入节点到隐藏层的连接的权重。这是因为与段落标识符相对应的“单词”的权重与常规的词汇表单词不是共享的。矩阵 $U'$ 的行提供了各个段落嵌入。然后训练过程从各个段落中采样一些上下文，并结合反向传播算法使用相同的梯度下降方法。段落向量（训练数据中）和单词向量的表示是联合学习出的，因

为 $U'$、$U$ 和 $V$ 的元素在训练期间是同时更新的。我们也可以应用相同的梯度下降过程来只更新 $U'$（固定 $U$ 和 $V$），以快速地学习出样本外的段落嵌入。其中的基本思想是模型在经过一定数量的训练后，我们可以认为词嵌入是比较稳定的，并且当固定词嵌入时，模型可以直接从它们当中高效地学出段落嵌入。

有一些结构的变种我们可能会用到：

1）我们可以将段落向量的额外输入加到 word2vec 的 CBOW 模型中。这种扩展如图 10.10a 所示。

2）我们可以将段落向量的额外输入加到 word2vec 的 skip - gram 模型中。这种扩展如图 10.10b 所示。然而，原始的 doc2vec 论文中没有对这种扩展进行研究。

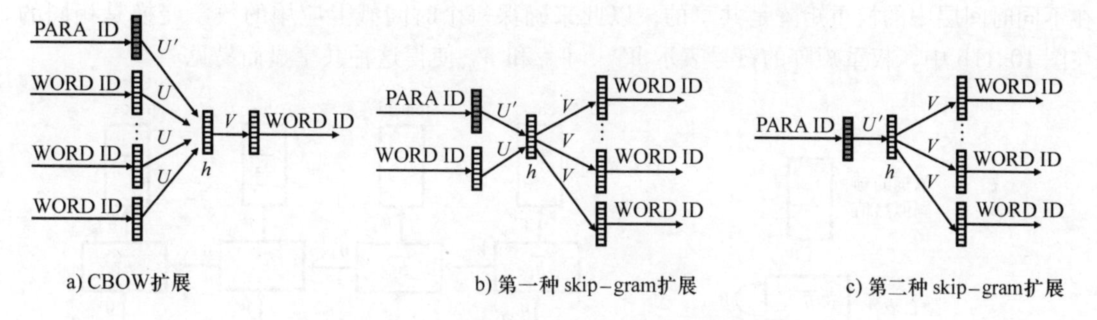


图 10.10　word2vec 到 doc2vec 的不同扩展方式

3）我们可以利用目标段落标识符的独热编码输入来代替 word2vec 的 skip - gram 模型中的单词标识符独热编码输入。需要注意的是，在这种情形中，我们需要完全移除矩阵 $U$，只学习 $U'$和 $V$。这种扩展如图 10.10c 所示。

相比于原始的 word2vec 框架，doc2vec 的工作有一些额外的差异：

1）doc2vec 框架使用历史上下文窗口来预测下一个单词，而不是使用上下文窗口中心位置处的单词。然而，对特定的应用而言，在选择什么作为上下文方面有着较大的灵活性。

2）word2vec 框架对上下文中的词嵌入求平均，以产生针对特定上下文的隐藏层输出。doc2vec 框架推荐一种额外的做法，即向量的拼接。需要注意的是，拼接向量增加了隐藏层的维度，但它确实具有保留更多序列信息的好处。

将段落标识符融入到上下文中有助于创建有关各个段落中文本段的隶属关系的记忆。这种记忆有助于创建更精细的模型，但它确实增加了参数的数量。因此，为了有效地工作，doc2vec 模型一般需要比 word2vec 更大的语料库。

## 10.7　循环神经网络（RNN）

循环神经网络（Recurrent Neural Network，RNN）允许在神经网络结构中使用循环结构来对语言的依赖关系进行建模。循环神经网络将一个序列作为输入，并产生一个输出序列。换言之，这样的模型对于序列到序列的学习来说特别有用。一些应用的例子包括：

1）输入可能是一个单词序列，输出可能是后移了一个单词的相同序列。这是一个经典的语言模型，在这种模型中，我们试图根据单词的序列历史记录来预测下一个单词。

2）输入可能是某种语言的一个句子，输出可能是另一种语言的一个句子。

3）输入可能是一个序列（如句子），输出可能是一个类别的概率的向量，通过句子的结尾来触发。

最简单的循环神经网络如图 10.11a 所示。其中的关键是图 10.11a 中存在自循环，将序列中的每个单词输入到神经网络后，这些循环会导致神经网络的隐藏状态发生改变。在实践中，我们只使用有限长度的序列，并且将这种循环展开成一个看起来更像前馈网络的“时间分层”网络是比较合理的。这个网络如图 10.11b 所示。需要注意的是，在这种情形中，每个时间戳处的隐藏状态都有一个不同的节点，并且其中已经将自循环展开成一个前馈网络。这种表示在数学上与图 10.11a 等价，但它与传统网络的相似性使得它更易于理解。展开后在不同时间层中的权重矩阵是共享的，以此来确保每个时间戳上应用的数学变换是相同的。在图 10.11b 中，权重矩阵的符号表示 $W_{xh}$、$W_{hh}$ 和 $W_{hy}$ 使得这种共享显而易见。

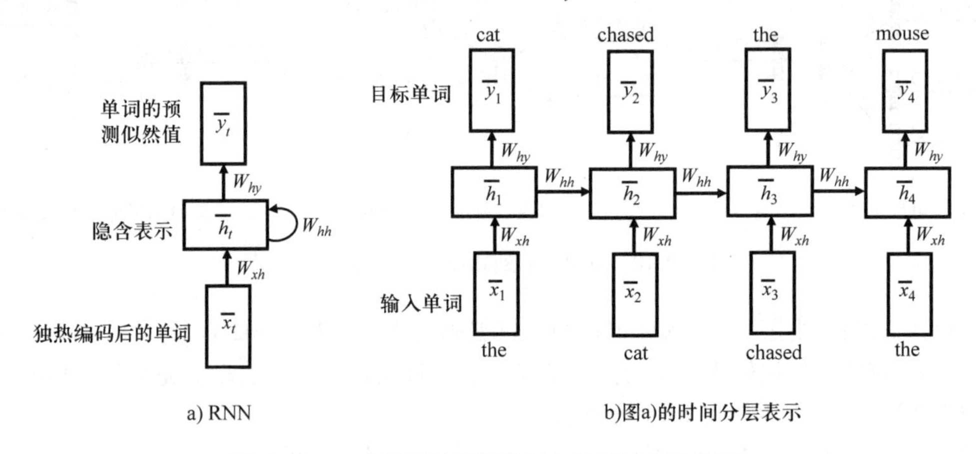


图 10.11　一个循环神经网络与它的时间分层表示

给定一个单词序列，我们逐个将每个单词的独热编码输入到图 10.11a 的网络中，这相当于将每个单词相继送到图 10.11b 中的邻接输入中。在语言建模的场景中，网络的输出是序列中下一个单词的预测概率向量。例如，考虑这个句子：

The cat chased the mouse.

当输入单词“The”时，输出将是一个关于整个词典的概率向量，其中包含单词“cat”；当输入单词“cat”时，我们将再次得到一个包含下个单词的预测概率的向量。当然，这是定义语言模型的经典方式，其中一个单词的概率是根据前面单词的直接历史记录来估计的。为了方便讨论，我们将处理序列的每一个步骤称为一个时间戳。一般而言，$t$ 时刻的输入向量（如第 $t$ 个单词的独热编码向量）为$\overline{x}_t$，$t$ 时刻的隐含状态为$\overline{h}_t$，以及 $t$ 时刻的输出向量（如第 $t+1$ 个单词的预测概率）为$\overline{y}_t$。对于大小为 $d$ 的词典来说，$\overline{x}_t$ 和$\overline{y}_t$ 都是 $d$ 维的。隐含向量$\overline{h}_t$ 是 $p$ 维的，其中 $p$ 控制着嵌入的复杂度。为了方便讨论，我们假设所有这些向量都是列向量。在很多像分类这样的应用中，并不是在每个时间单元处都会有输出产生，而是只在句子末尾的最后时间戳处才会触发输出的产生。尽管输出单元和输入单元可能只存在于时间戳的某个子集中，但我们对比较简单的情形进行测试，即所有的时间戳处都有。那么，$t$ 时刻的隐含状态由一个关于 $t$ 时刻的输入向量和（$t-1$）时刻的隐含向量的函数给出：

$$\overline{h}_t = f(\overline{h}_{t-1}, \overline{x}_t) \tag{10.51}$$

这个函数是利用权重矩阵和激活函数（像所有神经网络的学习中使用的一样）来定义的，每个时间戳使用相同的权重矩阵。因此，即使隐含状态随着时间而演变，但当训练好神经网络之后，权重矩阵和函数 $f(.,.)$ 在所有时间戳（即顺序元素）上都是保持固定的。我们使用一个单独的函数 $\overline{y}_t = g(\overline{h}_t)$ 从隐含状态中学习输出概率。

接下来，我们更具体地描述函数 $f(.,.)$ 和 $g(.,.)$。我们定义一个大小为 $p \times d$ 的输入层 - 隐藏层矩阵 $W_{xh}$，一个大小为 $p \times p$ 的隐藏层 - 隐藏层矩阵 $W_{hh}$ 以及一个大小为 $d \times p$ 的隐藏层 - 输出层矩阵 $W_{hy}$。然后，我们可以将式（10.51）展开，并写出如下的计算输出的条件：

$$\overline{h}_t = \tanh(W_{xh}\overline{x}_t + W_{hh}\overline{h}_{t-1})$$

$$\overline{y}_t = W_{hy}\overline{h}_t$$

式中，我们以一种不严谨的方式来使用“tanh”符号（参考 10.6.1.6 节），因为这里以逐个元素的方式将这个函数应用到 $p$ 维列向量上来创建一个 $p$ 维向量，该向量的每个元素在［-1，1］之间。纵览本节，这种不严谨的表示会被用在一些像 tanh 和 sigmoid 这样的激活函数中。在最开始的时间戳处，假定 $\overline{h}_{t-1}$ 为某些默认的常数向量，因为在句子的开头没有来自隐藏层的输入。虽然隐含状态在每个时间戳处变化，但权重矩阵在各个时间戳处是保持固定的。需要注意的是，输出向量 $\overline{y}_t$ 是一个维度与词典大小相同的连续值的集合。然后将 softmax 层应用到 $\overline{y}_t$ 上，以将输出的结果解读为概率。与一个包含 $t$ 个单词的文本段的最后一个单词相对应的隐藏层的 $p$ 维输出 $\overline{h}_t$ 生成了它的嵌入，$W_{xh}$ 的 $p$ 维列生成了各个单词的词嵌入。后者提供了 word2vec 嵌入的一种替代方案。

该如何训练这样的网络呢？接下来，我们对各个时间戳处的正确单词的 softmax 概率取负对数并进行合并，以创建一个损失函数。反向传播算法在更新期间需要考虑到时间权重是共享的。这种特殊类型的反向传播算法被称为随时间反向传播（Back Propagation Through Time，BPTT）。它的工作原理与展开后的网络上的反向传播算法一样：①向前顺序地穿过各个时刻运行输入，并计算每个时间戳处的误差/损失函数值，②不考虑不同时间层的权重是共享的这一事实，在展开后的网络上反向计算边权重中的变化，③将（共享）权重中的所有变化相加，这些变化对应于一条边在时间方面的不同实例化。这些步骤中的最后一步是 BPTT 特有的。更多细节读者可以参见参考文献［183］。

### 10.7.1 实际问题

我们需要将每个权重矩阵的元素初始化为$\left[-\frac{1}{\sqrt{r}}, \frac{1}{\sqrt{r}}\right]$中较小的值，其中 $r$ 是对应矩阵中的列数。我们也可以将 $W_{xh}$ 的 $d$ 列中的每一列初始化为对应单词的 word2vec 嵌入。另一个细节是训练数据通常在每个训练段的开头和末尾添加一个特殊的 <START> 词条和一个 <END> 词条。这些类型的词条帮助模型识别特定的文本单元，如句子、段落或是某个特定文本块的开头。同样值得注意的是，所有实际应用都使用了多个隐藏层（使用长短记忆改进），这将会在 10.7.7 节中展开讨论。然而，为了清晰起见，下面以应用为中心的论述将使用更简单的单层模型。把这些应用推广到更高级的结构都是比较简单的。

### 10.7.2 RNN 的语言建模示例

为了阐释 RNN 的工作原理，我们使用一个定义在包含 4 个单词的词典上的单个序列的示例。考虑句子：

The cat chased the mouse.

在这种情形中，我们有一个包含 4 个单词的词典，即 {"the"，"cat"，"chased"，"mouse"}。在图 10.12 中，我们已经展示了从 1 到 4 的每个时间戳处的下一个单词的概率预测结果。理想情况下，我们希望根据前面的单词的概率，正确地预测出下一个单词的概率。每个独热编码输入向量 $\overline{x}_t$ 的长度为 4，其中只有一位为 1，其余都为 0。这里主要的灵活性在于隐含表示的维度 $p$，在这种情形中我们将其设为 2。因此，矩阵 $W_{xh}$ 是一个大小为 2×4 的矩阵，它把一个独热编码输入向量映射为一个长度为 2 的隐含向量 $\overline{h}_t$。实际上，$W_{xh}$ 的每一列都对应着 4 个单词中的某一个单词，通过表达式 $W_{xh}\overline{x}_t$ 来复制这些列中的某一列。需要注意的是，接下来我们将这个表达式与 $W_{hh}\overline{h}_t$ 相加，然后利用 tanh 函数对其进行变换，以产生最终的表达式。通过 $W_{hy}\overline{h}_t$ 来定义最终的输出 $\overline{y}_t$。需要注意的是，矩阵 $W_{hh}$ 和 $W_{hy}$ 的大小分别为 2×2 和 4×2。

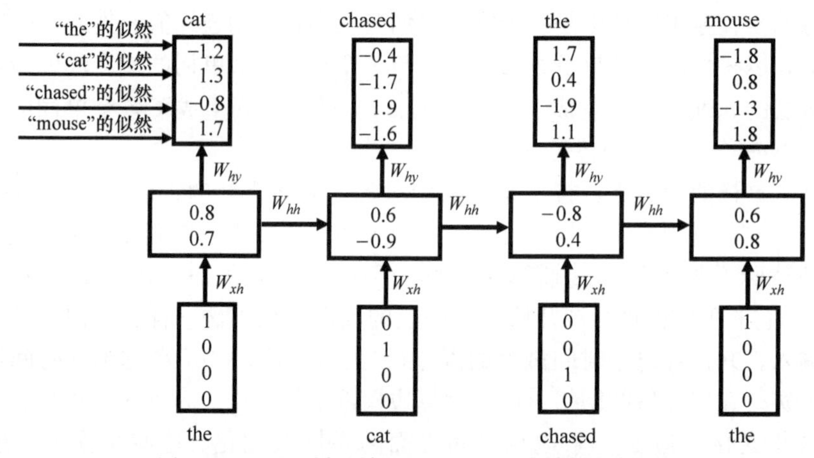

图 10.12　通过循环神经网络进行语言建模的例子

在这种情形中，输出是连续值（不是概率），其中值越大表示相应单词出现的可能性越大。因此，在第一个时间戳处，单词"cat"的预测值为 1.3，尽管这个值似乎被"mouse"（错误地）超过了（其对应值为 1.7）。然而，在第二个时间戳处，模型正确地预测出了单词"chased"。与在所有学习算法中一样，我们不能指望模型精确地预测出所有的值，并且这些误差很有可能是在反向传播算法的早期迭代中产生的。然而，由于网络在多次迭代中被重复训练，它在训练数据上出现的误差会比较小。

#### 10.7.2.1 生成一个语言样本

一旦完成了训练，我们也可以用这样的方法来生成某一门语言的任意样本。由于每个状态都需要输入一个单词，但在语言生成期间并没有单词可用，那么测试的时候该如何使用这样的一个语言模型呢？我们可以将 <START> 词条用作输入来预测在第一个时间戳处各个词条出现的可能性。由于 <START> 词条在训练数据中总是可用的，所以模型通常会选择一个常被用作文本段开头的词。随后，其思想是在每个时间戳处采样一个生成的词条（根据预测似然），然后将它用作下一个时间戳的输入。为了提升顺序预测词条的准确率，我们可以始终记录任意特定长度的 $b$ 个最佳序列前缀，并使用集束搜索（beam search）来扩展最有可能的情况。$b$ 的值是一个由用户设定的参数。通过递归地执行这个迭代步骤，我们可以生成一个反映手头特定语言的任意文本序列。如果预测出的是 <END> 词条，则这标志着特定文本段的结尾。虽然这样的方法通常会产生语法正确的文本，但这样的文本在含义上可能是比较荒谬的。例如，在威廉·莎士比亚的剧本上训练一个字符级 RNN[㊀]（在参考文献［256，619］中可以找到/有描述）。一个字符级 RNN 要求神经网络同时学习语法和拼写。在只经过 5 次迭代学习后，我们得到一个输出样例如下：

> KING RICHARD II:
> Do cantant,-'for neight here be with hand her,-
> Eptar the home that Valy is thee.
>
> NORONCES:
> Most ma-wrow, let himself my hispeasures;
> An exmorbackion, gault, do we to do you comforr,
> Laughter's leave: mire sucintracce shall have theref-Helt.

需要注意的是，在这种情形中，生成的文本中有很多错误拼写，并且很多单词是乱码。然而，当继续训练到 50 次迭代时，该模型生成了以下内容作为样本的一部分：

> KING RICHARD II:
> Though they good extremit if you damed;
> Made it all their fripts and look of love;
> Prince of forces to uncertained in conserve
> To thou his power kindless. A brives my knees
> In penitence and till away with redoom.
>
> GLOUCESTER:
> Between I must abide.

这段生成的文本在语法和拼写上都与威廉·莎士比亚的剧本中的古英语高度一致，尽管还是有些错误。此外，该方法还通过在合理位置放置换行符，以类似于剧本的方式对文本进行缩进和格式化。持续训练更多次迭代可以得到几乎没有错误的输出，参考文献［257］中提供了一些令人印象深刻的样例。

当然，生成的文本的语义含义是有限的，从机器学习应用的角度来看，我们可能会好奇生成这种无意义的文本段的有用性。其中的关键是我们可以通过提供额外的上下文输入使模型更加智能。例如，这样做可以使一个图像的神经网络表示提供更智能的输出，如一个关于

㊀ 使用了一个 LSTM，它是这里讨论的普通 RNN 的一个变种。——原书注

该图像的语法正确的描述（即文字说明）。

语言建模 RNN 的主要目标不是创建某种语言的任意序列，而是提供一个基本结构，在此基础上我们可以通过各种方式来修改它以融入具体上下文的效应。例如，像机器翻译和图像描述这样的应用可以学习一个语言模型，这个语言模型以另一个输入作为条件，如源语言的句子或待描述的图像。因此，应用相关的 RNN 的精准设计使用的原理与语言建模 RNN 相同，但它会对这种基本结构进行细微的修改以融入具体的上下文。在所有这些情形中，关键在于以审慎的方式选择循环单元的输入值和输出值，以使我们可以对输出的误差进行反向传播，并通过应用相关的方式来学习神经网络的权重。本节将会讨论这些应用的例子。

### 10.7.3 图像描述应用

在图像描述中，训练数据由图像 - 描述对组成，例如，图 10.13 左侧的图像[㊀]是从 NASA 网站获得的。这个图像的描述为"cosmic winter wonderland"。我们可能有成百上千张这样的图像 - 描述对。我们可以使用这些图像 - 描述对来训练神经网络的权重。一旦完成训练，就可以对未知的测试样本进行描述预测。因此，我们可以把这种方法看成是图像到序列学习（image - to - sequence learning）的一个例子。

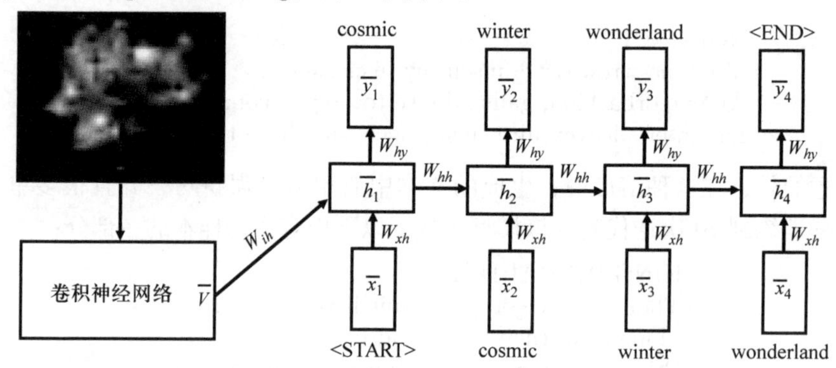


图 10.13 使用循环神经网络进行图像描述的例子。我们需要一个额外的卷积神经网络来进行图像的表示学习。图像由向量 $\overline{v}$ 表示，它是卷积神经网络的输出。该图来源于美国国家航空航天局（NASA）

图像描述中的一个问题是，我们需要一个单独的神经网络来学习图像的表示。卷积神经网络是一个常被用来学习图像表示的结构。卷积神经网络的具体讨论超出了本书的范围，读者可参见参考文献［183］。考虑这样一个场景，其中的卷积神经网络生成了一个 $q$ 维向量 $\overline{v}$ 作为输出表示。接下来我们将这个向量用作循环神经网络的输入，但只在第一个时间戳处[㊁]。为了将这个额外的输入考虑进来，我们需要另一个大小为 $p \times q$ 的矩阵 $W_{ih}$，它将图像表示映射到隐藏层。因此，此时需要修改各层的更新公式：

$$\overline{h}_1 = \tanh(W_{xh}\overline{x}_1 + W_{ih}\overline{v})$$

$$\overline{h}_t = \tanh(W_{xh}\overline{x}_t + W_{hh}\overline{h}_{t-1}) \quad \forall t \geqslant 2$$

㊀ https：//www. nasa. gov/mission _ pages/chandra/cosmic - winter - wonderland. html。——原书注

㊁ 原则上，我们也允许将它输入到所有的时间戳上，但这样似乎只会使表现更差。——原书注

$$\overline{y}_t = W_{hy}\overline{h}_t$$

这里的一个重点是卷积神经网络和循环神经网络并不是分开训练的。虽然我们可以将它们分开训练来进行初始化，但是最终的权重往往是通过在网络中输入每个图像并将预测描述与真实描述相匹配来进行共同训练的。换言之，对于每个图像-描述对来说，当预测描述产生误差时，我们同时对两个神经网络中的权重进行更新。这样的方法确保了图像学到的表示 $\overline{v}$ 对预测描述的具体应用是敏感的。在训练完所有权重后，将测试图像输入到整个系统中，并将它同时传入卷积神经网络和循环神经网络。对于循环神经网络来说，在第一个时间戳处的输入是 <START> 词条和图像的表示。在后面的时间戳处，输入是在前面的时间戳处最有可能预测出的词条。我们还可以使用集束搜索来记录 $b$ 个最有可能的序列前缀，以在每个点上进行扩展。这种方法与10.7.2.1节讨论的语言生成方法没有太大差异，不同的是，它是以在循环网络的第一个时间戳处输入到模型的图像表示为条件。这产生了图像的相关描述预测。

### 10.7.4　序列到序列学习与机器翻译

正如我们把卷积神经网络和循环神经网络放到一起来进行图像描述一样，我们也可以将两个循环神经网络放到一起以将某一门语言转化为另一门语言，这样的方法也被称为序列到序列学习，因为它将一门语言的序列映射为另一门语言的序列。原则上，序列到序列学习可以有机器翻译之外的应用。例如，我们甚至可以把问答（QA）系统看作是序列到序列学习的应用。

接下来，我们为机器翻译提供一个使用循环神经网络的简单的解决方案，尽管这些应用很少直接通过循环神经网络的简单形式来求解。相反，它们使用的是循环神经网络的一个变种，被称为长短期记忆（LSTM）模型。这种模型在学习长期依赖方面要好得多，因此可以很好地处理长序列。由于使用RNN的一般方法也适用于LSTM，我们将使用（简单的）循环神经网络来讨论机器翻译。10.7.7.1节提供了一个关于LSTM的讨论，并且把机器翻译推广到LSTM也是比较简单的。

在机器翻译应用中，两个不同的循环神经网络是以端到端的形式连在一起的，就像图像描述中卷积神经网络和循环神经网络连在一起一样。第一个循环网络使用源语言的单词作为输入。在这些时间戳处没有输出产生，连续的时间戳在隐含状态中累积了关于源句子的知识。随后，当遇到源句子的结束符时，我们通过输出目标语言的第一个单词来启动第二个循环神经网络。在第二个循环神经网络中，下一组状态逐个输出目标语言句子中的单词。这些状态还使用目标语言的单词作为输入，在训练样本中可以获得这些单词，但在测试样本中无法获得（其中使用的是预测值）。这种结构如图10.14所示。

图10.14的结构与自编码器相似，我们甚至可以通过同一门语言的两个相同的句子来生成句子的固定长度表示。这两个神经网络由RNN1和RNN2表示，它们的权重不同。例如，RNN1中在连续时间戳处的两个隐藏层节点之间的权重矩阵由 $W_{hh}^{(1)}$ 表示，而RNN2中对应的权重矩阵由 $W_{hh}^{(2)}$ 表示。连接两个神经网络的权重矩阵 $W_{es}$ 是比较特殊的，它与两个网络独立。

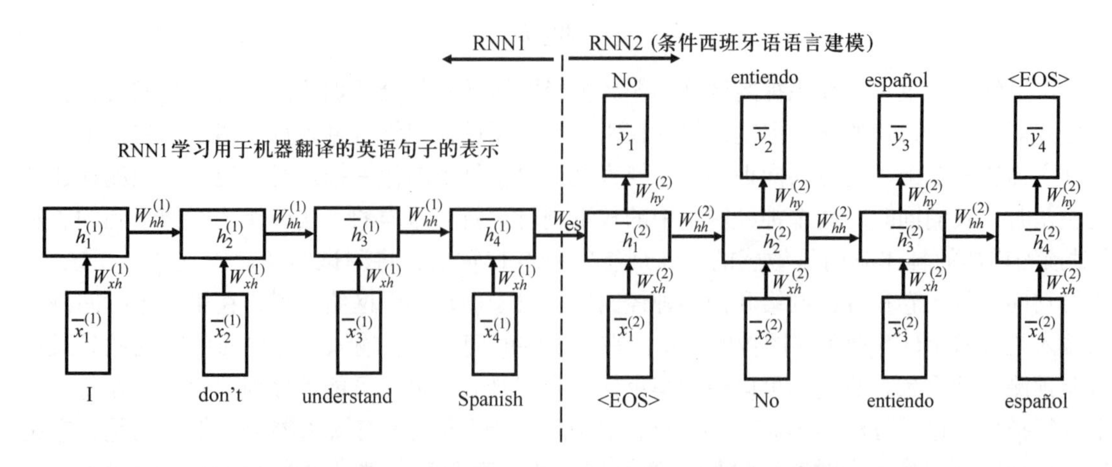


图 10.14 使用循环神经网络的机器翻译。需要注意的是，这里有两个独立的循环网络，它们拥有属于自己的共享权重集合。输出$\overline{h}_4^{(1)}$ 是对这个 4 单词英语句子的固定长度编码

如果两个循环神经网络中的隐含向量的大小不同，那么这就很有必要，因为矩阵 $W_{es}$ 的维度可以不同于 $W_{hh}^{(1)}$ 和 $W_{hh}^{(2)}$ 的维度。为了简化，我们可以在两个网络中使用㊀相同大小的隐含向量，并设置 $W_{es}=W_{hh}^{(1)}$。RNN1 中的权重被用来学习源语言的输入的编码，而 RNN2 中的权重致力于使用这个编码来创建目标语言中的输出句子。我们可以通过类似看待图像描述应用的方式来看待这个结构，不同的是，我们使用的是两个循环神经网络而不是一个卷积网络 - 循环网络对。RNN1 最后的隐藏节点的输出是一个源句子的固定长度编码。因此，无论句子长度如何，源句子的编码取决于隐含表示的维度。

源语言和目标语言中的语法和句子长度并不相同。为了提供一个在目标语言中语法正确的输出，RNN2 需要学习它的语言模型。值得注意的是，RNN2 中与目标语言相关联的单元按与语言建模循环神经网络相同的方式对输入和输出进行排列。同时，RNN2 的输出取决于它从 RNN1 接收到的输入，这有效地生成了语言翻译。为了实现这个目标，我们使用源语言和目标语言中的训练对。该方法将源语言 - 目标语言句子对传进图 10.14 的结构中，并通过反向传播算法来学习模型参数。由于只有 RNN2 中的节点有输出，所以只有在预测目标语言单词的过程中出现的误差会被反向传播来训练两个神经网络的权重。这两个网络是联合训练的，因此这两个网络的权重是针对 RNN2 翻译后的输出误差来优化的。实际上，这意味着 RNN1 学到的源语言内部表示是针对机器翻译应用来高度优化的，这与使用 RNN1 进行源语言的语言建模学到的表示非常不同。学到参数之后，先通过 RNN1 输入句子以向 RNN2 提供必要的输入，进而对源语言的句子进行翻译。除了这种上下文输入以外，另一个输入到 RNN2 第一个单元的是 <EOS> 标签，这会驱使 RNN2 输出目标语言中第一个可能的词条的似然。接下来，我们使用集束搜索选出最有可能的词条（参考 10.7.2.1 节），并将其用作下一个时间戳处的循环网络单元的输入。递归地执行这个过程，直到 RNN2 中某个单元的输出

㊀ 参考文献［464］中的原始工作似乎使用的是这种选择[274]。在谷歌神经机器翻译系统[620]中，移除了这个权重。这个系统现在被用在谷歌翻译中。——原书注

也是 <EOS>。与在10.7.2.1节中的讨论一样，我们使用语言建模方法生成一个目标语言句子，不同的是，具体的输出取决于源句子的内部表示。

神经网络在机器翻译中的应用是相对比较新的。循环神经网络模型的复杂程度远远超过传统的机器翻译模型。后一类方法使用以短语为中心的机器学习，通常不够复杂而无法学到两种语言的语法之间的细微差异。在实践中，往往使用具有多个网络层的深度模型来提升性能。10.7.7节中提供了一个关于循环神经网络的深度变种的讨论。

这种翻译模型的一个缺点在于，当句子比较长时，它们往往表现较差。现在已经提出了不计其数的解决方案来解决这个问题。最近的一个解决方案是以相反顺序输入源语言中的句子[464]。这种方法使两种语言的句子中的前几个单词在循环神经网络结构中的时间戳更加接近，所以它更有可能正确地预测出目标语言中的前几个单词。正确预测出前几个单词对预测后面的单词也是很有帮助的，这还取决于目标语言中的神经语言模型。

10.7.4.1　问答系统

序列到序列学习的一个自然应用就是问答（QA）系统。问答系统是使用不同类型的训练数据来设计的。特别地，有两种问答系统比较常见：

1）在第一种问答系统中，我们根据问题中的短语和线索直接推断出回答。

2）在第二种问答系统中，我们先将问题转换为一个数据库查询，然后用它来检索包含各种事实的结构化知识库。

序列到序列学习在两种场景中都很有用。考虑第一种场景，我们有这样的训练数据，它包含如下形式的问题-回答对：

What is the capital of China? <EOQ> The capital is Beijing. <EOA>

这些类型的训练对与在机器翻译情形中可用的那些并没有很大不同，在这些情形中我们可以使用相同的技术。然而，需要注意的是，机器翻译和问答系统之间的一个关键差异是，问答系统中有更高的推理水平，这通常需要理解各个实体之间的关系（如人名、地名和组织名）。这个问题与信息提取的经典问题相关，在第12章有详细的讨论。由于问题通常是围绕各种类型的命名实体和它们之间的关系来制定的，所以我们需要以各种方式来使用信息提取方法。众所周知，实体提取和信息提取的效用往往体现在回答“什么/谁/哪里/何时”类型的问题（如以实体为导向的搜索）中，因为命名实体被用来表示人名、地名、组织名、日期和事件，而关系提取则提供了有关它们之间的交互的信息。我们可以融入与词条有关的元属性（如实体类型）作为学习过程的额外输入。这些输入单元的具体例子如10.7.6节的图10.16所示，尽管这幅图是为不同的词条级分类应用而设计的。

问答系统和机器翻译系统的一个重要差异是后者是以大量语料库文档（例如，一个较大的知识库如维基百科）作为种子集合的。我们可以把查询解析过程看成是一种以实体为导向的搜索。从深度学习的角度来看，问答系统的一个重要挑战是，存储知识所需要的空间通常要比循环神经网络中可提供的空间要大得多。在这些场景中表现比较好的深度学习结构是记忆网络（memory network）[495]。问答系统提供了很多可以呈现训练数据的不同的场景，以及可以用来回答和评估各类问题的方式。在这个背景下，参考文献［494］讨论了一些对评估问答系统来说很有用的模板任务。

一个略有不同的方法是将自然语言问题转化为查询，这些查询相对以实体为导向的搜索来说是正确的。与机器翻译系统不同，问答系统通常被认为是一个多阶段过程，其中理解问了什么（相对于表达正确的查询而言）有时比回答查询本身更困难。在这样的情形中，训练对对应着问题的非形式化表示和形式化表示。例如，我们可能有一个训练对如下：

$$\underbrace{\text{What is the capital of China?} \ <\text{EOQ1}>}_{\text{自然语言问题}} \ \underbrace{\text{CapitalOf（China,?）} \ <\text{EOQ2}>}_{\text{形式化表示}}$$

右侧的表达式是一个结构化的问题，它查询的是第 12 章讨论的那种类型的实体。我们第一步应该将问题转化成像上面那样的内部表示，这样更容易进行查询回答。我们可以结合循环神经网络来使用问题训练对和它们的内部表示以完成这种转化。一旦把问题当作一个以实体为导向的搜索查询来理解，那么就可以将其提交给索引式语料库，相关性关系可能已经提前从中提取出了。因此，在这些情形中，我们还需要预先对知识库进行处理，并将问题归结为查询与提取出的关系的匹配问题。值得注意的是，这种方法会受到表示问题的语法的复杂性的限制，回答也有可能是形式为单个词的简单响应。因此，这种类型的方法通常被用在限制性比较强的领域中。在某些情形中，在创建查询表示前，我们将一个更复杂的问题重新描述成一个简单的问题，进而学习该如何对问题进行改述[161,162]：

$$\underbrace{\text{How can you tell if you have the flu?} \ <\text{EOQ1}>}_{\text{复杂问题}} \underbrace{\text{What are the signs of the flu?} \ <\text{EOQ2}>}_{\text{改述后的问题}}$$

我们可以通过序列到序列学习来学习改述后的问题，尽管参考文献［162］中的工作似乎不使用这种方法。随后，把改述后的问题转化成结构化查询就更加方便了。另一个选择是以结构化的形式提供问题。参考文献［232］提供了一个能够从问答训练对中产生事实类问题回答的循环神经网络示例。然而，与纯粹的序列到序列学习不同，它使用问题的依赖分析树作为输入表示。因此，问题的一部分形式化理解已经被编码到输入中了。

### 10.7.5 句子级分类应用

在这个问题中，每个句子被当作一个训练（测试）样本来进行分类。句子级分类一般是一个比文档级分类更难的问题，因为句子比较短，并且向量空间表示中通常没有足够的信息来进行精确的分类。然而，以序列为中心的观点比较有用，我们通常可以用它来执行更准确的分类。用于句子级分类的循环神经网络结构如图 10.15 所示。需要注意的是，它与图 10.14 的唯一区别是我们不再关心每个节点处的输出，而是把类别输出推迟到句子的末尾。换句话说，我们在句子最后的时间戳处预测某个类别标记，并用它来反向传播类别的预测误差。

句子级分类通常被用在情感分析中（参考第 13 章 13.3 节）。例如，通过将情感极性当作类别标记，我们可以使用句子级分类来确定某个句子表达的是否是正面的情感。在图 10.15 所示的例子中，其中的句子显然表示的是正面的情感。然而，需要注意的是，我们不能仅使用一个包含单词“love”的向量表示来推断正面的情感。例如，如果诸如“don't”或“hardly”这样的单词出现在“love”这样的单词前面，则情感将从正面变为负面。这些单词被称为上下文效价转换器（contextual valence shifter）[384]，我们只能够在以序列为中心的场景中对它们的效应进行建模。循环神经网络可以处理这样的场景，因为它们使用在特定单词序列上的累计信息来预测类别标记。我们还可以将这种方法与语言特征相结合。在10.7.6节中，我们会展示该如何将语言特征用于词条级分类。相似的思想也适用于句子级分类的情形。

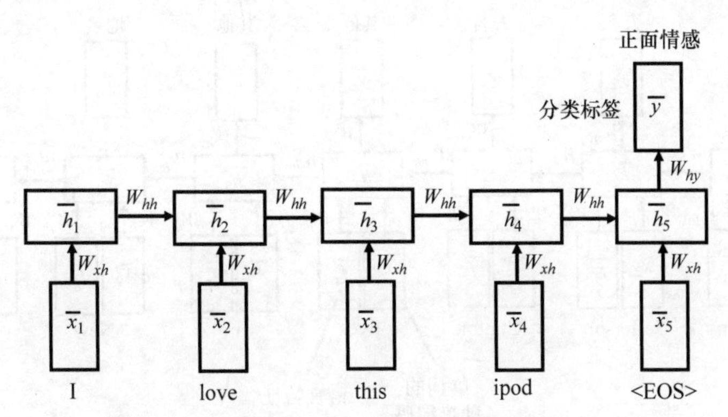


图10.15 在具有“正面情感”和“负面情感”两个类别的情感分析应用中的句子级分类的例子

## 10.7.6 使用语言特征的词条级分类

词条级分类应用有很多，其中包括信息提取和文本分割（参考第12章和第14章）这两个任务。在信息提取中，特定单词或单词组合是有标记的，这些标记对应着人名、地名或组织名。单词的语言特征（大小写、词性、拼写）在这些应用中比在典型的语言建模或机器翻译应用中更加重要。然而，本节讨论的融入语言特征的方法可以用在前面讨论过的任何应用中。为了方便讨论，考虑一个识别命名实体的应用，其中每个实体都被分类为人名（P）、地名（L）和其他（O）中的某一个类别。在这些情形中，训练数据中的每个词条都具有这些标记中的某一个。一个可能的训练句子的例子如下：

$$\underbrace{\text{William}}_{\text{P}}\ \underbrace{\text{Jefferson}}_{\text{P}}\ \underbrace{\text{Clinton}}_{\text{P}}\ \underbrace{\text{lives}}_{\text{O}}\ \underbrace{\text{in}}_{\text{O}}\ \underbrace{\text{New}}_{\text{L}}\ \underbrace{\text{York.}}_{\text{L}}$$

在实践中，标注方案通常更加复杂，因为它对一组具有相同标记的连续词条的开头和末尾的有关信息进行编码（参考12.2.2节）。对于测试样本来说，关于词条的标注信息是不可用的。

我们可以通过类似于语言建模应用情形中的方式来定义循环神经网络，不同的是，这里通过标签（而不是下一个单词集合）来定义输出。输入到每个时间戳 $t$ 处的是词条的独热编码$\overline{x}_t$，输出的$\overline{y}_t$是标签。此外，我们有一个额外的 $q$ 维语言特征集合 $\overline{f}_t$，它与时间戳 $t$ 处的词条相关联。这些语言特征可以对有关大小写、拼写等信息进行编码。因此，隐藏层从词条和语言特征接收两个单独的输入。对应的结构如图10.16所示。我们有一个额外的大小为 $p \times q$ 的矩阵 $W_{fh}$，它将特征 $\overline{f}_t$ 映射到隐藏层。每个时间戳 $t$ 处的循环计算公式如下：

$$\overline{h}_t = \tanh(W_{xh}\overline{x}_t + W_{fh}\overline{f}_t + W_{hh}\overline{h}_{t-1})$$

$$\overline{y}_t = W_{hy}\overline{h}_t$$

其中的主要创新是，我们对语言特征使用了额外的权重矩阵。在输出标签的类型中的变化并不会显著影响整个模型。整体的学习过程也不会有明显的不同。在词条级分类应用中，使用双向循环神经网络有时候是比较有用的，这种网络在两个时间方向上都进行循环[437]。

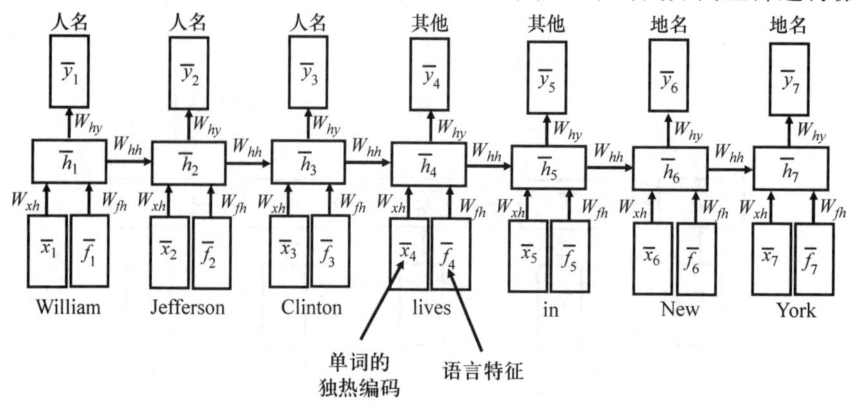


图 10.16　使用语言特征的词条级分类

## 10.7.7　多层循环网络

在上述所有应用中，为了易于理解，我们使用的都是单层 RNN 结构。然而，在实际应用中，为了构建复杂度更高的模型，人们使用的往往是多层结构。此外，这种多层结构可以与 RNN 的高级变种（如 LSTM）结合使用。

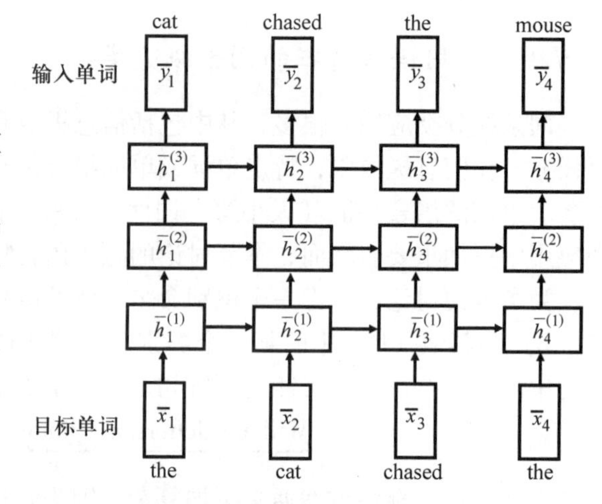


图 10.17　多层循环神经网络

一个包含三个隐藏层的深度网络的例子如图 10.17 所示。需要注意的是，高层节点从低层节点接收输入。我们可以直接把隐含状态之间的关系从单层网络中推广过来。首先，我们将隐藏层（对于单层网络来说）的循环公式重写为一种可以方便地改写到多层网络的形式：

$$\begin{aligned}\overline{h}_t &= \tanh(W_{xh}\overline{x}_t + W_{hh}\overline{h}_{t-1}) \\ &= \tanh W\begin{bmatrix}\overline{x}_t \\ \overline{h}_{t-1}\end{bmatrix}\end{aligned}$$

式中，我们合并得到一个更大的矩阵 $W = [W_{xh}, W_{hh}]$，它包含 $W_{xh}$ 和 $W_{hh}$ 的列。类似地，我们创建一个更大的列向量，它将 $t-1$ 时刻的第一个隐藏层中的状态向量和 $t$ 时刻的输入向量堆叠起来。为了区分高层的隐藏节点，我们为隐含状态添加一个额外的上标，并将在时间戳 $t$ 和层 $k$ 处的隐含状态向量表示为 $\overline{h}_t^{(k)}$。类似地，令第 $k$ 个隐藏层的权重矩阵由 $W^{(k)}$ 表示。值得注意的是，不同时间戳上的权重是共享的（与在单层循环网络中一样），但不同层的权重是不共享的。因此，我们通过 $W^{(k)}$ 中的层索引 $k$ 对权重加了上标。第一个隐藏层比较特殊，因为它同时接收来自当前时间戳处的输入和前一时间戳处的邻接隐含状态的输入。因此，只有第一层（即 $k=1$）的矩阵 $W^{(k)}$ 的大小为 $p\times(d+p)$，其中 $d$ 是输入向量 $\overline{x}_t$ 的大小，$p$ 是隐含向量 $\overline{h}_t$ 的大小。需要注意的是，$d$ 通常与 $p$ 不相同。上面已经通过设置 $W^{(1)}=W$ 来给出第一层的循环计算公式。因此，让我们来关注 $k\geqslant 2$ 的所有隐藏层 $k$。事实证明，对于 $k\geqslant 2$ 的层来说，循环计算公式也与上面给出的公式相似：

$$\overline{h}_t^{(k)} = \tanh W^{(k)} \begin{bmatrix} \overline{h}_t^{(k-1)} \\ \overline{h}_{t-1}^{(k)} \end{bmatrix}$$

在这种情形中，矩阵 $W^{(k)}$ 的大小是 $p\times(p+p)=p\times 2p$。从隐藏层到输出层的变换与在单层网络中一样。容易看到，这种方法是对单层网络的一种较为直接的多层推广。在实际应用中人们常使用两个或三个隐藏层。

10.7.7.1 长短期记忆（LSTM）

循环神经网络有一些与梯度消失和梯度爆炸相关的问题[223,377]。这在神经网络更新中是一个常见的问题，其中矩阵 $W^{(k)}$ 的连续相乘本身就不稳定；这要么在反向传播期间会导致梯度消失，要么会以一种不稳定的方式将梯度爆炸式地增长为较大的值。这种类型的不稳定性是在各个时间戳上的（循环）权重矩阵进行连续相乘的直接结果，这会使预测不断地增大或减小。看待这个问题的一种方式是，只使用乘性更新的神经网络只擅长在短序列上进行学习，因为它打乱了所有隐含状态。因此，这种方法天生具有良好的短期记忆能力，但长期记忆能力较差[223]。为了解决这个问题，一个解决方案是使用 LSTM 来改变隐含向量的循环计算公式。

LSTM 是图 10.17 的循环神经网络结构的一个改进，其中我们改变了隐含状态 $\overline{h}_t^{(k)}$ 的循环条件的传播方式。为了实现这个目标，我们引入一个额外的 $p$ 维隐含向量，由 $\overline{c}_t^{(k)}$ 来表示，它被称为单元状态（cell state）。我们可以将单元状态看作一种长期记忆，它在前面的单元状态上使用局部的“忘记”和“增量”操作的组合，从而至少保留了前面隐含状态中的一部分信息。参考文献［256］已经表明，当把 $\overline{c}_t^{(k)}$ 应用到文本数据如文学作品上时，$\overline{c}_t^{(k)}$ 中的记忆性质偶尔是可解释的。例如，在 $\overline{c}_t^{(k)}$ 中，$p$ 个值中有一个值的符号可能会在双引号开始后发生变化，同时只在双引号结束时才恢复。这种现象的结果是，由此产生的神经网络能够对语言中的长范围依赖或者甚至是在大量词条上扩展出的一个特定模式来进行建模。这是通过使用一个温和的方法更新这些随时间而变化的单元状态来实现的，以便在信息存储方面有更好的持久性。

与使用多层循环网络类似，更新矩阵由 $W^{(k)}$ 表示，我们用它来左乘列向量 $[\overline{h}_t^{(k-1)},\overline{h}_{t-1}^{(k)}]^{\mathrm{T}}$。然而，这个矩阵的大小为 $4p\times 2p$，因此用 $W^{(k)}$ 左乘一个大小为 $2p$ 的向量产生了一个大小为 $4p$ 的向量。在这种情形中，更新需要使用四个中间量，分别为 $p$ 维向量变量 $\overline{i}$、$\overline{f}$、$\overline{o}$ 和 $\overline{c}$。根据它们在更新单元状态和隐含状态过程中所扮演的角色，中间变量 $\overline{i}$、

$\overline{f}$ 和$\overline{o}$分别被称为输入变量、忘记变量和输出变量。隐含状态向量$\overline{h}_t^{(k)}$ 和单元状态向量$\overline{c}_t^{(k)}$ 的计算需要使用多个步骤，首先需要计算这些中间变量，然后根据这些中间变量计算出隐含变量：

$$\begin{bmatrix} \overline{i} \\ \overline{f} \\ \overline{o} \\ \overline{c} \end{bmatrix} = \begin{pmatrix} \text{sigm} \\ \text{sigm} \\ \text{sigm} \\ \tanh \end{pmatrix} W^{(k)} \begin{bmatrix} \overline{h}_t^{(k-1)} \\ \overline{h}_{t-1}^{(k)} \end{bmatrix} \qquad \text{［设置中间变量］}$$

$$\overline{c}_t^{(k)} = \overline{f} \odot \overline{c}_{t-1}^{(k)} + \overline{i} \odot \overline{c} \quad \text{［选择性地忘记和/或添加到长期记忆上］}$$

$$\overline{h}_t^{(k)} = \overline{o} \odot \tanh(\overline{c}_t^{(k)}) \quad \text{［选择性地将长期记忆透露给隐含状态］}$$

注意 $\overline{c}$ 和$\overline{c}_t^{(k)}$ 之间的区别。其中，向量的对应元素相乘由“⊙”表示，符号“sigm”表示 sigmoid 操作。在实现中，上面的更新也使用了偏置，尽管这里为简单起见将它们省略了。上述的更新似乎比较神秘，因此需要进一步解释。

在上面一系列的公式中，第一步是设置中间变量 $\overline{i}$、$\overline{f}$、$\overline{o}$和 $\overline{c}$，从概念上讲我们应该把前三项看成是二元的值，尽管它们是（0，1）之间的连续值。将一对二元值相乘就像在一对布尔值上使用 AND 门一样。因此，我们将这种操作称为门控（gating）。向量 $\overline{i}$、$\overline{f}$ 和$\overline{o}$被称作输入门、忘记门和输出门，$\overline{c}$ 是单元状态中新提出的内容。特别地，从概念上讲，这些向量被用作布尔门来决定①是否添加内容到单元状态，②是否忘记一个单元状态，③是否允许将内容从单元状态泄露到隐含状态。对输入变量、忘记变量和输出变量进行二元抽象有助于理解更新所做的决策类型。在实践中，（0，1）之间的连续值包含在这些变量中，如果我们将输出视作一个概率的话，则能够以概率的方式来施加二元门的影响。在神经网络的场景中，我们必须使用连续函数以确保梯度更新所要求的可微性。

对第 $k$ 层使用上述第一个公式，利用权重矩阵 $W^{(k)}$ 来设置四个中间变量 $\overline{i}$、$\overline{f}$、$\overline{o}$和 $\overline{c}$。现在我们来看第二个公式，它利用某些中间变量来更新单元状态：

$$\overline{c}_t^{(k)} = \underbrace{\overline{f} \odot \overline{c}_{t-1}^{(k)}}_{\text{重置?}} + \underbrace{\overline{i} \odot \overline{c}}_{\text{增量?}}$$

这个公式有两部分。第一部分使用 $\overline{f}$ 中的 $p$ 个忘记位来决定将前面时间戳的哪 $p$ 个单元状态重置[⊖]为0，并且它使用 $\overline{i}$ 中的 $p$ 个输入位来决定是否将 $\overline{c}$ 中的对应分量加到每一个单元状态上。需要注意的是，这些单元状态的更新是以加和的形式进行的，这有助于避免由乘性更新引起的梯度消失问题。我们可以将单元状态向量看成是一个连续更新的长期记忆，其中忘记位和输入位分别决定①是否对前面时间戳的单元状态进行重置并忘记过去，②是否增

⊖ 这里，我们将忘记位当作一个二元比特向量，虽然它包含（0，1）之间的连续值，可以把它们看成是概率。如前所述，二元抽象有助于我们理解这些操作的性质。——原书注

加前面时间戳的单元状态来将新信息融入到当前单词的长期记忆中。向量 $\overline{c}$ 包含了待加到单元状态上的 $p$ 个值，这些值在［－1，＋1］之间，因为它们全都是 tanh 函数的输出。

最后，使用来自单元状态的泄露内容来更新隐含状态$\overline{h}_t^{(k)}$。隐含状态的更新如下：

$$\overline{h}_t^{(k)} = \underbrace{\overline{o} \odot \tanh(\overline{c}_t^{(k)})}_{\text{将}\overline{c}_t^{(k)}\text{泄露给}\overline{h}_t^{(k)}}$$

式中，我们根据输出门（由$\overline{o}$来定义）是0还是1，将 $p$ 个单元状态的每一个状态的函数形式复制到 $p$ 个隐含状态的每一个状态中。当然，在神经网络的连续场景中，会出现局部选通，并且只有一部分信号从每个单元状态复制到了相应的隐含状态中。值得注意的是，对于确保较好的性能来说，在最后一个公式中不一定要使用 tanh 函数。更新甚至可以像把每个单元状态（部分）复制到相应的隐含状态一样简单。这种更新方式如下，我们可以用它来替代上面的公式：

$$\overline{h}_t^{(k)} = \overline{o} \odot \overline{c}_t^{(k)}$$

与在所有神经网络中的情形一样，我们使用反向传播算法来进行训练。值得注意的是，前面讨论到的所有应用（面向单层 RNN 的）往往是使用多层 LSTM 来达到最佳效果的。

## 10.8 本章小结

特征工程是一个很有用的方法，我们可以用它来把文本的序列结构编码为多维表示。多维表示特别方便，因为它们可以与很多现成的工具相结合。本章讨论了很多用来进行特征工程的矩阵分解、基于图的模型和神经网络模型。特征工程方法可以在统计语言模型中找到根源，进而以系统的方式为数据到多维表示的转换提供数学基础。前面章节中讨论到的核方法也是使用语言建模原理来定义的。对于端到端的文本序列分析来说，循环神经网络是一类很有效的方法，在语言建模、序列分类、图像描述和机器翻译方面有着广泛的应用。一类被称为 LSTM 的循环网络比循环网络的朴素实现更加鲁棒。

## 10.9 参考资料

从参考文献［479］中可以找到一个关于语义的向量空间模型的早期概述。参考文献［37］提供了面向词嵌入的基于计数和基于预测的模型的比较。参考文献［308］讨论了字符串子序列核函数和 $n$－gram 核函数。参考文献［67，68，107，122，393，526，533，534］讨论了在核函数中融入不同类型的与具体词条相关的特征。第3章讨论了面向文档嵌入和词嵌入的潜在语义分析和矩阵分解方法的使用。这些方法完全不使用序列结构或上下文来进行嵌入。超空间模拟语言（HAL）[313]是一个使用上下文的早期的方法，它创建了词项－词项矩阵，其中的共现关系是根据上下文窗口内的接近程度来定义的。参考文献［313］提出的技术的一个问题是它会被频率非常高的词项所主导。参考文献［38］讨论了使用分布式方法来创建嵌入的通用框架。参考文献［108］讨论了使用词嵌入的价值，其中的词嵌入利用序列信息来完成各种自然语言任务。

参考文献［380］提出了用于词表示的 GloVe 系统，它使用对数归一化来降低高频词的影响。逐点互信息的使用在自然语言处理中有着较长的历史[99]。从参考文献［66］中可以找到最早使用 PPMI 进行语义表示的方法，参考文献［198］提出了噪声对比估计的概念。参考文献［352，353］讨论了 vLBL 和 ivLBL 模型，以及基于噪声对比估计的方法。早期关于统计语言建模的工作[351]提出了相关的对数双线性模型。参考文献［284］提出了一个基于不同的逐点互信息指标的嵌入。参考文献［283］提供了不计其数的面向诸如 word2vec 这种上下文模型的最佳实现的实际思想。参考文献［15］讨论了图形化模型在文本表示和预处理方面的使用，尽管它与单词 - 上下文分解模型的关系在这个工作中没有给出。本质上，合并距离图的分解产生了直观上与单词 - 上下文矩阵分解类似的结果（见习题 6）。

从参考文献［51，183］中可以找到一个关于神经网络的一般性讨论。自然语言模型近年来也变得越来越受欢迎[47,181]。word2vec 方法和 doc2vec 方法[275,341]讨论了各种通过神经网络使用 skip - gram 和连续词袋预测的方法。参考文献［342］讨论了一个使用负采样的相关模型，尽管这个模型使用与 skip - gram 模型不同的目标函数。从参考文献［273］中可以找到 doc2vec 的一个实验评估。参考文献［182，415］提供了一些较好的针对 word2vec 模型的解释。参考文献［282，365］阐明了神经词嵌入与矩阵分解和核方法的关系。目前已经证明 word2vec、doc2vec、GloVe 和距离图挖掘出的嵌入类型在很多应用中都很有用。这些方法已经被用在传统的聚类/分类问题[15,282]、单词类比任务[344]、单词到单词的机器翻译[345]、命名实体识别[447]、意见挖掘和情感分析[275]中。

参考文献［222］提出了 LSTM 模型，参考文献［463］讨论了它在语言建模中的应用。参考文献［223，377］讨论了与循环网络存储长期依赖的能力较差方面相关的问题。参考文献［94，98，196，197，342，343］讨论了用于语言建模的循环神经网络和 LSTM 的一些变种。本章关于 LSTM 的讨论是基于参考文献［196］的，参考文献［94，98］提出了另一种门控循环单元（GRU）。参考文献［256］中有一个理解循环神经网络的指南。从参考文献［299］中可以找到关于循环神经网络的以序列为中心的应用的进一步讨论。LSTM 网络也可以用于序列标记[195]，这在情感分析中很有用[616]。参考文献［485］讨论了卷积神经网络和循环神经网络的结合在图像描述中的应用。参考文献［94，250，464］讨论了面向机器翻译的序列到序列的学习方法。参考文献［108，109，261］探索了卷积神经网络在不同类型的文本深度学习任务中的应用。

### 10.9.1 软件资源

DISSECT（分布式语义组合工具包）[609]是一个使用单词共现计数来创建嵌入的工具包。在 Stanford NLP[610]中可以找到 GloVe 方法，在 gensim 库中也可以找到[401]。word2vec 工具在 Apache 许可条例下也可供使用[565]。该软件的 TensorFlow 版本在参考文献［566］中可获得。gensim 库有 word2vec 和 doc2vec 的 Python 实现[401]。doc2vec、word2vec 和 GloVe 的 Java 版本可以在 DeepLearning4j 库[611]中找到。在某些情形中，我们可以只下载这些表示（基于一般被认为是文本代表的大型语料库）的预训练版本，并直接使用它们，作为针对手头的具体语料库进行训练的一种方便的备选。很多这些库还提供循环神经网络和LSTM的实现。例如，DeepLearning4j提供的深度学习软件的LSTM部分可以在参考文献［618］中找到。在情感分析中使用LSTM网络的软件在参考文献［616］中可以获得。这些方法是基于参考文献［195］提出的序列标记技术的。从参考文献［615，617］中可以找到更多有关LSTM主题资源链接的博客。一个值得关注的代码[619]是一个字符级的RNN，它对学习来说特别有指导意义。这个代码的概念描述见参考文献［256，615］。

## 10.10 习题

1. 考虑下面的句子，“The sly fox jumped over the lazy dog”。列出所有的1 - skip - 2 - gram和2 - skip - 2 - gram。

2. 实现一个从给定的句子中找出所有2 - skip - 2 - gram的算法。

3. 给定一个使用word2vec得到的词典中$d$个词项的词嵌入，以及一个大小为$n \times d$的文档 - 词项矩阵$D$，它的行中包含每一个文档中的词项频率，它们使用相同的大小为$d$的词典。设计一种启发式方法，用来找到与这个词嵌入向量相关的文档坐标。

4. 假设你有额外的单词语法特征，如词性、拼写规则等。请说明该如何将这样的特征融入到word2vec中。

5. 如何使用RNN预测句子中的语法错误？

6. 假设在一个文档语料库中，有$n$个距离图$G_1$，…，$G_n$。对这些图的节点/边求并集，并合并任意平行边的权重，进而创建所有这些距离图的并集。

（a）讨论这个图的邻接矩阵的分解与单词 - 上下文分解模型的关系。

（b）如何修改分解的目标函数来消除计数差异较大的影响。

7. 对于CBOW模型和skip - gram模型：

（a）在消除隐藏层的变量后，只用一个关于输入和权重的函数来表示损失函数。

（b）计算损失函数关于输入层权重和输出层权重的梯度。

8. 假设在一个计数矩阵$C = [c_{ij}]$上使用GloVe，其中每个计数$c_{ij}$要么是0，要么是10000，其中有相当数量的计数为0。

（a）证明GloVe可以找到一个具有零误差的无意义分解，其中每个单词具有相同的嵌入。

（b）假设生成一个具有$10^7$个词条的序列，其中前半部分是从$\{1 \cdots 100\}$中的单词标识符中随机选出的，另一部分是从$\{101 \cdots 200\}$中随机选出的。讨论对于在这种情形中创建有意义的基于分解的词嵌入来说，为什么忽略负样本是一个糟糕的想法。

9. 多元矩阵分解：考虑一个大小为$d \times d$的单词 - 单词上下文矩阵$C = [c_{ij}]$，其中$c_{ij}$是单词$j$在单词$i$的上下文中出现的频率。其目标是分别学习一个大小为$d \times p$的矩阵$U$和一个大小为$p \times d$的矩阵$V$，以使对$UV$的每行应用softmax与$C$的相应行中的相对频率相匹配。针对$C$到$U$和$V$的概率分解创建一个损失函数。讨论它与skip - gram模型的关系。

10. 多类感知器：考虑一个多类别场景，其中每个训练样本的形式为$(\overline{X_i}, c(i))$，其中$c(i) \in \{1 \cdots k\}$是类别标记。我们想要找到$k$个线性分隔器$\overline{W_1} \cdots \overline{W_k}$，以使对于任意$r \neq c(i)$来说有$\overline{W}_{c(i)} \cdot \overline{X_i} > \overline{W_r} \cdot \overline{X_i}$。考虑下面第$i$个训练样本的损失函数：

$$L_i = \max_{r: r \neq c(i)} \max(\overline{W}_r \cdot \overline{X}_i - \overline{W}_{c(i)} \cdot \overline{X}_i, 0)$$

针对这个损失函数设计一个神经网络结构以及相应的随机梯度下降步骤，并讨论它与$k=2$的感知器的关系。

11. 使用第6章的表示定理在正则化感知器中应用核函数，设计一个目标函数并给出梯度下降步骤。

# 第11章 文本摘要

"少即是多。"

——Ludwig Mies van der Rohe

## 11.1 导论

文本摘要方法为文档创建短摘要，用户就可以较为容易地获取其中的信息。文本摘要最基本的形式是从单个文档中创建摘要，虽然也可以从多个文档中这样做。文本摘要的典型应用如下：

1）新闻文章：新闻文章的短摘要可以使我们快速阅读。对大量相关新闻文章的标题进行归纳以理解它们的共同主题是比较有用的。

2）搜索引擎结果：搜索引擎上的一个查询可能返回需要在单个页面上展示的多个结果。通常来讲，在相应的页面上，短摘要是跟在标题后面的。

3）评论摘要：评论者在像亚马逊这样的站点上生成了大量的短文档，这些文档描述了他们对特定产品的评论。将这些评论精简为一个更短的摘要是比较有用的。

4）科学文章：影响力摘要是一种提取某个特定文章中最有影响力的句子的方法。这种类型的文本摘要为我们提供了一个关于文章内容的大致理解。

5）邮件：一个邮件交流过程对应着两个参与者之间的对话。在这些情形中，将对话的交互性质考虑到生成摘要的过程中是比较重要的。

6）改进其他自动化任务：文本摘要的一个意想不到的优点是它有时候能够提升文本分析中其他任务的性能。例如，参考文献［419］指出，使用摘要中的词项来扩展查询能够提升信息检索应用的精确率。

单文档摘要的应用和多文档摘要的应用非常不同。多文档摘要通常出现在包含多个紧密相关的文档的集合中，例如与某个特定新闻事件相关的文章，响应某个事件的推文[78]或某个特定查询的搜索引擎结果。

在很多情形中，具体的上下文或应用领域在决定摘要技术的选择中扮演着重要角色。例如，在以查询为主的摘要中，为了方便浏览，我们通常将查询处理系统返回的文档归纳为短文本段展示给用户。在这些情形中，我们需要对归纳的内容进行定制，使其能更好地囊括用户输入的查询词。上下文的使用为我们提供了额外的提示，这通常有助于针对手头的应用领域来对结果进行定制。在多文档场景中，上下文的存在是极其常见的，因为文档是通过它们的上下文相互关联的。也有学者[454]认为，上下文非常重要，所以我们根本不应该在没有上下文的情况下试图生成摘要。然而，大量关于文本摘要的文献提出了一些通用的方法，这些方法可以在没有上下文的情况下用于文本摘要的生成。本章将主要关注这些通用的方法。

### 11.1.1 提取式摘要与抽象式摘要

摘要的两种主要类型分别为提取式和抽象式，它们的定义如下：

1）提取式摘要：提取式摘要是在没有对各个句子进行任何修改的情况下，从原始文档中提取句子来生成短摘要。在这些情形中，比较重要的一步通常是对不同句子的重要性进行评分。随后，保留分数最高的一些句子的子集来最大化主题覆盖度并最小化冗余度。

2）抽象式摘要：抽象式摘要创建一个包含新句子的摘要，这些新句子是原文档中没有的。在某些情形中，这样的方法可能使用原始表达中的短语和从句，但我们仍然认为整体的文本是新的。当然，生成新文本通常是比较有挑战性的，因为它需要使用语言模型来生成一个有意义的单词序列。即便如此，也无法保证生成的摘要一定包含有意义的句子。一般而言，抽象式摘要非常困难，并且有关这个主题的工作也很少。

值得注意的是，抽象式摘要需要考虑连贯性和流畅性。这就需要对文本有较高程度的语义理解，这超出了现代系统的能力。完全通顺的抽象式摘要是人工智能领域中一个尚未解决的问题，并且大部分摘要系统都是提取式的。由于在文本挖掘的文献中，提取式摘要占大多数，所以本章将主要关注这种类型的摘要，并只简单介绍抽象式摘要。

### 11.1.2 提取式摘要中的关键步骤

大部分提取式文本摘要方法使用以下两个步骤，并且每个步骤的具体选择决定了手头方法的整体设计：

1）句子评分：很多技术的第一步是基于句子相对于生成连贯摘要的重要性对这些句子进行评分。某些方法只使用句子的内容，而其他方法则使用各种类型的元信息，如句子的长度或位置。在很多情形中，我们可能会创建一个中间表示来进行建模。例如，我们可能会为归纳的内容或句子 - 句子相似度的图表示创建一个重要词表。基于句子对手头文档中关键主题的表达能力来对句子进行评分，这有助于创建最终的摘要。

2）句子选择：基于句子的分数，选择句子来表示摘要。在这个过程中，重要的是不仅要考虑一个文档的分数，还要考虑它相对于其他选到的句子的冗余度。降低重叠程度是控制摘要规模的关键机制。

在很多情形中，句子评分和句子选择的过程是相互独立的，但在其他情形中（如句子 - 句子相似度方法），评分和选择过程是紧密结合在一起的。在评分和选择相互独立的情形中，我们可以在多个评分方法的基础上重复使用特定的句子选择技术。

### 11.1.3 提取式摘要中的分割阶段

文本分割[215]是提取式摘要中的一个重要步骤。文本分割的基本思想是将一个长文档分解为更短的或更连贯的文本段，其中每一个文本段在文档内都是连续的。这些更短的文本段可能是基于语法规则（如句子/段落）来分割的，也可能是基于主题的邻近程度来分割的。虽然句子被广泛用作摘要的单元，但也有人认为使用像段落这样更长的分段通常会更有用[425]。虽然本章将始终使用句子作为单元分段（因为它在文献中占多数），但我们要指出本章大多数技术都可以在没有对算法进行较大改变的情况下扩展到任意类型的分段上。第 14 章 14.2 节讨论了文本分割问题。

### 11.1.4 本章内容组织结构

本章内容组织结构如下：11.2 节讨论基于主题词的方法；11.3 节讨论用于摘要的潜在方法；11.4 节讨论机器学习在提取式文本摘要中的应用；11.5 节给出用于多文档摘要的方法；11.6 节讨论抽象式摘要方法；11.7 节对本章进行小结。

## 11.2 提取式摘要的主题词方法

主题词方法创建一个包含各个单词及其权重的表格，其中越大的权重意味着相应的单词越能表示手头的主题。最早使用主题词的提取式摘要是由 Luhn[312] 提出的。他的工作的基本思想是基于频率找出最能体现主题的词。对于识别一个文档的主题内容来说，太过频繁或太过罕见的词都是没有用的。非常频繁的词通常是停用词，而非常罕见的词通常是拼写错误或模棱两可的词。识别出词项频率在上限和下限之外的单词，将剩余的单词标记为主题词并用来对句子评分。Luhn 的原始工作引入了一个概念，即比起分散的词来说，相互靠近的主题词对句子评分的影响应该更大。因此，Luhn 提出在一个句子的分段周围添加括号，通过不大于 $g$ 的间隔将比较能体现主题的单词（即满足上限和下限的单词）分离出来。这种添加括号的方式使后面的评分过程得以实现。需要注意的是，我们仅在两个比较能体现主题的连续单词之间来衡量这个间隔。$g$ 的值被设为 4 或 5 左右。然后，每个括号段中的单词数的平方除以该段的长度即为对应括号段的重要性分数。一个句子的分数是它的所有括号段分数中的最大值。

Luhn 的这些基本思想为很多有关主题词方法的研究提供了一个起点。接下来我们将沿着这条线索讨论一些重要的思想，如词项概率、tf - idf 和对数似然。其中对数似然被认为是主题词技术中最前沿的。

### 11.2.1 词项概率

考虑一个文档 $\overline{X} = (x_1 \cdots x_d)$，其中 $x_j$ 是第 $j$ 个单词的原始频率。然后，词项概率 $p_j$ 为该词项的存在比例：

$$p_j = \frac{x_j}{\sum_{j=1}^{d} x_j} \tag{11.1}$$

此时，考虑一个包含 $M$ 个词条的摘要，其中第 $j$ 个词项出现 $m_j$ 次，因此我们有

$$\sum_{j=1}^{d} m_j = M \tag{11.2}$$

我们可以使用多项式分布来计算这个摘要的似然$\mathcal{L}$：

$$\mathcal{L} = P(m_1, m_2, \cdots, m_d) = \frac{M!}{\prod_{j=1}^{d} m_j!} \prod_{j=1}^{d} p_j^{m_j} \tag{11.3}$$

为什么最大化似然是可取的呢？这种假设的核心基础是能够反映词项在原始文档中的频率分布的摘要更有可能包含比较丰富的信息。

SumBasic 方法是一种根据较大的似然值来选择摘要的启发式方法。令 $t_j$ 表示第 $j$ 个单词（词项）。SumBasic 计算每个句子 $S_r$ 中所有词项的平均概率：

$$\mu(S_r) = \frac{\sum_{t_j \in S_r} p_j}{|\{t_j : t_j \in S_r\}|} \tag{11.4}$$

然后，该方法选择$\mu(S_r)$值最大的句子 $S^*$，将其包含到摘要中。此时，我们将 $S^*$ 中每个词项的概率 $p_j$ 设为其原始值的平方以减小它们的值。其中的思想是用户不太可能选择包含太多重复词项的摘要，因为这可能会造成冗余。使用这些调整后的概率重复$\mu(S_r)$的整个计算过程，并选择下一个$\mu(S_r)$值最大的句子。重复这个过程，直到摘要达到了期望的长度。因此，该算法的描述如下：

1）根据式（11.1）计算每个词项的概率 $p_j$。

2）根据式（11.4）计算每个句子 $S_r$ 的平均词项概率$\mu(S_r)$。

3）选择$\mu(S_r)$值最大的句子 $S^* = \text{argmax}_r \, \mu(S_r)$，并将它添加到摘要中。

4）通过对词项概率取平方的方式，减小已被添加进摘要的句子中的词项的概率。

5）如果没有达到期望的摘要长度，则跳转至步骤 2。

该过程结束后，得到的句子构成了摘要。这种方法紧密地将句子评分和句子选择结合在一起，同时考虑了冗余性。通过取平方来减小已包含进摘要的词项的概率，从而避免冗余性。另一种方式是在概率上乘以一个小于 1 的因子。

### 11.2.2 归一化频率权重

这种方法可以将特定文档中的高频词与那些在通用语料库中的高频词区分开来。通用语料库中的高频词通常是一些停用词，如冠词、介词或连词。然而，在一个特定的语料库中，一些高频词可能与集合中的主题相契合，并且值得在摘要中至少用上几次。例如，单词“election”在某个需要生成摘要的特定文档中可能非常常见，但在一个通用的背景语料库中可能没那么常见。因此，在进行停用词移除时始终使用背景信息是比较可取的，而不是使用关于需要生成摘要的特定文档的频率阈值。一个常用的方法是使用停用词表来移除不相关的词。此外，我们也需要把出现次数极少的词项（如一次或两次）移除，因为它们可能是拼写错误或是罕见词项而与摘要不是很相关。

这种方法中比较关键的一步是在确定重要词之前需要使用逆文档频率归一化。基于文档长度的归一化是通过 tf - idf 权重除以文档中最大的词项频率来实现的。对于任一文档 $\overline{X} = (x_1 \cdots x_d)$，第 $j$ 个词项的逆文档频率为$\text{idf}_j$，其权重 $w_j$ 可计算如下：

$$w_j = \frac{x_j \cdot \text{idf}_j}{\max\{x_1, \cdots, x_d\}} \tag{11.5}$$

将所有权重 $w_j$ 小于某个特定阈值的词项的权重重新设为0，因为这些词项被假定成噪声词。接下来，可以使用这些词项权重来对句子进行评分。最简单的方法是使用句子 $S_r$ 中词项的平均权重来计算它的重要性。一个句子的平均词项权重 $\mu^w(S_r)$ 可计算如下：

$$\mu^w(S_r) = \frac{\sum_{t_j \in S_r} w_j}{|\{t_j : t_j \in S_r\}|} \tag{11.6}$$

需要注意的是，这种类型的求平均与SumBasic中所用的求平均几乎完全一样。然后，我们按照权重的降序顺序对句子进行排序，并选择最前面的句子。然而，与SumBasic不同，它在选择过程中似乎不考虑不同句子间的冗余性。然而，通过在每个选到的词项的频率上乘以一个小于1的因子来引入这种修改是相对容易的。值得注意的是，句子的选择过程在很大程度上是独立于评分过程的，并且各种各样的选择方法都可以与不同的评分方法相搭配。因此，一些用于句子选择的重要方法（通常可基于不同的评分方式重复使用）将会在11.2.4节讨论。

### 11.2.3　主题签名

主题签名（topic signature）是指对摘要比较重要的一些单词，我们通常使用对数似然比检验来识别这些词。为了实现对数似然比检验，我们需要比较各个词项在某个特定文档中的频率和它在某个背景语料库中的频率。其基本思想是识别出在需要生成摘要的文档中频繁出现，但在背景集合中比较罕见的单词。统计假设检验是一种具有概率解释且定义比较明确的方法，它还为单词的选择提供了适当的阈值。

词项 $t_j$ 在词项频率为 $(x_1 \cdots x_d)$ 的文档 $\overline{X}$ 中的概率由 $p_j$ 来表示：

$$p_j = \frac{x_j}{\sum_{j=1}^{d} x_j} \tag{11.7}$$

需要注意的是，这种定义 $p_j$ 的方式与式（11.1）相似。通过使用词项 $t_j$ 在 $n$ 个文档中的相应频率，我们可以针对一个文档集合（而不是单个文档）来定义 $p_j$ 的值：

$$p_j = \frac{\sum_{i=1}^{n} x_j^{(i)}}{\sum_{i=1}^{n} \sum_{j=1}^{d} x_j^{(i)}} \tag{11.8}$$

式中，$x_j^{(i)}$ 是第 $j$ 个词项在第 $i$ 个文档中的频率。我们也可以使用相似的方法来定义它在背景集合中的概率。令 $b_j \in (0,1)$ 为第 $j$ 个词项在背景集合中的概率，而 $p_j$ 只是第 $j$ 个词项在需要生成摘要的文档（可能有多个）中出现的概率。类似地，我们计算第 $j$ 个词项属于背景集合与需要生成摘要的特定文档集合这两个集合的并集的概率 $a_j \in (0,1)$。似然比检验的主要思想是，假设每个词项在背景集合和特定文档中的出现次数是通过重复为每个词项翻转有偏硬币生成的。其目标是找出特定文档和背景集合是否使用了相同的硬币。因此，有如下两种假设：

$H_1$：［对于第 $j$ 个词项］第 $j$ 个词项在需要生成摘要的文档中出现的次数和背景集合中出现的次数都是通过以概率 $a_j$ 重复翻转有偏硬币生成的。

$H_2$：［对于第 $j$ 个词项］第 $j$ 个词项在需要生成摘要的文档中出现的次数是使用概率为 $p_j$ 的有偏硬币生成的，而在背景集合中出现的次数是使用概率为 $b_j$ 的有偏硬币生成的。

此外，我们只对满足$p_j > b_j$ 的词项感兴趣，因为其他词项不可能是主题签名。此时考虑这样一个情形，需要生成摘要的文档包含 $n$ 个词项，其中 $n_j$ 表示词项 $t_j$ 在这个文档中的词条数量。对于背景语料库来说，相应的数目分别为 $n(b)$ 和 $n_j(b)$。那么，在假设 $H_1$ 下，使用试验次数不同但采样参数 $a_j$ 相同的二项式分布来定义 $n_j$ 和 $n_j(b)$ 的概率。因此，第 $j$ 个词条的出现次数的概率分布可计算如下：

$$\text{需要生成摘要的文档}: P(n_j | H_1) = \binom{n}{n_j} a_j^{n_j} (1 - a_j)^{n - n_j}$$

$$\text{背景集合 } P(n_j(b) | H_1) = \binom{n(b)}{n_j(b)} a_j^{n_j(b)} (1 - a_j)^{n(b) - n_j(b)}$$

可以通过上面两个量的乘积来计算 $n_j$ 和 $n_j(b)$ 在假设 $H_1$ 下的联合概率：

$$P(n_j, n_j(b) | H_1) = P(n_j | H_1) \cdot P(n_j(b) | H_1) \tag{11.9}$$

在假设 $H_2$ 的情形中，主要区别在于我们分别使用面概率分别为 $p_j$ 和 $b_j$ 的不同硬币，来对词项 $t_j$ 的分布进行建模：

$$\text{需要生成摘要的文档}: P(n_j | H_2) = \binom{n}{n_j} p_j^{n_j} (1 - p_j)^{n - n_j}$$

$$\text{背景集合}: P(n_j(b) | H_2) = \binom{n(b)}{n_j(b)} b_j^{n_j(b)} (1 - b_j)^{n(b) - n_j(b)}$$

$n_j$ 和 $n_j(b)$ 基于假设 $H_2$ 的联合概率即为上面两个量的乘积：

$$P(n_j, n_j(b) | H_2) = P(n_j | H_2) \cdot P(n_j(b) | H_2) \tag{11.10}$$

然后，我们将似然比 $\lambda$ 定义为式（11.9）中的估计量与式（11.10）中的估计量的比值：

$$\lambda = \frac{P(n_j, n_j(b) | H_1)}{P(n_j, n_j(b) | H_2)} \tag{11.11}$$

$-2\log(\lambda)$的值服从卡方分布，从而我们能够以特定水平的概率显著性对 $-2\log(\lambda)$使用阈值。例如，我们可以使用99.9%的置信度水平从卡方分布表中选择一个阈值。因此，与本节前面讨论的一些方法不同，这种方法能够选择在统计意义上更加合理的阈值。

给定主题签名，一个句子的分数等于该句子中的主题签名词条的数目。另一种方式是将一个句子的分数设为这个句子中的主题签名词条的比例。第一种方法倾向于将更长的句子包含进摘要中，而第二种方法则对摘要中的句子长度进行了归一化处理。正如11.2.4节所讨论的，我们还可以将冗余性考虑到句子的选择过程中。

### 11.2.4 句子选择方法

在文本摘要中，句子选择是跟在评分过程后的一个关键步骤。冗余性的存在破坏了文本摘要的关键目标之一。因此，当句子评分与句子选择紧密结合时，我们有时候会使用各种特殊的技术来降低冗余性。例如，SumBasic 方法在选择每个句子后对词项的概率进行调整，以减小先前选到的句子中所包含的词项的概率。然而，我们有时候希望将句子评分与句子选择分开进行。在这些情形中，我们需要使用通用的冗余消除方法。这些方法可以与任意的评分方法相结合。

参考文献［76］中的方法提出了以查询为中心的文本摘要场景中的句子选择技术。然而，这些技术也已经被扩展到通用的文本摘要场景中[192,296]。参考文献［76］中提出了一种使用最大化最大边界相关性（Maximum Marginal Relevance，MMR）来选择句子的贪婪技术。其基本思想是将句子逐个添加到摘要中，同时确保已添加的句子的分数尽可能地好，但与先前选择的句子的重叠程度尽可能地低。有一些方法可以实现这种技术。参考文献［76］中提出的原始思想是使用一个关于相关性分数和新颖性分数的凸组合。我们可以通过各种方式来计算相关性分数，包括本节讨论的任意一种评分方法。

令$\mathcal{S}=\{S_1 \cdots S_r\}$为到目前为止文档$\overline{X}$中已经被添加到摘要中的句子。当句子$S$与其他已包含进摘要的句子不相似时，来自文档$\overline{X}$的句子$S$的新颖性分数$N(S)$会比较高。因此，我们可以通过句子$S$与文档$\mathcal{S}$中的其他句子$S_j$之间的余弦相似度的负数㊀，来计算新颖性分数：

$$N(S)=1-\max_{S_j \in \mathcal{S}} \text{cosine}(S,S_j) \tag{11.12}$$

我们使用句了的向量空间表示来计算余弦相似度。需要注意的是，新颖性分数总在（0，1）之间，并且新颖性的值越大越好。令$T(S)$为句子$S$使用任一评分方法（如 tf－idf 或是主题签名方法）得到的分数，值同样是越大越好。然后，一个句子的整体分数$F(S)$是使用这两个指标计算得到的分数基于混合参数$\lambda \in (0,1)$的一个线性组合。

$$F(S)=\lambda T(S)+(1-\lambda)N(S) \tag{11.13}$$

式中，$\lambda \in (0,1)$决定了多样性和句子相关性之间的权衡。MMR 算法总是从文档$\overline{X}$的剩余句子中选择$F(S)$值最大的句子$S$添加到摘要$\mathcal{S}$中。我们可以改变计算新颖性的相似度函数。例如，某些方法[296]使用重叠百分比（而不是余弦函数）来计算新颖性。

参考文献［296］中讨论的另一种简化方法是将$T(S)$值最大的句子$S$添加到摘要中，同时把这个句子与先前选择的句子之间的新颖性分数限制在特定阈值之上。这种方法可以归结为对新颖性分数$N(S)$设置一个最小阈值，以确保每个被添加到摘要中的句子都有一个最小程度的新颖性，然后在满足新颖性要求的句子中，选择$T(S)$值最大的句子添加到摘要中。虽然贪婪方法不一定能找到最优解，但在大多数实际场景中它通常能找到一个高质量的解。

## 11.3 提取式摘要的潜在方法

潜在方法借鉴潜在语义分析、矩阵分解和共现词汇链的思想来识别摘要句子。

㊀ 在原始论文[76]中，新颖性的计算为$N(S)=-\max_{S_j \in \mathcal{S}} \text{cosine}(S,S_j)$。我们添加了一个额外的值 1，以创建一个在（0，1）范围内的分数，这更易于解释。额外的 1 并不会改变最后的计算结果。——原书注

### 11.3.1 潜在语义分析

潜在语义分析的一个重要属性是它揭示了数据中独立的潜在概念。因此，沿着这些潜在方向选择具有较大分量的句子，我们能够创建一个可以表达文档中主要概念的句子摘要。

参考文献［192］中提出了一个最早使用潜在语义分析的方法。考虑一个文档$\overline{X}$，它包含由$S_1 \cdots S_m$表示的$m$个句子。句子$S_i$由一个$d$维向量$\overline{Y_i}$表示。大小为$m \times d$的矩阵$D_y$的第$i$行即为向量$\overline{Y_i}$。然后，我们可以使用潜在语义分析来创建矩阵$D_y$的一个秩为$k$的潜在分解，如下所示：

$$D_y \approx Q\Sigma P^{\mathrm{T}} \tag{11.14}$$

式中，$Q$是一个大小为$m \times k$的矩阵，$\Sigma$是一个大小为$k \times k$的对角矩阵，$P$是一个大小为$d \times k$的矩阵。$k$的值可以选为$\min\{m, d\}$，以确保上面的约等关系变为相等关系。其中，$P$的$k$列提供了$k$个正交基向量，每个句子就是沿着这些向量来表示的。因此，沿着这些独立概念有较大投影的句子彼此之间更有可能是相对独立的，对文本摘要来说，这些句子代表了较好的选择。矩阵$Q\Sigma$的行包含每个句子的$k$维降维表示。对每个概念的相对频率进行调整后，矩阵$Q=[q_{ij}]$（而不是$Q\Sigma$）包含各个句子的归一化的坐标。大小为$m \times k$的矩阵$Q$的$m$维列向量有助于提取与$k$个独立概念中的每一个概念相对应的句子。在$Q$的特定列中，$q_{ij}$的绝对值较大意味着相应的句子有沿着对应概念的较强投影。因此，这种提取摘要的方法按照奇异值的降序顺序逐个处理$Q$的列来添加句子。当处理到$Q$的第$j$列时，我们选择元素$q_{ij}$，它的绝对值大于所有$r \neq i$的$q_{rj}$值。索引$i$指出了下一个应该被添加到摘要中的句子$S_i$。使用这种方法将句子逐个添加到摘要中，直到达到期望的摘要长度。通过使用不同的特征向量生成不同的句子来最小化冗余性的影响。

这种方法的一个问题是，对于每个潜在概念（$D_y$的奇异向量）来说，它只使用一个有代表性的句子。在实际情况中，单个句子可能不足以表示一个概念。特别地，奇异值较大的潜在概念可能需要多个句子来表示，因为它们在集合中有频率上的优势。此外，较好的摘要句子讨论的概念通常不止一个，而是讨论多个概念。

因此，后来有文献提出了一些改进[458,459]来解决这个问题。有一种方法㊀提出使用归一化的矩阵$U=Q\Sigma^2$。需要注意的是，$U=[u_{ij}]$是一个和$Q$一样大小为$m \times k$的矩阵，不同的是，该方法通过对奇异值取平方对它的主要列进行缩放。因此，第$i$个句子$S_i$（即$D_y$的第$i$行）的分数$s_i$的计算如下：

$$s_i = \sqrt{\sum_{p=1}^{k} u_{ip}^2} \tag{11.15}$$

对于句子$S_i$来说，$s_i$的分数较大意味着我们应该将它包含进摘要中。与原始 LSA 方法不同[192]，这种类型的评分函数并没有提供一种自然的方式来检验冗余性。因此，我们可以将这种类型的评分与 MMR 方法（参考 11.2.4 节）相结合来生成摘要。值得注意的是，我们

㊀ 参考文献［458，459］中的表示之间存在一些差异。前者建议使用$U=Q\Sigma$，而后者使用$U=Q\Sigma^2$。使用$U=Q\Sigma$几乎与将句子的分数设为原始向量空间表示（$D_y$的行）的$L_2$范数等价，不同的是，LSA 的截断移除了一些噪声。当把$k$设为$\min\{m,d\}$时，这个等式是精确的。在这样的情形中，LSA 的使用甚至不是必须的。——原书注

可以使用第3章讨论的各种矩阵分解技术来生成这样的摘要，多文档摘要也对这种方法进行了一定程度的探索。

### 11.3.2 词汇链

诸如潜在语义分析之类的方法之所以能够发挥它们的效用，一大部分原因在于它们能够以数据驱动的方式捕捉语义相似性，从而能够对自然的语言效应进行调整，如同义词和多义词。而词汇链方法使用一个手动构造的同义词库来寻找紧密相关的单词分组。为此，我们可以使用 WordNet[347]，这是一个自动同义词库。

#### 11.3.2.1 关于 WordNet 的简短描述

WordNet 是一个包含英语名词、动词、形容词和副词的词汇数据库。这些单词被分为可认知的同义词分组，这些分组也被称为同义词集合（synset）。虽然 WordNet 提供了一些与同义词库相同的功能，但从它所编码的关系复杂性的角度来看，它捕捉到的关系更为丰富。我们可以将 WordNet 表示为一个单词与单词之间的关系网络，这超出了简单的相似度概念。在 WordNet 中，单词之间的主要关系是同义关系，这自然地创建了约117000个同义词集合。多义词会在多个同义词集合中出现，这为挖掘过程提供了有用的信息。其中的一个重点是词汇链是指从相同文本中提取出的一个单词序列，它常被用来对单词进行消歧。例如，单词“jaguar”是多义的，因为它既可以指车也可以指美洲虎。这个单词在诸如“jaguar - safari - forest”这样一个链中的意义与它在“jaguar - race - miles”中的意义是不同的。这种类型的消歧方法与很多潜在方法和矩阵分解方法所实现的方法相似。同义词集合也对它们之间的关系进行了编码，如通用词和特定词之间的关系。例如，“bed（床）”是“furniture（家具）”的一种具体形式。WordNet 对类型和实例进行区分。例如，“bunkbed（上下床）”是床的一种类型，而“Bill Clinton（比尔·克林顿）”是总统的一个实例。关系的具体类型取决于构成词的词性。例如，动词可以具有与强度（如“like（喜欢）”和“love（爱）”）相对应的关系，而形容词可以具有与反义（如“good（好）”和“bad（坏）”）相对应的关系。不同词性之间也有一些关系，如来自相同词干的单词。例如，“paint”和“painting”来自相同的词干，但具有不同的词性。一般而言，我们可以将 WordNet 看成一种图，其中同义词组（同义词集合）是节点，边是关系。

#### 11.3.2.2 将 WordNet 应用于词汇链

我们首先使用 WordNet 的图结构对文档中单词之间的关系进行归类。单词之间的关系被分类为超强关联、强关联或中等关联。超强关联是指一个单词和它的重复，强关联是指两个单词之间存在一个 WordNet 关系，中等关联是指两个单词在 WordNet 图中存在一条长度大于1的路径。有些工作[219]还在图中两个单词之间的路径模式上设置了一些限制。

最早的词汇链生成算法出现在参考文献［219，457］中。链生成的过程是由面向当前链集合的连续单词插入操作构成的。参考文献［39］讨论了这个插入步骤，具体如下：

1）找到一个候选单词集合。一般来说，名词会被用作候选单词。

2）对于每个候选词，找到一条链，其中该候选单词与该链的某个成员满足上述任一个关系准则（基于 WordNet 关系的强度）。正如稍后会详细讨论的，插入决策还取决于候选单词在需要生成摘要的文本段中到与具体链相关的单词的物理距离。例如，如果高度相关的两个单词在需要生成摘要的文本中彼此远离，则允许插入。

3）如果找到一条满足关系准则的链，则将这个单词插入到这个链中，并对它进行相应的更新。当找不到相关的链时，则新建一条链，这条链包含该单词以及该单词到它所有同义词集合的连接。

为了在词汇链中插入单词，插入的单词需要与词汇链的某个成员相关联。对于词汇链的选择来说，超强关联优于强关联，强关联优于中等关联。为了将某个单词插入到链中，这个单词需要与链中的另一个单词满足关系准则，这两个单词在需要生成摘要的文本中的间隔不能超过一定的距离。超强关联对单词之间的距离没有限制，对于强关联来说，文本段的最大窗口长度为7，对于中等关联来说，窗口长度为3。

此时，理解词汇链是如何消除同一单词的多义用法之间的歧义是很有用的，因为一个单词的插入与词汇链的更新相关联。一个多义词有多个与它的多层含义相对应的同义词集合。当使用一个单词新建一条链时，我们需要保留所有同义词集合与它之间的连接。然而，当插入新的单词时，我们需要移除与该单词无连接的所有同义词集合。这种移除方式自动对单词的不同含义进行了消歧，因为这条链随着时间而增长，无连接的同义词集合都被移除了。

为了将这些链用于文本摘要，第一步要基于这些链与手头主要主题的相关性对它们进行评分。为了对一条链进行评分，我们需要计算所有链成员在文本段中的出现次数（包括重复出现）。此外，还需要计算链成员的数量。将两者之间的差作为词汇链的分数。如果它的分数比第一步识别出的所有链的平均分数大两个标准差以上，则认为这个链是强关联。

一旦识别出强关联链，我们就可以使用它们来从文本中提取重要的句子以创建摘要。其中的一个关键是，对于需要生成摘要的文本的主题来说，不是链中的所有单词都是一样好的指示器（即代表性）。对于需要生成摘要的文本段来说，如果一个单词的频率大于或等于链中其他单词的频率，则认为链中的这个单词是比较有代表性的。对于在前一步中识别的每个强关联链来说，我们选择一个单独的句子，这个句子包含链中某个具有代表性的单词在文本中的第一次出现。需要注意的是，这一步与潜在语义分析类似，它为集合中的每个潜在概念提取一个句子。从这个意义上讲，词汇链与潜在概念的目的相同，不同的是，它们是借助重要的语言输入如 WordNet 数据库来进行挖掘的。

### 11.3.3 基于图的方法

基于图的方法在句子-句子相似性图上使用 PageRank 来确定重要的句子。第9章9.6.1节描述了在网络排序上下文中的 PageRank 方法。第一眼看上去，这种基于图的方法与潜在技术似乎没有共同之处。然而，与潜在方法一样，它们使用句子间的整体相似度结构。本节末尾将更详细地解释这种关系，PageRank 方法的步骤如下：

1）为文档中的每个句子创建一个节点，从而得到 $m$ 个节点。在余弦相似度超过预定义阈值的任意两个句子之间加上一条无向边，它们之间的余弦相似度为边的权重。

2）使用这个加权邻接矩阵计算边的转移概率。需要注意的是，从节点 $i$ 到节点 $j$ 的转移概率等于它在从节点 $i$ 传出的所有边中的权重比例。此外，从节点 $i$ 到节点 $j$ 的转移概率与从

节点 $j$ 到节点 $i$ 的转移概率不一定相同。由此产生的大小为 $m \times m$ 的矩阵用 $A_P$ 来表示。

3）正如9.6.1节中讨论的，PageRank方法需要使用概率为 $\alpha$ 的重启步骤。令 $A_R$ 为大小为 $m \times m$ 的矩阵，其中的每个元素为 $1/m$。然后，我们使用重启步骤把 $A_P$ 更新为一个新的随机转移矩阵 $A$：

$$A = A_P(1-\alpha) + \alpha A_R \tag{11.16}$$

矩阵 $A$ 将这种重启机制融入到了转移概率中。

4）矩阵 $A$ 的主左特征向量在它的 $m$ 个元素中提供了PageRank值。可以证明这些值中的每一个都是在由 $A$ 表示的随机转移图上进行随机游走的稳态概率。关于PageRank方法的更多细节，读者可参考第9章9.6.1节。

PageRank的值提供了可用来对句子进行排序的分数。虽然我们可以简单地选择评分较高的句子，但有时使用11.2.4节的冗余消除方法来创建信息更丰富的摘要也是很有帮助的。TextRank[339]和LexRank[154]方法是最早将PageRank用于文本摘要的方法。这些方法已经被扩展到多文档摘要中[154]。PageRank方法的一个优点是，在相似性图[84]中融入语言和语义信息相对比较容易。

PageRank方法是如何与11.3.1节的潜在语义方法相关联的呢？就好比PageRank方法使用修改后的相似度矩阵（这是一个随机转移矩阵）的主左特征向量一样，11.3.1节的潜在语义方法也使用相似度矩阵的特征向量。需要注意的是，11.3.1节的LSA方法先构造句子-词项矩阵 $D_y$，然后执行矩阵 $D_y = Q\Sigma P^T$ 的SVD方法。我们也可以使用句子-句子相似度矩阵 $D_y D_y^T$ 的特征值最大的特征向量来提取 $Q$ 和 $\Sigma$。

我们可以把PageRank技术看成一种密切相关的方法，不同的是，它以转移矩阵的形式来构造相似度矩阵，并使用这个矩阵的单个主特征向量。这种选择句子的方法与潜在语义分析方法也不一样，因为它不使用相似性矩阵的多个特征向量，而是使用转移矩阵的单个特征向量中的元素。因此，当使用PageRank技术时，我们必须要谨慎，不要选择冗余的句子（利用类似MMR的方法）。在潜在语义分析方法的情形中，我们相对于每个特征向量选择一个句子。

### 11.3.4 质心摘要

虽然质心摘要原本是为多文档集合[398,399]设计的，但通过把每个句子当作文档来处理的简单方式，我们也能够把它扩展到单文档摘要中。事实上，如果我们在每个簇中使用一个代表，那么这样的扩展就与潜在语义分析方法非常相似。在面向单个文档的情形中，质心摘要的整体方法如下：

1）把文档中的每个句子当作一个文档来处理。将句子聚类到 $k$ 个簇的分组中。对像句子这样的短文本段进行聚类通常比较困难。在这些情形中，我们可以在聚类之前使用非负矩阵分解来创建文档的潜在表示。或者，第10章讨论的一些特征工程技术对短文本聚类也很有用。

2）对每个簇，使用单词在簇中的tf-idf频率来确定主题词的重要性，并对句子进行评分。我们可以使用11.2节中讨论的任意主题词方法，不同的是，在评分过程中计算词项频率的时候，需要将每个簇中的所有句子合并为单个文档。换句话说，我们仅根据簇中的句子（而不是原始文档中的所有句子）来定义某个单词在一个簇中的词项频率时，此时特定簇中的句子评分与其他簇无关。

3）使用每个簇中评分最高的句子来创建摘要。因此，与在潜在语义分析中一样，摘要将恰好包含 $k$ 个句子。摘要中句子的出现顺序与它们在原始文档中的一样。

这种方法与潜在语义分析方法非常相似，不同的是，每个簇都被当作一个潜在分量来处理。此外，这里讨论的方法是对它在多文档场景中（更为常见）的用法的一个扩展。面向多文档摘要的原始质心摘要方法[398,399]会在 11.5 节中具体介绍。

## 11.4 面向提取式摘要的机器学习

目前为止，我们讨论的大多数方法在摘要生成过程中只使用了内容信息。然而，一些关于各个句子的位置和其他元信息的重要特征可以为各个句子对摘要过程的重要性提供有用的信息。这个观点引出了更通用的观点，即我们应该提取可以反映摘要句子重要性的指示特征。这种方法也为文本摘要的机器学习观点铺平了道路。Edmundson 最早期的工作[150]是一种无监督技术，它提出文档中一个句子的多个特征对决定它是否该成为摘要的一部分起着重要的作用，如句子的长度和在文本中的位置。事实上，将文本段的第一个句子包含进摘要在很多系统中都十分常见。这些观察产生了一个自然的结论，即同时基于以内容为中心和以非内容为中心的准则来提取与句子有关的不同类型的特征，然后使用机器学习技术[269]对句子的重要性进行评分以生成摘要是比较合理的。其中的关键在于机器学习方法需要训练样本来进行学习。训练样本采用基于二元表示的文本段形式来表明该句子是否应该成为摘要的一部分。然后我们可以使用一个二元分类器，在这种情形中，特征与各个句子相关联，标记则表明该句子是否应该成为摘要的一部分。将机器学习系统用于文本摘要的主要瓶颈是需要人工对样本进行标记。

### 11.4.1 特征提取

第一个将机器学习用于文本摘要[269]的工作提出使用一组特征，这组特征受到了 Edmundson[150]、Luhn[312]和 Paice[37]的工作的启发。Paice 早期的工作提出使用与句子相关联的特定类型的特征，如基于频率的特征（即主题词的个数和频率），标题词的出现与否以及位置特征（即段落的开头或结尾）。另外，指示短语通常伴随着总结性材料。例如，像“This report…”这样的短语经常出现在一个总结性句子的开头。一个相关的概念是提示词，它包含奖励词和惩罚词，它们与总结性句子正相关或负相关。

参考文献［269］中的工作受到 Paice 初始特征集的启发，提出使用一些额外的相关特征，所有这些特征都是离散的。它提出使用一个句子长度截断特征（sentence length cut - off feature)，当句子长度大于 5 时将其设为 1。其基本思想是摘要通常不包含非常短的句子。另外，当句子包含像“This report…”这样的短语或像“conclusion”这样的关键词时，使用固定短语特征将其设为 1。当句子包含 26 个指示短语中的某一个特征或包含章节开头的关键词时，也将这个特征的值设为 1。段落特征表示一个句子是否出现在段落的开头、中间或结尾。

如果一个句子基于频率的主题词分数（参考 11.2 节）大于某个特定阈值，则使用一个主题特征，可以把它视作一个二元特征并把值设为 1。当文本中有一些专有名词或缩略词的展开说明时，需要把大写词特征的值设为 1。

我们马上能观察到，前面讨论的一些技术实际上使用了一些这样的特征（如主题特征）来单独对句子进行评分。因此，这种有监督方法从潜在意义上讲是更强大的，因为它提取了很多可以用来对句子进行评分的特征（同时还有其他指示特征），然后从训练数据中学习出具体的特征组合的重要性程度。还有一些更通用的方法通过其他方式使用不同的评分方法来创建特征。例如，某些方法还使用 11.3.3 节的 PageRank 特征。参考文献［279］中的工作还提出使用来自图的各种结构性特征（包含 PageRank），其中节点对应于单词和短语而不是句子。

### 11.4.2 使用哪种分类器

参考文献［269］中的原始工作在训练数据上使用朴素贝叶斯分类器。然而，在实践中，我们可以使用几乎所有的机器学习算法。参阅 11.8 节可以获得关于有监督方法的资源。最近的一个趋势是使用隐马尔可夫模型，它把句子当作序列元素而不是独立元素[110]来处理。其中的基本思想是某个句子属于摘要的可能性与它前面的句子是否已经包括在摘要中不是相互独立的。一般来说，虽然无监督方法在通用情形中竞争力比较强，但机器学习方法在很多领域中都能够提升文本摘要方法的性能。使用这种技术的主要限制是我们需要有标记的训练数据。

## 11.5 多文档摘要

在多文档摘要中，摘要不仅与一篇文章密切相关，还与多篇文章密切相关。大多数技术通过对文档集合应用某一个聚类方法或主题模型来识别与每个簇局部相关的句子。

### 11.5.1 基于质心的摘要

在基于质心的摘要中[398,399]，我们会使用一个聚类算法将语料库划分为相关文档的分组。通过对簇中文档的 tf - idf 表示求平均来定义每个簇的质心，并对 tf - idf 分数较低的单词进行截断。需要注意的是，我们要根据背景语料库（而不是需要生成摘要的语料库）来计算逆文档频率（idf）。因此，基于质心的摘要的步骤如下：

1）使用任意现成的方法对文档进行聚类。在早期的一些工作[398,399]中，使用了话题检测与跟踪（TDT）中的聚类方法。使用 $k$ 均值技术从簇中生成主题词质心是特别合理的，因为它有自然的倾向性。

2）对每个簇，创建一个与簇中所有文档的质心相对应的伪文档。将每个词项在某个簇中不同文档里的 tf - idf 相加，并对合并后的频率小于特定阈值的词项进行截断，以此创建该簇的质心。选择 tf - idf 最大的那些词项作为该簇的主题词。

3）基于每个句子中的单词在簇质心中的 tf - idf 来对每一个句子进行评分。这种类型的评分与 11.2.2 节中单文档摘要的评分相似。主要区别在于这里的句子评分是相对于句子所在簇中的文档（而不是在文档自身中的频率）进行的。这个概念被称为基于簇的句子效用（cluster - based sentence utility）[398,399]。另外，基于位置因素对文档进行评价的得分会更高。文档中前面的句子会被赋予更高的信用度，它随着句子的顺序线性减小。文档中的第一个句子具有一个额外的信用度$C_{max}$，这个值等于只基于质心的评分方法得到的排名最高的句子的分数。后面的句子具有线性减小的信用度，这个值等于$C_{max}(m-i+1)/m$，其中 $m$ 等于文档中的句子数，$i$ 是句子的位置索引。基于这些句子与文档中第一个句子的点积相似度赋予它们额外的信用度。其思想是第一个句子强调了文档的主题，因此与第一个句子有所重叠是可取的。因此，如果 $s_c$ 是质心分数，$s_p$ 是位置索引，$s_f$ 是首句重叠分数，则整体分数（在没有考虑冗余性的情况下）如下：

$$s_{all} = w_c s_c + w_p s_p + w_f s_f \tag{11.17}$$

式中，$w_c$、$w_p$ 和 $w_f$ 是由用户主导的参数，我们可以对它们进行调整，但通常把它们设为1。

4）由于一个簇中的多个文档可能包含相似的句子，所以我们需要移除这样的冗余句子。虽然我们可以使用最大边界相关性（MMR）原则来选择句子，但参考文献［398，399］中的工作使用跨句信息包容（Cross - Sentence Informational Subsumption，CSIS）的概念。如果 $W_1$ 和 $W_2$ 分别是两个句子的单词集合，则两者之间的 CSIS 的值如下：

$$\text{CSIS}(W_1, W_2) = w_R \frac{2|W_1 \cap W_2|}{|W_1| + |W_2|} \tag{11.18}$$

式中，$w_R$是冗余惩罚的权重，我们根据式（11.17）将其设为所有句子中最大的 $s_{all}$值。然后利用式（11.18）定义的冗余惩罚来调整每个句子的分数值 $s_{all}$。对每一个句子，我们只减去它相对于分数较高的句子的冗余惩罚。当然，由于句子的排序会受到冗余惩罚的影响，所以这种通过冗余惩罚调整分数的方法是循环式的。因此，该方法从没有任何冗余惩罚的一个初始排序开始，基于这种固定排序来计算惩罚项，然后对文档进行重排。迭代地重复该方法，直到排序不再发生变化。在这个过程结束后，将所有簇中排名最靠前的文档包含进摘要中。

如何对摘要中提取自多个文档的句子进行排序？我们假定原始文档集合有一些预定义的顺序（如按时间顺序），这为来自不同文档的句子提供了一种排列方式。同时，来自某个特定文档的句子在摘要中会连续出现。

### 11.5.2 基于图的方法

从 11.5.1 节的讨论明显可以看到，与单文档模型相比，在多文档模型中与冗余性相关联的问题稍微会复杂一些。参考文献［297］提出了一种方法，它直接在图模型中使用 MMR 方法。正如在 11.5 节中所讨论的，我们把各个句子当作节点来构造图。然而，在这种情形中，一个句子可能是从集合的任一个文档中提取出的㊀。在余弦相似度超过预定义阈值的两个节点之间添加一条边。节点 $i$ 和节点 $j$ 之间的权重 $w_{ij}$ 等于对应两个句子之间的余弦相似度。

令$\mathcal{U}$表示多文档集合中的所有句子，$\mathcal{S}$表示待包含进某个摘要中的句子集合。理想情况

㊀ 这种方法也可以用在单文档摘要中。——原书注

下，一个摘要应该尽可能选择可以更好地代表整个集合的句子。这个目标是通过确保$\mathcal{S}$中的句子与$\mathcal{U}-\mathcal{S}$中的句子尽可能相似来实现的。同时，我们应该确保$\mathcal{S}$中的句子彼此之间尽可能地不相似。因此，我们试图找出最大化下面的次模函数（submodular function）的句子集合$\mathcal{S}$：

$$f(\mathcal{S}) = \sum_{i \in \mathcal{S}} \sum_{j \in \mathcal{U}-\mathcal{S}} w_{ij} - \lambda \sum_{i \in \mathcal{S}} \sum_{j \in \mathcal{S}} w_{ij} \tag{11.19}$$

平衡参数$\lambda>0$决定内容覆盖度和冗余性的相对重要性。其目标是对摘要的最大代价（cost）施加预算的同时最大化$f(\mathcal{S})$的值。例如，与第$i$个句子相关联的代价可能是它包含的字节数，然而我们也可以使用其他类型的代价。

当应用基于集合的函数时，像$f(\mathcal{S})$这样的次模函数满足收益递减规律。换句话说，将一个句子添加到更大的超集$\mathcal{S}_1$中并不能获得与把它添加到子集$\mathcal{S}_2 \subseteq \mathcal{S}_1$中一样的增益。众所周知，这种集合函数可以很好地与贪婪算法结合，在特殊情形中具有可证明的近似界限[358]。因此，参考文献［297］中的方法将句子贪婪地添加到摘要中（即$f(\mathcal{S})$中每单位成本的最大增益），直到达到预算限制。

## 11.6 抽象式摘要

提取式摘要的目标是生成重用原始文档中的句子（或分段）的摘要。然而，从人的角度来看，这种摘要通常是不流畅的。人通常对文档的某些部分进行完全的重写以使其条理清晰，行文流畅。设计抽象式文本摘要是为了创建不一定以逐字的方式重用文档某些部分的摘要。

一般而言，构造完全通顺的模仿人类表达的摘要远远超出了现代系统的能力，这是人工智能中一个尚未解决的问题。这种高难度的场景也解释了为什么现代系统都是提取式的。然而，近年来有些工作提出了一些以相当有限的方式被认为是“抽象式”的方法。很多这些方法先基于输入创建提取式摘要，然后再对这些摘要的某些部分进行修改以改善表达。然而，这些方法都只取得了有限的成功。事实上，一些工作[523]已经明确表明，试图在提取式摘要上融入抽象式摘要有时候会使面向摘要的具体评估指标变差。尽管这些方法仅仅取得了好坏参半的结果，但对它们进行探索，从而为这个领域将来的发展奠定基础也是很重要的。在很多情形中，这些系统做出的修改确实与人类参与者通常会做出的改动相同。下面的讨论会介绍一些这样的技术。

### 11.6.1 句子压缩

当人对文档进行总结时，他们通常会根据语言和写作风格对更长的句子进行缩减，移除不重要的短语。用于句子压缩的自动化方法受到了相似目标的启发，试图把模仿人类表达作为目标。下面的技术常用于句子压缩：

1）基于规则的方法：基于规则的方法经常使用语言知识来识别要从摘要中移除的短语。可以利用语言解析器来识别一个句子的不同语法部分。该方法需要移除句子中对于句子语法完整性不重要，并且与整篇文章的主题不是密切相关的那些部分[238]。根据用于修改摘要的规则来对这些条件进行编码。很多其他方法使用句法启发式方法[111,449]来对句子进行简化，可以证明这些方法能够提升摘要的质量。句法启发式方法通常以直接或间接的方式建立在语言规则之上。

2）统计方法：在这种情形中，句子中需要移除的部分是由模型来学习的。参考文献［263］中讨论的方法利用概率上下文无关语法（PCFG）来构造不同的分析树。这种方法把 Ziff – Davis 语料库[591]用作学习的训练数据。利用 PCFG 分数和 bigram 语言模型来计算一个句子的质量。后来的一些工作[179,476]通过避免不合理的删除并以新的方式获取训练数据，进一步对这些方法进行了改进。

这些方法也引发了人们对句子压缩领域越来越多的关注[101]，并逐渐发展出了一个专门的方向（超出了文本摘要应用的范畴）。近期的一些方法使用整数线性规划[101]来判断要从句子中删除哪些单词。这些方法不使用分析树，因此它们并不能确保输出的语法是准确的。

相对于人工压缩句子的性能来说，这两种类型的方法都取得了好坏参半的结果。句子压缩方法还被用于标题生成[141,505]，在这种情形中，压缩后的摘要的长度小到足以被认为是一个标题。标题生成通常被看成是一个与文本摘要任务相关但独立的问题。

### 11.6.2 信息融合

上述用于句子压缩的方法与从提取式摘要中创建摘要的方法几乎有着一一对应的关系。主要区别在于，其生成的句子是使用基于规则或机器学习技术来压缩的。一个更通用的生成摘要的形式是将来自多个句子的信息整合到单个句子中。这种方法也被称为“剪切和粘贴（cut – and – paste）”方法[239]。

一个被称为 MultiGen 的方法[41]提出了一种在多文档摘要场景中对两个以上的句子进行融合的技术。其基本思想是一个簇中往往有很多彼此相似的文档，可以通过识别在不同句子中共同出现的短语把它们合并为一个语法正确的句子。这一系列通用的工作已经引出了寻找两个句子最佳并集的标准化问题，其中这个并集要尽可能地传达出两个句子中的所有信息[170,233]。

### 11.6.3 信息排列

提取出的句子在摘要中的呈现顺序不必与原始文档中的相同。在多文档场景中，这个问题非常重要，因为句子的排列方式通常是基于文章的时间顺序的，但文章的时间顺序可能不能正确反映它们出现在摘要中的顺序。一个更自然的方法[210]是连续地对摘要中具有相似主题内容的句子进行聚类。此外，不同主题的顺序在不同文档间可能是不相同的。因此，我们可以构造一个图，其中的每个节点代表一个主题簇。如果文档中一个主题出现在另一个主题前面，则在这两个节点之间添加一条边。使用各个文档间的多数排列方式来决定在最后的摘要中哪个主题该放在哪个主题前面。参考文献［40］讨论了另一个结合主题位置与时间顺序的思想。

## 11.7 本章小结

文本摘要方法要么是提取式的要么是抽象式的。前一种类型的方法代表了可在文献中找到的大部分技术，这类方法是一种将原始文档的句子放到一起来生成摘要的方法。已经有研究提出了各种面向文档摘要的方法，如主题词方法、潜在方法和机器学习技术，这些方法也已经被扩展到多文档场景中。近年来，抽象式摘要方法也取得了一些进展。这些方法中大多数是先提取出一个摘要，然后对它进行修改以删除冗余的句子，融合相关的句子，并对文本段进行更恰当的重排。我们也可以通过融入领域相关的知识来改进文本摘要方法。

## 11.8 参考资料

文献中已经有不计其数的关于文本摘要的综述[126,359,360,455]。在这些综述中，Nenkova 和 McKeown 的综述[359]比较优秀和全面；此外，这篇综述非常系统地概述了不同的话题。文本摘要中有很多工作是从 Luhn[312]和 Edmundson[150]的早期工作衍生出自己的灵感和思想的。Luhn 的工作使得主题表示方法得以普及，而 Edmundson 的工作使指示特征的方法得到了普及和推广，尤其是机器学习方法。参考文献［483］讨论了 SumBasic 方法，参考文献［295］则提出了主题签名。参考文献［76，296］讨论了与贪婪 MMR 方法相结合的基于各种评分方法对非冗余方法进行选择的方法。参考文献［188］讨论了一些超越贪婪方法并使用全局优化的方法。

面向文本摘要的潜在语义方法在参考文献［192］中首次提出，随后在参考文献［458，459］中得到了改进。参考文献［219，457］介绍了词汇链方法，参考文献［39］讨论了这种方法在文本摘要中的应用。LexRank 方法[154]和 TextRank 方法[339]首次探索了 PageRank 在文本摘要中的应用。TextRank 方法还提供了提取关键词的技术。最早的基于图的摘要的工作在参考文献［425］中提出。参考文献［398，399］提出了第一个基于质心的摘要方法，不过它是为多文档摘要提出的。在 11.3.4 节中提出的单文档摘要方法是这个方法的一个简化。

Edmundson[150]和 Paice[371]的工作为机器学习技术设置了特征提取阶段，但这些方法本身并不是机器学习方法。文本摘要中的第一个机器学习方法[269]将很多这些特征与朴素贝叶斯分类器相结合。参考文献［176，201，228，279，367，507］讨论了一些面向文本摘要的有监督方法。参考文献［110］首次引入了基于隐马尔可夫模型的文本摘要方法。

面向多文档摘要的基于质心的技术是以参考文献［398，399］为基础的。主题模型提供了另一个比较有吸引力的聚类方法[200,489]，它们使用句子、文档和语料库之间的关系的潜在语义结构来生成摘要。参考文献［154，297］讨论了面向多文档摘要的基于图的方法。

本章简要地讨论了抽象式摘要，因为人们普遍认为这是一个还没有完全成熟的前沿主题。此外，摘要方法在与具体领域相关的场景（如网络）中通常表现得更有效，这是因为它们可以获得额外的上下文信息。关于这些主题的更多讨论，感兴趣的读者可参见参考文献［359］。

### 11.8.1 软件资源

诸如 Apache OpenNLP[548]、NLTK[556]和 Stanford NLP[554]这样的开源库支持一些比较关键的文本摘要中的预处理任务（包括逐句的文本分割）。有不计其数的软件包可供文本摘要使用，如 gensim[401]和 ROUGE[592]中的一个组件。参考文献［594］提出了一个基于潜在语义分析的文档摘要生成器（summarizer）。从 TensorFlow 中可以找到文本摘要的一些功能[595]。从参考文献［596］中也可以找到一个叫作 MEAD 的不受版权限制的多文档摘要生成器。ICSI 多文档摘要生成器[593]使用整数线性规划技术，它因在各类评测中都是最佳的执行系统而闻名。

## 11.9 习题

1. 假设只给定某个文档中文本句子间的成对的相似度，但没有给出句子本身。请说明如何使用这些成对的相似度来创建文档的摘要。

2. 考虑一个包含 100000 个词条的语料库，其中单词“politics”出现了 250 次。此外，该单词在一个包含 70 个词条的文档中出现了两次。计算该单词是一个主题签名的似然比。

3. 对于 11.3.1 节中讨论的潜在方法来说，我们使用非负矩阵分解，而不是 LSA，讨论这种技术与 11.3.4 节中讨论的聚类方法的关系。

4. 实现面向单文档摘要的主题签名方法。

5. 实现面向单文档摘要的潜在语义分析方法。

# 第12章 信息提取

“我们淹没在信息中，同时渴望着智慧。”

——E. O. Wilson

## 12.1 导论

文本最基本的形式是一个词条序列，它没有使用这些词条的属性来进行标注。信息提取的目标是挖掘这些词条的特定类型的有用属性以及它们之间的相互关系。“信息提取”这个统称词指的是下面一系列紧密相关的任务：

1）命名实体识别：文本中的词条可能是命名实体，如地名、人名和组织名。例如，考虑下面的句子：

> Bill Clinton lives in New York at a location that is a few miles away from an IBM building. Bill Clinton and his wife, Hillary Clinton, relocated to New York after his presidency.

对于这段文本，我们需要确定其中的词条所对应的实体类型。在这种情形中，这个系统需要识别出“New York”是一个地名，“Bill Clinton”是一个人名，以及“IBM”是一个组织名。

2）关系提取：关系提取一般跟在命名实体识别后面，它试图找出一个句子中不同命名实体之间的关系。关系的例子可能如下：

**LocatedIn**(Bill Clinton, New York)
**WifeOf**(Bill Clinton, Hillary Clinton)

一般来说，手头的应用中会指定需要挖掘的关系类型。

在本章中不展开讨论的一个相关问题是不同词项可能指代同一实体，这个问题被称为共指消解（co - reference resolution）。例如，“International Business Machines”和“IBM”指的是同一命名实体，而共指消解系统需要自动识别出这一点。在另一个例子中，考虑下面的句子对：

> Bill Clinton lives in New York at a location that is a few miles away from an IBM building. He and his wife, Hillary Clinton, relocated to New York after his presidency.

需要注意的是，在第二个句子开头的单词“He”不是一个命名实体，但它指的是 Bill

Clinton 这个实体。这些指向同一实体的指代类型也需要由共指消解来捕捉。

值得注意的是，信息提取的使用有很多不同的场景。开放式信息提取任务是无监督的，并且它预先并不知道待挖掘的实体类型。此外，弱监督方法要么对一个较小的初始关系集合进行扩展，要么使用来自外部源的其他知识库来学习语料库中的关系。虽然最近的文献㊀中已经提出了一些这样的方法，但本章将重点介绍一个更传统的信息提取观点，基于这种观点的信息提取是完全监督式的。该观点假定实体类型和它们之间待学习的关系都是预先定义好的，并且我们可以获得包含这些实体和/或关系的样本的已标注的训练数据（即文本段）。因此，在命名实体提取中，训练数据中可能提供了包含人名、地名和组织名的已标注的样本。在关系提取中，待挖掘的包含具体关系的样本可能会和自由文本一起提供。随后，利用在训练数据上学到的模型从未标注的样本中提取出相应的实体和关系。因此，很多重要的信息提取方法本质上是有监督的，因为它们从前面的样本中学习出具体类型的实体和关系。在本章中，我们将专注于这样的有监督场景。在每种情形中，待挖掘的实体类型和它们之间的关系取决于手头的具体应用。出现信息提取需求的一些常见应用如下：

1）新闻追踪：这是信息提取中最古老的一个应用，它涉及追踪来自新闻源的不同事件以及不同实体之间的各种交互/关系。早期还围绕这种应用组织了一些竞赛，这也促进了研究原型在这种上下文中的可用性。第 14 章 14.4.3 节还对信息提取和事件检测之间的关系进行了探索。

2）反恐：在这些应用中，执法机构需要查阅大量文章，以识别不同类型的各个实体、组织、事件以及它们之间的关系。

3）商务与金融智能：各个企业之间会发生不计其数的事件，如合并、收购以及商业协议等。提取不同类型的命名实体和它们之间的关系来了解关键趋势通常很有用。

4）生物医学数据：生物医学数据可能具有不同的实体类型，如基因、蛋白质、药物和疾病名称。确定不同词项何时指的是同一事物，并找到不同实体之间的关系是很有用的。

5）面向实体的搜索：一些信息检索系统能够对文档中具体类型的实体进行搜索，如人名、地名和组织名。例如，在谷歌搜索引擎中输入“位于曼哈顿的餐厅”这个查询会生成包含一些受欢迎餐厅的结果，这些就是命名实体。构建可搜索的实体索引的第一步是识别出文档中不同类型的命名实体。

6）问答系统：问答系统通常是建立在信息提取系统和面向实体的搜索基础之上的。这是因为理解一个问题的过程需要提取出问题中不同类型的实体以及它们之间的关系。第 10 章 10.7.4.1 节提供了问答系统的一个简要讨论。

7）科学图书馆：科学图书馆的自动索引需要提取出文档的具体字段，如作者、标题等，其中的每一个字段都是一个命名实体。

8）文本分割：虽然文本分割经常被当成一个与命名实体识别相独立的问题来研究，但很多用于命名实体识别的已有算法可用于文本分割。第 14 章详细研究了文本分割问题。

多年来，已有研究表明这些不同的应用可以通过求解两个与应用无关的任务来解决，它

㊀ 12.5 节包含这些方法的一些资源。——原书注

们就是命名实体识别和关系提取。因此，这些问题已经成为该领域的主要焦点。

### 12.1.1 历史演变

信息提取中最早期的问题是在预定义模板上执行槽填充（slot - filling）任务，以将非结构化数据转化为结构化数据。例如，想象这样一个情形，我们的训练数据包含美国政治家的维基百科页面以及包含相关字段的一些关联表。在维基百科中，我们可以在表中找到这个信息，这些表被称为信息框㊀。例如，考虑下面针对 John F. Kennedy 的一个统计，其中大部分内容可以在维基百科页面㊁的文本以及页面右侧的表格中找到：

| 槽/字段 | 值 |
|---|---|
| 出生日期 | 1917年5月29日 |
| 政党 | 民主党 |
| 配偶 | Jacqueline Bouvier |
| 父母 | Joseph Kennedy Sr.<br>Rose Kennedy |
| 毕业院校 | 哈佛大学 |
| 职位 | 美国众议员<br>美国参议员<br>美国总统 |
| 兵役 | 是 |

其中，一些字段（如政党和兵役）显然是从预定义的集合中获得的，而其他诸如配偶和父母的名字之类的可以是任意值。早期设计的一些信息提取任务的变种就是为了从非结构化的文本中提取这样的表格。

槽填充任务的一个问题是它是高度依赖于应用的，并且这种系统无法在不同应用场景中进行扩展。例如，一个面向维基百科上美国政治家的槽填充系统可能并不适用于新闻文章中关于恐怖主义的槽填充。主要问题在于各种场景要么需要大量的定制化，要么它们在定义问题的输入方面所需的复杂度显著增加。这种情形使得创建面向这些任务的现成软件很困难。槽填充任务的重要演变是在 MUC - 6[193] 中定义的，它是早期信息理解会议（Message Understanding Conferences，MUC）中的一个系列㊂。人们认识到，诸如命名实体识别和关系提取这些定义更明确的任务通常被当作槽填充的子任务，并且它们也有独立于模板的优点。因此，这些子任务最终成为信息提取的主要形式。因此，本章主要关注这些子任务。

### 12.1.2 自然语言处理的角色

信息提取从自然语言处理、信息检索、机器学习和文本挖掘中汲取技术。该领域扎根于

㊀ https://en.wikipedia.org/wiki/Help:Infobox. ——原书注

㊁ https://en.wikipedia.org/wiki/John_F._Kennedy. ——原书注

㊂ 这一系列的早期会议对信息提取领域的发展起到了重要作用，在那之前，信息提取领域的研究基本上都是比较零碎的。——原书注

自然语言处理社区，很多用于信息提取的算法受到自然语言处理技术的启发。例如，各种类型的马尔可夫模型被用在信息提取中，也可用于诸如词性识别这样的自然语言处理任务。信息提取还需要使用一系列与自然语言处理相关的预处理任务，具体如下：

1）词条化和预处理：词条化是任意文本挖掘应用中的第一个任务，第 2 章详细讨论了这个任务。对于很多应用来说，可能需要使用诸如词干提取这样的预处理步骤。

2）词性标注：为每个词条都赋予一个词性，如名词、动词、形容词、副词、代词、连词、介词和冠词。然而，这些基本类型有很多精细的归类，它们可以生成多达 179 个标签。还有与 Brown 标注集[597]或 Penn Treebank 标注集[598]相对应的标准化标签。例如，我们可以使用诸如 NN、NNP 和 NNS 之类的标签来区分不同类型的名词，分别表示单数名词、专有名词和复数名词。类似地，我们可以通过 VB 和 VBD 来区分一个动词的基本形式和它的过去式。常用的冠词，如“a”“an”和“the”被称为限定词，它的标签为 DT。一个具有词性标签的句子的例子如下：

The/DT rabbit/NN ate/VBD the/DT carrot/NN.

对于信息提取来说，词性的识别至关重要，因为实体是由名词或名词组构成的，而关系的表达式通常需要使用动词。

3）解析器（parser）：一个解析器从每个句子中提取一个形式为解析树的层次结构，其中低层的子树将词性分组为句法上连贯的短语，如名词短语和动词短语。前者对命名实体识别很有用，而后者对关系提取很有用。例如，我们可以对前面的句子中的名词短语（NP）和动词短语（VP）进行识别，具体如下：

The rabbit (NP) ate the carrot (NP) (VP: ate the carrot)

我们可以看到这些短语的树状嵌套结构，这产生了一棵短语结构解析树（constituency - based parse tree），它包含词性标签和短语标签。这种树的叶子节点是实际的词条，前终端（pre - terminal）节点是词性标签，其中每一个标签都有一个包含相应词条的叶子节点。短语结构解析树的一个例子如图 12.1 所示。命名实体通常是名词短语，而关系通常是从动词短语推断出来的。

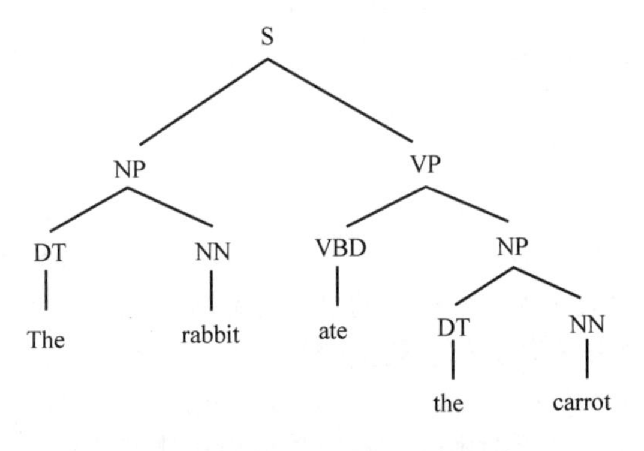


图 12.1　通过解析得到的树结构

4）依赖关系分析器（dependency analyzer）：一些单词彼此依赖，这对关系提取非常有用。例如，“兔子”和“胡萝卜”依赖于“吃”。我们能够以依赖关系图的形式对这些依赖关系进行编码，其中节点表示单词，有向边表示依赖关系。这种类型的图对关系提取很有用，被称为依赖图（dependency graph）。依赖图的一个例子如图 12.4 所示。

上述的预处理任务在很多现成的自然语言处理库中都可以找到，如 Stanford CoreNLP[554]、NLTK 工具包[556]以及 Apache OpenNLP effort[548]。值得注意的是，某些词性（如形容词）对于意见挖掘来说很有用，意见挖掘与信息提取紧密相关（参考第13章）。

### 12.1.3 本章内容组织结构

本章内容组织如下：12.2节讨论命名实体识别的问题；12.3节讨论关系提取问题；12.4节给出本章小结。

## 12.2 命名实体识别

命名实体通常是指对应于现实世界中某个具体实体的一个单词序列（即有名字的一个实体）。这些实体的例子包括“Bill Clinton”“New York”和“IBM”。大多数命名实体识别方法专注于人名、地名和组织名这三种类型的实体。MUC-6[193]中所提供的命名实体识别的原始定义也适用于日期、时间、货币值和百分比的检测。虽然这些类型的实体不是真正的命名实体，但它们在某些应用中仍然很有用。在其他领域中，如生物数据和在线广告，实体可以是生物学名词或者是产品的名字。虽然这些类型的实体不在人名/地名/组织名的分类范围内，但提取任意特定类型实体的通用原则在所有领域中都大体相同。本章讨论的大多数原理和方法适用于这些不同的场景。

假设训练数据是由一个非结构化的文本集合和在恰当位置进行了标注的所有相关实体组成的。例如，训练数据中的实体可能标注如下：

> ⟨Person⟩ Bill Clinton ⟨/Person⟩ lives in ⟨Location⟩ New York ⟨/Location⟩ in a neighborhood that is a few miles away from an ⟨Organization⟩ IBM ⟨/Organization⟩ building. He and his wife, ⟨Person⟩ Hillary Clinton ⟨/Person⟩, relocated to ⟨Location⟩ New York ⟨/Location⟩ after his presidency.

给定这个训练数据，其目标是对测试文本段进行标注，这些文本段中的实体并没有被预先标注出来。注意，这些实体可能由多个词条构成，因此我们需要标注出起始点、结束点以及实体的名字。

命名实体识别是信息提取中最基本的问题，因为它是基本的构建模块，很多其他信息提取方法都是在这个基础上构建的。例如，如果我们没有提取出命名实体，则无法进行关系提取。事实上，我们可以将信息提取的整个系列与语言预处理系列相结合，具体如下：

$$\underbrace{\text{词条化}\Rightarrow\text{词性标注}}_{\text{语言学预处理}}\Rightarrow\text{命名实体识别}\Rightarrow\text{关系提取}$$

我们没有展示用于解析和依赖关系提取的（可选的）预处理步骤，虽然这些步骤也用在了很多信息提取场景中。此外，语言学分析始终是在句子级执行的，因此需要使用句子分割模块。

第一眼看上去，我们似乎可以使用一个包含所有已知实体的词典，简单地从文本中提取出所有出现的实体。这种包含不同类型实体的词典确实存在，它被称为地名词典（gazetteer）。然而，这种简单的解决方案是不太完整的。首先，包含已知实体的集合并不是固定不变的，而是会随着时间演变的。对于某些类型的实体如地名，实体的名字变化缓慢，而对于其他实体如人名和组织名，不完整性问题就会非常明显。因此，与某个文档相匹配的任意特定的实体列表始终是不完整的。第二个问题是使用单词序列来定义命名实体的过程存在显著的模糊性。特别地，在上下文场景中使用缩略词通常会导致相同的实体名字指向多个实例。例如，当一篇新闻文章使用词项“Texas quarterback James Street”时，单词“Texas”指的是奥斯汀的得克萨斯大学，而在没有考虑与它周围词条相对应的单词上下文的情况下，我们是无法推断出这一点的。一个不同的文本段可能使用词项“Texas”来指代美国的一个州，而另一个可能指的是英国的一个流行乐队。为了说明这个问题的重要性，在维基百科中，“Texas”的表层形式被用来指代20个不同的实体[121]。显然，包含某个特定词项的上下文对判断手头的实体类型至关重要。虽然地名词典常被用作命名实体识别系统的一个输入，但单独来看，它们往往是不够的。

面向文本的信息提取主要有两类方法。第一类方法在提取的特征上应用基于规则的方法来进行信息提取。第二类方法，也就是统计学习方法，则使用隐马尔可夫模型、最大熵马尔可夫模型以及条件随机场。我们将在本节讨论这些不同类型的模型。

### 12.2.1 基于规则的方法

基于规则的方法工作如下。文本中的每个词条被转化为一组特征。这些特征通常是对实体提取很有帮助的词条属性或它们的上下文。例如，一个明显的特征可能是有关对应词条是否以大写字母开头的信息。因此，这些特征有助于定义规则左侧的各种模式。在基于规则的方法中，特征提取过程是特征工程很重要的一个方面，本节稍后将讨论这个话题。接下来，我们从数据中挖掘一组规则，具体形式如下：

$$\text{上下文模式} \Rightarrow \text{动作}$$

规则左侧的上下文模式是一个条件组合，这些条件对应着与词条序列相关联的特征。因此，如果文本中的某个词条序列与这种模式相匹配，某一条规则就会被触发。右侧的动作可以是把相应序列标注为一个命名实体。更一般地，它可以对应于在某个特定位置插入一个实体标签的开头、一个实体标签的结尾或是多个标签。最简单且最一般的情形是，规则右侧是一个实体标签。

规则左侧的性质可以随着所构建的具体规则系统而变化。一般来说，这种模式始终包含一个与实体中的词条相匹配的正则表达式。需要注意的是，这里的“匹配”基于的可能是提取的词条特征而不是词条本身。与每个词条相关联的典型特征如下：

1）一个词条最基本的特征是词条本身的字符串表示，也被称为它的表层值。在某些情形中，表层值可以为实体提取提供足够丰富的信息。

2）词条的拼写规则类型可以捕捉词条的特征，如它的大小写、标点符号或拼写的具体选择。

3）语言预处理提供了词条的词性。某些特征（如名词短语）可能与包含多个词条的序列相对应。

4）一些词典被用来识别一个词条是否属于某种具体的类型，如标题、地名、组织名等。此外，词典甚至可以确定某个词条是否作为某个特定名字的一部分出现。一个头衔的例子是“Mr.”以及一个公司结尾的例子是“Inc”或“LLC”。

5）在某些基于规则的方法中，我们按阶段对文本进行顺序标注。在这些情形中，前面阶段中的标签会被用作后面阶段的规则条件中的特征。

除了与词条相匹配的结构化模式以外，规则左侧可能会选择性地包含一些与实体前面或后面的上下文相对应的模式。两个可能的规则的例子如下：

（词条 ="Ms.", 拼写规则 = 首字母大写）⇒ 人名

（拼写规则 = 首字母大写，词条 ="Inc"）⇒ 组织名

第一条规则与一个包含两个词条的序列相匹配，这个序列以“Ms.”和一个大写字母开头。第二条规则与一个包含以大写字母开头和以“Inc”缩写结尾的两个词条的序列相匹配。我们可以找到很多有用的词典来构建这些规则，这些词典包含各种头衔和公司名称后缀。因此，我们可以使用一个诸如词典 - 类（Dictionary - Class）这样的特征来描述这些词条。另一组规则如下：

（词典-类 = 头衔，拼写规则 = 首字母大写）⇒ 人名

（拼写规则 = 首字母大写，词典-类 = 公司名称后缀）⇒ 组织名

值得注意的是，规则左侧的正则表达式可以非常复杂，并且可能存在很多其他的表达方式。此外，我们可以找到所有类型的词典，它们与人名、地名等相对应。由于有很多方法可以为相同的表达式创建匹配规则，所以在创建基于规则的系统时，我们面临着显著的效率挑战。

对于一个给定的文本段来说，已触发的规则被用来识别文本中的实体。与在所有基于规则的系统中一样（参考第5章5.6节），已触发的规则中往往会有一些冲突。两条规则在右侧可能有不同的动作，而在左侧都与重叠的文本相匹配。因此，这种系统往往有一些冲突解决机制，具体如下：

1）规则之间没有次序，但我们可以使用一个特定的策略来确定哪个规则优于另一个规则。例如，如果某个规则相较于另一个规则，其左侧与跨度更大的文本相匹配，则该规则优先。

2）在规则之间施加次序，指出哪个规则优先于另一个规则。精确率和覆盖率更大的规则（相对于训练数据而言）优先。这种方法与在传统的基于规则的系统中使用支持度与置信度度量的方式（参考5.6节）没有区别。

容易看出，信息提取中使用的基于规则的系统与分类中使用的那些系统相似。主要区别是，在信息提取中，这些规则的结构通常更加复杂。

12.2.1.1　面向基于规则的系统的训练算法

面向基于规则的系统的最简单的训练算法是使用手动和手工制定的规则。这种方法对与人名、地名和组织名的结构有关的自然领域知识进行编码，是演绎学习的一种形式。然而，这些规则构建起来很繁琐，并且人们运用任意语料库所能达到的效果也是有限的。因此，大多数基于规则的系统是自动的，它们使用归纳学习从已标注的训练数据中进行学习。

正如前面所讨论的，训练数据包含非结构化的文本以及已标注的实体。从这个训练数据开始，学习算法迭代地添加能够使这些已标注的实体具有较好的精确率和覆盖率的规则。下面我们对一个早期的面向规则生成的“主算法”的例子进行说明：

$\mathcal{R} = \{\}$;

repeat;

在训练数据中选择一个没有覆盖到的已标注的实体 $E$;

创建一条覆盖 $E$ 的规则 $R$;

$\mathcal{R} = \mathcal{R} \cup \{R\}$;

until 没有未被覆盖的实体;

在这个算法的末尾，我们可以应用一个后处理方法，以创建避免冲突的策略、删除冗余规则或弱规则以及针对训练数据未覆盖到的情形创建默认规则等。在这个基本框架中，如何从训练数据中挖掘一条具体规则 $R$ 的方法有着显著的灵活性。面向规则生成的已有算法要么是自顶向下的，要么是自底向上的。在自顶向下的规则生成方法中，我们从规则前件中更通用的条件（即覆盖很多正样本）开始，然后添加约束使它们更具体。例如，在规则前件中添加合取（与在5.6节的 Learn - One - Rule 中一样）是一种使规则更具体的方式。在自底向上的规则生成方法中，我们从非常具体的规则开始，然后对它进行一般化以使规则能够覆盖更多的正样本。自顶向下的系统在训练数据上的精确率通常比较低，但它们在测试数据上的泛化性能很好。自底向上的系统在训练数据上的精确率通常会更高，但它们在测试数据上的泛化性能较差。近年来，虽然两者的结合也已经得到了成功的应用，但许多成功的命名实体识别系统都是自底向上的系统。因为自顶向下的规则的分支因子（使规则具体化的方式的数量）通常非常大，所以这些系统在计算上很耗时。接下来，我们对这两种方法进行简要的概述。

12.2.1.2　自顶向下的规则生成

最早期的一个方法，被称为 WHISK[452]，是通过自顶向下的规则具体化方法实现的。严格来讲，WHISK 是一种主动学习方法，因为它将用户标注活动（即创建新的训练样本）与规则生成的过程相互交叉。然而，在没有用户交互的情况下使用 WHISK 也是可行的。该方法从一个包含已标注的数据的种子样本集合开始，创建覆盖对应规则的更通用的样本。随后，它一次添加一个词项到规则的前件中，以最小化该规则的期望误差。这种类型的规则增长与5.6节的 Learn - One - Rule 算法类似，但是在这种情形中，样本的增长方式略有不同。

首先，因为这个方法使用一个种子样本来增长一条规则，所以在增长过程中只需要使用来自这个样本的词项。此外，在信息提取中，我们通常不会将词项添加到相应规则的前件中，而是添加与对应规则相匹配的语义类（如当词典 - 类是“头衔”时）。因此，当把某个词项添加到规则中时，WHISK 方法不仅检查词项本身，还检查它所有的匹配语义类。选择错误率最小的添加项来进行扩展。当训练数据有限时，我们在计算错误率的过程中使用拉普拉斯平滑来最小化过拟合的影响。除了错误率以外，当在具有相似错误率的规则之间进行增长选择时，WHISK 试图使用限制最少的规则。我们可以持续增长规则，直到在训练数据上实现零错误率为止。然而，这种选择会导致过拟合。因此，WHISK 使用一个预剪枝方法，即当错误率降到特定阈值以下时提前停止规则增长。另外，它还使用一个后剪枝步骤，在这一步中，我们需要删除在训练数据上具有较低覆盖率和较大错误率的规则。另一种方式是在验证集上使用错误率来对规则进行修剪。从历史上看，自顶向下的规则生成方法先于自底向上的方法，部分原因可能是机器学习中的传统规则学习方法往往与自顶向下的方法比较相似。

12.2.1.3 自底向上的规则生成

在自底向上的规则生成方法中，我们总是从一个具体样本开始，构建与这个样本恰好匹配的规则前件，这将会产生一条在训练数据上的准确率为100%的规则。然而，可惜的是，这样的规则在未观测到的测试数据上将会表现得很差，且覆盖率也很低。我们需要对这样的规则进行一般化。值得注意的是，这个一般化过程将会降低训练数据上的精确率，但通常情况下，它至少在初始阶段会提升测试数据上的性能。这与自顶向下的方法中所出现的情况相反。两个有名的自底向上的规则生成方法是Rapier[73]和(LP)$^2$[100]。

我们通过下面的伪代码来总结这些方法中的通用方式：

$\mathcal{R}=\{\}$;

repeat;

在训练数据中选择一个未覆盖到的已标注的实体$E$;

通过以下方式创建一条覆盖$E$的规则$R$：

　　从覆盖该实体最具体的规则开始不断对这条具体规则进行一般化；

$\mathcal{R}=\mathcal{R}\cup\{R\}$;

移除被$R$覆盖的样本；

until 没有未被覆盖的实体；

一条种子规则可能是覆盖某个样本的最具体的规则。例如，一系列的一般化过程可能如下所示：

(词条="Ms.", 词条="Smith")⇒人名
(词条="Ms.", 拼写规则=首字母大写)⇒人名
(词典-类=头衔，拼写规则=首字母大写)⇒人名

为了包含上下文效应，我们将某个特定模式前面或后面的词条集合也包含到相应规则的左侧。在这样的情形中，右侧的动作还必须指出标签起始或结束的位置。例如，考虑下面的形式，它在出现的人名后面包含了动词：

((词条="Ms.", 词条="Smith"):p, 词条="studies")⇒人名在p之前
((词典-类=头衔，拼写规则=首字母大写):p, (POS=VB)⇒人名在p之前

需要注意的是，此时规则右侧是有关动词之前的标签结束点的一个动作，而不是放置整个标签。我们也可以设置与放置标签起始点有关的规则。

从上面的例子中容易看出，对规则进行一般化的方法数量随着连续的分支操作呈指数增长。因此，我们总是贪婪地执行最佳的一般化，同时维护到目前为止已经观测到的有限数量的最佳一般化方法。我们会使用一些因子（如精确率和覆盖率的组合）来量化一般化的质量。

## 12.2.2 转化为词条级分类任务

在词条级分类中，我们可以使用4种类型的词条{B，C，E，O}来对一个包含多个连续词条的实体进行标注，它们分别代表Begin、Continue、End和Other[430]。一个可能的词条级分类的例子如下：

$$\underbrace{\text{William}}_{\text{B}}\ \underbrace{\text{Jefferson}}_{\text{C}}\ \underbrace{\text{Clinton}}_{\text{E}}\ \underbrace{\text{lives}}_{\text{O}}\ \underbrace{\text{in}}_{\text{O}}\ \underbrace{\text{New}}_{\text{B}}\ \underbrace{\text{York.}}_{\text{E}}$$

B、C 和 E 的连续出现都对应于一个实体。上面的标注方案不包含实体类型。例如，人名级和地名级的词条会被赋予相同的分类结果。然而，我们可以比较容易地将具体的实体类型与额外的标签（如 L、P 和 O 即地名、人名和组织名）整合到这种框架中。

$$\underbrace{\text{William}}_{\text{PB}}\ \underbrace{\text{Jefferson}}_{\text{PC}}\ \underbrace{\text{Clinton}}_{\text{PE}}\ \underbrace{\text{lives}}_{\text{O}}\ \underbrace{\text{in}}_{\text{O}}\ \underbrace{\text{New}}_{\text{LB}}\ \underbrace{\text{York.}}_{\text{LE}}$$

我们可以通过像决策树这样的传统分类器来使用与词条相关联的特征（如拼写规则和词典隶属关系），进而对这些词条进行分类。然而，这样的方法没有使用词条的顺序和上下文，这是不太合理的。例如，我们要猜出词条“New”是一个地名的开头（尽管用了大写）是很难的，因为它可能是某个句子的开头，也可能是某个组织名的开头。因此，独立地对每个词条进行处理的分类器在这些场景中是没有用的，因为出现在一个词条前面或后面的词条有着丰富的信息。该过程的第一步是提取与词条相关联的特征，这一步通常与规则提取过程中的步骤没有太大区别。特别地，这些场景中经常使用诸如词条本身、拼写规则、词性标签和词典查询特征之类的特征。第 10 章 10.7.6 节讨论了一个使用循环神经网络进行词条级分类的自然方法。接下来将讨论其他一些利用诸如隐马尔可夫模型、最大熵马尔可夫模型和条件随机场之类的技术来进行词条级分类的方法。

### 12.2.3 隐马尔可夫模型

隐马尔可夫模型通过一系列隐含状态进行转移，并且每个状态产生一个词条。我们可以通过看待混合分量（即隐含潜在分量）的方式来看待隐马尔可夫模型的状态，它从给定的分布中生成一个数据点。正如隐含的潜在分量被用于生成一个包含密切相关的点的特定簇中的某个样本一样（参考第 4 章），隐马尔可夫模型中的一个状态被用来生成一个给定的文本单词序列中的某个词条（即单词）。然而，隐马尔可夫模型的生成过程与前面讨论的混合建模方法的关键区别在于，隐马尔可夫模型中的状态是彼此依赖的。换句话说，连续生成过程中的隐含分量不是相互独立的，我们需要把这个事实考虑到估计过程中。从某一个状态到另一个状态的转移都会生成某些类型的数据，它最基本的形式是一个符号。然而，这个转移也可以从多变量概率分布中生成一些多维的特征组合。对于每个转移，我们使用一个类别分布（即抛掷每个面带有符号的非均匀骰子）来生成词条。骰子的抛掷结果决定了这个位置的词条。当然，这是隐马尔可夫模型最简单的形式，它没有包括已提取的特征的影响。现在，我们将讨论这个简化的版本。

#### 12.2.3.1 可见马尔可夫模型与隐马尔可夫模型

在马尔可夫模型的可见形式中，模型的状态通常是与生成的符号直接关联的。因此，我们通过观测到的状态序列可以很容易地推断出模型的状态。例如，bigram 语言模型是可见模型，在这个模型中，状态是通过上一个生成的单词来定义的。因此，状态数等于可能的词条（即单词）数，并且每个词条的生成都是依赖于它前面的那个词条。而隐马尔可夫模型允许使用一些语义解释对隐含状态进行更一般化的定义。例如，一个隐含状态可以对应这样一个事实，即一个词条是否位于一个文本文档中的某个特定类型的实体内。虽然实体的位置在训练文档中是已知的，但在测试文档中是未知的。因此，把特定实体类型内出现的词条当作隐含状态的隐马尔可夫模型需要从训练数据中学习转移概率，并用它来对测试数据进行预测。这样的一个系统被称为 Nymble。

12.2.3.2 Nymble 系统

由于不同系统之间存在相当大的差异，我们描述一个被称为 Nymble[49] 的早期代表性工作，它为我们提供了有关这些系统是如何工作的大致思想。Nymble 方法将一个状态与数据中每种不同类型的实体相关联。然而，在每一个与某个实体相对应的状态中，它创建了一个单词状态集合，其中一个转移对应着一个单词的生成。这是一个标准的 bigram 模型，其中每个状态生成序列中的下一个单词（参考第 10 章 10.2 节）。这里的基本思想是每个实体状态通过该实体的特定的 bigram 模型生成一个多词条实体内的词条。另外，我们在每个实体后都有一个特殊的“end”词条[⊖]，它为我们提供了模型中某个实体状态转移到另一个实体状态的线索。因此，图 12.2 中的不同实体状态使用特殊的“end”词条通过转移的方式相互连接。虽然图 12.2 只展示了实体状态，而没有展示它们里面的单词状态，但单词 - 实体状态的组合总数等于词典大小与不同类型的实体数量的乘积。这种结构确保了一个观测值的生成依赖于前面的标签和/或观测值。模型中的转移概率是从实体被标注好的训练数据集中估计出来的。在这些情形中，由于实体标签信息的存在，所以马尔可夫模型的状态变为可见的。这个事实简化了参数估计过程。此外，通过估计某个未标注的词条序列最有可能对应的马尔可夫模型的状态路径，我们可以推断出一个测试文档中的词条标签。确定最有可能的马尔可夫模型路径更为复杂，我们将会在 12.2.3.4 节展开讨论。

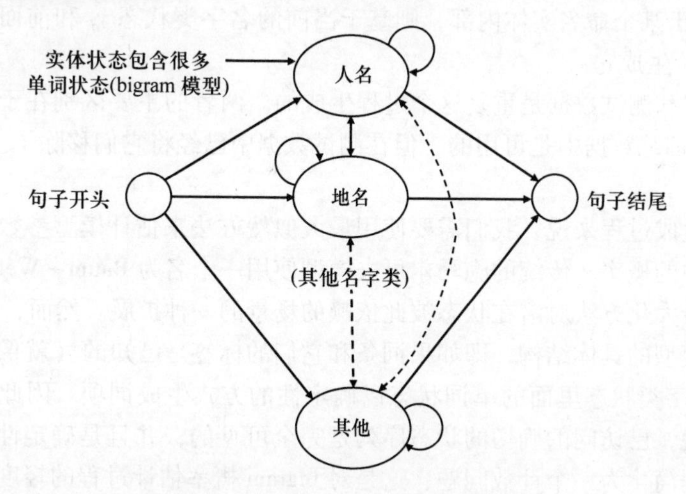


图 12.2 Nymble 使用的隐马尔可夫模型

形式上，令 $\bar{x}=(x_1 \cdots x_m)$ 为某个文本文档中的词条序列，令 $\bar{y}=(y_1 \cdots y_m)$ 为对应的标签序列。需要注意的是，每个 $y_i$ 都是一个标签，如“人名”“地名”“其他”等。Nymble 把这

⊖ 需要注意的是，这种方法与直接对一个实体中的最后的词条（表示其终点的状态）进行标记略有不同。在 12.2.2 节的方法中，一个人名实体会以一个标签为 PE 的词条来结尾，而 Nymble 仅使用一个单独的“end”词条。——原书注

些标签称为名字类（name class），尽管很多其他马尔可夫模型使用更复杂的名字类，如{PB，PC，PE，LB，LC，LE，O}等。另一种简化是，为简单起见，我们忽略与词条相关联的特征，但我们在后面会回到这一点。对于训练数据中已标注的文档来说，序列 $\overline{y}$ 是已知的，而对于测试数据中的未标注的文档来说，序列 $\overline{y}$ 是未知的。因此我们必须通过最大化 $P(\overline{y}|\overline{x})$ 来确定测试数据上的序列 $\overline{y}$。

值得注意的是，大量文献认为 Nymble 是一种隐马尔可夫模型，但它与使用隐马尔可夫模型的传统方式存在一些细微的差别，特别是其状态数（包含名字类状态里面的单词状态）等于词典大小，并且每个单词状态以确定性的方式生成一个单词。这与隐马尔可夫模型的传统用法不同，传统方法使用具有语义显著性的少量状态，并且从每个状态中生成词条的过程本质上是概率性的。因此对于这种建模方法而言，如果实体状态是已知的，那么单词状态至少会变为部分可见。正如我们后面将会看到的，这个事实对建模过程很有帮助。Nymble 模型使用下面的生成过程来生成每个词条 $x_i$：

1）根据前面的标签 $y_{i-1}$ 和前面的单词 $x_{i-1}$，以概率 $P(y_i|y_{i-1},x_{i-1})$ 来选择当前的名字类 $y_i$。需要注意的是，我们最终将会以数据驱动的方式估计 $P(y_i|y_{i-1},x_{i-1})$ 的值。

2）基于选择的 $y_i$，使用下面两个规则中的任一个来生成 $x_i$：

- 如果 $x_i$ 是某个命名实体的第一个单词，则基于前面的状态 $y_{i-1}$ 和当前的状态 $y_i$，以概率 $P(x_i|y_i,y_{i-1})$ 来生成它。需要注意的是，$y_{i-1}$ 和 $y_i$ 在这种情形中并不相同。这种生成某个实体（包括“Other”）中的第一个词条的方式有助于把某个实体后面的上下文影响考虑进来。
- 如果 $x_i$ 位于某个命名实体内部，则基于当前的名字类状态 $y_i$ 和前面的词条 $x_{i-1}$，以概率 $P(x_i|y_i,x_{i-1})$ 生成它。

假设训练数据和测试数据是重复这个过程生成的。两者的主要区别在于实体标签和特殊的“end”词条在训练数据中是可用的，但在测试数据中已经将它们移除了。

12.2.3.3　训练

对于这样的生成过程来说，我们需要使用最大似然方法来估计模型参数。模型参数对应着上述生成过程中的概率。传统的隐马尔可夫模型使用一个名为 Baum - Welch 的算法来估计参数，这是期望最大化方法对潜在状态彼此依赖的场景的一种扩展。然而，Nymble 通过这样一个事实简化了模型的具体结构，即如果词条和它们的标签是已知的（就像在训练数据中的情形一样），则名字类状态里面的单词状态以确定性的方式生成词项。因此，对于一个给定的训练数据集来说，已访问的确切的状态序列是完全可见的，并且是确定性的。在这些情形中，参数估计过程简化为一个计数问题，这是对 bigram 概率估计过程的轻度泛化。上述生成过程中的三个步骤需要估计三个概率参数，即 $P(y_i|y_{i-1},x_{i-1})$、$P(x_i|y_i,y_{i-1})$ 和 $P(x_i|y_i,x_{i-1})$。为了估计这些参数，我们只需要在训练数据上运行模型，并①统计 $y_i$ 跟在 $(x_{i-1},y_{i-1})$ 后面的次数/比例；②统计 $x_i$ 与 $(y_{i-1},y_i)$（当 $y_i$ 不同于 $y_{i-1}$ 时）一起出现的次数/比例；③统计 $x_i$ 与 $(x_{i-1},y_i)$（当 $y_i$ 与 $y_{i-1}$ 相同时）一起出现的次数/比例。换句话说，我们有

$$P(y_i|y_{i-1},x_{i-1})=\frac{\text{Count}(x_{i-1},y_{i-1},y_i)}{\text{Count}(x_{i-1},y_{i-1})}$$

$$P(x_i|y_i,y_{i-1})=\frac{\text{Count}(y_{i-1},y_i,x_i)}{\text{Count}(y_{i-1},y_i)} \quad [y_i \text{ 和 } y_{i-1}\text{不同}]$$

$$P(x_i|y_i,x_{i-1})=\frac{\text{Count}(x_{i-1},y_i;x_i)}{\text{Count}(x_{i-1},y_i)} \quad [y_i \text{ 和 } y_{i-1}\text{相同}]$$

在存在稀疏性的情况下，我们可以使用拉普拉斯平滑使估计结果的鲁棒性更好。我们需要强调，这个大大简化的训练过程在很大程度上是 Nymble 使用简化的隐马尔可夫模型的结果；对于训练数据来说，其中的状态并不是真正隐含的，但它们在 bigram 模型中是可见的。然而，对于测试数据来说，这些状态是隐含的，我们需要对它们进行概率性的推断。

12.2.3.4 面向一个测试分段的预测

在执行估计过程后，我们可以利用估计出的参数对测试分段进行分类。对于一个没有进行实体标注的测试分段 $\overline{x}=x_1\cdots x_t$ 来说，与之对应的马尔可夫模型路径不再是确定性的。换句话说，可能有多个标签序列 $\overline{y}=y_1\cdots y_t$ 会产生转移序列 $x_1\cdots x_t$，并且每一个都有相应的概率 $P(\overline{y}|\overline{x})$。因此，我们必须确定最优的序列 $\overline{y}$ 以使 $P(\overline{y}|\overline{x})$ 最大。需要注意的是，如果我们比较不同的状态序列 $\overline{y}$ 并固定测试分段 $\overline{x}$，则最大化 $P(\overline{y}|\overline{x})$ 与最大化 $P(\overline{y},\overline{x})$ 等价：

$$P(\overline{y}|\overline{x})=P(\overline{y},\overline{x})/P(\overline{x})\propto P(\overline{y},\overline{x}) \tag{12.1}$$

因此，一旦估计出模型参数，我们就可以找到可以最大化 $P(\overline{y},\overline{x})$ 的标签序列 $\overline{y}$。这个概率是通过马尔可夫模型的每一条路径上的转移概率的乘积。一个朴素的方法可以列出与 $\overline{x}$ 相匹配的所有通过该模型的可能的路径，并选择最大化此概率的一条路径。然而，事实证明，使用 Viterbi 算法可以利用动态规划以更高效的方式来实现最大化。Viterbi 算法的细节可参见参考文献 [2，397]。

12.2.3.5 融入提取出的特征

到目前为止讨论的方法使用的都是词条的表层值，并没有融入提取出的特征，如拼写规则、词典特征等。Nymble 以简化的方式使用这些特征。具体而言，它对不同的特征值（如大小写和句子的第一个单词）进行优先级处理。优先级最低的特征是指一个单独的泛指关键词，也就是“other（其他）”。优先级最高的特征值作为一个额外的关键词与每个词条相关联，并且这个关键词有 14 种不同的可能性。因此，除了词条序列 $x_1\cdots x_m$，我们有一个额外的特征序列 $f_1\cdots f_m$，每个 $f_i$ 对应着 14 个关键词中的一个，如“Allcaps”“FirstWord”以及“other”。随着特征的融入，这个问题只发生了细微的变化，因为我们此时可以认为在第 $i$ 个位置生成的词条是 $\langle x_i,f_i\rangle$ 而不是 $x_i$。所有其他步骤仍保持一致。

12.2.3.6 变化与改进

参考文献 [49] 提出了一些针对基本模型的自然变化和改进。很多这些改进与这样一个事实有关，即隐马尔可夫模型面临着与稀疏性和过拟合相关的重要挑战。这些问题的解决方案如下：

1）原始工作[49]中讨论的一个方法是使用回退（back - off）模型。回退模型的思想是使用一个一般化模型来应对缺乏足够数据对复杂模型参数进行估计的情形。一个例子是在数据稀疏性导致 bigram 模型失效的情形中使用 unigram 模型来估计词条的概率。例如，当单词对 $x_{i-1}x_i$ 在训练数据中不够频繁时，$P(x_i|y_i,x_{i-1})$ 的回退估计是简单的 $P(x_i|y_i)$。这种回退模型在语言建模中被广泛使用。

2）Nymble 模型在实体状态中对词典中的每个词项使用一个单词状态。然而，这会导致大量状态的产生。参考文献［442］建议我们可以合并具有相同实体标签的相关状态，以创建一个泛化能力更好的模型。这种合并确实会增加该模型的训练复杂度。

3）我们可以使用未标注的数据[442]来提升泛化能力。在已标注的数据有限的情况下，我们可以通过迭代的方式来使用未标注的数据以改进参数估计。这是第 5 章讨论的半监督方法对信息提取问题的一个自然延伸。

隐马尔可夫模型已经被一些相关的模型所超越，如最大熵马尔可夫模型、条件随机场和循环神经网络。隐马尔可夫模型的一个问题是，与很多其他模型相比，它们以相当基本的方式来使用与词条相关联的特征。

### 12.2.4 最大熵马尔可夫模型

隐马尔可夫模型使用状态间的转移过程来生成序列，而最大熵马尔可夫模型直接基于这些状态对概率标记过程进行建模。这些模型被称为判别（discriminative）模型，比如第 6 章讨论的对数几率回归模型。6.4.4 节讨论的多元对数几率回归模型是一个最大熵马尔可夫模型，它没有使用数据项之间存在顺序依赖关系的马尔可夫假设。本节基于马尔可夫假设讨论这个模型的一般化，这种假设是序列数据所需要的。

值得注意的是，在 Nymble 系统（基于隐马尔可夫模型）的情形中，特征的使用在范围上相当有限，特别是我们只从序列中的各个位置提取特征。此外，Nymble 对特征进行优先级处理，并且只使用与每个词条相关联的优先级最高的特征，以在数据有限的情况下简化估计过程。我们希望能够从文本分段的重叠部分提取出很多不同类型的特征，并同时将它们用在建模过程中。

令 $\overline{x}=(x_1\cdots x_m)$ 为某个文本文档中的词条序列，令 $\overline{y}=(y_1\cdots y_m)$ 为对应的标签序列。此外，令 $\overline{x}_{i-q}^{i+q}$ 表示 $\overline{x}$ 从第 $i-q$ 个位置到第 $i+q$ 个位置的分段 $(x_{i-q},x_{i-q+1},\cdots,x_{i+q})$。类似地，令 $\overline{y}_{i-p}^{i-1}$ 表示 $\overline{y}$ 从第 $i-p$ 个位置到第 $i-1$ 个位置的分段 $(y_{i-p},y_{i-p+1},\cdots,y_{i-1})$。

这里的关键点是，我们此时可以从第 $i$ 个位置的词条邻域以及包含第 $i$ 个位置及其前面的标注历史记录中提取特征。换句话说，假设我们已经推断出第 $i-1$ 个位置及其前面位置的标签，但第 $i$ 个位置及其后面的标签是未知的。也就是说，特征是从连续的词条序列 $\overline{x}_{i-q}^{i+q}$ 以及连续的标签序列 $\overline{y}_{i-p}^{i-1}$ 中提取出的。例如，考虑 $p=q=1$，词条 $x_i$ 跟在 $x_{i-1}$ 处的“Ms.”后的情形。在这样的情形中，二元特征 $f_1(y_i,y_{i-1},\overline{x}_{i-1}^{i+1})$ 的定义如下：

$$f_1(y_i,y_{i-1},\overline{x}_{i-1}^{i+1})=\begin{cases}1 & \text{if}[y_{i-1}==\text{PB}]\text{AND}[x_{i-1}==\text{“Ms.”}]\text{AND}[y_i==\text{PC}]\\ & \text{AND}[\text{Dictionary}-\text{Class}(x_{i+1})==\text{Person}-\text{End}]\\ 0 & \text{其他}\end{cases}$$

需要注意的是，PB 和 PC 与面向人名实体类型的起始标签和接续标签相对应。这是一个二元特征，我们可以通过布尔表达式的形式来提取它，但也可以提取数值特征。例如，一个包含三个词条如“Thomas Watson Jr.”以及 $x_i$ 为“Watson”的连续窗口可以表示如下：

$$f_2(y_i,y_{i-1},\overline{x}_{i-1}^{i+1})=\begin{cases}1 & \text{if}[\text{FirstCap}(x_{i-1})==1]\text{AND}[\text{FirstCap}(x_i)==1]\\ & \text{AND }[\text{Dictionary}-\text{Class}(x_{i+1})==\text{Person}-\text{End}]\\ 0 & \text{其他}\end{cases}$$

需要注意的是，第一个特征（即$f_1(y_i, y_{i-1}, \overline{x}_{i-1}^{i+1})$）同时使用了词条和标签，而第二个特征（即$f_2(y_i, y_{i-1}, \overline{x}_{i-1}^{i+1})$）只使用了词条。一般而言，我们可以使用任意的参数子集来定义特征。这些特征结合了一个连续词条序列中的多个词条以及标签属性的影响，当对特征工程投入足够多的精力和思考时，它们通常可以捕捉优质的语义信息。这些特征非常有效，因为它们对推断所需要的上下文进行了自然的编码。此外，它们天生比隐马尔可夫模型从各个词条中提取的简化特征更具表达能力。此时，想象一个提取 $d$ 个这种特征的场景。然后，我们可以使用与对数几率回归相同的形式直接对标签 $y_i$ 进行建模。然而，由于实体标签有多个可能的值，所以我们需要对可能的实体标签的整个集合（由$\mathscr{Y}$表示）使用多元对数几率回归(参考6.4.4节)：

$$P(y_i | \overline{y}_{i-p}^{i-1}, \overline{x}_{i-q}^{i+q}) = \frac{\exp(\sum_{j=1}^{d} w_j f_j(y_i, \overline{y}_{i-p}^{i-1}, \overline{x}_{i-q}^{i+q}))}{\sum_{y' \in \mathscr{Y}} \exp(\sum_{j=1}^{d} w_j f_j(y', \overline{y}_{i-p}^{i-1}, \overline{x}_{i-q}^{i+q}))} \tag{12.2}$$

$w_1 \cdots w_d$ 的值是回归系数，我们需要以数据驱动的方式学习它们。学习这些参数是建模过程的必要步骤。

我们可以学习这些参数，以最大化训练数据中的标签的条件概率。给定在第 $i$ 个位置邻域中的已观测到的词条以及出现在第 $i$ 个位置之前的标签，我们可以把训练数据中的标签序列 $\overline{y} = (y_1 \cdots y_m)$的条件概率定义为其中每个标签 $y_i$ 的条件概率的乘积：

$$P(\overline{y} | \overline{x}) = \prod_{i=1}^{m} P(y_i | \overline{y}_{i-p}^{i-1}, \overline{x}_{i-q}^{i+q}) \tag{12.3}$$

然后，我们可以计算训练数据$\mathcal{D}$中所有$(\overline{x}, \overline{y})$二元组的似然值$\mathcal{L}(\mathcal{D})$：

$$\mathcal{L}(\mathcal{D}) = \prod_{(\overline{x}, \overline{y})} P(\overline{y} | \overline{x}) \tag{12.4}$$

我们通过最大化这个对数似然函数来学习系数，这是由广义迭代收缩（generalized iterative scaling）[318,326]来实现的。此外，使用动态规划也可以确定一个未标注的测试序列的最优标签序列。需要注意的是，隐马尔可夫模型的 Viterbi 算法也是一种动态规划算法。这些算法的具体讨论不在本书范围内，读者可参见参考文献［318，326，397］。

### 12.2.5 条件随机场

条件随机场是信息提取模型中表现最好的模型之一，它们与最大熵马尔可夫模型密切相关。最大熵马尔可夫模型对 $y_i$ 的概率建模进行了限制，它只取决于出现在它前面的标签 $y_{i-p} \cdots y_{i-1}$而不是后面的标签（尽管我们可以同时使用出现在它前面和后面的词条）。条件随机场移除了这种限制，其中 $y_i$ 的推断同时取决于出现在它前面的标签和出现在它后面的那些标签。这种限制的移除增加了该模型的训练复杂度。因此，虽然我们可以使用更大的词条窗口，但有一种简化是只使用紧邻的标签 $y_{i-1}$ 和 $y_{i+1}$ 来预测 $y_i$。这样的模型被称为线性链(linear chain）条件随机场。使用标签之间的长期依赖关系可能会使条件随机场过于耗时而难以训练。我们可以使用概率图模型来说明隐马尔可夫模型、最大熵马尔可夫模型以及条件随机场的线性链版本之间的差异，如图12.3所示。有阴影的状态代表该模型生成的一个值，而无阴影的值是隐含的，因此不是由模型生成的。所以，隐马尔可夫模型生成词条序列，而最大熵马尔可夫模型和条件随机场生成标签序列。此外，条件随机场是无向（undirected）图模型，因为依赖关系能够以任意方向出现。

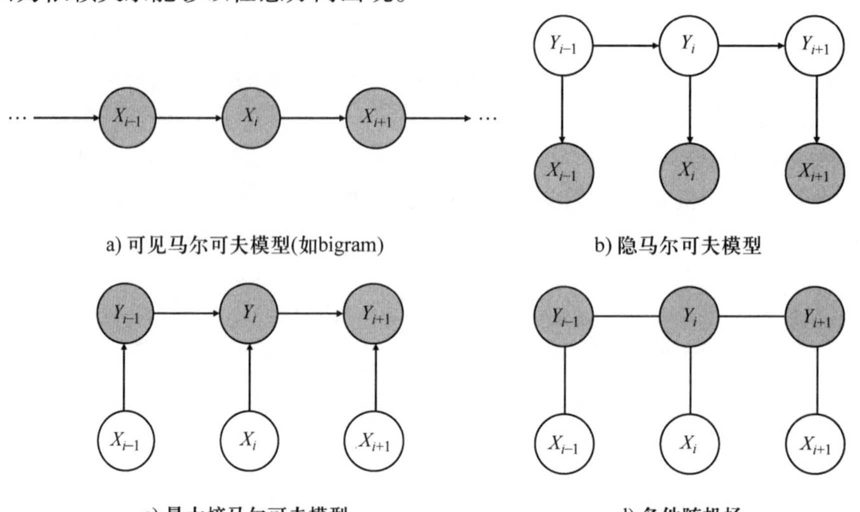


图 12.3　马尔可夫模型（可见状态）、隐马尔可夫模型、最大熵马尔可夫模型和条件随机场的概率图模型之间的比较

与最大熵马尔可夫模型中的情形一样，假设标签序列由 $\overline{y}=(y_1\cdots y_m)$ 表示，对应的词条序列由 $\overline{x}=(x_1\cdots x_m)$ 表示。然而，相对于连接 $y_i$ 与 $y_{i-1}$ 的边以及 $\overline{x}$ 中的所有词条（特别关注它们与位置 $i$ 的上下文关系）的特征的提取可能略有不同。我们通过 $f_j(y_i,y_{i-1},\overline{x},i)$ 来表示第 $j$ 个特征。需要注意的是，索引 $i$ 已经被添加到特征函数的参数中，这样一来 $\overline{x}$ 的词条就可以用于特征提取，其中特别关注与位置 $i$ 相关的上下文。假设我们从位置 $i$ 一共提取 $d$ 个特征，分别由 $f_1(\cdot)\cdots f_d(\cdot)$ 表示。

在条件随机场中如何对预测过程进行建模呢？与在最大熵马尔可夫模型中的情形一样，其目标是给定 $\overline{x}=(x_1\cdots x_m)$，针对标签序列 $\overline{y}=(y_1\cdots y_m)$ 来最大化 $P(\overline{y}|\overline{x})$。然而，在条件随机场中，这个概率是通过将 $y_i$ 与 $y_{i-1}$ 之间的各条边的似然值相乘来表示的：

$$P(\overline{y}|\overline{x}) \propto \prod_{i=2}^{m}\exp\left(\sum_{j=1}^{d} w_j\, f_j(y_i,y_{i-1},\overline{x},i)\right) = \exp\left(\sum_{i=2}^{m}\sum_{j=1}^{d} w_j f_j(y_i,y_{i-1},\overline{x},i)\right)$$

与之前一样，参数 $w_1\cdots w_d$ 代表各个特征的系数，这些系数的学习是预测过程中的关键。我们可以将上式重写如下，以消除上式中的比例常数：

$$P(\overline{y}|\overline{x}) = \frac{\exp\left(\sum_{i=2}^{m}\sum_{j=1}^{d} w_j f_j(y_i,y_{i-1},\overline{x},i)\right)}{\sum_{\overline{y}'}\exp\left(\sum_{i=2}^{m}\sum_{j=1}^{d} w_j f_j(y'_i,y'_{i-1},\overline{x},i)\right)} \tag{12.5}$$

需要注意的是，其中的归一化因子是使用所有可能的标签序列组合来定义的，这会相当复杂。与最大熵模型中的情形一样，我们可以计算似然函数，优化过程会生成模型参数。一些拟牛顿方法，如 L－BFGS，可以被用来确定最优的参数。

## 12.3 关系提取

关系提取的任务是构建在实体提取任务的基础上的。换句话说，一旦提取出文本中的实体，我们就可以挖掘它们之间的关系。各个实体间关系的一些例子如下：

**LocatedIn**(Bill Clinton, New York)
**WifeOf**(Bill Clinton, Hillary Clinton)
**EmployeeOf**(ABC Corporation, John Smith)

最常见的关系类型包括物理位置（physical location）关系、社交关系（social relation）以及组织从属（organizational affiliation）关系，如上所示。上面的例子说明的是二元关系。一般来说，两个以上的实体之间也可能有关系，这被称为多边（multi-way）关系。本章将专注于二元关系，它被认为是一种最基本的关系。

关系提取问题的定义如下。给定一个固定的关系集合$\mathcal{R}$，其目标是在某个测试文档中识别这些关系，这个文档中的实体已经被标注，但它们之间的关系是缺失的。在有监督场景中，我们有一个训练语料库，其中我们已经识别出实体和实体之间的关系。由于我们在训练数据和测试语料库中都对实体进行了标注，所以可以把实体提取任务看作是在关系提取之前的一个更基本的任务。因此，如果给定一个具有实体和它们的关系的训练语料库以及一个完全没有标注的测试文档，那么我们首先需要提取出测试文档中的实体，然后提取它们之间的关系。

这里存在的一个问题是，相同实体（如“Bill”）在同一文档中可能有多次提及，这会产生大量候选二元组。然而，一个常用的假设是句子提及之间的关系提取任务不会跨越句子边界。本章的内容是基于这一假设的。对于某个句子中的任何一对实体提及，任务是根据集合$\mathcal{R}$来确定它们之间是否存在某种关系。假设集合$\mathcal{R}$包含一种叫作“Null”的特殊关系类型，这种关系适用于实体对出现在同一句子中，但并没有指定它们之间的关系的情形。

### 12.3.1 转换为分类问题

我们可以很自然地将关系提取问题当作分类问题来看待。因为关系是只在具有句子边界的实体提及之间提取出的，所以我们可以在训练数据和测试数据中的相同句子中提取实体提及二元组。因此，这里的关键在于为句子内的每一对实体创建一个数据样本。对于训练文档中的句子来说，我们还使用关系类型对这些样本进行了标注，但对于测试文档来说这些样本是未标注的。对于同一句子中在训练数据中未标注的实体对来说，我们创建一个负训练样本，并使用标签“Null”。例如，考虑下面的训练数据中的一个句子，其中我们标注了三个人名：

$$\underbrace{\text{Bill}}_{\text{人名}}\text{, who is a brother of }\underbrace{\text{Roger}}_{\text{人名}}\text{, is married to }\underbrace{\text{Hillary}}_{\text{人名}}\text{.}$$

从这个单独的句子中，我们可以为每两个人名提取出 3 个样本。在这种特殊的情形中，实体属于相同的类型，但通常情况下并非如此。此外，我们必须在训练数据中对一些关系（如兄弟（brother）和妻子（wife））进行预定义，以便正确地对训练样本进行标注。例如，分析者可能不会花时间在“Hillary”和“Roger”之间预定义叔嫂（brother - in - law）的关系。在这样的情形中，这个二元组之间的训练样本可能会被标注为“Null”。相对我们感兴趣的关系类型来说，这样的训练样本可能与负样本一样有用。一般而言，对于任一个包含 $q$ 个实体的句子来说，我们可以提取多达 $\binom{q}{2}$ 个训练样本。

推断一对实体之间的关系所需要的信息隐藏在词汇表和出现这一对实体的句子语法结构中。例如，考虑下面的测试句子，其中我们已经标注了实体但没有标注关系：

$$\underbrace{\text{Bill Clinton}}_{\text{人名}}\ \text{lives in}\ \underbrace{\text{New York}}_{\text{地名}}$$

这里，“Bill Clinton”和“New York”是两个命名实体，我们可以通过训练数据了解到这样一个事实，即短语“lives in”为下面关系的学习提供了有用的线索，从而我们可以推断出该人名实体居住在该地名实体的这个事实：

$$\textbf{LocatedIn}(\text{Bill Clinton, New York})$$

换句话说，我们需要从句子的各个区域（如实体对之间的词条）中提取特征来对关系进行推断。这种关系提取的学习过程可以通过从包含实体提及对的句子中提取适当的特征来实现。另一种方法是使用核相似度函数来定义样本对（即已标注关系的二元组）之间的相似度。归根结底，核方法也是执行特征工程的间接方式。在使用显式的特征工程的情形中，使用线性支持向量机（参考第6章）是比较常见的，特别是在提取很多特征的时候。在使用核相似度函数的情形中，比较自然的方法是使用核支持向量机。然而，在使用显式的特征工程的情形中，有一个优点是我们可以使用各种各样的分类方法。事实上，最早期的技术是一些基于规则的方法，它们是特殊的分类器。本节将专注于这两种执行特征工程的不同方式。

### 12.3.2 利用显式的特征工程进行关系预测

我们会使用单词的各种属性从句子的单词中提取特征，如表层词条、词性标签以及从句法解析树结构中提取的特征。我们既可以从实体内部也可以从实体外部提取这些特征。从实体内部提取的特征被称为实体特征（entity feature）。此外，对于关系推断来说，从参数实体周围的句子区域中提取的特征，或是那些位于两个实体之间的特征是比较有用的，这些特征被称为上下文特征（contextual feature）。

实体特征和上下文特征在特征工程阶段的用法略有不同。然而，在两种情形中，从各个词条中提取的特征是相似的，它们与那些用在实体提取中的特征没有太大区别。这些特征（与各个词条相关联）如下：

1）表层词条：考虑下面的句子：

$$\underbrace{\text{Bill Clinton}}_{\text{人名}}\ \text{lives in}\ \underbrace{\text{New York}}_{\text{地名}}$$

在这个句子中，单词“lives”以及短语“lives in”提供了有关人名实体与地名实体之间的关系的有用信息。在很多情形中，训练数据可能包含足够多的这些词条的出现，它们可以告诉我们很多有关实体间关系的信息。在其他情形中，我们也可以提取这个句子的形态根。

2）词性标签：单词“lives”常被用作名词和动词。在上面的句子中，单词“lives”被用作动词的这个事实有助于合理推断人名实体与地名实体之间的关系。

3）短语结构分析树结构：在很多情形中，句子结构会很复杂，这将会为推断带来很多挑战。例如，一个句子可能包含两个以上的命名实体，并且在决定哪两个实体更密切相关或是如何使用从句子中提取的线索时会存在一些模糊性。在这样的情形中，短语结构解析树结构（见图12.1）非常有用。例如，考虑下面的句子：

$$\underbrace{\text{Bill}}_{\text{人名}}\text{, who is a brother of }\underbrace{\text{Roger}}_{\text{人名}}\text{, is married to }\underbrace{\text{Hillary}}_{\text{人名}}$$

在上面的句子中，单词“Roger”在位置上更接近“Hillary”，一个自动学习算法很容易通过表层词条“married”做出这两个人已经结婚的错误推断。然而，解析树会把“who is a brother of Roger”放在一个完全不同的子树中。这有助于了解“Bill”和“Hillary”实体分别是动词“married”的主语和宾语。然而，解析树的构造很复杂。因此，我们通常使用一种叫作依赖图（dependency graph）的简化的结构表示。从解析树中提取的特征与各个词条不相关，但它们会与构成句子的子树的词条分组相对应。正如我们后面会看到，这种类型的特征提取属于基于图的通用方法[237]。

然而，各个单词的特征在提取实体间关系这方面的能力是有限的。从句子中提取特征组合通常能获得更丰富的信息。大多数特征是使用句子的序列结构或句子的解析树/依赖图提取出的。

12.3.2.1　从句子序列中提取特征

考虑两个命名实体 $E_1$ 和 $E_2$（在训练数据或在测试数据中），我们想要预测它们之间的关系。令 $S=x_1x_2\cdots x_m$ 为包含这两个实体的句子，其中 $x_i$ 是 $S$ 的第 $i$ 个词条。我们注意到，在特征工程阶段，处理实体内部的词条的方式与处理实体外部的词条的方式稍有不同，因为它们对关系提取有着不同的重要性。

我们假设每个词条 $x_i$ 与一个包含 $p$ 个属性的固定集合相关联，这些属性对应于该词条的表层词条、拼写规则、词性或者甚至是它的实体标签（如果 $x_i$ 在实体内部）。实际上，我们可以假设一个包含 $p$ 个关键词的集合与每个 $x_i$ 相关联，这个特征集合由 $F_i$ 表示。例如，与“Bill”和“Hillary”相关联的关键词可能与它们符合首字母大写（FirstCaps）的拼写规则和它们都是人名实体的事实，以及词条的实际值相对应。实际上，这些值的数量会非常大，但我们暂时假设只提取 $p=3$ 个关键词，具体如下：

$$\text{“Bill”的特征}: F_1=\{\text{“Bill”},\text{人名},\text{首字母大写}\}$$

$$\text{“Hillary”的特征}: F_2=\{\text{“Hillary”},\text{人名},\text{首字母大写}\}$$

我们使用 $F_i$、$F_j$ 内部所有可能的特征组合来创建一个重要的特征集合，其中 $x_i$ 和 $x_j$ 位于（待提取关系的）两个不同的实体内。因此，在上面的例子中，相对于“Bill”和“Hillary”来说，我们可以提取 $3\times3=9$ 个可能的特征组合。然后，我们可以创建一个组合特征，它对应着这些特征的两两拼接。例如，人名-人名这样的特征非常有用，因为它通常对应着训练数据中各种类型的社交关系。虽然不是所有的特征组合都是判别式的，但机器学习算法能够使用各种机制来决定哪些组合对可以提取。

另一组特征是通过更通用的句子结构来提取的，它们可以包括来自实体外部的词条。提取这类特征更具有挑战性，因为它们取决于手头句子的更通用的句法结构。从这方面来讲，参考文献［237］中的工作比较值得关注，因为它提供了一种从句子中提取特征的基于图的通用方法。作为起点，考虑与某个特定句子相关联的解析树。我们可以把这个解析树当作一个图 $G=(N,A)$ 来处理，其中 $N$ 是树中的节点集合，$A$ 是表示关系的边集合。每个节点 $i \in N$ 与特征集合 $F_i$ 相关联，它与前面讨论的面向各个词条（使用相同的标注）的特征集合类似。然而，在这种情形中，节点 $i$ 不只是一个词条（叶子节点），它还可以是句子的一部分，如名词短语（内部节点）。因此，提取的特征可以包括给定节点处的短语类型标签，如名词短语或动词短语。此外，由于节点对应着短语和句子段，所以对于针对实体 $E_1$ 和 $E_2$ 所构造的训练样本或测试样本来说，把有关这些分段是如何与 $E_1$ 和 $E_2$ 两个实体相关联的信息包括进来是比较有用的。因此，对每个节点 $i$ 来说，$F_i$ 包含一个额外的标志（flag）特征。该标志特征的定义如下：

$$\text{flag}(i)=\begin{cases}0 & \text{节点 } i \text{ 既不包含 } E_1 \text{ 也不包含 } E_2 \\ 1 & \text{节点 } i \text{ 包含 } E_1 \text{ 但不包含 } E_2 \\ 2 & \text{节点 } i \text{ 包含 } E_2 \text{ 但不包含 } E_1 \\ 3 & \text{节点 } i \text{ 包含 } E_1 \text{ 和 } E_2\end{cases} \tag{12.6}$$

需要注意的是，该标志特征是类别型的而不是数值型的，因为不同值之间没有指定的次序。

例如，我们回顾前面的一个句子，它包含三个实体“Hillary”“Bill”和“Roger”

$\underbrace{\text{Bill}}_{\text{人名}}$, who is a brother of $\underbrace{\text{Roger}}_{\text{人名}}$, is married to $\underbrace{\text{Hillary}}_{\text{人名}}$.

句子段“who is a brother of Roger”对应着解析树的一个节点。训练数据或测试数据中的某个特定样本总是对应着两个实体之间的关系，这个节点的标志特征的值将取决于所考虑的两个实体。当样本中两个实体中的某一个实体是“Roger”时，该节点的标志特征值要么是1要么是2。然而，如果我们试图创建一个只包含同一句子中的“Hillary”和“Bill”（而不是“Roger”）的样本，则相应的标志特征值将为0。

在最基本的层面，我们可以从解析树的任一个子图中创建一个特征，该解析树包含特定数量的节点。然而，一般来说，我们往往只使用两个或三个树节点来创建特征。通常来讲，选来创建特征的节点集合要么全是邻接叶子节点，要么是解析树中通过父子关系直接相连的两个或三个节点。在前一种情形中，邻接叶子节点对应着句子中的邻接单词，而在后一种情形中，节点集合中至少包含一个内部节点。对于任一对节点 $i$ 和节点 $j$ 来说，bigram 特征对应着 $F_i \times F_j$ 中的所有特征组合。类似地，对于任意三个节点 $i$、$j$ 和 $k$ 来说，trigram 特征对应着 $F_i \times F_j \times F_k$ 中的所有特征组合。需要注意的是，这种方法与构造基于实体的特征的方式没有太大区别。唯一的区别在于如何选择节点对来构造特征，以及额外的标志特征。

12.3.2.2　通过依赖图简化解析树

使用解析树的一个挑战是构造它们相当耗时。另一个表示句子结构的具有互补性的方式是利用依赖图。依赖图是基于句子中的词条构建的有向无环图，它告诉我们词条之间的依赖关系。例如，一个动词的主语和宾语依赖于这个动词。句子依赖图的一个例子如图 12.4 所示。

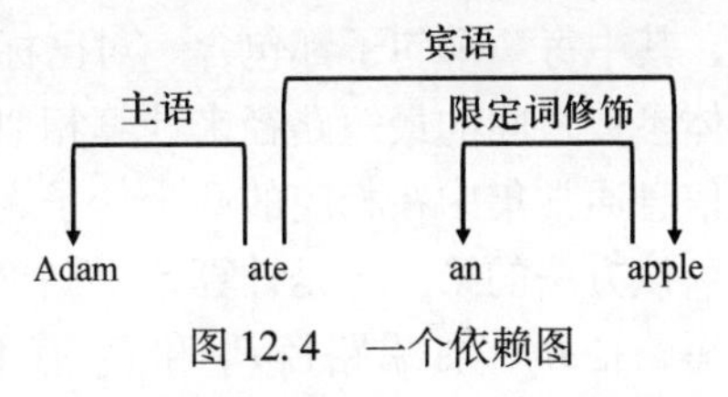

图 12.4　一个依赖图

这里，我们略去了构造依赖图的细节，读者可参见参考文献［556］，其中可以找到相关的描述和开源软件。这里的关键在于依赖图的构造比解析树更高效，并且使用依赖图的边可以提取 bigram/trigram 特征。另外，正如前面所讨论的，我们也可以从邻接单词中提取 bigram/trigram 特征。

### 12.3.3　利用隐式的特征工程进行关系预测：核方法

核方法也是特征工程方法，它使用核函数间接地表示特征。例如，人们可能试图直接计算训练样本对（使用语言知识）之间的相似度来创建一个核相似度矩阵，而不是从依赖图中提取特征。正如第 3 章 3.6 节所讨论的，这样的矩阵在提取特征时很有用，或者我们可以通过核支持向量机直接使用它们。这些核方法很有效，因为它们在相似度函数中对语言相关的知识进行编码。虽然我们在信息提取的上下文中讨论这些核方法，但需要特别强调的是，通过细微的改动可以轻易地将很多这样的方法应用到通用的场景中。

因为训练样本通常是从包含两个实体的句子中提取的，所以我们可以计算两个句子的结构化表示之间的相似度，而不是将这个结构化文本“扁平化（flattening）”为一个多维表示。例如，我们可以基于依赖图、序列表示、解析树和其他任意的句子结构化表示来计算核相似度矩阵。对于任意数据样本（即具有实体对的句子）的训练集或测试集来说，基于核的方法如下：

1）创建每个数据样本的结构化表示，它可以是一个序列、依赖图或解析树。这个结构化表示的每个元素或节点通常是一个词条，但它也可以是一个短语（在解析树的情形中）。第 $i$ 个元素与特征集合 $F_i$ 相关联，它的定义方式与显式的特征工程中的定义类似。例如，每个元素可以与它的词性标签、实体类型等相关联。

2）使用这些句子的结构化表示，定义一种具体的方式来计算它们之间的相似度。因此，如果我们有 $n_1$ 个训练样本，那么我们就可以创建一个大小为 $n_1 \times n_1$ 的核相似度矩阵。将这个相似度矩阵 $K$ 对称地分解为 $UU^{\mathrm{T}}$ 的形式来生成大小为 $n_1 \times k$ 的嵌入矩阵 $U$，从而显式地构建多维表示。然后，我们可以在 $U$ 上使用一个线性支持向量机。当然，在核方法中，整个要点在于不要显式地实现这个过程，而是利用核技巧通过非线性支持向量机直接使用相似度矩阵 $K$。其结果与在 $U$ 上使用线性支持向量机获得的结果在数学上是等价的，但核技巧提供了更好的计算效率和空间效率。

上述实践的关键是，我们需要在一对句子和它们内部的实体对之间创建恰当的相似度函数定义。在信息提取的具体情形中，相似度的计算必须使用句子内部的实体参数，以确保相似度函数对于待挖掘的关系来说具有足够的判别能力。然而，对于其他不使用实体的自然语言应用来说，我们可以对这些相似度函数进行细微的改动。下面的讨论将专注于各种可从中提取相似度的结构化表示。

#### 12.3.3.1　来自依赖图的核函数

最早期的一个方法[67]提出从依赖图（参考图 12.4）中提取核函数。考虑两个句子 $S_1$ 和

$S_2$，其中每一个句子都包含一对已标注的实体。这个方法使用这两个句子的无向依赖图中的实体参数之间的最短路径来计算相似度。这种方法的直观理解是，有关两个实体间关系的大量信息通常集中在相应的两个句子之间的分段中。

该方法的第一步是计算 $S_1$ 两个实体参数之间的最短路径 $P_1$ 以及 $S_2$ 两个实体参数之间的最短路径 $P_2$。如果路径 $P_1$ 和 $P_2$ 有不同的长度，则将 $S_1$ 和 $S_2$ 之间的核相似度设为0。然而，如果两条路径 $P_1=i(1),i(2),\cdots,i(m)$ 和 $P_2=j(1),j(2),\cdots,j(m)$ 长度相同，则使用对应词条（即路径 $P_1$ 和 $P_2$ 中的相应节点）的特征集 $F_{i(r)}$ 和 $F_{j(r)}$ 之间的相似度来计算句子 $S_1$ 和 $S_2$ 之间的相似度。也就是说，我们有

$$\text{Similarity}(S_1,S_2) = \prod_{r=1}^{m} |F_{i(r)} \cap F_{j(r)}| \tag{12.7}$$

因为这些特征包含单词的很多属性，如词性和表层词条，所以我们可以利用这种方法捕捉高层次的语义相似度。例如，考虑下面包含人名命名实体的两个句子：

Romeo loved Juliet
Harry met Sally

即使这两个句子的词条是完全不相交的，但这两个句子之间仍然有非零的相似度。这是因为在依赖路径中与词性标签相对应的那些特征是相同的。特别地，依赖图最短路径中的特征序列在这两种情形中都是 NNP←VBD→NNP。需要注意的是，如果我们把第二个句子中的单词“met”改为“loved”，则相似度会继续增大，因为所构建的特征集 $F_{i(r)}$ 和 $F_{j(r)}$ 通常还包含表层词条。

12.3.3.2　基于子序列的核函数

基于子序列的核函数把句子当作序列来处理，并且它认为如果能找到两个句子的很多子序列，并且这些子序列之间有较大的相似性，则认为这两个句子是相似的。本节描述的这个方法是对3.6.1.3节中描述的基于子序列的核函数进行细微改动的一个版本。该方法对3.6.1.3节描述的方法进行的关键改动考虑了这样一个因素，即句子中的每个词条与一个特征集合相关联。这个特征集合可能包含词条的表层值、词性标签、实体类型等。特征集合的选择取决于手头的应用。例如，对于信息提取以外的应用来说，实体类型可能是不可用的，但词性标签和表层词条可能是可用的。

为了理解3.6.1.3节的子序列核函数到关系提取问题的一般化，我们建议读者在进一步阅读之前回顾一下3.6.1.3节和3.6.1.4节。我们在这里描述一个计算字符串核函数的动态规划方法。下面使用的符号也是从那一节借鉴来的，为简单起见，这里并没有重新定义。我们在下面重复那一节的递归步骤：

$$K'_O(\bar{x},\bar{y}) = 1 \qquad \forall \bar{x},\bar{y}$$

$$K'_h(\bar{x},\bar{y}) = K_h(\bar{x},\bar{y}) = 0 \qquad \text{如果 } \bar{x} \text{ 或 } \bar{y} \text{ 中的词条数量小于 } h$$

$$K''_h(\bar{x}\oplus w,\bar{y}\oplus v) = \lambda K''_h(\bar{x}\oplus w,\bar{y}) + \lambda^2 K'_{h-1}(\bar{x},\bar{y})\cdot M(w,v) \qquad \forall h = 1,2,\cdots,k-1$$

$$K'_h(\bar{x}\oplus w,\bar{y}) = \lambda K'_h(\bar{x},\bar{y}) + K''_h(\bar{x}\oplus w,\bar{y}) \qquad \forall h = 1,2,\cdots,k-1$$

$$K_k(\bar{x}\oplus w,\bar{y}) = K_k(\bar{x},\bar{y}) + \sum_{j=2}^{l(\bar{y})} K'_{k-1}(\bar{x},\bar{y}_1^{j-1})\lambda^2\cdot M(w,y_j)$$

式中，$l(\overline{y})$表示$\overline{y}$的长度。3.6.1.4 节中假设只使用$\overline{x}=x_1x_2\cdots x_m$和$\overline{y}=y_1y_2\cdots y_p$两个字符串中的表层词条，因此假定了一个二元匹配函数$M(w,v)$。当$w$与$v$相同时，该匹配函数取值为1，否则为0。我们在这里对匹配函数进行了修改，因为词条$w$和$v$分别与特征集$F_x(w)$和$F_y(v)$相关联。相应地，它与3.6.1.4 节的递归方法的唯一区别是，它使用了一个基于特征的匹配函数：

$$M(w,v)=|F_x(w)\cap F_y(v)| \tag{12.8}$$

需要注意的是，当一个词条只与对应于它的表层值的单个特征相关联时，这个匹配函数就具体化成3.6.1.4 节中的方法。

12.3.3.3 基于卷积树的核

基于树的核能够通过比较两个关系样本的解析树来对复杂的语法关系进行编码。这种方法的主要思想是，两棵解析树中的相似子结构可以说明句子的概念是相似的。在接下来的讨论中，假设我们已经使用现成的语言预处理方法[322]得到了各个句子的解析树。

所有核方法本质上都隐式地创建了一个特征空间。在解析树的情形中，这个特征空间是由解析树的子树定义的。然而，其中只使用了特定类型的解析树子树，它对应着所有或空（all - or - none）子树。

**定义 12.3.1（所有或空子树）** 一个给定的树$T$的所有或空子树$T_s$是这样定义的，如果$T$中的某个节点$i$和它的子节点都包括在$T_s$中，那么$i$在$T$中的所有子节点一定包括在$T_s$中。换句话说，要么$i$在$T$中的所有子节点都包括在$T_s$中，要么没有任何子节点包括在$T_s$中。

所有或空子树比较有效的原因在于它们在语言学领域中的语义重要性。每个节点对应一条语法生成规则，这种规则是由一个节点和它所有的子节点来定义的。例如，图 12.5a 的名词短语（NP）节点的其中一条生成规则如下：

NP→DT NN

当选择子树来定义特征空间时，保留创建句子的基本语法规则以获得更好的语义相似度是比较重要的。因此，如果选择了某个节点的任意子节点，则往往需要选择出该节点在所有或空子树中的所有子节点，以使所选节点（以及子节点）的语法生成规则保持不变。一棵解析树和它的有效子树的一个例子如图 12.5a 所示。一些无效子树的例子如图 12.5b 所示。需要注意的是，其中有一棵子树对应着下面的语法生成规则：

NP→DT

显然，这条语法生成规则是无效的，使用它来计算核相似度将会有负面影响。因此，我们不会使用它。

工程化表示使用子树来创建特征。如果第$i$棵子树在给定句子$S$的解析树中出现$q$次，那么我们把工程化表示的第$i$维的值设为$q$。需要注意的是，这个工程化表示将会有很多维，因为子树的创建有指数级的可能性。事实证明，直接计算两棵树之间的相似度远远比显式地计算工程化表示更高效。与字符串核函数的情形一样，我们可以使用一种递归方法来计算相似度。对于$T_1$和$T_2$两棵树，我们定义其核相似度如下：

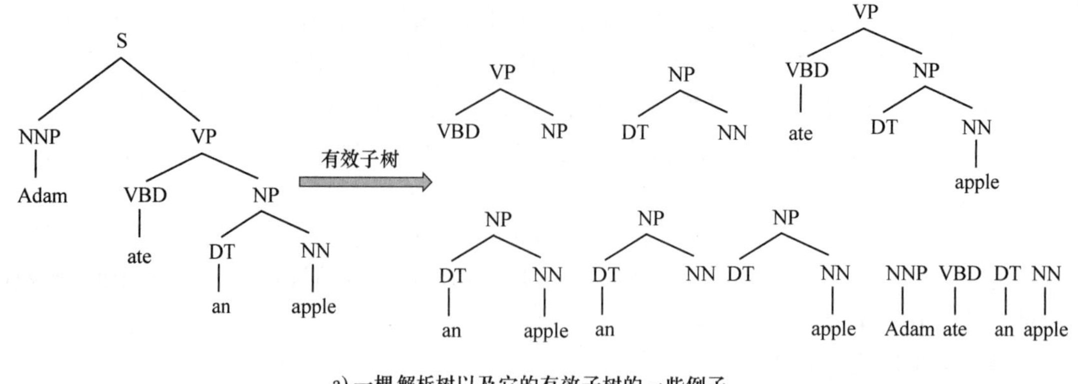


a) 一棵解析树以及它的有效子树的一些例子

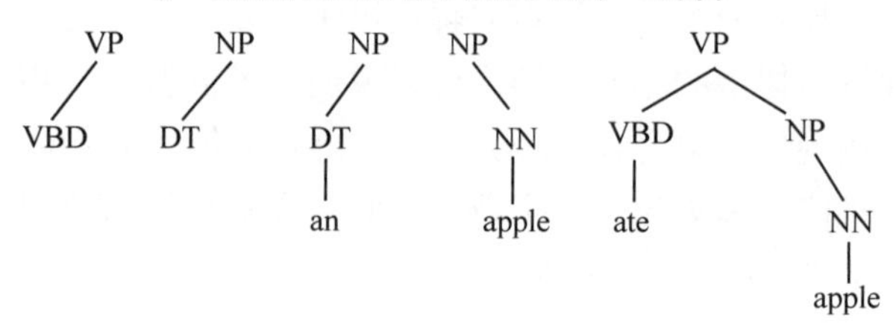


b) 无效子树的一些例子

图 12.5　一棵解析树以及它的无效子树与有效子树的一些例子

$$K(T_1,T_2)=\Phi(T_1)\cdot\Phi(T_2) \tag{12.9}$$

令$I_i(n,T)$为一个指示函数，当工程化表示的第 $i$ 棵子树出现在 $T$ 中并以节点 $n$ 为根时，它的取值为 1。然后，我们对这个指示函数在树中所有节点上的值求和，以给出相应工程化表示在 $T$ 中的第 $i$ 维（即第 $i$ 棵子树出现的次数）：

$$\Phi_i(T) = \sum_{n\in T} I_i(n,T) \tag{12.10}$$

我们可以对工程化表示的各个维度进行求和，计算出式（12.9）的点积：

$$\begin{aligned}K(T_1,T_2) &= \sum \Phi_i(T_1)\cdot\Phi_i(T_2)\\ &= \sum_i \Big[\sum_{n_1\in T_1} I_i(n_1,T_1)\Big]\Big[\sum_{n_2\in T_2} I_i(n_2,T_2)\Big]\\ &= \sum_i \sum_{n_1\in T_1}\sum_{n_2\in T_2} I_i(n_1,T_1)I_i(n_2,T_2)\\ &= \sum_{n_1\in T_1}\sum_{n_2\in T_2}\Big[\sum_i I_i(n_1,T_1)I_i(n_2,T_2)\Big]\end{aligned}$$

这里的关键在于，我们要能够计算出上面方括号中的表达式：

$$C(n_1,n_2) = \sum_i I_i(n_1,T_1)I_i(n_2,T_2) = \#\text{以 } n_1 \text{ 和 } n_2 \text{ 为根的公共子树}$$

我们可以将解析树中的每个节点看成是一条语法生成规则，其中父节点在规则的左侧，子节点在规则的右侧。匹配子树也有匹配的生成规则，因为对应的父节点和子节点有相同的标签。因此，我们可以递归地计算 $C(n_1,n_2)$的值：

1）如果 $n_1$ 和 $n_2$ 处的语法生成规则不同，则设 $C(n_1,n_2)=0$。

2）如果 $n_1$ 和 $n_2$ 处的语法生成规则相同，且 $n_1$ 和 $n_2$ 是前终端（pre - terminal）节点（即恰好在词条上面的节点），则设 $C(n_1,n_2)=1$。

3）如果 $n_1$ 和 $n_2$ 处的语法生成规则相同，且 $n_1$ 和 $n_2$ 不是前终端节点，则我们有

$$C(n_1,n_2) = \prod_{j=1}^{nc(n_1)} (1 + C(ch(n_1,j),ch(n_2,j))) \tag{12.11}$$

式中，$nc(n_1)$表示节点 $n_1$ 的子节点数。这个值与 $nc(n_2)$相同，因为在 $n_1$ 和 $n_2$ 处的语法生成规则相同。符号 $ch(n_1,j)$表示节点 $n_1$ 的第 $j$ 个子节点。

我们可以通过这样一个事实来证明这种递归是正确的，即递归的每种情形都相当于对以节点 $n_1$ 和 $n_2$ 为根的公共子树进行计数。此外，这种递归的运行时间适中，因为它取决于 $T_1$ 和 $T_2$ 两棵树中的节点数的乘积。我们可以利用额外的特征使解析树结构的节点更丰富，并进一步丰富相似度函数。关于基于树的核函数的一些变种读者可参阅12.5节，它们已经被用于实体提取。

## 12.4 本章小结

实体提取和关系提取的问题涉及信息检索、文本挖掘和自然语言处理。在命名实体识别中，我们试图提取人名、地名和组织名，虽然其他类型的实体也有可能。最早期的技术将基于规则的方法用于命名实体识别。最近，诸如隐马尔可夫模型、最大熵马尔可夫模型和条件随机场之类的机器学习技术变得越来越受欢迎。另一个任务是关系提取，机器学习在这种任务中非常受欢迎。机器学习技术要么使用显式的特征工程，要么使用核方法。很多用于关系提取的核方法在自然语言处理中具有双重用途。

## 12.5 参考资料

最早期从文本中提取结构化信息的方法可以追溯到FRUMP计划[129]。然而，20世纪70年代和80年代期间关于信息提取的研究比较零碎和有限。该领域的一个重要进步源于从20世纪90年代开始的信息理解会议（MUC）。在它们当中，MUC - 6[193]特别值得关注，因为它引入了当今广为人知的重要的信息提取子任务。从此以后，该领域就命名实体识别和关系提取问题举办了多次竞赛。对于命名实体来说，比较重要的竞赛包含自动内容提取（Automatic Content Extraction，ACE）[599]，由自然语言学习会议（Conference on Natural Language Learning，CoNLL）定义的一些任务[601]，以及BioCreAtIve竞赛评估[600]。这些竞赛中的最后一个特别侧重于生物学领域。在参考文献［236，430］中可以找到关于信息提取的优秀综述。值得注意的是，本章侧重于从自由文本中进行信息提取，但是有各种面向半结构化数据的信息提取方法，如HTML和XML，这样的程序被称为封装器。本章专注于从自由文本中进行信息提取的方法，并不讨论那些面向网络领域的专门方法。有兴趣的读者可以参见参考文献［303，430］以获得这些方法的优秀探讨。

面向命名实体识别的基于规则的方法要么是自顶向下的如WHISK[452]，要么是自底向上的[73,100]。在机器学习方法中，早期的一些方法只使用有限数量的序列信息[134,468]。面向词

性标注的模型与面向命名实体识别的模型之间存在显著的相似性。例如，在参考文献［268］中隐马尔可夫模型[266,397]被用来进行词性标注。随后，隐马尔可夫模型被用在实体识别中[49,171,442]。在参考文献［400］中最大熵马尔可夫模型首次被引入到词性标注中，然后在参考文献［326］中被用于命名实体识别。参考文献［45，123］讨论了这个系列的其他流行方法。参考文献［318］讨论了各种学习算法以及它们与最大熵马尔可夫模型的比较。

参考文献［270］首次讨论了条件随机场在信息提取中的应用。参考文献［431］提出了一个利用条件随机场进行信息提取的逐段模型。最大熵马尔可夫模型和条件随机场模型都是基于实体提取和文本分割的双重用法提出的。鉴于基本问题形式化中的相似性，这并不会令人感到特别惊讶。从参考文献［465］中可以找到一个有关条件随机场的详细讨论。

参考文献［86，237，251］对基于特征的分类方法在关系学习中的使用进行了探索。参考文献［237］的工作特别值得关注，因为它探索了面向关系提取的对称特征工程。另一种面向关系提取的方法是使用核方法。参考文献［67，68］讨论了最短路径和子序列核函数。参考文献［107，122，393，526］讨论了基于树的核函数。在上下文中，参考文献［393，533］的工作比较值得关注，因为它们在构建卷积树核的同时，专门探索了关系提取领域。结合结构化核函数和序列核函数的方法被称为复合方法，在参考文献［534，535］中进行了讨论。

### 12.5.1 弱监督学习方法

诸如关系提取之类的问题的主要挑战在于所需要的训练数据量非常大。在这些情形中，我们可以使用 bootstrapping 和远程监督（distant supervision）这样的方法来降低训练数据量方面的要求。在 bootsrapping[17,63]中，我们从一个较小的关系种子集合开始，迭代地使用这个训练数据来标注附近的实体对。然后使用这个新标注好的数据来学习上下文的相关方面，并对其他记录进行标注。这种类型的训练数据通常是有噪声的，因此具有过滤噪声模式和学习相关特征的能力是比较重要的。

第二种方法是远程监督方法，在这种方法中，我们有大量知识库可用，在这些知识库中我们可以找到已知的目标关系。这些知识库是通过众包用户创建的。在数据提取自不同来源的场景中，我们可以使用这种类型的数据进行训练。参考文献［348，362］讨论了这些方法。

### 12.5.2 无监督与开放式信息提取

本章的大部分内容专注于有监督的信息提取，其中在定义恰当的实体结构和关系结构以及对训练数据进行标注方面需要花费大量的精力。在无监督的信息提取中，其目标是根据实体的句法、词汇或上下文相似度对相似的实体和实体对进行分组。在开放式信息提取中，其目标更为基本，我们试图从像网络这样的一个大型语料库中提取各种类型的关系。

参考文献［158］讨论了在网络中进行无监督实体提取的问题。参考文献［446］讨论了一个基于聚类的无限制关系挖掘方法，该方法需要从语料库中挖掘出重要的关系。后面提出的一个工作显式地讨论了把实体对聚为簇的问题[416]。

在开放式信息提取中，关系是从一个像网络这样的大型且开放的语料库中提取的。在这些情形中，目标关系不是预先指定的，我们需要学习一个新的关系和一个短语来描述它们。当我们不希望受到预定义关系集合的限制时，这类方法很有用。开放式关系提取与远程监督紧密相关，其中使用了来自不同领域的语料库[402]。

### 12.5.3 软件资源

信息提取是一个依赖于机器学习和自然语言处理的领域。因此，信息提取中的很多应用需要使用自然语言处理工具。Apache OpenNLP[548]支持很多信息提取任务，如句子分割、命名实体识别、分块和共指消解等。Apache OpenNLP 也支持很多基本的预处理任务和自然语言处理任务。其他开源库如 NLTK[556]和 Stanford NLP[554]也支持这些任务。Stanford NLP 还专门支持开放式信息提取[604]。MALLET 工具包支持很多面向序列标注和实体识别的马尔可夫模型[605]。ReVerb/Ollie 包提供了可以从英语句子中提取二元关系的开放式信息提取功能[602,603]。DBpedia Spotlight[606]提供了可用于命名实体识别和标注的工具。在参考文献[607]中可以找到 Sunita Sarawagi 团队实现的条件随机场。OpenCalais 也提供了信息提取功能，它是由 ClearForest 公司[608]提供的一个软件。

## 12.6 习题

1. 虽然本章没有详细讨论深度学习方法，但这些技术可以用于实体提取。第 10 章讨论的哪一种深度学习模型可以用于实体提取？选出第 10 章讨论的一个具体模型，该如何定义这个神经网络的输入和输出。

2. 请说明如何将习题 1 讨论的方法扩展到关系提取中。

3. 假设我们有一个语料库，其中已经标注了体现正面和负面情感的单词和短语。我们想要在一个未标明情感的语料库中利用各种情感来标注相应的单词和短语。讨论这个问题与实体提取的关系。

4. Nymble 方法以一种相对基本的方式使用词条的特征。讨论一种基于隐马尔可夫模型的方法，其中该模型的每一个状态都可以输出一个多维特征向量。

5. 证明卷积核的运行时间最多与需要计算核相似度的两棵树之间的节点数的乘积成比例。

6. 实现本章讨论的字符串核函数。

# 第 13 章 意见挖掘与情感分析

"意见介于知识和无知之间。"

——Plato

## 13.1 导论

最近，社交媒体的激增已经使用户能够在各种正式和非正式场合中发表他们关于实体、个人、事件和话题的看法。这些场合的例子包括评论、论坛、社交媒体帖子、博客和讨论版。意见挖掘和情感分析的问题被定义为与这些文本相关的计算分析。在某些场景（如评论文本）中，我们可以把意见挖掘视为推荐系统在自然语言方面一个相关或是具有互补性的问题。意见挖掘通过分析评论文本来推断用户的喜恶和情感，而推荐系统通过分析定量的评分来预测用户喜欢和不喜欢的物品。因此，意见挖掘提供了一个更主观和更详细的角度，这与推荐系统的预测是互补的。此外，意见挖掘不局限于产品评论，它还可能与用户态度、政治观点等相关。例如，推特（Twitter）用户的情感已经被用来预测选举结果[114]，而推荐系统几乎总是关注产品销量的最大化。意见挖掘指的是通过文本处理来挖掘与物品（如一台计算机）及其属性（如计算机的电池）有关的正面情感和负面情感。一个意见的例子㊀如下：

*Logitech X300 是一款小巧的无线蓝牙扬声器，它提供了与其尺寸相适配的声音，且设计美观、坚固，价格合理。它有一个用于扬声器电话的内置麦克风，可以水平放置或垂直竖立。电池寿命可以更好一些。Logitech X300 在线售价约为 60 美元，性能优秀且设计精良，在迷你蓝牙音箱类别中相对便宜。*

需要注意的是，这个意见不仅表达了与主要产品（也就是 Logitech X300）有关的看法，还表达了与它的一些属性（如电池、设计和价格方面）有关的看法。其中的每一个情感都可能是正面的或是负面的，这提供了对该产品的一个整体的看法。意见挖掘与情感分析的任务不仅是要找到关于整个实体的意见，还要找到与这个实体的各个属性有关的意见并对它们进行总结。其中的每一个属性也被称为一个方面（aspect）。提出意见的人被称为意见持有者（opinion holder），所表达的情感的性质（如正面或负面）被称为它的倾向（orientation）或极性（polarity）。该意见所表达的实体或方面被称为意见目标（opinion target）。

在与意见挖掘相关联的更广泛的主题范围内，人们试图使用意见挖掘来回答的问题类型

㊀ https：//www.cnet.com/products/logitech-x300-mobile-wireless-stereo-speaker/review/。——原书注

存在着显著的差异。一些例子如下。一段文本代表的是正面情感还是负面情感？所讨论的实体是什么？是以正面的方式还是负面的方式来讨论它们？讨论了实体的哪些属性，以及对这些属性表达了怎样的情感？实体之间是否会相互比较？某个特定的意见是虚假的（spam）吗？

显然，从原始文本中挖掘有用的意见需要大量的自然语言处理。此外，意见挖掘问题使用前面章节讨论过的各种方法作为构建模块用于分析。这些方法的例子包括特征工程、实体提取和分类。从这个意义上讲，我们可以认为意见挖掘是一个以应用为中心的问题，它建立在文本挖掘的很多最新进展之上。

意见挖掘的过程可以在一些不同的级别上执行。在文档级、句子级或是实体级都可以对意见进行挖掘。我们简要地对不同级别上的处理方式进行总结：

1）文档级情感分析：在这种情形中，隐含的假设是单个文档表达了关于某个特定目标（已知的）的意见。该任务的目标是挖掘出该文档表达的是正面情感还是负面情感。我们可以把文档级情感分析问题视作使用自然语言数据进行分类的特例。

2）句子级与短语级情感分析：文档级情感分析通常被分解为更小的单元，作为中间步骤对应着各个单词、短语或句子。然后这些更细粒度的分类会被聚合到一个更高级别的文档级预测问题中。在这种情形中，短语级与句子级情感分析本身都是比较重要的子问题，因为它们可以用来实现文档级的分类。此外，有时候输出也会被用于意见摘要。

在句子级情感分析中，我们逐句分析每个句子，并将句子逐句分类为正面的、负面的或中立的。在某些情形中，很难确定应该如何处理一个事实陈述。例如，考虑下面来自上述Logitech X300评论的一个句子：

它有一个用于扬声器电话的内置麦克风，可以水平放置或垂直竖立。

虽然这个句子是关于Logitech X300功能的一个事实陈述，但我们也可以认为它是正面的，因为它传达了与该产品相关的灵活性。然而，从实际的角度来看，这些句子会对分类产生混淆，因此我们需要移除这些句子[373]以防止它们影响文档的分类。为了实现这个目标，我们首先需要将句子分为主观性的或客观性的。主观性句子通常包含很多形容词和带有感情色彩的短语，而客观性句子则包含事实陈述。从情感极性分类的角度来看，使用意见词典对主观性句子的极性进行分类一般要容易得多，而客观性情感则面临较大的挑战。因此，句子级情感分析中的一个重要问题是主观性分类问题。

3）实体级与方面级的意见：意见文本中的很多句子指的可能并不是实体本身。例如，考虑下面从一个计算机安全产品的长评论中挑选的一个句子：

黑客已经使我们今时今日的生活变得痛苦不堪。

虽然这段描述表达了一个负面的情感，但它没有描述任何关于产品的看法，它实际上（隐含地）强调了各类计算机安全产品的必要性。这意味着为了使意见挖掘变得真正有用，指定意见目标是极其重要的。类似地，前面有关Logitech X300的描述对整体产品、功能上的灵活性和价格都给出了正面评价，但对电池寿命给出了负面评价。“battery life（电池寿命）”是更通用的实体“Logitech X300”的一个方面，因此我们可以把针对它的意见视作细粒度的分析。实体级与方面级的情感分析表达了与一个实体的细粒度属性有关的意见。

实体提取与意见挖掘紧密相关，因为实体不一定总是人名、地名和组织名，它们可以是产品或其他类型的实体。此外，意见词典的提取与实体提取类似，不同的是，我们试图识别与情感相关联的形容词或短语，而不是与命名实体相关联的名词短语。

### 13.1.1 意见词典

从意见挖掘和情感分析的角度来看，某些类型的单词，即意见单词或情感单词是极其重要的。通常情况下，意见词典包含类似"good（好的）""bad（差的）""excellent（优秀的）"和"wonderful（很棒的）"这样的单词。在很多情形中，意见词典可能包含类似"blows away（令人震惊）""gets under my skin（令我厌恶）"或"silver lining（不幸中的一线希望）"这样的短语。意见单词通常是形容词和副词，尽管我们也可以把名词（如"trash（废物）"）和动词（如"annoy（打扰）"）看作是意见单词。寻找意见词典本身就是一个问题，我们通常把预先编制好的意见单词列表用作现成应用的简单解决方案。在参考文献[30，612]中可以找到这些列表的例子。我们可以使用基于词典的方法或基于语料库的方法将意见词典分离出来。这两种方法都从单词的种子集合开始，利用一个词典或语料库对它进行扩展。这个过程被称为意见词典扩展（opinion lexicon expansion）。

#### 13.1.1.1 基于词典的方法

这种方法将意见词典的一个种子集合和类似 WordNet 这样的词典相结合以扩展该种子集合。第 11 章 11.3.2.1 节中提供了 WordNet 的一个简要描述。主要方法是，首先选择一组适当的正面单词和负面单词，然后使用它们的同义词和反义词，通过在线词典对它们进行扩展。这个方法是递归执行的，因为找到的单词会被添加到种子集合中，而它们在词典中的同义词/反义词也会再次被搜寻。此外，我们可以使用机器学习来提升找到的词典的质量。参考文献[20，156，157，252]讨论了很多这样的意见扩展方法。这种方法的主要缺点是，在进行判断时它没有将单词的上下文考虑进来。例如，单词"hot"可能是某个理想产品的标语，也可能只是指一台风扇性能较差的过热的计算机。基于语料库的方法在处理与上下文相关联的问题方面会更有效。

#### 13.1.1.2 基于语料库的方法

基于语料库的方法也是从一个包含正面单词和负面单词的种子集合开始，然后利用语料库来推断其中某个已知单词附近的其他共现单词是正面的还是负面的。附近的概念通常是利用类似"or""and"和"but"等这样的连词来定义的。例如，通过连词"and"连在一起的两个形容词通常可能具有相同的倾向。因此，如果已知它们当中有一个是正面的意见词典，则另一个单词也可以添加到这个集合中。一般来说，我们可以使用各种类型的连词来定义语言规则。

这些类型的规则为我们提供了一些对正面单词和负面单词的种子集合[211]进行递归扩展的自然方式。一般来说，同一对形容词可能在同一个语料库的不同部分以正面和负面的方式相连接。例如，即使单词"good"和"bad"具有不同的倾向，但它们也有可能偶尔通过"and"连到了一起。解决这种冲突的一种自然方式是创建一个图，在这个图中，形容词对应着节点，单词之间的连接则对应着不同倾向的关系。我们可以在这个图上应用聚类来识别倾向相同的单词。

另一种思想是假设相同句子或相邻句子具有相似的倾向，这为那些句子中的形容词和意见单词的倾向提供了有用的线索[139,254]。这是因为在一个连续的文本段中，意见在语调和倾向上不会突然改变，这个概念被称为句内一致性或是句间一致性。当然，这种一致性只是一种经验现象，并且在很多场景中语调确实会改变。例如，在意见倾向变化之前可能使用类似"but"这样的单词。将上下文的概念整合到句内一致性和句间一致性中也是比较自然的。参考文献［139，310］中的工作把意见作为方面-意见单词对来进行挖掘，以区分单词的不同用法。例如，warm soda 和 warm blanket 中的单词"warm"有着完全不同的倾向，因为它们被应用到不同的实体上。另一种思想是使用诸如词性模式这样的句法一致性来学习意见单词的倾向[477]，而不是使用句间一致性和句内一致性。13.2 节描述了这种方法，所以我们在这里不对这种方法做详细讨论。

最后，第 12 章讨论的用于实体提取的很多思想对于寻找意见单词来说也是很有用的。例如，条件随机场方法[270]（参考第 12 章 12.2.5 节）常被用来通过有监督学习来提取意见单词。这些方法与所有实体提取方法一样，能够自然地将上下文融入到提取过程中。参考文献［394］讨论了这些方法在实体与意见单词的联合提取中的应用。一般来说，我们可以认为意见挖掘是信息提取任务的一个变种（参考 13.1.2 节），其中我们试图寻找产品名/人名/地名/组织名实体以及与它们相关的意见"实体"（即使意见通常是形容词而不是名词短语），而不是试图寻找人名/地名/组织名实体以及它们之间的关系。在这两种情形中，我们可以通过对文本的适当部分进行标记并应用有监督学习来使用相似类型的模型。13.2 节会详细讨论这一点。

### 13.1.2 把意见挖掘看作槽填充和信息提取任务

我们可以把意见挖掘看成是一个与信息提取和槽填充紧密相关的任务。关于这些术语的定义请参考第 12 章。一般来说，重要的是不仅要知道意见的极性，还要知道其目标。在某些情形中，知道意见持有者也很有用，尽管这可能没有指定，或者在某些情形中它可能是隐含的。在最一般的层面上，我们可以把意见挖掘问题看成一个寻找意见持有者、实体、方面、意见极性以及表达意见的时间的槽填充任务。这些槽如下表所示：

| 槽 | 值 |
|---|---|
| 实体持有者 | CNET 编辑 |
| 实体 | Logitech X300 |
| 方面 | 电池 |
| 倾向/极性 | 负面 |
| 时间 | 2014 年 10 月 20 日 |

对于方面（aspect）槽来说，值"General"是针对讨论实体本身（如 Logitech X300）而不是具体属性（如电池寿命）的情形保留的。虽然上面的五个槽提供了该意见的整体观点，但在很多意见挖掘任务中，我们通常对这些槽的值进行隐含的假定（或者认为它们是不重要

的)。换句话说，单独的意见挖掘任务通常比槽填充简单得多，就如同信息提取中的槽填充任务被简化为实体提取和关系提取任务（见第 12 章）一样。例如，意见持有者与意见时间的提取和信息提取中的现成任务没有太大区别，这些信息提取任务能够从非结构化的文本中挖掘命名实体以及日期。在某些诸如文档级情感分类这样的简化任务中，意见的目标被假定为是已知的，并且我们只预测意见的极性。这个问题与二分类非常相似，虽然这种方法通常是针对意见挖掘领域而制定的。在实体级与方面级意见挖掘中，我们对上述槽的一个子集进行预测，这个子集对应着实体、方面和倾向。最近提出的很多面向意见挖掘的技术同时挖掘这些不同的槽的值以及相应的意见单词。这种同时挖掘实体、意见单词和极性的做法，与信息提取有很多方法和概念上的相似性。

最后，需要指出的是，上面的槽填充任务无法充分地捕捉到意见挖掘的某些变化。例如，句子级槽填充不仅需要在句子级别创建槽，还需要有关我们能否通过额外的槽来表示一个句子是主观还是客观的信息。因此，我们可以把意见挖掘看成槽填充任务的一个简化，就如同实体提取和关系提取被认为是槽填充任务的简化一样。然而，这只是一个关于意见挖掘的非常一般的认识。很多文档级意见挖掘方法假设相应的文档是关于单个实体的，而其他槽要么是隐含已知的，要么被认为是不太重要的。在这些场景中，分类问题与情感分析任务并没有多大区别。

### 13.1.3 本章内容组织结构

本章内容组织结构如下：13.2 节讨论文档级情感分析；13.3 节对句子主观性的确定与分类进行探索；13.4 节讨论一个更通用的意见挖掘观点，其中它被视作一个信息提取问题；13.5 节讨论虚假意见检测的问题；13.6 节讨论用于意见摘要的方法；13.7 节给出本章的结论和总结。

## 13.2 文档级情感分析

文档级情感分析是最简单的意见挖掘场景，其中情感分类（如正面的、负面的或中立的极性）是在文档级别完成的。此外，这种分类是关于该实体的“General”方面的。某些类型的文档，如亚马逊评论，通常是关于一个单独的实体或产品的评论，因此对于这些场景来说，文档级方法特别相关。以产品为中心的场景的一个有用的特点是，评分通常可以与评论文本一起获得，我们可以利用这个特点来进行有监督学习。例如，亚马逊产品的评论与一个 5 分制的评分相关联，我们可以将其转化为正面的、负面的或是中立的评分。

我们可以把这个问题看成一个现成的分类问题，第 5 章和第 6 章中的任何一个现有的有监督学习方法都可以应用到文本的词袋表示上。然而，由于语言的微妙性和意见单词的重要性，一个面向文本分类的纯词袋方法在这种专门的场景中表现并不好。为了使用更多有关自然语言的信息，我们还可以使用第 10 章讨论的以序列为中心的特征工程技巧（如 doc2vec 方法）。例如，参考文献［275］中的工作说明了该如何将 doc2vec 方法用于情感分析。虽然参考文献［275］中的技术是在句子级别的场景中进行测试的，但是其思想可以方便地扩展到文档级情感分析中。

如果使用词袋表示，则 tf - idf 表示通常是不够的，我们还需要额外的特征。情感分析是一个特定的领域，其中某些特征对于学习来说非常重要。例如，对形容词的加权应该与对其他词性的加权不同。然而，Pang 等人[376]的工作表明只使用形容词提供的结果比使用频繁的 unigram 的结果更差。当使用词性时，他们的主要目标是通过拼接具体词性与对应单词来消除歧义。例如，"bear - V"被认为是一个与"bear - N"不同的单词，它们分别对应着"bear"的动词形式和名词形式。此外，词性更有助于识别包含形容词或副词的有用短语。

与使用具体的词性相比，更重要的是根据这些单词是否属于意见词典来对它们进行区分。需要注意的是，意见词典已经有点偏向特定的词性，如形容词或副词。下面是常用于文档级分类的一些特征：

1）意见词典：属于意见词典的单词比那些不属于意见词典的单词更重要。13.1.1 节讨论了寻找属于意见词典单词的方法。当一个单词属于意见词典时，有关该单词倾向（如正面/负面）的信息也被融入到特征中。参考文献［335］详细研究了这种词典知识对分类准确率的影响。

2）使用形容词或副词的专用短语提取：事实证明，专有类型的短语提取对于意见的分类来说特别有帮助。特别地，参考文献［477］的工作表明使用形容词和副词的短语在意见分类方面具有比较突出的判别能力。虽然这个工作是为无监督的评论分类而设计的，但我们也可以将它融入到有监督的分类中。

3）词项存在与频率：尽管一个词项的频率在传统的信息检索中扮演着重要的角色，但情感分析中的一个发现是词项的存在和缺失通常是极其重要的，并且一个词项的重复使用不会增加其重要性，相反在某些情形中可能会降低它的重要性[376]。

4）词项位置：一个词条在文档中的位置在它对情感极性的影响方面扮演着重要的角色。例如，在总结评论者的感受方面，评论中的最后一个句子往往有着特殊的意义，以及出现在开头和中间的意见单词也有着特定的意义。因此，我们有时会将特征的位置编码到文档中。在参考文献［260，376］中可以找到这些方法的例子。其基本思想是添加词条的位置特征（如开头、中间、结尾）以创建一个单独的特征。因此，处理一个诸如"excellent - middle"的特征的方式与处理"excellent - end"的方式不同。

5）否定：否定（negation）在情感分析中扮演着非常重要的角色，但在传统的信息检索中并没有相应的问题。例如，在面向主题的分类中，单词"not（不）"的存在通常很少告诉我们一个文档是否属于某个特定类别（如政治）这样的信息。然而，在表明某个人是否喜欢政治的时候，否定的存在通常是一个强有力的指示信号。其基本思想是，首先创建一个与否定的存在相独立的表示，然后将其转化为一个否定式的表示。例如，参考文献［127］中的技术建议将单词"not"添加到出现在否定词附近的单词上。因此，单词"like"变为"like - not"。其他方法[357]寻找被认为是否定短语（negation phrase）的短语，这些短语对于不同的否定词来说可能也不同。

6）效价转换器：效价转换器（valence shifter）[384]是否定概念思想的一般化。效价转换器是改变基本单词值的任何单词。例如，我们可以认为单词"very（非常）"是一个效价转换器。效价转换器包括否定词、增强词、弱化词以及非现实标记（irrealis marker）。

7）上下文和主题特征：上下文和文档的主题在解释文档时可能扮演着重要的角色。例如，考虑下面的句子："Hillary Clinton is polling really well in the final stretch.（希拉里·克林顿在最后阶段中的投票形势非常好。）"

我们可以认为这个句子表达了一种正面情感，也可以是一种负面情感，具体取决于其意见持有者是民主党还是共和党。类似地，考虑下面的描述："It was over so quickly!（这么快就结束了!）"

这种情感可以是正面的也可以是负面的，具体取决于其指的是一个手术还是一个假期。在参考文献［199，260，356，503］中可以找到一些有关上下文和主题特征在情感分析中的使用的讨论。

8）句法特征：参考文献［503］已经表明使用类似解析树这样的句法特征有助于确定意见单词具体提及的倾向。确定意见单词具体提及的倾向是确定句子或文档极性的第一步。

在很多有监督场景中，如产品评论、标记（以评分的形式），都可以用于学习。因此，我们可以使用类似有序回归（ordinal regression）这样的技术。有一些工作使用回归建模（而不是二分类）来确定极性程度。在参考文献［374］中可以找到这种工作的一个例子。

### 13.2.1 面向分类的无监督方法

当文档对应于产品评论时，我们通常可以轻易地获得有标记的数据，但当文档与社交网络站点上的帖子、博客或讨论版相对应时，情况并非如此。换句话说，有标记数据的匮乏成为一个主要问题。在这些情形中，我们可以运用主动学习技术。主动学习的基本思想是为用户提供较好的候选对象以对文档进行标记，以便通过少量训练数据来学习出鲁棒性较好的模型。从参考文献［1］中可以找到一个关于主动学习的讨论。对于主动学习来说，包含很多意见单词的文档是较好的候选对象，因为它们为特定的意见单词相对于极性不同的文档的重要性提供了依据。

另一种方法是使用无监督学习。事实上，无监督学习方法是最早用于意见挖掘的一种技术[477]。参考文献［477］的工作根据下表中的规则对短语进行挖掘。这里，以NN开头的标签㊀对应着名词变形，以VB开头的标签对应着动词变形，以RB开头的标签对应着副词变形，标签JJ指的是形容词。其思想是根据它们的词性提取出两个连续的单词，然后马上对跟在这两个单词后的第三个单词进行检测。面向这两个连续单词和跟在它们后面的第三个单词的具体规则如下：

| 第一个单词 | 第二个单词 | 第三个单词（不是提取的） |
|---|---|---|
| JJ | NN，NNS | 任意 |
| RB，RBR，RBS | JJ | 非NN或NNS |
| JJ | JJ | 非NN或NNS |
| NN，NNS | JJ | 非NN或NNS |
| RB，RBR，RBS | VB，VBD，VBN，VBG | 任意 |

㊀ 基于Penn Treebank项目的完整标签列表可参见参考文献［598］——原书注。

词性标签的提取是自然语言处理[249,322]中的一个众所周知的问题，很多现成的工具都可以用来解决这个问题㊀。接下来，我们根据上面的规则使用词性标签来提取短语。一旦提取出短语，就可以确定它们的语义倾向是正面的还是负面的。为了实现这个目标，这里使用了逐点互信息的概念。令 Count($p$, $w$) 为短语 $p$ 和单词 $w$ 共同出现在某个文档中的次数。共现的概念是根据短语和单词出现的接近程度来定义的。逐点互信息 PMI($p$, $w$) 的定义如下：

$$\mathrm{PMI}(p,w)=\log_2\left(\frac{\mathrm{Count}(p,w)}{\mathrm{Count}(p)\cdot\mathrm{Count}(w)}\right) \tag{13.1}$$

然后，我们使用分别对应于 "excellent" 和 "poor" 的两个特殊单词来定义短语 $p$ 的语义倾向 SO($p$)。

$$\mathrm{SO}(p)=\mathrm{PMI}(p,\text{"excellent"})-\mathrm{PMI}(p,\text{"poor"}) \tag{13.2}$$

选择这两个特殊单词是因为它们经常分别对应着评论中的高评分和低评分。从某种意义上讲，我们可以把它们看作是两个（极其强烈的）具有特殊意义的意见单词。

该使用哪个语料库来进行上述计算呢？参考文献［477］的工作对搜索引擎发起查询来挖掘文档，在这些文档中，挖掘出的短语（根据上述表格中的规则）出现在这两个意见单词的附近。需要注意的是，这些短语是从我们试图对其进行分类的语料库中提取的，而这些短语的语义倾向的计算是使用搜索引擎的结果完成的。参考文献［477］的方法使用 AltaVista 搜索引擎来挖掘同时包含这两个特殊意见单词的文档，以及包含 "excellent" 和 "poor" 这两个特殊意见单词中任意一个单词附近的短语的文档。附近的概念是根据最多 10 个词条的距离来定义的。然后，语义倾向是基于搜索命中数来定义的，具体如下：

$$\mathrm{SO}(p)=\log_2\left(\frac{\mathrm{Hits}(p\ \mathrm{NEAR}\ \text{"excellent"})\cdot\mathrm{Hits}(\text{"poor"})}{\mathrm{Hits}(p\ \mathrm{NEAR}\ \text{"poor"})\cdot\mathrm{Hits}(\text{"excellent"})}\right) \tag{13.3}$$

如何使用计算出的语义倾向来对评论进行分类？给定一个评论，该方法计算其中所有短语的语义倾向，然后对它们求平均。如果最终的语义倾向是正的，则将该评论归类为正类。否则，该评论被归类为负类。

Turney 和 Littman 的后续工作[478]讨论了该如何使用潜在语义分析来找到单词的语义倾向。参考文献［467］讨论了另一个有趣的基于词典的方法用来寻找语义倾向。这种技术将词性分析与效价转换器相结合来挖掘单词的语义倾向。

## 13.3 短语级与句子级情感分类

短语级与句子级情感分类问题本身并不是独立的问题，但它们经常被用来实现文档分类。一般而言，我们可以把一个文档分解为更小的单元，对应着段落、句子或短语，这些单元中至少有一些可以进行有意义的分类。然后，我们把这些分类聚合为文档级分类。同样值得注意的是，短语级分类是在单词粒度上执行的，这与寻找意见词典的问题相似。然而，主要区别在于，在短语级分类中，我们试图对单词和短语的每次提及的极性进行分类，而不是在所有提及的层面对某个特定单词的典型极性进行分类。

㊀ 参考 13.8.1 节。——原书注

正如本章13.1节中所讨论的，各个句子可以是主观性的或客观性的。客观性的句子，也就是事实陈述（而不是极性的表达），通常会削弱文档级（情感）分类器的有效性。这是因为这些句子的内容和语调通常是中立的，在情感分类器中使用这些句子会使准确率变差。因此，我们通常很难对客观性句子的情感进行分类，所以在句子级别有两个不同的问题。这两个问题如下：

1）主观性分类：给定一个句子，它是主观性的还是客观性的?

2）情感分类：如果该句子是主观性的，那么它的极性是正面的还是负面的?

虽然上面两个问题都是二分类问题，但它们具有不同的领域相关的特点。在这两种情形中，各个单元都是比较短的文本段，因此利用短文本分类技术有时候是比较有用的（如第10章中的嵌入技巧）。此外，在这些场景中使用额外特征来丰富文本也很有用。

在主观性分类中，我们可以获得一些具有二元类别标记的句子，这些句子要么是主观性的要么是客观性的，我们可以使用现成的分类器来确定无标记的句子是主观性的还是客观性的。然而，这样的方法忽略了很多有关不同句子间彼此相邻的信息。正如句间一致性的概念适用于极性分类一样，它也适用于主观性分类。

### 13.3.1 句子级与短语级分析的应用

句子级与短语级分析常被用作意见挖掘应用的一个中间步骤。这类分析有两个重要的应用：

1）面向文档级分类的预处理步骤：文档的句子级与短语级分析有助于提供中间结果以进行文档级分类。例如，我们可以移除客观性句子来提升分类准确率。此外，某些文档级分类方法通过合并单词级别和短语级别的细粒度分类来执行文档级分类。

2）关于极性短语和句子的摘要：与意见分类密切相关的一个任务是意见摘要，这个任务提供了一种解释，解释了为什么要以某种特定方式对某个特定的文档进行分类。在很多情形中，我们需要从评论中提取出具有最大极性的句子和短语，并与整体的分类一起呈现给用户。

13.6节讨论了一个与意见摘要相关的任务。

### 13.3.2 主观性分类到最小割问题的归约

参考文献［373］的工作将主观性分类问题转换为最小割问题。在这种变换中，每个句子被当成一个节点来处理。此外，还添加了一个源节点和汇聚节点，其目标是创建一个关于节点的划分，其中源节点与汇聚节点位于相对侧。与源节点在同一侧的所有节点被认为是主观性句子，而在汇聚点一侧的所有节点被认为是客观性句子。因此，关键在于定义网络中的边的权重，以使主观性/客观性分类器的输出和句间一致性的影响能够反映在这些权重中。从源节点到各个节点（句子）的边的权重被定义为这些句子是主观性句子的（单独的分类器）输出概率。类似地，从汇聚节点到各个节点（句子）的边的权重被定义为这些句子是客观性句子的（单独的分类器）输出概率。虽然诸如朴素贝叶斯分类器之类的一些分类器确实会输出概率，但通过将两个类的数值权重归一化为和为1，也可以使用输出某些数值权重的分类器。例如，在支持向量机中，我们可以使用对数几率函数把数据点到超平面的距离转化成一个概率。参考文献［373］对其他类型的启发式函数进行了测试。需要注意的是，如果这些边是唯一用到的边，则这个网络中的最小 $s-t$ 割将会简单地把每个句子单独划分到与它最密切的类别中。因此，句间一致性是通过在两个节点之间添加具有关联权重的边来实现的。

考虑每个句子按它们在文本中的出现顺序 $s_1$，$s_2$，…，$s_r$ 排列的情形，其中 $s_i$ 与 $s_j$ 两个句子之间的距离为 $|j-i|$，句子 $s_i$ 和 $s_j$ 之间的关联权重的定义如下：

$$\text{Assoc}(s_i,s_j)=\begin{cases} C\cdot f(|j-i|) & \text{当} |j-i|\leqslant T \\ 0 & \text{其他} \end{cases} \tag{13.4}$$

式中，$C$ 是一个缩放参数，$T$ 是一个阈值参数。函数 $f(x)$ 是一个关于 $x$ 的非递增函数。参考文献［373］中使用的 $f(x)$ 是 1、$1/x^2$ 和 $\exp(1-x)$。然后，我们需要通过上面定义的关联权重对句子 $s_i$ 和 $s_j$ 之间的边进行加权。在图中找出最小 $s-t$ 割，与源节点在同一侧的所有节点（句子）都被认定为主观性句子。参考文献［373］发现这样的方法能够显著地提升主观性分类的有效性。

### 13.3.3 句子级与短语级极性分析中的上下文

一旦确定了主观性句子和客观性句子，常用的方法就是对主观性句子的极性进行分类。这些句子可以用来对文档级别的极性进行分类。在细粒度的句子级别，上下文对于极性的识别来说极其重要。例如，考虑这个句子：

"I hardly consider my experience with this product satisfying."

即使单词"satisfying"是意见词典中的一个正面成员，但效价转换器"hardly"的存在改变了这个单词的语义倾向。因此，参考文献［503］中的方法根据一个单词在语料库中的用法对它的先验倾向和该单词具体提及的倾向进行区分。这是通过挖掘类似否定和其他改变句子语调的效价转换器这样的特征来实现的。此外，从分析树中提取的结构化特征和文档的主题内容也被用作特征。提取这些特征是为了在具体提及的级别执行单词与短语的现成分类。特别地，参考文献［503］使用了 AdaBoost 分类器。这些单词级与短语级分类方法也可以用来对句子进行更准确的分类，因为我们已经根据单词与短语的上下文对它们的倾向进行了恰当的修改。

各种类型的循环神经网络结构（参考第 10 章 10.7.6 节）也被用于情感分析，特别是使用长短期记忆（LSTM）变种的循环结构十分常见。使用 LSTM 的一个优点是它能以数据驱动的方式自动地学习出效价转换器的效应，因为这种结构可以捕捉长期记忆和短期记忆，进而能够从训练数据中学习出效价转换器的效应。

## 13.4 把基于方面的意见挖掘看作信息提取任务

正如在 13.1 节所讨论的，我们可以在最一般的级别以类似于看待信息提取的方式来看待意见挖掘任务。这是因为意见挖掘任务中的每个句子都可以描述有关某个目标的一个意见，这个目标可能不是基本实体，但可能是实体的一个方面或一个属性。与基于文档的意见挖掘一样，基于方面的意见挖掘问题也有无监督变种和有监督变种。信息提取在传统意义上是定义在有监督场景中的，虽然很多最新的信息提取方法（如开放域信息提取）定义在无监督场景中。有监督方法的准确率比无监督方法要好，这并不会令人感到惊讶；使用有监督方法的主要挑战在于没有足够多的训练数据。然而，随着越来越多像 Amazon Mechanical Turk 这种众包平台的出现，这个问题可能随着时间的推移变得没有那么困难了。

有趣的是，某些用于信息提取的无监督系统（如 OPINE[387]）是建立在无监督的信息提取系统之上的（如 KnowItAll[158]）。此外，很多用于意见挖掘的有监督方法（如参考文献[233]）将诸如条件随机场这样的方法从信息提取扩展到意见挖掘中。与基于文档的情感分类一样，我们需要大量的定制才能把信息提取方法扩展到意见挖掘领域中。事实上，一些早期用于基于方面的意见挖掘（如 Hu 和 Liu 的开创性方法[229]）的无监督方法是与无监督的信息提取领域并行发展的。因此，很多基于方面的意见挖掘方法并没有被大家正式地认为是信息提取任务，但很容易看出这些方法与信息提取任务的相似性。

### 13.4.1 Hu 和 Liu 的无监督方法

Hu 和 Liu 的工作[229]是最早期的基于方面的意见挖掘的一个无监督方法。基于方面的意见挖掘问题的核心是挖掘产品特征。这是通过识别那些共同出现在很多文本中并且是名词的单词集合来实现的。使用自然语言处理[249,322]中的词性标注方法可以对名词进行标注。随后，创建一个包含“交易（transactions)”的文件，其中每一行包含每个句子中的名词和名词短语。所有其他单词在基于它们不能够反映产品特征的假设下被丢弃。这种方法首先应用频繁模式挖掘[2]中的 Apriori 算法来挖掘那些共同出现在很多意见文本中的三个或少于三个单词的组合。该方法使用一个被称为最小支持度（minimum support）的有关共现频率的最小阈值，来识别相关的单词集合。

随后，该方法对这些单词集合应用紧凑型准则（compactness criterion)。令 $F$ 为一个特征集合，它包含某个特定句子 $S$ 中按特定顺序排列的单词序列 $w_1 \cdots w_n$。如果相邻单词 $w_i$ 和 $w_{i+1}$之间的距离不超过 3，则认为该特征集合的这个具体实例是紧凑的。如果某个特征集合在一些特定句子中至少有两个实例是紧凑的，则认为这个特征集合 $F$ 是紧凑的。例如，考虑下面两个句子[229]：

“This is the best digital camera on the market.”
“This camera does not have a digital zoom.”

对于特征集合｛“digital”，“camera”｝来说，第一个句子是紧凑的，但第二个句子不是。

在识别出紧凑型特征之后，我们需要移除只有一个单词的冗余特征。例如，如果短语“battery life（电池寿命)”既是紧凑型的又是比较频繁的话，则单词“life（寿命)”相对于这个短语来说通常是冗余的。为了找到冗余单词，我们需要找到单词的 $p$ - 支持度（即纯支持度)，这是包含相应单词并把它当作名词的句子的数量，这些句子中不存在频繁超集短语(frequent superset phrases)。例如，如果“life（寿命)”的支持度是 10，“battery life（电池寿命)”的支持度是4,“life guarantee(寿命保证)”的支持度是5(最后两个在不相交的句子中),则“life(寿命)”的 $p$ - 支持度为 $10-5-4=1$。一个单词的 $p$ - 支持度必须大于一个单独的 $p$ - 支持度阈值,否则它会被视作是冗余单词。在参考文献[229]中,这个阈值被设为3。

在提取出产品特征(方面)之后,下一个阶段就是提取意见单词。一个重要的观察是,意见单词通常是句子内出现在产品特征单词附近的形容词。因此,我们使用下面的规则[229]:

对于评论数据库中的每个句子来说,如果它包含任何频繁的特征,则提取其附近的形容词。如果找到了这样的一个形容词,则认为它是一个意见单词。附近的形容词指的是对名词或名词短语进行修饰的相邻形容词,被修饰的这个名词或名词短语是一个频繁的特征。

相邻规则还提供了一种方式来识别初次尝试中遗漏的那些产品特征。这是因为某些特征本质上是不频繁的,通过频繁模式挖掘算法没办法找到它们。例如,考虑这个短语:

“Red eye is easy to correct.”

短语“red eye”可能是一个有用的产品特征,但频率比较小。值得注意的是,这个产品特征在位置上接近于单词“easy”。因此,为了识别出那些难以找到的非频繁特征,我们使用意见单词来确定特征:

对于评论数据库中的每个句子来说,如果它不包含频繁特征,但包含一个或一个以上的意见单词,则找出距离该意见单词最近的名词/名词短语,然后将这个名词/名词短语作为一个非频繁特征存储在特征集合中。

距离一个意见单词最近的名词/名词短语是该意见单词所修饰的名词或名词短语。

在提取出意见特征后,使用WordNet来确定每个句子中的意见单词的倾向以识别这些句子的语义倾向(即极性)。使用句子中的意见单词的主要倾向来识别其意见倾向。需要注意的是,我们也可以把这种方法看成句子级分类,虽然它也可以用于方面级分类,因为它对单个句子中的产品特征进行识别。

### 13.4.2 OPINE:一种无监督方法

最早使用信息提取进行意见挖掘的一个方法是OPINE系统[387],它直接基于一个被称为KnowItAll的信息提取系统[158]。这种方法的基本思想是使用以下几个步骤:①识别产品以及它们的属性,②挖掘有关产品特征的意见,③确定意见极性。作为最后一步,如果需要,我们也可以对意见进行排序。

OPINE系统对显式特征和隐式特征进行区分。使用某些句法特征可以很方便地对前者进行挖掘。例如,单词“scan quality”指的是一个显式的产品特征,尽管它有时可能隐含地指的是“scans”。为了找到显式的产品特征,我们需要找出相关的概念,如产品的组成部分和属性。第一步是从评论中找出频率大于实验所设阈值的名词短语。通过计算(与产品类相关联的)整体 - 部分判别器(meronymy discriminator)与相应短语之间的逐点互信息(PMI)值来对每一个这样的名词短语进行评估。这种判别器的例子包括“of scanner”“scanner has”等。需要注意的是,与13.2.1节讨论的一样,这种基本思想类似于参考文献[477]的思想。然而，这里的目标是找出产品特征而不是意见单词。

一旦提取出产品特征，意见单词就被假定为出现在这些特征附近的词项。这种假设与参考文献［229］中使用的假设类似。然而，我们定义了 10 条具体的提取规则来识别意见短语，而不是使用简单的邻近条件。此时，我们能够生成意见 - 特征 - 句子三元组，其中每一个三元组都被赋予一个语义倾向。这是通过先从该（意见）单词的语义倾向开始，将它扩展到单词 - 特征对的语义倾向上，然后将它扩展到单词 - 特征 - 句子三元组（即意见 - 特征 - 句子三元组）上来实现的。其基本思想是连续地将上下文融入到这个过程中。例如，“hot coffee”可能是正面的，而“hot room”可能是负面的。这是通过使用松弛标记（relaxation labeling）来实现的，其中定义了单词 - 特征对的邻居。例如，如果“hot room”出现在很多类似“stifling kitchen”这种具有负面倾向的单词附近，则松弛标记方法在迭代更新过程中将赋予它一个负面的标记。该方法使用 13.2.1 节中所讨论的基于 PMI 的方法[477]来定义一个单词的初始语义倾向。松弛标记中的邻居关系是根据评论文本中的连词和非连词，句法依赖规则、单词间的关系（如同一单词的语法/时态变形）以及由 WordNet 指定的依赖关系推断出的。需要注意的是，该方法最终为各个句子中具体的意见单词和特征赋予极性。

### 13.4.3 把有监督意见提取看作词条级分类任务

使用马尔可夫模型进行有监督意见提取的一个有趣的方法是 OpinionMiner 系统[234]。这种方法特别值得关注，因为它将（有监督）意见挖掘转换为与信息提取中所使用的方法几乎相同的形式。该方法是一种整体性的技术，它回答了基于方面的意见挖掘中出现的一些有用的问题。这些问题涉及①从评论中提取潜在产品实体和意见实体，②识别对每个提取出的产品实体进行描述的意见句子以及③对每个识别出的产品极性确定其意见倾向（正面的或负面的）。

与信息提取（参考第 12 章）一样，为了实现这些目标，我们需要定义实体标签。参考文献［234］中的工作定义了两种类型的实体，分别是方面实体和意见实体。关于相机的意见上下文中的方面实体和意见实体的例子如下所示：

| 标签集 | 对应的实体 |
| --- | --- |
| 〈PROD_ F〉 | 特征实体<br>（例如，camera color，speed，size，weight，clarity） |
| 〈PROD_ P〉 | 分量（部分）实体<br>（例如，LCD，battery） |
| 〈PROD_ U〉 | 实体的功能<br>（例如，move playback，zoom） |
| 〈OPIN_ P〉 | 正面意见实体<br>（例如，“love”） |
| 〈OPIN_ N〉 | 负面意见实体<br>（例如，“hate”） |
| 〈BG〉 | 背景词<br>（例如，“the”） |

原始工作[234]还使用一个更精细的标签集合来定义隐式意见和显式意见的概念，虽然为简单起见，我们略去了这种差异。与传统的信息提取一样，我们可以用一个单词或短语来表示实体。然而，通过在单词级别进行标注来构建马尔可夫模型要容易得多。因此，我们添加 {B, C, E} 三个符号中的一个符号，它们与标签的开始、接续和结尾的单词相对应。例如，一个产品特征的开始单词由 <PROD _ FB> 来标记，接续单词由 <PROD_ FC> 来标记，结尾单词由 <PROD_ FE> 来标记。信息提取（参考第 12 章 12. 2. 2 节）中经常使用这种类型的混合标注方法，以将该问题转换成词条级分类。使用各种各样以序列为中心的模型可以更方便地处理词条级分类。考虑这个句子，“I love the ease of transferring the pictures to my computer”。然后，我们将这个句子标注如下：

| I | love | the | ease | of | transferring | the | pictures | to | my | computer |
|---|---|---|---|---|---|---|---|---|---|---|
| BG | OPIN_P | BG | PROD_FB | PROD_FM | PROD_FM | PROD_FM | PROD_FE | BG | BG | BG |

在上面的例子中（基于参考文献［234］），我们并没有使用混合格式对意见实体和背景词条进行编码，因为它们被当作独立的实体来处理。然而，我们也可以使用混合格式对这些类型的实体进行编码，尤其是在短语的存在比较常见的情形中。这种转换创建了相同的词条分类问题，信息提取问题中也使用了这种转换（见 12. 2. 2 节）。因此，几乎所有信息提取方法都可以用于这个问题，如隐马尔可夫模型、最大熵马尔可夫模型和条件随机场（参考 12. 2. 3 节、12. 2. 4 节和 12. 2. 5 节）。虽然参考文献［234］中的方法使用隐马尔可夫模型来解决这个问题，但该方法的具体细节并没有那么重要，因为这篇论文中的转换方法为一系列众所周知的信息提取技术开启了一扇大门。实际上，后来的一个工作[288]使用一种相似的词条级分类方法，并结合条件随机场来实现基于方面的意见挖掘。此外，我们也可以只专注于提取其他类型的意见属性（如意见源或只是意见目标），而不是挖掘意见短语。所有这些情形的主要区别在于预处理步骤，这些步骤决定了我们该如何对句子中的词条进行标记。参考文献［233］的工作提出了一种基于条件随机场来识别意见目标的方法。参考文献［97］中使用条件随机场来识别意见源。

同样值得注意的是，这一系列用于信息提取的马尔可夫模型可以使用与每个词条相关联的各种各样的特征，如拼写规则、词性等。因此，与在信息提取问题中一样，我们可以在意见挖掘问题中构建有用的特征。相比于信息提取中的特征工程，关于面向意见挖掘的特征工程的工作比较有限，但是这些方法在意见挖掘中有广阔的用武之地。此外，第 10 章讨论的循环神经网络和长短期记忆网络也可以用于意见挖掘中的词条级分类（参考 10. 7. 6 节）。

## 13. 5 虚假意见

意见挖掘通常是在产品评论上进行的，其中好的评论会获得消费者的兴趣和更好的销量。这为销售商和制造商在评论中作弊提供了一个重要的利益动机。例如，亚马逊上某本书的作者可能会上传与他或她的书籍有关的虚假评论。意见挖掘的问题与推荐系统中的托攻击（shilling）问题[3]紧密相关，其中用户上传了与物品有关的虚假评分。这些用户在推荐系统中被称为“托（shill）”。

推荐系统中的托攻击与虚假意见之间的主要区别是，前者专门用于数值评分的分析，而后者（几乎）专注于评论的文本部分。在意见挖掘的情形中，数值评分并不总是可用的，因此专注于文本部分是比较合理的。然而，在上传的文本评论具有数值评分的情形中，使用这两种类型的方法来检测虚假评论者是比较合理的。虚假意见挖掘方法主要有两种类型。第一种是使用有监督学习来找出虚假评论。第二种是使用无监督方法来检测具有某些类型的非典型行为的虚假评论制造者。

### 13.5.1 面向虚假评论检测的有监督方法

在有监督的方法中，假设我们可以获得这样的训练数据，这些数据表明了哪些评论是假的，哪些不是假的。这种方法的主要问题在于我们难以获得有标记的训练数据。此外，与很多其他类型的主题分类不同，手动标记是极其困难的。毕竟，虚假评论制造者具有固有的欺骗意图，仅通过阅读难以将一个评论标记为虚假评论。然而，使用手动标记更容易对某些类型的评论进行分类。参考文献［235］的工作定义了三种类型的评论：

- 类型Ⅰ：第一种类型的虚假评论包含的是关于某些产品的不真实意见。这些类型的意见可能会对某个产品有利，也可能会恶意地损害某个产品的声誉。这是最常见的虚假评论类型，手动地对这种类型的虚假评论进行识别通常比较困难，因为用户在制造它们的时候可能会很谨慎。
- 类型Ⅱ：第二种类型的虚假评论包含的是关于产品品牌的意见，而不是关于制造商的意见。这种类型的虚假评论可能是由某个具体品牌的员工试图推销该品牌的所有产品而产生的。在很多情形中，当虚假评论制造者没有花时间精心设计与产品相关的意见时，这些类型的虚假评论会试图赞美或批评这个品牌，而不是产品本身。
- 类型Ⅲ：第三种类型的虚假评论包含广告和其他（与个别产品有关的）信息并不丰富的内容。

对第二种和第三种类型的虚假评论进行手动识别是相对容易的。因此，参考文献［235］的工作对第一种虚假评论预测结果的处理方式与对待后两种虚假评论的方式不同。第一种类型的虚假评论被称为欺骗性虚假评论，而后两种类型的虚假评论被称为干扰性虚假评论[369]。

#### 13.5.1.1 对欺骗性虚假评论进行标记

创建有标记的数据是使用有监督方法进行虚假评论检测的关键。由于手动标记干扰性虚假评论相对容易，所以主要挑战在于如何对欺骗性虚假评论进行标记。因此，本节将侧重于对欺骗性虚假评论进行标记的问题。已经有研究提出了一些技术来标记欺骗性虚假评论。

1）利用重复项：一种方法是通过识别重复或近似重复的评论来进行标记。虽然重复评论有时可能是由于某个用户不小心点击了两次“提交”按钮造成的，但其他类型的某些重复评论通常是虚假评论，特别是同一用户 ID 在不同产品上的近似重复评论，或是不同用户 ID 对同一产品或不同产品的重复评论通常都是虚假评论。参考文献［235］的工作将这些评论标记为虚假评论，剩余的评论标记为非虚假评论。可以通过从每个评论中提取 bigram 来检测重复评论，如果两个评论的 bigram 词袋之间的 Jaccard 系数大于 0.9 的话，则将它们标记为相似评论。

2）使用 Amazon Mechanical Turk 构造一个虚假评论训练数据：第二种方法是使用 Amazon Mechanical Turk 让用户手动制造虚假评论[369]（具有积极性的正面评论）。这种方法使用酒店的评论作为一个测试情形。在移除某些更有可能是虚假评论的评论之后，通过 TripAdvisor 中的5星评论来获得真实的评论。特别地，需要删除那些不合理的短评论以及作者首次提交的评论。这里的思想是确保真实的评论尽可能少地受到虚假评论的影响。虚假评论来自400个 Amazon Turk 参与者，我们要求他们对特定的酒店（这些酒店与真实评论中的酒店相同）进行评价。我们要求 Turk 的参与者们假设他们为酒店的营销部门效力，并假定他们的老板要求他们写一个虚假评论。这个评论需要听起来比较真实，并且是以正面的角度来描述酒店的。最后，我们对（大量的）真实评论进行二次采样得到400个评论，评论的长度分布在这两个集合（即虚假评论集合与真实评论集合）中是相同的。

一般来说，虽然利用类似 Amazon Mechanical Turk 这种众包系统进行手动标记的方法确实需要付出一定的代价，但它为我们提供了比较真实的训练数据。然而，这种数据仍然存在一些残差偏置，因为对于虚假评论的提交而言，在 Amazon Mechanical Turk 上的模拟用户与真实世界中的虚假评论者有着不同的动机。

#### 13.5.1.2 特征提取

用来识别虚假评论的特征是从评论内容、提交该评论的评论者以及所评论的产品中提取的。一些常用的特征[235]如下：

1）很多类似 Amazon 这样的评论者网站都具有反馈机制。在这样的场景中，我们可以把反馈的数量、正面反馈的数量以及正面反馈的百分比当作特征。

2）越长的评论和标题往往会得到越正面的反馈（这是虚假评论制造者所公认的）。因此，我们可以把评论的标题和/或评论主体的长度当作特征。

3）越早的评论往往会得到越多的关注。因此，我们可以把一个产品的评论时间排序当作一个特征。

4）虚假评论造者在使用意见单词时，分布往往是不太均匀的。因此，我们可以把正面意见单词和负面意见单词的百分比当作特征。

5）虚假评论制造者经常提供过多的细节并通过大写来进行过分的强调。因此，我们可以提取评论中的数字、含大写字母的单词以及完全大写的单词的百分比作为特征。

6）根据评论和产品描述之间的相似度，或是品牌名字被提及的次数，也可以提取一些特征。这些类型的虚假评论出现在广告发布或是相应的意见与某个特定品牌有关的情形中。

7）对于面向产品的系统来说，评分往往是可以获得的。因此，我们可以把评分与评分均值的偏差、评分值以及评分倾向当作特征。

8）对于每发表一个差评后就上传一个好评的情形，我们可以从中提取一个特征，反之亦然。前一种情形在某个虚假评论制造者试图进行破坏时很常见。

9）可以提取评论者是第一个上传评论的次数百分比，也可以提取评论者是唯一发布评论的次数百分比作为一个特征。

10）虚假评论制造者倾向于给各种产品赋予类似的评分以节约时间。因此，我们可以提取出评论者所上传的评分的标准差，也可以提取平均评分以及好的评分和差的评分的分布。

在提取出这些特征的情况下，参考文献［235］的工作使用对数几率回归作为分类器。其他工作也使用了支持向量机。分类器的最优选择可能与手头特定的数据集有关。

### 13.5.2 面向虚假评论制造者检测的无监督方法

无监督方法一般专注于检测虚假评论制造者（即上传虚假评论的用户）而不是虚假评论。这里的基本思想是制造虚假评论的用户通常具有某些类型的不良行为，很容易通过无监督的方法检测出来。虚假评论制造者在某些线上场景中有时也被称为 troll。某些站点，如 Slashdot、维基百科和 Epinions，允许用户指定彼此之间的信任的和不信任的链接，我们可以用它们来创建信任的和不信任的符号网络表示[470]。这些符号网络可以和类似 PageRank 这样的算法相结合以找到值得信任和不值得信任的用户[509]。我们可以使用这些网络对用户和评论的可信度联合进行识别。在不允许用户指定彼此之间信任的和不信任的链接的场景中，我们仍然可以通过用户对彼此评论的有关反馈来预测用户之间不信任的链接[471]。找到彼此不信任的用户对有助于构建符号网络，进而有助于找到虚假评论制造者。这些方法并没有通过任何形式来使用文本分析，但有助于发现虚假评论制造者的行为。

参考文献［293］的工作提出利用评分数据和与评论相关联的内容来找出虚假评论制造者。这种方法使用四种不同的模型，分别叫作①目标产品，②目标群体，③一般评分偏差，以及④早期评分偏差。可以结合这些模型的分数来创建一个综合的分数。例如，为了识别目标产品，相同用户对相同产品给出多个具有非常高的或低的评分以及相似的文本的评论是比较可疑的。在某些场景中，一个评论者可能对相同品牌的很多不同产品赋予虚假的评分，这对应着目标群体模型。当一个评论者为一个产品赋予了与其他评论非常不同的评分时，该评论更有可能是虚假评论，这对应着一般评分偏差模型。最后，早期评分偏差模型识别的是对产品进行评论后立马对产品进行评分的评论制造者。大多数这些方法并不使用深度的文本分析，因此我们省略了有关这些方法的详细讨论。

## 13.6 意见摘要

意见摘要与第 11 章讨论的文本摘要问题密切相关。然而，这个问题在意见挖掘领域中具有一些独有的特点。与传统的文档摘要一样，我们可以为一个文档或多个文档生成摘要。然而，意见摘要可以是文本的或非文本的。除了文档主题方面的特点以外，文本摘要的构建通常还考虑了其他因素，因为句子的主观性在决定是否应该把这个句子包含进摘要中也起着重要的作用。另一种方法从是否基于方面（aspect - based）的角度来对摘要方法进行分类。接下来，我们会对从文档中创建得到的不同类型的摘要进行概述。我们可以使用本章和本书讨论的各种方法来实现这些技术。在很多情形中，意见摘要被用作情感分析[230]后的最后一步，因此，情感分析的中间步骤和输出提供了摘要所需要的原始统计数据。

### 13.6.1 评分总结

这是与基于评分的评论系统相关联的最简单的摘要类型。例如，Amazon 总是提供每个物品的总体评分，这通常是用户所提供的评分的算术均值。某些评分系统也允许用户对产品的不同方面进行评分，如电池。在这些情形中，我们也可以为每个方面单独提供评分总结。需要注意的是，这种类型的方法没有使用任何自然语言处理，并且只有意见具有显式指定的评分时它才有效。

### 13.6.2 情感总结

情感总结的概念与评分总结的概念相似，不同的是，本章的技术被用来执行各个文档或是文档中各个方面的情感分类。大多数分类器将会在每一个这样的分类中返回一个数值分数，我们可以将这个分数看成是一个由用户指定的评分。随后，我们可以在整体（一般）级别或是方面级别给出总结，并显示分数的均值。更常见地，为了提供更具可解释性的总结，我们可以给出正面倾向与负面倾向的百分比。

### 13.6.3 基于短语与句子的情感总结

在这种情形中，情感分析是与一个提供了总结的解释性角度的关键短语一起给出的。例如，如果电池方面接收到 70% 的正面响应，则我们可以将短语“long lasting（持久）”“sturdy（坚固）”和“too noisy（太吵）”添加到情感总结中，以提供更好的见解。我们可以提取对分类过程有贡献的关键短语、句子和意见单词来实现这些方法。13.3 节的句子级与短语级分类方法在生成这种总结的过程中很有用。对于文本摘要来说，只使用倾向于某一个方向或另一个方向的主观性句子是比较合理的。一个评论通常可能同时包含一个产品的优点和缺点。对比式总结则单独地给出了包含优点和缺点的总结。

### 13.6.4 提取式与抽象式总结

这些类型的总结与第 11 章中提出的那些类似。在意见挖掘的场景中，意见单词在总结的创建中通常比较重要。此外，多文档总结极其重要，因为每个产品可能与多个评论相关联。抽象式总结试图从大量意见中创建更连贯的总结。然而，目前普遍认为抽象式总结的创建过于困难，并且这也是一个新兴的研究领域。

## 13.7 本章小结

近年来，由于社交平台提供了大量的评论和其他文本数据，意见挖掘和情感分析受到越来越多的关注。我们可以在文档级、句子级或方面级来执行情感分析。文档级情感挖掘是分类问题的一个实例化，但对于这些情形来说也有可以使用的无监督方法。方面级意见挖掘是信息提取的一种特殊情形，很多已有的信息提取技术都可以扩展到这种情形中。我们可以使用各种用于虚假评论检测的技术来提升意见挖掘的质量。意见挖掘的最后一步是意见摘要，其中情感分类的中间步骤被用来创建摘要。

## 13.8 参考资料

从参考文献［305］中可以找到一本关于情感分析的优秀著作。在参考文献［14，303］的各个章节中可以找到来自同一作者的更短的关于情感分析的综述。从参考文献［375］中可以找到更早期的来自不同作者的关于意见挖掘和情感分析的综述。

参考文献［20，156，157，252］讨论了用于意见词典扩展的基于词典的方法。参考文献［211］讨论了使用连接词的基于语料库的方法。参考文献［139，254，310］讨论了句子一致性在基于语料库的词典扩展中的使用。参考文献［477］讨论了面向基于意见的词典扩展的句法方法。参考文献［394］讨论了利用实体提取方法的双重传播在词典提取中的应用。在这种方法中，实体/方面和意见单词被一起提取出来。参考文献［59］讨论了利用上下文来挖掘多个单词（multi－word）的意见表达。参考文献［503］的工作在特定上下文中对单词的先验极性概念和单词的具体实例化概念进行区分。

现在已经提出了不少可用于文档级情感分析的技术。在这方面，参考文献［376］的工作尤其值得关注，它在机器学习方法方面取得了许多进展。对于以文档为中心的情感分类来说，特征工程方法极其重要。在这个背景下，已经有工作提出使用词项位置[376,260]、否定[127]、效价转换器[384,467]以及主题上下文[199,260,356]来进行特征工程。参考文献［315］讨论了使用评分的基于文本向量空间表示的有监督学习。在参考文献［374，504］中可以找到结合情感分析并使用回归来对极性的精确程度进行推断的方法。参考文献［311］讨论了使用半监督主题建模将多个意见进行整合的方法。参考文献［467，477，478］的工作提出将无监督方法和基于词典的方法用于情感分类。值得关注的是，参考文献［478］的工作证明了潜在语义分析有助于找到单词的语义倾向。参考文献［302，333］提出了联合主题建模与情感分类的使用。

句子主观性最早的定义似乎该归功于参考文献［499］。从参考文献［304］中可以找到一个关于意见挖掘中的主观性的概述。参考文献［212］研究了形容词的语义倾向对句子主观性的影响。参考文献［503］的工作向我们展示了诸如否定和效价转换器之类的各种类型的上下文特征是如何改变一个单词的极性的。参考文献［373］的工作是强调文档主观性对情感分类的重要性的最早期的一个工作。从参考文献［500］中可以找到一个基于规则的方法，该方法从未标注的文本中挖掘主观性句子和客观性句子。参考文献［329］讨论了条件随机场在把句子分类转化成文档分类过程中的应用。

最早的基于方面的信息提取方法是无监督的技术[229]。OPINE 系统[387]构建在一个无监督的信息提取系统之上[158]。参考文献［159］讨论了开放式信息提取以及它与无监督的基于方面的意见挖掘的相关性。参考文献［541］提出了一个最早的面向有监督信息提取的技术。参考文献［234］的工作通过将有监督的基于方面的意见提取问题转化成词条级分类，从而正式地承认它是一种信息提取任务。这个工作使用隐马尔可夫模型来执行联合意见挖掘和方面提取。参考文献［233，288］的工作使用条件随机场，以类似于词条级分类的方法来解决意见挖掘问题。参考文献［97］的工作重点是使用条件随机场的意见源挖掘问题。

参考文献［235，369］提出了寻找虚假评论的方法。这个工作是对推荐系统中寻找“托”的技术的一种补充。参考文献［470，509］讨论了用于寻找社交媒体中值得信任的用户以构建符号网络的方法。参考文献［46，293］讨论了通过评分分析和文本挖掘来寻找虚假意见的技术。有关托攻击推荐系统、信任分析以及虚假意见的工作主要是由多个研究团队独立开展的。这些方法中很可能有许多方法是彼此互补的。未来的工作方向可以是对这些方法进行比较或对比，也可以在需要时将它们结合起来。在参考文献［259，375］中可以找到关于意见摘要方法的概述。

### 13.8.1 软件资源

Pang 和 Lee 的开创性综述[375]专门包含一个关于公共资源的章节。参考文献［612］提供了一些作为意见挖掘与情感分析算法基准的数据集。意见挖掘的一个关键部分是语言处理，如词性标注。Stanford NLP[554]和 NLTK[556]站点提供了一些可以用于词条化、词项提取以及词性标注的自然语言处理工具。此外，在参考文献［30，612］中可以找到一些意见词典。参考文献［372］讨论了一种从推特中创建一个以情感为中心的语料库的方法。有关常用在意见挖掘中的分类和实体提取任务，请参考第 5、6 和 12 章的软件资源部分。此外，第 10 章讨论了最新的使用现代特征工程技巧如 word2vec 来进行意见挖掘的方法。在参考文献［616］中可以找到在情感分析的上下文中使用 LSTM 网络的软件，这个方法基于的是参考文献［195］中提出的序列标注技术。某些文本摘要方法对意见摘要也很有用，在第 11 章中可以找到针对文本摘要的软件资源的概述。

## 13.9 习题

1. 使用能够在参考文献［616］中找到的软件包编写一个面向句子级情感分析的应用。
2. 利用循环神经网络为基于方面的情感分析设计一种算法框架和网络结构。

# 第 14 章 文本分割与事件检测

“进步在于改变，完美在于不断改变。”

——Winston Churchil

## 14.1 导论

虽然文本分割与事件检测看起来似乎是不同的问题，但它们密切相关。这两个问题都需要顺序地扫描一个或多个文档中的文本以检测出重要的变化。因此，在序列上下文中的变化检测概念是本章一个非常重要的主题。本章包含以下几个话题：

1）文本分割：文本分割的目标是将一个单独的文档划分为连贯的语言或主题单元。语言分割是将文本分割为单词、句子或段落，通常是基于标点符号和与具体语言相关的问题来实现的。而主题分割是基于语义内容来实现的。在所有场景中，分割单元都是文档中的较小部分，如行、句子或固定数目的词条。

2）挖掘文本流：在文本流场景中，我们需要在多个文档的上下文中顺序地对文本进行分析。因此，分析的单元是一个单独的文档。在这种场景中，以单次遍历的形式处理文本流是非常重要的。流场景中的一个基本问题是对文本流进行聚类，因为它提供了文本流的一个概括表示，并且是解决其他问题（如事件检测）的起点。

3）事件检测：事件检测指的是文本流结构中出现的异常和突变，这通常是由外部冲击造成的。事件检测中的第一步是创建数据流的一个概括表示。然后需要使用这个概括表示来寻找与信息量丰富的事件相对应的异常变化。

本章将对这些领域的关键主题和基本思想进行概述。

### 14.1.1 与话题检测和追踪的关系

值得注意的是，这些领域的很多话题与话题检测和追踪（TDT）密切相关，TDT 是由 DARPA[㊀] 赞助的一项在广播新闻报道中检测事件的倡议。原始的工作包含三个主要任务：①将数据流（尤其公认的语音数据）分割为不同的报道；②识别那些最先讨论出现在新闻中的新闻事件的报道；③给定有关某个事件的少量新闻报道样本，找出数据流中所有后续的报

㊀ DARPA（Defense Advanced Research Projects Agency，国防高级研究计划局）是美国国防部的一个机构。它负责研发新技术供美国军方使用，并经常资助学术研究工作。——原书注

道。在初步研究[18]的最终报告中可以找到更详细的描述。这些任务中的最后一个是一个在线分类任务。几乎第5章和第6章中的所有方法都可以用于这个问题。因此，本章将主要关注前两个任务。此外，本章还会讨论在原始TDT工作中没有讨论的一些相关问题。

除了原始TDT中所讨论的那些应用，当前最前沿的方法还支持很多其他应用。例如，分割任务中的思想目前已经被推广到信息提取领域中。类似地，从时间顺序的角度来看，人们对流式场景的探索比原始的TDT工作晚了几年，但它具有更严格的计算和内存限制。然而，TDT和流式场景存在一些非常相似的地方，它们本质上都是时序的。因此，本章将提供一个关于流挖掘、文本分割以及事件检测的概述。

### 14.1.2 本章内容组织结构

本章内容组织结构如下：14.2节讨论文本分割问题；14.3节讨论文本流挖掘问题；14.4节研究事件检测问题；14.5节给出本章小结。

## 14.2 文本分割

文本分割可以是语言性的也可以是主题性的。在语言分割中，我们使用文本文档的语言特征（如单词、句子或段落）将它划分为更小的单元。在主题分割中，我们将一个包含多个主题的长文档划分成多个主题连贯的连续单元。本章将主要关注无监督场景中的主题分割，尽管有监督场景可以处理这两种情形。

主题分割在信息检索和词义消歧方面有很多有用的应用。在很多搜索应用中，突出显示长文档中与搜索最相关的某个连贯片段可能会有所帮助。Salton等人[422]的早期实验表明，将一个查询与文本的连贯单元进行比对要比与完整的文档进行比对更有效。Salton等人在另一个工作[425]中证明了主题分割在文本摘要中的效用。值得注意的是，第11章讨论的提取式摘要方法从文档中提取一些单独的句子来创建摘要。另一种方法是使用主题分割，这是Salton等人[425]推荐的。最后，文本分割的一个重要应用是词义消歧。当我们可以获得包含某个单词的连贯文档分段时，消除该单词多个含义之间的歧义会容易得多。

一个自然的问题是为什么我们不能简单地将段落用作自然的主题分段。段落常被用来对主题的变化设定界限，但这些期望在现实应用中往往无法得到满足。在很多新闻报纸中，分割文本只是分解其物理外观以提升可读性[213]。然而，段落的已知边界确实提供了一些关于主题变化的有用提示。因此，一些主题分割算法把段落边界当作候选分割点，结合这些分割点来使用其他类型的主题分析，以设定主题分段的界限。

文本分割可以是无监督的或是有监督的。在无监督的方法中，我们基于主题中的显著变化对文本进行分割。在有监督的方法中，我们可以获得包含有效分割的样本来对结果进行指导。虽然有监督方法的一个缺点是它需要有标记的数据，但在我们想要找出某种特定类型的分割时，这种方法会更有用。例如，有监督分割的一个常见应用是将一系列常见问答（FAQ）分割为问题分段和答案分段。在这些情形中，具体的标点符号、拼写规则和大写词条（如“What”）都可以用来学习问题与答案之间的分割，而无监督的主题分割通常会忽略这些语言特征。因此，有监督的分割方法是更有效的，并且它延伸到了主题分割的应用之外。我们可以将有监督的分割转换成词条级分类问题，这与信息提取（参考第 12 章）中使用的设置一致。因此，同一篇研究论文[270,326]中有时会讨论到有监督的信息提取问题和分割问题。

### 14.2.1 TextTiling

TextTiling 是一种无监督的主题分割方法[213]。TextTiling 中的第一步是将文本划分成固定长度的词条序列，与文档的整体长度相比，它们的长度相对较小。参考文献［213］建议每个这样的序列使用大约 20 ~ 40 个词条。文本序列中的两个相邻的词条序列之间的位置被称为间隔点（gap）。TextTiling 算法有三个主要组成部分，分别对应着内聚度评分器（cohesion scorer）、深度评分器（depth scorer）以及边界选择器（boundary selector）。

因为间隔点是两个词条序列之间的划分点，所以一个比较自然的步骤是衡量间隔点两侧的序列之间的内聚度（即在主题上的相似性）。该方法使用余弦相似度来衡量间隔点两侧的序列之间的内聚度。通常来讲，我们在间隔点两侧各取一个包含 $k$ 条词条序列的块（block），然后把这个块当作一个词袋来计算相似度。内聚度较高表明间隔点两侧讨论的主题很相似。因此，较低的内聚度往往意味着一个分割的变化点，尤其是当周围的间隔点有更高的内聚度时。我们通过深度评分器来进行这种比较。例如，如果某个特定间隔点处的内聚度相对于周围的间隔点来说较低的话，则认为该间隔点的深度较大。否则，深度较小。然后，如果 $c_i$ 是第 $i$ 个间隔点的内聚度，那么我们就可以简单地把第 $i$ 个间隔点处的深度定义为$(c_{i-1}-c_i)+(c_{i+1}-c_i)$。这个深度的较大（正）值意味着第 $i$ 个间隔点处的内聚度相对于周围的间隔点来说较低。然而，这样的定义并没有考虑多个词条序列之间的渐变。直观来讲，当我们把内聚度与间隔点索引当作时间序列来绘图时，我们想要找出的是内聚度的一个“深谷”。因此，从间隔点 $i$ 开始，我们选择间隔点 $i$ 左侧的第一个间隔点索引 $l<i$，使得 $c_{l-1}<c_l$。类似地，从间隔点 $i$ 开始，我们选择间隔点 $i$ 右侧的第一个间隔点索引 $r>i$，使得 $c_{r+1}<c_r$。然后，定义其深度为$(c_l-c_i)+(c_r-c_i)$。为了解决相邻值之间的噪声变化问题，我们可以在进行计算之前使用各种时间序列平滑方法对内聚度值的这种“时间序列”进行平滑。

最后的分割是使用边界探测器完成的。第一步是按降序顺序对深度分数值进行排序。按这个顺序将间隔点逐个添加到有效分割点的列表中。对于某两个间隔点来说，如果其中已经有一个间隔点被添加到分割点列表中，而另一个间隔点与已添加的间隔点之间的词条序列少于 3 个的话，则不再将此间隔点添加到分割点列表中。为了终止添加分割点的过程，我们使用一个基于均值 $\mu$ 和标准差 $\sigma$ 的停止准则。当深度分数降到 $\mu-t\sigma$ 以下时，则终止添加分割点的过程，其中 $t\in[0.5,1]$ 是一个由用户定义的参数。参考文献［213］使用了一个词条序列长度为 20、块大小为 $k=10$ 的设置。然而，词条序列适当的长度和 $k$ 的值很有可能对手头的语料库敏感。

### 14.2.2 C99 方法

C99 方法[95]是一种无监督的方法，它利用分裂式聚类方法来最大化同一文本段中的句子之间的平均成对相似度。第一步是使用句子的向量空间表示来计算整个文档中每一对句子之间的成对的余弦相似度。因此，对于一个包含 $m$ 个句子的文档来说，我们可以创建一个大小为 $m \times m$ 的矩阵 $S = [s_{ij}]$。我们对这个矩阵的行（和列）进行排列以使相邻行（和列）对应相邻的句子。需要注意的是，众所周知，短文本段（如若干句子）使用向量空间模型计算得到的成对的相似度很不可靠。此外，取决于句子在文档中的位置，句内相似度可能存在显著的差异。例如，摘要中的句子可能差异非常大，但文档后面某个部分中的句子之间可能紧密相关。这意味着对相似度值执行某种局部归一化是比较合理的。

C99 技术基于相对局部性分析（relative locality analysis）将这些相似度值转化为排名。为了实现这个目标，我们使用一个局部性阈值 $t \ll m$，它定义了与所计算的相似度值 $s_{ij}$ 相关的局部区域。我们使用排名值 $r_{ij}$ 来代替 $S$ 中的每个相似度值，它等于 $(i, j)$ 在 $S$ 的邻域中小于 $s_{ij}$ 的邻居元素的数量。如何定义邻域呢？形式化地，$(i, j)$ 的邻域是指以 $(i, j)$ 为中心的方形区域，该区域的每条边的长度为 $2t+1$。因此，当 $t=1$ 时，会产生一个以 $(i, j)$ 为中心的 $3 \times 3$ 的方阵。$r_{ij}$ 的值则等于这 $3 \times 3 = 9$ 个单元中严格小于 $s_{ij}$ 的元素个数。形式化地，我们可以定义 $r_{ij}$ 如下：

$$r_{ij} = |\{(p,q): |p-i| \leqslant t, |q-j| \leqslant t, s_{pq} < s_{ij}\}| \tag{14.1}$$

需要注意的是，我们对每个单元都需要检测大小为 $(2t+1) \times (2t+1)$ 的不同区域来计算它的排名值。相似度值到排名值的四步转化的例子如图 14.1 所示。这个例子是对参考文献 [95] 直接进行扩展得到的，为简单起见，这里使用了整数相似度值，但实际上余弦相似度总在 (0, 1) 之间。此外，为简单起见，这个例子使用的是 $t=1$，但参考文献 [95] 中使用的是 $t=5$。令 $R$ 表示由此得到的矩阵。

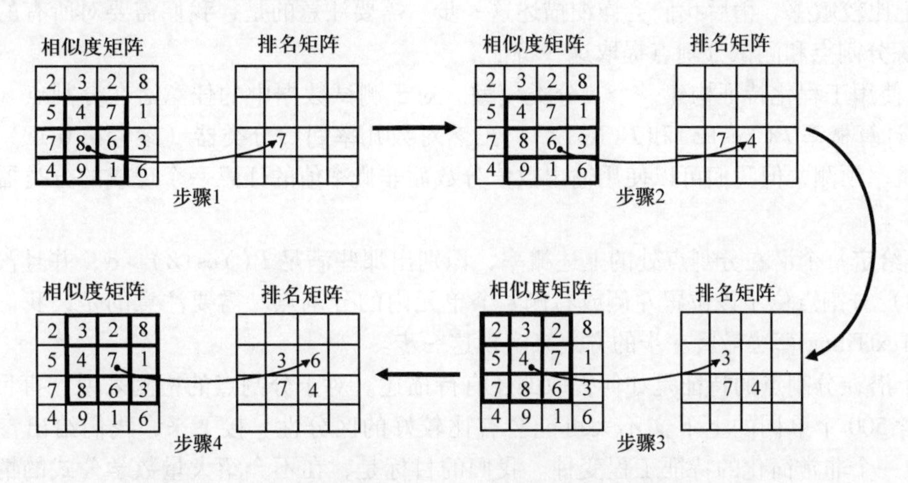


图 14.1 将绝对相似度转化为局部化的以排名为中心的相似度

最后一步是使用分裂式层次聚类来找出分割点。假设分割点总位于句子边界，因此只有 $m-1$ 个分割点。需要注意的是，选出任意一个分割点都将会产生两个分段。对于每个这样的候选分割点来说，其质量的计算如下。首先，我们需要对同一分段中的每对句子（根据矩阵 $R$）之间的相似度进行合并。例如，如果一个分段包含 10 个句子以及另一个分段包含 5 个句子，那么我们需要从矩阵 $R$ 中一共检索出 $10 \times 10 + 5 \times 5 = 125$ 个相似度值，然后将这些相似度值合并。令这个值除以 125 作为该候选分割点的质量。从所有 $m-1$ 个可能的分割点中选出质量最佳的候选分割点。如果需要，也可以对文本段的最小长度施加约束。递归地重复这个过程，直到分裂的使用不再显著地提升平均分割的质量。参考文献［95］的工作还建议使用一些效率优化方法来提升该方法的速度。

分裂式聚类并不是执行分割的唯一方式。其他方法如参考文献［425］使用成对的相似度分析来进行分割。特别地，参考文献［425］的工作创建了一个关于成对的相似度值的加权图，并移除相似度权重较低的连接，然后执行图划分来进行分割。

### 14.2.3 基于现成的分类器的有监督的分割

这种方法[44]的基本思想是将 Yes 或 No 标记与每个句子的结尾相关联，这是一个潜在的分割点。这种模型是有监督的，因为每个这样的点都被假定成训练数据或测试数据中的一个样本。我们通过从每个潜在的分割点中提取上下文特征来将它转化成一个多维特征向量。利用（目前还未指定的）特征工程，用 $\overline{X}$ 来表示某个潜在分割点处的特征集合。需要注意的是，我们可以从训练数据的每个有标记的分割点中提取出有标记的$(\overline{X},\ y)$。对于测试分割点来说，二元标记是不可用的。这是一个经典的有监督学习场景。然后，我们可以将该问题分解为以下两个子任务：

1）第一步是在某个潜在训练分割点或测试分割点处提取单词集合 $\overline{X}$。通过该分割点任一侧的 500 个单词来定义这个集合。

2）构造一组新的特征 $\overline{Z}=(z_1,\cdots,z_d)=(f_1(\overline{X}),\cdots,f_d(\overline{X}))$，这些特征对相应潜在分割点的标记比较敏感。稍后我们会详细描述这一步。需要注意的是，我们需要对所有的（潜在的）训练分割点和测试分割点提取这些特征。

3）使用工程化特征构建一个二分类模型。对于测试数据中的任意潜在分割点（具有特征 $\overline{Z}$），计算概率 $P(\text{Yes}|\overline{Z})$ 和 $P(\text{No}|\overline{Z})$。虽然对数几率回归分类器（参考第 6 章）自然地提供了概率预测，但我们可以使用输出数值分数而非概率值的任意一个现成的分类器（如决策树）。

4）给定每个潜在分割点处的上述概率，识别出那些满足 $P(\text{Yes}|\overline{Z})>\alpha$，并且没有其他（选定的）分割点位于该位置左侧或右侧 $\epsilon$ 个单元内的分割点。需要注意的是，我们可以通过类似 TextTiling 算法最后一步的方式来实现这一步。

每个潜在分割点的特征是如何提取的还有待描述。对于分割点的检测来说，盲目地直接使用包含 500 个单词的上下文不大可能会有比较好的区分性。接下来，我们给出参考文献［44］中一个非常简化的特征工程变种。我们的目标是，在不介绍大量数学公式的情况下以简洁的方式来表述参考文献［44］的基本原理。参考文献［44］的工作构造了两种类型的特征：

- 主题特征：试想我们有一个使用语言模型根据上一个单词预测下一个单词的顺序单词预测器。当主题在某个分割点处突然变化时，基于一个较大的上下文词袋预测得到的单词概率与基于一个较短的上下文词袋预测得到的概率是不同的。在下一个单词为 $w$ 的某个潜在分割点处，我们可以把 trigram 概率 $P(w|w_{-1}w_{-2})$ 当作短期预测。此外，我们可以对 $\overline{X}$ 中的单

词子集应用对数几率回归来预测 $w$，这个子集与最后 500 个单词的历史记录相对应。换句话说，概率 $P(w|\overline{X})$ 是长期预测。这两个量的比值就是主题特征。我们所描述的主题特征是参考文献［44］中所讨论的“trigger pair”方法的一个高度简化的变种，但它捕捉了利用这样一个特征所实现的基本原理。需要注意的是，如果需要，我们可以使用长度不同的历史记录来构造多个这样的特征。

- 提示词特征：提示词特征是在某个潜在分割点处针对词典中的所有单词定义的，对应着词典中的①每个单词是否出现在某个潜在分割点后的几个单词中；②每个单词是否出现在后面几个句子中；③每个单词是否出现在前面几个单词/句子中；④每个单词是否出现在前面几个句子中，但是没有出现在后面几个句子中；⑤一个单词是否是前一个/后一个句子的开头。上面的描述多次使用了词语“几个”。词语“几个”并不会被解读为一个单一的值，而是针对长度不同的历史记录或者未来的上下文提取的多个特征。通常情况下，这个值在 1 到 10 之间。显然，这样一个方法会提取大量的特征，因为这些问题是针对词汇表中的所有单词提出的。

对于这些高维场景而言，线性或广义的线性模型（如对数几率回归）是很有效的。此外，使用特征选择机制或其他具有内置特征选择机制（如正则化）的分类器是非常重要的。

值得注意的是，这种方法不受限于 Yes/No 类型的主题分割。我们甚至可以识别出具体类型的分割，如常见问答（FAQ）列表到问题、答案和其他分段的分割。我们可以把这个问题视作与 Yes/No 分类相对立的多标记分类问题。这类与具体领域相关的分割超出了主题分割的范围，并且可以只使用有监督模型。对于这种多标记场景而言，更常见的是使用另一类被称为马尔可夫模型的复杂模型。这类模型包含像最大熵马尔可夫模型和条件随机场这样的一些方法。其中有很多模型还被用于信息提取，它们的使用会在 14.2.4 节进行讨论。

### 14.2.4 基于马尔可夫模型的有监督的分割

14.2.3 节讨论的特征工程方法通过把不同序列点当作具有工程化特征的独立样本来处理，利用现成的分类器来预测它们的标记。只在最后的后处理阶段，才对分段使用 $\epsilon$ - 长度的约束以合并各个分割点处的预测。这种对独立的预测结果进行合并的过于简化的方式在与具体领域相关的场景中变得极其不准确，其中分段可能有具体的解释（如常见问题应用中的“问题”和“回答”）。这有点过于简化，因为某个特定分割点处的类别标记预测应该会影响下一个分割点处的类别标记预测。马尔可夫模型能够对不同分割点处的标记进行联合学习，以最大化整个文本段的总体预测概率。

有监督的分割问题与信息提取问题非常类似。主要区别在于信息提取是词条级分类，而分割是句子级分类。正如信息提取中的每个实体可能包含多个词条一样，一个文本段可能包含多个句子。（参考第 12 章 12.2.2 节）。因此，尽管它们的原理大致相似，但它们分析的单元不同。几乎所有信息提取方法，如隐马尔可夫模型、最大熵马尔可夫模型和条件随机场（参考 12.2.3 节、12.2.4 节和 12.2.5 节）都可以用于这个问题。值得注意的是，很多用于信息提取的有关马尔可夫模型的论文[326,270]明确地认为文本分割是这些序列分类方法的一个额外的（或主要的）应用。这些方法的讨论可参考第 12 章。此外，第 10 章 10.7.6 节讨论了一种通过循环神经网络执行词条级分类的自然方法。

由于第 12 章已经讨论了这些模型，我们在本章讨论如何将这些模型应用到文本分割的上下文中。例如，考虑将训练数据标记为对应于“问题”“回答”“头”或“尾”的 FAQ 分割应用。基于参考文献［326］的训练数据的一个简要片段如图 14. 2 所示。

这个数据包含四个不同的标记（其中的三个如图 14. 2 所示），这些分段本质上是与具体领域高度相关的。在 14. 2. 3 节中提取的典型提示词特征或主题特征在这类应用中不大可能表现得很好。在这些场景中，我们需要对与序列中每个单元相关联的与具体领域相关的特征工程投入大量精力。序列中的每个单元可能对应一个句子或一行的结尾，这是一个潜在的分割点。例如，参考文献［326］的工作把每行的结尾用作潜在分割点。此外，它从每一行中提取出的特征一共有 24 个，见表 14. 1。

```
<head> X-NNTP-Poster: NewsHound v1.33
<head>
<head> Archive-name:acorn/faq/part2
<head> Frequency: monthly
<head>
<question> 2.6) What configuration of serial cable should I use
<answer>
<answer> Here follows a diagram of the necessary connections
<answer> programs to work properly.They are as far as I know t
<answer> agreed upon by commercial comms software developers fo
<answer>
<answer> Pins 1,4, and 8 must be connected together inside
<answer> is to avoid the well known serial port chip bugs. The
```

图 14. 2　面向 FAQ 分割的训练数据标记示例

**表 14. 1　针对 FAQ 分割应用从每一行中提取出的特征**

| | |
|---|---|
| 以数字开头 | 包含问号 |
| 以序号开头 | 包含疑问词 |
| 以标点符号开头 | 以问号结尾 |
| 以疑问词开头 | 第一个字母大写 |
| 开头有主题 | 缩进 |
| 空格 | 缩进 1 ~ 4 |
| 包含字母数字 | 缩进 5 ~ 10 |
| 包含带括号的数字 | 超过 1/3 的空间 |
| 包含 http | 只有标点符号 |
| 不含空格 | 前一个是空格 |
| 包含数字 | 前一个以序号开头 |
| 包含竖线 | 比 30 短 |

前面的状态的标记也可以用作一个特征，这将导致模型需要对标记进行联合预测而不是独立预测。与信息提取类似，我们结合从这些行中提取出的特征以及前面词条的潜在标记来

创建新的特征。这产生了一个非常有效的序列驱动模型，但与现成的分类模型相比，它需要的学习过程成本更高（如广义迭代收缩）。虽然我们没有为表 14.1 中的特征提供详细的描述，但它们的名字本身就一目了然。容易看出，这些特征是针对 FAQ 分割应用高度优化的，并且需要用到分析者的一些想法。在大多数这样的应用中，特征工程阶段往往是其学习过程中最重要的部分。

## 14.3 文本流挖掘

文本流挖掘问题与主题分割问题紧密相关。就如同主题分割在一个文本文档中寻找变化一样，流式场景通常寻找流中的突然变化。后一个问题也可以用来检测文本流中的新事件。事实上，话题检测与追踪项目[18]定义了首次报道检测的问题，在这个问题中，我们需要识别出时序场景中有关某个具体主题的首次报道。在流式场景中，我们可以通过创建数据流的归纳模型来检测变化。这些变化可能对应着新事件（或是它们的代表性报道）。从文本流中创建归纳模型的自然方式是使用聚类。接下来，我们描述一种用于流式文本聚类的简单方法，它可以用于各种各样的下游任务中，如事件检测或首次报道检测。

### 14.3.1 流式文本聚类

流式场景中的基本假设是它不可能详尽地维护数据流的全部历史。因此，我们利用聚类来实现数据流的归纳模型。接下来，我们描述参考文献［13］中讨论的一个在线流式方法的简化。

其基本思想是对每个簇的概括表示进行维护。我们可以把这个概括表示看成每个簇的时间衰减质心。为了创建时间衰减质心，我们有一个控制文档权重的衰减参数 $\lambda$。在当前时刻 $t_c$ 处，在 $t_i$ 时刻到达的第 $i$ 个文档的权重由 $2^{-\lambda(t_c-t_i)}$ 来表示。因此，如果一个簇 $\mathcal{C}$ 包含文档 $\overline{X_1}\cdots\overline{X_r}$，它们的到达时间分别为 $t_1\cdots t_r$，那么簇 $\mathcal{C}$ 的质心 $\overline{Y}(\mathcal{C},t_c)$ 可计算如下：

$$\overline{Y}(\mathcal{C},t_c)=\frac{\sum_{i=1}^{r}\overline{X_i}\cdot 2^{-\lambda(t_c-t_i)}}{r} \tag{14.2}$$

需要注意的是，这种类型的衰减函数通过 $2^{-\lambda}$ 的乘性因子在每个时间戳处改变每个质心，值 $1/\lambda$ 是衰减的半衰期。因此，采用 $k$ 均值的聚类方法似乎需要在每个时间戳处更新质心。然而，事实上，我们可以利用一种懒惰的方法来有效地执行这些更新。关键在于，只有当一个文档被添加到簇中时，才需要将基于衰减的方法应用到质心上，因为簇中的所有文档都以相同的 $2^{-\lambda}$ 的比率进行衰减，这也是质心中的词项频率的衰减率。由于余弦相似度已经是归一化的形式，所以质心与文档之间的相似度值不会受到衰减的影响。换言之，即使质心中的词项随着时间衰减，$t_c$ 时刻的质心与文档之间的余弦相似度也将与 $t_c+1$ 时刻的相同。从这个意义上讲，指数衰减的使用是非常方便的。此外，由于其无记忆的性质，指数衰减理论上更容易让人接受。

因此，参考文献［13］中的技术使用 $k$ 均值算法，在这个算法中，我们持续地维护 $k$ 个簇的质心。$k$ 的值是该算法的一个输入参数。我们维护第 $j$ 个簇的时间戳 $l_j$，这是最后一次向这个簇添加文档的时间。在 $t_c$ 时刻，当一个新文档 $\overline{X}$ 到达时，计算 $\overline{X}$ 与每个质心的余弦相似度，并确定与它最接近的质心的索引 $m$。此时，只对簇 $m$ 应用基于衰减的乘性更新。由于簇 $m$ 是在时间戳 $l_m$ 处进行最后的更新的，所以需要在其质心中的词项频率上乘以衰减因子 $2^{-\lambda(t_c-l_m)}$，然后，将 $\overline{X}$ 的词项频率添加到这个质心中。此时，将第 $m$ 个簇的最后更新时间 $l_m$ 更新为 $t_c$。我们可以连续地对每个新接收到的文档应用这种方法，从而实时地维护这些簇。$\lambda$ 的值控制了衰减率。在快速变化的环境中，应该使用较大的 $\lambda$ 值。从直观的角度来看，我们应该将半衰期 $1/\lambda$ 设置为一个能够使这些模式会发生显著变化的时间跨度。这种方法还没有讨论该如何处理这些模式中的异常或突变。这些变化在挖掘有关具体事件的首次报道时通常会很有效。参考文献［13］的工作对这种基本方法做了一些额外的改动来处理异常值。14.3.2 节会讨论这些改动。

### 14.3.2 面向首次报道检测的应用

我们可以使用参考文献［13］的聚类模型来识别基本数据流中的新颖事件。$k$ 的值反映了最大的簇数，而不是数量固定的簇 $k$。该方法从单个簇开始，当接收到的数据点与现有的簇不够接近时（因为它是一个新事件），增量式地添加新簇。这样的方法对新事件和簇同时进行识别。其基本思想是，在数据流的历史记录中维护文档隶属于各个簇的相似度值的均值 $\mu$ 和标准差 $\sigma$。需要注意的是，我们可以通过维护隶属于该簇的文档数 $t$、隶属相似度的一阶矩（和）$F$ 以及隶属相似度的二阶矩（平方和）$S$ 对这两个量进行增量式的维护。均值 $\mu$ 的值仅是 $F/t$，$\sigma$ 值的计算如下：

$$\sigma=\sqrt{\frac{S}{t}-\frac{F^2}{t^2}} \tag{14.3}$$

然后，当某个数据点与最近质心的相似度小于 $\mu-r\sigma$ 时，该数据点为异常点，其中 $r$ 是一个由用户定义的参数。参考文献［13］的工作使用 $r=3$。当一个数据点被认为是异常点时，我们需要创建一个包含这个数据点的新簇。为了给这个新簇腾出空间，在固定内存的场景中需要弹出一个旧的簇。使用簇的最后更新时间来决定将哪个簇弹出。移除最近更新时间最久（即 $l_j$ 的值最小）的簇 $j$。如果内存数量足够大，那么我们可以维护大量的簇，我们甚至不需要使用全部的可用内存。在这些情形中，弹出的“簇”通常是另外一个包含异常点的单点簇，这个簇作为一个新簇被创建，但从来没有被更新过。在这些情形中，我们可以识别出是哪个新事件导致了新簇的产生（即包含多个文档的真实事件）以及哪个新事件只是一个异常点。可以认为前一种类型的异常点是一个比较重大的事件的首次报道。然而，如果内存相对较小，我们通常会过早地弹出某些单点簇，以至于无法识别出它是否导致了新事件的生成。

各种各样的无监督事件检测应用都使用概率性聚类和确定性聚类方法。值得注意的是，在 TDT 项目[521]的上下文中还提出了单次遍历聚类（one - pass clustering）在事件检测中的应用。然而，参考文献［13］的方法是更为精巧和复杂的，因为它可以通过参数衰减进行不同程度的演变。它还能够在不同时间范围内对事件和簇的演变进行分析。

## 14.4 事件检测

事件是指在特定时间和特定地点（如会面、会议、恐怖袭击、地震、海啸）发生的事情，它对文档的在线流有影响，如邮件、刊物、新闻、博客或推特。对于像地震这样比较重大的事件，我们通常可以从外部源（如新闻媒体）中检测出它的发生。然而，对于较小的事件，其影响通常特别小，我们可以根据文章流中的模式改变检测出来。此外，像推特这样的一些文档流的来源有时可能比传统的新闻流更早地显示出事件的迹象。与此同时，这些来源是有噪声的，它们可能包含所有类型的噪声以及诸如谣言之类的其他虚假事件。早期的（或者甚至是预测性的）事件检测通常比晚期的事件检测更有用，因为较大事件的发生通常是通过回顾外部源获知的。然而，对于较小且不起眼的事件，就连回顾性事件检测也会比较有用。

在14.3.2节中讨论的首次报道检测问题与事件检测问题直接相关，因为一个新的报道通常是新闻事件的首要指标。14.3.2节中讨论的聚类相关的方法只是用于事件检测的各类方法中的其中一种。本节将为不同的事件检测任务提供一个整体的视角。一般而言，事件检测有两种设置：

1）无监督的事件检测：在无监督的事件检测中，我们无法获得相关事件的样本。因此，我们把文本模式在时间上的显著变化解读成一个事件。

2）有监督的事件检测：在有监督的事件检测中，我们可以使用相关事件的样本来进行学习。

这些任务有不同的应用。值得注意的是，用在文本分割中的方法与用在事件检测中的方法有很多相似之处。例如，在文本分割中，我们在单个文档内寻找自然的变化边界，而在事件检测中，我们寻找多个文档间的变化边界。然而，由于单个文档更有可能比一个多文档集合更连贯，所以在如何执行变化分析方面，文本分割与事件检测存在一些不同之处。这些差异在无监督的情形中更明显，因为有监督的方法更容易适应不同的场景。

### 14.4.1 无监督的事件检测

在无监督的事件检测中，我们对想检测的事件的类型没有任何先验知识。因此，这个问题与数据流中的变化检测问题非常相似。14.3.2节讨论的首次报道检测技术是无监督方法的一个例子。接下来讨论另一个比较流行的方法。

#### 14.4.1.1 基于窗口的最近邻方法

参考文献[521]提出的一个早期的方法使用基于窗口的最近邻方法。在这种技术中，当前文档 $\overline{Z}$ 被拿来与前面的 $m$ 个文档的窗口做比较。令在文档流中接收到的这 $m$ 个文档的向量空间表示为$\overline{X_1}\cdots\overline{X_m}$，这些文档也是按时间顺序来接收的。然后，文档 $\overline{Z}$ 的分数由 $\overline{Z}$ 与窗口中所有文档之间的最大相似度的相反数来表示。令 $\overline{Z}$ 与$\overline{X_i}$的相似度由 $S(\overline{Z},\overline{X_i})\in(0,1)$ 表示。文档 $\overline{Z}$ 的事件检测分数如下：

$$\text{Score}(\overline{Z}) = 1 - \text{MAX}_{i\in\{1\ldots m\}}\{S(\overline{Z},\overline{X_i})\} \tag{14.4}$$

通常使用余弦相似度函数计算 $S(\overline{Z},\overline{X_i})$ 的值。值得注意的是，这种量化方式与14.3.2

节用于首次报道检测的量化方式有一些相似之处，其中评分计算使用的是簇的质心，而不是窗口中的实际文档。此外，14.3.2 节中使用了一个基于指数衰减的方法，而不是这里讨论的基于窗口的方法。参考文献［521］的工作还提供了一种在窗口内部融入线性衰减的评分方式。换句话说，如果文档前面的窗口（按时间顺序）由$\overline{X_i}\cdots\overline{X_m}$表示，则接收到的文档$\overline{Z}$的基于衰减的分数可计算如下：

$$\text{Score}(\overline{Z}) = 1 - \text{MAX}_{i\in\{1\cdots m\}}\left\{\frac{i}{m}S(\overline{Z},\overline{X_i})\right\} \tag{14.5}$$

需要注意的是，这种评分方法与式（14.4）的唯一区别在于其窗口内存在线性衰减因子$i/m$。因此，窗口中更早的文档不大可能会对分数产生较大的影响，因为它们可能没有关于测试文档$\overline{Z}$的最大的（修改后的）相似度。

#### 14.4.1.2 利用生成模型

另一种方法是使用一个生成模型，并假设语料库中的每个文档都是由这个模型生成的。与这个模型拟合较差的文档被认为是异常点。就如何设计这样的生成模型而言，我们有一些选择：

- 我们可以假设每个文档是由$k$个先验概率为$\alpha_1\cdots\alpha_k$的混合分量$G_1\cdots G_k$中的某一个分量生成的，并且每个文档是使用与第$r$个分量相关的多项式概率$P(\overline{X}|G_r)$生成的。我们使用与第 4 章的 4.4.2 节完全相同的过程来学习该分布的先验概率和参数。主要区别在于，其参数估计过程（即 E 步和 M 步）是当$m$个点的一个批次到达后，在这$m$个点的窗口上使用$r$次遍历逐步完成的。这确保了前面文档的效应会随着时间衰减，因为相应窗口前的点不会被用于迭代更新。$r$和$m$的值会影响衰减率。在迭代地更新模型之前，计算这个含$m$个点的窗口中每个数据点$\overline{Z}$相对于该模型的新颖性分数。使用文档与模型的最大似然拟合值的相反数来计算这个分数。这是使用先验概率和多项式模型参数来实现的，具体如下：

$$\text{Score}(\overline{Z}) = 1 - \sum_{r=1}^{k}\alpha_r P(\overline{Z}|G_r) \tag{14.6}$$

新颖度分数较高的点被认为是新事件的起点。需要注意的是，我们可以把这种方法看成聚类方法的一个概率性变种。毕竟，基于 EM 的聚类方法与基于$k$均值的方法紧密相关（参考第 4 章 4.5.3 节）。

- PLSA 与 LDA 的使用：上面描述的生成过程使用一个单隶属度混合模型。然而，在各个文档可能讨论的主题不止一个的情形中，我们还可以使用像 PLSA 或 LDA 这样的混合隶属度模型。参考文献［531］讨论了这样的方法。

值得注意的是，这种方法几乎可以与任何类型的数据和任何类型的生成模型相结合。在每种情形中，一个文档的最大似然拟合值提供了它的新颖性分数。例如，我们可以在混合分量之间施加顺序依赖，并使用隐马尔可夫模型来计算从一个状态到另一状态的转移概率。这些方法已经被用在文本分割[511]中，也可以把它们扩展到事件检测中。

#### 14.4.1.3 社交流中的事件检测

近年来，社交流已经变得越来越流行，它包含社交网络用户连续发布的内容。一个具体的例子是来自推特的推文流。推特提供了一个专用的应用程序接口（API），这个接口允许我们在免费和订阅的基础上收集一定百分比的推文流。这些数据流通常是非常有价值的，因为它们可以用来对重要事件进行预测。

参考文献［10］的工作对推特社交流中的推文进行聚类以进行事件检测。然而，社交流的噪声非常大，并且每个推文只包含大约 140 个字符。因此，我们把每个用户的已知关注者列表添加到推文中来实现聚类过程。我们可以对推文中的关键词和关注者词条进行不同的加权，以在聚类过程中针对内容和结构提供不同的重要性。社交流场景中的另一个问题是，仅使用与其他推文非常不同的推文（与在 14.3.2 节的首次报道检测方法中一样）往往只会检测出噪声。因此，参考文献［10］中的方法将事件定义在某个瞬间，此时簇中的数据点的相对比例在固定的时间范围内增大了最小因子 $\alpha$。直观上的理解是，社交网络中关于某个特定且集中的话题的级联式讨论将导致特定簇的突然增长。在参考文献［10］中，通过把簇的大小在特定范围内的变化率当作一个特征来处理，也可以把这种方法推广到有监督的场景中，其中训练数据被用来学习这些特征相对于特定类型事件出现的重要性程度。

### 14.4.2 把有监督的事件检测看作有监督的分割任务

在有监督事件检测中，训练数据通常包含具有重要事件点的样本。这些训练样本被用来识别测试数据中的事件点。实际上，我们可以假设每个文档后面都存在一个 Yes/No 标记，它指出了某个新事件是否已经发生。事实证明，有监督事件检测与文本流中的有监督分割紧密相关。

容易看出，有监督事件检测与有监督分割任务非常相似。事件点类似于分割点。主要区别在于如何定义潜在的事件边界。在分割任务中，潜在分割点被定义为单个文档中的各个句子的末尾。在事件检测任务中，我们可以假设文本文档的整个序列是一个长文档，并且潜在“分割”（即事件）点对应着文档边界。与有监督分割任务一样，训练数据中每个潜在事件点有一个对应的 Yes/No 标记，也可以有对应于多个类型的事件的精细化标记。对于测试数据来说，潜在事件点是测试序列中的文档边界。需要注意的是，我们可以对这个问题应用 14.2 节讨论的所有有监督方法。主要区别在于如何提取特征。显然，与文档分割任务相比，它需要使用更长的上下文窗口来提取特征。此外，对于特定类型的事件检测任务（如海啸或恐怖袭击），需要使用一定的与特定领域相关的特征工程。例如，我们可能需要针对这些任务提取特定的提示词或特征。这并不会令人感到特别惊讶，因为在分割任务的情形中也需要这样的特征工程。通过这些模型使用现成的分类器一般比使用马尔可夫模型更高效。这是因为马尔可夫模型在预测阶段通常需要使用复杂的动态规划或广义线性收缩方法。

### 14.4.3 把事件检测看作一个信息提取问题

目前为止讨论的事件检测方法只取决于文档间宽泛的主题变化。另一个视角是从当前文档（如新闻文章）中的提及级别来看待事件检测。在这些情形中，单个文档可能包含两个不同事件的提及，如“海啸”和“地震”。这些在提及级别的检测是通过创建事件实体来进行处理的，这些实体是与事件出现相对应的短语。提及级别的事件检测问题一般是有监督的，并且它需要大量已标注的训练数据。这是该方法的一个潜在缺陷，尽管诸如 Amazon Mechanical Turk 这样的众包资源的存在已经在很大程度上简化了这个问题。

事件检测有两种场景，分别对应着有监督的场景和无监督的场景。在有监督的场景中，我们已经使用具体标记对与事件相对应的单个短语进行了标注，我们的目标是对其他文档中的相似事件进行标注。在无监督的场景中，我们可能无法获得这样一个已标注的训练数据集，并且就连事件的定义也可能取决于问题的设置。

#### 14.4.3.1 转化为词条级分类任务

在介绍Timebank语料库的开创性论文中，我们可以找到对训练数据进行标注以用于事件提取的指南[389]。对事件进行标注的方式与对其他类型的命名实体进行标注的方式相同。此外，事件通常是与其他类型的实体（如日期）一起来标注的。其基本思想是这些类型的提取也可以改进复杂的问答系统，这些系统可以回答与事件有关的谁/什么/何时/为什么的问题。例如，考虑这样一个场景，人们想要对由“accident（事故）”类型事件导致的“death（死亡）”类型事件进行挖掘，并且我们还对该事故发生的日期感兴趣。此时，考虑这样一个句子：

Fifty passengers lost their lives in the May 5 train collision.

这个句子中有三个我们感兴趣的实体，即有下划线的那些。有很多可以在词条级对这种事件提取任务进行标注的方式。考虑这样一个情形，我们使用四种类型的词条标签｛A，D，T，O｝，它们分别对应于事故、死亡、时间和其他类型的词条。我们可以在词条级别对这个句子进行如下标注：

$$\underbrace{\text{Fifty}}_{O}\ \underbrace{\text{Passengers}}_{O}\ \underbrace{\text{lost}}_{D}\ \underbrace{\text{their}}_{D}\ \underbrace{\text{lives}}_{D}\ \underbrace{\text{in}}_{O}\ \underbrace{\text{the}}_{O}\ \underbrace{\text{May}}_{T}\ \underbrace{\text{5}}_{T}\ \underbrace{\text{train}}_{A}\ \underbrace{\text{collision}}_{A}\ .$$

在这种编码中，一个事件的多次提及有时可能会包含多个词条。例如，短语“train collision（火车碰撞）”表示一个事故。与信息提取中的命名实体识别一样，通过｛B，C，E｝标签来区分短语的开头、接续和结尾是很有帮助的。这创建了一种混合编码方式，它具有4 ×3 =12 种可能的标签，这些标签是通过在实体类型上添加位置标签获得的。由此得到的已标注的句子如下：

$$\underbrace{\text{Fifty}}_{OB}\ \underbrace{\text{Passengers}}_{OE}\ \underbrace{\text{lost}}_{DB}\ \underbrace{\text{their}}_{DC}\ \underbrace{\text{lives}}_{DE}\ \underbrace{\text{in}}_{OB}\ \underbrace{\text{the}}_{OE}\ \underbrace{\text{May}}_{TB}\ \underbrace{\text{5}}_{TE}\ \underbrace{\text{train}}_{AB}\ \underbrace{\text{collision}}_{AE}\ .$$

对于一个其中的词条未被标注的给定测试分段来说，其目标是使用词条级分类通过恰当的事件标签符号对文本进行标注。值得注意的是，这个问题与第12章12.2.2节讨论的词条级分类场景一致。因此，我们可以使用第12章讨论的所有马尔可夫模型。根据参考文献［408］中的工作，我们选择的方法一般是条件随机场方法。此外，第10章10.7.6节讨论了一个利用循环神经网络进行词条级分类的方法。我们也可以通过使用额外的特征输入，把与词条相关联的其他特征与循环神经网络相结合。例如，第10章图10.16展示了用于词条级分类的各种类型的输入特征。

恰当使用输入特征有助于进行精确的词条级分类。任何特定的应用场景中的重点都是为特定的事件检测任务提取合适的特征。关于这些特征提取问题的讨论，读者可参见参考文献［85，298，408，409，390］，特别是参考文献［390］的工作对特定类型的属性如何提供事件的指标进行了深入的讨论。这个工作还提出了使用上下文、词典、词性信息以及与词条相关联的拼写特征。另外，参考文献［433］的工作使用WordNet收集了一个关于事件词项的词典，可以表明这些词项是对事件提取任务比较有帮助的一些有效特征。日期的标注比事件的标注要容易得多（由于日期格式的限制更多），并且有时可以通过使用单独的系统如参考文献［320］讨论的Tempex系统，在事件标注前预先对日期进行标注。在这些情形中，可以把日期标签用作特征，它们为事件标注问题提供了有用的上下文特征（这无论如何都是更难的）。某些词性标注系统也可用于有噪声的领域，如推特数据[409]。

#### 14.4.3.2 开放域事件提取

我们可以将开放域事件提取看成开放域信息提取的一种特殊情形，并且它是更具挑战性的场景，因为它不再受限于具体类型的事件提取。相反，我们必须使用大型语料库如网络来挖掘人们可能感兴趣的不同类型的事件。有大量可以对真实世界的事件进行归类的类别，因此，开放域事件提取的一个任务是根据开源的可用数据（如新闻存储库、网络或推特）来定义这些类别。

参考文献［408］的方法是针对推特数据设计的，它对与事件相关联的命名实体和相关日期进行挖掘。因此，每个事件与一个事件类型（如政治或体育）、一个命名实体和一个日期相关联。给定一个推特流，参考文献［408］的工作在第一阶段提取与事件相关联的命名事件短语、命名实体以及日期。需要注意的是，在这个阶段我们不对事件类型进行挖掘。通过对语料库进行标注来提取事件短语要比提取特定类型的事件短语容易得多。因此，参考文献［408］的工作根据 Timebank[389] 中构建的指南对大约 1000 条推文进行了标注，然后使用条件随机场模型，利用有监督的方法通过事件短语自动地对所有推文进行标注。此时，其目标是将事件分类为不同的类型。其中的第一步是使用一个隐变量模型将事件短语聚类为不同的分量，其中相关联的实体和日期也被用于聚类。其思想是相似类型的事件更有可能共享相似的实体（如 Michael Jordan）和日期（如 2001 年 9 月 11 日）。原则上，我们可以使用任何类型的聚类方法，尽管参考文献［408］的工作选择使用 LinkLDA[155]，它特别适合于这种类型的数据。然后对自动挖掘出的簇进行检测以移除不一致的簇，并将剩下的簇与信息丰富的标记相关联。参考文献［408］挖掘出的事件类型的完整列表见表 14.2。需要注意的是，我们是对簇（而不是单独的推文）进行标记，因此标注过程非常快。对簇进行标注的过程自动地对事件短语进行了标注，因为短语与簇在概率上相关联。原则上，它也可以使用这种大量已标注好类型的训练数据以在线的方式从推特中提取类型化事件，尽管参考文献［408］只是在未来工作部分提到了这种方法。

**表 14.2　参考文献［408］使用开放域事件提取得到的事件类型列表**

| 事件类型 | 频率 | 事件类型 | 频率 |
|---|---|---|---|
| Sports | 7.45% | Party | 3.66% |
| TV | 3.04% | Politics | 2.92% |
| Celebrity | 2.38% | Music | 1.96% |
| Movie | 1.92% | Food | 1.87% |
| Concert | 1.53% | Performance | 1.42% |
| Fitness | 1.11% | Interview | 1.01% |
| ProductRelease | 0.95% | Meeting | 0.88% |
| Fashion | 0.87% | Finance | 0.85% |
| School | 0.85% | AlbumRelease | 0.78% |
| Religion | 0.71% | Conflict | 0.69% |
| Prize | 0.68% | Legal | 0.67% |
| Death | 0.66% | Sale | 0.66% |
| VideoGameRelease | 0.65% | Graduation | 0.63% |
| Racing | 0.61% | Fundraiser/Drive | 0.60% |
| Exhibit | 0.60% | Celebration | 0.60% |
| Books | 0.58% | Film | 0.50% |
| Opening/Closing | 0.49% | Wedding | 0.46% |
| Holiday | 0.45% | Medical | 0.42% |

| Wrestling | 0.41% | 其他 | 53.4% |
|---|---|---|---|

## 14.5 本章小结

本章讨论了序列和时间场景中的一些文本挖掘任务，它们与话题检测和追踪紧密相关。这些方法中有很多方法与文本流挖掘问题密切相关。特别地，我们研究了文本分割、流式聚类以及事件检测任务。所有这些任务彼此之间都密切相关，并且其中某个任务的方法常被用于另外一个任务的子任务中。

文本分割可以是有监督的或无监督的。在无监督的文本分割中，人们在文本文档中寻找潜在分割点处的主题变化。在有监督的场景中，我们可以获得具有分割点的样本。这些样本被用来预测未标注的测试分段中的分割点。

流式聚类问题与事件检测问题紧密相关。将 $k$ 均值算法应用到流式文本聚类问题中相对比较容易。通过识别出与现有簇天然不匹配的文档，我们可以识别出与具体事件有关的首次报道。这种通用的方法已经被用在很多事件检测任务中。此外，通过将文本流中的潜在事件点当作从文本流中人工创建的较大文档中的潜在分割点来处理，很多分割方法都可以用于无监督的事件检测和有监督的事件检测。最后，使用信息提取方法可以在各个提及的级别上从文档中识别出事件。

## 14.6 参考资料

参考文献［213，386，422］解释了文本分割对于信息检索的益处。参考文献［213］提出了 TextTiling 方法。参考文献［425］描述了一个基于图的分割方法。参考文献［95］提出了 C99 方法，参考文献［96］使用基于 LSA 的相似度对其进行改进。TDT 初始的工作[18]中提出了将隐马尔可夫模型用于主题分割，并在参考文献［511］中进行了讨论。参考文献［44，301］讨论了特征提取方法与现成分类器的结合。参考文献［270，326］提出了序列模型在有监督的分割中的应用。参考文献［53，152，421，425］讨论了用于主题文本分割的一些有趣的方法。

本章讨论的流式文本聚类方法是从参考文献［13］扩展来的。文本中的事件检测问题与文本数据[253]中的异常点检测问题紧密相关，尽管后者是针对非时序场景设计的。与无监督事件检测有关的很多初始工作是在 TDT 上下文中完成的[18]。参考文献［521，531］描述了 TDT 上下文中的事件检测方法。后者[531]展示了该如何将概率性模型与生成式模型用到事件检测中。参考文献［10，43，420，434］讨论了社交流中的事件检测方法。参考文献［85，298，408，409，389，390］研究了信息提取在事件检测中的使用。参考文献［331］提出了一种在事件检测中使用依赖性解析的方法。参考文献［408］讨论了开放域事件检测的问题。

### 14.6.1 软件资源

对于语言文本分割来说，我们可以从传统资源中找到大量的软件，如 Standford NLP、NLTK 和 Apache OpenNLP[548,554,556]。从诸如 NLTK[613]这样的资源中可以找到很多诸如 Text-

Tiling 之类的方法。MALLET 工具包支持很多可以用来进行文本分割[605]的马尔可夫模型。在参考文献［614］中可以找到 TDT 项目的官方网站，尽管具体的结果现在看起来有些过时。在参考文献［389］中可以找到关于 Timebank 语料库工作的参考资源，这个工作还为文档中的事件标注提供了指南。

## 14.7 习题

1. 设计一个方法，将文本分割问题转换为图划分问题。假设每个句子是图中的一个节点。讨论在节点之间放置连接并设置它们的权重的各种可能的方式。讨论它们的优缺点。(这是一个开放性问题，没有唯一正确的答案。)

2. 实现面向文本分割的 C99 方法。

3. 讨论命名实体识别、基于方面的意见挖掘、文本分割以及事件（提及）检测之间的相似性。说出一种用在所有这些问题中的核心学习方法。

4. 实现本章讨论的流式文本聚类方法。假设某些文档是由特定事件类型来标记的，该如何使用这个信息来改进聚类。

5. 假设我们收到一个文本文档流，其中文档的标记是作为一个（延迟的）单独的流接收到的。讨论该如何修改流式文本聚类算法并结合质心分类算法，以预测每个刚收到的文档的标记。

# 参考文献


[1] C. Aggarwal. Data classification: Algorithms and applications, *CRC Press*, 2014.

[2] C. Aggarwal. Data mining: The textbook. *Springer*, 2015.

[3] C. Aggarwal. Recommender systems: The textbook. *Springer*, 2016.

[4] C. Aggarwal. Outlier analysis. *Springer*, 2017.

[5] C. Aggarwal. On the effects of dimensionality reduction on high dimensional similarity search. *ACM PODS Conference*, pp. 256–266, 2001.

[6] C. Aggarwal, S. Gates, and P. Yu. On using partial supervision for text categorization. *IEEE Transactions on Knowledge and Data Engineering*, 16(2), 245–255, 2004. [Extended version of ACM KDD 1998 paper "On the merits of building categorization systems by supervised clustering."]

[7] C. Aggarwal and N. Li. On node classification in dynamic content-based networks. *SDM Conference*, pp. 355–366, 2011.

[8] C. Aggarwal and C. Reddy. Data clustering: algorithms and applications, *CRC Press*, 2013.

[9] C. Aggarwal and S. Sathe. Outlier ensembles: An introduction. *Springer*, 2017.

[10] C. Aggarwal and K. Subbian. Event detection in social streams. *SDM Conference*, 2012.

[11] C. Aggarwal, Y. Xie, and P. Yu. On Dynamic Link Inference in Heterogeneous Networks. *SDM Conference*, pp. 415–426, 2012.

[12] C. Aggarwal and P. Yu. On effective conceptual indexing and similarity search in text data. *ICDM Conference*, pp. 3–10, 2001.

[13] C. Aggarwal and P. Yu. On clustering massive text and categorical data streams. *Knowledge and Information Systems*, 24(2), pp. 171–196, 2010.

[14] C. Aggarwal, and C. Zhai, Mining text data. *Springer*, 2012.




C. C. Aggarwal, *Machine Learning for Text*,
https://doi.org/10.1007/978-3-319-73531-3

[15] C. Aggarwal and P. Zhao. Towards graphical models for text processing. *Knowledge and Information Systems*, 36(1), pp. 1–21, 2013. [Preliminary version in *ACM SIGIR*, 2010]

[16] C. Aggarwal, Y. Zhao, and P. Yu. On the use of side information for mining text data. *IEEE Transactions on Knowledge and Data Engineering*, 26(6), pp. 1415–1429, 2014.

[17] E. Agichtein and L. Gravano. Snowball: Extracting relations from large plain-text collections. *ACM Conference on Digital Libraries*, pp. 85–94, 2000.

[18] J. Allan, J. Carbonell, G. Doddington, J. Yamron, and Y. Yang. Topic detection and tracking pilot study final report. *CMU Technical Report*, Paper 341, 1998.

[19] J. Allan, R. Papka, V. Lavrenko. Online new event detection and tracking. *ACM SIGIR Conference*, 1998.

[20] A. Andreevskaia and S. Bergler. Mining WordNet for a Fuzzy Sentiment: Sentiment Tag Extraction from WordNet Glosses. *European Chapter of the Association for Computational Linguistics*, pp. 209–216, 2006.

[21] R. Angelova and S. Siersdorfer. A neighborhood-based approach for clustering of linked document collections. *ACM CIKM Conference*, pp. 778–779, 2006.

[22] V. Anh, O. de Kretser, and A. Moffat. Vector-space ranking with effective early termination. *ACM SIGIR Conference*, pp. 35–42, 2001.

[23] V. Anh and A. Moffat. Inverted index compression using word-aligned binary codes. *Information Retrieval*, 8(1), pp. 151–166, 2005.

[24] V. Anh and A. Moffat. Pruned query evaluation using pre-computed impacts. *ACM SIGIR Conference*, pp. 372–379, 2006.

[25] V. Anh and A. Moffat. Improved word-aligned binary compression for text indexing. *IEEE Transactions on Knowledge and Data Engineering*, 18(6), pp. 857–861, 2006.

[26] M. Antonie and O Zaïane. Text document categorization by term association. *IEEE ICDM Conference*, pp. 19–26, 2002.

[27] C. Apte, F. Damerau, and S. Weiss. Automated learning of decision rules for text categorization, *ACM Transactions on Information Systems*, 12(3), pp. 233–251, 1994.

[28] C. Apte, F. Damerau, and S. Weiss. Text mining with decision rules and decision trees. *Conference on Automated Learning and Discovery*, Also appears as *IBM Research Report*, RC21219, 1998.

[29] A. Asuncion, M. Welling, P. Smyth, and Y. Teh. On smoothing and inference for topic models. *Uncertainty in Artificial Intelligence*, pp. 27–34, 2009.

[30] S. Baccianella, A. Esuli, and F. Sebastiani. SentiWordNet 3.0: An enhanced lexical resource for sentiment analysis and opinion mining. *LREC*, pp. 2200–2204, 2010.

[31] R. Baeza-Yates, and B. Ribeiro-Neto. Modern information retrieval. *ACM press*, 2011.

[32] R. Baeza-Yates, A. Gionis, F. Junqueira, V. Murdock, , V. Plachouras, and F. Silvestri. The impact of caching on search engines. *ACM SIGIR Conference*, pp. 183–190, 2007.

[33] L. Baker and A. McCallum. Distributional clustering of words for text classification. *ACM SIGIR Conference*, pp. 96–103, 1998.

[34] L. Ballesteros and W. B. Croft. Dictionary methods for cross-lingual information retrieval. *International Conference on Database and Expert Systems Applications*, pp. 791–801, 1996.

[35] M. Banko and O. Etzioni. The tradeoffs between open and traditional relation extraction. *ACL Conference*, pp. 28–36, 2008.

[36] R. Banchs. Text Mining with MATLAB. *Springer*, 2012.

[37] M. Baroni, G. Dinu, and G. Kruszewski. Don't count, predict! A systematic comparison of context-counting vs. context-predicting semantic vectors. *ACL*, pp. 238–247, 2014.

[38] M. Baroni and A. Lenci. Distributional memory: A general framework for corpus-based semantics. *Computational Linguistics*, 36(4), pp. 673–721, 2010.

[39] R. Barzilay and M. Elhadad. Using lexical chains for text summarization. *Advances in Automatic Text Summarization*, pp. 111–121, 1999.

[40] R. Barzilay, N. Elhadad, and K. McKeown. Inferring strategies for sentence ordering in multidocument news summarization. *Journal of Artificial Intelligence Research*, 17, pp. 35–55, 2002.

[41] R. Barzilay and K. R. McKeown. Sentence fusion for multidocument news summarization. *Computational Linguistics*, 31(3), pp. 397–328, 2005.

[42] I. Bayer. Fastfm: a library for factorization machines. *arXiv preprint arXiv:1505.00641*, 2015. https://arxiv.org/pdf/1505.00641v2.pdf

[43] H. Becker, M. Naaman, and L. Gravano. Beyond Trending Topics: Real-World Event Identification on Twitter. *ICWSM Conference*, pp. 438–441, 2011.

[44] D. Beeferman, A. Berger, and J. Lafferty. Statistical models for text segmentation. *Machine Learning*, 34(1–3), pp. 177–210, 1999.

[45] O. Bender, F. Och, and H. Ney. Maximum entropy models for named entity recognition. *Conference on Natural Language Learning at HLT-NAACL 2003*, pp. 148–51, 2003.

[46] F. Benevenuto, G. Magno, T. Rodrigues, and V. Almeida. Detecting spammers on twitter. *Collaboration, Electronic Messaging, Anti-abuse and Spam Conference*, 2010.

[47] Y. Bengio, R. Ducharme, P. Vincent, and C. Jauvin. A neural probabilistic language model. *Journal of Machine Learning Research*, 3, pp. 1137–1155, 2003.

[48] D. Bertsekas. Nonlinear programming. *Athena Scientific*, 1999.

[49] D. Bikel, S. Miller, R. Schwartz, and R. Weischedel. Nymble: a high-performance learning name-finder. *Applied Natural Language Processing Conference*, pp. 194–201, 1997.

[50] C. M. Bishop. Pattern recognition and machine learning. *Springer*, 2007.

[51] C. M. Bishop. Neural networks for pattern recognition. *Oxford University Press*, 1995.

[52] D. Blei. Probabilistic topic models. *Communications of the ACM*, 55(4), pp. 77–84, 2012.

[53] D. Blei and P. Moreno. Topic segmentation with an aspect hidden Markov model. *ACM SIGIR Conference*, pp. 343–348, 2001.

[54] D. Blei, A. Ng, and M. Jordan. Latent Dirichlet allocation. *Journal of Machine Learning Research*, 3, pp. 993–1022, 2003.

[55] D. Blei and J. Lafferty. Dynamic topic models. *ICML Conference*, pp. 113–120, 2006.

[56] A. Blum, and T. Mitchell. Combining labeled and unlabeled data with co-training. *COLT*, 1998.

[57] A. Blum and S. Chawla. Combining labeled and unlabeled data with graph mincuts. *ICML Conference*, 2001.

[58] D. Boley, M. Gini, R. Gross, E.-H. Han, K. Hastings, G. Karypis, V. Kumar, B. Mobasher, and J. Moore. Partitioning-based clustering for Web document categorization. *Decision Support Systems*, Vol. 27, pp. 329–341, 1999.

[59] E. Breck, Y. Choi, and C. Cardie. Identifying expressions of opinion in ontext. *IJCAI*, pp. 2683–2688, 2007.

[60] L. Breiman. Random forests. *Journal Machine Learning archive*, 45(1), pp. 5–32, 2001.

[61] L. Breiman. Bagging predictors. *Machine Learning*, 24(2), pp. 123–140, 1996.

[62] L. Breiman and A. Cutler. Random Forests Manual v4.0, *Technical Report, UC Berkeley*, 2003. https://www.stat.berkeley.edu/~breiman/Using_random_forests_v4.0.pdf

[63] S. Brin. Extracting patterns and relations from the World Wide Web. *International Workshop on the Web and Databases*, 1998. http://link.springer.com/chapter/10.1007/10704656_11#page-1

[64] S. Brin, and L. Page. The anatomy of a large-scale hypertextual web search engine. *Computer Networks*, 30(1–7), pp. 107–117, 1998.

[65] P. Bühlmann and B. Yu. Analyzing bagging. *Annals of Statistics*, pp. 927–961, 2002.

[66] J. Bullinaria and J. Levy. Extracting semantic representations from word co-occurrence statistics: A computational study. *Behavior Research Methods*, 39(3), pp. 510–526, 2007.

[67] R. Bunescu and R. Mooney. A shortest path dependency kernel for relation extraction. *Human Language Technology and Empirical Methods in Natural Language Processing*, pp. 724–731, 2005.

[68] R. Bunescu and R. Mooney. Subsequence kernels for relation extraction. *NIPS Conference*, pp. 171–178, 2005.

[69] C. Burges. A tutorial on support vector machines for pattern recognition. *Data mining and knowledge discovery*, 2(2), pp. 121–167, 1998.

[70] C. Burges, T. Shaked, E. Renshaw, A. Lazier, M. Deeds, N. Hamilton, and G. Hullender. Learning to rank using gradient descent. *ICML Conference*, pp. 86–96, 2005.

[71] S. Buttcher, C. Clarke, and G. V. Cormack. Information retrieval: Implementing and evaluating search engines. *The MIT Press*, 2010.

[72] J. Callan. Distributed information retrieval. *Advances in Information Retrieval*, Springer, pp. 127–150, 2000.

[73] M. Califf and R. Mooney. Bottom-up relational learning of pattern matching rules for information extraction. *Journal of Machine Learning Research*, 4, pp. 177-210, 2003.

[74] Y. Cao, J. Xu, T. Liu, H. Li, Y. Huang, and H.-W. Hon. Adapting ranking SVM to document retrieval. *ACM SIGIR Conference*, pp. 186–193, 2006.

[75] Z. Cao, T. Qin, T. Liu, M. Tsai, and H. Li. Learning to rank: from pairwise approach to listwise approach. *ICML Conference*, pp. 129–136, 2007.

[76] J. Carbonell and J. Goldstein. The use of MMR, diversity-based reranking for reordering documents and producing summaries. *ACM SIGIR Conference*, pp. 335–336, 1998.

[77] D. Carmel, D. Cohen, R. Fagin, E. Farchi, M. Herscovici, Y. Maarek, and A. Soffer. Static index pruning for information retrieval systems. *ACM SIGIR Conference*, pp. 43–50, 2001.

[78] D. Chakrabarti and K. Punera. Event Summarization Using Tweets. *ICWSM Conference*, 11, pp. 66–73, 2011.

[79] S. Chakrabarti. Mining the Web: Discovering knowledge from hypertext data. *Morgan Kaufmann*, 2003.

[80] S. Chakrabarti, B. Dom. R. Agrawal, and P. Raghavan. Scalable feature selection, classification and signature generation for organizing large text databases into hierarchical topic taxonomies. *The VLDB Journal*, 7(3), pp. 163–178, 1998.

[81] S. Chakrabarti, B. Dom, and P. Indyk. Enhanced hypertext categorization using hyperlinks. *ACM SIGMOD Conference*, pp. 307–318, 1998.

[82] S. Chakrabarti, S. Roy, and M. Soundalgekar. Fast and accurate text classification via multiple linear discriminant projections. *The VLDB Journal*, 12(2), pp. 170–185, 2003.

[83] S. Chakrabarti, M. Van den Berg, and B. Dom. Focused crawling: a new approach to topic-specific Web resource discovery. *Computer Networks*, 31(11), pp. 1623–1640, 1999.

[84] Y. Chali and S. Joty. Improving the performance of the random walk model for answering complex questions. *Annual Meeting of the Association for Computational Linguistics on Human Language Technologies*, pp. 9–12, 2008.

[85] N. Chambers, S. Wang, and D. Jurafsky. Classifying temporal relations between events. *Annual Meeting of the ACL on Interactive Poster and Demonstration Sessions*, pp. 173–176, 2007.

[86] Y. Chan and D. Roth. Exploiting syntactico-semantic structures for relation extraction. *ACL Conference: Human Language Technologies*, pp. 551–560, 2011.

[87] C. Chang and C. Lin. LIBSVM: a library for support vector machines. *ACM Transactions on Intelligent Systems and Technology*, 2(3), 27, 2011. http://www.csie.ntu.edu.tw/~cjlin/libsvm/

[88] Y. Chang, C. Hsieh, K. Chang, M. Ringgaard, and C. J. Lin. Training and testing low-degree polynomial data mappings via linear SVM. *Journal of Machine Learning Research*, 11, pp. 1471–1490, 2010.

[89] O. Chapelle. Training a support vector machine in the primal. *Neural Computation*, 19(5), pp. 1155–1178, 2007.

[90] O. Chapelle, B. Schölkopf, and A. Zien. Semi-supervised learning. *MIT Press*, 2010.

[91] P. Cheeseman and J. Stutz. Bayesian classification (AutoClass): Theory and results. *Advances in Knowledge Discovery and Data Mining*, Eds. U. Fayyad, G. Piatetsky-Shapiro, P. Smyth, and R. Uthuruswamy. AAAI Press/MIT Press, 1996.

[92] D. Chickering, D. Heckerman, and C. Meek. A Bayesian approach to learning Bayesian networks with local structure. *Uncertainty in Artificial Intelligence*, pp. 80–89, 1997.

[93] J. Cho, H. Garcia-Molina, and L. Page. Efficient crawling through URL ordering. *Computer Networks*, 30(1–7), pp. 161–172, 1998.

[94] K. Cho, B. Merrienboer, C. Gulcehre, F. Bougares, H. Schwenk, and Y. Bengio. Learning phrase representations using RNN encoder-decoder for statistical machine translation. *EMNLP*, 2014. https://arxiv.org/pdf/1406.1078.pdf

[95] F. Choi. Advances in domain independent linear text segmentation. *North American Chapter of the Association for Computational Linguistics Conference*, pp. 26–33, 2000.

[96] F. Choi, P. Wiemer-Hastings, and J. Moore. Latent semantic analysis for text segmentation. *EMNLP*, 2001.

[97] Y. Choi, C. Cardie, E. Riloff, and S. Patwardhan. Identifying sources of opinions with conditional random fields and extraction patterns. *Conference on Human Language Technology and Empirical Methods in Natural Language Processing*, pp. 355–362, 2005.

[98] J. Chung, C. Gulcehre, K. Cho, and Y. Bengio. Empirical evaluation of gated recurrent neural networks on sequence modeling. *arXiv:1412.3555*, 2014. https://arxiv.org/abs/1412.3555

[99] K. Church and P. Hanks. Word association norms, mutual information, and lexicography. *Computational Linguistics*, 16(1), pp. 22–29, 1990.

[100] F. Ciravegna. Adaptive information extraction from text by rule induction and generalisation. *International Joint Conference on Artificial Intelligence*, 17(1), pp. 1251–1256, 2001.

[101] J. Clarke and M. Lapata. Models for sentence compression: A comparison across domains, training requirements and evaluation measures. *ACL Conference*, pp. 377–384, 2006.

[102] W. Cohen. Fast effective rule induction. *ICML Conference*, pp. 115–123, 1995.

[103] W. Cohen. Learning rules that classify e-mail. *AAAI Spring Symposium on Machine Learning in Information Access*, 1996.

[104] W. Cohen. Learning with set-valued features. In *National Conference on Artificial Intelligence*, 1996.

[105] W. Cohen, R. Schapire, and Y. Singer. Learning to Order Things. *Journal of Artificial Intelligence Research*, 10, pp. 243–270, 1999.

[106] W. Cohen and Y. Singer. Context-sensitive learning methods for text categorization. *ACM Transactions on Information Systems*, 17(2), pp 141–173, 1999.

[107] M. Collins and N. Duffy. Convolution kernels for natural language. *NIPS Conference*, pp. 625–632, 2001.

[108] R. Collobert, J. Weston, L. Bottou, M. Karlen, K. Kavukcuoglu, and P. Kuksa. Natural language processing (almost) from scratch. *Journal of Machine Learning Research*, 12, pp. 2493–2537, 2011.

[109] R. Collobert and J. Weston. A unified architecture for natural language processing: Deep neural networks with multitask learning. *ICML Conference*, pp. 160–167, 2008.

[110] J. Conroy and D. O'Leary. Text summarization via hidden markov models. *ACM SIGIR Conference*, pp. 406–407, 2001.

[111] J. Conroy, J. Schlessinger, D. O'Leary, and J. Goldstein. Back to basics: CLASSY 2006. *Document Understanding Conference*, 2006.

[112] T. Cooke. Two variations on Fisher's linear discriminant for pattern recognition *IEEE Transactions on Pattern Analysis and Machine Intelligence*, 24(2), pp. 268–273, 2002.

[113] W. Cooper. Some inconsistencies and misnomers in probabilistic information retrieval. *ACM Transactions on Information Systems*, 13(1), pp. 100–111, 1995.

[114] B. O'Connor, R. Balasubramanyan, B. Routledge, and N. Smith. From tweets to polls: Linking text sentiment to public opinion time series. *ICWSM*, pp. 122–129, 2010.

[115] C. Cortes and V. Vapnik. Support-vector networks. *Machine Learning*, 20(3), pp. 273–297, 1995.

[116] T. Cover and P. Hart. Nearest neighbor pattern classification. *IEEE Transactions on Information Theory*, 13(1), pp. 1–27, 1967.

[117] N. Cristianini, and J. Shawe-Taylor. An introduction to support vector machines and other kernel-based learning methods. *Cambridge University Press*, 2000.

[118] W. B. Croft. Clustering large files of documents using the single-link method. *Journal of the American Society of Information Science*, 28, pp. 341–344, 1977.

[119] W. B. Croft and D. Harper. Using probabilistic models of document retrieval without relevance information. *Journal of Documentation*, 35(4), pp. 285–295, 1979.

[120] W. B. Croft, D. Metzler, and T. Strohman. Search engines: Information retrieval in practice, *Addison-Wesley Publishing Company*, 2009.

[121] S. Cucerzan. Large-scale named entity disambiguation based on Wikipedia data. *EMNLP-CoNLL*, pp. 708–716, 2007.

[122] A. Culotta and J. Sorensen. Dependency tree kernels for relation extraction. *ACL Conference*, 2004.

[123] J. Curran and S. Clark. Language independent NER using a maximum entropy tagger. *Conference on Natural Language Learning at HLT-NAACL 2003*, pp. 164–167, 2003.

[124] D. Cutting, D. Karger, J. Pedersen, and J. Tukey. Scatter/gather: A cluster-based approach to browsing large document collections. *ACM SIGIR Conference*, pp. 318–329, 1992.

[125] W. Dai, Y. Chen, G. Xue, Q. Yang, and Y. Yu. Translated learning: Transfer learning across different feature spaces. *NIPS Conference*, pp. 353–360, 2008.

[126] D. Das and A. Martins. A survey on automatic text summarization. *Literature Survey for the Language and Statistics II course at CMU*, 4, pp. 1–31, 2007.

[127] S. Das and M. Chen. Yahoo! for Amazon: Extracting market sentiment from stock message boards. *Asia Pacific Finance Association Annual Conference (APFA)*, 2001.

[128] J. Dean and S. Ghemawat. MapReduce: simplified data processing on large clusters. *Communications of the ACM*, 51(1), pp. 107–113, 2008.

[129] G. DeJong. Prediction and substantiation: A new approach to natural language processing. *Cognitive Science*, 3(3), pp. 251–273, 1979.

[130] H. Deng, B. Zhao, J. Han. Collective topic modeling for heterogeneous networks. *ACM SIGIR Conference*, pp. 1109-1110, 2011.

[131] H. Deng, J. Han, B. Zhao, Y. Yu, and C. Lin. Probabilistic topic models with biased propagation on heterogeneous information networks. *ACM KDD Conference*, pp. 1271–1279, 2011.

[132] I. Dhillon. Co-clustering documents and words using bipartite spectral graph partitioning. *ACM KDD Conference*, pp. 269–274, 2001.

[133] I. Dhillon and D. Modha. Concept decompositions for large sparse text data using clustering. *Machine Learning*, 42(1–2), pp. 143–175, 2001.

[134] T. Dietterich. Machine learning for sequential data: A review. *Joint IAPR International Workshops on Statistical Techniques in Pattern Recognition (SPR) and Structural and Syntactic Pattern Recognition (SSPR)*, pp. 15–30, 2002.

[135] C. Ding, X. He, and H. Simon. On the equivalence of nonnegative matrix factorization and spectral clustering. *SDM Conference*, pp. 606–610, 2005.

[136] C. Ding, T. Li, and M. Jordan. Convex and semi-nonnegative matrix factorizations. *IEEE Transactions on Pattern Analysis and Machine Intelligence*, 32(1), pp. 45–55, 2010.

[137] C. Ding, T. Li, and W. Peng. On the equivalence between non-negative matrix factorization and probabilistic latent semantic indexing. *Computational Statistics and Data Analysis*, 52(8), pp. 3913–3927, 2008.

[138] C. Ding, T. Li, W. Peng, and H. Park. Orthogonal nonnegative matrix t-factorizations for clustering. *ACM KDD Conference*, pp. 126–135, 2006.

[139] X. Ding, B. Liu, and P. S. Yu. A holistic lexicon-based approach to opinion mining. *WSDM Conference*, pp. 231–240, 2008.

[140] P. Domingos and M. Pazzani. On the optimality of the simple Bayesian classifier under zero-one loss. *Machine Learning*, 29(2–3), pp. 103–130, 1997.

[141] B. Dorr, D. Zajic, and R. Schwartz. Hedge Trimmer: A parse-and-trim approach to headline generation. *HLT-NAACL Workshop on Text Summarization*, pp. 1–8, 2003.

[142] N. Draper and H. Smith. Applied regression analysis. *John Wiley & Sons*, 2014.

[143] H. Drucker, C. Burges, L. Kaufman, A. Smola, and V. Vapnik. Support Vector Regression Machines. *NIPS Conference*, 1997.

[144] R. Duda, P. Hart, W. Stork. *Pattern Classification*, Wiley Interscience, 2000.

[145] S. Dumais. Latent semantic indexing (LSI) and TREC-2. *Text Retrieval Conference (TREC)*, pp. 105–115, 1993.

[146] S. Dumais. Latent semantic indexing (LSI): TREC-3 Report. *Text Retrieval Conference (TREC)*, pp. 219–230, 1995.

[147] S. Dumais, J. Platt, D. Heckerman, and M. Sahami. Inductive learning algorithms and representations for text categorization. *ACM CIKM Conference*, pp. 148–155, 1998.

[148] S. Deerwester, S. Dumais, G. Furnas, T. Landauer, and R. Harshman. Indexing by latent semantic analysis. *Journal of the American Society for Information Science*, 41(6), 41(6), pp. 391–407, 1990.

[149] C. Eckart and G. Young. The approximation of one matrix by another of lower rank. *Psychometrika*, 1(3), pp. 211–218, 1936.

[150] H. P. Edmundson. New methods in automatic extracting. *Journal of the ACM*, 16(2), pp. 264–286, 1969.

[151] B. Efron, T. Hastie, I. Johnstone, and R. Tibshirani. Least angle regression. *The Annals of Statistics*, 32(2), pp. 407–499, 2004.

[152] J. Eisenstein and R. Barzilay. Bayesian unsupervised topic segmentation. *Conference on Empirical Methods in Natural Language Processing*, pp. 334–343, 2008.

[153] P. Elias. Universal codeword sets and representations of the integers. *IEEE Transactions on Information Theory*, 21(2), pp. 194–203, 1975.

[154] G. Erkan and D. Radev. LexRank: Graph-based lexical centrality as salience in text summarization. *Journal of Artificial Intelligence Research*, 22, pp. 457–479, 2004.

[155] E. Erosheva, S. Fienberg, and J. Lafferty. Mixed-membership models of scientific publications. *Proceedings of the National Academy of Sciences*, 101, pp. 5220–5227, 2004.

[156] A. Esuli, and F. Sebastiani. Determining the semantic orientation of terms through gloss classification. *ACM CIKM Conference*, pp. 617–624, 2005.

[157] A. Esuli and F. Sebastiani. Determining term subjectivity and term orientation for opinion mining. *European Chapter of the Association of Computational Linguistics*, 2006.

[158] O. Etzioni, M. Cafarella, D. Downey, A. Popescu, T. Shaked, S. Soderland, D. Weld, and A. Yates. Unsupervised named-entity extraction from the web: An experimental study. *Artificial Intelligence*, 165(1), pp. 91–134, 2005.

[159] O. Etzioni, M. Banko, S. Soderland, and D. Weld. Open information extraction from the web. *Communications of the ACM*, 51(12), pp. 68–74, 2008.

[160] A. Fader, S. Soderland, and O. Etzioni. Identifying relations for open information extraction. *Conference on Empirical Methods in Natural Language Processing*, pp. 1535–1545, 2011.

[161] A. Fader, L. Zettlemoyer, and O. Etzioni. Paraphrase-Driven Learning for Open Question Answering. *ACL*, pp. 1608–1618, 2013.

[162] A. Fader, L. Zettlemoyer, and O. Etzioni. Open question answering over curated and extracted knowledge bases. *ACM KDD Conference*, 2014.

[163] C. Faloutsos and S. Christodoulakis. Signature files: An access method for documents and its analytical performance evaluation. *ACM Transactions on Information Systems*, 2(4), pp. 267–288, 1984.

[164] R. Fan, K. Chang, C. Hsieh, X. Wang, and C. Lin. LIBLINEAR: A library for large linear classification. *Journal of Machine Learning Research*, 9, pp. 1871–1874, 2008. http://www.csie.ntu.edu.tw/~cjlin/liblinear/

[165] R. Fan, P. Chen, and C. Lin. Working set selection using second order information for training support vector machines. *Journal of Machine Learning Research*, 6, pp. 1889–1918, 2005.

[166] T. Fawcett. ROC Graphs: Notes and Practical Considerations for Researchers. *Technical Report HPL-2003-4*, Palo Alto, CA, HP Laboratories, 2003.

[167] R. Fisher. The use of multiple measurements in taxonomic problems. *Annals of Eugenics*, 7: pp. 179–188, 1936.

[168] R. Feldman and J. Sanger. The text mining handbook: advanced approaches in analyzing unstructured data. *Cambridge University Press*, 2007.

[169] M. Fernandez-Delgado, E. Cernadas, S. Barro, and D. Amorim. Do we Need Hundreds of Classifiers to Solve Real World Classification Problems? *The Journal of Machine Learning Research*, 15(1), pp. 3133–3181, 2014.

[170] K. Filippova and M. Strube. Sentence fusion via dependency graph compression. *Conference on Empirical Methods in Natural Language Processing*, pp. 177–185, 2008.

[171] D. Freitag and A. McCallum. Information extraction with HMMs and shrinkage. *AAAI-99 Workshop on Machine Learning for Information Extraction*, pp. 31–36, 1999.

[172] C. Freudenthaler, L. Schmidt-Thieme, and S. Rendle. Factorization machines: Factorized polynomial regression models. *German-Polish Symposium on Data Analysis and Its Applications (GPSDAA)*, 2011. https://www.ismll.uni-hildesheim.de/pub/pdfs/FreudenthalerRendle_FactorizedPolynomialRegression.pdf

[173] Y. Freund, and R. Schapire. A decision-theoretic generalization of online learning and application to boosting. *Computational Learning Theory*, pp. 23–37, 1995.

[174] J. Friedman. Stochastic gradient boosting. *Computational Statistics and Data Analysis*, 38(4), pp. 367–378, 2002.

[175] J. Friedman, T. Hastie, and R. Tibshirani. Additive logistic regression: a statistical view of boosting (with discussion and a rejoinder by the authors). *The Annals of Statistics*, 28(2), pp. 337–407, 2000.

[176] M. Fuentes, E. Alfonseca, and H. Rodriguez. Support Vector Machines for query-focused summarization trained and evaluated on Pyramid data. *ACL Conference*, pp. 57–60, 2007.

[177] G. Fung and O. Mangasarian. Proximal support vector classifiers. *ACM KDD Conference*, pp. 77–86, 2001.

[178] J. Fürnkranz and G. Widmer. Incremental reduced error pruning. *ICML Conference*, pp. 70–77, 1994.

[179] M. Galley and K. McKeown. Lexicalized Markov grammars for sentence compression. *Human Language Technologies: The Conference of the North American Chapter of the Association for Computational Linguistics*, pp. 180–187, 2007.

[180] T. Gärtner. A survey of kernels for structured data. *ACM SIGKDD Explorations Newsletter*, 5(1), pp. 49–58, 2003.

[181] Y. Goldberg. A primer on neural network models for natural language processing. *Journal of Artificial Intelligence Research (JAIR)*, 57, pp. 345–420, 2016.

[182] Y. Goldberg and O. Levy. word2vec Explained: deriving Mikolov et al.'s negative-sampling word-embedding method. *arXiv:1402.3722*, 2014. https://arxiv.org/abs/1402.3722

[183] I. Goodfellow, Y. Bengio, and A. Courville. Deep learning. *MIT Press*, 2016.

[184] W. Greiff. A theory of term weighting based on exploratory data analysis. *ACM SIGIR Conference*, pp. 11–19, 1998.

[185] E. Gaussier and C. Goutte. Relation between PLSA and NMF and implications. *ACM SIGIR Conference*, pp. 601–602, 2005.

[186] L. Getoor, N. Friedman, D. Koller, and B. Taskar. Learning probabilistic models of link structure. *Journal of Machine Learning Research*, 3, pp. 679–707, 2002.

[187] J. Ghosh and A. Acharya. Cluster ensembles: Theory and applications. *Data Clustering: Algorithms and Applications*, CRC Press, 2013.

[188] D. Gillick, K. Riedhammer, B. Favre, and D. Hakkani-Tur. A global optimization framework for meeting summarization. *IEEE International Conference on Acoustics, Speech and Signal Processing*, pp. 4769–4772, 2009.

[189] S. Gilpin, T. Eliassi-Rad, and I. Davidson. Guided learning for role discovery (glrd): framework, algorithms, and applications. *ACM KDD Conference*, pp. 113–121, 2013.

[190] M. Girolami and A. Kabán. On an equivalence between PLSI and LDA. *ACM SIGIR Conference*, pp. 433–434, 2003.

[191] F. Girosi and T. Poggio. Networks and the best approximation property. *Biological Cybernetics*, 63(3), pp. 169–176, 1990.

[192] Y. Gong and X. Liu. Generic text summarization using relevance measure and latent semantic analysis. *ACM SIGIR Conference*, pp. 19–25, 2001.

[193] R. Grishman and B. Sundheim. Message Understanding Conference-6: A Brief History. *COLING*, pp. 466–471, 1996.

[194] D. Grossman and O. Frieder. Information retrieval: Algorithms and heuristics, *Springer Science and Business Media*, 2012.

[195] A. Graves. Supervised sequence labelling with recurrent neural networks *Springer*, 2012. http://rd.springer.com/book/10.1007%2F978-3-642-24797-2

[196] A. Graves. Generating sequences with recurrent neural networks. *arXiv preprint arXiv:1308.0850*, 2013. https://arxiv.org/abs/1308.0850

[197] A. Graves, A. Mohamed, and G. Hinton. Speech recognition with deep recurrent neural networks. *Acoustics, Speech and Signal Processing (ICASSP)*, pp. 6645–6649, 2013.

[198] M. Gutmann and A. Hyvarinen. Noise-contrastive estimation: A new estimation principle for unnormalized statistical models. *AISTATS*, 1(2), pp. 6, 2010.

[199] B. Hagedorn, M. Ciaramita, and J. Atserias. World knowledge in broad-coverage information filtering. *ACM SIGIR Conference*, 2007.

[200] A. Haghighi and L. Vanderwende. Exploring content models for multi-document summarization. *Human Language Technologies*, pp. 362–370, 2009.

[201] D. Hakkani-Tur and G. Tur. Statistical sentence extraction for information distillation. *Conference on Acoustics, Speech and Signal Processing*, 4, 2007.

[202] E.-H. Han, G. Karypis, and V. Kumar. Text categorization using weighted-adjusted $k$-nearest neighbor classification, *PAKDD Conference*, 2001.

[203] E.-H. Han and G. Karypis. Centroid-based document classification: Analysis and experimental results. *PKDD Conference*, 2000.

[204] J. Han, M. Kamber, and J. Pei. Data mining: concepts and techniques. *Morgan Kaufmann*, 2011.

[205] T. H. Haveliwala. Topic-sensitive pagerank. *World Wide Web Conference*, pp. 517-526, 2002.

[206] T. Hastie, R. Tibshirani, and J. Friedman. The elements of statistical learning. *Springer*, 2009.

[207] T. Hastie and R. Tibshirani. Discriminant adaptive nearest neighbor classification. *IEEE Transactions on Pattern Analysis and Machine Intelligence*, 18(6), pp. 607–616, 1996.

[208] T. Hastie, R. Tibshirani, and M. Wainwright. Statistical learning with sparsity: the lasso and generalizations. *CRC Press*, 2015.

[209] T. Hastie and R. Tibshirani. Generalized additive models. *CRC Press*, 1990.

[210] V. Hatzivassiloglou, J. Klavans, M. Holcombe, R. Barzilay, M.-Y. Kan, and K. R. McKeown. SIMFINDER: A flexible clustering tool for summarization. *NAACL Workshop on Automatic Summarization*, pp. 41–49, 2001.

[211] M. Hatzivassiloglou, and K. McKeown. Predicting the semantic orientation of adjectives. *European Chapter of the Association for Computational Linguistics*, pp. 174–181, 1997.

[212] V. Hatzivassiloglou and J. Wiebe. Effects of adjective orientation and gradability on sentence subjectivity. *Conference on Computational Linguistics*, pp. 299–305, 2000.

[213] M. Hearst. TextTiling: Segmenting text into multi-paragraph subtopic passages. *Computational Linguistics*, 23(1), pp. 33–64, 1997.

[214] D. Hiemstra. A linguistically motivated probabilistic model of information retrieval. *International Conference on Theory and Practice of Digital Libraries*, pp. 569–584, 1998.

[215] M. Hearst. TextTiling: Segmenting text into multi-paragraph subtopic passages. *Computational Linguistics*, 23(1), pp. 33–64, 1997.

[216] S. Heinz and J. Zobel. Efficient single-pass index construction for text databases. *Journal of the American Society for Information Science and Technology*, 54(8), pp. 713–729, 2003.

[217] G. Hinton. Connectionist learning procedures. *Artificial Intelligence*, 40(1–3), pp. 185–234, 1989.

[218] G. Hinton and R. Salakhutdinov. Reducing the dimensionality of data with neural networks. *Science*, 313(5786), pp. 504–507, 2006.

[219] G. Hirst and D. St-Onge. Lexical chains as representation of context for the detection and correction of malapropisms. In *WordNet: An Electronic Lexical Database and Some of its Applications*, MIT Press, 1998.

[220] T. K. Ho. Random decision forests. *Third International Conference on Document Analysis and Recognition*, 1995. Extended version appears as "The random subspace method for constructing decision forests" in *IEEE Transactions on Pattern Analysis and Machine Intelligence*, 20(8), pp. 832–844, 1998.

[221] T. K. Ho. Nearest neighbors in random subspaces. *Lecture Notes in Computer Science*, Vol. 1451, pp. 640–648, *Proceedings of the Joint IAPR Workshops SSPR'98 and SPR'98*, 1998. http://link.springer.com/chapter/10.1007/BFb0033288

[222] S. Hochreiter and J. Schmidhuber. Long short-term memory. *Neural Computation*, 9(8), pp. 1735–1785, 1997.

[223] S. Hochreiter, Y. Bengio, P. Frasconi, and J. Schmidhuber. Gradient flow in recurrent nets: the difficulty of learning long-term dependencies, *A Field Guide to Dynamical Recurrent Neural Networks*, IEEE Press, 2001.

[224] T. Hofmann. Probabilistic latent semantic indexing. *ACM SIGIR Conference*, pp. 50–57, 1999.

[225] T. Hofmann. Unsupervised learning by probabilistic latent semantic analysis. *Machine learning*, 41(1–2), pp. 177–196, 2001.

[226] K. Hornik and B. Grün. topicmodels: An R package for fitting topic models. *Journal of Statistical Software*, 40(13), pp. 1–30, 2011.

[227] K. Hornik, M. Stinchcombe, and H. White. Multilayer feedforward networks are universal approximators. *Neural Networks*, 2(5), pp. 359–366, 1989.

[228] E. Hovy and C.-Y. Lin. Automated Text Summarization in SUMMARIST. in *Advances in Automatic Text Summarization*, pp. 82–94, 1999.

[229] M. Hu and B. Liu. Mining opinion features in customer reviews. *AAAI*, pp. 755–760, 2004.

[230] M. Hu and B. Liu. Mining and summarizing customer reviews. *ACM KDD Conference*, pp. 168–177, 2004.

[231] A. Huang. Similarity measures for text document clustering. *Sixth New Zealand Computer Science Research Student Conference*, pp. 49–56, 2008.

[232] M. Iyyer, J. Boyd-Graber, L. Claudino, R. Socher, and H. Daume III. A Neural Network for Factoid Question Answering over Paragraphs. *EMNLP*, 2014.

[233] N. Jakob and I. Gurevych. Extracting opinion targets in a single-and cross-domain setting with conditional random fields. *Conference on Empirical Methods in Natural Language Processing*, pp. 1035–1045, 2010.

[234] W. Jin, H. Ho, and R. Srihari. OpinionMiner: a novel machine learning system for Web opinion mining and extraction. *ACM KDD Conference*, pp. 1195–1204, 2009.

[235] N. Jindal and B. Liu. Opinion spam and analysis. *WSDM Conference*, pp. 219–230, 2008.

[236] J. Jiang. Information extraction from text. *Mining Text Data*, Springer, pp. 11–41, 2012.

[237] J. Jiang and C. Zhai. A systematic exploration of the feature space for relation extraction. *HLT-NAACL*, pp. 113–120, 2007.

[238] H. Jing. Sentence reduction for automatic text summarization. *Conference on Applied Natural Language Processing*, pp. 310–315, 2000.

[239] H. Jing. Cut-and-paste text summarization. *PhD Thesis*, Columbia University, 2001. http://www1.cs.columbia.edu/nlp/theses/hongyan_jing.pdf

[240] T. Joachims. Text categorization with support vector machines: learning with many relevant features. *ECML Conference*, 1998.

[241] T. Joachims. Making Large scale SVMs practical. *Advances in Kernel Methods, Support Vector Learning*, pp. 169–184, *MIT Press*, Cambridge, 1998.

[242] T. Joachims. Training Linear SVMs in Linear Time. *ACM KDD Conference*, pp. 217–226, 2006.

[243] T. Joachims. A probabilistic analysis of the Rocchio algorithm with TFIDF for text categorization. *ICML Conference*, 1997.

[244] T. Joachims. Optimizing search engines using clickthrough data. *ACM KDD Conference*, pp. 133–142, 2002.

[245] C. Johnson. Logistic matrix factorization for implicit feedback data. *NIPS Conference*, 2014.

[246] D. Johnson, F. Oles, T. Zhang, T. Goetz. A decision tree-based symbolic rule induction system for text categorization, *IBM Systems Journal*, 41(3), pp. 428–437, 2002.

[247] I. T. Jolliffe. Principal component analysis. *John Wiley & Sons*, 2002.

[248] I. T. Jolliffe. A note on the use of principal components in regression. *Applied Statistics*, 31(3), pp. 300–303, 1982. .

[249] D. Jurafsky and J. Martin. Speech and language processing. *Prentice Hall*, 2008.

[250] N. Kalchbrenner and P. Blunsom. Recurrent continuous translation models. *EMNLP*, 3, 39, pp. 413, 2013.

[251] N. Kambhatla, Combining lexical, syntactic and semantic features with maximum entropy models for information extraction. *ACL Conference*, pp. 178–181, 2004.

[252] J. Kamps, M. Marx, R. Mokken, and M. Rijke. Using wordnet to measure semantic orientations of adjectives. *LREC*, pp. 1115–1118, 2004.

[253] R. Kannan, H. Woo, C. Aggarwal, and H. Park. Outlier detection for text data. *SDM Conference*, 2017.

[254] H. Kanayama and T. Nasukawa. Fully automatic lexicon expansion for domain-oriented sentiment analysis. *Conference on Empirical Methods in Natural Language Processing*, pp. 355–363, 2006.

[255] A. Karatzoglou, A. Smola A, K. Hornik, and A. Zeileis. kernlab – An S4 Package for Kernel Methods in R. *Journal of Statistical Software*, 11(9), 2004. http://epub.wu.ac.at/1048/1/document.pdf http://CRAN.R-project.org/package=kernlab

[256] A. Karpathy, J. Johnson, and L. Fei-Fei. Visualizing and understanding recurrent networks. *arXiv preprint arXiv:1506.02078*, 2015. https://arxiv.org/abs/1506.02078

[257] A. Karpathy. The unreasonable effectiveness of recurrent neural networks, *Blog post*, 2015. http://karpathy.github.io/2015/05/21/rnn-effectiveness/

[258] G. Karypis and E.-H. Han. Fast supervised dimensionality reduction with applications to document categorization and retrieval, *ACM CIKM Conference*, pp. 12–19, 2000.

[259] H. Kim, K. Ganesan, P. Sondhi, and C. Zhai. Comprehensive Review of Opinion Summarization. *Technical Report*, University of Illinois at Urbana-Champaign, 2011. https://www.ideals.illinois.edu/handle/2142/18702

[260] S. Kim and E. Hovy. Automatic identification of pro and con reasons in online reviews. *COLING/ACL Conference*, pp. 483–490, 2006.

[261] Y. Kim. Convolutional neural networks for sentence classification. *arXiv preprint arXiv:1408.5882*, 2014.

[262] J. Kleinberg. Authoritative sources in a hyperlinked environment. *Journal of the ACM (JACM)*, 46(5), pp. 604–632, 1999.

[263] K. Knight and D. Marcu. Summarization beyond sentence extraction: A probabilistic approach to sentence compression. *Artificial Intelligence*, 139(1), pp. 91–107, 2002.

[264] R. Kohavi and D. Wolpert. Bias plus variance decomposition for zero-one loss functions. *ICML Conference*, 1996.

[265] E. Kong and T. Dietterich. Error-correcting output coding corrects bias and variance. *ICML Conference*, pp. 313–321, 1995.

[266] A. Krogh, M. Brown, I. Mian, K. Sjolander, and D. Haussler. Hidden Markov models in computational biology: Applications to protein modeling. *Journal of Molecular Biology*, 235(5), pp. 1501–1531, 1994.

[267] M. Kuhn. Building predictive models in R Using the caret Package. *Journal of Statistical Software*, 28(5), pp. 1–26, 2008. https://cran.r-project.org/web/packages/caret/index.html

[268] J. Kupiec. Robust part-of-speech tagging using a hidden Markov model. *Computer Speech and Language, 6(3)*, pp. 225–242, 1992.

[269] J. Kupiec, J. Pedersen, and F. Chen. A trainable document summarizer. *ACM SIGIR Conference*, pp. 68–73, 1995.

[270] J. Lafferty, A. McCallum, and F. Pereira. Conditional random fields: Probabilistic models for segmenting and labeling sequence data. *ICML Conference*, pp. 282–289, 2001.

[271] W. Lam and C. Y. Ho. Using a generalized instance set for automatic text categorization. *ACM SIGIR Conference*, 1998.

[272] A. Langville, C. Meyer, R. Albright, J. Cox, and D. Duling. Initializations for the nonnegative matrix factorization. *ACM KDD Conference*, pp. 23–26, 2006.

[273] J. Lau and T. Baldwin. An empirical evaluation of doc2vec with practical insights into document embedding generation. *arXiv:1607.05368*, 2016. https://arxiv.org/abs/1607.05368

[274] Q. Le. Personal communication, 2017.

[275] Q. Le and T. Mikolov. Distributed representations of sentences and documents. *ICML Conference*, pp. 1188–196, 2014.

[276] D. Lee and H. Seung. Algorithms for non-negative matrix factorization. *Advances in Meural Information Processing Systems*, pp. 556–562, 2001.

[277] D. Lee and H. Seung. Learning the parts of objects by non-negative matrix factorization. *Nature*, 401(6755), pp. 788–791, 2001.

[278] R. Lempel and S. Moran. Predictive caching and prefetching of query results in search engines. *World Wide Web Conference*, pp. 19–28, 2003.

[279] J. Leskovec, N. Milic-Frayling, and M. Grobelnik. Impact of linguistic analysis on the semantic graph: coverage and learning of document extracts. *National Conference on Artificial Intelligence*, pp. 1069–1074, 2005.

[280] J. Leskovec, A. Rajaraman, and J. Ullman. Mining of massive datasets. *Cambridge University Press*, 2012.

[281] N. Lester, J. Zobel, and H. Williams. Efficient online index maintenance for contiguous inverted lists. Information Processing and Management, 42(4), pp. 916–933, 2006.

[282] O. Levy and Y. Goldberg. Neural word embedding as implicit matrix factorization. *NIPS Conference*, pp. 2177–2185, 2014.

[283] O. Levy, Y. Goldberg, and I. Dagan. Improving distributional similarity with lessons learned from word embeddings. *Transactions of the Association for Computational Linguistics*, 3, pp. 211–225, 2015.

[284] O. Levy, Y. Goldberg, and I. Ramat-Gan. Linguistic regularities in sparse and explicit word representations. *CoNLL*, 2014.

[285] D. Lewis. An evaluation of phrasal and clustered representations for the text categorization task. *ACM SIGIR Conference*, pp. 37–50, 1992.

[286] D. Lewis. Naive (Bayes) at forty: The independence assumption in information retrieval. *ECML Conference*, pp. 4–15, 1998.

[287] D. Lewis and M. Ringuette. A comparison of two learning algorithms for text categorization. *Third Annual Symposium on Document Analysis and Information Retrieval*, pp. 81–93, 1994.

[288] F. Li, C. Han, M. Huang, X. Zhu, Y. Xia, S. Zhang, and H. Yu. Structure-aware review mining and summarization. *Conference on Computational Linguistics*, pp. 6563–661, 2010.

[289] H. Li, and K. Yamanishi. Document classification using a finite mixture model. *ACL Conference*, pp. 39–47, 1997.

[290] Y. Li and A. Jain. Classification of text documents. *The Computer Journal*, 41(8), pp. 537–546, 1998.

[291] Y. Li, C. Luo, and S. Chung. Text clustering with feature selection by using statistical data. *IEEE Transactions on Knowledge and Data Engineering*, 20(5), pp. 641–652, 2008.

[292] D. Liben-Nowell, and J. Kleinberg. The link-prediction problem for social networks. *Journal of the American Society for Information Science and Technology*, 58(7), pp. 1019–1031, 2007.

[293] E. Lim, V. Nguyen, N. Jindal, B. Liu, and H. Lauw. Detecting product review spammers using rating behaviors. *ACM CIKM Conference*, pp. 939–948, 2010.

[294] C. Lin. Projected gradient methods for nonnegative matrix factorization. *Neural Computation*, 19(10), pp. 2756–2779, 2007.

[295] C.-Y. Lin and E. Hovy. The automated acquisition of topic signatures for text summarization. *Conference on Computational linguistics*, pp. 495–501, 2000.

[296] C.-Y. Lin and E. Hovy. From single to multi-document summarization: A prototype system and its evaluation. *ACL Conference*, pp. 457–464, 2002.

[297] H. Lin and J. Bilmes. Multi-document summarization via budgeted maximization of submodular functions. *Human Language Technologies*, pp. 912–920, 2010.

[298] X. Ling and D. Weld. Temporal information extraction. *AAAI*, pp. 1385–1390, 2010.

[299] Z. Lipton, J. Berkowitz, and C. Elkan. A critical review of recurrent neural networks for sequence learning. *arXiv:1506.00019*, 2015. https://arxiv.org/abs/1506.00019

[300] L. V. Lita, A. Ittycheriah, S. Roukos, and N. Kambhatla. Truecasing. *ACL Conference*, pp. 152–159, 2003.

[301] D. Litman and R. Passonneau. Combining multiple knowledge sources for discourse segmentation. *Association for Computational Linguistics*, pp. 108–115, 1995.

[302] C. Lin and Y. He. Joint sentiment/topic model for sentiment analysis. *ACM CIKM Conference*, pp. 375–384, 2009.

[303] B. Liu. Web data mining: exploring hyperlinks, contents, and usage data. *Springer*, New York, 2007.

[304] B. Liu. Sentiment Analysis and Subjectivity. *Handbook of Natural Language Processing*, 2, pp. 627–666, 2010.

[305] B. Liu. Sentiment analysis: Mining opinions, sentiments, and emotions. *Cambridge University Press*, 2015.

[306] B. Liu, W. Hsu, and Y. Ma. Integrating classification and association rule mining. *ACM KDD Conference*, pp. 80–86, 1998.

[307] T.-Y. Liu. Learning to rank for information retrieval. *Foundations and Trends in Information Retrieval*, 3(3), pp. 225–231, 2009.

[308] H. Lodhi, C. Saunders, J. Shawe-Taylor, N. Cristianini, and C. Watkins. Text classification using string kernels. *Journal of Machine Learning Research*, 2, pp. 419–444, 2002.

[309] X. Long and T. Suel. Optimized query execution in large search engines with global page ordering. *VLDB Conference*, pp. 129–140, 2003.

[310] Y. Lu, M. Castellanos, U. Dayal, and C. Zhai. Automatic construction of a context-aware sentiment lexicon: an optimization approach. *World Wide Web Conference*, pp. 347–356, 2011.

[311] Y. Lu and C. Zhai. Opinion integration through semi-supervised topic modeling. *World Wide Web Conference*, pp. 121–130, 2008.

[312] H. P. Luhn. The automatic creation of literature abstracts. *IBM Journal of Research and Development*, 2(2), pp. 159–165, 1958.

[313] K. Lund and C. Burgess. Producing high-dimensional semantic spaces from lexical co-occurrence. *Behavior Research Methods, Instruments, and Computers*, 28(2). pp. 203–208, 1996.

[314] U. von Luxburg. A tutorial on spectral clustering. *Statistics and Computing*, 17(4), pp. 395–416, 2007.

[315] A. Maas, R. Daly, P. Pham, D. Huang, A. Ng, and C. Potts. Learning word vectors for sentiment analysis. *Annual Meeting of the Association for Computational Linguistics: Human Language Technologies-Volume 1*, pp. 142–150, 2011.

[316] C. Mackenzie. Coded character sets: History and development. *Addison-Wesley Longman Publishing Co., Inc.*, 1980.

[317] S. Madeira and A. Oliveira. Biclustering algorithms for biological data analysis: a survey. *IEEE/ACM Transactions on Computational Biology and Bioinformatics (TCBB)*, 1(1), pp. 24–45, 2004.

[318] R. Malouf. A comparison of algorithms for maximum entropy parameter estimation. *Conference on Natural Language Learning*, pp. 1–7, 2002.

[319] O. Mangasarian and D. Musicant. Successive overrelaxation for support vector machines. *IEEE Transactions on Neural Networks*, 10(5), pp. 1032–1037, 1999.

[320] I. Mani and G. Wilson. Robust temporal processing of news. *ACL Conference*, pp. 69–76, 2000.

[321] C. Manning, P. Raghavan, and H. Schütze. Introduction to information retrieval. *Cambridge University Press*, Cambridge, 2008.

[322] C. Manning and H. Schütze. Foundations of statistical natural language processing. *MIT Press*, 1999.

[323] E. Marsi and E. Krahmer. Explorations in sentence fusion. *European Workshop on Natural Language Generation*, pp. 109–117, 2005.

[324] J. Martens and I. Sutskever. Learning recurrent neural networks with hessian-free optimization. *ICML Conference*, pp. 1033–1040, 2011.

[325] A. McCallum. Bow: A toolkit for statistical language modeling, text retrieval, classification and clustering. http://www.cs.cmu.edu/~mccallum/bow, 1996.

[326] A. McCallum, D. Freitag, and F. Pereira. Maximum entropy Markov models for information extraction and segmentation. *ICML Conference*, pp. 591–598, 2000.

[327] A. McCallum and K. Nigam. A comparison of event models for naive Bayes text classification. *AAAI Workshop on Learning for Text Categorization*, 1998.

[328] P. McCullagh and J. Nelder. Generalized linear models *CRC Press*, 1989.

[329] R. McDonald, K. Hannan, T. Neylon, M. Wells, and J. Reynar. Structured models for fine-to-coarse sentiment analysis. *ACL Conference*, 2007.

[330] G. McLachlan. Discriminant analysis and statistical pattern recognition *John Wiley & Sons*, 2004.

[331] D. McClosky, M. Surdeanu, and C. Manning. Event extraction as dependency parsing. *Annual Meeting of the Association for Computational Linguistics: Human Language Technologies-Volume 1*, pp. 1626–1635, 2011.

[332] Q. Mei, D. Cai, D. Zhang, and C. Zhai. Topic modeling with network regularization. *World Wide Web Conference*, pp. 101–110, 2008.

[333] Q. Mei, X. Ling, M. Wondra, H. Su, and C. Zhai. Topic sentiment mixture: modeling facets and opinions in weblogs. In *World Wide Web Conference*, pp. 171–180, 2007.

[334] S. Melink, S. Raghavan, B. Yang, and H. Garcia-Molina. Building a distributed full-text index for the web. *ACM Transactions on Information Systems*, 19(3), pp. 217–241, 2001.

[335] P. Melville, W. Gryc, and R. Lawrence. Sentiment analysis of blogs by combining lexical knowledge with text classification. *ACM KDD Conference*, pp. 1275–1284, 2009.

[336] A. K. Menon, and C. Elkan. Link prediction via matrix factorization. *Machine Learning and Knowledge Discovery in Databases*, pp. 437–452, 2011.

[337] D. Metzler, S. Dumais, and C. Meek. Similarity measures for short segments of text. *European Conference on Information Retrieval*, pp. 16-27, 2007.

[338] L. Michelbacher, F. Laws, B. Dorow, U. Heid, and H. Schütze. Building a cross-lingual relatedness thesaurus using a graph similarity measure. *LREC*, 2010.

[339] R. Mihalcea and P. Tarau. TextRank: Bringing order into texts. *Conference on Empirical Methods in Natural Language Processing*, pp. 404–411, 2004.

[340] S. Mika, G. Rätsch, J. Weston, B. Schölkopf, and K. Müller. Fisher discriminant analysis with kernels. *NIPS Conference*, 1999.

[341] T. Mikolov, K. Chen, G. Corrado, and J. Dean. Efficient estimation of word representations in vector space. *arXiv:1301.3781*, 2013. https://arxiv.org/abs/1301.3781

[342] T. Mikolov, I. Sutskever, K. Chen, G. Corrado, and J. Dean. Distributed representations of words and phrases and their compositionality. *NIPS Conference*, pp. 3111–3119, 2013.

[343] T. Mikolov, M. Karafiat, L. Burget, J. Cernocky, and S. Khudanpur. Recurrent neural network based language model. *Interspeech*, Vol 2, 2010.

[344] T. Mikolov, W. Yih, and G. Zweig. Linguistic Regularities in Continuous Space Word Representations. *HLT-NAACL*, pp. 746–751, 2013.

[345] T. Mikolov, Q. Le, and I. Sutskever. Exploiting similarities among languages for machine translation. *arXiv preprint arXiv:1309.4168*, 2013. https://arxiv.org/abs/1309.4168

[346] D. Miller, T. Leek, and R. Schwartz. A Hidden Markov Model information retrieval system. *ACM SIGIR Conference*, pp. 214–221, 1999.

[347] G. Miller, R. Beckwith, C. Fellbaum, D. Gross, and K. J. Miller. Introduction to WordNet: An on-line lexical database. *International Journal of Lexicography (special issue)*, 3(4), pp. 235–312, 1990. https://wordnet.princeton.edu/

[348] M. Mintz, S. Bills, R. Snow, and D. Jurafsky. Distant supervision for relation extraction without labeled data. *Annual Meeting of the Association for Computational Linguistics and the International Joint Conference on Natural Language Processing*, pp. 1003–1011, 2009.

[349] T. M. Mitchell. Machine learning. *McGraw Hill International Edition*, 1997.

[350] T. M. Mitchell. The role of unlabeled data in supervised learning. *International Colloquium on Cognitive Science*, pp. 2–11, 1999.

[351] A. Mnih and G. Hinton. Three new graphical models for statistical language modelling. *ICML Conference*, pp. 641–648, 2007.

[352] A. Mnih and K. Kavukcuoglu. Learning word embeddings efficiently with noise-contrastive estimation. *NIPS Conference*, pp. 2265–2273, 2013.

[353] A. Mnih and Y. Teh. A fast and simple algorithm for training neural probabilistic language models. *arXiv:1206.6426*, 2012. https://arxiv.org/abs/1206.6426

[354] A. Moffat and J. Zobel. Self-indexing inverted files for fast text retrieval. *ACM Transactions on Information Systems*, 14(4), pp. 14(4), 1996.

[355] F. Moosmann, B. Triggs, and F. Jurie. Fast Discriminative visual codebooks using randomized clustering forests. *NIPS Conference*, pp. 985–992, 2006.

[356] T. Mullen and N. Collier. Sentiment analysis using support vector machines with diverse information sources. *Conference on Empirical Methods in Natural Language Processing (EMNLP)*, pp. 412–418, 2004.

[357] J.-C. Na, H. Sui, C. Khoo, S. Chan, and Y. Zhou. Effectiveness of simple linguistic processing in automatic sentiment classification of product reviews. *Conference of the International Society for Knowledge Organization (ISKO)*, pp. 49–54, 2004.

[358] G. Nemhauser, L. Wolsey, and M. Fisher. An analysis of approximations for maximizing submodular set functions–I. *Mathematical Programming*, 14(1), pp. 265–294, 1978.

[359] A. Nenkova and K. McKeown. Automatic Summarization *Foundations and Trends in Information Retrieval*, 5(2–3), pp. 103–233, 2011.

[360] A. Nenkova and K. McKeown. A survey of text summarization techniques. *Mining Text Data*, Springer, pp. 43–76, 2012.

[361] A. Ng, M. Jordan, and Y. Weiss. On spectral clustering: Analysis and an algorithm. *NIPS Conference*, pp. 849–856, 2002.

[362] T. Nguyen and A, Moschitti. End-to-end relation extraction using distant supervision from external semantic repositories. *ACL Conference*, pp. 277–282, 2011.

[363] K. Nigam, J. Lafferty, and A. McCallum. Using maximum entropy for text classification. *IJCAI Workshop on Machine Learning for Information Filtering*, pp. 61–67, 1999.

[364] K. Nigam, A. McCallum, S. Thrun, and T. Mitchell. Text classification with labeled and unlabeled data using EM. *Machine Learning*, 39(2), pp. 103–134, 2000.

[365] H. Niitsuma and M. Lee. Word2Vec is a special case of kernel correspondence analysis and kernels for natural language processing, *arXiv preprint arXiv:1605.05087*, 2016. https://arxiv.org/abs/1605.05087

[366] A. Ntoulas and J. Cho. Pruning policies for two-tiered inverted index with correctness guarantee. *ACM SIGIR Conference*, pp. 191–198, 2007.

[367] M. Osborne. Using maximum entropy for sentence extraction. *ACL Workshop on Automatic Summarization*, pp. 1–8, 2002.

[368] E. Osuna, R. Freund, and F. Girosi. Improved training algorithm for support vector machines, *IEEE Workshop on Neural Networks and Signal Processing*, 1997.

[369] M. Ott, Y. Choi, C. Cardie, and J. Hancock. Finding deceptive opinion spam by any stretch of the imagination. *Association for Computational Linguistics: Human Language Technologies-Volume 1*, pp. 309–319, 2011.

[370] L. Page, S. Brin, R. Motwani, and T. Winograd. The PageRank citation engine: Bringing order to the web. *Technical Report*, 1999–0120, Computer Science Department, Stanford University, 1998.

[371] C. D. Paice. Constructing literature abstracts by computer: techniques and prospects. *Information Processing and Management*, 26(1), pp. 171–186, 1990.

[372] A. Pak and P. Paroubek. Twitter as a Corpus for Sentiment Analysis and Opinion Mining. *LREC*, pp. 1320–1326, 2010.

[373] B. Pang and L. Lee. A sentimental education: Sentiment analysis using subjectivity summarization based on minimum cuts. *ACL Conference*, 2004.

[374] B. Pang and L. Lee. Seeing stars: Exploiting class relationships for sentiment categorization with respect to rating scales. *ACL Conference*, pp. 115–124, 2005.

[375] B. Pang and L. Lee. Opinion mining and sentiment analysis. *Foundations and Trends in Information Retrieval*, 2(1–2), pp. 1–135, 2008.

[376] B. Pang, L. Lee, and S. Vaithyanathan. Thumbs up? Sentiment classification using machine learning techniques. *Conference on Empirical Methods in Natural Language Processing (EMNLP)*, pp. 79–86, 2002.

[377] R. Pascanu, T. Mikolov, and Y. Bengio. On the difficulty of training recurrent neural networks. *ICML*, (3), 28, pp. 1310–1318, 2013. http://www.jmlr.org/proceedings/papers/v28/pascanu13.pdf

[378] M. Pazzani and D. Kibler. The utility of knowledge in inductive learning. *Machine Learning*, 9(1), pp. 57–94, 1992.

[379] H. Paulheim and R. Meusel. A decomposition of the outlier detection problem into a set of supervised learning problems. *Machine Learning*, 100(2–3), pp. 509–531, 2015.

[380] J. Pennington, R. Socher, and C. Manning. Glove: Global Vectors for Word Representation. *EMNLP*, pp. 1532–1543, 2014.

[381] F. Pereira, N. Tishby, and L. Lee. Distributional clustering of English words. *ACL Conference*, pp. 183–190, 1993.

[382] J. C. Platt. Sequential minimal optimization: A fast algorithm for training support vector machines. *Advances in Kernel Method: Support Vector Learning*, MIT Press, pp. 85–208, 1998.

[383] J. C. Platt. Probabilistic outputs for support vector machines and comparisons to regularized likelihood methods. *Advances in Large Margin Classifiers*, 10(3), pp. 61–74, 1999.

[384] L. Polanyi and A. Zaenen. Contextual valence shifters. *Computing Attitude and Affect in Text: Theory and Applications*, pp. 1–10, Springer, 2006.

[385] J. Ponte and W. Croft. A language modeling approach to information retrieval. *ACM SIGIR Conference*, pp. 275–281, 1998.

[386] J. Ponte and W. Croft. Text segmentation by topic. *International Conference on Theory and Practice of Digital Libraries*, pp. 113–125, 1997.

[387] A. Popescu and O. Etzioni. Extracting product features and opinions from reviews. *Natural Language Processing and Text Mining*, pp. 9–28, 2007.

[388] J. Pritchard, M. Stephens, and P. Donnelly. Inference of population structure using multilocus genotype data. *Genetics*, 155(2), pp. 945–959, 2000.

[389] J. Pustejovsky *et al.* The timebank corpus. *Corpus Linguistics*, pp. 40, 2003.

[390] J. Pustejovsky *et al.* TimeML: Robust specification of event and temporal expressions in text. *New Directions in Question Answering*, 3. pp. 28–34, 2003.

[391] G. Qi, C. Aggarwal, and T. Huang. Towards semantic knowledge propagation from text corpus to web images. *WWW Conference*, pp. 297–306, 2011.

[392] G. Qi, C. Aggarwal, and T. Huang. Community detection with edge content in social media networks. *ICDE Conference*, pp. 534–545, 2012.

[393] L. Qian, G. Zhou, F. Kong, Q. Zhu, and P. Qian. Exploiting constituent dependencies for tree kernel-based semantic relation extraction. *International Conference on Computational Linguistics*, pp. 697–704, 2008.

[394] G. Qiu, B. Liu, J. Bu, and C. Chen. Opinion word expansion and target extraction through double propagation. Computational linguistics, 37(1), pp. 9–27, 2011.

[395] J. Quinlan. C4.5: programs for machine learning. *Morgan-Kaufmann Publishers*, 1993.

[396] J. Quinlan. Induction of decision trees. *Machine Learning*, 1, pp. 81–106, 1986.

[397] L. Rabiner. A tutorial on hidden Markov models and selected applications in speech recognition. *Proceedings of the IEEE*, 77(2), pp. 257–286, 1989.

[398] D. Radev, H. Jing, and M. Budzikowska. Centroid-based summarization of multiple documents: sentence extraction, utility-based evaluation, and user studies. *NAACL-ANLP Workshop on Automatic summarization*, pp. 21–30, 2000.

[399] D. Radev, H. Jing, M. Stys, and D. Tam. Centroid-based summarization of multiple documents. *Information Processing and Management*, 40(6), pp. 919–938, 2004.

[400] A. Ratnaparkhi. A maximum entropy model for part-of-speech tagging. *Conference on Empirical Methods in Natural Language Processing*, pp. 133–142, 1996.

[401] R. Rehurek and P. Sojka. Software framework for topic modelling with large corpora. *LREC 2010 Workshop on New Challenges for NLP Frameworks*, pp. 45–50, 2010. https://radimrehurek.com/gensim/index.html

[402] X. Ren, M. Jiang, J. Shang, and J. Han. Contructing Structured Information Networks from Massive Text Corpora (Tutorial), *WWW Conference*, 2017.

[403] S. Rendle. Factorization machines. *IEEE ICDM Conference*, pp. 995–100, 2010.

[404] S. Rendle. Factorization machines with libfm. *ACM Transactions on Intelligent Systems and Technology*, 3(3), 57, 2012.

[405] B. Ribeiro-Neto, E. Moura, M. Neubert, and N. Ziviani. Efficient distributed algorithms to build inverted files. *ACM SIGIR Conference*, pp. 105–112, 1999.

[406] M. Richardson, A. Prakash, and E. Brill. Beyond PageRank: machine learning for static ranking. *World Wide Web Conference*, pp. 707–715, 2006.

[407] R. Rifkin. Everything old is new again: a fresh look at historical approaches in machine learning. *Ph.D. Thesis*, Massachusetts Institute of Technology, 2002. http://cbcl.mit.edu/projects/cbcl/publications/theses/thesis-rifkin.pdf

[408] A. Ritter, Mausam, O. Etzioni, and S. Clark. Open domain event extraction from twitter. *ACM KDD Conference*, pp. 1104–1102, 2012.

[409] A. Ritter, S. Clark, Mausam, and O. Etzioni. Named entity recognition in tweets: an experimental study. *Conference on Empirical Methods in Natural Language Processing*, pp. 1524–1534, 2011.

[410] S. Robertson. Understanding inverse document frequency: On theoretical arguments for IDF. *Journal of Documentation*, 60, pp. 503–520, 2004.

[411] S. Robertson and K. Spärck Jones. Relevance weighting of search terms. *Journal of the American Society for Information Science*, 27(3), pp. 129–146, 1976.

[412] S. Robertson, H. Zaragoza, and M. Taylor. Simple BM25 extension to multiple weighted fields. *ACM CIKM Conference*, pp. 42–49, 2004.

[413] J. Rodríguez, L. Kuncheva, and C. Alonso. Rotation forest: A new classifier ensemble method. *IEEE Transactions on Pattern Analysis and Machine Intelligence*, 28(10), pp. 1619–1630, 2006.

[414] J. Rocchio. Relevance feedback information retrieval. *The Smart Retrieval System-Experiments in Automatic Document Processing*, G. Salton, Ed. Prentice Hall, Englewood Cliffs, NJ, pp. 313–323, 1971.

[415] X. Rong. word2vec parameter learning explained. *arXiv preprint arXiv:1411.2738*, 2014. https://arxiv.org/abs/1411.2738

[416] B. Rosenfeld and R. Feldman. Clustering for unsupervised relation identification. *ACM CIKM Conference*, pp. 411–418, 2007.

[417] S. Roweis and L. Saul. Nonlinear dimensionality reduction by locally linear embedding. *Science*, 290, no. 5500, pp. 2323–2326, 2000.

[418] M. Sahami and T. D. Heilman. A Web-based kernel function for measuring the similarity of short text snippets. *WWW Conference*, pp. 377–386, 2006.

[419] T. Sakai and K. Spärck Jones. Generic summaries for indexing in information retrieval. *ACM SIGIR Conference*, pp. 190–198, 2001.

[420] T. Sakaki, M. Okazaki, and Y. Matsuo. Earthquake shakes Twitter users: real-time event detection by social sensors. *World Wide Web Conference*, pp. 851–860, 2010.

[421] G. Salton and J. Allan. Selective text utilization and text traversal. *Proceedings of ACM Hypertext*, 1993.

[422] G. Salton, J. Allan, and C. Buckley. Approaches to passage retrieval in full text information systems. *ACM SIGIR Conference*, pp. 49–58, 1997.

[423] G. Salton and C. Buckley. Term weighting approaches in automatic text retrieval, *Technical Report 87-881*, Cornell University, 1987. https://ecommons.cornell.edu/bitstream/handle/1813/6721/87-881.pdf?sequence=1

[424] G. Salton and M. J. McGill. Introduction to modern information retrieval. *McGraw Hill*, 1986.

[425] G. Salton, A. Singhal, M. Mitra, and C. Buckley. Automatic text structuring and summarization. *Information Processing and Management*, 33(2), pp. 193–207, 1997.

[426] G. Salton, A. Wong, and C. Yang. A vector space model for automatic indexing. *Communications of the ACM*, 18(11), pp. 613–620, 1975.

[427] H. Samet. Foundations of multidimensional and metric data structures. *Morgan Kaufmann*, 2006.

[428] R. Samworth. Optimal weighted nearest neighbour classifiers. *The Annals of Statistics*, 40(5), pp. 2733–2763, 2012.

[429] P. Saraiva, E. Silva de Moura, N. Ziviani, W. Meira, R. Fonseca, and B. Riberio-Neto. Rank-preserving two-level caching for scalable search engines. *ACM SIGIR Conference*, pp. 51–58, 2001.

[430] S. Sarawagi. Information extraction. *Foundations and Trends in Satabases*, 1(3), pp. 261–377, 2008.

[431] S. Sarawagi and W. Cohen. Semi-markov conditional random fields for information extraction. *NIPS Conference*, pp. 1185–1192, 2004.

[432] S. Sathe and C. Aggarwal. Similarity forests. *ACM KDD Conference*, 2017.

[433] R. Sauri, R. Knippen, M. Verhagen, and J. Pustejovsky. Evita: a robust event recognizer for QA systems. *Conference on Human Language Technology and Empirical Methods in Natural Language Processing*, pp. 700–707, 2005.

[434] H. Sayyadi, M. Hurst, and A. Maykov. Event detection and tracking in social streams. *ICWSM Conference*, 2009.

[435] F. Scholer, H. Williams, J. Yiannis, and J. Zobel. Compression of inverted indexes for fast query evaluation. *ACM SIGIR Conference*, pp. 222–229, 2002.

[436] B. Schölkopf, A. Smola, and K.-R. Müller. Nonlinear component analysis as a kernel eigenvalue problem. *Neural Computation*, 10(5), pp. 1299–1319, 1998.

[437] M. Schuster and K. Paliwal. Bidirectional recurrent neural networks. *IEEE Transactions on Signal Processing*, 45(11), pp. 2673–2681, 1997.

[438] H. Schütze and C. Silverstein. Projections for Efficient Document Clustering. *ACM SIGIR Conference*, pp. 74–81, 1997.

[439] F. Sebastiani. Machine Learning in Automated Text Categorization. *ACM Computing Surveys*, 34(1), 2002.

[440] P. Sen, G. Namata, M. Bilgic, L. Getoor, B. Galligher, and T. Eliassi-Rad. Collective classification in network data. *AI magazine*, 29(3), pp. 93, 2008.

[441] G. Seni and J. Elder. Ensemble methods in data mining: Improving accuracy through combining predictions. *Synthesis Lectures in Data Mining and Knowledge Discovery, Morgan and Claypool*, 2010.

[442] K. Seymore, A. McCallum, and R. Rosenfeld. Learning hidden Markov model structure for information extraction. *AAAI-99 Workshop on Machine Learning for Information Extraction*, pp. 37–42, 1999.

[443] F. Shahnaz, M. Berry, V. Pauca, and R. Plemmons. Document clustering using nonnegative matrix factorization. *Information Processing and Management*, 42(2), pp. 378–386, 2006.

[444] S. Shalev-Shwartz, Y. Singer, N. Srebro, and A. Cotter. Pegasos: Primal estimated sub-gradient solver for SVM. *Mathematical Programming*, 127(1), pp. 3–30, 2011.

[445] A. Shashua. On the equivalence between the support vector machine for classification and sparsified Fisher's linear discriminant. *Neural Processing Letters*, 9(2), pp. 129–139, 1999.

[446] Y. Shinyama and S. Sekine. Preemptive information extraction using unrestricted relation discovery. *Human Language Technology Conference of the North American Chapter of the Association of Computational Linguistics*, pp. 304–311, 2006.

[447] S. Siencnik. Adapting word2vec to named entity recognition. *Nordic Conference of Computational Linguistics, NODALIDA*, 2015.

[448] A. Singh and G. Gordon. A unified view of matrix factorization models. *Joint European Conference on Machine Learning and Knowledge Discovery in Databases*, pp. 358–373, 2008.

[449] A. Siddharthan, A. Nenkova, and K. Mckeown. Syntactic simplification for improving content selection in multi-document summarization. *International Conference on Computational Linguistic*, pp. 896–902, 2004.

[450] A. Singhal, C. Buckley, and M. Mitra. Pivoted document length normalization. *ACM SIGIR Conference*, pp. 21–29, 1996.

[451] N. Slonim and N. Tishby. The power of word clusters for text classification. *European Colloquium on Information Retrieval Research (ECIR)*, 2001.

[452] S. Soderland. Learning information extraction rules for semi-structured and free text. *Machine Learning*, 34(1–3), pp. 233–272, 1999.

[453] K. Spärck Jones. A statistical interpretation of term specificity and its application in information retrieval. *Journal of Documentation*, 28(1), pp. 11–21, 1972.

[454] K. Spärck Jones. Automatic summarizing: factors and directions. *Advances in Automatic Text Summarization*, pp. 1–12, 1998.

[455] K. Spärck Jones. Automatic summarising: The state of the art. *Information Processing and Management*, 43(6), pp. 1449–1481, 2007.

[456] K. Spärck Jones, S. Walker, and S. Robertson. A probabilistic model of information retrieval: development and comparative experiments: Part 2. *Information Processing and Management*, 36(6), pp. 809–840, 2000.

[457] M. Stairmand. A computational analysis of lexical cohesion with applications in information retrieval. *Ph.D. Dissertation*, Center for Computational Linguistics UMIST, Manchester, 1996. http://ethos.bl.uk/OrderDetails.do?uin=uk.bl.ethos.503546

[458] J. Steinberger and K. Jezek. Using latent semantic analysis in text summarization and summary evaluation. *ISIM*, pp. 93–100, 2004.

[459] J. Steinberger, M. Poesio, M. Kabadjov, and K. Jezek. Two uses of anaphora resolution in summarization. *Information Processing and Management*, 43(6), pp. 1663–1680, 2007.

[460] G. Strang. An introduction to linear algebra. *Wellesley Cambridge Press*, 2009.

[461] A. Strehl, J. Ghosh, and R. Mooney. Impact of similarity measures on web-page clustering. *Workshop on Artificial Intelligence for Web Search*, 2000. http://www.aaai.org/Papers/Workshops/2000/WS-00-01/WS00-01-011.pdf

[462] Y. Sun, J. Han, J. Gao, and Y. Yu. itopicmodel: Information network-integrated topic modeling. *IEEE ICDM Conference*, pp. 493–502, 2011.

[463] M. Sundermeyer, R. Schluter, and H. Ney. LSTM neural networks for language modeling. *Interspeech*, 2010.

[464] I. Sutskever, O. Vinyals, and Q. V. Le. Sequence to sequence learning with neural networks. *NIPS Conference*, pp. 3104–3112, 2014.

[465] C. Sutton and A. McCallum. An introduction to conditional random fields. *arXiv preprint*, arXiv:1011.4088, 2010. https://arxiv.org/abs/1011.4088

[466] J. Suykens and J. Venderwalle. Least squares support vector machine classifiers. *Neural Processing Letters*, 1999.

[467] M. Taboada, J. Brooke, M. Tofiloski, K. Voll, and M. Stede. Lexicon-based methods for sentiment analysis. *Computational Linguistics*, 37(2), pp. 267–307, 2011.

[468] K. Takeuchi and N. Collier. Use of support vector machines in extended named entity recognition. *Conference on Natural Language Learning*, pp. 1–7, 2002.

[469] P.-N Tan, M. Steinbach, and V. Kumar. Introduction to data mining. *Addison-Wesley*, 2005.

[470] J. Tang, Y. Chang, C. Aggarwal, and H. Liu. A survey of signed network mining in social media. *ACM Computing Surveys (CSUR)*, 49(3), 42, 2016.

[471] J. Tang, S. Chang, C. Aggarwal, and H. Liu. (2015, February). Negative link prediction in social media. *WSDM Conference*, pp. 87–96, 2015.

[472] M. Taylor, H. Zaragoza, N. Craswell, S. Robertson, and C. Burges. Optimisation methods for ranking functions with multiple parameters. *ACM CIKM Conference*, pp. 585–593, 2006.

[473] J. Tenenbaum, V. De Silva, and J. Langford. A global geometric framework for nonlinear dimensionality reduction. *Science*, 290 (5500), pp. 2319–2323, 2000.

[474] A. Tikhonov and V. Arsenin. Solution of ill-posed problems. *Winston and Sons*, 1977.

[475] M. Tsai, C. Aggarwal, and T. Huang. Ranking in heterogeneous social media. *WSDM Conference*, pp. 613–622, 2014.

[476] J. Turner and E. Charniak. Supervised and unsupervised learning for sentence compression. *ACL Conference*, pp. 290–297, 2005.

[477] P. Turney. Thumbs up or thumbs down?: semantic orientation applied to unsupervised classification of reviews. *ACL Conference*, pp. 417–424, 2002.

[478] P. Turney and M. Littman. Measuring praise and criticism: Inference of semantic orientation from association. *ACM Transactions on Information Systems*, 21(4), pp. 314–346, 2003.

[479] P. Turney and P. Pantel. From frequency to meaning: Vector space models of semantics. *Journal of Artificial Intelligence Research*, 37(1), pp. 141–188, 2010.

[480] C. J. van Rijsbergen. Information retrieval. *Butterworths*, London, 1979.

[481] C.J. van Rijsbergen, S.E. Robertson, and M.F. Porter. New models in probabilistic information retrieval. *London: British Library. (British Library Research and Development Report, no. 5587)*, 1980. https://tartarus.org/martin/PorterStemmer/

[482] V. Vapnik. The nature of statistical learning theory. *Springer*, 2000.

[483] L. Vanderwende, H. Suzuki, C. Brockett, and A. Nenkova. Beyond SumBasic: Task-focused summarization with sentence simplification and lexical expansion. *Information Processing and Management*, 43, pp. 1606–1618, 2007

[484] A. Vinokourov, N. Cristianini, and J. Shawe-Taylor. Inferring a semantic representation of text via cross-language correlation analysis. *NIPS Conference*, pp. 1473–1480, 2002.

[485] O. Vinyals, A. Toshev, S. Bengio, and D. Erhan. Show and tell: A neural image caption generator. *CVPR Conference*, pp. 3156–3164, 2015.

[486] E. Voorhees. Implementing agglomerative hierarchic clustering algorithms for use in document retrieval. *Information Processing and Management*, 22(6), pp. 465–476, 1986.

[487] G. Wahba. Support vector machines, reproducing kernel Hilbert spaces and the randomized GACV. *Advances in Kernel Methods-Support Vector Learning*, 6, pp. 69–87, 1999.

[488] H. Wallach, D. Mimno, and A. McCallum. Rethinking LDA: Why priors matter. *NIPS Conference*, pp. 1973–1981, 2009.

[489] D. Wang, S. Zhu, T. Li, and Y. Gong. Multi-document summarization using sentence-based topic models. *ACL-IJCNLP Conference*, pp. 297–300, 2009.

[490] H. Wang, H. Huang, F. Nie, and C. Ding. Cross-language Web page classification via dual knowledge transfer using nonnegative matrix tri-factorization. *ACM SIGIR Conference*, pp. 933–942, 2011.

[491] S. Weiss, N. Indurkhya, and T. Zhang. Fundamentals of predictive text mining. *Springer*, 2015.

[492] S. Weiss, C. Apte, F. Damerau, D. Johnson, F. Oles, T. Goetz, and T. Hampp. Maximizing text-mining performance. *IEEE Intelligent Systems*, 14(4), pp. 63–69, 1999.

[493] X. Wei and W. B. Croft. LDA-based document models for ad-hoc retrieval. *ACM SIGIR Conference*, pp. 178–185, 2006.

[494] J. Weston, A. Bordes, S. Chopra, A. Rush, B. van Merrienboer, A. Joulin, and T. Mikolov. Towards ai-complete question answering: A set of pre-requisite toy tasks. *arXiv preprint arXiv:1502.05698*, 2015. https://arxiv.org/abs/1502.05698

[495] J. Weston, S. Chopra, and A. Bordes. Memory networks. *ICLR*, 2015.

[496] J. Weston and C. Watkins. Multi-class support vector machines. *Technical Report CSD-TR-98-04*, Department of Computer Science, Royal Holloway, University of London, May, 1998.

[497] B. Widrow and M. Hoff. Adaptive switching circuits. *IRE WESCON Convention Record*, 4(1), pp. 96–104, 1960.

[498] W. Wilbur and K. Sirotkin. The automatic identification of stop words. *Journal of Information Science*, 18(1), pp. 45–55, 1992.

[499] J. Wiebe, R. Bruce, and T. O'Hara. Development and use of a gold-standard data set for subjectivity classifications. *Association for Computational Linguistics on Computational Linguistics*, pp. 246–253, 1999.

[500] J. Wiebe and E. Riloff. Creating subjective and objective sentence classifiers from unannotated texts. *International Conference on Intelligent Text Processing and Computational Linguistics*, pp. 486–497, 2005.

[501] C. Williams and M. Seeger. Using the Nyström method to speed up kernel machines. *NIPS Conference*, 2000.

[502] H. Williams, J. Zobel, and D. Bahle. Fast phrase querying with combined indexes. *ACM Transactions on Information Systems*, 22(4), pp. 573–594, 2004.

[503] T. Wilson, J. Wiebe, and P. Hoffmann. Recognizing contextual polarity in phrase-level sentiment analysis. *Human Language Technology and Empirical Methods in Natural Language Processing*, pp. 347–354, 2005.

[504] T. Wilson, J. Wiebe, and R. Hwa. Just how mad are you? Finding strong and weak opinion clauses. *Computational Intelligence*, 22(2), pp. 73–99, 2006.

[505] M. J. Witbrock and V. O. Mittal. Ultra-summarization: A statistical approach to generating highly condensed non-extractive summaries. *ACM SIGIR Conference*, pp. 315–316, 1999.

[506] I. H. Witten, A. Moffat, and T. C. Bell. Managing Gigabytes: Compressing and indexing documents and images. *Morgan Kaufmann*, 1999.

[507] K. Wong, M. Wu, and W. Li. Extractive summarization using supervised and semi-supervised learning. *International Conference on Computational Linguistics*, pp. 985–992, 2008.

[508] W. Xu, X. Liu, and Y. Gong. Document clustering based on non-negative matrix factorization. *ACM SIGIR Conference*, pp. 267–273, 2003.

[509] Z. Wu, C. Aggarwal, and J. Sun. The troll-trust model for ranking in signed networks. *WSDM Conference*, pp. 447–456, 2016.

[510] J. Xu and H. Li. Adarank: a boosting algorithm for information retrieval. *ACM SIGIR Conference*, 2007.

[511] J. Yamron, I. Carp, L. Gillick, S. Lowe, and P. van Mulbregt. A hidden Markov model approach to text segmentation and event tracking. *IEEE International Conference on Acoustics, Speech and Signal Processing*, pp. 333–336, 1998.

[512] J. Yang, J. McAuley, and J. Leskovec. Community detection in networks with node attributes. *IEEE ICDM Conference*, pp. 1151–1156, 2013.

[513] Q. Yang, Q., Y. Chen, G. Xue, W. Dai, and T. Yu. Heterogeneous transfer learning for image clustering via the social web. *Joint Conference of the ACL and Natural Language Processing of the AFNLP*, pp. 1–9, 2009.

[514] T. Yang, R. Jin, Y. Chi, and S. Zhu. Combining link and content for community detection: a discriminative approach. *ACM KDD Conference*, pp. 927–936, 2009.

[515] Y. Yang. Noise reduction in a statistical approach to text categorization, *ACM SIGIR Conference*, pp. 256–263, 1995.

[516] Y. Yang. An evaluation of statistical approaches to text categorization. *Information Retrieval*, 1(1–2), pp. 69–90, 1999.

[517] Y. Yang. A study on thresholding strategies for text categorization. *ACM SIGIR Conference*, pp. 137–145, 2001.

[518] Y. Yang and C. Chute. An application of least squares fit mapping to text information retrieval. *ACM SIGIR Conference*, pp. 281–290, 1993.

[519] Y. Yang and X. Liu. A re-examination of text categorization methods. *ACM SIGIR Conference*, pp. 42–49, 1999.

[520] Y. Yang and J. O. Pederson. A comparative study on feature selection in text categorization, *ACM SIGIR Conference*, pp. 412–420, 1995.

[521] Y. Yang, T. Pierce, and J. Carbonell. A study of retrospective and online event detection. *ACM SIGIR Conference*, pp. 28–36, 1998.

[522] Y. Yue, T. Finley, F. Radlinski, and T. Joachims. A support vector method for optimizing average precision. *ACM SIGIR Conference*, pp. 271–278, 2007.

[523] D. Zajic, B. Dorr, J. Lin, and R. Schwartz. Multi-candidate reduction: Sentence compression as a tool for document summarization tasks. *Information Processing and Management*, 43(6), pp. 1549–1570, 2007.

[524] M. Zaki and W. Meira Jr. Data mining and analysis: Fundamental concepts and algorithms. *Cambridge University Press*, 2014.

[525] O. Zamir and O. Etzioni. Web document clustering: A feasibility demonstration. *ACM SIGIR Conference*, pp. 46–54, 1998.

[526] D. Zelenko, C. Aone, and A. Richardella. Kernel methods for relation extraction. *Journal of Machine Learning Research*, 3. pp. 1083–1106, 2003.

[527] C. Zhai. Statistical language models for information retrieval. *Synthesis Lectures on Human Language Technologies*, 1(1), pp. 1–141, 2008.

[528] C. Zhai and J. Lafferty. A study of smoothing methods for language models applied to information retrieval. *ACM Transactions on Information Systems*, 22(2), pp. 179–214, 2004.

[529] C. Zhai and S. Massung. Text data management and mining: A practical introduction to information retrieval and text mining. *Association of Computing Machinery/Morgan and Claypool Publishers*, 2016.

[530] Y. Zhai and B. Liu. Web data extraction based on partial tree alignment. *World Wide Web Conference*, pp. 76–85, 2005.

[531] J. Zhang, Z. Ghahramani, and Y. Yang. A probabilistic model for online document clustering with application to novelty detection. *NIPS Conference*, pp. 1617–1624, 2004.

[532] J. Zhang, X. Long, and T. Suel. Performance of compressed inverted list caching in search engines. *World Wide Web Conference*, pp, 387–396, 2008.

[533] M. Zhang, J. Zhang, and J. Su. Exploring syntactic features for relation extraction using a convolution tree kernel. *Human Language Technology Conference of the North American Chapter of the Association for Computational Linguistics*, pp. 288-295, 2006.

[534] M. Zhang, J. Zhang, J. Su, and G. Zhou. A composite kernel to extract relations between entities with both flat and structured features. *International Conference on Computational Linguistics and the Annual Meeting of the Association for Computational Linguistics*, pp. 825–832, 2006.

[535] S. Zhao and R. Grishman. Extracting relations with integrated information using kernel methods. *ACL Conference*, pp. 419–426, 2005.

[536] Y. Zhao, G. Karypis. Empirical and theoretical comparisons of selected criterion functions for document clustering, *Machine Learning*, 55(3), pp. 311–331, 2004.

[537] S. Zhong. Efficient streaming text clustering. *Neural Networks*, Vol. 18, 5–6, 2005.

[538] Y. Zhou, H. Cheng, and J. X. Yu. Graph clustering based on structural/attribute similarities. *Proceedings of the VLDB Endowment*, 2(1), pp. 718–729, 2009.

[539] Z.-H. Zhou. Ensemble methods: Foundations and algorithms. *CRC Press*, 2012.

[540] Y. Zhu, Y. Chen, Z. Lu, S. J. Pan, G. Xue, Y. Yu, and Q. Yang. Heterogeneous transfer learning for image classification. *AAAI Conference*, 2011.

[541] L. Zhuang, F. Jing, and X. Zhu. Movie review mining and summarization. *ACM CIKM Conference*, pp. 43–50, 2006.

[542] J. Zobel and P. Dart. Finding approximate matches in large lexicons. *Software: Practice and Experience*, 25(3), pp. 331–345, 1995.

[543] J. Zobel and P. Dart. Phonetic string matching: Lessons from information retrieval. *ACM SIGIR Conference*, pp. 166–172, 1996.

[544] J. Zobel, A. Moffat, and K. Ramamohanarao. Inverted files versus signature files for text indexing. *ACM Transactions on Database Systems*, 23(4), pp. 453–490, 1998.

[545] J. Zobel and A. Moffat. Inverted files for text search engines. *ACM Computing Surveys (CSUR)*, 38(2), 6, 2006.

[546] H. Zou and T. Hastie. Regularization and variable selection via the elastic net. *Journal of the Royal Statistical Society: Series B (Stat. Methodology)*, 67(2), pp. 301–320, 2005.

[547] http://snowballstem.org/

[548] http://opennlp.apache.org/index.html

[549] https://archive.ics.uci.edu/ml/datasets.html

[550] http://scikit-learn.org/stable/tutorial/text_analytics/working_with_text_data.html

[551] https://cran.r-project.org/web/packages/tm/

[552] https://www.ibm.com/developerworks/community/blogs/nlp/entry/tokenization?lang=en

[553] http://www.cs.waikato.ac.nz/ml/weka/

[554] http://nlp.stanford.edu/software/

[555] http://nlp.stanford.edu/links/statnlp.html

[556] http://www.nltk.org/

[557] https://cran.r-project.org/web/packages/lsa/index.html

[558] http://scikit-learn.org/stable/modules/generated/sklearn.decomposition.TruncatedSVD.html

[559] http://weka.sourceforge.net/doc.stable/weka/attributeSelection/LatentSemanticAnalysis.html

[560] http://scikit-learn.org/stable/modules/generated/sklearn.decomposition.NMF.html

[561] http://scikit-learn.org/stable/modules/generated/sklearn.decomposition.LatentDirichletAllocation.html

[562] https://cran.r-project.org/

[563] http://www.cs.princeton.edu/~blei/lda-c/

[564] http://scikit-learn.org/stable/modules/manifold.html

[565] https://code.google.com/archive/p/word2vec/

[566] https://www.tensorflow.org/tutorials/word2vec/

[567] http://www.netlib.org/svdpack

[568] http://scikit-learn.org/stable/modules/kernel_approximation.html

[569] http://scikit-learn.org/stable/auto_examples/text/document_clustering.html

[570] https://www.mathworks.com/help/stats/cluster-analysis.html

[571] https://cran.r-project.org/web/packages/RTextTools/RTextTools.pdf

[572] https://cran.r-project.org/web/packages/rotationForest/index.html

[573] http://trec.nist.gov/data.html

[574] http://research.nii.ac.jp/ntcir/data/data-en.html

[575] http://www.clef-initiative.eu/home

[576] https://archive.ics.uci.edu/ml/datasets/Twenty+Newsgroups

[577] https://archive.ics.uci.edu/ml/datasets/Reuters-21578+Text+Categorization+Collection

[578] http://www.daviddlewis.com/resources/testcollections/rcv1/

[579] http://labs.europeana.eu/data

[580] http://www.icwsm.org/2009/data/

[581] https://www.csie.ntu.edu.tw/~cjlin/libmf/

[582] http://www.lemurproject.org

[583] https://nutch.apache.org/

[584] https://scrapy.org/

[585] https://webarchive.jira.com/wiki/display/Heritrix

[586] http://www.dataparksearch.org/

[587] http://lucene.apache.org/core/

[588] http://lucene.apache.org/solr/

[589] http://sphinxsearch.com/

[590] https://snap.stanford.edu/snap/description.html

[591] https://catalog.ldc.upenn.edu/LDC93T3A

[592] http://www.berouge.com/Pages/default.aspx

[593] https://code.google.com/archive/p/icsisumm/

[594] http://finzi.psych.upenn.edu/library/LSAfun/html/genericSummary.html

[595] https://github.com/tensorflow/models/tree/master/textsum

[596] http://www.summarization.com/mead/

[597] http://www.scs.leeds.ac.uk/amalgam/tagsets/brown.html

[598] https://www.ling.upenn.edu/courses/Fall_2003/ling001/penn_treebank_pos.html

[599] http://www.itl.nist.gov/iad/mig/tests/ace

[600] http://www.biocreative.org

[601] http://www.signll.org/conll

[602] http://reverb.cs.washington.edu/

[603] http://knowitall.github.io/ollie/

[604] http://nlp.stanford.edu/software/openie.html

[605] http://mallet.cs.umass.edu/

[606] https://github.com/dbpedia-spotlight/dbpedia-spotlight/wiki

[607] http://crf.sourceforge.net/

[608] https://en.wikipedia.org/wiki/ClearForest

[609] http://clic.cimec.unitn.it/composes/toolkit/

[610] https://github.com/stanfordnlp/GloVe

[611] https://deeplearning4j.org/

[612] https://www.cs.uic.edu/~liub/FBS/sentiment-analysis.html

[613] http://www.nltk.org/api/nltk.tokenize.html#nltk.tokenize.texttiling.TextTilingTokenizer

[614] http://www.itl.nist.gov/iad/mig/tests/tdt/

[615] http://colah.github.io/posts/2015-08-Understanding-LSTMs/

[616] http://deeplearning.net/tutorial/lstm.html

[617] http://machinelearningmastery.com/sequence-classification-lstm-recurrent-neural-networks-python-keras/

[618] https://deeplearning4j.org/lstm

[619] https://github.com/karpathy/char-rnn

[620] https://arxiv.org/abs/1609.08144